Industrielle Stoffkreislaufwirtschaft im regionalen Kontext

Springer
Berlin
Heidelberg
New York
Hongkong
London
Mailand
Paris
Tokio

Dietfried G. Liesegang (Hrsg.)
Thomas Sterr

Industrielle Stoffkreislaufwirtschaft im regionalen Kontext

Betriebswirtschaftlich-ökologische
und geographische Betrachtungen
in Theorie und Praxis

Mit 88 Abbildungen und 36 Tabellen

 Springer

Professor Dr. Dietfried G. Liesegang (Hrsg.)
Dr. Thomas Sterr
Universität Heidelberg
Alfred-Weber-Institut
Grabengasse 14
69117 Heidelberg

ISBN 3-540-43939-0 Springer-Verlag Berlin Heidelberg New York

„Industrielle Stoffkreislaufwirtschaft im regionalen Kontext - ein interdisziplinärer Ansatz".
Inauguraldissertation zur Erlangung des Doktors der Wirtschaftswissenschaften an der Wirtschaftswissenschaftlichen Fakultät der Ruprecht-Karls-Universität Heidelberg, 2001.
Die Arbeit wurde an der IHK Rhein-Neckar am 28. April 2002 mit dem Klaus O. Fleck-Preis zur Förderung des wissenschaftlichen Nachwuchses ausgezeichnet.

Bibliographische Information der Deutschen Bibliothek
Die Deutsche Bibliothek verzeichnet diese Publikation in der Deutschen Nationalbibliografie; detaillierte bibliografische Daten sind im Internet über <http://dnb.ddb.de> abrufbar.

Dieses Werk ist urheberrechtlich geschützt. Die dadurch begründeten Rechte, insbesondere die der Übersetzung, des Nachdrucks, des Vortrags, der Entnahme von Abbildungen und Tabellen, der Funksendung, der Mikroverfilmung oder der Vervielfältigung auf anderen Wegen und der Speicherung in Datenverarbeitungsanlagen, bleiben, auch bei nur auszugsweiser Verwertung, vorbehalten. Eine Vervielfältigung dieses Werkes oder von Teilen dieses Werkes ist auch im Einzelfall nur in den Grenzen der gesetzlichen Bestimmungen des Urheberrechtgesetzes der Bundesrepublik Deutschland vom 9. September 1965 in der jeweils geltenden Fassung zulässig. Sie ist grundsätzlich vergütungspflichtig. Zuwiderhandlungen unterliegen den Strafbestimmungen des Urheberrechtgesetzes.

Die Wiedergabe von Gebrauchsnamen, Handelsnamen, Warenbezeichnungen usw. in diesem Werk berechtigt auch ohne besondere Kennzeichnung nicht zu der Annahme, daß solche Namen im Sinne der Warenzeichen- und Markenschutz-Gesetzgebung als frei zu betrachten wären und daher von jedermann benutzt werden dürften.

Springer-Verlag Berlin Heidelberg New York
ein Unternehmen der BertelsmannSpringer Science+Business Media GmbH

http://www.springer.de

© Springer-Verlag Berlin Heidelberg 2003

Umschlaggestaltung: Erich Kirchner
Satz: Reproduktionsfertige Vorlage des Autors

Gedruckt auf säurefreiem Papier   30/3140   5 4 3 2 1 0

Vorwort des Herausgebers

Die traditionelle Industrie entwickelte ihre Strukturen quasi in Naturvergessenheit zum Zwecke der Bedürfnisbefriedigung der Gesellschaft gemäß der ihr zur Verfügung stehenden Technologien. Die durch die industrielle Betätigung induzierten Stoffströme gefährden nun in vielfältiger Weise die Ökosysteme, in welche die menschlichen Aktivitäten eingebettet sind. Eine Umsteuerung zur vermehrten Ressourcenschonung ist dringend geboten. Ein Leitmotiv zum ökologischen Umbau ist das Schließen von Stoffkreisläufen, allerdings nicht um jeden Preis, sondern im Rahmen eines ökologischen und/oder ökonomischen Mehrwertes. Eine Veränderung industrieller Grundmuster bedarf einerseits der strategischen Orientierung und der Rahmensetzung durch „Leitplanken" für die in den nächsten Jahrzehnten auszuführenden Maßnahmen, andererseits der operativ durchzuführenden „robusten ersten Schritte", welche von der Gesellschaft und insbesondere von der Industrie getragen und ausgeführt werden können. Beides, sowohl das Vordenken und Entwerfen zukünftiger industrieller Stoffwechselsysteme, die den Nachhaltigkeitsprinzipien besser entsprechen, als auch das Herunterbrechen der Theorie in die Phase der Umsetzung erster Schritte und deren Überprüfung vor Ort und ad hoc, stellen wichtige Beiträge der Umweltwirtschaft dar.

Die vorliegende Schrift ist das Ergebnis eines sowohl theoriegeleiteten als auch praxisorientierten Dissertationsvorhabens, das Herr Thomas Sterr vor dem Hintergrund eines umfangreichen Forschungsvorhabens zur regionalen Stoffkreislaufwirtschaft als Beitrag zur Umweltwirtschaft bearbeitete und höchst erfolgreich abschloss. Dieses Forschungsvorhaben hat über mehrere Stufen eine ganz besondere Dynamik in der Wechselwirkung zwischen Theorie und Praxis zur Annäherung an ein nachhaltiges, an Kreisläufen orientiertes Wirtschaften gewonnen. Alle diese Stufen hat Herr Sterr als hauptamtlicher Projektleiter wesentlich geprägt.

Zunächst ging es in der ersten Phase mit Förderung durch die Deutsche Bundesstiftung Umwelt um die Möglichkeiten des integrativen Abfallmanagements am Beispiel eines größtenteils mittelständisch geprägten Industriegebietes, dem Heidelberger „Pfaffengrund". Basierend auf den dabei erzielten Erfolgen der Umweltentlastung und Umweltsensibilisierung unter Aufdeckung von ökonomischen Gewinnpotenzialen wurde in einer zweiten Phase, gefördert durch das Bundesministerium für Bildung und Forschung, ein größeres, mehrjähriges Projekt im Rahmen der „regionalen Nachhaltigkeit", nun bezogen auf den Rhein-Neckar-Raum, in Angriff genommen, an welchem sich Unternehmen des Rhein-Neckar-Dreiecks sowie die Universitäten Heidelberg und Mannheim, Vertreter der Kommunen und der IHK unter Federführung des IUWA, Heidelberg e.V. aktiv beteiligten.

Die Erfahrungen der „Feldforschung" haben sicherlich die theoretischen Perspektiven dieser Arbeit geformt und dazu beigetragen, dass die entwickelte Theorie und die Gesamtkonzeption der Arbeit nicht die Bodenhaftung verloren haben. Im Sommer dieses Jahres ist nun dank der Unterstützung durch das BMBF eine dritte Phase, projektiert über die nächsten vier Jahre, angelaufen, welche in stärkerer Anbindung an die Universität Heidelberg den Anwendungs- und Kommunikationsrahmen weiter spannen wird und insbesondere die Untersuchung der Bedingungen für die Diffusion des kreislauforientierten technologischen und organisatorischen Wandels in andere regionale Netzwerke zum Ziel hat.

Während sich die praktische Projekttätigkeit mit den unmittelbaren Gegebenheiten vor Ort auseinandersetzen musste und auch dort ihren Ausgang nahm, wird in der vorliegenden Monographie nun der umgekehrte Weg beschritten: basierend auf einem systemtheoretischen Ansatz werden von allgemeinen Konzepten und Grundlagen ausgehend sukzessive Verfeinerungen und Spezialisierungen vorgenommen, derart dass sich die industrielle Kreislaufwirtschaft in ihrem räumlichen Bezug im Verlaufe der Arbeit schrittweise entfalten kann und sich damit schließlich auch unterschiedliche Anwendungserfahrungen einschließlich der in der Rhein-Neckar-Region durchgeführten Maßnahmen verorten lassen.

Die Arbeit beginnt mit einer Ein- und Hinführung, die in Abb. 1.1 durch ein Strukturdiagramm abgeschlossen wird, das der Leserin und dem Leser gleichzeitig ein Navigationssystem bietet. In Kapitel 2 widmet sich Herr Sterr dem Begriffspaar Sphären und Systeme, die er definitorisch erläutert und einander gegenüberstellt. Die Technosphäre sieht er dabei eingebettet in die Ökosphäre, wobei erstere die letztere zunehmend einengt und beeinträchtigt.. Innerhalb der Technosphäre differenziert er aus heuristischen Gründen weiter in eine Anthroposphäre, welche sich auf den Menschen als Teil der Fauna bezieht und eine Transformatorensphäre, in welcher der Mensch mit Hilfe von Maschinen und technischen Verfahren eine Kunstwelt errichtet, die in ihrer Entfremdung von der natürlichen Ökosphäre grundlegende Kollisionen mit der natürlichen Umwelt nicht nur durch verstärkten Raubbau sondern auch durch neuartige Abfälle schaffen.

Die Behandlung und Weiterverwendung von Abfällen unterscheidet grundsätzlich die industriellen und konsumptiven Prozesse der traditionellen Wirtschaftsweise von dem Umgang mit Materialien in natürlichen Ökosystemen, in welchen weitgehend Fließgleichgewichte herrschen. Damit sieht Herr Sterr hier auch den Hauptansatzpunkt zu einer veränderten Sicht auf die industrielle Abfallwirtschaft, die heute noch weitgehend als eine nachsorgende Entsorgungswirtschaft konzipiert ist. Dies ist Thema des Kapitels 3, in welchem die Abfallverwertung in natürlichen Ökosystemen den Regeln technosphärischer Abfallbehandlung bzw. dem Abfallbegriff gegenübergestellt wird, wie er sich etwa im Abfallrecht der Bundesrepublik Deutschland entwickelt hat.

Einen wesentlichen Markstein und Schwerpunkt stellt Kap. 5 dar, in welchem es vor dem Hintergrund der natürlichen Kreislaufwirtschaft um eine konzeptionell gestützte Umorientierung der wirtschaftlichen Stoffströme geht, indem den Aufbauphasen der Produktion gleichwertig die Abbauphasen einer Reduktion der Stoffströme gegenübergestellt werden. Dieses von Liesegang und Dyckhoff thematisierte Konzept wird nun durch Sterr aufgegriffen und wesentlich systematisiert und strukturierend entfaltet. Dabei werden die natürlichen und ökonomischen Grenzen einer Recycling-Strategie nicht verkannt. Aus der betrieblichen Funktion der Entsorgungswirtschaft werden nun die zusätzlichen Grundfunktionen Kollektion, Reduktion und Reintegration abgeleitet.

Sieht man einmal von Arbeiten zur Standorttheorie, zur überbetrieblichen Logistik oder zur Innovationstätigkeit in räumlichen Clustern ab, so werden räumliche Aspekte in der Betriebswirtschaftslehre und wohl auch in der Volkswirtschaftslehre weitgehend vernachlässigt bzw. ausgeblendet. Andererseits ist industrielle Stoffkreislaufwirtschaft mit den dabei induzierten Stoffströmen aber wesentlich abhängig vom Raumbezug. Vor diesem Hintergrund behandelt Herr Sterr in Kap.6 den Raum als Grundlage menschlichen Wirtschaftens und baut damit die Basis für einen zweiten, aus primär geographischer Sicht entwickelten Diskussionsstrang seiner Arbeit auf.

Diesen beiden produktionswirtschaftlich bzw. geographisch bestimmten Grundlagenkapiteln 4 und 5 folgt im zweiten Schwerpunkt der Arbeit die Diskussion einer industriellen Stoffkreislaufwirtschaft, nun eingebettet in den räumlichen Kontext. Transportkosten, mengenmäßiges Aufkommen und Economies of Scale sind dabei zentrale Faktoren für die Bestimmung eines potenziellen Verwertungsraums. Gleichwohl sind sie nicht mehr als notwendige Bedingungen, die erst in ihrem systemischen Kontextmilieu zum faktischen Handlungsraum gedeihen. Über regionale, lokale, überbetriebliche und innerbetriebliche Stoffkreislauf- und Informationsbeziehungen werden deshalb gerade auch räumlich-systemische Aspekte diskutiert. Mit diesem Rüstzeug werden in 7.5.4 Praxisbeispiele industriestandortinterner Kreislaufwirtschaft analysiert, wobei das legendäre Projekt von Kalundborg bzw. das vor allem in den USA und in Entwicklungsländern vertretene Konzept der Eco-Industrial Parks besonders betont werden. Schließlich werden in Kapitel 8 die vom Autor maßgeblich betriebenen Forschungsprojekte im Rhein-Neckar-Raum zur zwischenbetrieblichen und regionalen Stoffkreislaufwirtschaft behandelt.

Die vorliegende Schrift richtet sich sowohl an Praktiker, die an der theoretischen Einbettung ihrer Arbeit interessiert sind, als auch an die Vertreter der Wissenschaft, die hier eine theoretische Fundierung mit einem praktischen Anwendungskontext verknüpft finden. Es ist diesem Werk zu wünschen, dass es den in die Zukunft gerichteten Prozessen der industriellen Umsteuerung in Richtung Nachhaltigkeit durch seine interdisziplinäre Breite und zugleich fundierte Tiefe prägende Impulse zu geben vermag.

Heidelberg, den 16. September 2002

Prof. Dr. Dietfried Günter Liesegang

Vorwort und Danksagung des Autors

Wenn man sein Studium zunächst einmal als Diplomgeograph abschließt, um anschließend das zeitlich versetzt begonnene Studium der Volkswirtschaftslehre weiterzuführen, zwei Jahre als Assistent am Lehrstuhl für Wirtschaftswissenschaften (Entwicklungsökonomie) des Süd-Asien-Instituts zu arbeiten und schließlich neben einer hauptberuflichen Funktion als Projektleiter am Heidelberger Institut für Umweltwirtschaftsanalysen (IUWA) e.V. im Fach Betriebswirtschaftslehre zu promovieren, dann ist man mit einem vielfältigen Strauß an Sichtweisen, Theoriebausteinen, Konzepten aber auch Lehren aus der betrieblichen Umsetzungspraxis in Berührung gekommen, die allesamt ein spezifisches Stück Wirklichkeit zu beschreiben, zu erklären und in Teilen auch zu prognostizieren vermögen. Das Wissen darum gestattet es einem deshalb allerdings nicht mehr, sich bei der Suche nach Ansätzen zur nachhaltigkeitsorientierten Umsteuerung unserer Wirtschaftsweise hin zu einer industriellen Stoffkreislaufwirtschaft auf Antworten aus einer einzigen Fachdisziplin zu beschränken.

Warum dann aber die Behandlung „*industrieller Stoffkreislaufwirtschaft im regionalen Kontext*" mittels eines „*lediglich*" „*interdisziplinären Ansatzes*"? Wäre hier nicht vielmehr eine transdisziplinäre Herangehensweise ab? Das mag richtig klingen, doch nimmt man die Forderung nach Transdisziplinarität ernst, so sollte man ihr gleichzeitig auch ein eigenständiges Fundament zugestehen, aus dem heraus dann transdisziplinär abgeleitete Schlüsse gezogen werden könnten. Doch dies muss aus Qualitätsgründen leider noch als Fernziel betrachtet werden. Auch wenn die vorliegende Arbeit hie und da Aufbrüche in Richtung Transdisziplinarität anklingen lassen mag, so greift sie doch eindeutig auf fachdisziplinär verankerte, von der wissenschaftlichen Diskussion bereits geschärfte, teilweise aber auch noch stark in Entwicklung befindliche Ansätze und Theoriebausteine zurück. Die Arbeit versucht, entsprechende Ideenkontexte und Module – teilweise auch über eigene Spezifizierungen und Weiterentwicklungen – stärker auf einander zuzuführen und dabei nach Möglichkeit auch disziplinenübergreifende Verknüpfungspunkte herauszuarbeiten. Damit sollen Brücken geschaffen werden, die die gegenseitige Wertschätzung verschiedenartiger wissenschaftlicher wie praxisgeleiteter Herangehensweisen fördern sollen, um insbesondere systemische oder Nachhaltigkeitsprobleme in ihrer Komplexität besser verstehen und mit Hilfe eines mehrere Dimensionen verbindenden Ideengebäudes bearbeiten zu können.

Der Anspruch der Interdisziplinarität trifft daher das, was die Arbeit leisten will. Vor diesem Hintergrund versucht sie zukunftsweisende Ansätze aus der Betriebswirtschaftslehre (Reproduktionswirtschaft) wie der Geographie (Wirtschaften im Raum) vor dem Hintergrund eines systemischen Gesamtverständnisses heraus zunächst einmal fachintern zu verfeinern, zu schärfen und weiterzuentwickeln, um sie sodann an realen Kontexmilieus zu spiegeln, wobei die empirische Beforschung mit der Erarbeitung der Theoriebausteine in vielen Fällen auch parallel ablief und hierdurch auch sehr unmittelbar in die Ausgestaltung einzelner Theoriebausteine einfließen konnte.

In diesem Zusammenhang bedanke ich mich ganz besonders bei meinem akademischen Lehrer, *Herrn Prof. Dr. Dietfried G. Liesegang* (Lehrstuhlinhaber für BWL I am Alfred Weber-Institut der Univ. Heidelberg), der mich nicht nur zur Promotion anregte und mir die Möglichkeit gab, über meine langjährige Tätigkeit am IUWA umfassende Theorie-Praxis-Abgleiche herzustellen, sondern der sich durch seine schier unerschöpfliche Innovationskraft und sein besonderes Interesse an einer Disziplinengrenzen überschreitenden Gesamtschau der Dinge stets als ein zu mir passender Mentor erwies.

Besonders danken möchte ich zudem *Herrn Prof. Hans Gebhardt* (Lehrstuhlinhaber für Anthropogeographie am Geographischen Institut der Univ. Heidelberg), der an der avisierten Fragestellung sofort großes Interesse zeigte und sich deshalb auch sehr gerne bereit erklärte, das Koreferat zu übernehmen. Ihm wie auch Herrn *Priv. Doz. Dr. Frank Jöst* (Lehrstuhl für Wirtschaftstheorie am Alfred Weber-Institut der Univ. Heidelberg), welcher als weiterer Koreferent fungierte, habe ich zahlreiche wichtige Anregungen aus dem Bereich der Neueren Wirtschaftsgeographie bzw. der Umwelt- und Ressourcenökonomie zu verdanken, die in die vorliegende Arbeit eingeflossen sind.

Vor dem Hintergrund der Tatsache, dass man sich als Doktorand im Allgemeinen auf den streckenweise ziemlich einsamen Weg begibt, neue Räume zu erschließen und zu verstehen, war ich stets dankbar, wenn ich meine eigenen Reflektionen in regelmäßigen Zeitabständen kompetenten Gesprächspartnern vorstellen oder eine interessierte Öffentlichkeit damit konfrontieren konnte.

In diesem Zusammenhang bedanke ich mich insbesondere für die zahlreichen Hinweise und Anregungen der Mitglieder des Doktorandenseminars von *Herrn Prof. Liesegang*, denen ich mich nicht nur als Vortragender, sondern auch als interessierter Zuhörer stets gerne stellte.

Ein besonderer Dank gilt meinen Kollegen und Projektmitarbeitern aus dem Institut für Umweltwirtschaftsanalysen (IUWA) Heidelberg e.V., darunter insbesondere *Herrn Oliver Assmann, Herrn Dr. Werner Krause, Herrn Dr. Thomas Ott* wie auch *Herrn Nikolaos Mitritzikis* und *Herrn Marco Don* für die vielen kritischen und fruchtbaren Fachdiskussionen, zu deren wissenschaftlichem wie umsetzungspraktischem Erkenntnisgewinn auch die projektintern angestellten Diplomanden *Thomas Cepl, Cornelia Gehrlein, Silvia Gunn, Dominik Hauser, Rüdiger Thier, Artur Untenberg, Georg Wittmann, Violetta Wrzesinska* und *Amir Yousfi* wesentlich beigetragen haben. Stellvertretend für etliche weitere möchte ich darüber hinaus auch die sehr fruchtbaren Inputs der wissenschaftlichen Hilfskräfte *Sebastian Henn, Yiannis Poulakis* und *Carlos Zamorano-Kranz* nicht unerwähnt belassen. Vieles von dem, was wir bei unserer Arbeit am IUWA gemeinsam erreicht haben, war allerdings nur dadurch möglich, dass wir mit Frau *Barbara Neef* stets eine Persönlichkeit an unserer Seite wussten, deren umfassendes, fachlich kompetentes, soziales und gleichzeitig höchst effizientes Wirken praktisch keine Unmöglichkeiten zuließ.

Ein besonderes Dankeschön gilt schließlich auch den Industrievertretern der Firmen ABB Stotz-Kontakt GmbH, Bran + Luebbe GmbH, Borg-Warner Transmission Systems GmbH, Chemische Werke Kluthe GmbH, Collins & Aikman Automotive Systems GmbH, FRIATEC AG, Freudenberg Service KG, Gaster Wellpappe KG, Haldex GmbH, Heidelberger Druckmaschinen AG, Henkel-Teroson GmbH, Leuchtstoffwerk (LSW) GmbH, Lincoln GmbH, Mecano Rapid GmbH, Präzisions-Teilefertigung Heidelberg (PTH) GmbH, Rudolf Wild Werke, Schmitthelm GmbH & Co. KG, TI Automotive (Heidelberg) GmbH, V-Dia GmbH und WABCO Perrot Bremsen GmbH sowie Herrn *Dr. Plate* von der Stadt Heidelberg, mit denen ich teilweise bereits seit mehr als 5 Jahren aktiv zusammenarbeite und von denen ich gerade in puncto Theorie-Praxis-Verknüpfung sehr viel gelernt habe.

Bei meinen Eltern *Werner & Erika Sterr* möchte ich mich abschließend nochmals für die vielfältige Unterstützung bedanken, die sie mir in den vielen Jahren meiner schulischen und universitären Ausbildungszeit haben zukommen lassen.

Und last but not least bedanke ich mich bei meiner geliebten Frau *Cornelia* für ihre lang anhaltende Geduld und die Tatsache, dass auch sie mich einstmals zur Aufnahme eines Dissertationsvorhabens zuließ.

Heidelberg, den 30. Oktober 2002

Thomas Sterr

*Unserem kleinen Wunder
Sarah Veronika*

Inhaltsverzeichnis

Seite

1.	**Einführung**	**1**
1.1	Konzeptionelle Grundbausteine einer technosphärischen Stoffkreislaufwirtschaft	2
1.2	Konzeptionelle Grundbausteine zum Verständnis einer technosphärischen Stoffkreislaufwirtschaft im Raum	4
1.3	Regionalisierung in der industriellen Stoffkreislaufwirtschaft	6
1.4	Gesamtbild	9
2.	**Sphären und Systeme**	**11**
2.1	Der Systemgedanke in Ökologie und Technologie	14
2.1.1	Ökosysteme	14
2.1.2	Technosysteme	16
2.2	Die Ökosphäre und ihr technosphärischer Teilbereich	18
2.3	Besonderheiten der menschlichen Technosphäre	25
2.3.1	Die Anthroposphäre	26
2.3.2	Die Transformatorensphäre	29
2.3.4	Anthroposphäre und Transformatorensphäre vor dem Hintergrund stoffkreislaufwirtschaftlicher Betrachtungen	31
3.	**Das Phänomen Abfall und sein begrifflicher Inhalt**	**33**
3.1	Abfall in der Ökosphäre – eine evolutionsgeschichtliche Betrachtung ..	33
3.2	Abfall technosphärischen Ursprungs – Urquell eines neuen Evolutionskapitels?	38
3.3	Der Abfallbegriff als Rechtsbegriff im Abfallrecht der Bundesrepublik Deutschland	42
3.3.1	Zur Entwicklung des gegenwärtigen Abfallbegriffs	42
3.3.2	Der Abfallbegriff des KrW-/AbfG vom 7.10.96	43
3.4	Bemerkungen zum Umgang mit dem Abfallbegriff	49
3.5	Abfall im Rahmen eines nachhaltigkeitsorientierten Wirtschaftens	51

4.	**Kreislaufwirtschaft**	**57**
4.1	Der semantische Anspruch des Begriffs der Kreislaufwirtschaft	57
4.1.1	Kreislaufwirtschaft in der natürlichen Ökosphäre	57
4.1.2	Kreislaufwirtschaft in der Technosphäre	59
4.1.3	Kreislaufwirtschaft versus „Unsterblichkeit"	61
4.1.4	Zur Notwendigkeit der Dreigliedrigkeit unserer heutigen Technosphäre	65
4.2	Stoffkreislaufwirtschaft in Rahmen volkswirtschaftlicher Betrachtungen	69
4.2.1	Quantifizierung technosphärischer Stoffumwälzungen	69
4.2.2	Ressourceneffizienz technosphärischer Stoffumwälzungen	76
5.	**Stoffkreislaufwirtschaft im Rahmen betriebswirtschaftlicher Betrachtungen**	**81**
5.1	Das kreislaufwirtschaftliche Grundgebäude als Dreisektorenmodell	81
5.1.1	Die Technosphärensektoren der Produktion, Konsumtion und Reduktion	85
5.1.1.1	Hierarchieebenen des Produktionsbegriffes	92
5.1.1.2	Konsumtion	97
5.1.1.3	Reduktion	97
5.1.2	Objektkategorien des Dreisektorenmodells	102
5.1.2.1	Die Objektkategorie der Güter (goods")	105
5.1.2.2	Die Objektkategorie der Übel („bads")	108
5.1.3	Besondere Vorteile des Ansatzes	111
5.2	Handlungsansätze für Produktion, Konsumtion und Reduktion vor dem Hintergrund einer technosphärischen Stoffkreislaufwirtschaft	114
5.2.1	Ausgewählte stoffkreislaufwirtschaftliche Ansatzpunkte im Bereich der Produktion (P)	116
5.2.1.1	Ausgewählte Ansatzpunkte aus dem Bereich der Entwicklung	116
5.2.1.2	Ausgewählte Ansatzpunkte aus dem Bereich materieller Beschaffung	118
5.2.1.3	Ausgewählte Ansatzpunkte aus dem Bereich der Protransformation	120
5.2.1.4	Ausgewählte Ansatzpunkte aus dem Bereich der Demontage	121
5.2.1.5	Ausgewählte Ansatzpunkte aus dem Bereich der Lagerung	122
5.2.1.6	Ausgewählte Ansatzpunkte aus dem Bereich des Marketing	122
5.2.2	Ausgewählte kreislaufwirtschaftliche Ansatzpunkte im Bereich der Konsumtion (K)	122

5.2.3	Ausgewählte kreislaufwirtschaftliche Ansatzpunkte im Bereich der Reduktion (R)	125
5.2.3.1	Ausgewählte Ansätze aus dem Bereich der Kollektion (Erfassung und Sortierung)	127
5.2.3.2	Ausgewählte Ansatzpunkte aus dem Bereich der Reduktion i.e.S. (Demontage und Retrotransformation)	129
5.2.3.3	Ausgewählte Ansatzpunkte aus dem Bereich der Reintegration	130
5.2.3.4	Ausgewählte Ansatzpunkte aus dem Bereich der Beseitigung	132
5.3	Theoretische Grundlagen der Logistik (L) im Dreisektorenmodell	134
5.4	Entsorgung, Recycling und technosphärische Reduktionswirtschaft – drei Begriffsstämme für denselben Vorgang?	144
5.4.1	Entsorgung	144
5.4.2	Recycling	147
5.5	Recycling als kreislauforientierte Prozesskette zur Verknüpfung von Reduktion und Produktion	154
5.6	Grenzen des Recycling	161
5.6.1	Naturgesetzliche und natürliche Grenzen	163
5.6.2	Technische und ökologische Grenzen	165
5.6.3	Ökonomische Grenzen	166
5.6.4	Organisatorisch-institutionelle Grenzen	169
5.6.5	Rechtliche Grenzen	170
5.6.6	Emotionale Grenzen	171
5.6.7	Zielkorridore und Leitplanken des technosphärischen Recyclings	173
5.7	Zentrale entsorgungswirtschaftliche Begrifflichkeiten in ihrem Verhältnis zueinander – eine abschließende Betrachtung	176
5.8	Entwicklungschancen	179
6.	**Der Raum als Grundlage menschlichen Wirtschaftens**	**181**
6.1	Der Wirtschaftsraum als Handlungsraum des Menschen	186
6.2	Die Region als menschlicher Handlungsraum mittlerer Größenordnung	190
6.3	Interpretationsmuster des Phänomens der Wirtschaftsregion	193
6.3.1	Die territoriale Wirtschaftsregion als Ausdruck eines territorialen Raumkonzepts	195
6.3.2	Die systemisch interpretierte Wirtschaftsregion als Ausdruck eines kommunikativen Raumkonzepts	203

6.4	Territoriale und systemische Wirtschaftsregion im Kontrast	208
6.5	Die Exemplifizierung des Regionsbegriffs am Beispiel des Wirtschaftsraums Rhein-Neckar	212
6.6	Vorschlag einer Methodik zur schrittweisen Regionsspezifikation	222

7. Industrielle Stoffkreislaufwirtschaft und ihr räumlicher Bezug ... 225

7.1	Zentrale Entscheidungsparameter und deren Verhältnis zum Raum	225
7.1.1	Ökonomisch bestimmte Verhaltengrundmuster	225
7.1.2	Ökologisch ausgerichtete Verhaltensgrundmuster	233
7.1.3	Systemisch bedingte Verhaltensgrundmuster	238
7.2	Technosphärische Stoffkreislaufräume	249
7.3	Innerbetriebliche Stoffkreislaufwirtschaft	254
7.3.1	Abgrenzung	254
7.3.1.1	Territoriale Abgrenzung	254
7.3.1.2	Systemische Abgrenzung	256
7.3.1.3	Außengrenzen einer innerbetrieblichen Stoffkreislaufwirtschaft	258
7.3.2	Chancenpotenziale einer innerbetrieblichen Stoffkreislaufwirtschaft	259
7.3.3	Zur Entwicklung problemadäquater Instrumente	261
7.3.4	Innerbetriebliche Stoffkreislaufwirtschaft als Stoffstrommanagementbaustein	266
7.3.5	Fallbeispiele für die Umsetzung innerbetrieblicher Stoffkreislaufprozesse	268
7.4	Zwischenbetriebliche Stoffkreislaufwirtschaft	269
7.4.1	Zwischenbetriebliche Stoffkreislaufwirtschaft aus einem unternehmenssystemischen Blickwinkel	271
7.4.1.1	Unternehmensinterne Stoffkreislaufwirtschaft	271
7.4.1.2	Unternehmensübergreifende Stoffkreislaufwirtschaft	275
7.4.1.2.1	Vertikale, horizontale und diagonale Beziehungsmuster	277
7.4.1.2.2	Stoffkreislauftechnische Relevanz der Kooperationsrichtung	280
7.4.2	Zwischenbetriebliche Stoffkreislaufwirtschaft unter dem Aspekt räumlicher Dimensionierung	284
7.5	Zwischenbetriebliche Stoffkreislaufwirtschaft auf lokaler Ebene	287
7.5.1	Das Industriegebiet als territoriale Einheit	287
7.5.2	Das Industriegebiet als systemische Einheit	287
7.5.3	Das Industriegebiet als Baustein einer Kreislaufökonomie	291
7.5.4	Praxisbeispiele industriestandortinterner Stoffkreislaufwirtschaft	292

7.5.4.1	Die Industrielle Symbiose von Kalundborg (Dänemark)	293
7.5.4.2	Die Implementierung von „Eco-Industrial Parks" in Nordamerika	296
7.5.5	Ressourcentechnische Probleme industriestandortinterner Stoffkreislaufwirtschaft	307
7.5.6	Chancenpotenziale industriestandortinterner Stoffkreislaufwirtschaft	311
7.6	Zwischenbetriebliche Stoffkreislaufwirtschaft auf regionaler Ebene	316
7.6.1	Die Stoffverwertungsregion	316
7.6.2	Potenziale regionaler Stoffkreislaufschließung	318
7.6.3	Praxisbeispiele regionaler Stoffkreislaufwirtschaft	323
7.6.3.1	Das Verwertungsnetzwerk Obersteiermark	323
7.6.3.2	Neuere Entwicklungen regionaler Verwertungsnetze	327
7.7	Zwischenbetriebliche Kreislaufwirtschaft im nationalen und internationalen Rahmen	328
7.8	Regionale Stoffkreislaufwirtschaft als zukunftsweisendes Konzept?	334
7.8.1	Regionalisierung	335
7.8.2	Regionalisierungsprozesse im politisch-administrativen Kontext	336
7.8.3	Regionalisierungsprozesse in einer sich globalisierenden Welt	340
7.8.4	Regionalisierung von Stoffkreislaufprozessen	350
7.8.5	Regionalisierung von Stoffkreislaufprozessen als Beitrag zur Förderung von Nachhaltigkeit?	357
7.8.5.2	Grundbausteine zum Nachhaltigkeitsbegriff	357
7.8.5.2	Nachhaltigkeit als mehrdimensionales Konzept	362
7.8.5.2.1	Nachhaltigkeitsorientierte Grundprinzipien	362
7.8.5.2.2	Ökologische, ökonomische und soziale Nachhaltigkeitsdimension	363
7.8.5.2.3	Nachhaltigkeit im räumlichen Kontext	368
8.	**Zwischenbetriebliche Stoffkreislaufwirtschaft in der Industrieregion Rhein-Neckar – Konzeptionelle Ansätze und Anwendungserfahrungen**	**375**
8.1	Das Industriegebiet Heidelberg-Pfaffengrund als Nukleus für die praktische Umsetzung zwischenbetrieblicher Stoffkreislaufwirtschaft	379
8.1.1	Kurzbeschreibung des Industriestandorts Heidelberg Pfaffengrund	379
8.1.2	Die besondere Eignung des Pfaffengrunder Industriegebietes für eine zwischenbetriebliche Kooperation im Umgang mit Gewerbeabfällen	381
8.1.3	Eruierung des Kontextmilieus	384
8.1.4	Umsetzungsziele	389

8.1.5	Umsetzung und Ergebnisse	394
8.1.5.1	Umsetzung und Ergebnisse auf der innerbetrieblichen Systemebene...	396
8.1.5.2	Umsetzung und Ergebnisse auf der zwischenbetrieblichen Systemebene	398
8.1.5.3	Zusammenfassung empirischer Ergebnisse aus der Perspektive einzelner Unternehmen	406
8.1.6	Kritische Reflektion und Perspektiven	414
8.2	Die Industrieregion Rhein-Neckar als regionaler Stoffverwertungsraum	421
8.2.1	Kurzbeschreibung der Industrieregion Rhein-Neckar	421
8.2.2	Vom Industriestandort zur Industrieregion – Theoretische Überlegungen zur Ausgestaltung eines Stoffverwertungsraumes Rhein-Neckar	423
8.2.3	Die Einrichtung eines regionalen Akteursnetzwerks	428
8.2.3.1	Eruierung des Kontextmilieus	430
8.2.3.2	Implementierung einer „Arbeitsgemeinschaft Umweltmanagement" (AGUM)	431
8.2.4	Instrumente zur effizienten Bündelung stoffkreislaufrelevanter Informationen	436
8.2.4.1	Der AGUM-Abfallmanager	436
8.2.4.2	Der Abfallanalyzer	441
8.2.5	Das gegenwärtige Instrumentenset zur Förderung industrieller Stoffkreislaufwirtschaft im Rhein-Neckar-Raum	442
8.2.6	Konzeptionelle Ansätze zum weiteren Instrumentenausbau hinsichtlich der Förderung industrieller Stoffkreislaufwirtschaft im Rhein-Neckar-Raum und Überlegungen zu deren Übertragbarkeit auf andere regionale Kontextmilieus	445
8.2.7	Abschließende Betrachtungen des Instrumentensets unter Nachhaltigkeitsaspekten	450
8.3	Die Stoffverwertungsregion als Zwischenstadium zum nächsthöheren Raumrahmen?	455

9. Zusammenfassung und Perspektiven ... **459**

10. Literaturverzeichnis ... **467**

Anhang ... **505**

Industrielle Stoffkreislaufwirtschaft im regionalen Kontext

1. Einführung

Im Laufe von nur wenigen Jahrhunderten ist es dem Menschen gelungen, wesentliche chemisch-physikalische Transformationsprozesse seiner natürlichen Umwelt so weit zu verstehen, dass ihm dieses Wissen schließlich ermöglichte, viele dieser Vorgänge nach seinem eigenen Willen zielsicher umzulenken, wenn nicht gar selbst zu programmieren. Die Ergebnisse dieses Handelns spiegeln sich in der Erschaffung einer Technosphäre wider, deren Produktionsmittel einen vorher nie da gewesenen Stoffumsatz pro Zeiteinheit zulassen und deren Produkte ein teilweise äußerst hohes Maß an Verlässlichkeit aufweisen, wobei der Erfolgsschlüssel in einer vielfach vollständigen Immunisierung gegenüber natürlich vorkommenden Destruenten liegt. Da die rasant zunehmenden Transformationen von Input- in Outputobjekte jedoch nahezu ausschließlich als Kuppelproduktionsprozesse ablaufen, offenbarte sich dieser junge Erfolg menschlicher Schaffenskraft nicht nur in einer zunehmenden Fülle hochresistenter Zielprodukte, sondern genauso hochresistenter Abfälle. Der natürliche Metabolismus erfährt vor diesem Hintergrund einen anhaltenden Umsatzverlust, der durch eine Zunahme an Toxizität für die daran beteiligten Ökosystemelemente noch verstärkt wird. Damit wird auch der Mensch zunehmend gewahr, dass seine neue technosphärische Heimstatt in all ihrem schönen Sein und Schein nur dann ein dauerhaft dienlicher und behütender Hort sein kann, wenn er sie willentlich in ein System überführt, das sich nicht nur an der gezielten Stoffbindung orientiert, sondern auch die Entbindung und damit die neuerliche Verfügbarkeit dieser Stoffe zur Befriedigung anderer Zwecke fördert.

Dies bedeutet ganz konkret die Verabschiedung des Menschen von der Stoffdurchflusswirtschaft, wie sie durch die nahezu ausschließliche Konzentration seiner Kreativkräfte auf den erwünschten Teil des technosphärisch erzeugten Produktionsoutputs entstanden war, und es bedeutet den Aufbau einer technosphärischen Stoffkreislaufwirtschaft, wie sie durch eine ganzheitliche Sicht- und Herangehensweise angesteuert werden kann.

1.1 Konzeptionelle Grundbausteine einer technosphärischen Stoffkreislaufwirtschaft

Für den Wissenschaftler wirft diese Forderung nach einer technosphärischen Stoffkreislaufwirtschaft zunächst einmal die Frage auf, wie eine darauf passende Modellstruktur aufgebaut sein müsste. Nun wissen wir von natürlichen Ökosystemen, dass sie sich über Jahrmillionen erhalten können, indem dort eine stete, fast 100%ige Stoffkreislaufführung realisiert wird. Dies lenkt den Blick auf die möglicherweise strukturellen Defizite der aus der natürliche Ökosphäre „heraus - entwickelten" Technosphäre, die diese Qualitäten in ihrer heutigen Ausprägung nur noch in Teilbereichen aufweist. Die Natur als Vorbild für unser technosphärisches Wirtschaften heranzuziehen, liegt deshalb recht nahe. Vor diesem Hintergrund gilt die erste zentrale Fragestellung der Arbeit einer Beleuchtung des Innenlebens dieser Ökosphäre, d.h. der sie konstituierenden Systemelemente, deren Eigenschaften, Systemfunktionen und Beziehungsmuster. Unsere menschliche Technosphäre, so die daraus abgeleitete These, kann ihre Dienste für uns Menschen wohl nur dann dauerhaft aufrechterhalten, wenn wir sie in Analogie zu ihrem ökosphärischen Urquell und der darin wirksamen Erfolgsrezepte gestalten und darum nicht nur Werden, sondern auch Vergehen zulassen bzw. einprogrammieren. Sie sollte sich diesen Dualismus bewusster machen und in diesem Sinne ihre Einbettung in den ökosphärischen Lebensraum ernst nehmen. Ein ähnlich erfolgreiches Rezept wie der von der Natur vorgeschlagene Weg ist zumindest derzeit nicht in Sicht. Dies gilt insbesondere für den Umgang mit solchen Stoffströmen, die als primär oder sekundär unerwünschte Outputs eines vergleichsweise unvollkommenen industriellen Produktionssystems zunehmend zum Problem werden.

Wie aber könnte eine auf die Industrie übertragene Modellstruktur aussehen, die dazu beiträgt, Stoffkreislaufpotenziale möglichst weitgehend zu identifizieren, zu erschließen und auszuschöpfen? Sie darf nicht länger am Erreichen des industriellen Produktionsziels abbrechen, sondern muss den Blick auf das Ganze lenken und damit auf eine Zyklenstruktur, mit deren Hilfe die Reproduzierbarkeit der Technosysteme bei begrenzten Ressourcenbeständen gewährleistet werden soll. Für die wissenschaftliche Theorie verlangt diese ganzheitliche Sichtweise eine neuartige Herangehensweise, zu der die Idee von einer *„nachhaltigen Reproduktionswirtschaft"* (*Liesegang* 1992)[1] einen wichtigen Zugang liefern kann. Der besondere Anstoß, den gerade eine solche Reproduktionswirtschaft für die wissenschaftliche Theoriebildung zu liefern vermag, zielt dabei insbesondere auf den Bereich technosphärischer Reduktion, wo der Abbau von Theoriedefiziten besonders Not tut. Auch die hier vorliegende reproduktionswirtschaftlich orientierte Arbeit konzentriert sich daher zunächst einmal auf Fragen zur *„Reduktionswirtschaft*

---

[1] *Liesegang* [Reduktion 1992], S. 9.

1. Einführung

..." , die *Liesegang* „ ... *als Komplement zur Produktionswirtschaft*" [2] versteht[3]. Auf diesem Gebiet der reduktionswirtschaftlichen Forschung gebührt dabei gerade auch *Dyckhoff* (1992 ff.) und seinen Schülern große Anerkennung, wobei unter Letzteren wiederum *Souren* mit seiner Dissertation zur „*Theorie betrieblicher Reduktion*" (1996) hervorzuheben ist.

Der produktionstheoretische Ansatz der hier vorliegende Dissertation baut demnach auf entsprechenden Arbeiten insbesondere oben genannter Wissenschaftler auf und konzentriert sich dabei insbesondere auf eine „*Reduktionswirtschaft im Gebäude einer technosphärischen Stoffkreislaufwirtschaft*", wie sie vom Autor bereits 1999 im Rahmen eines Diskussionspapiers am Alfred-Weber-Institut der Universität Heidelberg vorgestellt worden ist[4]. Inhaltlich geht es hierbei besonders um eine Verfeinerung, Konkretisierung und Feinabstimmung des reduktionswirtschaftlichen Ansatzes unter dem Dach einer dreigliederigen Technosphäre, deren systemischer Aufbau sowohl Produzenten, Konsumenten als auch die von *Dyckhoff* begrifflich eingeführten Reduzenten enthält. Als Abgrenzungskriterium der Technosphäre gegenüber der sie einbettenden Ökosphäre wird dabei die Kontrolle über Stoffströme herangezogen. Im Inneren der Technosphäre stehen sich Produktions- und Reduktionsbereich quasi als Punktspiegelung gegenüber und visualisieren dadurch die *Liesegang*'sche Idee von der „*Reduktionswirtschaft als Komplement zur Produktionswirtschaft*". Die Arbeit verdeutlicht diesen Gedanken auch in Form eines „*Produktions-Reduktions-Rades*", das sowohl die besonderen Charakteristika stofflicher wie informationeller Flüsse skizziert[5]. Eine derartige Versinnbildlichung macht allerdings auch deutlich, dass die Vorstellung von einer „*Entsorgung als vierte*(r) *güterwirtschaftliche*(n) *Grundfunktion*" [6] die kreislaufwirtschaftliche Idee weit weniger gut transportiert, weil sie auf die wechselseitigen Lernpotenziale zwischen Produktion und Reduktion kaum geeignet hinzuweisen vermag. In einer konsequenten Anwendung der reproduktionswirtschaftlichen Idee wird stattdessen darauf hingewiesen, dass diese Entsorgungsphase die güterwirtschaftlichen Grundfunktionen 1-3, d.h. Beschaffung, Produktion und Absatz in einer ihr eigentümlichen reduktionsspezifischen Ausprägung selbst enthält, bzw. sich hieraus konstituiert, so dass man in allen drei Phasen zwei voneinander lernende Teilsysteme der Produktion und der Reduktion vor sich hat. Für die wis-

---

[2] Titel eines von *Liesegang* bei der wissenschaftlichen Jahrestagung des Verbandes der Hochschullehrer für Betriebswirtschaftslehre in St. Gallen im Juni 1992 gehaltenen Vortrags.

[3] „*Aus der Durchflusswirtschaft könnte tatsächlich eine nachhaltig stabilisierte entwicklungsfähige Reproduktionswirtschaft werden, in welcher Produktions- und Reduktionsprozesse sich komplementär ergänzen.*" (*Liesegang* [Reduktion 1992], S.12).

[4] *Sterr* [Reduktionswirtschaft 1999].

[5] Siehe die Abb. 5-5 und 5-11.

[6] Titel von Kapitel 9 des Buches „*Betriebliche Umweltwirtschaft*" von *Matschke* [Umweltwirtschaft 1996].

senschaftliche Theorie bedeutet dies, dass man nach wie vor von drei Grundfunktionen ausgehen kann, bzw. präzisierend (in produktions-reduktionsseitiger Fallunterscheidung) mit sechs Grundfunktionen operieren müsste. Ein derartiges Theoriebild verkompliziert die Dinge nicht, es vereinfacht sie. Und es wird auch der modernen Entsorgungswirtschaft in hohem Maße gerecht, die sich längst nicht mehr als produktionswirtschaftliches Anhängsel zur Beseitigung unerwünschter Stoffströme gebärdet, sondern zu einem eigenständigen Industriezweig geworden ist, der sich als solcher ebenso um die Ausgestaltung der ursprünglich für die industrielle Produktion formulierten drei Funktionsbereiche kümmern muss. Zur besonderen Kennzeichnung der reduktionsseitigen Prozessabfolge im Rahmen des o.g. Produktions-Reduktions-Rades wird deshalb der Dreiklang von Kollektion, Retrotransformation und Reintegration eingeführt.

Hintergrund der hier vorgenommenen begrifflichen Präzisierung ist die Tatsache, dass reduktions- bzw. reproduktionswirtschaftliche Betrachtungsweisen in der betriebswirtschaftlichen Theorie tatsächlich immer noch relativ neu sind und die Zusammenführung der durch die einzelnen Vordenker gelieferten Teilsystembetrachtungen bisweilen Inkompatibilitäten aufweist, die auf diese Weise abgebaut werden können. Gerade auf dem Gebiet betriebswirtschaftlicher Theoriebildung sieht die hier vorgelegte Arbeit deshalb eine besondere Aufgabe darin, ein in sich konsistentes Begriffsgebäude zu entwerfen bzw. zu vervollständigen, das reproduktionswirtschaftlichen Vorstellungen an all ihren Knoten und Kanten gerecht wird und dabei so weit als möglich aus dem Fundus anerkannter produktionstheoretischer Begrifflichkeiten schöpft. Da die einzelnen Prozessschritte der industriellen Reproduktionswirtschaft sich nur in Ausnahmefällen ortsgleich aneinander reihen, werden auch entsprechende Überlegungen aus dem Wissenschaftsbereich der Logistik in das Begriffsgebäude einbezogen.

Damit wird aber gleichzeitig auch deutlich, dass sich technosphärische Stoffkreislaufwirtschaft schon allein vor dem Hintergrund lokaler Überschüsse und Defizite ihrer materiellen Basis im Raum vollziehen muss, der deshalb in Kapitel 6 zunächst einmal zum Gegenstand grundsätzlicher Überlegungen gemacht wird.

1.2 Konzeptionelle Grundbausteine zum Verständnis einer technosphärischen Stoffkreislaufwirtschaft im Raum

Auch wenn an der erheblichen Relevanz von Räumen bei der industriellen Stoffkreislaufwirtschaft im Allgemeinen wenig Zweifel besteht, so stößt der Wissenschaftler bei näherer Betrachtung der Dinge doch recht schnell auf eine große Vielfalt von Raumvorstellungen, die von verschiedenen Personenkreisen gelebt und kommuniziert werden und dabei oftmals wenig kompatibel zu sein scheinen.

1. Einführung

Wie ein solcher Raum nun konstituiert ist und wie er gegen seinen Umraum abgegrenzt werden sollte, das ist, so die einhellige Meinung der Wissenschaft, abhängig von der Fragestellung bzw. der Perspektive des Betrachters. Verschließt er sich damit aber nicht bereits einer inter-, trans- oder metadisziplinären Betrachtungsmöglichkeit? Dies wäre fatal, denn dann würde die Wissenschaft ihrem Anspruch nicht gerecht, durch umfassende und vielschichtige Analysen mit anschließender Synthesebildung das Wesen eines Forschungsgegenstandes immer genauer beschreiben zu können. Was also notwendig ist, ist ein Raumkonzept, das von der Eindimensionalität einzelperspektivisch bestimmter Betrachtungsweise Abstand nimmt, indem es grundsätzliche Eigenschaften verschiedener Raumvorstellungen herauspräpariert und kategorisiert. Auf der Basis dieser Grundbausteine wird sodann ein Schichtenmodell aufgebaut, das ein räumlich komplexes Phänomen als ein aus verschiedenartigen Facetten aufgebautes Kompositum abbildet. Maßgebliche Anregungen hierzu lieferten Arbeiten von *Blotevogel*, *Sinz*, insbesondere aber auch *Ritter* (1998), der in seinen *„geographischen Raumvorstellungen"* sogenannte *„geosphärische"*, *„territoriale"* und *„kommunikative Räume"* unterscheidet. Man kann diese drei auch interpretieren als dreidimensional bzw. zweidimensional geschlossene Räume, denen mit den *„kommunikativen Räumen"* ein lediglich durch Knoten und Kanten bestimmtes Gebilde gegenübersteht, dessen Zwischenräume leer sind. Derartiger Fallunterscheidungen bedarf es allerdings nicht nur bei Überlegungen, die auf einer Metaebene angesiedelt sind und sich mit dem Phänomen des Raumes im Allgemeinen beschäftigen. Auch die Frage nach dem Charakter des Raumes, in dem sich eine industrielle Stoffkreislaufwirtschaft abspielt, ist nach Auffassung des Autors nur über eine mehrdimensionale Betrachtungsweise zu bearbeiten. Diese führt beim Autor in ihrer einfachsten Grundform zu der These, dass industrielle Stoffkreislaufwirtschaft, die hierzulande primär privatwirtschaftlich ausgebildet ist, sich im Wesentlichen systemräumlich vollzieht, wobei jedoch auch territoriale Ansprüche von großer Bedeutung sind.

Das hierin zum Ausdruck kommende Analyseraster differenziert in territoriale und systemische Aspekte und arbeitet so im Gegensatz zu *Ritter* nicht mehr mit drei, sondern mit zwei elementaren Vorstellungen über den Raum. Da die Geosphäre als Außenschale der Erde jedoch *„sowohl Territorien als auch kommunikative Räume umschließt"* [7] und damit eine diesen beiden Ausprägungen übergeordnete Ebene darstellt, ist die in obiger These zum Ausdruck kommende Zweiteilung mit der o.g. *Ritter*'schen Dreigliederung voll kompatibel.

Damit ließe sich auch der Wirtschaftsraum ganz allgemein beschreiben als ein räumlich geschlossenes Ganzes (territorialer Ansatz), das von Akteurssystemen durchzogen und belebt wird (akteurssystemischer Ansatz), deren konstituierendes Charakteristikum ein Beziehungsmuster darstellt. Das auf einer solchen Zweiglie-

---

[7] *Ritter* [Wirtschaftsgeographie 1998], S. 7.

derung fußende Analyseraster wird schließlich auch zur Grundlage für die Bestimmung eines Regionsbegriffs herangezogen, der damit ebenfalls verschiedenartigste Facetten des Phänomens „Wirtschaftsregion" zu integrieren vermag, um so dem äußerst mannigfaltig und vielschichtig erscheinenden Wesen dieses Abstraktums möglichst weitgehend gerecht zu werden.

Mit der Fokussierung auf einen derartigen räumlich bestimmten Forschungsgegenstand thematisiert die hier vorliegende Arbeit ein reales Phänomen, das gerade auch die Ökonomie an die nach wie vor eklatante Raumabhängigkeit ihres zentralen Untersuchungsobjektes (Wirtschaft) rückerinnern und sie damit auch auf Erklärungsansätze aus der Geographie aufmerksam machen soll. Gerade Letztere besitzt in der Beforschung des Raumes eine ihrer zentralen Kernkompetenzen und liefert mit räumlich bestimmten „Milieuansätzen" interessante Bausteine zur Erklärung der Diskrepanz zwischen ökonomischer Rationalität und in praxi konstatierten Handlungsmustern. Eine derartige Fokussierung auf räumliche Aspekte unseres Handelns erscheint dem Autor insbesondere in einer Zeit wichtig, in der die Protagonisten von Globalisierungs- und Enträumlichungstheorien bereits ein Ende der Geschichte zu Gunsten der *Walras'*schen Modellannahmen kommen sehen. Befinden wir uns aber tatsächlich am Ende regionaler Wirtschaftsräume, wie es die neue Logik des Postfordismus postuliert. Führt die informationstechnische Vernetzung tatsächlich dazu, dass es keine Regionalität mehr gibt? Dies sind Fragen, die gerade im Kontext mit der Empirie recht differenziert zu betrachten sind, denn die Wirtschaft schöpft wesentliche Teile ihrer Leistungskraft nach wie vor aus einzelnen Industriestandorten oder Industrieregionen und damit aus einzelnen, räumlich relativ eng begrenzten Systemen, die de facto deutlich mehr zu leisten scheinen als die strenge Neoklassik dies vorsieht. Im Rahmen ihres ganzheitlich systemorientierten Ansatzes thematisiert die Arbeit deshalb gerade auch diese endogenen Kräfte räumlich konzentrierter Akteurssysteme und stellt sie in Zusammenhang mit den Öffnung von Potenzialen zugunsten einer nachhaltigkeitsorientierten Schließung von Stoff- (und Energie)-Kreisläufen. Deren Realisierung steht dabei in engem Zusammenhang mit einer Steigerung der Ressourceneffizienz oder einer Minimierung der Entropiezunahme, wofür eine möglichst kleinräumige und hochwertige Stoff- (und Energie-) Kreislaufführung wichtige Zugänge liefern.

1.3 Regionalisierung in der industriellen Stoffkreislaufwirtschaft

Warum aber diese Konzentration auf eine *„Regionalisierung in der industriellen Stoffkreislaufwirtschaft"*? Durch diese bewusste Pointierung auf die Größenordnung des *„Regionalen"* versucht die Arbeit darauf hinzuweisen, dass sich eine zukunftsorientierte Stoffwirtschaft einerseits im Sinne eines Top-down-Ansatzes mit

1. Einführung

der systematischen Suche nach Möglichkeiten zur Verkleinerung von Transportdistanzen beschäftigen muss, andererseits aber auch Problemlösungskapazitäten in größerem Rahmen (d.h. bottom up) bündeln sollte, um hierdurch von beiden Seiten her kommend Effizienzvorteile realisieren zu können. Allerdings besitzt gerade die Ebene der Industrieregion, so eine zentrale These der Arbeit, ein besonders hohes Problemlösungspotenzial deshalb, weil hier stoff- (und energie-) kreislauftechnische Problemverursachung und Problemlösungskompetenz mit einem hohen Maß an persönlicher Betroffenheit maßgeblicher Entscheidungsträger gepaart ist und damit nicht nur die Identifikation und Lokalisierung weiterer Möglichkeiten zur Kreislaufschließung fördert, sondern auch deren faktische Ausschöpfung.

Die Arbeit rankt sich dabei allerdings nicht bereits ex ante um die Suche nach einer Bestätigung dieser These, sondern beschäftigt sich zunächst einmal ganz allgemein mit dem Wesen industriewirtschaftlich relevanter Systeme – vom betriebsinternen Subsystem bis hin zu weltumspannenden Netzwerken und Prozessketten – wobei dem Problem von Systemgrenzen gerade in ihrer Eigenschaft als Hindernisse für Stoff- und Informationstransfers eine besondere Bedeutung beigemessen wird. Dreh- und Angelpunkt ist hierbei die einzelne Betriebsstätte, die die größte territorial und gleichzeitig auch eigentumsrechtlich zusammenhängende Einheit bildet und gleichwohl auch aus akteurssystemischer Perspektive die zentrale mikropolitische[8] Systemeinheit einer industriellen Stoffkreislaufwirtschaft repräsentiert. Dies gilt selbst für den Fall von Mehrbetriebsunternehmen, deren Entsorgung nicht nur logistisch, sondern zumeist auch vertragsseitig betriebsstättenindividuell ausgestaltet ist.

Vor dem Hintergrund der Tatsache, dass das Werkstor eine ganz wesentliche Grenze für den Transfer von Stoffen und den daran geknüpften Informationsbündeln bildet, gilt die Suche nach stoffkreislaufwirtschaftlichen Potenzialen zunächst einmal dem Blick nach innen, d.h. auf die innerbetriebliche Systemebene. Gerade bei kleineren und mittelständischen Unternehmen (KMU) mit ihrer verhältnismäßig geringen Produktionstiefe und ihrer vergleichsweise schmalen Produktpalette sind diese Potenziale jedoch relativ schnell erschöpft, so dass der Suchraum in einem zweiten Schritt alsbald auf passende Kettenglieder jenseits der Außengrenzen dieser Systemeinheit ausgedehnt werden muss. Damit einher geht jedoch ein massiver Verlust an systemisch bedingtem Vertrauen und damit auch eine Ausdünnung an informationellen Transfers. Diese Einbrüche betreffen insbesondere den Umgang mit industriellen Abfällen, deren Beipackzettel gewöhnlich recht dünn sind und deren Aufnahme als Inputs deshalb mit erhöhten Risikokosten verbunden ist, weshalb ein Produzent im Allgemeinen klassische Entsorgungswege ansteuert. Tatsächlich sind die Kosten einer unternehmensautonomen Informationsbeschaffung in einem Feld, das allenfalls am Rande der produktorientierten Unterneh-

---

8 Zum Begriff der Mikropolitik siehe *Burschel* [sozialer Prozess 1996].

mensziele des Produzenten angesiedelt ist, verhältnismäßig hoch und rechtfertigen die systematische Suche nach passenderen Anschluss-Kettenglieder vielfach kaum. Dies gilt insbesondere für kleine und mittelständische Unternehmen mit ihrer vergleichsweise hohen Vielfalt an Abfallstoffen, die in gleichzeitig relativ kleinen stoffspezifischen Quantitäten anfallen. In dem Maße wie es jedoch gelingt, die informationellen Bedingungen eines großindustriellen Verbundstandorts zu simulieren, werden sich auch die ökonomischen Hürden für das rechtlich Zulässige und technisch Mögliche senken lassen und damit die Implementierung einer technosphäreninternen Stoffkreislaufwirtschaft vorantreiben. Mit dieser These setzen sich insbesondere die beiden letzten Hauptkapitel (7 und 8) der Arbeit auseinander, im Rahmen derer gerade auch die Chancen und Grenzen zwischenbetrieblicher Stoffkreislaufwirtschaft thematisiert werden.

Unter Rekurrierung auf die in den vorangehenden Kapiteln vorgestellten bzw. erarbeiteten Theoriegrundlagen geht es hierbei insbesondere um Ausprägungen und Funktionsmechanismen einer industriestandortbezogenen sowie einer regional dimensionierten Stoffkreislaufwirtschaft, für die die nordamerikanischen „*Eco-Industrial Parks*" (EIP) und die „*Industrielle Symbiose von Kalundborg*", bzw. das „*Verwertungsnetz Obersteiermark*" wichtige Theorie-Praxis-Verknüpfungen darstellen. Ausgehend von diesem theoretisch wie umsetzungspraktisch bestimmten Wissenspool wird schließlich (Kap. 8) ein Konzept zur stufenweisen Erschließung zwischenbetrieblicher Stoffkreislaufpotenziale entwickelt, das im Aufbau kreativer Milieus am Industriestandort seinen Ausgang nimmt und in seiner Systemqualität sukzessive auf den regionalen Raum ausgedehnt wird. Eine besondere Qualität erhält das hier vorgeschlagene Stufenkonzept vor dem Hintergrund, dass der Autor dieser Arbeit die Gangbarkeit dieses Entwicklungspfades als hauptberuflich tätiger Projektleiter zweier Forschungsprojekte im Auftrag der Deutschen Bundesstiftung Umwelt (DBU) (→ „*Pfaffengrundprojekt*")[9], bzw. des Bundesministeriums für Bildung und Forschung (bmb+f) (→ „*Rhein-Neckar-Projekt*")[10] unter stark verallgemeinerungsfähigen Bedingungen mitbestimmen und empirisch testen konnte, wobei das damit verbundene temporäre Verlassen seiner wissenschaftlichen Beobachterrolle über die Thematisierung der besonderen Bedeutung von Umweltmanagementnetzwerken und deren Protagonisten explizit erörtert wird.

Die Arbeit schließt damit nicht nur mit quantitativen Befunden, sondern stellt diese ausdrücklich in einen systemischen Zusammenhang. Eine Regionalisierung in der industriellen Stoffkreislaufwirtschaft wird sich, so die sachlich begründete

---

[9] „*Aufbau und Gestaltung eines zwischenbetrieblichen Stoffverwertungsnetzwerks im Heidelberger Industriegebiet Pfaffengrund-Nord*"; Laufzeit: August 1996 bis Oktober 1997 mit Nachbereitungsphase bis Jan. 1998.

[10] „*Aufbau eines nachhaltigkeitsorientierten Stoffstrommanagements in der Industrieregion Rhein-Neckar (und Etablierung der dafür notwendigen intermediär angelegten Kommunikationsnetzwerke)*"; Laufzeit: Januar 1999 bis Dezember 2001.

1. Einführung

Auffassung des Autors, v.a. in größeren Ballungszentren ausbreiten, wo der marktlich relevante Stoffumsatz entsprechend hoch ist und private Interessen sowie staatliche, aber auch wissenschaftliche Einrichtungen die systematische Suche nach zukunftsweisenden Lösungen begünstigen und damit einem nachhaltigkeitsorientierten Umgang mit industriellen Stoffströmen einen vielversprechenden Weg bahnen.

1.4 Gesamtbild

Hinter dieser Einführung stand zunächst einmal der Zweck, den Forschungsgegenstand der vorliegenden Dissertation auch in den hieraus abgeleiteten zentralen wissenschaftlichen Problemstellungen umreißen, und die zu ihrer Bearbeitung herangezogenen und/oder weiterentwickelten Theoriebausteine zu benennen. Ziele und Mittel wurden dabei in ihrer direkten Beziehung zum inhaltlichen Gang der Arbeit vorgestellt, um so eine möglichst „ortsnahe" Gegenüberstellung und Begründung der angewandten Methodik aus dem jeweiligen Kontextmilieu heraus gewährleisten.

Um den Blick auf die im Rahmen der Arbeit thematisierten Grundzusammenhänge weiter zu vereinfachen, werden die in den einzelnen Kapiteln thematisierten Aspekte im Rahmen der folgenden Abb. 1-1 nochmals plakativ zueinander in Beziehung gesetzt.

Auch bei den sich daran anschließenden Ausführungen der Kapitel 2 bis 8 wird das Instrument der graphischen Visualisierung ganz gezielt eingesetzt, um verbal formulierte Zusammenhänge durch Medienwechsel plastischer zu gestalten und so die Aufnahmekapazität des Lesers pro Zeiteinheit zu erhöhen. Ebenfalls im Sinne einer Verbesserung der kognitiv nutzbaren Reliefeigenschaften der Arbeit erfolgte der Fettdruck zentraler Begrifflichkeiten an den Stellen, an denen sie über Definitionen oder ausführliche Beschreibungen explizit erklärt werden. Eine Kurzübersicht hierzu bietet ein entsprechend eingerichteter Index, der den mit einem Abkürzungsverzeichnis beginnenden Anhang abschließt. Dieses Relief aus Text, Graphik, Fettdruck und Index soll es gerade auch dem an der Behandlung ausgewählter Teilaspekte interessierten Leser ermöglichen, die für ihn relevant erscheinenden Ausführungen binnen kürzester Zeit zu lokalisieren.

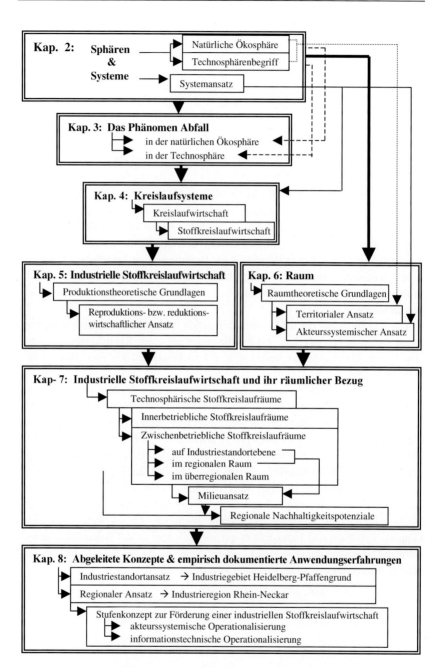

Abb. 1-1 Visualisierung des inhaltlichen Aufbaus der Arbeit unter Spezifizierung zentraler konzeptioneller Bausteine

2. Sphären und Systeme

Der Begriff der **Sphäre** (grch. sphaira = Kugel, Ball), wird gewöhnlich vor dem Hintergrund kugelschaliger Vorstellungen von Räumen verwendet. Er kennzeichnet in diesem Zusammenhang auch Machtbereiche oder Wirkungsräume, die einen solchen Raum vollständig erfüllen und darum einem territorialen Raumverständnis zuzuordnen wären[1]. Entsprechend versteht man bspw. unter dem Begriff der **Geosphäre** die Außenschale der Erde, die im Sinne von *Ritter* (1998) *„sowohl Territorien als auch kommunikative Räume umschließt"* [2] oder nach *Blotevogel* (1996) den *„dreidimensionalen Landschaftsraum der Erdoberfläche mit seinen Funktionsbeziehungen"* [3] bezeichnet. Das gedankliche Konstrukt der Geosphäre umgreift damit die Summe der anorganischen, organischen und der gesellschaftlichen Sphären und bildet dadurch gleichzeitig die Hülle für landschaftsökologische Systeme, die hierin selbstregulierende Wirkungsgefüge bilden.[4]

Damit ist auch der Bedeutungsinhalt des **System**begriffs bereits angedeutet, der im Gegensatz zum Sphärenbegriff kein Territorium im Sinne eines räumlichen Kontinuums bezeichnet[5], sondern durch Relationen stofflicher, energetischer oder informationeller Natur bestimmt wird, die zwischen bestimmten Elementen im Raum bestehen. Obgleich der Begriff des Systems in den verschiedenen Wissenschaften in sehr verschiedenen Arten und Weisen interpretiert wird, lässt sich ein System mit *Fuchs*, der sich dabei auf *Hall / Fagen* (1956) bezieht, zunächst einmal ganz allgemein charakterisieren als eine Gruppe von *„Elementen mit Eigenschaften, wobei die Elemente durch Beziehungen verknüpft sind"*[6]. Elemente, ihre Eigenschaften und ihre Beziehungen zueinander determinieren damit ein System und bestimmen seine Verhaltensweise[7]. Die Fähigkeit, auf Einwirkungen von außerhalb mittels systeminterner Rückkopplungsmechanismen reagieren zu können, die einen systemimmanenten Gleichgewichtszustand aufrechtzuerhalten bzw. wiederherzustellen vermögen, ist dabei ein besonderes Merkmal **kybernetischer Systeme**, zu denen zunächst einmal alle natürlichen Systeme zu rechnen sind[8].

---

[1] Siehe hierzu insbesondere die Ausführungen im 6. Kapitel (v.a. 6.1 und 6.3.1).
[2] *Ritter* [Wirtschaftsgeographie 1998], S. 7; zum Begriff der Geosphäre siehe auch ausführlicher ebd. S. 5 - 11 oder bei *Eichler* [Ökosystem 1993], S. 33 - 40.
[3] *Blotevogel* [Raumtheorie 1996], S. 736.
[4] *Eichler* [Ökosystem 1993], S. 33 - 40 unterscheidet vor dem Hintergrund raumanalytischer Zwecke insgesamt 11 Einzelsphären, die einander als besondere Schalengebilde nicht ablösen müssen, sondern vielfach massiv durchdringen.
[5] Siehe hierzu auch Kap. 7.2. bzw. Tab. 7-1 und 7-2.
[6] *Fuchs* [Systemtheorie 1976], Sp. 3824.
[7] Siehe auch die im Zsh. mit der verhaltensorientierten Interpretation der Wirtschaftsregion dargestellten Ansätze, darunter insbes. das Konzept der Kommunikativen Räume (*Ritter* [Wirtschaftsgeographie 1998]).
[8] Siehe hierzu insbes. *Eichler* [Ökosystem 1993], S. 41.

Nach der Qualität seiner Austauschbeziehungen mit der jeweiligen Systemumwelt unterscheidet man gewöhnlich isolierte, geschlossene und offene Systeme, von denen im Rahmen der vorliegenden Arbeit allerdings nur die offenen Systeme von Bedeutung sind[9]. Auch wenn **offene Systeme** sowohl über Materie- als auch Energieströme mit ihrer Systemumwelt in Verbindung stehen, so grenzen sie sich über bestimmte Systemeigenschaften und Beziehungsmuster dennoch ab, indem *„zwischen den Elementen ein größeres Maß an Interaktion besteht als dies mit anderen, dann außerhalb des Systems befindlichen Elementen der Fall ist"*[10]. Die andere zentrale Eigenschaft von Systemen besteht darin, dass die Verkettung der einzelnen Systemelemente zu internen Rückkopplungsprozessen führt, die sie zu mehr oder weniger stabilen Einheiten machen. Als stabil gilt ein offenes System nach *Fuchs*[11] dann, wenn es *„Störungen, die auf das System aus der Umwelt einwirken, in einer Art auszugleichen vermag, dass keine signifikanten Abweichungen vom ursprünglichen Verhalten dieser Systemvariablen verbleiben"*. Das Stabilitätskriterium beschränkt sich also auf den Erhalt bzw. die dauerhafte Selbstreproduktion eines Systems und macht insofern noch keine Aussage zu einer qualitativen Weiterentwicklung im Sinne eines evolutionären Prozesses. Tatsächlich zeigt sich der Erfolg vieler Systeme jedoch gerade darin, dass sie eben nicht statischer Natur sind oder um ein statisches Gleichgewicht herum oszillieren, sondern dass sie entlang der Zeitachse mit Weiterentwicklungsprozessen verbunden sind. Solche Schübe und Prozesse können sowohl exogen als auch endogen bedingt sein. Im Falle exogener Ursachen treten bspw. neue Akteure / Komponenten hinzu, die ehedem außerhalb des Systems gestanden hatten, im endogen bestimmten Falle evoluiert das System aus seinen intrinsischen Potenzialen heraus. Letzteres kann bspw. Ergebnis eines kreativitätsfördernden Zusammenspiels gegebener Akteure sein, aber auch durch fruchtbringende Entwicklungen innerhalb der einzelnen Systemelemente selbst verursacht werden.

Von seinem Typus her handelt es sich hierbei um ein sogenanntes **„lernendes System"**, dem nicht nur Ökosysteme, sondern auch etliche der modernen Managementsysteme zuzurechnen sind. Derartige Systeme zeichnen sich nicht nur dadurch aus, dass sie sich an veränderte Umweltbedingungen durch qualitative Modifikationen im Systeminnern flexibel anzupassen verstehen, sondern darüber hin-

---

[9] **Geschlossene** (= relativ geschlossene) **Systeme** grenzen sich von **isolierten** (= absolut geschlossenen) **Systemen** dadurch ab, dass sie den Fall eines energetischen Austausches mit ihrem Umsystem zulassen, und lediglich der Transport stofflicher Inputs in das geschlossene System unterbleibt. Demgegenüber sind **offene** (= absolut offene) **Systeme** dadurch gekennzeichnet, dass sie mit ihrer Systemumwelt sowohl Energie als auch Materie austauschen.
(S. hierzu v.a. Arbeiten von *von Bertalanffy* (ab 1949) oder *Prigonine / Defay* (v.a. aus den 60er-Jahren), die in diesem Zusammenhang immer wieder zitiert werden; eingehende Hinweise hierzu auch bei *Fuchs* [Systemtheorie 1976], Sp. 3820 ff. oder bei *Bahadir / Parlar / Spiteller* [Umweltlexikon 1995], S. 1007).

[10] *Aulinger* [Kooperation 1996], S. 177.

[11] *Fuchs* [Systemtheorie 1976], Sp. 3828.

2. Sphären und Systeme

aus auch dadurch, dass sie ihre Umwelt, teilweise auch in gestalterischer Absicht, dauerhaft verändern.

Gefahren für die Systemstabilität bestehen allerdings sowohl für die in einem Fließgleichgewicht befindlichen als auch für die sich dynamisch fortentwickelnden Systeme. Und dies gilt nicht nur für den Fall externer Störungen, wie sie in der obigen Definition von *Fuchs* genannt wurden, sondern auch für den Fall systemintern verursachter Verhaltens- oder Mitgliederänderungen. Brechen zentrale Systemelemente weg (bspw. wegen mechanischer Verschleißerscheinungen oder Tod), so ist die Gefahr des Systemzusammenbruchs besonders bei statischen oder den um einen bestimmten Gleichgewichtszustand oszillierenden Systemen groß. Dies gilt insbesondere dann, wenn das System in dieser Beziehung keine **Redundanzen**[12] besitzt und darum nicht in der Lage ist, den entstandenen Verlust durch verstärkte Aktivitäten eines anderen Systemelements auszugleichen oder über einer kritischen Schwelle zu halten. Überschreiten Störungen bestimmte Bandbreiten (die gerade bei Ökosystemen ex ante auch heute vielfach noch kaum exakt beschrieben werden können), so kommt es zu Strukturveränderungen, die zum Verlust bestimmter Rückkopplungsmechanismen und damit zur Ex- oder Implosion des Systems führen. Gleichwohl kann es aber auch zur Formierung neuer Fließgleichgewichte[13] kommen. Jener Fall beschreibt ein Qualitätsmerkmal, das v.a. **autopoietische Systeme**[14] kennzeichnet. Dabei ist es ein besonderes Charakteristikum jener, dass sie eben nicht nur notdürftige Reparaturmechanismen in Gang zu setzen verstehen, um dadurch zumindest die systemaren Grundfunktionen aufrechterhalten zu können, sondern dass die intern oder extern ausgelösten Störungen auch evolutionäre Schübe auszulösen vermögen, die das System im Sinne eines Upgrading auf eine qualitativ höhere Entwicklungsstufe heben.

---

[12] **Redundanzen** kennzeichnen Mehrfachauslegungen bestimmter Fähigkeiten, d.h. gleichartige Funktionen oder Potenziale verschiedener Elemente eines Systems. Gerade in natürlichen Ökosystemen kommt solchen Redundanzen eine determinierende Bedeutung zu.
Dies steht ganz im Gegensatz zur „Reputation" von Redundanzen in der (v.a. EDV-bezogenen) Informationstheorie, wo mehrfach vorhandene Informationsbestandteile in aller Regel als überflüssig betrachtet und daher gezielt vermieden werden

[13] Der Begriff des **Fließgleichgewichts** beschreibt einen Systemzustand, in dem die „*Strömungsgrößen im Gleichgewicht nicht alle zu Null werden, die Strömungsgrößenveränderungen über die Zeit jedoch Null sind*" (Fuchs [Systemtheorie 1976], Sp. 3828, unter Rekurrierung auf Arbeiten *von Bertalanffys*). Neue Fließgleichgewichte können sich einstellen, wenn die Oszillationen einzelner Stromgrößen bestimmte Bandbreiten überschreiten.

[14] **Autopoiese** = Selbstorganisation.

2.1 Der Systemgedanke in Ökologie und Technologie

2.1.1 Ökosysteme

Gemeinhin wird das „Raumschiff Erde" verstanden als ein im Wesentlichen geschlossenes Ökosystem[15], das sich aus einer Vielzahl untergeordneter **Ökosysteme** zusammensetzt, die mehr oder weniger fest umrissene Lebensgemeinschaften bilden und als solche bspw. Atmosphäre, Lithosphäre, Hydrosphäre oder Biosphäre durchdringen können. Diese Lebensgemeinschaften konstituieren offene Systeme mit intensiven Beziehungsmustern entlang von Nahrungsketten, die sich in kreislaufähnlichen Mustern zu sogenannten **Ökozyklen**[16] verbinden. Das **Ökosystem** kann damit zunächst einmal als Ausdruck eines Beziehungsgeflechts beschrieben werden, das durch die Lebewelt (**Biozönose**[17]) eines bestimmten Lebensraums (**Biotop**) aktiv geformt wird.

Haber beschreibt **Ökosysteme** in diesem Sinne als *„Betriebe der Natur"* [18], die in die unbelebte Umwelt eingebettet sind und als Grundform erfolgreicher natürlicher Organisation aus Vertretern der drei zentralen Funktionsgruppen Produzenten, Konsumenten und Destruenten[19] aufgebaut sind. Ein genau aufeinander abgestimmtes Zusammenwirken dieser drei Grundelemente gewährleistet das (nahezu) vollkommene Funktionieren von Stoffkreisläufen, die den ungeheuren Erfolg dieser dreigliedrigen Ökosysteme im Laufe der Evolutionsgeschichte bedingten. Ökosysteme bewährten sich dabei zum einen auf Basis der hochgradigen Einfachheit und Universalität ihrer chemisch-physikalischen Grundbausteine[20], die für eine weitestgehende Konvertibilität von Inputs und Outputs einzelner Systemelemente Sorge tragen und sie bewährten sich auf höherer Ebene durch eine x-fache Redundanz der Systemelemente selbst. So sind die für die Systemstabilität wesentlichen Akteure in einer zumindest zigfachen Anzahl vorhanden und gewähr-

---

[15] Einschränkungen hierbei wären lediglich in Zsh. mit terrestrischen Entgasungen sowie den quantitativ vernachlässigbaren Materieexporten durch die Raumfahrt zu machen. Meteoriteneinschläge (stoffliche Systeminputs) oder der intensive energetische Austausch mit unserem extraterrestrischen Umsystem verletzen die an ein geschlossenes System gestellten Bedingungen hingegen nicht.

[16] *Strebel* [Ökologie 1996], Sp. 1303.

[17] **Biozönose** = Gesamtheit einer Organismengemeinschaft (d.h. aller Pflanzen und Tiere in einem Ökosystem) *Bahadir / Parlar / Spiteller* [Umweltlexikon 1995], S. 176.

[18] *Haber* [Landschaftsökologie 1992], S. 17.

[19] *„Als* **Destruenten** *bezeichnet man solche niederen Pflanzen und Tiere sowie Mikroorganismen, die tote Reste und Ausscheidungen der Lebewesen verzehren und zu einfachen anorganischen Verbindungen wie Wasser, Kohlendioxid oder Ammoniak abbauen."* (*Gans* [erneuerbare Ressourcen 1988]). Entspr. auch bei (*Bahadir / Parlar / Spiteller* [Umweltlexikon 20002], S. 306, wo Destruenten als Lebewesen bezeichnet werden, die tote organische Masse abbauen und remineralisieren.

[20] Siehe bspw. *Zwilling* [Stoffkreisläufe 1993], S. 26.

2. Sphären und Systeme

leisten so die Aufrechterhaltung der Funktionsfähigkeit auch für den Fall, dass der eine oder andere Organismus bspw. aufgrund eines externen Schocks wegbricht.

Als einzige Organismengruppe des Ökosystems, die in der Lage ist, aus anorganischen Stoffen mit Hilfe von Sonnenenergie energiereiche Biomasse zu erzeugen, stellen die grünen Pflanzen als Primärproduzenten ein für das Gesamtsystem absolut unverzichtbares Systemelement dar[21]. Von ihnen profitieren zunächst einmal alle Konsumenten (im Wesentlichen Tiere und Mensch) und von beiden wiederum alle Destruenten (im Wesentlichen Bakterien und Pilze, aber auch Regenwürmer), die die angefallene Biomasse wiederum in produktiv nutzbare Elementarbausteine rückführen[22].

Auch der Mensch war bis in die allerjüngste Vergangenheit nicht mehr als ein Systemelement, das in diesem über Jahrmillionen hin bewährten Dreiklang der Natur seine kreislauffördernden Input- und Outputfunktionen erfüllte. Im Laufe der Zeitgeschichte kam es dabei zwar zu einer zunehmenden Begünstigung bestimmter, für den Menschen als nützlich identifizierter Pflanzen und Tiere, die zur Herausbildung von „**Nutz-Ökosystemen**" führte, doch ist auch die damit verbundene selektive Förderung oder der Schutz vor (anderen) Konsumenten, noch keine Besonderheit, die nur dem menschlichen Wirtschaften eigen wäre. Denn tatsächlich halten sich selbst relativ „niedrige Tiere" wie bspw. Ameisen „Nutz-Tiere" (in diesem Falle Blattläuse) und sorgen zur Optimierung der von ihnen erwarteten Erträge für deren bestmögliche Vermehrung. Allerdings beschränken sich Tiere bei derartigen Aktivitäten lediglich auf Maßnahmen der Hege und Pflege, wohingegen der Mensch im Verlaufe der letzten 10.000 Jahren zunehmend auch genetisch modifizierend eingriff, indem er gezielt Kreuzungen vornahm und dadurch neue Arten schuf. Ackerbau und Viehzucht blieben so keine Handlungsansätze, die sich lediglich auf selektive Begünstigungen im Sinne artenbezogener Ausleseverfahren beschränkten[23], sie inkorporierten bereits in einer recht frühen Phase ihrer Entwicklungsgeschichte die Verfolgung eines gänzlich neuen Entwicklungspfades: So gelang es dem Menschen im Rahmen seines bewussten und zielgerichteten Schaffens systematisch genetisch neuartige „Nutz-Pflanzen" und „Nutz-Tiere" ins Leben zu rufen und damit vorher nie da gewesene Systemkombinationen zu schaffen. Als lebendige Elemente von „Nutz-Ökosystemen" sind auch sie prinzipiell zur aktiven Selbstorganisation und – von einzelnen Ausnahmen abgesehen[24] –

---

[21] Pflanzen sind über den Prozess der Photosynthese in der Lage, Lichtenergie in chemische Energie umzuwandeln, die im Aufbau von Kohlenhydraten gebunden wird. Auf diese Art und Weise speichern sie v.a. die extraterrestrisch freigesetzte Energie der Sonne ab und schaffen so die Grundlage für dauerhaft entropiearme Fließgleichgewichte im terrestrischen Ökosystem. (Zum Entropieansatz siehe insbes. die Ausführungen in Kap. 5.6.1.

[22] Ebd. S.17 ff.

[23] Entsprechendes wird ja auch durch bestimmte Verhaltensweisen von Tieren ausgelöst.

[24] Bspw. Maultiere und Maulesel, die fast immer unfruchtbar sind und deshalb immer wieder neu gezüchtet werden müssen.

auch zur Reproduktion fähig, wenngleich bei Wegfall des menschlichen Schutzschildes nur wenigen Arten tatsächlich eine „Auswilderung" gelingt[25].

Die Spezies Mensch betätigte sich allerdings nicht nur bei der zweckgerichteten Aus- und Umgestaltung belebter Nutz-Ökosysteme, vielmehr wurden im Laufe der jüngeren Kulturgeschichte auch beim Umgang mit unbelebter Materie immer neue Nutzobjekte wie Häuser, Brücken, Maschinen oder ganze Städte geschaffen, mit denen Menschen in systemischen Austauschbeziehungen stehen. Solche im Wesentlichen technologisch bestimmte Subsysteme werden heute im Allgemeinen als „**Techno-Ökosysteme**" bezeichnet. Bei *Haber* sind sie Ausdruck einer auf den Menschen und die mit ihm zusammenlebenden Tiere und Pflanzen ausgerichteten anthropogenen Technisierung, die in diesem Falle die Führungsrolle einnimmt[26].

2.1.2 Technosysteme

Betrachtet man ausschließlich Beziehungsgeflechte zwischen technologisch erzeugten Systemelementen[27], die freilich im Rahmen eines übergeordneten Techno-Ökosystems mit dem Systemelement Mensch verknüpft sind, so soll dabei im Folgenden von Technosystemen gesprochen werden. **Technosysteme** beschreiben damit zweckgerichtet entwickelte, technisch-physikalisch bestimmte, rückgekoppelte Regelkreise, die durch den Einbau von Regelmechanismen innerhalb bestimmter Toleranzgrenzen zu einer „Quasiselbstregulierung" fähig sind[28]. Bei Toleranzüberschreitung oder bei Wegfall eines Systemelements ist ein solches Technosystem aus sich selbst heraus allerdings nicht in der Lage, in eine andere Systemqualität überzugehen, so dass das Ausbleiben stabilisierender Eingriffe des Menschen seinen totalen Zusammenbruch zur Folge hätte[29]. Im Idealfall werden derartige Technosysteme nach Ende einer erwünschten Nutzungsphase vom Menschen wieder geordnet zurückgebaut und die damit freigesetzten Ressourcen wie-

---

[25] Gelingt diese allerdings, so führt das bisweilen zu weitreichenden Folgen für die endogenen Ökosystemelemente, die sich dieser neuen Herausforderung stellen müssen und hierbei (siehe bspw. die plötzliche Konfrontation australischer Bodenbewohner mit verwilderten Hunden) relativ schnell in existenzielle Schwierigkeiten geraten können. Prinzipiell gleichartige Auswirkungen können aber auch von Ortswechseln natürlicher Arten ausgehen, wie an der großflächigen Brombeerausbreitung zu Lasten der endogenen Vegetation Hawaiis abzulesen ist.

[26] Siehe *Haber* [Landschaftsökologie 1992], S. 23, *Eichler* [Ökosystem 1993], S.43, definiert **Techno-Ökosysteme** als Subsysteme des Ökosystems, die von technischen Elementen beherrscht werden und unterscheidet entsprechend zwischen Techno-Ökosystemen, **Bio-Ökosystemen** (von Lebewesen beherrscht) und **Geo-Ökosystemen** (im Wesentlichen durch unbelebte natürliche Elemente bestimmt).

[27] Solche Beziehungsgeflechte konstituieren bspw. einen Kühlschrank, Fernseher, Motor etc.

[28] Charakterisierung in Anlehnung an *Eichler*s Beschreibung „*technisch-physikalischer Systeme*". *Eichler* [Ökosystem 1993], S. 41 f.

[29] Siehe hierzu auch *Eichler* [Ökosystem 1993], S. 42.

2. Sphären und Systeme

derum zum Aufbau oder zum Betrieb anderer Technosysteme genutzt[30]. In dem Maße wie der Mensch die aus der Umwelt extrahierten Ressourcen so in einem engen Kreislaufführungsprozess hält, agiert er im Sinne des zentralen Erfolgsrezeptes der Natur, die derartige Reduktions-Produktions-Zyklen in räumlich und zeitlich nächster Nähe zu realisieren versucht.

Eine grundlegend neue Qualität der Beeinflussung des natürlichen Ökosystems stellte sich allerdings dort ein, wo der Mensch begann, Materialien durch chemisch-physikalische Transformationen zu bis dahin nie da gewesenen Molekularstrukturen umzuformen – mit dem Ergebnis, dass in sehr rasch zunehmender Menge und Vielfalt chemische Verbindungen und Molekülketten entstanden, für die die Natur bislang keine Demontagewerkzeuge bereithält und eine (zeitnahe) Rückführung wieder einsetzbarer Bausteine dadurch vereitelt wird. Gerade in dieser Problematik liegt deshalb eine ganz besondere Herausforderung an eine industrielle Reduktions- als Teil einer industriellen Reproduktionswirtschaft, wie sie im Rahmen dieser Arbeit thematisiert werden[31].

Dass hier möglichst bald und möglichst wirksam umgesteuert wird, tut insbesondere deshalb Not, weil die von uns Menschen aufgebauten Technosysteme auch andere wesentliche Systeme unseres Planeten mehr und mehr beeinflussen, so dass auch aus den „Betrieben der unberührten Natur", die sich über Hunderte von Jahrmillionen hinweg bewährt, weiterentwickelt, diversifiziert und als dreigliedrige Produzenten-Konsumenten-Destruenten-Systeme (PKD-Systeme) stabilisiert hatten, vielerorts solche geworden sind, die unter direkter oder indirekter Einflussnahme des Menschen bereits deutliche Modifikationen erfahren haben. „Natürliche Ökosysteme" pulsieren heute in Gegenwart „künstlich" geschaffener Technosysteme, von denen sie mehr oder weniger stark beeinflusst werden. Zusammen mit jenen bilden sie unser heutiges **Ökosystem Erde**, das *Eichler* (1993) unter Verweis auf eine von der Gesellschaft für Ökologie (GfÖ) in Anlehnung an *Tomášek* entwickelte Definition beschreibt als *„ein Wirkungsgefüge aus Lebewesen, unbelebten natürlichen Bestandteilen und technischen Elementen, die untereinander und mit ihrer Umwelt in energetischen, stofflichen und informatorischen Wechselwirkungen stehen"* [32]. Auch wenn die darin enthaltenen Technosysteme heute erhebliche Funktionsmängel aufweisen, welche das gesamte System irreparabel schädigen können, so erlaubt es die vielschichtige Abhängigkeit der heutigen Menschheit von den Früchten industriellen Wirtschaftens kaum mehr, das Ökosystem Erde wieder auf den Umgang mit natürlich vorkommenden Stoffen zurückzuschneiden., sondern fordert vielmehr, ihren Erfindungsgeist auch auf den Abbau

---

[30] Siehe hierzu auch die Ausführungen zur technosphäreninternen Stoffkreislaufwirtschaft in Kap. 5, bzw. Abb. 5-1 dieser Arbeit.
[31] Siehe hierzu insbes. die Ausführungen in Kap. 5.1.1.
[32] Zitiert in *Eichler* [Ökosystem 1993], S. 42, in Anlehnung an *Tomášek* (1980).

dieser Funktionsmängel zu konzentrieren[33]. Hierbei bedarf es allerdings nicht nur einer nachsorgend ansetzenden Reduktionswirtschaft, sondern auch einer bereits bei der Vermeidung ansetzenden Suffizienz[34], einer nutzengleichen Dematerialisierung[35] oder der bereits bei Forschung & Entwicklung vorzubereitenden kreislauforientierten Reproduktionswirtschaft[36].

2.2 Die Ökosphäre und ihr technosphärischer Teilbereich

Wie bereits in Kapitel 1.4 umschrieben, unterscheidet sich die Ökosphäre von einem Ökosystem dadurch, dass erstere den gesamten Lebensraum umgreift, während Letzteres nur ein darin enthaltenes Beziehungsgeflecht zwischen präzise definierten Systemelementen wiedergibt. Mit anderen Worten: Der Begriff der **Ökosphäre** bezeichnet den Raum, den die Gesamtheit dieser Ökosysteme aufspannt. Wie im vorangegangenen Unterkapitel dargelegt, haben sich die einzelnen Ökosysteme im Laufe der Industrialisierungsgeschichte nicht nur hinsichtlich ihrer Relationen zueinander verändert, sondern auch hinsichtlich der Eigenschaften ihrer Systemelemente selbst. Technologisch erzeugte Systemelemente sind hinzugetreten und „bereichern" inzwischen die ehedem rein biotisch und mineralogisch bestimmte Beschaffenheit eines „natürlichen" Handlungsraumes, der deshalb präzisierend als **„natürliche Ökosphäre"** angesprochen wird. Dieser natürlichen Ökosphäre stellt *Liesegang* (1992) den Begriff der **„Technosphäre"** gegenüber, die er innerhalb der Ökosphäre gedanklich um die *„durch industrielle Betätigung entstandenen Stoffströme"* [37] spannt.

Schmidt-Bleek (1994) geht hier vor dem Hintergrund einer volkswirtschaftlichen Perspektive einen großen Schritt weiter, indem er die **Technosphäre** als ein Subsystem der Ökosphäre versteht, das alle menschlichen Aktivitäten umfasst[38]. Materialien aus dem Bergbau überschreiten bei *Schmidt-Bleek* die Grenze hin zur Technosphäre, sobald sie von Mensch oder Maschine berührt werden. In der Land-, Forst- und Fischereiwirtschaft übergibt der Vorgang der Ernte die Produkte in die Technosphäre. Auch alles Wasser, das Menschen bewegen, zählt er dazu[39]. Auf der Outputseite zieht *Schmidt-Bleek* die *„Grenze der Technosphäre da, wo*

---

[33] Siehe hierzu auch die Ausführungen in Kap. 4.1.4 bzw. die dortige Abb. 4-3.
[34] Substitution von Stoffen und Energie durch Information / Virtualisierung
[35] Senkung des Materialverbrauchs für die Produkterstellung bei unverändertem Produktnutzens.
[36] Als Beispiele hierfür wären Ansätze zum Produktionsintegrierten Umweltschutz (PIUS) zu nennen.
[37] *Liesegang* [Reduktionswirtschaft 1992], S. 5.
[38] *Schmidt-Bleek* [MIPS 1994], S. 123 f.
[39] Ebd., S. 123.

2. Sphären und Systeme

die kommerziellen Interessen des Menschen an den Stoffströmen aufhören" [40]. Da *Schmidt-Bleek*[41] und die in seinem Umkreis tätigen Forscher die Bilanzgrenzen gleichzeitig jedoch so gewählt haben, *"dass alle menschenverursachten Stoffströme in die Technosphäre eingeschlossen sind"* [42], werden selbst *die "durch Bodenbearbeitung oder in anderer Weise verursachten Erosionen"* mit bilanziert. Damit präzisiert *Schmidt-Bleek* einen Technosphärenbegriff, der nicht nur die unmittelbaren Tätigkeiten, sondern auch indirekte materielle Wirkungen menschlichen Wirtschaftens inkorporiert, um so den Niederschlag der Spezies Mensch im Rahmen des Ökosystem Erde in Form einer Input-Output-Bilanz möglichst weitgehend widerzuspiegeln. Auch die in den letzten Jahren im Wesentlichen vom Wuppertal-Institut erstellten inländischen und regionalen Stoffbilanzen[43] basieren auf einem solchen, bilanzierungstechnisch sehr weit gefassten Technosphärenrahmen.[44]

Der besondere Erkenntnisgewinn aus einem solchen Bilanzierungsrahmen liegt vor allem darin, uns Menschen eine Vorstellung davon zu liefern, mit welch immensen Mengenumwälzungen unser derzeitiges Wirtschaften tatsächlich verbunden ist. Auch für sein Konzept sog. „ökologischer Rucksäcke" [45] ist diese Technosphärenabgrenzung von zentraler Bedeutung. Andererseits fällt in diesem Bilanzierungsrahmen insbesondere die ungenutzte Materialförderung (im Bergbau bspw. das sog. „taube Gestein", im Baubereich der sog. „Bodenaushub") ins Gewicht. Dadurch lenkt die technosphärische Mengenbilanz die Aufmerksamkeit des Betrachters jedoch ganz zwangsläufig auf Materialien, die sich von denen aus der natürlichen Ökosphäre qualitativ nicht unterscheiden, weshalb sie damit prinzipiell uneingeschränkt umzugehen weiß. Dies bedeutet zwar nicht, dass hierdurch natürliche Ökosysteme kurzfristig nicht gravierend in Mitleidenschaft gezogen werden könnten – insbesondere dann, wenn solche Mengen extrem kurzfristig freigesetzt werden – doch wird die Natur auch ohne Zutun des Menschen mit derartigen Ereignissen ziemlich häufig konfrontiert. Beispiele hierfür sind nichtanthropogene Verfrachtungen von Gesteinsmassen durch Fels- und Bergstürze oder Murenabgänge, genauso wie Verfrachtungen von Erdmassen durch Erdrutsche, hochwasserbedingte Auswaschungen, u.a.m. Handelt es sich bei diesen Ereignissen tatsächlich um lokale Erscheinungen (und auch eine anthropogen entstandene Abraumhalde ist nichts anderes), so ist ein ex ante an diesem Ort existierendes

---

[40] Ebd., S. 124.
[41] Ehem. am *"Wuppertal-Institut für Klima, Umwelt und Energie"*, heute *"Factor 10 Innovation Network"*.
[42] *Schmidt-Bleek* [MIPS 1994], S. 123.
[43] Siehe hierzu insbes. die im Literaturverzeichnis genannten Veröffentlichungen von *Bringezu* und/oder *Schütz*.
[44] Siehe in diesem Zusammenhang auch die Ausführungen in Kapitel 4.2.1.
[45] Siehe hierzu die Ausführungen in Kap. 4.2.1

Klimaxstadium zwar kurzfristig nicht wiederherstellbar, weil bspw. der von verschiedenen Pflanzen benötigte humose Oberboden vor Ort fehlt oder nicht mehr zugänglich ist, aber auch dann werden Einwanderungen aus der unmittelbaren örtlichen Nachbarschaft die sukzessiven Wiederherstellung wieder einleiten. Die hierfür benötigte Zeit kann für einzelne Lebewesen aber durchaus zu lang sein und auch der Mensch verliert über die oben beschriebenen Massenverlagerungen kurzfristig unter Umständen größere Ressourcenbestände, für die er Ersatz finden muss. Es handelt sich hier aber dennoch um ein Problem, das die menschliche Technosphäre mit der natürlichen Ökosphäre teilt. Was sie mit der Ökosphäre allerdings nicht teilt, sind Probleme qualitativer Natur, die ihre Ursachen

- in einer eingeschränkten bis fehlenden Abbaubarkeit technosphärisch erzeugter Outputs für natürliche Destruenten und
- in einer mit vielerlei Unwissen behafteten Ökotoxizität vieler qualitativ neuartiger Stoffe haben[46].

Da die Natur ihr Stoffwechsel-Know-how gegenüber diesen in der Natur so nicht vorkommenden Stoffen nur eingeschränkt anzuwenden versteht, kommt dem Menschen gerade hier eine besondere Aufgabe, ja Verantwortung zu. Er darf sich deshalb also nicht nur um kontrollierte Produktionsprozessabläufe kümmern, er muss die Kontrolle über die darin involvierten Materialien auch nach Abschluss ihrer Nutzungsphase so lange ausüben, wie sie das Ökosystem aufgrund ihrer besonderen Eigenschaften dauerhaft belasten könnten. Das bedeutet also, dass gerade bei diesen naturentfremdeten Stoffen das eigentlich Besondere unseres Wirtschaftens ansetzt, weshalb wir gerade diese Stoffe besonders intensiv observieren müssen.

Als Grenze der **Technosphäre** zur natürlichen Ökosphäre wird deshalb im Folgenden die Frage nach der Kontrolle über die von der Natur geborgten Stoffströme herangezogen. Aus ökologischen Gründen ist eine solche Kontrolle beispielsweise auch gegenüber den im juristischen Sinne „beseitigten Abfällen" aufrechtzuerhalten, die in geordnete Deponien eingelagert werden und damit die Technosphäre noch nicht wieder verlassen haben. Unter Zugrundelegung des hier ins Zentrum gestellten Kontrollkriteriums gelten sie als technosphärenintern eingelagert und erhöhen damit den technosphärischen Materialbestand. Zu Outputs aus der Technosphäre werden sie dann, wenn die Kontrolle über die deponierten Materialien beendet wird – und zwar unabhängig davon, ob die Aufgabe dieser Kontrolle nun ökologisch gerechtfertigt ist, oder nicht. Das heißt, die Externalisierung der deponierten Stoffe an die Ökosphäre erfolgt an dem Punkt, wo die eingelagerten Stoffe schadlos an die Natur überführt werden (ökologisch wünschenswertes Szenario),

---

[46] Wobei Ökotoxizität allerdings kein Charakteristikum ist, das nur mit der Freisetzung von Neuheit einhergeht.

genauso aber auch dort, wo eine Deponie verwildert, d.h. „außer Kontrolle gerät" und damit unter Umständen folgenschwere Reaktionen mit ihrer Umwelt eingeht (ökologisch gefährliches Szenario). Die Entledigungsform der sog. „wilden Deponierung" stellt bereits eine unmittelbare Externalisierung an die Ökosphäre dar, die analog zur oben beschriebenen verwilderten Deponie zu beträchtlichen Umweltschädigungen führen kann. Notwendige Bedingung dafür, dass sich natürliche Ökosphäre und menschliche Technosphäre zu einem nachhaltigen Ganzen ergänzen, ist also, dass die Technosphäre im Umgang mit den von ihr bewirtschafteten Stoffen bestimmten Eigenkontrollaufgaben gerecht wird.

Auch der dem hier verwendeten Technosphärenbegriff zugrundeliegende Kontrollgedanke könnte nun wiederum sehr weit gefasst werden, indem man bspw. das gesamte Kulturland (kultivierter Oberboden, forstwirtschaftlich kontrollierte Wälder und andere menschlich gelenkte oder beeinflusste Ökosysteme) mit hinzurechnet. Die Frage ist nur, welcher wissenschaftliche Wert durch ein solches Konstrukt noch generiert werden könnte, außer einem nunmehr wissenschaftlich quantifizierten Beleg, dass zumindest der überwiegende Teil der Erdoberfläche inzwischen anthropogen überformt ist.

Um den Technosphärenbegriff tatsächlich als Instrument nicht nur zur Veranschaulichung, sondern gleichzeitig auch zur Lösung stoffkreislaufwirtschaftlicher Probleme unserer Gegenwart einsetzen zu können, wird der Kontrollgedanke im Rahmen dieser Arbeit wesentlich enger gefasst. Die Elemente der **Technosphäre** werden deshalb im Folgenden auf die vom Menschen geschaffenen und unter seiner Kontrolle stehenden Gegenstände und die damit verbundenen Stoffflüsse beschränkt. Auf der Inputseite penetrieren Stoffströme die Technosphäre dann, wenn sie vom Menschen aus ihrem natürlichen Verbund kontrolliert und systematisch entbunden und extrahiert werden. Auf der Outputseite verlassen sie die Technosphäre dann wieder, wenn der Mensch seine direkte oder indirekte Kontrolle über sie aufgibt. In diesem Sinne ist technosphärisch erzeugter Abfall bereits dann wieder Teil der natürlichen Ökosphäre, wenn er vom Menschen in eines der Umweltmedien[47] eingeschleust worden ist[48] und zwar unabhängig davon, ob dies in einer umweltverträglichen Art und Weise geschieht, oder nicht. Die Outputgrenze der Technosphäre wird dabei von dem Punkt markiert, an dem ein technosphärischer Output dem natürlichen Ökosystem aufgrund der Aufgabe menschlicher Kontrolle zwangsläufig anheim fällt. Denn dann muss die Natur tatsächlich sehen, wie sie alleine damit zurecht kommt.

---

[47] Boden, Wasser, Luft.
[48] Bspw. über wilde Deponierung oder das Vergraben von Festabfällen, über das Verklappen von flüssigen Abfällen oder die Emittierung von Abfallabgasen.

Im Rahmen dieser Arbeit bezeichnet **Technosphäre** diejenige Teilsphäre der Ökosphäre, die den Raum der menschlich direkt oder indirekt kontrollierten Stoffbestände, Stoffströme und Energieflüsse umfasst. Eine solche Kontrolle nimmt den Menschen gleichzeitig in die Pflicht, seine Verantwortung über das entsprechende Objekt erst dann wieder aufzugeben, wenn dessen Assimilation in den Naturhaushalt gewährleistet werden kann. In dem Maße, wie er dieser Verantwortung nicht gerecht wird, verschmutzt er die natürliche Ökosphäre. Aufgabe der Legislative ist es daher, den wirtschaftenden Menschen dazu zu verpflichten, die von ihm in Anspruch genommenen Stoffe so lange in der Technosphäre zu halten, wie deren schadlose Assimilation im Naturhaushalt auf Schwierigkeiten stößt. Auch für die im Folgenden thematisierte Reduktionswirtschaft eignet sich ein solcher Technosphärenbegriff gut, weil er genau aufzeigt, wo technosphärische Reduktion bzw. technosphärische Stoffkreislaufwirtschaft ansetzen und welchen Herausforderungen sie gerecht werden muss[49], gibt er doch einen klaren Rahmen dafür ab, welche Abfälle bis zu welchem Punkt in menschlicher Obhut verbleiben sollten, bzw. wann deren Kontrolle vor dem Hintergrund ihrer schadlosen Integrationsfähigkeit in Stoffwechselprozesse der natürlichen Ökosphäre wieder aufgegeben werden darf.

Die im Boden befindlichen Pestizide und Düngemittel im Boden gehen genauso wie das in die Stratosphäre gelangte FCKW auf dissipative Prozesse zurück, die sich menschlicher Kontrolle entzogen haben. Sie sind demnach keine Bestandteile der Technosphäre mehr, sondern bereits unmittelbar nach deren Ausbringung Bestandteile der natürlichen Ökosphäre[50] – und dies unabhängig davon, ob sie diese nach menschlicher Anschauung nun positiv oder negativ beeinflussen. Dissipative Prozesse zeigen dem Menschen daher auf, wo er Kontrolle verliert und damit unter Umständen auch nicht mehr kontrollierbare Umweltschädigung riskiert.

Mit Hilfe des **Materialbilanzansatzes**[51] lassen sich die stofflichen Wirkungen[52] der Technosphäre darstellen als:

---

[49] Siehe hierzu insbes. die Ausführungen in Kap. 5.

[50] Dies schützt auch vor Problemen, wie sie am Beispiel von Stickstoffeintrag in den Boden exemplifiziert werden können: So wäre im anderen Falle anthropogen in den Boden gelangter Stickstoff Teil der „Technosphäre", während ein gleichartiger Eintrag ohne menschliche Einflussnahme der „natürlichen Ökosphäre" zugerechnet werden müsste.

[51] Nach dem ersten Hauptsatz der Thermodynamik (Energieerhaltungssatz) kann in einem geschlossenen System Energie weder erzeugt noch vernichtet werden. Hieraus wurde in einer groben Vereinfachung der *Einstein*'schen Gleichung $E=mc^2$ auch eine entsprechende Massenbilanzgleichung entwickelt, die beschreibt, dass die in einem Prozess eingesetzte Inputmasse auch gleich der daraus resultierenden Outputmasse ist. Siehe bspw. Hinweis bei *Faber / Niemes / Stephan* [Entropie 1983], S. 20, die den Materialbilanzansatz als eine „*sicherlich restriktive Auslegung des Energieerhaltungssatzes*" bezeichnen. Auf diesem Materialbilanzansatz basieren auch alle Stoffbilanzen (siehe die Ausführungen in Kap. 4.2.1), die v.a. in der Volkswirtschaftslehre eine größere Rolle spielen.

2. Sphären und Systeme

$$I = (A_P + A_K + A_R) + A_{KG} \quad (^{53})$$

Dabei bezeichnen
- I = Input von regenerierbaren und nicht regenerierbaren privaten und öffentlichen Gütern[54] von der Ökosphäre in die Technosphäre
- A_P = Aufgabe der Kontrolle über Abfälle aus dem Produktionsbereich der Technosphäre
- A_K = Aufgabe der Kontrolle über Abfälle aus dem Konsumbereich der Technosphäre (d.h. über kurzlebige Wirtschaftsgüter)
- A_R = Aufgabe der Kontrolle über Abfälle aus dem Reduktionsbereich der Technosphäre
- A_{KG} = Aufgabe der Kontrolle über Abfälle aus dem Kapitalgüterbereich der Technosphäre. (langlebige Wirtschaftsgüter)

Je besser es also gelingt, Ressourcen als Bauelemente hochwertiger Wirtschaftsgüter längerfristig zu nutzen oder über technosphärische Stoffkreisläufe einer wiederholten Nutzungsphase zuzuführen[55], desto geringer ist der zur technosphärischen Substanzerhaltung notwendige und aus der natürlichen Ökosphäre zu extrahierende „Substitutionsinput".

Die in obiger Formel wiedergegebenen Abfälle aus dem Bereich der Kapitalgüter stellen ihrer Natur nach jedoch nichts anderes dar als technosphärisch langfristig gebundene potenzielle Konsumtionsabfälle, die nur bei kurzfristiger Betrachtung eine gewisse Sonderstellung einnehmen. Im Rahmen des langfristig gültigen Dreisektorenmodells lässt sich ein Fließgleichgewicht gemäß Materialbilanzansatz deshalb ohne weiteres reduzieren auf eine Beziehung in der Gestalt von:

$$I = (A_P + A_K + A_R)$$

---

52 Die Begriffe „Stoffe" und „Materialien" werden im Rahmen dieser Arbeit synonym verwendet. Sie umfassen alles, was auf Materie zurückgeht. Komplementär dazu: Energie.
53 Eine inhaltlich sehr ähnliche Darstellung findet sich bei *Faber/ Niemes/Stephan* [Entropie 1983], S.15.
54 **Öffentliche Güter** sind solche, für deren Nutzung (nach *Musgrave*) das Ausschlussprinzip nicht angewendet werden kann und bei denen Nichtrivalität im Konsum besteht (*Brandes / Recke / Berger* [Produktionsökonomik 1997], S. 200 ff.).
55 Siehe hierzu insbesondere die Ausführungen in Kapitel 5 dieser Arbeit.

Graphisch könnte man das Verhältnis zwischen Technosphäre und Ökosphäre demnach in seiner einfachsten Form wie folgt abstrahieren:

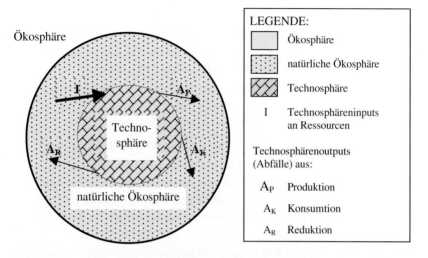

Abb. 2-1 Stoffaustausch zwischen Ökosphäre und ihrem technosphärischen Subsystem
Quelle: *Sterr* [Reduktionswirtschaft 1999], S. 5

Im Rahmen einer ganzheitlichen Betrachtung wird die **Technosphäre** hier verstanden als ein Aktivitätsbereich, der sich aus der Ökosphäre auf der Basis anthropogen induzierter Aktivitäten als besonderer Teil des Ökosystems herauskristallisiert hat. Ihre Systemelemente wurden von Menschen geschaffen und unterliegen ebenso wie die zwischen ihnen fließenden Stoffströme menschlicher Kontrolle. Während die Stoffwechselprozesse der Ökosphäre jedoch in eine Zyklenstruktur eingebaut sind, die durch eine extrem hohe Ressourceneffizienz und Abfallarmut gekennzeichnet ist, kann die Technosphäre eine derartige prozesstechnische Vollkommenheit realiter kaum vorweisen, was allerdings nicht bedeutet, dass sie hierzu prinzipiell nicht in der Lage wäre. Denn die Technosphäre ist zwar durch künstliche, permanent notwendige, dosierte Eingriffe des Menschen bestimmt, steht der Ökosphäre aber prinzipiell nicht im Sinne von Komplementarität gegenüber, sondern setzt auf ihr auf[56]. Sie ist und bleibt zwangsläufig ein Teil von ihr,

---

[56] So ist beispielsweise auch die Gentechnologie eine eindeutig technosphärisch angelegte Aktivität, über die ein hohes Maß an Neuheit geschaffen wird und doch basiert die Funktionsfähigkeit ihrer

freilich mit den inhärenten und ernstzunehmenden Potenzialen, ihren unersetzlichen und existenzbedingenden ökosphärischen Nährboden irreversibel zu schädigen und zu zerstören. Deshalb ist Technosphäre jedoch nicht per se ein Hort des Bösen, sie repräsentiert lediglich die vom Menschen geschaffene Innovation, eine neue Teilwelt. Sie vermag der sie tragenden Natur allerdings insoweit gefährlich zu werden, wie sie der Nachhaltigkeitsforderung nach schadloser Kreislauffähigkeit ihrer Systemelemente nicht gerecht wird – was bedeutet, dass insbesondere hieran verstärkt nachgearbeitet werden muss.

2.3 Besonderheiten der menschlichen Technosphäre

Technosphäre bezeichnet nach *Schmidt-Bleek* den *„Bereich der Ökosphäre, der alle vom Menschen hergestellten und veränderten Dinge umfasst"* [57]. Auch die hier vorgeschlagene, primär am Kontrollgedanken orientierte Eingrenzung des Technosphärenbegriffs, wurde bislang ausschließlich auf den Menschen bezogen. Gleichwohl ist aber auch der Mensch nichts anderes als eine biologische Art und man wird nicht lange suchen müssen, um auch im Tierreich bauliche Konstruktionen zu finden, die rein qualitativ betrachtet, durchaus technosphärisch geartete Merkmale aufweisen.

Nehmen wir bspw. den Biber: Er fällt Bäume, schleppt sie an für seine Vorhaben geeignete Stellen am Fluss, schichtet sie dort geschickt übereinander, dichtet die Zwischenräume mit Geäst und anderen Materialien ab und baut so Dämme, die er kontrolliert und aktiv instand hält und die gerade dadurch v.a. das flussauf liegende Ökosystem in aller Regel gründlich und anhaltend modifizieren. Trotzdem wird niemand auf die Idee kommen zu sagen, dass das Wirtschaften dieses Bibers mit den Stabilitätsbedingungen unseres gegenwärtigen Ökosystems Erde nicht konform wäre. Unserer anthropogenen Technosphäre wird dieser Vorwurf aber gemacht – und dies völlig zu Recht.

Was ist es also, das unsere heutige menschliche Technosphäre zu einem neuartigen Phänomen macht, welches die Natur bislang so nicht kannte und das sie bisweilen so aus ihrem (dynamischen) Gleichgewicht zu bringen vermag? Es sind wohl grundsätzlich drei Dinge:

Ergebnisse auf eindeutig von der natürlich Ökosphäre getesteten und langfristig bewährten Mechanismen.

[57] *Schmidt-Bleek* [Stoffströme 1994], S. 296.

Das Problem der umgewälzten Stoffmengen	Noch nie im Rahmen der Evolutionsgeschichte wurden so große Mengen an Stoffen vor allem über so große Distanzen hinweg verlagert. → Für die Systemstabilität im Rahmen der Ökosphäre erwächst hieraus ein **quantitatives Anpassungsproblem**.
Das Problem der Neuheit[58]	Noch nie im Rahmen der Evolutionsgeschichte wurde das Ökosystem Erde und seine Subsysteme in derart kurzer Zeit mit einer millionenfachen Vielfalt an neuartigen Substanzen[59] konfrontiert, für die die Natur meist kein passendes Demontagewerkzeug entwickelt hat. → Dies gestaltet sich für die Ökosphäre in erster Linie als ein **qualitatives Anpassungsproblem**, das durch mangelnde Assimilationsfähigkeit des Ökosystems hervorgerufen wird.
Das Problem der Geschwindigkeit	Beide Problemdimensionen (vor allem jedoch die Letztere) gewinnen ihre besondere Problematik durch die noch immer wachsende Geschwindigkeit, mit der wir sie täglich vergrößern. → Für die Ökosphäre verbindet sich hiermit ein **zeitliches Anpassungsproblem**.

Tab. 2-1: Grundlegende Anpassungsprobleme der menschlichen Technosphäre gegenüber der natürlichen Ökosphäre

2.3.1 Die Anthroposphäre

Bei der ersten der hier angeschnittenen Problemdimensionen rührt die Gefahrenquelle aus vorübergehenden Überlastungserscheinungen des Ökosystems, von dessen (dynamischer) Stabilität wir als Menschen vital abhängen, und das wir deshalb auch nicht durch einen unvernünftigen Umgang mit ökosphärisch Bekanntem über gewisse Grenzen hinweg beanspruchen dürfen. Es handelt sich hier um ein Problem des Maßes[60]. Ein solches Problem kann von seiner Art her grundsätzlich auch in der Tier- und Pflanzenwelt auftauchen, wo wir bspw. über Algenblüten, Heuschreckenplagen oder mannigfaltige Arten von Insektenbefall Zeugen „natürlicher" Wirtschaftsweisen werden können, die bisweilen selbst binnen Wochen oder wenigen Monaten zur Systemexplosion führen. Dennoch entsteht bei keinem dieser katastrophal verlaufenden Prozesse etwas grundsätzlich Neues, für das die Natur keine Interessenten bereit hielte.

---

[58] Siehe die Ausführungen in Kap. 2.3.2; eine eingehende Behandlung des Begriffs der Neuheit (*novelty*) findet sich in *Faber / Proops* [Evolution 1990].

[59] *Hahn* [Abfallwirtschaft 1993], S. 231, nennt eine Zahl von weltweit ca. 10 Mio. Stoffen, die sich weltweit um weitere 10.000 p.a. erhöht.

[60] Siehe hierzu insbes. Ausführungen zum Ökonomieverständnis bei Aristoteles, bspw. in: *Manstetten* [Philosophie 1993], Kap. 2, S. 3 ff.

2. Sphären und Systeme

Auch der Mensch betätigte sich bis zum Beginn der Industrialisierung weitestgehend in den Grenzen einer aus qualitativer Sicht naturnahen Wirtschaftsform, derjenigen anderer biologischer Arten gleich kommt. In ihrer menschenspezifischen Ausprägung wird sie deshalb im Folgenden als „**anthroposphärisch**[61]" umrissen. Im Rahmen anthroposphärischen Wirtschaftens befriedigt der Mensch seine Bedürfnisse naturnah gestaltend, vielfach mechanisch umformend, bisweilen auch neue Faktorkombinationen erzeugend[62], aber stets ohne Schaffung stofflicher Neuheit. Die Anthroposphäre beschreibt also menschliches Wirtschaften unter Einhaltung der Spielregeln für natürliche Stoffwechselprozesse. Die aus anthroposphärischem Wirtschaften heraus möglichen Probleme für ein Ökosystem beschränken sich deshalb auf eine quantitativ-zeitliche Dimensionierung. Es handelt sich hier also bspw. um Probleme der Tragfähigkeitsüberschreitung oder eines Mangels an bestimmten Systembausteinen. Beschränken sich die entstandenen Ungleichgewichte nur vorübergehender und kleinräumiger Natur, so ist die Wahrscheinlichkeit hoch, dass sich das ex ante existierende System reorganisiert, sind sie großflächiger angelegt, so neigen auch sie zu Irreversibilitäten, wenn es darin zu einem Totalausfall eines tragenden und nicht substituierbaren Systemelements kommt.

Auch wenn ein solcher (bislang allenfalls partieller) Systemzusammenbruch dem langfristigen Fortschreiten der Evolution neue Freiheitsgrade eröffnet, so führt er zunächst einmal zu Artenverarmung und dies vor allem dann, wenn eine Abpufferung bzw. Wundheilung durch räumlich benachbarte Lebensgemeinschaften nicht mehr möglich ist. So sind bspw. die Folgen des römischen Schiffbaus noch bis heute rund um das Mittelmeer sichtbar. Sie gelten heute als irreversibel, weil das für die Restauration einer Waldlandschaft notwendige Systemelement Bodenkrume als Folge Jahrhunderte lang anhaltender erosiver und korrosiver Prozesse über weite Flächen hinweg zu großen Teilen abtransportiert worden ist und heute im Wesentlichen als marines Sediment vorliegt[63]. Auch deutsche Mittelgebirgslandschaften wie Harz oder Schwarzwald würden sich nach ihrer vollständigen Abholzung im Zusammenhang mit dem Stützholz- und Energiebedarf des Erzbergbaus heute über weite Flächen hinweg als stark skelettierte, karge Fels-, Gras- oder Buschlandschaften präsentieren, wenn nicht „rechtzeitig" Wiederaufforstungsverpflichtungen durchgesetzt worden wären. Und dennoch: Der vor den Eingriffen des Menschen bis in die Höhen von Harz und Schwarzwald verbreitete

---

[61] Die Verwendung des Begriffes der Anthroposphäre unterscheidet sich damit bspw. von der bei *Bringezu*, wo der Begriff der Anthroposphäre den der Technosphäre ersetzt.

[62] Bspw. durch Züchtung, Kreuzung verschiedener Tierrassen und Pflanzenarten.

[63] Ähnliche Irreversibilitäten haben auch andere Seefahrernationen geschaffen, darunter nicht nur die Spanier, sondern auch die Wikinger, oder, mit besonders gravierenden Folgen, die Polynesier der Osterinsel, die schlussendlich nicht einmal mehr Holz für den Bau von Schiffen hatten, mit denen sie ihre verödete Insel hätten wieder verlassen können (siehe hierzu bspw. *Remmert* [Ökosystem 1990²], S. 24-27).

Mischwald ist dort heute nicht mehr anzutreffen, weil die Aufforstung, interessenbedingt, mit schneller wachsenden, für den Stützholzbedarf besser geeigneten und gleichzeitig anspruchsloseren Fichten erfolgte. Dieser Nadelwald, der ursprünglich nur in Hochlagen über 800m NN anzutreffen war, bestimmt heute ein wesentlich umfangreicheres, forstwirtschaftlich gepflegtes, in seinen Elementen und Programmablaufmustern jedoch natürliches Waldökosystem, das anthropogen initiiert wurde[64].

Die Prozesse in der Anthroposphäre umfassen zum einen mechanische **Umformungen** (Modifikationen auf der Komponentenebene) und zum zweiten chemisch-physikalische **Umwandlungen**, im Rahmen derer eine bestimmte Materialidentität aufgegeben und durch eine andere ersetzt wird (Transformationen auf der Stoffebene). Hierbei beschränken sich die anthroposphärisch angelegten Umwandlungen allerdings auf die Einhaltung der Spielregeln für natürliche Stoffwechselprozesse.

Eine solche Veränderung der Materialidentität ließe sich auch als genotypische Veränderung im Sinne von *Faber / Proops* (1990) interpretieren, die den **Genotyp** als *„embodied in the genetic material"* [65] beschreiben und damit seine Qualität als artspezifische Grundstruktur charakterisieren[66]. Die Materialidentität im Sinne des strukturellen Aufbaus eines Grundstoffes beschreibt damit die Potenziale[67], die diesem Grundstoff innewohnen, die in ihm schlummern und in Verbindung mit seiner Umwelt zu einer bestimmten phänotypischen Realisation führen[68]. Bleibt der Genotyp erhalten, so vollzieht sich anthroposphärisches Wirtschaften allein im Rahmen **phänotypischer Veränderungen**, im Rahmen derer die be- oder verarbeiteten Materialien nur hinsichtlich ihrer Physiognomie, ihres Aggregatzustandes oder Ähnlichem modifiziert werden, nicht aber hinsichtlich ihrer Materialidentität. Das heißt: Unabhängig von der prozessual erzeugten Komplexität unterscheiden sich die Bausteine des Outputs von denen des Inputs nicht prinzipiell, oder anders ausgedrückt: Derselbe Stoff taucht sowohl auf der Angebots- als auch auf der Nachfrageseite des Ökosystems auf. Werden natürliche Stoffwechselprozesse (und damit Umwandlungen) vollzogen, unterscheiden sich die Outputbau-

---

[64] Als Folge des Fernsmogs, der im Wesentlichen auf die Hochschornsteinpolitik im Ruhrgebiet zurückgeführt wird, erfährt der Waldbestand in den Hochlagen des Harzes heute allerdings eine anthropogen bedingte Höhengrenze. (Die dortigen Nadelwaldbestände fielen v.a. dem Waldsterben der 70er- und 80er-Jahre zum Opfer und was nicht durch Windbruch umknickte, wurde aus ästhetischen Gründen großflächig gefällt, so dass heute kaum noch etwas an sie erinnert).

[65] *Faber / Proops* [Evolution 1990], S. 27.

[66] Auch *Faber / Proops* weiten das ursprünglich im Zusammenhang mit der Beschreibung von Organismen entwickelte Begriffspaar des Geno- und des Phänotyps (siehe im Folgenden) auf unbelebte Objekte aus, die, wie bspw. Technologien, als *„set of all techniques that are known in the economy"*, eine (neue) genotypische Dimension der Wirtschaft generierten.

[67] Ebd. bspw. S. 33, wo der **Genotyp** eines physikalischen Systems definiert wird als *„its potentialities, i.e. the fundamental constants and laws of nature"*.

[68] *„... the potentialities of a system, its genotype, interacts with the environment to give realization of these potentialities, in the phenotype"* (*Faber / Proops* [Evolution 1990], S. 33).

steine hingegen von denen des Inputs. Gleichwohl sind die im Rahmen der Anthroposphäre vollzogenen Stoffumwandlungen (d.h. die dort angesiedelten **genotypischen Veränderungen**) dem Ökosystem vertraut. D.h. die Outputbausteine können von verschiedenen Systemelementen nutzbringend in Wert gesetzt werden und darum die Eigenschaften eines Gutes[69] tragen. D.h. eine Rücktransferierbarkeit von anthroposphärisch in Anspruch genommenen Stoffen in die natürliche Ökosphäre ist ohne prinzipielle Probleme möglich, weil Extraktion und Deposition hier stets „in gleicher Münze" [70], d.h. in einer der Natur bekannten Grundstruktur erfolgen.

2.3.2 Die Transformatorensphäre

Während „anthropo"-sphärisches Wirtschaften seinem Wesen nach das grundsätzlich naturkonforme Wirtschaften einer biologischen Art beschreibt (und damit auch im Tierreich seine Parallelen findet[71]), beruht die zweite der in Tab. 2-1 aufgeführten Problemdimensionen auf einer Wirtschaftsweise, die in ihrer Art tatsächlich auf das Wirtschaften des Menschen beschränkt ist. Sie nahm ihren Ausgang in der zielgerichteten Entwicklung von Nutz-Ökosystemen, im Rahmen derer der Mensch zum ersten Mal systematisch neue Systemeinheiten schuf[72], hierbei allerdings weiterhin konsequent auf den Modulbaukasten der Natur zurückgriff. Dies änderte sich radikal, als es dem Menschen mit Hilfe der revolutionären Produktionstechniken des aufkommenden Industriezeitalters gelang, grundlegend neue Moleküle systematisch zu erzeugen. Genotypische Veränderungen vermochten nun eine völlig neue Stoffqualität zu schaffen, die im oben zitierten Naturbaukasten nicht vorkam.

Der Mensch war also dazu übergegangen, Inputs auch in solche Outputs zu transformieren, die die im Rahmen natürlicher Stoffwechselprozesse geforderte Konvertibilitätsbedingung fundamental verletzen. Und er tut dies in weiter zunehmendem Ausmaß und Vielfalt. So erhält die natürliche Ökosphäre von der Technosphäre plötzlich Moleküle zurück, die sie selbst nie herstellte und für die sie zumindest kurzfristig zumeist auch keine Verwendung findet. Mit den für die Entstehung dieser **Artefakte**[73] verantwortlichen Transformationsprozessen hat der Mensch also etwas grundsätzlich Neues, Artifizielles geschaffen, das im Folgenden über eine aus analytischen Gründen eingeführte „**Transformatorensphäre**"

---

[69] Für die Definition eines **Gutes** wird im Rahmen dieser Arbeit das von *Dyckhoff* [Produktionstheorie 1994] vorgeschlagene Kriterium der Erwünschtheit herangezogen.
[70] *Zwilling* [Stoffkreisläufe 1993], S.26.
[71] Siehe Biber, Ameisen u.v.a.m..
[72] Nutztiere, Kulturpflanzen, ... (siehe Kap. 2.1.1.).
[73] Als **Artefakte** werden im Rahmen dieser Arbeit solche Produkte, Produktkomponenten oder Materialien bezeichnet, die aus der Perspektive der natürlichen Ökosphäre Neuheit enthalten.

herauspräpariert werden soll. Unter einer solchen **Transformatorensphäre** wird also im Folgenden der Gestaltungsraum verstanden, den der Mensch unter Zuhilfenahme maschineller Anlagen aufgespannt hat, die in der Lage sind, die Grenzlinie naturnahen Wirtschaftens zu überschreiten und so auch systematisch Neuheit zu erzeugen. Diese Grenzüberschreitung fand praktisch erst mit Beginn der Industrialisierung und der Entwicklung der modernen Chemie statt und ist bislang alleine dem Menschen vorbehalten. Der Wortbestandteil der „Transformatoren" soll dabei zum Ausdruck bringen, dass der Mensch hier als unmittelbarer Agens zurücktritt, und stattdessen wesentlich leistungsfähigere, technisch konstruierte **Transformatoren** (bspw. maschinelle Anlagen) bzw. genetisch veränderte lebendige Transformatoren (bspw. entsprechende Bakterien) einspannt, die er nur noch mittelbar – dennoch aber möglichst vollkommen – steuert. Diese Transformatoren dienen ihm als Schalthebel und erlauben ihm so die gezielte Schaffung naturferner Prozessoutputs und damit von systematisch erzeugter „**Neuheit**" als Ergebnisse einer Synthetisierung molekularer Grundbausteine, die aus Sicht der Ökosphäre neu, d.h. noch unbekannt sind. Da der Mensch kaum je in der Lage sein dürfte, die von ihm geschaffene Neuheit im technosphärischen Subsystem und damit unter seiner dauerhaften Kontrolle zu halten, wird das technosphärische Umsystem, d.h. die natürliche Ökosphäre, mit den beabsichtigt wie unbeabsichtigt erfolgenden Immissionen materieller Neuheit in der Regel bereits sehr zeitnah nach derer Entstehung konfrontiert.

Damit unterscheiden sich Anthroposphäre und Transformatorensphäre auch hinsichtlich der wissbaren Folgen entsprechender Prozessergebnisse (Outputs) sehr wesentlich. Während sich Wissenslücken aus dem Felde der Anthroposphäre auf die Wirkung neuer Kombinationen natürlich bekannter Bausteine beschränken (siehe Mauleselbeispiel), erstrecken sich die Wissensdefizite aus transformatorisch angelegten Aktivitäten bereits auf die Stufe der Materialidentität selbst. Anthroposphärisches Wirtschaften ist darum in wesentlich stärkerem Maße von „gegenwärtig" prinzipiell Wissbarem bestimmt als dies für transformatorensphärisches Wirtschaften der Fall ist. So sind Informationsmängel aus dem Bereich der Anthroposphäre streng genommen nicht mehr als Ergebnisse „**subjektiv empfundener Neuheit**", die sich mit den Instrumenten Risiko oder Unsicherheit behandeln lassen. Demgegenüber sind die Folgen transformatorentechnischer Veränderungen mit einem hohen Maß an Unwissen, im Sinne eines „Nicht-Wissen-Könnens", verbunden. Dieses „Nicht-Wissen-Können" gegenüber den Wirkungen transformatorisch geschaffener Neuheit gilt dabei nicht nur für den Menschen, sondern für das Wissensspektrum des Ökosystems Erde insgesamt (**objektiv existierende Neuheit**). Beispielhaft sei hier die stratosphärische Wirkung von FCKWs, insbesondere über den Polkappen, genannt, von der das gesamte Ökosystem Erde in dem Sinne „überrascht" wurde, als diese Gruppe anthropogener Spurengase Jahrmillionen alte Fließgleichgewichte in der Stratosphäre empfindlich störte, wenn nicht gar zerstörte.

2.3.3 Anthroposphäre und Transformatorensphäre vor dem Hintergrund stoffkreislaufwirtschaftlicher Betrachtungen

Aspekt	Anthroposphäre	Transformatorensphäre
zentraler Akteur	Mensch (anthropos)	vom Menschen direkt oder indirekt gesteuerter Transformator (Maschine)
zentrale Kraftquelle	natürliche Verbrennungsmaschine (Mensch, Tier und Pflanze)	vom Menschen hergestelltes Produktionsmittel (Dampfmaschine, Verbrennungsmaschine, ...)
Prozesscharakter	Mechanische Umformungen und natürlicher Stoffwechsel (→ Umwandlung in etwas der Natur Bekanntes) ...	... zusätzlich auch Umwandlungen in Naturfremdes; → naturfremder Stoffwechsel
struktureller Umfang der mit technosphärischen Prozessen einhergehenden Veränderungen	Die Materialidentität bleibt erhalten (Input = Output) oder wird im Rahmen natürlicher Stoffwechselprozesse verändert (Input = naturbekannter Output) → ermöglicht allenfalls das Auftreten subjektiver Neuheit	Die Materialidentität wird vielfach nicht nur aufgelöst, sondern darüber hinaus vielfach auch in solche Output-Bausteine transformiert, die der Natur bislang nicht bekannt waren. → auch die systematische Erzeugung objektiver Neuheit ist möglich
Kreislauffähigkeit des Outputs	wegen Beschränkung auf natürlich vorkommende Grundbausteine grundsätzlich gegeben	unter Umständen erst über künstliche Reduktionssysteme möglich, die aber vielfach noch nicht zur Verfügung stehen
Abhängigkeit der Systemelemente vom Menschen	zumeist allenfalls graduell (bestimmte Haustiere, Kulturpflanzen etc.)	bei unbelebten Technosystemen (maschinelle Komplexe) absolut
Konsequenzen eines Wegfalls des Menschen als handelndem Systemelement	Assimilation im Rahmen natürlicher Ökosysteme; bei Überschreiten kritischer Schwellenwerte Übergang zu und Etablierung von neuen Systemgleichgewichten; (in weiten Bereichen Fähigkeit zur Selbstorganisation, Selbststeuerung, Selbstreproduktion)	Ohne den Menschen verlieren die einzelnen Systemelemente ihre funktionalen Beziehungen zueinander. Es erfolgt ein definitiver Systemzusammenbruch, d.h. die Systemelemente verlieren ihre Bezüge und Nutzeigenschaften und „stellen ihren Betrieb ein"; der Übergang in ein neues Fließgleichgewicht ist hier also in aller Regel nicht möglich[74]

Tab. 2-2: Technosphärisches Wirtschaften im Rahmen von Anthroposphäre und Transformatorensphäre

---

[74] Ausnahmen hiervon bilden Teile der transformatorisch entwickelten lebendigen Transformatoren (genetisch veränderte Bakterien im Dienste der Pharmazie, biologische Kampfstoffe u.a.m.), deren Wechselwirkungen mit Elementen der natürlichen Systemumwelt allerdings unabsehbar sind.

Gerade vor dem Hintergrund stoffkreislaufwirtschaftlicher Fragestellungen ist die über menschliches Wirtschaften hervorgebrachte Technosphäre also sehr differenziert zu betrachten. Die Arbeit versucht dies dadurch, dass sie die menschengemachte Technosphäre in eine auf naturnahes Wirtschaften beschränkte Anthroposphäre und eine auch naturfernes Wirtschaften ermöglichende Transformatorensphäre trennt.

Dreh- und Angelpunkt einer hier skizzierten Transformatorensphäre sind also künstlich geschaffene Systemelemente mit deren Hilfe es dem Menschen gelungen ist, die Spielregeln der durch stetes Werden und Vergehen bestimmten natürlichen Kreisläufe ganz bewusst zu verletzen, um sich und seine Produkte vor unliebsamen Angreifern zu schützen. Damit hat er Artefakte geschaffen, die ihm eine vorher nie da gewesene Sicherheit schaffen, die aber auch nicht so einfach wieder „den Weg alles Natürlichen gehen", so dass er sich früher oder später auch um deren Rückbau selbst kümmern, d.h. technosphärisch angesiedelte Reduktionsprozesse entwickeln muss, die in Kap. 5 noch eingehend thematisiert werden.

Versucht man, die hier vorgeschlagene Fallunterscheidung unter Zuhilfenahme graphischer Mittel noch etwas plastischer zu gestalten, so erhielte man bspw. die in Abb. 2-2 skizzierte Darstellungsform, welche sich durchaus auch evolutionsgeschichtlich interpretieren ließe.

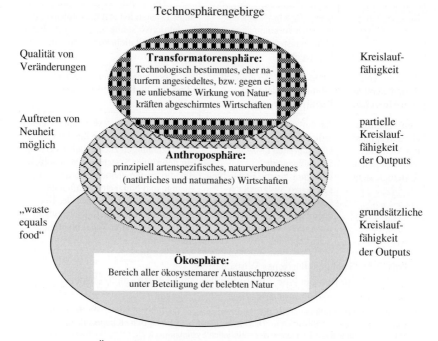

Abb. 2-2: Die Ökosphäre als Dreischichtenmodell

3. Das Phänomen Abfall und sein begrifflicher Inhalt

3.1 Abfall in der Ökosphäre – eine evolutionsgeschichtliche Betrachtung

Philosophisch betrachtet ist **Abfall** zunächst einmal nichts anderes als *„Materie am falschen Ort"*, wie *Thompson* es treffend ausdrückt[1]. Abfall ist damit allerdings beileibe kein ausschließlich anthropogenes Phänomen, sondern spiegelt lediglich das subjektive Verhältnis eines auch noch so primitiven Organismus gegenüber einer bestimmten Materie wider, die aus natürlichen oder technosphärischen Stoffwechselprozessen hervorgegangen ist. Abfall ist der subjektiv als nicht erwünscht empfundene Teil des Outputs eines Stoffwechselprozesses im weitesten Sinne oder der Negativsaldo eines *„Fließgleichgewichts zwischen Wert und Unwert"* [2]. D.h. Abfall des einen kann gleichzeitig das begehrenswerte Objekt des anderen sein und sich auch intertemporal betrachtet zum einen oder anderen hin verkehren, beispielsweise weil sich die Präferenzen oder Prozesstechniken der damit befassten Subjekte ändern. In einem örtlich und zeitlich abgegrenzten Raum ist eine Materie damit nur in dem Maße Abfall, wie es darin keine Subjekte gibt, die eine der Produktionsrate entsprechende Nachfrage nach dieser Materie entwickeln, d.h. sie verliert ihre Abfalleigenschaft, sobald sie von anderen Organismen als Inputstoff nachgefragt und eingesetzt wird. Materie, die in einem bestimmten räumlich-zeitlichen Rahmen mit einer geringeren Rate nachgefragt als produziert wird, wird damit lediglich im Umfang dieses Nachfragedefizits zu Abfall[3]. Dieser Defizitsaldo wird in der Ökosphäre deponiert und akkumuliert[4]. Mit anderen Worten: Seit dem Moment, an dem biologische Stoffwechselprozesse feste, flüssige oder gasförmige Stoffe erzeugten, die am Ort ihrer Entstehung nicht gleichzeitig auf entsprechende Nachfrage stießen, entstand Abfall.

Zu den besonderen Charakteristika natürlicher Stoffwechselprozesse gehört allerdings, dass die dabei entstehenden Outputs vielfach bereits wieder direkt von

---

[1] *Thompson* [Abfalltheorie 1981], S. 117 ff.

[2] *Rutkowsky* [Abfallpolitik 1998], S. 49, bezeichnet Abfall als *„Ergebnis eines Fließgleichgewichts zwischen Wert und Unwert"*.

[3] So entstand auch das Abfallproblem in der Landwirtschaft erst mit der Entwicklung einer Agro-Industrie, die sich einseitig und großmaßstäbig auf bestimmte Produkte spezialisierte. Dies hatte zur Folge, dass auch bei den Kuppelprodukten dieser Produktion entsprechende Überschüsse anfielen, die erst in diesem Zusammenhang ihre Eigenschaft als positiv bewertetes Gut verloren und als Abfall betrachtet wurden. So wurde bspw. Jauche, die einst als willkommener Naturdünger auf die Felder verbracht wurde, im Rahmen des nunmehr auftretenden Angebotsüberschusses zur Last, und stellt heute, wie bspw. aus dem Raum Vechta-Cloppenburg berichtet wird, ein lokal und regional nur schwer lösbares Abfallproblem dar. (Zu vergleichbaren Aussagen kommt bspw. auch *Erkman* [industrial ecology 1997], S. 4 f., unter Bezugnahme auf belgische Studien).

[4] Siehe hierzu bspw. auch Arbeiten von *Zwilling* [Stoffkreisläufe 1993] oder *Schurr / Haake / Henkes et al.* [Reduktionswirtschaft 1996].

anderen Organismen als Nahrung aufgenommen werden[5]. In dem Rahmen, wie in einem natürlichen Ökosystem mangels sofortiger Nachfrage tatsächlich Abfall entsteht, wird eine entsprechende Deposition in aller Regel innerhalb eines relativ kurzen Zeitraums Δt wieder aufgelöst, weil es zumindest im Jahresrhythmus oder in einer räumlichen Nähe Δr Konsumenten und Destruenten gibt, die diese Stoffe als Nahrungsquelle für sich entdecken. In Abhängigkeit vom Nahrungsangebot sind diese natürlichen Reduzenten dabei vielfach in der Lage, auch kurzfristig unverhältnismäßig große Populationen aufzubauen[6], und dadurch Angebotsüberschüsse zu wiederum anderen, der Natur bekannten Substanzen umzuwandeln. In der Natur existiert Abfall damit in aller Regel nur im Rahmen sehr begrenzter Zeiträume, d.h. er stößt aufgrund der über die Qualität seiner Biomoleküle garantierten **ökologischen Passgenauigkeit**[7] innerhalb relativ kleiner Δt (bspw. im Rahmen von Vegetationsperioden) oder Δr (bspw. nach bestimmten örtlichen Verfrachtungen durch Umweltmedien) wiederum auf Interesse, was der entsprechenden Materie von neuem die Qualität von Nahrung verleiht. In Abb. 3-1 ist dieser typische Fall abgebildet.

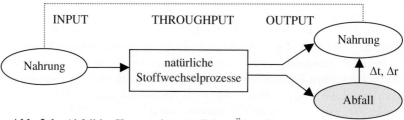

Abb. 3-1: Abfall im Kontext der natürlichen Ökosphäre

Darüber hinaus kommt es aber auch in der Natur permanent zur Anhäufung von Stoffen, die trotz uneingeschränkter Eignung von Biosphärenelementen vorerst nicht als Nahrung aufgenommen werden. Dieser Prozess, in den Geowissenschaften als **Sedimentation** bezeichnet, repräsentiert alle die Stoffmengen, die anhaltend akkumuliert werden und damit organisch-mineralische Depositionen aufbauen. Hierbei handelt es sich zumeist um solche Stoffmengen, die für potenzielle Interessenten infolge örtlicher Verfrachtungen und/oder vertikaler Überlagerungen

---

[5] Wie man heute weiß, ist dies bei tropischen Ökosystemen in besonders hohem Maße der Fall, wo große Teile des vorhandenen Mineralien- bzw. Nährstoffvorrats stetig in den verschiedenen Organismen gebunden sind.

[6] Gerade *Remmert* [Ökosystem 1990] nennt seinem Buch „Naturschutz" viele faszinierende Beispiele von Bio-Ökosystemen, deren Systemelemente großen zyklischen Populationsschwankungen unterliegen, so dass infolgedessen auch Abfalldepositionen zyklisch angelegt und wieder aufgelöst werden.

[7] Die Natur verwendet lediglich 4 Basen von Nukleinsäuren sowie 20 natürliche Aminosäuren, die sich *„... problemlos ineinander umwandeln und auch unverändert zu neuen Strukturen zusammenfügen lassen."* (*Zwilling* [Stoffkreisläufe 1993]; S. 26(-28)).

3. Das Phänomen Abfall und sein begrifflicher Inhalt

unzugänglich geworden sind und dadurch einer biosphärischen Kreislaufführung in aller Regel über lange Zeiträume hinweg vorenthalten bleiben[8]. Hierbei ist allerdings wiederum darauf hinzuweisen, dass es sich im Falle dieser Depositionen für die Natur als Ganzem um ein rein quantitativ-zeitlich, nicht aber qualitativ bestimmtes Problem handelt.

Damit die kontinuierliche Zirkulation von Bauelementen im Naturhaushalt zumindest dort funktioniert, wo natürliche Stoffe nicht durch erratisch oder kontinuierlich stattfindende Überdeckungen abgeschottet werden, ist allerdings ein ausgeklügeltes Zusammenspiel verschiedenartiger Akteure erforderlich, um das System über die in Abb. 3-1 wiedergegebenen „natürlichen Stoffwechselprozesse" funktionsfähig zu erhalten. Wie bereits in Kapitel 2.1.1 beschrieben, unterscheidet die Biologie hierbei gemeinhin zwischen Produzenten, Konsumenten und Destruenten[9], die hier als passgenau aufeinander abgestimmte natürliche Transformatoren interagieren und so ein zumindest potenziell abfallfrei operierendes System konstituieren.

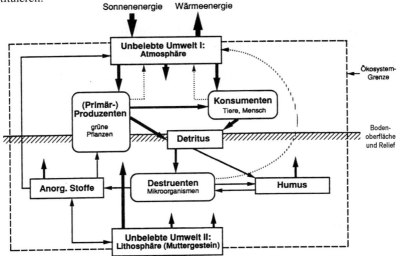

Abb. 3-2: Funktionsschema eines natürlichen terrestrischen Ökosystems (stark vereinfacht); Quelle: *Haber* [Landschaftsökologie 1992], S.18[10]

---

[8] So werden bspw. in Deltaregionen, insbesondere im Zuge von Hochwasserereignissen, große Mengen fruchtbarer Erde in die Weltmeere gespült und daraufhin im Wesentlichen marin sedimentiert, mit der Folge, dass die terrestrischen Interessenten dieser Stoffe als Nahrung nicht mehr habhaft werden können.

[9] Siehe bspw. in *Haber* [Landschaftsökologie 1992].

[10] *Haber* [Landschaftsökologie 1992] bezieht sich in dieser Darstellung auf *Gigon* (1974) und *Ellenberg* (1978). In einer darstellungstechnisch nahezu identischen Form findet sich dieses Schaubild

Trotzdem kam es in der Natur bereits seit dem Archaikum zu einer längerfristigen und massiven Anhäufung von Abfall, die sich nicht nur als ein Problem ungünstiger Massenverlagerungsprozesse manifestierte[11], sondern für den es tatsächlich keine Nachfrager gab. Auch die stetigen Weiterentwicklungsexperimente der Natur führten also manchmal zum Auftreten von Neuheit.

Die Evolution hat die hierdurch bisweilen ausgelösten Katastrophen bislang jedoch stets in dem Sinne gemeistert, wie sie im Rahmen der ihr zur Verfügung stehenden langen Zeiträume neue Arten von Nachfragern hervorbrachte, oder indem zumindest abfallresistente Nischenorganismen vom Untergang derer profitierten, auf die die zunehmende Anreicherung eines solchen Abfalls toxische Wirkungen ausübte. So war bspw. auch die für die Entwicklung höherer Lebewesen bis hin zum Menschen lebensnotwendige Sauerstoffatmosphäre, deren Herausbildung erst vor ca. 2 Milliarden Jahren einsetzte, ein für die ehedem dominierenden anaerob lebenden Bakterien höchst giftig wirkendes Abfallprodukt der aufkommenden Photosynthese und besiegelte über weite Räume hinweg deren Untergang[12].

Auch die weit vormenschliche Natur akkumulierte also selbst innerhalb eines Jahrmillionen umfassenden Zeitintervalls Abfall, produzierte also nicht immer abfallfrei[13, 14]. Gleichwohl ist gerade das Beispiel der über lange Zeiträume hinweg zunehmenden Aufkonzentrierung atmosphärischen Sauerstoffes aber auch ein Beleg dafür, dass eine von „Zeitgenossen" produzierte und/oder erlittene Abfallkatastrophe Startsignal für einen enormen evolutionären Entwicklungsschub sein kann. Allen Aerobiern war die anhaltende Sauerstoffanreicherung ein Segen, der ihren immer artenreicheren Vertretern zunehmende Entfaltungsmöglichkeiten bot. Die meisten der ex ante dominierenden biologischen Arten erlebten die O_2-Moleküle hingegen als Fluch, als „neues Umweltgift"[15], das ihre Überlebensmöglichkeiten günstigstenfalls in ein Nischendasein verbannte. Diese biohistorische Erkenntnis sollte auch dem Menschen zu denken geben. Denn sowohl seine eigene Evolution, wie die der von ihm genutzten natürlichen Ökosysteme, vollzog sich im Kontext mit den biologisch-mineralogischen (und energetischen) Umweltbedingungen der Ökosphäre der letzten Jahrmillionen und damit gegenüber dem Auftreten technosphärisch erzeugter Neuheit und Ökotoxizität ex ante.

---

 später auch bei *Dyckhoff* [Produktionstheorie 1993], S. 88, unter Ersetzung des Begriff des Destruenten durch den des Reduzenten.

[11] Siehe obiges „Flussdelta-"Beispiel.

[12] Siehe hierzu bspw. *Schopf* [Evolution 1988], S.83 ff., *Remmert*, [Ökosystem 1990], S. 9 ff., oder *Zwilling* [Stoffkreisläufe 1993]. S.28 f.

[13] *Zwilling* beschreibt auch die heutige Sauerstoffkonzentration der Atmosphäre als das Ergebnis eines *„verzögerten geochemischen Recyclings"*, im Rahmen dessen der gesamte Luftsauerstoff innerhalb von drei Millionen Jahren ein Mal umgeschlagen wird. (*Zwilling* [Stoffkreisläufe 1993; S. 29]).

[14] Weitere Beispiele zur Schließung des Kohlenstoffkreislaufs oder des Stickstoffkreislaufs liefern *Ayres / Simonis* [industrieller Metabolismus 1993], S. 8.

[15] *Zwilling* [Stoffkreisläufe 1993; S. 29].

3. Das Phänomen Abfall und sein begrifflicher Inhalt

Die Erkenntnisse der Geologen und Biologen lehren, dass die Natur als Ganzes sowohl der Produktion wie auch einer möglicherweise langfristigen Persistenz von Abfall technosphärischen Ursprungs absolut gleichgültig gegenübersteht. Denn was für die einen Arten toxisch wirkt, kann anderen (siehe obiges Beispiel) neue Schutz- und Entfaltungsräume öffnen, aus denen heraus sie ihre Anpassungsüberlegenheit Zug um Zug ausspielen können. Dies aber impliziert die Einpendelung und Etablierung eines neuen Ökosystemgefüges und kann dem Menschen als einem Produkt des gegenwärtigen) so gleichgültig nicht sein. Denn trotz seiner vergleichsweise großen Anpassungsfähigkeit an verschiedenartigste Lebensräume kann er sich nur im gegenwärtigen Ökosystemgefüge sicher sein, sich als dominierende Art auch weiterhin weltweit behaupten und entfalten zu können. Schreibt man ihm also Arterhaltungswille oder zumindest intergenerative Verantwortungsbereitschaft zu, so gebietet ihm bereits solches, das gegenwärtige Ökosystemgefüge in all seinen Elementen weitest möglich unbeschadet zu lassen. Er sollte deshalb größtmöglich darauf zu achten, dass sein Handeln mit der Aufrechterhaltung gegenwärtiger Fließgleichgewichte im Ökosystem vereinbar ist.

Wie das oben skizzierte O_2-Beispiel exemplifizierte, haben auch andere biologische Arten im Laufe der Erdgeschichte bisweilen einen Abfallstoff abgegeben, der über lange Zeiträume hinweg nicht oder nicht hinreichend nachgefragt wurde. Das was wir mit unserer „hochentwickelten" Produktionsweise in den letzten knapp zwei Jahrhunderten in das natürliche Ökosystem an Neuheit eingeschleust und ihm hierdurch vorerst auch an Abfall aufgebürdet haben, hat bislang jedoch keine Spezies je in einem derart kurzen Zeitintervall emittiert, nicht an Masse noch viel weniger an Vielfalt. Gerade die im Rahmen unserer menschenspezifischen Transformatorensphäre entstandenen neuartigen und teilweise hochkomplexen Abfallstoffe treffen jedoch größtenteils nicht nur auf keine Destruenten[16], weit mehr noch: Sie üben, ähnlich dem weiter oben zitierten O_2-Beispiel, auf viele der heute lebenden Pflanzen und Tiere eine toxische Wirkung aus. Da so auch der Mensch zumindest zu den indirekt Betroffenen zählt, ist es schon alleine vor diesem Hintergrund[17] ungewiss, ob seine Art tatsächlich zu den Nutznießern eines nächsten abfallbedingten evolutorischen Sprungs gehören würde.

---

[16] Unter dem Begriff des **Destruenten** subsumiert *Haber* [Landschaftsökologie 1992] Fäulnisbakterien und Pilze, aber auch Regenwürmer und andere an Zersetzungsprozessen beteiligte Organismen. Im Zusammenhang mit technosphärischen Rückführungsprozessen wurde der in den Ökosystemwissenschaften gängige Begriff des Destruenten von *Dyllick* durch den des „**Reduzenten**" ersetzt.

[17] Von den sich verschärfenden Problemen der Ressourcenknappheit für eine stetig wachsende Population ganz zu schweigen.

3.2 Abfall technosphärischen Ursprungs
– Urquell eines neuen Evolutionskapitels?

Wie das in aller Kürze skizzierte Beispiel über die Entstehung der Sauerstoffatmosphäre eindeutig belegt, ist es der Natur nicht immer gelungen, das Problem fehlender Nachfrage nach neuartigen Abfällen über eine reine Erweiterung der Artenvielfalt zu lösen. Und dies, obwohl die sich unter den Bedingungen einer Sauerstoffatmosphäre durchsetzenden neuartigen Stoffwechselprozesse lediglich eine einzelne neue stoffliche Verbindung erzeugten, die zunächst keine Nachfrager fand. Zudem rüttelten auch diese neuartigen Ökosystemelemente nicht am natürlichen Bauprinzip der Universalität und Einfachheit[18]. Von einer solchen Handlungsleitlinie haben wir uns seit dem Beginn unseres Industriezeitalters allerdings immer deutlicher wegbewegt. So hat der Mensch in den vergangenen Jahrzehnten etwa drei bis vier Millionen neuer Verbindungen synthetisiert[19], die es vorher nie gab und für die die Natur größtenteils keine Recyclinglösung parat hatte (und auch weiterhin nicht hat). Mehr noch: Der Mensch hat in der Regel alles in seinen Möglichkeiten Stehende unternommen, um eine biotische oder abiotische Angreifbarkeit der transformatorisch hergestellten Outputs durch in der Natur vorkommende Akteure auszuschließen. Das heißt: diese Produkte wurden ganz gezielt nicht nur gegen einen „Genuss" bzw. „Befall" durch Organismen, sondern auch gegen möglichst alle in der Natur vorkommenden Säuren, Laugen oder sonstige Angreifer immunisiert.

Trotz aller ökologischer Bedenken müssen wir uns allerdings ganz klar vergegenwärtigen, dass genau auf diesen zu superresistenten Stoffen synthetisierten Substanzen ein großer Teil der Sicherheit des technosphärischen Systemgeflechts basiert. Und mehr noch: eine Unmenge von Errungenschaften der Menschheit, die von den einzelnen Individuen einhellig positiv bewertet werden, ist durch den erfolgreichen Einbau eines Stücks Unvergänglichkeit in unsere Güterproduktion überhaupt erst möglich geworden. Jeder noch so gewissenhafte Naturschützer, den bspw. die extremen Anforderungen an die Resistenzfähigkeit von Materialien für den Flugzeugbau (einschließlich flammhemmender Eigenschaften und Ähnlichem mehr) nicht persönlich tangieren, weil er aus einer ökologischen Verantwortung heraus grundsätzlich nicht fliegt, weil er keine Rosen aus Kolumbien oder keine Äpfel aus Neuseeland kauft, wird sich im Bedarfsfalle keine biologisch angreif- oder abbaubare Herzklappe implantieren lassen. Unser im Vergleich zu früheren Jahrhunderten vergleichsweise geringes Sterblichkeitsrisiko oder die Verdopplung unserer Lebenserwartung[20], sie stehen nicht nur, aber auch in einem engen Zu-

---

[18] *Zwilling* [Stoffkreisläufe 1993], S. 27.

[19] Ebd., S. 29.

[20] Wesentliche Ursachen hierfür bildeten v.a. die Forschungen im Bereich der Hygiene, wodurch insbesondere die Säuglings- und Kindersterblichkeit erheblich gesenkt werden konnte.

sammenhang mit der erfolgreichen Synthetisierung von Materialien, die von natürlichen Operatoren nicht oder nur sehr schwer zu destabilisieren sind und uns gerade hierdurch ein außerordentlich hohes Maß an Sicherheit und Verlässlichkeit geben. Gerade deshalb wird die Bedeutung derartiger Werkstoffe auch im Bereich der Medizintechnik in naher Zukunft noch deutlich zunehmen.

Jedes dieser technosphärisch erzeugten Produkte verliert jedoch irgendwann – und sei es nur, weil es „außer Mode gekommen ist" [21] – seinen positiven Nutzwert und wird damit zu Abfall, der früher oder später an die natürliche Umwelt zurückgegeben wird. Jedes einmal produzierte Produkt, auch das naturnahe, vergrößert damit zunächst einmal die Abfallberge. Im Gegensatz zu natürlich vorkommenden oder zumindest biologisch vollständig abbaubaren Abfallstoffen, die in ihrer Umwelt innerhalb relativ kurzer Zeiträume auf Interesse stoßen, ist dies bei einem wesentlichen Teil der synthetisch erzeugten, naturfernen Stoffe nicht der Fall. Hier ist eher eine langfristige Stoffbindung wahrscheinlich. Das ist nicht verwunderlich, denn gerade dieses Bindungsverhalten war ja produktionsseitig vielfach auch intendiert. Natur und Technosphäre erleiden dadurch allerdings zumindest einen Verlust an Nahrungsgrundlagen (quantitativer Effekt). In Abhängigkeit von der Toxizität der Ablagerungen können darüber hinaus jedoch sehr schnell auch Zeitbomben entstehen, so dass für die Ökosphäre hierdurch auch ein qualitatives Problem hinzukommt.

Während also Abfälle aus der natürlichen Ökosphäre genauso wie solche aus dem anthroposphärischen Teil der Technosphäre ihre Abfalleigenschaft zumindest im Laufe von Jahrzehnten typischerweise wieder verlieren (siehe Abb. 3-1, bzw. die folgende Abb. 3-3a), akkumulieren sich erhebliche Teile der Outputs aus der Transformatorensphäre aufgrund ihrer teilweise extremen Immunität gegenüber äußeren Einflüssen auch über sehr lange Zeithorizonte hinweg weiter, was im Wesentlichen auf das Auftreten von Neuheit zurückzuführen ist (Abb. 3-3b).

---

21 Siehe Kap. 5.1.1.2 bzw. *Stahels* Produkte mit „*Nutzungsdauer Null*" (*Stahel* [Langlebigkeit 1991]).

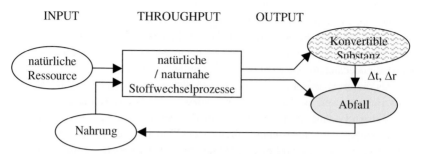

Abb. 3-3a: Typische Wege der Entstehung von Abfall
im Rahmen anthroposphärischen Wirtschaftens [22]

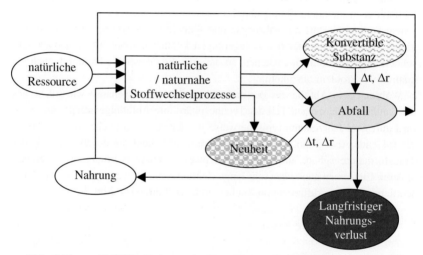

Abb. 3-3b: Abfall im Rahmen der Transformatorensphäre
d.h. unter Einschluss eines potentiellen Auftretens von Neuheit

Den vor einem evolutionsgeschichtlichen Hintergrund betrachteten qualitativen Sprung haben wir also bereits vollzogen, indem wir trotz unseres Daseins als Organismen des natürlichen Ökosystems, nicht mehr überall „mit uns handeln lassen", sondern diesen Stoffehandel durch Entwicklung artifizieller Schutzschilder

---

[22] Zu der hier verwendeten Begriffsbestimmung von Anthroposphäre siehe Kap. 2.3.1.

3. Das Phänomen Abfall und sein begrifflicher Inhalt 41

mehr und mehr zurückdrängen. Dennoch: Wie weiter oben bereits angedeutet, ist ein allgemeines „Zurück zur Natur" im Sinne einer Beschränkung auf ein „Naturgeld-konformes" Wirtschaften im Interesse des Menschen bzw. der Gesellschaft in sehr vielen Fällen weder wünschenswert noch sinnvoll. Deshalb wird hier mit *Zwilling*[23] der Standpunkt vertreten, dass sich die Technosphäre auch in Zukunft nicht auf ein möglichst perfektes Kopieren natürlich vorgegebener Lösungsmuster beschränken kann, sondern vielmehr zu eigenen adäquaten Lösungen finden muss[24]. Diese sollten sich allerdings dadurch auszeichnen, dass der Mensch auf die Produktion jener Art von Neuheit verzichtet, die sich über Agenzien aus der natürlichen Ökosphäre nicht bzw. nicht schadlos wieder abbauen oder umwandeln lässt – dies allerdings mit der aufweichenden Einschränkung auf solche Fälle bei denen ein solcher Verzicht verantwortbar erscheint. Ganz eindeutig muss er sich jedoch zum Abbau der verbleibenden Abfallarten mit ähnlicher Intensität an die Entwicklung künstlicher Reduktionsverfahren machen, wie er es in den vergangenen Jahrzehnten im Bereich der Entwicklung neuer Produktionstechnologien praktiziert hat.

Die menschliche Spezies kann hierdurch die Wahrscheinlichkeit mit Sicherheit wesentlich vergrößern, ihre auf technosphärischen Errungenschaften basierende besondere Lebensqualität auch mittelfristig aufrechtzuerhalten, ohne dass es zu einem abfallbedingten ökosystemaren Kollaps kommt. Jener wäre zwar sicherlich wiederum mit umfangreichen neuen Chancenpotenzialen verbunden – dies jedoch wiederum nur für ausgewählte, unter Umständen aber auch nach-menschliche Organismengemeinschaften.

Aus all diesen zukunftsgerichteten Überlegungen heraus ergeben sich wesentliche Aufgaben für die Politik, die hierdurch herausgefordert ist, Toxizitäts- und/oder inertisierungsbedingte Nahrungsverluste durch die Schaffung situationsadäquater Rahmenbedingungen zu begrenzen und zu verkleinern. Dies lässt sich zum einen mit der Schaffung hierfür geeigneter Gesetzesgrundlagen übersetzen (Kap. 3.3), zum zweiten aber auch mit der gezielten Ausgestaltung von Anreizsystemen, die den produktions-, bzw. produktorientierten Umweltschutz sowie den Ausbau der in Kap. 5 skizzierten Reduktionswirtschaft aus unternehmerischem Eigeninteresse heraus vorantreiben.

---

23 *Zwilling* [Stoffkreisläufe 1993], S. 30 f.
24 *Zwilling* [Stoffkreisläufe 1993], S. 31, nennt hier das Beispiel des Menschheitstraumes Fliegen und weist darauf hin, dass dessen Verwirklichung zwar auf dem Studium der Aerodynamik des Vogelfluges basiert hatte, aber dennoch nicht über die Herstellung von Flugmaschinen aus Federn, Haut und Knochen zustande kommen konnte.

3.3 Der Abfallbegriff als Rechtsbegriff im Abfallrecht der Bundesrepublik Deutschland

Nachdem der Begriff des Abfalls in den vorangegangenen beiden Abschnitten in einem ganzheitlich ökosystemaren Kontext erläutert worden ist, geht es nunmehr um die juristischen Konturen des Phänomens Abfall im Rechtsraum der Bundesrepublik Deutschland. Auf diesem Territorium ist es inzwischen zwar gelungen, dem bis in die 70er-Jahre hinein sehr unscharfen Abfallbegriff eine grundlegend verbesserte juristische Handhabbarkeit zu verleihen, doch greift auch die gegenwärtig aktuelle Abfalldefinition des KrW-/AbfG lediglich auf einen Teilausschnitt dessen zu, was in den Kapiteln 3.1 und 3.2 im Rahmen einer ganzheitlichen Sichtweise als Abfall bezeichnet worden ist.

3.3.1 Zur Entwicklung des gegenwärtigen Abfallbegriffs[25]

Bei der ersten gesetzlichen Bestimmung zum Umgang mit Abfällen, dem „**Abfallbeseitigungsgesetz**" vom 7.6.1972, war es zunächst einmal darum gegangen, eine sogenannte „ordnungsgemäße Beseitigung" von Abfällen zu gewährleisten. In den darauffolgenden Jahren wurden drei Novellen verabschiedet, die insbesondere die Verantwortlichkeiten des Abfallbesitzers im Umgang mit Sonderabfällen erweitert hatten, ehe die gesetzlichen Rahmenbedingungen zum Umgang mit Abfällen mit der vierten Novelle vom 27.8.1986 als „**Abfallwirtschaftsgesetz**" eine grundsätzlich neue Qualität bekamen. Mit der Inkraftsetzung des Abfallwirtschaftsgesetzes (im Folgenden kurz: „**Abfallgesetz**" (AbfG)) am 1.11.1986 wurden nunmehr die Gebote zur Vermeidung und Verwertung der sonstigen Entsorgung vorangestellt und damit der Startschuss für eine gesetzlich reglementierte „Bewirtschaftung" statt bloßer „Beseitigung" gegeben. Hierbei muss freilich betont werden, dass die Priorisierung von Vermeidung und Verwertung[26] gegenüber der Beseitigung nicht nur an die technische Möglichkeit, sondern gleichwohl auch an den Fall einer „ökonomischen Zumutbarkeit" gekoppelt wurde (und im Übrigen nach wie vor ist)[27], was die praktische Bedeutung dieser grundsätzlichen Neuerung zumindest vorerst deutlich relativierte.

Darüber hinaus erwies sich der dem Abfallgesetz von 1986 zugrunde gelegte **Abfallbegriff** nicht nur als relativ unscharf, sondern blieb auch in seiner begrifflichen Reichweite mehr oder weniger auf Beseitigungsabfälle beschränkt. Altstoffe,

---

[25] Zum Umgang der Gesellschaft mit dem Phänomen Abfall von der Antike bis zur Gegenwart siehe bspw. *Hecht* [Rückstandssteuerung 1991], Kap. 2, S. 98 ff.
[26] Auf eine Voranstellung stofflicher vor energetischer Verwertung wurde in der letztlich verabschiedeten Fassung verzichtet.
[27] Siehe §5, Abs. 4, Satz 1, KrW-/AbfG.

Reststoffe, Ersatzbrennstoffe, Sekundärrohstoffe, Versatzmaterial oder Wirtschaftsgüter standen für Materialien, die aus jeweils spezifischen Gründen vom Begriff des Abfalls ausgeklammert waren und damit auch zu willkommenen Vehikeln für einen bisweilen recht trickreichen Umgang mit unerwünschten Objekten gemacht werden konnten. Gerade der Begriff des **Wirtschaftsgutes** als einem Gut, das sich in erster Linie dadurch auszeichnete, dass *„sich ein Kaufmann seine Erlangung etwas kosten lässt"* [28], erfreute sich gerade in international operierenden Händlerkreisen immer größerer Beliebtheit. Produktionsabfälle im Sinne unerwünscht entstandener Kuppelprodukte des Produktionsprozesses wurden vielfach mit positiven Preisen bewertet und damit dem abfallrechtlichen Regime entzogen, obwohl eine Entledigungsabsicht des Besitzers oder Eigentümers bisweilen nur schwerlich zu verbergen war. Der Vorteil eines solchen Status als Wirtschaftsgut erleichterte dabei aber nicht nur den Stofftransport selbst, sondern darüber hinaus auch seine Verbringung ins Ausland[29]. In den Folgejahren wurden Deklarierungsmöglichkeiten dieser Art zwar über verschiedene Gesetzesnovellierungen und Verordnungen eingeschränkt[30], hierdurch wuchs jedoch auch die Diskrepanz zwischen der Legaldefinition des Abfalls und dem tatsächlichen Umgang mit abfallartigen Phänomenen.

Dies änderte sich erst wieder mit der Inkraftsetzung des KrW-/AbfG (7.10.96), im Rahmen dessen der **Abfallbegriff** in Angleichung an das EG-Recht als Oberbegriff auch über die oben genannten „Wirtschaftsgüter" gestülpt wurde. Die Ausdehnung der definitorischen Reichweite des Abfallbegriffes bedeutete damit einen wesentlichen Schritt in Richtung auf die in Kapitel 3.1 und 3.2 erläuterte ganzheitlich orientierte Sichtweise. Sie hatte damit allerdings auch eine sprunghafte, gleichzeitig aber auch rein statistische Erhöhung der Abfälle insgesamt zur Folge, die die intertemporale Vergleichbarkeit der im Wesentlichen auf juristischer Grundlage basierenden Abfallstatistiken an dieser Stelle zumindest stark einschränkte.

3.3.2 Der Abfallbegriff des KrW-/AbfG vom 7.10.96

*„**Abfälle im Sinne des Gesetzes** sind alle beweglichen Sachen, die unter die in Anhang I* [31] *aufgeführten Gruppen fallen und deren sich ihr Besitzer entledigt, entle-*

---

[28] Zu einer entsprechenden steuerrechtlichen Definition siehe bspw. *Gabler* [Wirtschaftslexikon 1988¹²], Bd. 6, Sp. 2743 f.

[29] Siehe hierzu bspw. *Scholl* [Abfallverbringung 1994].

[30] Hier ist v.a. die **EG-Abfallverbringungsverordnung** vom 6.5.1994 zu nennen, die Vorschriften zur Verbringung von Abfällen ins Ausland spezifiziert und dabei zum ersten Mal den EG-Abfallbegriff zugrunde legte, der über die Abfalldefinition im Rahmen des zu diesem Zeitpunkt noch geltenden Abfallgesetzes von 1986 weit hinausging.

[31] Dieser Anhang I des KrW-/AbfG, ist nach dem Listenprinzip aufgebaut und umfasst dabei insgesamt 14 konkrete Stoffgruppen plus zwei Auffangtatbestände (Q1 und Q16).

digen will oder entledigen muss[32]. *Abfälle zur Verwertung sind Abfälle, die verwertet werden; Abfälle, die nicht verwertet werden, sind Abfälle zur Beseitigung"* (KrW-/AbfG, §3 Abs. 1). Analog zum Abfallgesetz von 1986 wird hierbei die Unterscheidung in einen „subjektiven" und einen „objektiven" Abfallbegriff deutlich: Entledigt sich ein Besitzer eines Stoffes, oder beabsichtigt er diese Entledigung, so hat ihm der Besitzer damit die Eigenschaft eines Abfalls verliehen (**subjektiver Abfallbegriff**). Die Erweiterung „entledigen muss" inkorporiert solche Fälle, bei denen es auf den Willen oder das persönliche Empfinden des Abfallerzeugers oder -besitzers nicht ankommt (**objektiver Abfallbegriff**). D.h. Stoffe, die unter die in Anhang I KrW-/AbfG aufgeführten Gruppen fallen, sind auch dann Abfall, wenn der Abfallbesitzer hiervon eine andere Auffassung besitzt. Sie fallen damit unter den Zwang zur Entledigung. Der Wille zur Entledigung (→ subjektiver Abfallbegriff) „im Sinne des Absatzes 1 ist hinsichtlich solcher beweglicher Sachen anzunehmen (→ objektiver Abfallbegriff),

- die bei der Energieumwandlung, Herstellung, Behandlung oder Nutzung von Stoffen oder Erzeugnissen oder bei Dienstleistungen anfallen, ohne dass der Zweck der jeweiligen Handlung darauf gerichtet ist, oder
- deren ursprüngliche Zweckbestimmung entfällt oder aufgegeben wird, ohne dass ein neuer Verwendungszweck unmittelbar an deren Stelle tritt" (KrW-/AbfG, §3, Abs. 3).

Maßgebend ist dadurch also nicht mehr das bloße Vorhandensein eines Entledigungswillens, sondern primär die Frage, worauf der Zweck einer Handlung gerichtet ist[33], so dass im Gegensatz zum Abfallgesetz von 1986 nicht mehr *„die schillernde Frage zur Diskussion steht, ob der Besitzer einer beweglichen Sache nun eine Verwertungs- oder Beseitigungsabsicht hat, sondern, ob die Sache nach der Verkehrsanschauung zweckgerichtet produziert bzw. verwendet wird"* [34]. Die juristische Abgrenzung zwischen Produkt und Abfall wird dadurch im Wesentlichen über die Frage nach dem Zweck entschieden[35].

Für solche Abfälle, bei denen ein Gefährdungstatbestand vorliegt, ist der **objektive Abfallbegriff** entscheidend. Danach muss sich der Besitzer von Abfällen im Sinne von §3, Abs. 1 KrW-/AbfG (siehe Vorseite) solchen Stoffen *„entledigen, wenn diese entsprechend ihrer ursprünglichen Zweckbestimmung nicht mehr verwendet werden, aufgrund ihres konkreten Zustands geeignet sind, gegenwärtig oder künftig das Wohl der Allgemeinheit, insbesondere der Umwelt zu gefährden*

---

[32] Diese Formulierung ist deckungsgleich mit der EG-Definition des Abfallbegriffs (gemäß Art. 1a der Richtlinie 91/156/EWG) vom 18.3.91.
[33] Siehe bspw. *von Köller* [KrW-/AbfG 1996], S. 108.
[34] *Petersen / Rid* [KrW-/AbfG 1995], S. 9.
[35] Siehe hierzu auch die folgende Abb. 3-4.

3. Das Phänomen Abfall und sein begrifflicher Inhalt

und deren Gefährdungspotenzial nur durch eine ordnungsgemäße und schadlose Verwertung oder gemeinwohlverträgliche Beseitigung nach den Vorschriften dieses Gesetzes und der aufgrund dieses Gesetzes erlassenen Rechtsverordnungen ausgeschlossen werden kann" (KrW-/AbfG, §1, Abs. 4).

Dieser Kategorisierung in einen subjektiven und einen objektiven Abfallbegriff gesellt *von Köller*[36] mit dem **faktischen Abfallbegriff** noch eine dritte Klasse von Abfällen hinzu, die er in KrW-/AbfG §3 Abs. 1 repräsentiert findet, wo das Gesetz alle beweglichen Sachen zu Abfällen erklärt, *„... deren sich ihr Besitzer entledigt ..."* und sie damit faktisch als Abfälle klassifiziert.[37]

Faktum bleibt in jedem Falle, dass die subjektive, objektive oder faktische Deklaration einer beweglichen Sache als Abfall früher oder später einen Entledigungsvorgang nach sich zieht, d.h. der Abfall wird auf irgendeine Art und Weise entsorgt. Aus stoffkreislaufwirtschaftlicher Perspektive stellt sich dabei sofort die Frage, in welcher Form dieser Entsorgungsvorgang durchgeführt wird. Hier bestimmt §3 Abs.7 zunächst einmal, dass die **Abfallentsorgung** die *„Verwertung und Beseitigung von Abfällen"* umfasst. **Abfälle zur Verwertung** sind dabei solche, die gemäß Anhang IIB KrW-/AbfG einem Verwertungsverfahren zugeführt werden (spezifiziert über sogenannte R-Sätze), während **Abfälle zur Beseitigung** solche sind, *„die nicht verwertet werden"* [38]. Letztere sind gemäß Anhang IIA KrW-/AbfG einem Beseitigungsverfahren zuzuführen (sog. D-Sätze). Der Begriff der Abfälle zur Beseitigung fängt gemäß §2 Abs. 1, Satz 2 also solche Abfälle auf, die nicht verwertet werden – und zwar ohne Berücksichtigung der Frage, ob sie von ihren Eigenschaften her verwertet, d.h. einem der in Anhang IIA KrW-/AbfG genannten Verwertungsverfahren zugeordnet werden könnten oder nicht[39].

Anders formuliert: Ein Abfall darf nur dann als **Abfall zur Verwertung** deklariert werden, wenn er tatsächlich nach einem Verwertungsverfahren gemäß Anhang IIB KrW-/AbfG entsorgt wird. Wie an den hierin aufgelisteten 13 R-Sätzen deutlich wird, beschränken sich die im Sinne einer Verwertung zugelassenen Entsorgungsverfahren nicht nur auf eine stoffliche Schließung von Kreislaufprozessen, sondern schließen in R9 ausdrücklich auch energetische Verfahren mit ein[40].

---

[36] *Von Köller* [KrW-/AbfG 1997], S. 58.

[37] Dem Nichtjuristen sei hierbei allerdings die Frage erlaubt, ob man dieses letztlich doch auf einer subjektiven Entscheidung des Abfallbesitzers basierende Faktum nicht ebenfalls noch unter einem subjektiven Abfallbegriff subsumieren könnte.

[38] Siehe den bereits weiter oben zitierten §3, Abs. 1 Satz 2,2 KrW-/AbfG.

[39] Nun gibt es zwar auch Entsorgungsverfahren, die im KrW-/AbfG überhaupt nicht genannt sind, wie bspw. der gerade in der Abfallrechtsliteratur lebhaft diskutierte „Bergversatz", hierbei handelt es sich jedoch um ein juristisch nach wie vor äußerst strittiges Terrain, so dass an dieser Stelle der Hinweis auf die diesbezügliche Diskussion bspw. in *von Köller* [Abfallrecht 1996²], S. 104 f. genügen mag.

[40] R9: *„Verwendung als Brennstoff (außer bei Direktverbrennung) oder andere Mittel der Energieerzeugung"* (Anhang IIB KrW-/AbfG, „Verwertungsverfahren").

Dies ist nur einer der Belege für die Tatsache, dass das KrW-/AbfG in seiner letztlich verabschiedeten Fassung von einer eindeutigen Voranstellung stofflicher vor energetischer Verwertung absah, was zwar interessenpolitisch bedingt war, über die mit einem energetischen Verfahren erzielbare Substitution von Primärenergieträgern jedoch auch ökologischen Halt findet. Um allerdings zu vermeiden, dass vor dem Hintergrund der faktischen Gleichstellung von stofflicher und energetischer Verwertung nahezu jeder Abfall als „Abfall zur Verwertung" deklariert und damit dem (kostspieligeren und mit restriktiveren Auflagen verbundenen) Beseitigungsregime entzogen werden kann, knüpft das KrW-/AbfG eine solche **energetische Verwertung** an die Bedingung, dass der *„Hauptzweck der Maßnahme"* auf den *„Einsatz von Abfällen als Ersatzbrennstoff"* gerichtet ist[41]. Dieser Hauptzweck wird in §6 Abs. 2 KrW-/AbfG an vier Bedingungen festgemacht:

1. Der Heizwert des einzelnen Abfalls muss – ohne Vermischung mit anderen Stoffen – mindestens 11.000 kJ/kg betragen.
2. Es muss ein Feuerwirkungsgrad[42] von mindestens 75% erzielt werden.
3. Die entstehende Wärme muss selbst genutzt oder an Dritte weitergegeben werden.
4. Die im Rahmen der Verwertung anfallenden weiteren Abfälle müssen möglichst ohne weitere Behandlung abgelagert werden können.

Treffen alle diese Bedingungen gleichzeitig zu, so honoriert das KrW-/AbfG eine entsprechende Entsorgung über die Einordnung als Verwertungsvorgang. Dies gilt allerdings auch nur dann, wenn die Anlage, der ein solcher Stoff zugeführt wird, auch als Verwertungsanlage und nicht ausschließlich als Behandlungsanlage genehmigt ist[43].

Erfüllt ein Abfall der über ein thermisches Verfahren entsorgt wird, diese Bedingungen nicht, so handelt es sich um einen Abfall zur **thermischen Behandlung**, die gemäß §4 Abs. 4 KrW-/AbfG ein Beseitigungsverfahren darstellt. Die entsprechenden Abfälle werden dann gemäß D10 oder D11 des Anhangs IIA KrW-/AbfG („Beseitigungsverfahren") verbrannt (**Verbrennung**). [44]

---

[41] Siehe die entsprechenden Formulierungen in §4, Abs. 4 KrW-/AbfG.

[42] *„Der* **Feuerwirkungsgrad** *" errechnet sich aus dem Heizwert abzüglich des Abgasverlustes. Der* **Abgasverlust** *ist der auf den Heizwert bezogene Energieverlust über das Abgas im Bereich des Feuerungsraumes"* (BT-UA vom 13.4.1994, zitiert in *von Köller* [Abfallrecht 1996²], S.133.

[43] So hatte beispielsweise die Müllverbrennungsanlage (MVA) in Mannheim jahrelang mit dem Umstand zu kämpfen, dass die mit Abfallstoffen operierende Anlage, mit deren Energie ein bis Heidelberg reichendes Fernwärmenetz gespeist wird, einstmals als Beseitigungsanlage, nicht aber als Verwertungsanlage konzipiert und genehmigt worden war, und sie deshalb auch für solche Abfallinputs keinen Verwertungsnachweis ausstellen durfte, die die Bedingungen des §7 Abs. 2 KrW-/AbfG erfüllten. D.h. jeder Abfall, der in diese Anlage gelangte, war damit unabhängig von seinen energetischen Eigenschaften ein Beseitigungsabfall.

[44] **Thermische Verfahren** der Abfallentsorgung teilen sich somit auf in *„energetische Verwertung"* (als Verwertungsverfahren) und *„thermische Behandlung"* / *„thermische Beseitigung"* (falls es sich dabei um ein Beseitigungsverfahren handelt).

3. Das Phänomen Abfall und sein begrifflicher Inhalt

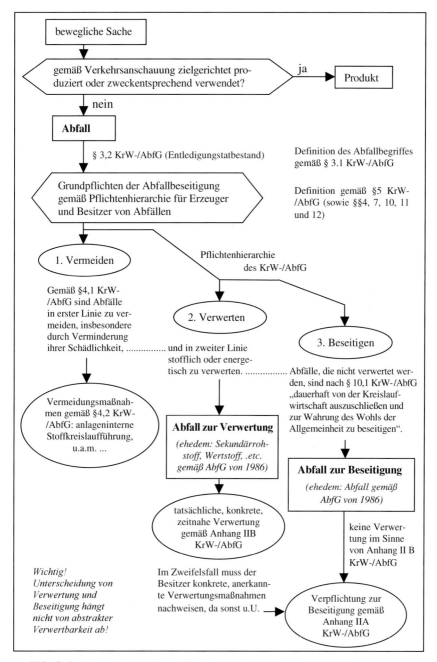

Abb. 3-4: Zentrale Abfallbegriffe des KrW-/AbfG vom 7.10.1996

Die Abb. 3-4 (siehe vorhergehende Seite) stellt einen Versuch dar, die wesentlichsten Abgrenzungskriterien des Abfallbegriffes nach EG-Recht bzw. dem deutschen KrW-/AbfG in graphischer Form zu verdeutlichen. Für die Inhaltsseite des Abfallbegriffs nach der gegenwärtigen juristischen Abfalldefinition lassen sich demnach unmittelbar folgende Bedeutungsverengungen festmachen:

- Es muss sich um eine Sache handeln.
  → Nicht in Behälter gefasste gasförmige Stoffe sind vom juristischen Abfallbegriff gemäß KrW-/AbfG ausgenommen[45], da ihnen die Sacheigenschaft fehlt.
  → Gasförmige Emissionen gehören hierdurch größtenteils nicht zu Abfällen im juristischen Sinne.
- Die Sache muss beweglich sein.
  → Gebäude und andere mit dem Grund und Boden verankerte Sachen sind dadurch ausgenommen.
  → Auch verseuchtes Erdreich wird erst Abfall, wenn es ausgebaggert ist. Solange es mit dem natürlichen Boden verwachsen ist, bleibt es wesentlicher Bestandteil des Grundstücks.[46]
  → Wird ein Abfall „eingebaut", verliert er dadurch seine Eigenschaft einer beweglichen Sache und damit auch die des Abfalls im juristischen Sinne.
- Wurde die Sache nicht zielgerichtet produziert, bzw. wird sie nicht zweckentsprechend verwendet, kann es sich um Abfall handeln – muss aber nicht.
  → Denn Abfall ist eine Sache nur dann, wenn jegliche Zweckbestimmung wegfällt (oder sich auf eine vergleichsweise allgemeine Zweckbestimmung reduziert)
- An die Entstehung einer nicht zielgerichtet produzierten Sache darf sich kein Vorgang der Abfallvermeidung anschließen.
  → Bei einer anlageninternen Rückführung unerwünschter Produktionsoutputs ist gemäß §4, Abs.2 KrW-/AbfG nie Abfall entstanden.

Weitere wesentliche Einschränkungen des Begriffsinhaltes der gegenwärtigen Legaldefinition von Abfall gibt es bspw. im Bereich von Abwässern, die bei Einleitung in eine Abwasserkläranlage oder in ein Gewässer nicht mehr dem Abfall-, sondern dem Wasserrecht unterliegen.

Die vielfach geäußerte Behauptung, dass nach dem neuen KrW-/AbfG nunmehr all das, was nicht (oder nicht mehr) Produkt ist, Abfall sei[47], stimmt also

---

[45] Explizit formulierter Ausschluss gemäß §2, Abs. 2, Punkt 5 KrW-/AbfG.
[46] Siehe hierzu bspw. *von Köller* [KrW-/AbfG 1996], S. 107.
[47] So bspw. in *Wagner / Matten* [KrW-/AbfG 1995], S. 46.

3. Das Phänomen Abfall und sein begrifflicher Inhalt

zumindest in diesem juristischen Sinne nicht. Wie die oben genannten Ausgrenzungen klar veranschaulichen, ist gerade der juristische Abfallbegriff noch weit von der Gültigkeit einer solchen Gleichung entfernt. Das beweist schon allein die Tatsache, dass die während des Produktionsprozesses entstandenen dissipativen Abfälle vom Abfallrecht gegenwärtig nur marginal erfasst werden, obwohl sie ganz sicher keine Produkte im Sinne eines erwünschten Outputs sind.

- Und ganz am Ende der Kette, quasi in einer Sackgasse, reihen sich schließlich die ganzen Bestandsgrößen „beseitigter Abfälle" aneinander, die in Salzstöcken und anderen Bergwerken endgelagert oder nach „vollständiger" Inertisierung auf Deponien akkumuliert wurden.
  → diese Stoffe gelten zwar als „beseitigt" und sind damit nicht mehr Abfälle im juristischen Sinne[48], trotzdem sind sie jedoch materiell noch vorhanden – eben als Stoffe, die zum Schutze von Biosphärenelementen ganz bewusst von jeglicher Art der Kreislaufführung ausgeschlossen wurden.

An diesen Punkten wird deutlich, dass es also auch weiterhin eine große Vielfalt (und zunehmende Quantität) unerwünschter Stoffe gibt, die sich jenseits der Grenzen des juristischen Produkt- und Abfallbegriffs tummeln, ohne dabei unbedingt auch ihre Umweltrelevanz aufzugeben[49]. Besonders problematisch ist dieses Faktum insbesondere deshalb, weil Stoffe, die gemäß obiger Ausführungen keine Abfälle (mehr) darstellen, gleichzeitig auch aus dem Bewusstsein vieler Entscheidungsträger herausfallen.

Wie also sollte man sich dem Verständnis von Abfall nähern?

3.4 Bemerkungen zum Umgang mit dem Abfallbegriff

Die Ausführungen der vorangegangenen Unterkapitel 3.3.1 und 3.3.2 vermochten wohl zu zeigen, dass die Erfassungsbreite des Phänomens Abfall vor dem Hintergrund der legislativen Entwicklungen der letzten knapp 30 Jahre deutlich zugenommen hat. Wie viel Abfall nun tatsächlich in cinem Produktionsprozess erzeugt wird, ist aber auch auf der Basis des juristischen Abfallbegriffes gemäß KrW-/AbfG

---

[48] Ein Abfall ist im juristischen Sinne so lange Abfall, bis er durch den Einbau seine Eigenschaft als „bewegliche Sache" verliert. (Zu dieser Problematik der Dauer der Abfalleigenschaft siehe bspw. auch *LAGA* [Abfallabgrenzungsproblematik 1997], S. 15 ff.)

[49] Denn es dürfte trotz der gemäß TASi zukünftig vorgeschriebenen thermischen Vorbehandlungsvorschriften kaum gelingen, negative Umweltauswirkungen inertisierter Materialien insbesondere auf Übertagedeponien auf lange Sicht auszuschließen, so dass im Falle einer derartigen „Abfallbeseitigung" auch weiterhin (wenn auch in vglw. geringerem Maße) von der Schaffung zukünftiger Altlasten auszugehen ist.

nur sehr schwer zu ermitteln, zumal die Grenze zwischen Produkt und Abfall in etlichen Fragen bis heute strittig geblieben ist.

Von einem ganzheitlich orientierten Ansatz her ausgehend könnte man formulieren, dass Abfall alles das ist, was aus einem bestimmten natürlichen oder technosphärisch modifizierten Systemkreislauf ausscheidet, ohne in seiner Folge einem anderen derartigen System im Sinne eines positiven Nutzwerts dienlich zu sein.

Doch die unter 3.3.2 beschriebenen Wirtschaftsgüter würden damit sicherlich nicht mehr unter den Abfallbegriff fallen, weder die abgefahrenen Altreifen, die der Zementindustrie zugeführt werden, noch die defekten (oder noch intakten, aber technisch veralteten) Altcomputer mit Zielrichtung Osteuropa. Auch ein Stopfen sogenannter Abfallschlupflöcher wäre nicht notwendig gewesen, weil den entsprechend gebrandmarkten Vorgängen ja gar kein Abfall zugrunde gelegen hätte.

Vor genau demselben Problem stehen allerdings auch rein ökonomische Definitionen von Abfall, wie man sie bspw. bei *Weiland* (1993) und später auch bei *Rutkowsky* (1998) vorfindet[50], und bei denen folgende drei Merkmale als gemeinsam notwendig und hinreichend erachtet werden:

- negativer Wert eines (Un-)Gutes und
- Existenz von negativen, technologischen, externen Effekten im Zusammenhang mit dem Gut, sowie
- Entstehung dieses Gutes als Kuppelprodukt.

Auch hier erlaubt die Veräußerung eines unerwünschten Stoffes zu einem, wenn auch noch so geringen, positiven Marktpreis keine Einordnung unter den Begriff des Abfalls[51], was im Übrigen auch der subjektiven Auffassung eines Unternehmens widerspricht, das einen jenseits der Produktionsabsicht entstandenen Stoff loswerden will. Papierabfälle, deren Preisentwicklung in den letzten Jahren wiederholt von Vorzeichenwechseln begleitet war, wären nur im Rahmen von Sonderregelungen zu behandeln, da sonst der obige Abfallbegriff nur episodisch angewandt werden könnte – mit in diesem Falle sicherlich katastrophalen Auswirkungen für eine darauf zurückgreifende Abfallstatistik. Auch die Frage, ob von Papierabfällen, von unbehandeltem Altholz und ähnlichen Stoffen, die ein Unternehmer tatsächlich loswerden will, „negative technologische externe Effekte"[52] ausgehen, ist wohl in den meisten Fällen zu verneinen.

Aus betrieblicher Sicht versuchte *Bartels* (1979) den Begriff des **Abfall**s zu definieren, wobei er zu Abfällen *„alle im Rahmen der Produktion neben den erwünsch-*

---

[50] *Rutkowsky* [Abfallpolitik 1998], S. 50.

[51] Wie aus den Ausführungen des Kapitels 3.3.1 hervorgeht, stand eine derartige Aussage allerdings sehr wohl im Einklang mit der abfallrechtlichen Auffassung nach dem AbfG von 1986.

[52] Siehe obiger Merkmalskatalog gemäß *Weiland* [Abfallbegriff 1993] und *Rutkowsky* [Abfallpolitik 1998].

3. Das Phänomen Abfall und sein begrifflicher Inhalt 51

ten Produkten entstandenen sonstigen Stoffe und Produkte" (→ **Produktionsabfälle**) zählte, hierzu aber auch *„die sonstigen innerhalb eines Unternehmens, nicht aber im Rahmen der Produktion anfallenden Reststoffe"* (→ **Betriebsabfälle**) addierte[53].

Diese Definition von 1979 ist ein kaum negierbares Indiz dafür, dass selbst die sicherlich verengende betriebliche Auffassung über das Phänomen Abfall zu Zeiten des Abfallbeseitigungsgesetzes (1972-1986) oder des Abfallgesetzes (1986-1996) deutlich über den gesetzlich geregelten Sachverhaltsumriss hinausging. Entscheidend war also auch hier die subjektiv-individuelle Anschauung einer Sache und nicht das Vorzeichen einer monetären Bewertung.

Da der Abfall des Einen aber sehr wohl Rohstoff für den Anderen sein kann (Funktionsmechanismus der Kreislaufwirtschaft), ist also stets darauf zu achten,

- ob eine Abfalleinordnung lediglich individueller Perspektive entspringt (siehe auch der **subjektive Abfallbegriff** im Rahmen des KrW-/AbfG),
- ob sie für unsere moderne Technosphäre gilt (**volkswirtschaftlicher Abfallbegriff** in dem Sinne, wie man sich dort häufig nur auf eine Widerspiegelung des Marktgeschehens beschränkt[54]),
- oder ob man die Abfalleigenschaft an einer ökosphärischen Nichtnutzbarkeit festmacht, die dann gilt, wenn auch organische und anorganische Agenzien aus dem natürlichen Ökosystem nicht dazu dienen können, den Stoffkreislauf zu schließen (**ökosystemischer Abfallbegriff**).

Abfall wäre somit das Ergebnis einer Betrachtung im Rahmen bestimmter Systemgrenzen – dies allerdings auf der Basis einer Momentaufnahme, denn die zeitliche Achse blieb bislang weitestgehend außen vor. Gerade diese zeitliche Achse ist jedoch ganz entscheidend, wenn es um Nachhaltigkeit[55] und damit um die dauerhafte Aufrechterhaltung unserer Lebensgrundlagen geht, die angesichts begrenzt verfügbarer Ressourcen kreislaufwirtschaftlich orientierter (gleichzeitig aber auch schadlos ablaufender) Bindungs- und Entbindungsmechanismen bedarf.

3.5 Abfall im Rahmen eines nachhaltigkeitsorientierten Wirtschaftens

Abfälle kennzeichnen diejenigen materiellen Komponenten des Outputs, die als nicht bezweckte Ergebnisse im Rahmen von Produktions- und Reduktionsprozessen bzw. am Ende eines individueller Bewertung unterliegenden positiven Produktnutzwertes stehen.

---

[53] *Bartels* [Abfall 1979], Sp. 244.
[54] VGR, BIP, BSP u.a. klassische Kenngrößen zur Beschreibung einer Volkswirtschaft.
[55] Zum Nachhaltigkeitsbegriff siehe die Ausführungen in Kap. 7.5.

Bei einem solchen Definitionsansatz fallen nicht nur die negativ bewerteten „Ungüter" [56], sondern auch die bereits weiter oben beschriebenen, als Kuppelprodukte entstandenen Wirtschaftsgüter, hinter denen eine Entledigungsabsicht zu vermuten ist[57], in Übereinstimmung mit dem KrW-/AbfG unter den Begriff des Abfalls. Formal ausgedrückt bedeutet dies, dass sich der in einem bestimmten Zeitintervall t entstandene Abfall quantifizieren lässt als:

$A_t = \overline{P}_t + \overline{R}_t + P^*_t$ mit A_t = im Zeitintervall t angefallener Abfall
$\overline{P}_t, \overline{R}_t$ = in diesem Zeitintervall nichtbezweckt entstandene Produktions- bzw. Reduktionsoutputs
P^*_t = Produkte, die in diesem Zeitintervall am Ende ihres (positiven) Nutzwertes angelangt sind [58]

Der Satz, dass im ökosystemaren Kontext langfristig alles zu Abfall wird, weil über kurz oder lang die technosphärische Nutzungsphase jedes Produktes beendet ist, besitzt allerdings nur im Sinne einer Flussgrößenbetrachtung seine Gültigkeit. Denn während sich eine Stoffmenge x im Zeitintervall t gerade im Abfallstadium befindet, hat eine andere diese Phase bereits wieder hinter sich gelassen, indem sie erneut Teil eines Produktes geworden ist. Der dadurch mit einem bestimmten Zeitintervall t verbundene Abfall A setzt sich also zusammen aus dem um die kreislauftechnische Rückführung R verminderten Abfallanfall, d.h. aus $A = \Sigma A_t - \Sigma R_t$.

Die Formel $A = \Sigma A_t$ gilt also nur für den ungünstigsten Grenzfall, dass R=0, d.h. dass in diesem Zeitintervall kein Recyclingvorgang stattgefunden hat, also auch kein Bestandteil eines abgenutzten Produktes wieder Eingang in ein positiv bewertetes Produkt gefunden hat. In dem Maße, wie Produktbestandteile jedoch nach dem Wegfall verschiedener Verwendungs- und Verwertungszyklen zu Outputs degradieren, die weder biosphärisch noch technosphärisch nachgefragt werden, d.h. mangels geeigneter Destruenten oder Reduzenten längerfristig als Abfall deponiert, akkumuliert und schließlich gar sedimentiert werden, nähert man sich jedoch tatsächlich diesem ökosphärischen Worst-Case-Szenario. Allgemein ausgedrückt markiert die Differenz zwischen A und R, auf lange Sicht gesehen, die Unvollkommenheit technosphärischer Kreislaufwirtschaft.

Von **Unvollkommenheit** sollte man bei **technosphärischer Stoffkreislaufwirtschaft** allerdings nur in dem Sinne sprechen, wie die Outputs auch in der natürlichen Ökosphäre keine Nachfrager mehr finden. Denn schließlich geht es bei Wirtschaften ja nicht darum, die Technosphäre von der natürlichen Ökosphäre möglichst radikal abzukoppeln, als vielmehr um die Ausgestaltung einer Techno-

---

[56] Siehe Kap. 5.1.2.
[57] Subjektiver Abfallbegriff; siehe Kap. 3.3.2.
[58] Abfälle werden hier auch in diesem umfassenden Sinne als rein materielle Ergebnisse von Transformationsprozessen verstanden, d.h. Abwärme und andere Energieformen werden ganz bewusst ausgeklammert.

3. Das Phänomen Abfall und sein begrifflicher Inhalt

sphäre, die mit der natürlichen Ökosphäre harmoniert. Damit geht es auch nicht um die Vermeidung negativ bewerteter Kuppelprodukte schlechthin, sondern um die Gesamtoptimierung des Produktionssystems in dem Sinne, dass die Qualität der Kuppelprodukte[59] sich möglichst inputfreundlich darstellt. Die Entstehung von Kuppelprodukten, oder im Speziellen auch die Entstehung von Abfall ist damit also noch lange nichts Schlechtes. Vielmehr kommt es zunächst einmal darauf an, was hiernach damit geschieht.

Wie im vorangegangenen Abschnitt ausgeführt wurde, werden sämtliche Outputs, darunter auch alle zeitweise noch so hoch geschätzten Produkte nach Ende ihres subjektiv (und durchaus nicht unbedingt intersubjektiv!) empfundenen Nutzwertes zu Abfall. Verloren sind diese Stoffe für terrestrische Systeme damit aber noch nicht. Ganz im Gegenteil: Sie erscheinen endlich wieder auf der Angebotsseite! Abfall gibt Ressourcen frei, Abfall vermag dem Markt benötigte und begehrte Ressourcen zur Verfügung zu stellen. Dies gilt gerade auch für Abfall technosphärischer Provenienz, in dem oftmals noch größere stoffliche wie energetische Wertschöpfungspotenziale enthalten sind, so dass man in diesen Fällen durchaus von niedrig entropischen Abfällen sprechen könnte[60]. Und überall dort, wo es gelingt, technosphärischen Abfall zielgerichtet in eine erneute Produktionsphase zu überführen[61], substituiert technosphärischer Abfall die zumeist weit umwelt- und energieintensivere Extraktion neuer Primärressourcen – von deren Erschöpflichkeit einmal ganz zu schweigen.

Abfall, der zur Ressource wird, ist der Motor der natürlichen Kreislaufwirtschaft, denn dort gilt: „*waste equals food*", wie die englischsprachige Literatur

---

[59] Der Begriff der **Kuppelproduktion** wird hier in dem bereits von *Riebel* [Kuppelproduktion 1955] verwendeten, breit angelegten Sinne verstanden, nach dem jede Produktion, die mit separierten Outputs verbunden ist, bereits einen Kuppelproduktionsprozess darstellt (siehe ebd. S. 27 ff.). Aus seiner betriebswirtschaftlichen Sichtweise heraus ist für *Riebel* nicht die Frage entscheidend, ob der Output nur aus einem einzigen zielgerichtet produzierten Stoff besteht, sondern ob die nicht im Sinne der Produktionsabsicht entstandenen Stoffe von diesem Zieloutput abgetrennt werden müssen, weil sie im Rahmen des damit vorgesehenen Verwendung stören, oder ob dies nicht der Fall ist (siehe bspw. ebd. S. 36). Ob bestimmte Input-Output-Transformationen tatsächlich ein Kuppelproduktionsprozesse darstellen oder nicht, ist also weder intertemporal noch intersubjektiv eindeutig zu beantworten. Und ganz entsprechend verhält es sich auch mit dem Anfall von Abfall.
Für *Riebel* [Kuppelproduktion 1955] stellt Kuppelproduktion somit nicht die Ausnahme, sondern den Normalfall dar, den er im Übrigen auch im Naturhaushalt so vorfindet. (entsprechend auch bei *Dyckhoff* [Kuppelproduktion 1996]).
Auch in der volkswirtschaftlichen Literatur wird dem Phänomen der Kuppelproduktion zunehmend eine solch umfassende Bedeutung beigemessen (siehe hierzu auch das Diskussionspapier von *Baumgärtner / Schiller* [Kuppelproduktion 1999]).

[60] Siehe in diesem Zusammenhang v.a. die Ausführungen zum Entropiekonzept (Kap. 5.6.1).
Tatsächlich ist ein großer Teil der technosphärisch entstandenen Abfälle ja nicht zu solchen geworden, weil es sich hier um nicht mehr nutzbare Feinverteilungen verschiedenster Materialien mit geringstem Energiegehalt handeln würde, sondern weil das entledigungswillige Wirtschaftssubjekt das Corpus Delicti (trotz eines u.U. recht hohen Ordnungszustandes) loswerden wollte.

[61] Siehe hierzu auch Abb. 7-4.

diesen Zusammenhang zum Ausdruck bringt. Auch in der technosphärischen Kreislaufwirtschaft vermag Abfall eine solche Schlüsselgröße zu bilden. Zum Problem wird Abfall allerdings dann, wenn er die Umwelt mangels Nachfrager und/oder wegen einer bestimmten Toxizität nicht alimentiert, sondern belastet. Dies trifft für wesentliche Teile technosphärisch entstandener Abfälle bis heute zu, weshalb der Gesetzgeber zunehmend Lenkungsinstrumente entwickelt und weiter schärft, um die Toxizität von Abfällen zu vermindern und ihre Kreislauffähigkeit zu erhöhen. Beides ist end-of-pipe jedoch nur suboptimal[62] zu erreichen. Der Gesetzgeber versucht die Produzenten deshalb zunehmend in die Pflicht zu nehmen und hierdurch auch Anreize zu liefern, die bereits bei der Produktionsprozessgestaltung auf eine qualitative Optimierung späterer Abfälle hinwirken sollen. So hat er im Rahmen des KrW-/AbfG zum einen „besondere Überwachungsbedürftigkeiten" festgelegt[63], die dem Abfallbesitzer umfangreiche Dokumentationspflichten auferlegen und die Befolgung restriktiver Vorschriftenkataloge zum Umgang mit diesen Abfällen abverlangen, und zum zweiten hat er auch die Tür des Abfallrechts zum Raum der zielgerichteten Produktion weit aufgestoßen, indem er erstmals eine „erweiterte Produktverantwortung" des Abfallerzeugers konkretisierte[64].

Konzepte und Einzelmaßnahmen zugunsten eines produktionsintegrierten Umweltschutzes (PIUS) gewinnen allerdings nicht erst vor diesem Hintergrund zunehmend an Bedeutung. So veranschaulichte das Verhalten v.a. größerer Unternehmen auch bereits weit vor dem Jahr 1996[65], dass man sich im Umgang mit dem Phänomen Abfall nicht nur an der augenblicklich gültigen Legaldefinition von Abfall orientierte, sondern in vielen Punkten ein bereits weit darüber hinausgehendes Abfallbewusstsein entwickelt hatte.

Da jedoch ein umfassend wirksamer produktionsintegrierter Umweltschutz in aller Regel von umfangreichen monetären und personellen Problemlösungskapazitäten begleitet werden muss, traf die Neudefinition des juristischen Abfallbegriffs im Rahmen des KrW-/AbfG insbesondere kleinere und mittelständische Unternehmen (KMU), die eine solche erweiterte Abfallinterpretation in ihren betrieblichen Entscheidungsprozessen zumeist noch wenig internalisiert hatten. Tatsächlich stehen ihnen viele Möglichkeiten zum Umgang mit Abfällen nicht in dem Maße offen, wie das für Großunternehmen der Fall ist[66], so dass sie vielfach nach anderen

---

[62] D.h. unter gegenüber integrierten Ansätzen vglw. hohem Ressourcenverbrauch.
[63] §41 KrW-/AbfG.
[64] KrW-/AbfG, Dritter Teil (§§22 ff.); siehe hierzu bspw. *Iwanowitsch* [Produkthaftung 1997].
[65] Jahr der Inkraftsetzung des KrW-/AbfG.
[66] Siehe hierzu bspw. auch *Sterr* [Stoffkreislaufwirtschaft 1997], S.68 ff. oder auch *Sterr* [Stoffstrommanagement 1998] bzw. die Ausführungen in Kap. 8.1.

Problemlösungsmustern suchen müssen, die zur Gestaltung einer zukunftsorientierten Wirtschaftsweise für sie gegenwärtig gangbar sind.

Gerade der empirische Teil der vorliegenden Arbeit (siehe Kap. 8) spiegelt diese Problematik wider, zeigt aber auch hier konkrete Ansätze auf, die sich bereits als geeignet dafür erwiesen haben, nicht nur die ökonomischen, sondern auch die ökologischen Konsequenzen des Auftretens von Abfall bei KMU abzuschwächen. Auch hier gilt, dass das Bewusstsein um die negativen Folgeerscheinungen technosphärischer Abfallentstehung noch wesentlich stärker dazu führen muss, dass die Entstehung solcher Abfälle vermieden wird, dass Langlebigkeit und Dematerialisierung gefördert werden[67] und dass insbesondere das technosphärisch verursachte Entstehen von Neuheit deutlich reduziert oder zumindest mit einer funktionsfähigen Reduktionswirtschaft gekoppelt werden muss. Um die mit der Umarbeitung immer neuer Arten von Neuheit verbundenen Unzulänglichkeiten zu minimieren, sollte allerdings gerade die Transformation naturferner in naturnahe Substanzen über den Ausbau einer mit natürlichen Ökosystemen aufs engste kooperierenden technosphärischen Stoffkreislaufwirtschaft massiv vorangetrieben werden.

---

[67] Wobei allerdings darauf geachtet werden muss, dass Langlebigkeit und Dematerialisierung bzw. Leichtbauweisen nicht zu Lasten der Recyclingfähigkeit gehen.

4. Kreislaufwirtschaft

Der Begriff der **Kreislaufwirtschaft** ist spätestens seit der Diskussion und Einführung des KrW-/AbfG auch in der breiten Öffentlichkeit zu einem gängigen Begriff geworden. Der Gesetzgeber wollte mit dieser Begriffswahl die Forderung nach einer Wirtschaftsweise zum Ausdruck bringen, im Rahmen derer Materialien möglichst lange, gleichzeitig aber auch vergleichsweise umweltschonend, in technosphärischen Produktions-Reduktions-Zyklen gehalten werden sollen, um so die Effizienz im Umgang mit begrenzt verfügbaren Ressourcen zu erhöhen und gleichzeitig die negativen Umweltwirkungen unseres Wirtschaftens zu minimieren. Die Ausschleusung unerwünschter Materialien an die natürliche Ökosphäre soll dabei nach Möglichkeit in der Qualität von Nahrung[1] oder nach vorheriger Feststellung einer Schadwirkungsfreiheit erfolgen.

4.1 Der semantische Anspruch des Begriffs der Kreislaufwirtschaft

Ein **Kreislauf** besteht aus einer zirkulären Abfolge von Prozessen und lässt sich in seiner einfachsten Form beschreiben als zirkuläre Bewegung von Stoffen und/oder Energie zwischen den zwei Elementen eines Systems[2]. D.h. der Output des einen Systemelements wird in diesem Idealfall vom wiederum anderen vollständig als Input nachgefragt. Das perfekte Kreislaufsystem zeichnet sich also dadurch aus, dass es in diesem Sinne abfallfrei arbeitet.

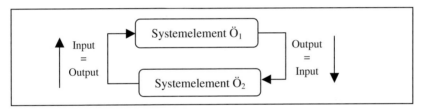

Abb. 4-1: Der perfekte Kreislauf in seiner idealisierten einfachsten Grundform

4.1.1 Kreislaufwirtschaft in der natürlichen Ökosphäre

Die Natur entwickelte im Laufe von Jahrmillionen allerdings wesentlich komplexere Kreisläufe, die in der Regel als Aneinanderreihung von Kuppelproduktions-

---

[1] Siehe hierzu die Ausführungen in Kap. 3.1 sowie 3.5 („*waste equals food*").
[2] Zum Systembegriff selbst siehe die Ausführungen in Kapitel 1.4.

prozessen ausgebildet sind[3] und dennoch keinerlei Stoffe erzeugen, die in einem bestimmten räumlich-zeitlichen Kontext nicht bei anderen Elementen eines Ökosystems auf Nachfrage stoßen. Dass dies funktioniert, ist in erster Linie der Universalität der transferierten Stoffe zu verdanken[4], darüber hinaus aber auch den dynamischen Anpassungsmechanismen verschiedenartiger Systemelemente, wobei zudem meist mehrere Arten gleichartige Funktionen übernehmen können[5].

Bei der Entwicklung dieser vielfältigen Kreislaufmuster der Natur dürften koevolutionäre Prozesse, wie sie bspw. *Remmert* (1988)[6] beschreibt, eine große Rolle gespielt haben. Hierbei entwickelten sich auch symbiotische Zweierbeziehungen zwischen verschiedenartigen Systemelementen, die einander über einen gegenseitigen Stoffaustausch dienlich sind. Allerdings ist deren gegenseitiges Geber-Nehmer-Verhältnis beileibe nicht allumfassend: Auch diese lokalen Stoffkreisläufe sind nur im Kontext mit vielen anderen aufrechtzuerhalten, deren Verursacher nicht nur Vertreter der Produzenten und Konsumenten sondern auch der Reduzenten inkorporieren[7]. D.h. auch in der Natur werden Output-Input-Verknüpfungen erst über viele Stationen oder Systemelemente hinweg zu einem Kreislauf geschlossen, der im Rahmen eines Biotops oder einer noch weit größeren Einheit mit vielen anderen Kreisläufen verknüpft ist und in aller Regel erst auf einer solchen Ebene zu einem stabilen Fließgleichgewicht gelangt[8].

Gerade die Vielfältigkeit und vielfach auch periodische Dynamik dieser Systeme hat jedoch zur Folge, dass nicht jeder Output sofort auf hinreichendes Interesse stößt. Dies äußert sich bspw. darin, dass das herbstliche „Altprodukt" Falllaub im Rahmen einer gewissen Zeitspanne durchaus die Eigenschaften von Abfall verkörpert. Wie *Remmert* (1988) eindrücklich beschreibt, wird Falllaub nur dann in einer für das Pflanzenwachstum hinreichender Geschwindigkeit abgebaut, wenn Kot, Urin und Tierleichen dies erlauben. Existieren Systemelemente, die derartige Aufgaben bis hin zur Selbstentäußerung wahrnehmen, so funktioniert das Ökosystem Wald an dieser Stelle abfallfrei. Fehlen sie oder entwickeln sie sich nicht in hinreichender Zahl, so bleibt die Falllaubschicht erhalten und verdichtet sich über die Zeit hinweg mehr und mehr. Die von den Bäumen fallenden Samen können auf der Falllaubschicht nicht wurzeln und die unter dem Falllaub liegenden man-

---

[3] Siehe hierzu die Ausführungen in Kap. 3.5.
[4] Siehe Ausführungen in Kap. 2.1.1.
[5] Sollten bspw. die Hummeln als Pflanzenbestäuber ausfallen, kann die gleiche Funktion auch von Bienen, Wespen, Schmetterlingen und anderen ausgeführt werden.
[6] Siehe hierzu insbesondere die Ausführungen in *Remmert* [Ökosystem 1988], S. 76 f., aber auch andere Beispiele wie die von Lebensgemeinschaften zwischen Pflanzen und Luftstickstoff bindenden Knöllchenbakterien.
[7] Siehe hierzu insbes. die Ausführungen in Kapitel 4.1.4.
[8] Siehe hierzu auch die Ausführungen zum Ökosystemansatz (Kap. 2.1.1) bzw. zur speziellen Fokussierung der drei Funktionsgruppen erfolgreicher natürlicher Organisation in Kap. 4.1.4 dieser Arbeit.

4. Kreislaufwirtschaft

gels Licht nicht keimen. Damit unterbleibt eine Verjüngung des Waldes und das entsprechende Ökosystem nimmt mittelfristig deutlichen Schaden[9].

Aber selbst ein perfekt funktionierendes dreigliedriges natürliches Kreislaufsystem hängt von einer anhaltenden systemexogenen Energiezufuhr ab, d.h. nur durch die direkte oder indirekte Energiezufuhr über die Sonne oder die Erdwärme[10] sind auf unserer Erde langfristig biologische oder chemische Transformationsprozesse und damit potenzielle Stoffkreisläufe möglich[11]. Ein Perpetuum mobile kann es aus naturgesetzlichen Gründen nicht geben. Soweit Abfall, wie in Kapitel 3 dargestellt, jedoch rein stofflich definiert ist[12], ist eine abfallfreie Produktion hierdurch allerdings noch nicht grundsätzlich ausgeschlossen. Und dass solche Stoffkreisläufe auch im Sinne (zumindest langfristig) abfallfreier Produktion tatsächlich geschlossen werden können, hat uns die Natur schon allein über die Tatsache bewiesen, dass sie auch nach Milliarden von Jahren immer noch belebt ist.

4.1.2 Kreislaufwirtschaft in der Technosphäre

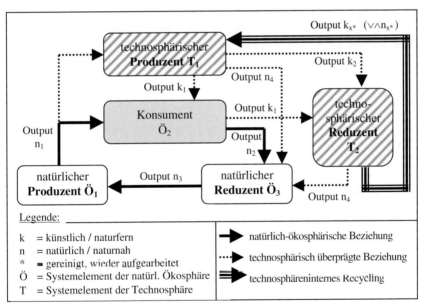

Abb. 4-2: Natürlicher Stoffkreislauf mit technosphärischer Aufschaltung

---

[9] Siehe *Remmert* [Ökosystem 1988], S. 58 ff.
[10] Siehe die Organismengemeinschaften entlang der mittelozeanischen Rücken.
[11] Die Erde ist deshalb als (materiell) geschlossenes System zu bezeichnen, das aber energetisch offen ist (d.h. kein isoliertes System darstellt).
[12] D.h. Abwärme (unerwünschter Energieoutput) bleibt hierbei außen vor.

Auch der technosphärisch operierende Mensch ist prinzipiell in der Lage, Umformungs- oder Umwandlungsprozesse in Gang zu setzen, die sich in das kreislaufbestimmte Ökosystem Erde so umfassend integrieren, dass dabei auf Dauer kein Abfall entsteht. Neuheit dürfte er dabei allerdings nur in dem Maße erzeugen, wie er im Rahmen eines koevolutionären Prozesses auch für deren Abbaubarkeit und, wo nötig, auch deren faktische Retrotransformation[13] in natürliche Bausteine des Lebens Sorge zu tragen vermag.

Die Abb. 4-2 (siehe Vorseite) veranschaulicht die einfachste Form eines ökosphärischen Kreislaufs zwischen den natürlichen Systemelementen $Ö_1$, $Ö_2$ und $Ö_3$, der durch technosphärische Prozesse im Rahmen von Systemelement T_1 künstlich erweitert worden ist. Diese künstliche Erweiterung über T_1 führt zu den technosphärisch erzeugten Outputs k_1, k_2 und n_4. Während n_4 aufgrund seiner qualitativen Beschaffenheit über die im natürlichen Systemelement $Ö_3$ praktizierten Stoffwechselprozesse als Input aufgenommen, geeignet transformiert und damit wieder in einen natürlichen Kreislaufprozess integriert werden kann, ist eine solche direkte Rückführung im Falle von k_1 und k_2 nicht möglich. Auch wenn k_1 als erwünschtes Produkt zunächst einmal den Weg zu $Ö_2$ findet, kann es dort nicht in einen naturkonformen Baustein umgewandelt werden, sondern muss, ebenso wie das unerwünschte Kuppelprodukt k_2, (nach Beendigung seiner Nutzungsphase) an ein weiteres künstliches Systemelement T_2 transferiert werden, das diese Reduktionsaufgabe übernimmt.

Während $Ö_1$ über $Ö_2$ und $Ö_3$ für das Funktionieren eines autonomen Kreislaufsystems erforderlich sind, gilt dies für T_1 nicht[14]. Wird jedoch das in T_1 produzierte k_1 oder k_2 dauerhaft nicht abgebaut, so entsteht immer weniger n_4 zur Produktion von n_3, so dass n_1 immer knapper wird und damit die Produktionsmöglichkeiten des Gesamtsystems immer weiter einschränkt. Soll dies vermieden werden, muss der für T_1 verantwortliche Mensch einen Reduktionsprozess T_2 entwickeln, der in der Lage ist, k_1 in n_4 zu transformieren oder k_1, k_2 so in ein k_{x*} aufzuarbeiten oder gar in ein n_{1*} rückzuführen, dass es wieder vollständig in T_1 eingesetzt und damit n_1 als Input substituiert werden kann. Das erstgenannte Szenario entspricht einer (dauerhaft nicht gangbaren) Technosphärenaufschaltung ohne Recycling, während das Letztere einen (systemstabilisierenden) technosphäreninternen Recyclingprozess mit einschließt.

In der Biologie kennzeichnen **Stoffkreisläufe** Prozesse des ständigen Werdens und Vergehens. Dies wird dadurch möglich, dass „verschiedene Elemente in der Natur Zustände unterschiedlicher Bindung periodisch durchlaufen und nach be-

---

[13] Zum Begriff der Retrotransformation siehe Kapitel 5.1.1.3.

[14] Auch für $Ö_2$ gilt dies streng genommen nur im Sinne eines notwendigen Regulierers oder eines Antriebsmotors (siehe eine entsprechende Visualisierung in Abb. 5-11).

4. Kreislaufwirtschaft

stimmten Zeitabständen wiederholt im gleichen Zustand (sowie am gleichen Ort) anzutreffen sind"[15].

Stoffkreislauf + Wirtschaft verknüpft diese Vorstellung mit der Hypothese, dass wir Menschen auch im Rahmen unseres technosphärisch angesiedelten Wirtschaftens in der Lage seien, es einem natürlichen Ökosystem gleichzutun. Einen zentralen Ansatz hierfür bildet die technosphäreninterne Rückführung von Stoffen, die im Allgemeinen kurz als **Recycling** bezeichnet wird[16] und den Bedarf an Primärressourcen pro Outputeinheit in den letzten Jahren und Jahrzehnten deutlich vermindert (d.h. die Ressourcenproduktivität erhöht) hat.

Und dennoch kann auch ein naturnaher Abfallstoff wie bspw. eine Altpapierfaser heute lediglich 6-8 mal recycelt werden. Sie kann damit die Schleife zwischen T_2, T_1 und $Ö_2$ nur in dieser begrenzten Häufigkeit durchlaufen, ehe die Länge und Stabilität der Faser so weit reduziert sind, dass sie ein letztes mal nur noch im Rahmen von Verbrennungsprozessen technosphärisch genutzt werden kann.[17] Dementsprechend bedarf auch das Recycling von Altpapierfraktionen immer dann einer kontinuierlichen Zufuhr nativer Primärfaseranteile, wenn Downcycling-Phänomene[18] egalisiert werden sollen. Eine dauerhafte Kopplung der technosphärisch geschaffenen Systemelemente an den natürlichen Stoff- und Energiekreislauf ist also selbst unter sonst gleichen Bedingungen[19] und 100%iger Sammelquote dauerhaft notwendig, um eine unbegrenzte Anwendbarkeit entsprechender Recyclingprozesse zu gewährleisten.

Derartige Downcycling-Probleme beim Umgang mit anthropogen entstandenen Outputs betreffen einzelne Stoffe allerdings in recht unterschiedlichem Maße. So funktioniert das Recycling von Aluminium inzwischen so gut, dass das Leichtmetall inzwischen ohne Qualitätsverlust in immer neuen technosphärischen Produktionsprozessen eingesetzt werden kann[20]. Allerdings müssen für die Erstellung der dafür notwendigen Produktionsmittel wiederum große Mengen an Materialien eingesetzt werden, deren früher oder später anstehende technosphärische Wiederaufbereitung wesentlich schneller an Grenzen stößt, in Teilen gegenwärtig gar nicht möglich ist und in vielen Fällen auch in näherer Zukunft nicht möglich sein wird.

Tatsächlich wird also eine Beschränkung von Stoffkreislaufwirtschaft auf die Systemgrenzen unseres menschlichen Wirtschaftens und damit die Etablierung ei-

---

[15] *Bahadir / Parlar / Spiteller* [Umweltlexikon 1997], S. 589.
[16] In der Abb. 4-2 (siehe Vorseite) dargestellt als Output k_{x^*} ($\vee \wedge n_{x^*}$).
[17] *Seidel / Liebehenschel* [Altpapiermarkt 1996], S. 28.
[18] Siehe bspw. *Liesegang / Pischon* [Downcycling 1996], Sp. 1794 ff; bzw. Ausführungen in Kap. 5.5.
[19] D.h. bspw. bei gleichbleibender Papiernachfrage, u.a.m.
[20] Und dies bei einem Energieeinsatz von nicht mehr als 5% dessen, der für die Herstellung von Primäraluminium benötigt wird.

ner gänzlich **technosphäreninternen** und damit von der natürlichen Ökosphäre autonomen industriellen **Stoffkreislaufwirtschaft** stets eine Unmöglichkeit bleiben. Verantwortlich hierfür sind zumindest drei Gründe:

- Erstens kommt es im Rahmen jedes Produktions-, Konsumtions- und Reduktionsprozesses auch unbeabsichtigt und unvermeidbar zu dissipativem Austreten von Stoffen, die zumeist direkt in eines der Umweltmedien gelangen, ohne dass weder produkt(ions)-integrierter Umweltschutz noch End-of-pipe-Technologien dies zur Gänze verhindern könnten.

- Zweitens sind Qualitätseinbußen bei technosphärisch erzeugten Sekundärrohstoffen gegenüber den entsprechenden Primärrohstoffen in den allermeisten Fällen unvermeidbar (siehe obiges Altpapierbeispiel), so dass es zu Downcycling-Prozessen[21], d.h. zur Ausbildung von Recyclingkaskaden kommt, die eine vollständige Rohstoffsubstitution selbst bei unveränderter Ressourcennachfrage und 100%iger Rücklaufquote unmöglich werden lassen.

- Drittens ist die Technosphäre nicht mehr als das Produkt des Wirtschaftens einer einzigen biologischen Art. Sie umgreift damit lediglich ein autonom nicht lebensfähiges Beziehungsgeflecht, dessen Ausprägung vom dominierenden Willen des Systemelements Mensch bestimmt wird, das aber auf ein funktionierendes Zusammenspiel mit technosphärenexternen Systemelementen angewiesen bleibt.

Darüber hinaus wird der Mensch ressourcenverzehrende Recyclingprozesse auch in Zukunft im Wesentlichen nur dort ansetzen, wo ihm dies ökonomisch, und/oder ökologisch, sozial und kulturell sinnhaft erscheint. Andere potenzielle Möglichkeiten wird er auch weiterhin bewusst (oder unbewusst) ausklammern. Zu den oben genannten biologisch-physikalischen Gründen für eine nur unvollständige technosphäreninterne Stoffkreislaufschließung treten also noch normative hinzu.

Eine ressourcenschonende industrielle Stoffkreislaufwirtschaft, die als solche zweifellos die Zielrichtung unseres Handelns bestimmen muss, ist also allenfalls unter Beanspruchung natürlicher Metabolismen möglich. Betrachtet man sie jedoch als ein zu optimierendes Teilsystem der Ökosphäre, so vermögen die Wortbestandteile Stoffkreislauf + Wirtschaft ihrem semantischen Anspruch insoweit gerecht zu werden, als es ihr primär darum geht, möglichst alle unerwünscht angefallenen Stoffe und Stoffbestandteile im Sinne 100%iger Wiederverfügbarmachung umzugestalten. Damit wird Abfall insgesamt allenfalls temporär zugelassen – und zwar eben genau so lange, bis problemadäquate Reduktionsverfahren für einen vollständigen Abbau gesorgt haben. Wünschenswert wäre es deshalb, dass der Nachweis der Verfügbarkeit und Praktikabilität einer geeigneten Recyclingtechno-

---

[21] Siehe bspw. *Liesegang / Pischon* [Downcycling 1996], Sp. 1794 ff.

logie bereits zum Zeitpunkt des Inverkehrbringens eines neuartigen Stoffes vorgelegt werden muss, doch in diesem Punkt ist sicherlich noch ein Stück Weges zu gehen.

4.1.3 Kreislaufwirtschaft versus „Unsterblichkeit"

Die 150.000 Jahre, in denen sich das Wirtschaften des „modernen Menschen" (homo sapiens sapiens) tatsächlich nur auf naturstofflich bestimmtes Wirtschaften beschränkte, liegen unwiderruflich hinter uns. Statt dessen prägen artifiziell gestützte Systemwelten, die hier gedanklich in einer Transformatorensphäre verortet werden[22] und mit einer inzwischen enormen Quantität und Vielfalt an Neuheit verbunden sind, unser heutiges zivilisatorisches Leben.

Im Rahmen dieser von ökosphärischer Neuheit durchsetzten Wirtschaftswelt sind verschiedentliche natürliche Kreislaufmöglichkeiten ganz gezielt ausgeschlossen worden, um Gefahren für Leib und Leben zu vermeiden[23]. Auch ein natürlicher Alterungs- bzw. Zersetzungsprozess, ebenfalls eines der Grundprinzipien der sich ständig erneuernden Ökosphäre, ist darin zumindest „vorzeitig" nicht erwünscht. Tatsächlich gelten in unserer modernen Technosphäre Modifikationen von oder Interaktionen zwischen Stoffen, sofern sie nicht ausdrücklich beabsichtigt sind, überwiegend als Gefahrenquellen und Alarmsignale. Angriffspunkte potenzieller Agenzien wurden deshalb nach Möglichkeit vollständig eliminiert. Nur in seltenen, genau spezifizierten Fällen wurden ökologisch ausnutzbare „Sollbruchstellen" in einen künstlich erzeugten Stoff ganz gezielt hineinentwickelt[24].

Eines der zentralen Produktionsziele transformatorensphärischer Produktion ist, um es einmal überspitzt auszudrücken, **Unsterblichkeit**. Unsterblichkeit und Kreislaufwirtschaft schließen sich jedoch gegenseitig aus. Denn diese Unsterblichkeit bedeutet dauerhafte Ressourcenbindung, die sich über kurz oder lang auf Deponien oder andere Endlagerstätten verlagert, so dass die entsprechenden Stoffe einer weiteren Inanspruchnahme dauerhaft entzogen bleiben.

Kreislaufprozesse schaffen hingegen **Verfügbarkeit** und steigern so die Effizienz der Ressourcennutzung. Sie sind das einzige Instrument zur langfristigen Vermeidung eines knappheitsbedingten Systemtods. Zentrale ressourcentechnische Ziele unserer Wirtschaftsweise müssen daher sein:

---

[22] Siehe Kap. 2.3.2.
[23] Dies gilt für die in unseren Körper eingepflanzten Prothesen genauso wie für Objekte, die besondere sicherheitstechnische Aufgaben übernehmen.
[24] Bspw. zu 100 % biologisch abbaubare Plastiktüten etc.

- den persönlichen Ressourcenbedarf ganz allgemein zu drosseln (Suffizienz-Gedanke)[25],
- den Bedarf an Ressourcen pro Nutzeneinheit zu minimieren (Dematerialisierung bei Aufrechterhaltung der Recyclingfähigkeit),
- fossile durch nachwachsende Rohstoffe zu substituieren,
- naturferne durch naturnahe Stoffe zu substituieren (Substitution von Neuheit) und
- eine „serielle Produktion" von Neuheit möglichst weitgehend mit der Verfügbarkeit eines gangbaren technosphärischen Rückführungsweges zu verbinden.

Doch selbst wenn es gelänge, alle natürlich nicht abbaubaren Stoffen ausschließlich in nutzbare zu transformieren[26], so könnten die entsprechenden Verfahren nur auf die reduktionswirtschaftlich aufgefangenen Stoffe angewandt werden. Auch dann bliebe ein seit der Entstehung des Stoffes[27] „verflüchtigter Rest" (Dissipation) unberührt und würde sich in der Natur als Fremdkörper kontinuierlich ablagern bzw. anreichern. Dies bedeutet: Zumindest solange wir biologisch nicht abbaubare Neuheit schaffen, ist die Verwirklichung einer idealtypischen technosphärischen Stoffkreislaufwirtschaft selbst unter Einschluss des natürlichen Ökosystems nicht möglich.

Viele sagen deshalb, der Begriff der Stoffkreislaufwirtschaft sei unglücklich gewählt, weil damit suggeriert würde, dass der Mensch hier etwas realisieren wollte, was er grundsätzlich zu leisten nicht imstande sei. Der Begriff der **Stoffkreislaufwirtschaft** ist jedoch deshalb wichtig und richtig, weil er die zentrale Zielrichtung formuliert, an der sich unsere Wirtschaftsweise ausrichten muss, um tatsächlich auch mittelfristig zukunftsverträglich zu sein[28]. **Stoffkreislauforientiertes Handeln** ist also unabdinglich, als ein zielorientiertes Handeln des Menschen zugunsten einer möglichst weitgehenden zyklischen Nutzbarkeit knapper Ressourcen über die Bildung ressourcenschonender **Output-Input-Brücken**[29, 30].

---

[25] Siehe hierzu bspw. *Enquete-Kommission* [Stoffströme 1994] oder verschiedene Arbeiten des Wuppertal-Instituts, darunter auch die in *Wuppertal-Institut / BUND / Misereor* [Zukunftsfähigkeit 1996], Kap. 4, ausgeführten „*Leitbilder*".

[26] Wobei hier ausdrücklich betont werden muss, dass ein solches Unterfangen weder ökonomisch wie ökologisch zu verantworten wäre, weil die damit verbundenen Umweltkosten in etlichen Fällen asymptotisch gegen unendlich streben würden.

[27] Bspw. im Rahmen einer lang andauernden Konsumtionsphase.

[28] Siehe hierzu bspw. die in *Enquete-Kommission „Schutz des Menschen und der Umwelt"* [Industriegesellschaft 1994], S. 42-54 formulierten Nachhaltigkeitsregeln (siehe Kap. 7.8.5.1).

[29] Siehe auch Abb. 7-4.

[30] Bei der Herstellung von Stoff- (und Energie-)Kreisläufen geht es zunächst einmal weniger um eine Gegenüberstellung dessen, was in ein System hineinfließt (Input) und auf der anderen Seite wieder heraustritt (Output) (→ Input-Output-Betrachtung, wie sie v.a. für die Abbildung von Betrieben

4. Kreislaufwirtschaft

Als umweltschonend kann eine stoffkreislauforientierte Strategie dann bezeichnet werden, wenn die mit den technosphärischen Rückführungsprozessen verbundenen ökologischen Kosten niedriger sind als diejenigen der Extraktion und Zurverfügungstellung substitutiv einsetzbarer Primärressourcen.

4.1.4 Zur Notwendigkeit der Dreigliedrigkeit unserer heutigen Technosphäre

Wie bereits in den Ausführungen der Abschnitte 2.1.1 sowie 4.1.1 erwähnt, haben sich natürliche Ökosysteme im Laufe der Evolutionsgeschichte bewährt als Beziehungsgeflechte, deren Systemknoten sich stets aus Vertretern dreier Funktionstypen zusammensetzten: Produzenten, Konsumenten und Reduzenten (bzw. Destruenten). Bei dieser Grundstruktur hat man jedoch ganz sicher keine Spielform vor sich, an die sich die evolutorischen Veränderungsprozesse der Natur immer gehalten haben, wohl aber die einzige, die sich als „nachhaltig" erwies. So droht reinen Produzenten-Konsumenten-Systemen sowohl die Gefahr, an einem selbst produzierten Abfall mangels Abfallverwertungsmöglichkeiten zu ersticken[31], als auch die, wegen eines zunehmenden Mangels an passgenauen Inputmaterialien zu verhungern. D.h., der Systemtod kann sowohl outputseitig (sich kumulierender Abfall) als auch inputseitig bedingt (mangelnde Verfügbarkeit lebenswichtiger Stoffe) eintreten.

Lässt man die Entwicklungsgeschichte der menschlichen Technosphäre Revue passieren, wie dies in Kapitel 2.1.1 bereits geschehen ist, so hat man zunächst ein dreigliedriges Ökosystem vor sich, im Rahmen dessen der Mensch zwar eine eigene Wirtschaftsweise entwickelt hatte, doch waren die von ihm gehegten und gepflegten Produzenten genauso naturnah angesiedelt, wie der am Ende einer Nutzungsphase entstehende Abfall, so dass die Stoffwechselprozesse der Natur prinzipiell jedes Outputproblem lösen konnten. Solange der Mensch keine Knappheitsprobleme verspürte, sah er denn auch keine Veranlassung, sich hinsichtlich rückführender Prozesse zu engagieren. Dort, wo sie für ihn tatsächlich von Bedeutung waren, schien es zu genügen, die natürlichen Reduktionsdienstleister (Destruenten) bei deren Arbeit zu unterstützen. Diese naturgegebenen Möglichkeiten hielten ihm reduktionsseitig den Rücken frei und erlaubten ihm hierdurch, sich bei seinen zielgerichteten Anstrengungen nahezu ausschließlich auf die Befriedigung seiner produktionsseitigen Interessen zu beschränken (Phase 1 der folg. Abb. 4-3).

---

typisch ist), sondern um die vielfach noch als „*missing link*" zu beklagende Überführung unerwünschter Outputs zu erwünschten Inputs (→ Output-Input-Betrachtung). Recyclingorientierte Kopplungen werden deshalb im Rahmen dieser Arbeit nicht als Input-Output-, sondern als Output-Input-Brücke, -Beziehung, -Verknüpfung o.ä. gekennzeichnet.

31 Siehe das in Kapitel 4.1.1 dargestellte Beispiel der nicht abgebauten Falllaubschicht.

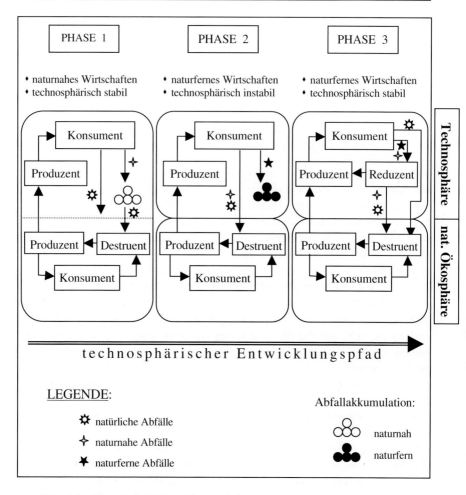

Abb. 4-3: Historische Entwicklungsschritte
hin zu einem dreigliedrigen technosphärischen System
Quelle: *Sterr* [Reduktionswirtschaft 1999] Abb. 3, S. 8

Andererseits konnte der Mensch jedoch mit vielen dieser ungefragt ablaufenden Reduktionsdienstleistungen der Natur nicht einverstanden sein, und so strengte er sich zunächst einmal über immer ausgefeiltere Konservierungsmethoden an, unerwünschte Kreislaufführungsprozesse zu verlangsamen, einzuschränken oder gar zu unterbinden[32]. Die Erfolge auf diesem Gebiet beschleunigten sich gerade durch

---

[32] Siehe bspw. bereits die Mumifizierung im alten Ägypten.

4. Kreislaufwirtschaft

die neuen Möglichkeiten der industriellen Revolution und die Entwicklung der modernen Chemie rasant, und bald beschränkte er sich nicht nur auf die Entwicklung immer besserer Imprägnierungen, sondern substituierte über die Synthetisierung von Kunststoffen bald schon die natürlichen Werkstoffe selbst. Damit hatte der Mensch allerdings nicht nur ein Mehr an Komfort, an Beständigkeit der von ihm genutzten Produkte und damit auch an persönlicher Sicherheit geschaffen, sondern auch eine partielle Isolierung seiner Technosphäre vom ökosphärischen Umsystem vorgenommen. Ausgelöst wurde diese Entwicklung durch die erfolgreiche Zugangsbeschränkung nicht nur der augenblicklich unter seiner Kontrolle stehenden, sondern auch der nicht mehr unter seiner Kontrolle stehenden Stoffe für natürliche Reduzenten. Äußeres Kennzeichen dieses nurmehr zweigliedrigen Produzenten-Konsumenten-[PK-]Systems war die stetige Akkumulation von Abfall, wie er sie durch die Zugangsbeschränkung für natürliche Reduzenten erwirkt hatte (siehe Phase 2 der Abb. 4-3).

Werden Stoffe aus der Natur im Rahmen der Technosphäre in immer stärkerem Maße und Umfang gebunden, bzw. nur in einer für die verschiedenen Funktionsträger nicht nutzbaren Form abgelagert, so vermindern sie das Angebot gerade bei nicht regenerierbaren Ressourcen sukzessive. Tatsächlich haben Wachstumsmodelle, gerade solche aus den 60er- und 70er-Jahren[33], einen Systemzusammenbruch unseres Wirtschaftssystems prognostiziert, der inputseitig, d.h. durch eine rapide abnehmende Verfügbarkeit materieller (v.a. nicht-regenerativer) Ressourcen ausgelöst zu werden drohte[34]. Neuere Modelle hingegen messen den in die Umwelt emittierten Outputs ein größeres Gewicht bei. Letztere würden die Gefahren eines Systemzusammenbruchs in wesentlich stärkerem Maße aus Erosions- und Degradationsvorgängen ableiten sowie aus Kontaminationen, die zu einer irreversiblen Schädigung natürlicher Schadstoffabsorptionsmechanismen führen. Beide Arten von Vorgängen begünstigen die Ingangsetzung negativer Selbstverstärkungseffekte (circuli vitiosi), die das System über katastrophal verlaufende Prozesse zusammenbrechen lassen oder zumindest dauerhaft beschädigt halten[35]. Diese jüngeren Szenarien tragen dem Umstand Rechnung, dass der technologische Fortschritt im Bereich der Miniaturisierung oder der Dematerialisierung gerade im letzten Viertel des vergangenen Jahrhunderts bisweilen recht eindrucksvoll unter Beweis gestellt hat, dass die menschliche Innovations- und Schaffenskraft sehr wohl in der Lage ist, Rezepte zur Vereitelung oder zumindest Hinauszögerung eines ressourcentechnisch bedingten Systemtods seiner Technosphäre zu entwickeln. So gelang es ihr erstmalig, wenngleich möglicherweise auch nur vorübergehend, Wirtschaftswachstum und Rohstoffverbrauch in teilweise beachtlichem Umfang

---

33 *Meadows / Meadows / Zahn / Milling* [Wachstum 1972] sowie vergleichbare Studien.
34 Entspräche in Abschnitt 4.1.1 einem „Systemtod durch verhungern".
35 Siehe bspw. Szenarien in *Meadows / Meadows / Randers* [Wachstum 1992], S. 162 ff.

zu entkoppeln. Allerdings sind die Potenziale auf diesem Gebiet, wie *Ernst Ulrich von Weizsäcker, Friedrich Schmidt-Bleek* und andere Forscher am Wuppertal-Institut bereits vielfach dargelegt haben, selbst mit den uns gegenwärtig zur Verfügung stehenden Mitteln noch längst nicht ausgeschöpft[36].

Die wirksam werdenden Gefahrenherde für unsere Technosphäre haben sich möglicherweise von der Input- auf die Outputseite verschoben. Dank vielfältiger Umsteuerungen und Innovationen haben sie sich dabei wohl weiter in die Zukunft verlagert, aufgehoben werden konnten sie allerdings nicht. Dematerialisierungsorientierte Forschungsanstrengungen müssen darum wesentlich stärker ergänzt werden, einerseits durch die zunehmende Substitution naturferner durch natürliche und naturnahe Substanzen, welche der Stoffwechselspezialist Natur tatsächlich als Inputstoffe in Anspruch nehmen kann, zum anderen aber auch durch die technosphärisch gesteuerte Rückführung nutzlos gewordener naturferner Materialien in nutzbare Systembausteine – und dies bereits im Zusammenhang mit der zielgerichteten Entwicklung dieser Stoffe.

Ein allgemeines „Zurück zur Natur" im Sinne einer Conditio sine qua non kann es nicht geben, und es wäre auch ganz bestimmt nicht wünschenswert. Denn abgesehen davon, dass wir uns um die in der Vergangenheit produzierten und darum bereits existenten naturfernen Stoffmengen nichtsdestotrotz intensiv kümmern müssen, liegt tatsächlich ein großer Teil unseres chemisch-technischen Fortschritts, ja unserer individuellen Sicherheit, eben darin begründet, dass es uns Menschen gelang, „künstliche" Substanzen für eine immer größere Anwendungsvielfalt zu erzeugen, die gegen vielfältigste biotische oder abiotische Agenzien langfristig immun sind, d.h. von diesen kaum zu Nahrungsquellen gemacht werden können.

Unerwünschtes – lange Zeit aber genauso unbeachtetes – Resultat der bis heute weitestgehend produktiv-konsumtiv bestimmten Stoffdurchflusswirtschaft ist jedoch Abfall, der einen um so größeren Hang zur Dauerhaftigkeit aufweist, je weniger die Natur in der Lage ist, eine wiedereinsatzgerechte Zerlegung zu übernehmen. Anders ausgedrückt: Je größer die Entfernung der technosphärisch geschaffenen Neuheit von der Natur (als einem Problem der Qualität) und je größer die durch das Auftreten von Neuheit gekennzeichneten stoffspezifischen Quantitäten (an einem bestimmten Ort und zu einer bestimmten Zeit) sind, desto dringlicher wird auch der Ausbau menschlich gesteuerter, technosphärischer Reduktion. Damit wird auch eine technosphäreninterne Dreigliedrigkeit zur notwendigen Voraussetzung für eine dauerhaft funktionsfähige Stoffkreislaufwirtschaft.

Mit der Abb. 4-3 sollte die Entwicklung des Ökosphären-Technosphären-Verhältnisses auf der Zeitachse nochmals in graphischer Form beschrieben werden.

---

[36] Siehe hierzu bspw. Veröffentlichungen von Mitgliedern des Wuppertal-Instituts (bspw. v. *Weizsäcker / Lovins* [Faktor 4 1995]), von Mitgliedern des Factor-10-Networks, oder ganz allgemein die vielfach demonstrierten umsetzungspraktischen Fortschritte auf dem Gebiet der Dematerialisierung.

4. Kreislaufwirtschaft 69

Sie verdeutlichten, dass eine technosphärische Systemstabilität bei gleichzeitig naturfernem Wirtschaften nur in dem Maße wiedergewonnen werden kann, wie es gelingt, naturferne Abfälle durch leistungsfähige technosphärische Reduzenten schadlos in nutzbare Bausteine zu zerlegen. Ein nachhaltigkeitsorientiertes Wirtschaften unter der Prämisse der Unverzichtbarkeit naturferner Substanzen impliziert jedoch, dass bereits die Entwicklung und Herstellung technosphärischer Neuheit mit der Entwicklung gangbarer Reduktionsverfahren Hand in Hand gehen muss. Neuheit dürfte aus kreislaufwirtschaftlicher Perspektive erst dann in Verkehr gebracht werden, wenn auch ihre schadlose Rückführung gesichert ist.

4.2 Stoffkreislaufwirtschaft im Rahmen volkswirtschaftlicher Betrachtungen

Im Rahmen ihrer Aufgabe, die Gesamtheit aller mittelbar oder unmittelbar auf die Wirtschaft einwirkenden Kräfte, Beziehungen und Verflechtungen der Einzelwirtschaften innerhalb eines (zumeist administrativ begrenzten) Gebietes zu beforschen, hat sich die Volkswirtschaftslehre gerade im Bereich der Umwelt- und Ressourcenökonomik oder der ökologischen Ökonomik in jüngster Zeit zunehmend mit Fragen zur Nachhaltigkeit unserer Wirtschaftsweise und dabei auch zum Umgang mit Stoffströmen im Rahmen der Technosphäre beschäftigt.

In Zusammenarbeit mit dem Statistischen Bundesamt wurden hierfür vom Wuppertal-Institut für Klima, Umwelt und Energie sogenannte Materialflussrechnungen entwickelt, die in den Bereich der umweltökonomischen Gesamtrechnungen (UGR) fallen[37]. Solche **Materialflussrechnungen** bestehen aus den drei Bauelementen der natürlichen Umwelt, der nationalen Volkswirtschaft und dem Ausland als Aggregat der ausländischen Ökonomien[38]. In diesen Materialflussrechnungen werden sämtliche Materialien, die in die Technosphäre aufgenommen werden oder diese verlassen, nach ihrem Tonnengewicht abgebildet, wobei Recyclingprozesse innerhalb der Technosphäre als Bilanzverlängerungen erscheinen.

4.2.1 Quantifizierung technosphärischer Stoffumwälzungen

Im Rahmen derartiger Arbeiten entstanden so inzwischen regionale, nationale oder auch globale **Stoffstrombilanzen**, die die ungeheuren Stoffmengen dokumentieren, die in der Technosphäre täglich, monatlich oder jährlich bewegt werden. Nach

---

[37] Siehe hierzu verschiedene Artikel in *Bringezu* [Umweltstatistik 1995].
[38] *Reiche* [Materialflussrechnungen 1998], S. 57.

Schmidt-Bleek[39] wurden in den alten Bundesländern der BRD im Jahre 1990 (ohne Wasser und Luft) schätzungsweise 3,4 Mrd. Tonnen an Materialien transportiert und umgewandelt, um 1,2 Mrd. Tonnen Materialinputs für die Technosphäre zu schaffen. Dadurch wurden gleichzeitig ca. 430 Mio. Tonnen in dissipativer, d.h. nicht rückholbarer Form wieder an die Umwelt abgegeben[40]. Das ist weit mehr als das Dreifache dessen, was in diesem Zeitraum als Produkt- und Produktionsabfälle ausgewiesen wurde (120 Mio. t)[41] und damit im Rahmen einer Stoffkreislaufwirtschaft potenziell rückgeführt werden könnte. Anders ausgedrückt: Der in diesem Raum potenziell für eine kontrollierte Rückführung bereitstehende stoffliche Output betrug 1990 gerade mal ein Zehntel dessen, was im selben Zeitraum aus der natürlichen Ökosphäre in die Technosphäre eingeschleust wurde. Setzt man die Produktions- und Produktabfälle gar ins Verhältnis zu den geschätzten 3,4 Mrd. Tonnen an Materialverlagerungen, die in diesem Zeitraum durchgeführt wurden, so vergrößern sich diese Differenzen nochmals um den Faktor 3.

Ganz sicher ist: Wir bewegen jährlich Milliarden von Tonnen an Stoffen zur Sicherung und Verbesserung unseres materiellen Wohlstandes in Deutschland[42]. Wir extrahieren diese Stoffe hierfür aus ihrem aktuellen ökosphärischen Systemzusammenhang und zerstören damit unter Umständen großflächig bestehende Ökosysteme. Und wir tun dies vielfach zur Gewinnung erwünschter Rohstoffe, die nur einen kleinen Bruchteil dessen ausmachen, was wir hierfür an Stoffumwälzungen in Kauf nehmen[43]. *Schmidt-Bleek* bezeichnet diese zusätzliche Mengenlast als sogenannten *„ökologischen Rucksack"*[44], den er als die Summe aller Stoffe umschreibt, *„die bewegt und umgewandelt werden mußten, um dieses Produkt oder diese Dienstleistung zu schaffen"* . *Schmidt-Bleek* bemängelt, dass dieser ökologische Rucksack von der Stoffkreislaufwirtschaft in praxi weitestgehend ausgenommen sei und erhebt vor diesem Hintergrund seinen Vorwurf, dass sich die Sorge der Umweltpolitik in der Vergangenheit ziemlich einseitig auf *die „akribische Suche nach Nanogrammen"* beschränkt habe, während die ökologischen Folgen der *„Megatonnen"* weitgehend unbeachtet geblieben seien[45].

---

[39] *Schmidt-Bleek* (1994) bezieht sich dabei auf Berechnungen von *Bringezu* und *Schütz*, die ab 1995 für das Referenzjahr 1991 veröffentlicht worden sind.

[40] *Schmidt-Bleek* [MIPS 1994], S. 20.

[41] Die dargestellten Schätzungen setzen sich dabei aus ca. 100 Mio. Tonnen Produktions- + ca. 20 Mio. Tonnen Produktabfälle zusammen.

[42] Stoffspezifische Angaben für Rohstoffimporte in die Bundesrepublik Deutschland finden sich bspw. in *Bringezu / Schütz* [Stoffstrombilanzierung BRD 1995], S. 42.

[43] Um ein Gramm Platin zu gewinnen, muss fast das 300.000fache an Gestein bewegt und bearbeitet werden. Berücksichtigt man, dass der Katalysator eines Autos ca. 2-3 Gramm Platin enthält, plus hochwertige Stähle, Keramik und anderes, so ist *„die insgesamt für seinen Bau bewegte Menge Material etwa eine Tonne Umwelt wert"* (*Schmidt-Bleek* [MIPS 1994], S. 19.

[44] Ebd., S. 19.

[45] *Schmidt-Bleek* [MIPS 1994], S. 15 ff.

4. Kreislaufwirtschaft

Seine Daten bezieht *Schmidt-Bleek* im Wesentlichen aus den Arbeiten für die vom Wuppertal-Institut erstellten Studie „*Zukunftsfähiges Deutschland*" [46], im Rahmen derer, insbesondere von *Bringezu* und *Schütz,* allgemeine Stoffstrombilanzen für Deutschland und erstmals auch solche für einzelne Stoffwechselbereiche erarbeitet worden sind[47].

Abb. 4-4 (folgende Seite) zeigt eine solche inländische Stoffbilanz für 1991, bei der auch das mit einem Rückpfeil versehene Recycling explizit aufgeführt ist. Mit ihren 64 Mio. Tonnen pro Jahr repräsentiert hier der Posten „Recycling" im Vergleich zu den in diesem Zeitraum deponierten oder anderweitig entsorgten Abfallmengen selbst ohne Wasser, Abwasser und Emissionen kaum mehr als 2% unseres gesamten Abfalloutputs und lässt damit auch die Bedeutung industrieller Stoffkreislaufwirtschaft verhältnismäßig klein erscheinen.

Beschreiben diese 2 von 100 Prozentpunkten aber auch tatsächlich das Ausmaß des Versagens unserer technosphärischen Kreislaufwirtschaft? Ganz sicherlich nicht, wenngleich ein solcher Schluss selbst von so namhaften Autoren wie *Schmidt-Bleek* nahegelegt wird[48]. Denn die Tatsache, dass lediglich 64 Mio. Tonnen der von ihm geschätzten 4,7 Mrd. Tonnen Outputs unter dem Begriff des „Recycling" rückgeführt werden, bedeutet nicht, dass auch der große Rest einer solchen vergleichsweise ressourcenintensiven Art der Verwertung zugeführt werden müsste.

Gerade der mengenmäßig bei weitem größte Posten „*Bergehalden und andere Depositionen*" [49], der im Wesentlichen auf Bergbau sowie Tiefbau in natürlichem Substrat zurückgeht und aus Bodenaushub oder der unvermeidbaren Förderung unerwünschter Nebengesteine besteht, bedarf einer solchen technosphärisch angelegten, und dabei wiederum wertvolle Ressourcen verschlingenden Verwertung in aller Regel nicht. Denn prozesstechnisch handelt es sich hier um nicht mehr als eine Umverlagerung naturbelassenen Materials, die folglich ihre natürliche Kreislauffähigkeit nie verloren hat.

---

[46] *Wuppertal-Institut / BUND / Misereor* [Zukunftsfähigkeit 1996].

[47] Siehe bspw. *Bringezu* [Stoffbilanzen 1997], *Bringezu / Schütz* [nationale Stoffstrombilanzen 1996]; in *Bringezu / Schütz* [regionale Stoffstrombilanzen 1996b] findet sich auch eine entsprechende Bilanzierung des Wirtschaftsraumes Ruhr.

[48] So schreibt *Schmidt-Bleek* [MIPS 1994], S. 20, unter Bezugnahme auf die weiter oben zitierte anthropogene Massenbewegung von 3,4 Mrd. Tonnen im Verhältnis zu den Materialverlagerungen in die Umwelt (2,2 Mrd. Tonnen), die im Gegensatz zu den 1,2 Mrd. Tonnen Technosphäreninputs vom Menschen gar nicht be- oder verarbeitet werden: „*Wie ersichtlich, wird mehr als die Hälfte der vom Menschen bewegten Stoffmengen gar nicht in die Wirtschaftskreisläufe eingeführt.* Und er folgert hieraus unmittelbar danach:. „*Sie sind daher auch nicht kreislauffähig.*"

[49] In der Vorgängerfassung der Abbildung (*Bringezu / Schütz* [nationale Stoffstrombilanzen 1996], S.14, als „*Ablagerung nicht verwertbarer Förderung*" bezeichnet.

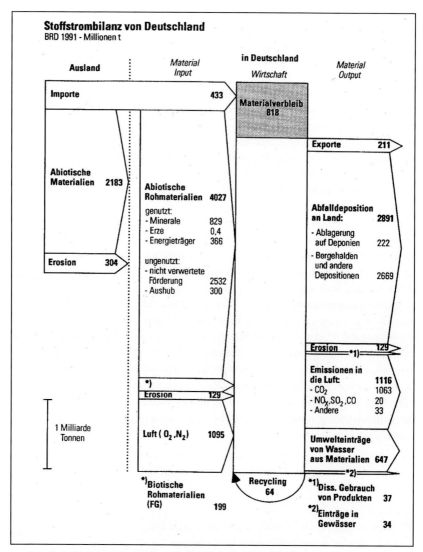

Abb. 4-4: Inländische Stoffstrombilanz für Deutschland 1991
Quelle: *Bringezu* [Stoffbilanzen 1997], S.271 [50]

---

[50] Nach *Bringezu / Schütz* [nationale Stoffstrombilanzen 1996], S. 14.
Eine weitergehende Aufsplittung dieser **nationalen Stoffstrombilanz** in „technischen Energiestoffwechsel", „Baustoffwechsel", „Nahrungsstoffwechsel" und „Betriebsstoffwechsel" findet sich im Anhang dieser Veröffentlichung (*Bringezu / Schütz* [nationale Stoffstrombilanzen 1996], S. 17-18). Ein UGR-basierter Vergleich zwischen 1960 und 1990, bezogen auf die alten Bundesländer, ist in *Rademacher / Stahmer* [UGR 1995] abgebildet.

4. Kreislaufwirtschaft

Um also Missverständnisse zu vermeiden, ist es gerade an dieser Stelle wichtig zu unterscheiden zwischen einer

- **naturkonformen Stoffkreislaufwirtschaft**, die die naturverträgliche Wirtschaftsweise der Ökosphäre beschreibt, indem sie auf natürlichen Stoffwechselprozessen basiert und in ihrer Funktionsfähigkeit auf einer „Naturmünzenwährung" beruht und einer
- **naturfremden Stoffkreislaufwirtschaft**, die dort notwendig wird, wo Stoffe zur Erhöhung der technosphärischen Ressourceneffizienz oder zur Wiederherstellung einer Konvertibilität in Naturmünzen einer kontrollierten technosphärischen Vor- bzw. Nachbehandlung bedürfen.

Nur für Letztere ist ein technosphärisches Recycling tatsächlich erforderlich.

Kritisiert man also die Unzulänglichkeit unserer heutigen Stoffkreislaufwirtschaft, so thematisiert man dabei weniger Problem der Massenbewegungen, als vielmehr Probleme besonderer Ökotoxizität oder mangelnder Kreislauffähigkeit bestimmter technosphärischer Outputs im Rahmen des natürlichen Ökosystems[51]. Letztere sind zunächst einmal weit weniger quantitativer, als vielmehr qualitativer Natur. Sie stellen sich nur dort, wo der Mensch tatsächlich mehr initiiert als lediglich eine räumlich-zeitliche Verlagerung, mechanische Umformung oder naturkonforme Umwandlung von Materialien, wenngleich die Folgen riesiger Boden- und Gesteinsverlagerungen auf ein aktuelles Ökosystem ebenfalls gravierend sein können.

Um also einen falschen Gesamteindruck über die Aussagekraft dieser hoch aggregierten Stoffstrombilanzen zu vermeiden, sollte abschließend nochmals explizit betont werden, dass solche volkswirtschaftlichen Stoffstrombilanzen reine Mengenbilanzen sind. Ihre besondere Bedeutung liegt in der Beschreibung der im Rahmen unseres Wirtschaftens bewusst vorgenommenen sowie die hierdurch ausgelösten Massenverlagerungen. Hierdurch betonen sie allerdings die Bedeutung von bergbaulich geförderten Nebengesteinen oder unbelastetem Bodenaushub, während sie die mit der Schaffung von Neuheit verbundenen industriell erzeugten Stoffströme als nahezu bedeutungslos erscheinen lassen. Das Anwendungsspektrum solcher nationalen oder auch regionalen Stoffstrombilanzen sollte sich deshalb v.a. auf Fragen zum quantitativen Ausmaß technosphärisch vorgenommener Stoffumwälzungen konzentrieren. Gerade hier vermögen sie wesentlich zur Bewusstseinsschärfung beizutragen, indem sie eben nicht nur die von den statistischen Ämtern erfassten Abfalldaten inkorporieren, sondern darüber hinaus auch die bereits weiter oben genannten ökologische Rucksäcke, die mit unserem gegenwärtigen Wirtschaften verbunden sind[52].

---

51 Siehe die Ausführungen zum Begriff der Transformatorensphäre in Abschnitt 2.3.2 und 2.3.3.
52 Zur Bedeutung nationaler Stoffbilanzen für Politik und Bewusstseinsschaffung siehe bspw. *Jänicke* [Umweltberichterstattung 1995], S. 18 ff.

Derartige Stoffbilanzen messen also ganz allgemein den direkten und indirekten Materialaufwand der Produktion, eignen sich andererseits jedoch wenig, um die tiefer liegenden, qualitativen Probleme mangelnder Kreislauffähigkeit oder Ökologieverträglichkeit unseres Wirtschaftens zu verdeutlichen. D.h. als rein mengenbezogene Input-Output-Bilanzen leisten sie keinerlei Aussage zur ökologischen Wirkung der einzelnen Materialumwälzungen. Asbesthaltige Sonderabfälle gehen genauso über ihr Gewicht ein, wie Einwegpaletten und infektiöse Krankenhausabfälle genauso wie unbelasteter Bodenaushub.

Wenn also die Politik derartige Stoffstrombilanzen nutzen soll, dann muss ihr gleichzeitig auch deutlich gemacht werden, dass hier nicht mehr als ein Mengenproblem kommuniziert wird. Es ist richtig, dass die Wirkungsanalyse ein Thema für sich ist und deshalb methodisch getrennt behandelt werden sollte[53], derartige Hinweise auf die qualitativen Probleme unseres Wirtschaftens finden sich bei den Protagonisten derartiger Stoffbilanzen allerdings nur ganz am Rande. Wenn über derartige Stoffstrombilanzen zum Ausdruck gebracht wird, wie gering die gegenwärtige Bedeutung des Recyclings im Verhältnis zur technosphärischen Stoffumwälzung ist[54], so könnten entsprechend sensibilisierte Entscheidungsträger hieraus auch den Schluss ableiten, dass eine massive Erhöhung der technosphärisch beschriebenen Recyclingquote die Probleme bereits lösen müsste. Dies ist allerdings nur zum Teil richtig, denn wollte man mit dieser Forderung gerade die quantitativ bedeutendsten Stoffströme angehen, so wäre das nicht nur ökonomisch, sondern auch ökologisch gesehen eine Katastrophe: Wie die als Abb. 4-4 eingescannte Stoffstrombilanz für die BRD zeigt, bestehen mehr als 90% der zu Lande abgelagerten Abfälle (1991: 2669 von 2891 to.) aus Ablagerung nicht verwerteter Förderung. Kraft ihrer Herkunft und ihrer mineralischen Zusammensetzung versteht die natürliche Ökosphäre damit genau so gut oder schlecht umzugehen wie mit entsprechenden, natürlich ausgelösten Massenverlagerungen (Felsstürze, Rutschungen, Bergstürze, Laven oder Ascheregen). Vor dem Hintergrund, dass eine technosphärische, d.h. menschlich gesteuerte Kreislaufwirtschaft aber selbst wiederum knappe Ressourcen verschlingt und viele andere ökologische Beeinträchtigungen verursacht, sollte sich technosphärische Kreislaufwirtschaft daher lediglich auf diejenigen Stoffmengen beschränken, durch deren Aufarbeitung eine alternativ dazu stehende ökologische Mehrbelastung vermieden werden kann. Technosphärisches Recycling sollte daher ein selektiv einzusetzendes Instrument bleiben, das die Natur in ihren stoffwechseltechnischen Fähigkeiten unterstützt und einbindet.

Bringezu / Schütz (1996) weisen in ihren Ausführungen zur potenziellen Bedeutung des Recyclings explizit darauf hin, dass 67% der Materialinputs und

---

[53] *Jänicke* [Umweltberichterstattung 1995], S. 22.
[54] Siehe *Schmidt-Bleek* [MIPS 1994], *Jänicke* [Umweltberichterstattung 1995], *Bringezu* [nationale Stoffbilanzen 1996] u.a.

4. Kreislaufwirtschaft

77% der Materialoutputs der von ihnen erstellten inländischen Stoffbilanz für die BRD mit der Nutzung von Energie verbunden und deshalb prinzipiell nicht recyclebar sind.[55] Selbst unter den technosphärisch genutzten Materialien kann deshalb nur weniger als ein Viertel dieser Stoffe potenziell einem Materialkreislauf zugeführt werden.

In welchem Rahmen bewegt sich der Handlungsbedarf für eine technosphärische Stoffkreislaufwirtschaft nun also tatsächlich? Hierzu lassen sich aus den Statistiken zur o.g. inländischen Stoffstrombilanz für 1991 eine Reihe von Daten extrahieren, die in der folgenden Tabelle 4-1 wiedergegeben sind.

	Ablagerung auf Deponien	Verbrennung	Entsorgung in sonst. Anlagen	verwerteter Abfall	Σ
Siedlungs-abfälle	44.329	8.273			52.602
Krankenhaus-abfälle	16	24			40
Produktions-abfälle	177.648	4.919			182.567
nicht spezifiziert			3.899	64.237	
Abfälle gemäß KrW-/AbfG[56]	221.993	13216	3.899	64.237	235.173

(alle Angaben in 1000 to.)

Tab. 4-1 Vom KrW-/AbfG erfasste Abfälle im Rahmen der inländischen Stoffstrombilanz von Deutschland bezogen auf das Jahr 1991
Datenquelle: *Bringezu/Schütz* [nationale Stoffstrombilanzen 1996], S. 17

---

[55] *Bringezu / Schütz* [nationale Stoffbilanzen 1996], S. 7.

[56] Die im Rahmen des KrW-/AbfG erfassten Abfälle entsprechen den im Rahmen dieser Tabelle inkorporierten Posten nicht unbedingt mit letzter Genauigkeit, doch sind die hierbei in Kauf genommenen Unsicherheiten wahrscheinlich auch nicht geringer, als diejenigen, die sich auf die Zahlen selbst beziehen. Zumindest hinsichtlich Größenordnung und Relationen kann die Tabelle 4-1 deshalb eine nützliche Hilfestellung geben.
Die vom KrW-/AbfG explizit ausgeklammerten „*Abfälle, die beim Aufsuchen, Gewinnen, Aufbereiten und Weiterverarbeiten von Bodenschätzen in den der Bergaufsicht unterstehenden Betrieben anfallen*" (siehe KrW-/AbfG §2, Absatz 2, Punkt 5 vom KrW-/AbfG) wurden auch hier unberücksichtigt gelassen, da sie aufgrund der Beibehaltung ihrer naturbelassenen Materialqualität auch aus ökologischen Gründen nur in begründeten Ausnahmefällen technosphärischen Aufbereitungsprozessen unterworfen werden sollten. Angesichts ihrer quantitativ großen Bedeutung hätte ihre statistische Einbeziehung das tatsächliche Volumen potenzieller technosphärischer Rückführungsnotwendigkeiten sicherlich grob verfälscht.

Setzt man die in 64 Mio. Tonnen an verwertetem Abfall ins Verhältnis zu den 220 Mio. Tonnen an Ablagerungen auf Deponien, so lässt sich hieraus zunächst einmal eine Verwertungsquote von mehr als 20% errechnen. Berücksichtigt man darüber hinaus, dass sich unter den nicht verwerteten Abfällen großen Mengen an Bodenaushub befinden, die größtenteils naturbelassen sind und darum eines technosphärischen Recyclings im Allgemeinen nicht bedürfen, so verringern sich die als problematisch einzustufenden Abfallmengen noch wesentlich. Tatsächlich steht das Recyclingproblem als quantitatives Problem heute hauptsächlich in Verbindung mit nicht recyclingfähigen Baurestmassen[57], während es sich ansonsten im Wesentlichen als qualitatives Problem gestaltet, bei dem es darum geht, möglichst gefahrlose und entropiearme Rückführungen in den Stoffkreislauf zu realisieren. Die Ableitung von Recyclingdefiziten auf der Grundlage reiner Mengenbilanzen ist deshalb als sehr kritisch einzustufen.

Es ist also nicht nur legitim, sondern in hohem Maße problemlösungsfördernd, sich im Zusammenhang mit Fragen zur industriellen Stoffkreislaufwirtschaft eben nicht nur mit den Hauptstoffströmen, sondern gerade auch mit den quantitativen Hundertsteln und Tausendsteln zu beschäftigen, die für das Ökosystem tatsächlich ein qualitatives Problem darstellen, das nur mit Hilfe hochspezifizierter technosphärischen Reduktion gelöst werden kann.

4.2.2 Ressourceneffizienz technosphärischer Stoffumwälzungen

Über die Gewährleistung tatsächlicher Kreislauffähigkeit der für technosphärische Zwecke umgewälzten Stoffströme hinaus erscheint es allerdings als unabdinglich, auch die Materialintensität unserer Produktion selbst ins Zentrum dringenden Handlungsbedarfs zu rücken. Denn schließlich geht es uns bei unserem Wirtschaften ja letztlich auch nicht darum, ein bestimmtes Produkt zu erzeugen, sondern einen mit einem solchen Produkt verbundenen Nutzen. Wenn der gleiche Nutzen c.p. auch mit einem geringeren Ressourceneinsatz erreichbar ist, dann ist ein damit verbundenes Produkt seinem Vorgänger eindeutig überlegen[58].

---

[57] Als problematisch gelten hier insbesondere gips- oder Ytong-haltige Baurestmassen sowie Plastikfenster, PVC-haltige Abfälle u.ä.m.

[58] Auch beim Kauf einer Glühbirne geht es dem Konsumenten gewöhnlich ja nicht um die Glühbirne als Objekt, sondern um die damit erzielbare Dienstleistung Licht. In puncto Energiebedarf pro Einheit Licht ist eine Energiesparlampe der herkömmlichen Glühbirne 4-fach überlegen und auch die vergleichsweise aufwändigeren Produktions- und Reduktionsprozesse der Energiesparalternative kompensieren diesen Vorteil bei haltbarkeitsschonendem Umgang nur partiell.
Da dieser ressourcentechnische Vorteil zumindest hierzulande auch durch das Preisgefüge widergespiegelt wird, wird sich der mittel- und längerfristig orientierte Entscheidungsträger c.p. für die Energiesparvariante entscheiden, sobald er sich diese geringeren Kosten pro Nutzeinheit Licht bewusst gemacht hat.

4. Kreislaufwirtschaft

Ein derartiges nutzenorientiertes Bewusstsein des Verbrauchers schlug sich im Energiebereich in den letzten Jahren zunehmend nieder und führte dort bereits zu beträchtlichen Effizienzsteigerungen. Demgegenüber tat sich im Bereich des Umgangs mit Materie bislang noch vergleichsweise wenig. Hier spielt mit Sicherheit auch die Tatsache herein, dass die Kosten für die Inanspruchnahme materieller Güter aus der Umwelt vom Preissystem immer noch sehr unvollständig widergespiegelt werden und etliche davon immer noch nahezu kostenlos in Anspruch genommen werden können. Tatsächlich sorgt die große Konkurrenz auf den Rohstoffmärkten und der kurzfristige Mittelbedarf vieler Rohstofflieferanten (v.a. aus Entwicklungsländern) immer noch sehr stark dafür, dass sich die Materialpreise lediglich an aktuellen Investitionskosten und Verfügbarkeiten von Stoffen orientieren, während zukünftige Investitionserfordernisse, mittelfristig durchaus absehbare Knappheiten oder ökologische Folgekosten gegenwärtiger Vorgehensweisen weitgehend unberücksichtigt bleiben. Gerade vor einem solchen Hintergrund gilt es im Rahmen einer volkswirtschaftlichen Betrachtung unserer Wirtschaftsweise, Bewusstsein zu schaffen und faktisch zu untermauern, das uns gebietet, nicht nur die knapp erscheinenden Ressourcen zu schonen, sondern auch weniger knappe. Zu den zentralen Ziele einer ökologisch orientierten Stoffwirtschaft zählen daher zumindest:

- die Verminderung der Materialintensität[59] (**Dematerialisierung**) von Produktions- und Dienstleistungsprozessen, bzw.
- die Steigerung der Ressourcenproduktivität.

Vor dem Hintergrund entsprechender Ansprüche hat *Schmidt-Bleek* die ökologische Kennziffer der sogenannten *„Materialinputs pro Serviceeinheit"* (**MIPS**) entwickelt, die als Maß für die Umweltbelastungsintensität den Materialverbrauch einer Einheit Dienstleistung oder Funktion von der Wiege bis zur Bahre wiedergibt[60]. Dabei gilt[61]:

$$\Sigma\ (M_i\ *\ MIM_i)\ =\ MI\ =\ MIPS\ *\ S$$

Eingesetzte Materialien i	Materialintensität der Materialien i (Rucksäcke)	Gesamtmaterialinput	Materialinputs pro Serviceeinheit	Serviceeinheit (S = n * p), mit: n = Anzahl Benutzungen p = Anzahl Personen, die das Produkt gleichzeitig benutzen

---

[59] Allgemein: **Materialintensität** = Materialeinsatz pro Einheit.
[60] *Schmidt-Bleek* [MIPS 1994], S. 108.
[61] Siehe *Schmidt-Bleek* [MIPS 1994], S. 129

Im Rahmen dieser sehr umfassenden, damit aber auch entsprechend aufwendig zu ermittelnden Kennziffer definiert *Schmidt-Bleek* die **Ressourcenproduktivität**[62] eines Gutes als *„die Gesamtheit der verfügbaren Einheiten an Dienstleistungen, dividiert durch den Gesamtverbrauch an Material für das dienstleistende Gut, gerechnet von der Wiege bis zur Wiege, einschließlich der für den Energieverbrauch bewegten Stoffströme. Mit anderen Worten: die Ressourcenproduktivität eines Gutes ist das Inverse seiner MIPS, gemessen in der Einheit „pro Kilogramm"."* [63] - wobei er an die Stelle des Begriffs der Ressourcenproduktivität auch den der **Ökoeffizienz** setzt. Gelingt es nach dieser Formel, ein bestimmtes Produkt so herzustellen, dass die für seine Herstellung notwendigen Massenbewegungen[64] durch Reduktion der direkten Inputmengen und der damit verbundenen ökologischen Rucksäcke (d.h. $M_i * MIM_i$) halbiert werden können, so können mit einer identischen Menge an Ressourcen doppelt so viele Serviceeinheiten hergestellt werden[65] – oder es kommt gar zu einem absolut geringeren Ressourcenverbrauch, weil ein entsprechender Mehrbedarf gar nicht vorhanden ist.

Damit jedoch derartige Überlegungen nicht reine Zahlenspielereien bleiben, müssen solche Zielvorstellungen auf eine operative Ebene heruntergebrochen werden, auf der die Potenziale akteursspezifischer Zielbeiträge auszuleuchten und auszunutzen sind. In diesem Zusammenhang kann insbesondere auf die umfangreichen Arbeiten zum Management von Stoffströmen in der textilen Kette verwiesen werden, die von der *Enquete-Kommission „Schutz des Menschen und der Umwelt"* durchgeführt und in entsprechenden Veröffentlichungen aus den Jahren 1993 und 1994 umfassend dokumentiert wurden[66]. Die folgende Abb. 4-5 soll hier zumindest einen groben Eindruck davon vermitteln, wie viele verschiedenartige Akteursgruppen tatsächlich über stoffliche Output-Input-Beziehungen am Prozess

---

[62] Allgemein: **Ressourcenproduktivität** = Einsatzmenge an Gütern und Dienstleistungen im Verhältnis zu den hiefür eingesetzten Ressourcen (Material und Energie).

[63] *Schmidt-Bleek* [MIPS 1994], S. 118.

[64] Gerade vor dem Hintergrund ökologischer Fragestellungen soll an dieser Stelle explizit darauf aufmerksam gemacht werden, dass hinter MIPS ein rein quantitatives Konzept steht, während die ökologischen Probleme sehr wesentlich durch qualitative Faktoren (wie bspw. Human- oder Öko-Toxizität) bestimmt werden, die sich in der MIPS nicht niederschlagen. (siehe auch entsprechend kritische Kommentare bei *Hofmeister* [nachhaltiges Stoffstrommanagement 1999], S. 35).
Den gleichen Vorwurf treffen auch *Schmidt-Bleeks* „ökologische Rucksäcke" oder die „regionalen Input-Output-Bilanzen" von *Bringezu / Schütz*, die ebenfalls ausschließlich vom jeweiligen Materialgewicht bestimmt werden, so dass bspw. 1 kg Quecksilber oder cadmiumverseuchter Klärschlamm den gleichen Stellenwert besitzen wie 1 kg unbelastetes Altholz oder Bodenaushub.

[65] Der durch *von Weizsäcker* in die öffentliche Diskussion eingebrachte „Faktor 4" (siehe hierzu bspw. *Weizsäcker / Lovins / Lovins* [Faktor Vier 1995]) bringt dementsprechend zum Ausdruck, dass eine Halbierung der Inputmengen für ein bestimmtes Produkt bei gleichzeitiger Verdopplung der Nutzungsintensität bereits eine Vervierfachung der Produktivität bedeuten würde.

[66] Siehe die umfangreichen Veröffentlichung der *Enquete-Kommission „Schutz des Menschen und der Umwelt"* [Industriegesellschaft 1994], aber *Enquete-Kommission* [Stoffströme 1993]; ergänzend hierzu siehe auch Umweltbundesamt [nachhaltiges Deutschland 1997], Kap. V (S. 174 - 217), oder *Friege / Engelhardt / Henseling* [Stoffstrommanagement 1998], Kap. 3 (S. 87 - 124).

4. Kreislaufwirtschaft

der Herstellung von Textilien oftmals über Distanzen von Tausenden von Kilometern miteinander verzahnt sind:

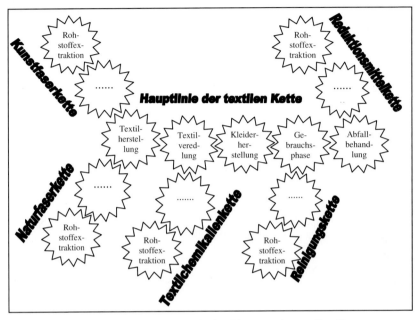

Abb. 4-5: Zentrale und seitliche Zuliefer-Elemente der textilen Kette
Q.: modifiziert nach *Enquete-Kommission* [Stoffströme 1994], S. 117

An nahezu allen Stellen, so die o.g. *Enquete-Kommission,* ließen sich bereits heute substanzielle vielfältige Verbesserungen zugunsten der Umwelt realisieren, doch wenig von dem geschieht. Dies liegt, wie *Schneidewind* (1998) vermutet, zum einen an ökonomischen Rahmenbedingungen, die im Wesentlichen von internationalem Kostendruck und mangelnder Zahlungsbereitschaft für Ökotextilien beim Konsumenten bestimmt werden, zum anderen aber auch an Barrieren, die bei den Akteuren selbst begründet liegen, indem viele der Unternehmen und Branchen gar nicht über die Management- und Informationskapazitäten verfügen, die für das vielfach erforderliche kettengliederübergreifende Stoffstrommanagement nötig wären[67]. Darüber hinaus sollte allerdings auch nicht außer Acht gelassen werden, dass es entlang der Stoffkette unter Umständen ganz deutliche Pfadabhängigkeiten und Investitionszyklen zu berücksichtigen gilt, und ökologisch positiv zu bewertende Veränderungen sich vielfach nur im Rahmen überlappender Zeitfenster bei zentralen Akteurskettengliedern durchsetzen können, die hierdurch unter Umständen vor einschneidende Umstellungserfordernisse gestellt werden.

---

[67] *Schneidewind* [Stoffstrommanagement 1998], S. 116.

5. Stoffkreislaufwirtschaft im Rahmen betriebswirtschaftlicher Betrachtungen

5.1 Das kreislaufwirtschaftliche Grundgebäude als Dreisektorenmodell

Die Abb. 5-1 zeigt das Modell einer **idealtypischen**[1] **Stoffkreislaufwirtschaft**, das in seiner Technosphärendarstellung – analog zu den *"Grundformen erfolgreicher natürlicher Organisation"*[2] – aus den zentralen Aktivitätsfeldern der technosphärischen Produktion, Konsumtion und Reduktion[3] aufgebaut ist, die einander im Laufe eines Produktlebensweges ablösen. Die Konzeption dieses Modells baut damit auf den Ausführungen zur notwendigen Dreigliedrigkeit unserer Technosphäre auf, wie sie bereits in den vorangegangenen Kapiteln dargestellt und begründet wurde. Dabei war auch betont worden, dass sich die technosphärische Stoffkreislaufwirtschaft in ihrer Zielsetzung nicht strikt auf eine technosphäreninterne Stoffkreislaufschließung beschränken darf, sondern vielmehr konsequent die Kommunikation und Kooperation mit den von der natürlichen Umwelt entwickelten Transformationskräften suchen und intensivieren muss. Oberstes Gebot einer nachhaltigkeitsorientierten technosphärischen Stoffkreislaufwirtschaft ist damit nicht das Recycling um jeden Preis, sondern vielmehr die Minimierung von Transformationskosten in einem sehr viel umfassenderen, ökosphärischen Kontext. Vor diesem Hintergrund beschränkt sich die Abb. 5-1 denn auch nicht auf die Darstellung technosphärischer Produktion, Konsumtion und Reduktion, sondern bezieht auch den wechselseitigen Austausch mit den funktional entsprechenden Transformationskräften der natürlichen Ökosphäre in ihr Idealbild mit ein. Diese Agenzien und das durch sie konstituierte Kreislaufsystem werden dabei aus rein darstellungstechnischen Gründen als „natürliche Stoffwechselprozesse" subsumiert[4].

---

[1] D.h. unkontrollierte Emissionen und Endlagerungsabfälle bleiben bei dieser Betrachtung außen vor.

[2] *Haber* [Landschaftsökologie 1992]; siehe auch die Ausführungen in Kap. 2.1.

[3] Der gerade in den Wirtschaftswissenschaften inzwischen eingebürgerte Begriff der Reduktion ersetzt hierbei (und im Folgenden) den in der Biologie im Zusammenhang mit Destruenten (Zersetzern) oftmals genannten Begriff der Zersetzung oder Zerlegung. In Analogie hierzu ersetzt *Dyckhoff* [Produktionstheorie 1993], S.88, in der auf S. 33 dieser Arbeit abgebildeten Abb. 3-2 von *Haber* den Begriff des Destruenten durch den des Reduzenten.

[4] D.h. auch dahinter verbergen sich Produktion (Produzenten), Konsumtion (Konsumenten) und Reduktion (repräsentiert durch die in der Natur vorkommenden Destruenten), d.h. also die Akteursgruppen des als Abb. 3-2 wiedergegebenen Funktionsschemas von *Haber* [Landschaftsökologie 1992].

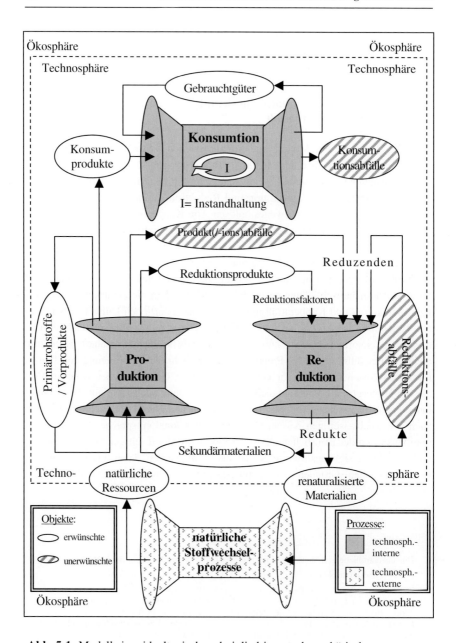

Abb. 5-1: Modell einer idealtypischen dreigliedrigen technosphärischen Stoffkreislaufwirtschaft
(Q.: *Sterr* [Reduktionswirtschaft 1999], S.11, Abb. 4.; leicht modifiziert)

5. Stoffkreislaufwirtschaft im Rahmen betriebswirtschaftlicher Betrachtungen

Eine nachhaltigkeitsorientierte Wirtschaftsweise verlangt also eine Gesamtschau auf die Problemlösungskapazitäten der Technosphäre im Zusammenspiel mit der natürlichen Ökosphäre, um so zu einem ökonomisch, ökologisch und sozial verantwortbaren Umgang mit den Outputs unserer Technosphäre zu kommen. Hierfür ist es zunächst einmal wichtig,

- eine möglichst weitgehende Kontrolle und Informationsdichte über die gegenwärtig bereits technosphärisch umgewälzten Stoffmengen zu erlangen. Materielle Basis hierfür bilden im Prinzip alle im vorangegangenen Kapitel quantifizierten Stoffmengen[5] (Ex-post-Betrachtung gegenüber dem bereits Bestehenden), um sodann
- die Gangbarkeit und Folgen zielgerichteter Problemlösungsansätze zu prüfen, (Ex-ante-Betrachtung gegenüber dem potenziell Möglichen).

Erst auf dieser Basis entscheidet sich ihre konkrete Ausgestaltung.

Wie bereits im vorangegangenen Kapitel 4.2 verdeutlicht, konstituiert sich der Großteil der in den nationalen Stoffstrombilanzen dokumentierten technosphärisch umgewälzten Materialströme aus solchen, deren Beanspruchung durch den Menschen sich auf räumlich-zeitliche Transfers beschränkte. In diesem vergleichsweise voluminösen Segment beschränkt sich die Aufgabe der **technosphärischen Stoffkreislaufwirtschaft** im Wesentlichen darauf, Stoffströme zu kontrollieren, zu kanalisieren und im Wissen um ökosystemare Beziehungsmuster und lokale Kontextmilieus an den Naturhaushalt zu adaptieren[6]. Weitergehende Maßnahmen erscheinen im Wesentlichen nur dort angebracht, wo ökologisch schädliche Verunreinigungen drohen bzw. es zu solchen bereits gekommen ist[7] (Gefährdungsargument), bzw. wo eine ressourcensparende Primärinputsubstitution oder noch wesentlich enger gefasste Kreislaufzyklen realisiert werden können (Entropieargument)[8]. Die Sinnhaftigkeit einer technosphäreninternen Stoffkreislaufführung entscheidet sich demnach nicht nur an den zurecht als „zu kurz greifend" beschriebenen ökonomischen Bewertungsmaßstäben, sondern entscheidet sich definitiv auch an dem ökologischen Entscheidungskriterium, dass eine technosphäreninterne Stoffkreislaufführung nur dann ökologisch sinnhaft ist, wenn der für entsprechende Recyclingvorgänge insgesamt aufzuwendende Ressourcenverzehr c.p.

---

[5] Siehe nationale Stoffstrombilanz für die Bundesrepublik Deutschland (Tab. 1 in Kap. 4.2.1).

[6] Bspw. auch über die Einleitung oder Förderung umfassend adaptierter Renaturierungsprozesse, die wiederum mit einem Minimum an technosphärischen Eingriffen bewerkstelligt werden sollten.

[7] Die dadurch notwendig werdenden Dekontaminationsaufgaben umgreifen dabei allerdings nicht nur die Stoffe, mit denen der Mensch tatsächlich selbst in Berührung gekommen ist, sondern gehen partiell sogar weit darüber hinaus und sind damit auch in den in Kap. 4.2.1 geschilderten nationalen Stoffstrombilanzen nicht enthalten (bspw. wenn die Dekontamination eines Grundwasserkörpers notwendig wird).

[8] Siehe hierzu auch die Ausführungen in Kap. 7.1.2.

kleiner ist als der substitutiv einsetzbarer Primärobjekte[9]. Die ökologische Sinnhaftigkeit von Recycling orientiert sich dabei ganz wesentlich an der Technologie, die deshalb gerade auch dahingehend weiterzuentwickeln ist, dass eine bestimmte Aufbereitungsleistung mit einem in summa streng abnehmenden Ressourcenverbrauch einhergeht.

Vor dem Hintergrund des mit technosphärischem Recycling verbundenen Ressourcenverbrauchs richtet sich eine technosphärische Stoffkreislaufwirtschaft insbesondere an industrielle Prozesse bzw. an Prozessoutputs, die

a.) ein so hohes Maß an materiellen und/oder energetischen Vorleistungen inkorporiert halten, dass ihre Wiedereingliederung in einen neuen Produktionszyklus einem substitutiv wirkenden Primärressourceneinsatz auch aus ökologischen Gründen vorzuziehen ist, oder

b.) in hohem Maße chemisch-physikalische und / oder biologische Veränderungen erfahren haben und hierdurch im Rahmen natürlicher Stoffwechselprozesse nicht mehr konvertibel sind, so dass sie über technosphärische Reduktionsprozesse renaturalisiert und vielfach auch entschädlicht werden müssen.

Technosphärische Stoffkreislaufwirtschaft ist darum primär ein Frage **industrieller Stoffkreislaufwirtschaft**. Auch hier geht es jedoch nicht darum, kreislauftechnische Probleme möglichst „autonom" zu lösen, sondern in Kooperation mit der Natur als äußerst leistungsfähigem Stoffwechselspezialisten. Der Stoffstrompartner Natur ist damit nicht nur als Ressourcenlieferant und Endlagerstandort gefragt, sondern tatsächlich als Handelspartner, der helfen kann, „Währungskonvertibilität" [10], wo immer nötig wieder herzustellen.

Zentrale Aufgabe der Abb. 5-1 war es zunächst einmal, das kreislaufwirtschaftliche Grundgebäude zu visualisieren, auf dem die Arbeit aufbaut. Vor dem Hintergrund der großen Begriffsfülle und der mannigfaltigen Begriffsabgrenzungen auf diesem Gebiet erfüllt die Graphik jedoch auch eine wesentliche terminologische Funktion. So ging es bei ihrer Entwicklung auch darum, ein System aufeinander abgestimmter Begrifflichkeiten zu entwerfen, die den Umgang mit dem Begriff der Kreislaufwirtschaft in einem betriebswirtschaftlichen Diskurs erleichtern sollen. In den folgenden Unterkapiteln werden deshalb auch alle in Abb. 5-1 verwendeten Termini verbal spezifiziert und es wird, wo nötig, auch auf divergierende Auffassungen über bestimmte Begriffsinhalte bei anderen Autoren aufmerksam gemacht.

---

[9] Der Begriff Primärobjekte steht dabei für Primärrohstoffe sowie die auf primärrohstofflicher Basis entstandenen Werkstoffe / Module / Vorprodukte.

[10] Siehe Abb. 3-1 und 3-3a 3-3b sowie die damit verbundenen verbalen Ausführungen.

In diesem Sinne werden dabei zunächst die drei im technosphärisch angesiedelten Zentrum der Abb. 5-1 stehenden Begriffe der Produktion, Konsumtion und Reduktion näher erläutert, die ebenso wie die im Anschluss daran beschriebene Box der „natürlichen Stoffwechselprozesse" prozessualen Charakter besitzen und deshalb als Rechtecke dargestellt sind. In Kapitel 5.1.2 werden sodann die in Abb.5-1 kreisförmig dargestellten Stoffströme thematisiert, die die drei Technosphärenbereiche miteinander verbinden.

5.1.1 Die Technosphärensektoren der Produktion, Konsumtion und Reduktion

In einem anthropozentrisch eingeengten, darin aber sehr allgemeinen Sinne kennzeichnet der Vorgang der **Produktion** jeden Prozess der Wertschöpfung, dem mit der Konsumtion ein solcher der Vernichtung positiver Werte gegenübersteht. *Dyckhoff* präzisiert ihn vor einem betriebswirtschaftlichen Hintergrund dahingehend, dass er unter Produktion *„jede Transformation von Inputobjekten in Outputobjekte..."* versteht, *„...wenn sie, durch Menschen veranlaßt und zielgerichtet gelenkt, sich systematisch vollzieht sowie dadurch mehr positive Werte schafft (Produkte) als verzehrt (Faktoren) und mehr negative Werte beseitigt (Redukte) als dabei neu entstehen (Abprodukte)"* [11]. Auch entsorgungswirtschaftliche Vorgänge wären demnach als Produktionsvorgänge einzuordnen[12], so dass der Produktion als per Saldo wertschöpfender Maßnahme lediglich noch die Konsumtion als Vernichter positiver Werte gegenüberstünde. Reduktion wäre damit schlicht ein Spezialfall dieser weitgefassten Vorstellung von Produktion. Tatsächlich lassen sich derartige Reduktionsvorgänge in produktionstheoretische Modellansätze vor allem dann formal unschwer integrieren[13], wenn man Produktion über das Kriterium positiver Wertschöpfung abgrenzt und damit in diesem sehr allgemeinen Sinne definiert.

Arbeitet man jedoch mit einem Produktionsbegriff, der sich, etwas weiter spezifizierend, auf die zweckgerichtete Herstellung komplexer Güter konzentriert, so bleibt die „Rückseite technosphärischer Kreislaufwirtschaft", nämlich die zielgerichtete Wiederauflösung der einstmals geschaffenen Ressourcenbindung hiervon ausgeklammert. Auf dieser und allen darunter liegenden Betrachtungsebenen[14]

---

[11] *Dyckhoff* [Reduktion 1996], Sp. 1461; zu den in dieser Definition enthaltenen Klammerausdrücken siehe bspw. *Dyckhoff* [Produktionstheorie 1994], S. 66 ff., bzw. die Ausführungen in Kap. 5.1.2 nebst Abb. 5-10.
[12] Siehe entsprechenden Hinweis bei *Souren* [Reduktion 1996], S. 57.
[13] Siehe hierzu verschiedene produktionstheoretische Arbeiten von *Dyckhoff* und *Souren*.
[14] Siehe hierzu insbesondere die Ausführungen in Abschnitt 5.1.1.1 dieser Arbeit, bzw. die entsprechende Visualisierung durch Abb. 5-7.

bedarf es also eines der Produktion gegenübergestellten Reduktionsbegriffes. Zentrale Aufgabe der **Reduktion** ist es damit, produktionsseitig geschaffene Komplexität wieder aufzulösen[15] und dadurch, so weit möglich und sinnhaft, eine technosphäreninterne oder die natürliche Ökosphäre einschließende Kreislaufschließung vorzubereiten. Vor einem solchen stoffkreislaufwirtschaftlichen Hintergrund wächst Reduktion weit über die damit ursprünglich intendierte Funktion der Beseitigung von Übeln hinaus[16]. Denn Kreislaufwirtschaft verlangt von der Reduktion nicht nur die Ent-Sorgung von Materialien, sondern immer mehr auch deren Verfügbarmachung.

Als zentrale Aufgaben der Reduktionswirtschaft gewinnen so die Versorgung der Technosphäre mit Sekundärmaterialien und die Versorgung des natürlichen Stoffhaushaltes mit Nährstoffen immer mehr an Bedeutung. Notwendig wird so eine Strukturvorstellung, die nicht nur auf eine sichere Eliminierung von Schadenspotenzialen fokussiert, sondern gleichwohl auch zukunftsweisenden Ansätzen zur Materialversorgung einen fruchtbaren Boden bereitet. Das initiale reduktionswirtschaftliche Ziel der Umweltreinhaltung wird durch die Forderungen nach einem Ausbau der Stoffkreislaufwirtschaft ergänzt um ein ressourcenökonomisches, nämlich die Erhöhung technosphärischer (und ökosphärischer) Ressourceneffizienz. Die zentralen Ziele **technosphärischer Reduktion** lauten deshalb:

1.) Entschädlichung zur Aufrechterhaltung der Prosperität des Ökosystems

2.) Nachfragegerechte Entbindung zur Bedienung eines speziellen Ressourcenbedarfs.

Wie könnte man diesen Zielen strukturell gerecht werden? Auch in der jüngeren produktionstheoretischen Literatur findet sich der Bereich der Entsorgung vielfach noch als neue Perle am Ende der klassischen funktionalen Abfolge von Beschaffung – Produktion – Absatz[17], wie sie in der folgenden Abbildung als „Perlenschnurmodell"[18], dargestellt ist.

Mit einer solchen „Entsorgung" als „*vierter güterwirtschaftlicher Grundfunktion*"[19] versucht *Matschke* zwar, die Bedeutung von Entsorgungsvorgängen in den Rang der Elementarbausteine unserer Wirtschaftsweise zu heben, bleibt hier jedoch strukturell trotzdem einem End-of-pipe-Gedanken verhaftet, der in erster Linie der

---

[15] *Liesegang* [Kreislaufwirtschaft 1993], S. 24, verwendet vor diesem Hintergrund auch den Begriff einer „retrograden Reduktionswirtschaft".

[16] Im Gegensatz dazu *Dyckhoff* [Reduktion 1996], Sp. 1461): „*Während die Produktion i.e.S. der Versorgung der Gesellschaft mit Gütern dient, verfolgt die Reduktion in erster Linie das Ziel der Entsorgung von Übeln.*"

[17] Siehe etwa: *Matschke / Lemser* [Entsorgung 1992], *Matschke* [Umweltwirtschaft 1996] sowie *Bruns* [Entsorgungslogistik 1997], S. 10 ff.

[18] Vom Verfasser gewählte Bezeichnung.

[19] Überschrift von Kapitel 9 in *Matschke* [Umweltwirtschaft 1996].

5. Stoffkreislaufwirtschaft im Rahmen betriebswirtschaftlicher Betrachtungen

Entschädlichungsfunktion gerecht wird. Die Funktion der Entsorgung im Sinne einer Wiederbeschaffung von Ressourcen wird hierin kaum gelebt. In einer graphische Übersetzung dieses Strukturmodells zeigt die folgende Abb. 5-2 zwar einen Rückpfeil zum Tätigkeitsfeld der Beschaffung, wie dieser aber ablauftechnisch ausgerüstet werden sollte, bleibt unbestimmt.

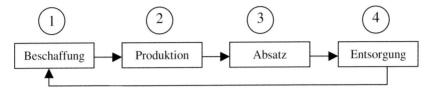

Abb. 5-2: Modell A: „Perlenschnurmodell" mit dem Element der Entsorgung als vierter güterwirtschaftlicher Grundfunktion[20]

Wenn jedoch Kreislaufwirtschaft tatsächlich funktionieren soll, dann darf auch „Ent-sorgung" nicht länger als Additivum verstanden werden. Als zentrales Element einer zukunftsorientierten Wirtschaftsweise muss Entsorgung vielmehr als eine umfassende Materialrückführungsaufgabe verstanden werden, die, ebenso wie die klassische Güterproduktion, in die Funktionen der Beschaffung, gefolgt von einem Transformationsprozess und schließlich einer Absatzfunktion, aufzusplitten wäre. In diesem Sinne ist die Entsorgung kein viertes Element der Produktion, sondern steht dem Technosphärenelement des Produzenten als voll ausgebildeter Reduzent gegenüber.

Liesegang bezeichnet deshalb **Reduktionswirtschaft** auch als „denjenigen wirtschaftenden Sektor, welcher in der Entwicklung der Entsorgungswirtschaft innerhalb einer Kreislaufwirtschaft die Produktionswirtschaft als ernstzunehmender Partner ergänzen muss, um als Komplement zur Produktionswirtschaft zu dienen"[21]. Ein solches Verständnis des Entsorgungssektors wird auch dem typischen Innenleben der heutigen Entsorgungswirtschaft voll gerecht, die längst keine auf Abtransport und (schadlose) Deponierung ausgerichtete Abfallwirtschaft mehr ist, sondern eine vollwertige Entsorgungsindustrie, die - betriebswirtschaftlich betrachtet - auch kein anderes Aufgabenspektrum zu bewältigen hat wie die klassische Güterproduktion, allerdings mit anderem Vorzeichen.

In diesem Sinne wird deshalb vorgeschlagen, beide Seiten anthropogener Transformationsprozesse, d.h. von Produktion und Reduktion, als jeweils dreigliedrige Input-Throughput-Output-Trichter (**ITO-Trichter**) zu verstehen und (s. die folgende Abb. 5-3) auch die Konsumtion in Analogie hierzu zu begreifen.[22]

---

20 Quelle: *Sterr* [Reduktionswirtschaft 1999], S.13.
21 *Liesegang* [Reproduktionswirtschaft 1999], S. 186.
22 Siehe bereits die in diesem Sinne gestaltete Abbildung 5-1.

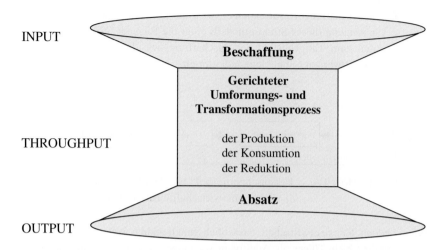

Abb. 5-3: Der ITO-Trichter in seiner allgemeinen Darstellung

Während das in Abb. 5-2 skizzierte „Perlenschnurmodell" versucht, Stoffdurchflusswirtschaft über die Entsorgung als vierter güterwirtschaftlicher Grundfunktion zu einer Stoffkreislaufwirtschaft umzubiegen, scheint der von *Liesegang* angeregte Ansatz einer komplementären Gegenüberstellung von Produktion und Reduktion[23] strukturell wesentlich geeigneter, kreislaufwirtschaftliche Handlungsansätze vorzukonzipieren. Ein solches Grundgerüst gewährt dem Entsorger die Vollmitgliedschaft in einer Technosystem-Triade von Produktion, Konsumtion und Reduktion, im Rahmen derer auch ihm die drei güterwirtschaftlichen Grundfunktionen von Beschaffung, Produktion und Absatz in einem für ihn typischen Kolorit zugesprochen werden. Gegenseitiges Lernen von Produktion und Reduktion wird so hinsichtlich all dieser Funktionsbereiche gefördert und erleichtert so das gegenseitige sich Verstehen und einen hierauf basierenden vielschichtigen Abstimmungsprozess.

Die folgende Abb. 5-4 zeigt ein in diesem Sinne aufgebautes **Produktions-Reduktions-Modell**, das an die Stelle einer vierten güterwirtschaftlichen Grundfunktion „Entsorgung" einen dem gesamten Produktionsprozess gegenüberliegenden Reduktionssektor setzt und damit insbesondere die in den Arbeiten von *Liesegang* und *Dyckhoff* widergespiegelten Technosphärenvorstellungen visualisiert.

---

[23] Siehe bereits *Liesegang* [Reduktionswirtschaft 1992] mit dem Titel: *„Reduktionswirtschaft als Komplement zur Produktionswirtschaft ...".*

5. Stoffkreislaufwirtschaft im Rahmen betriebswirtschaftlicher Betrachtungen

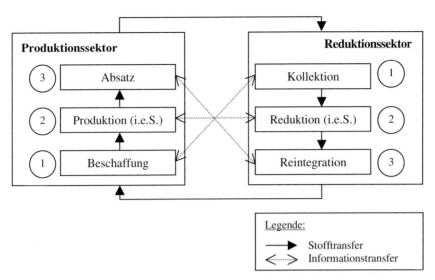

Abb. 5-4: Modell B: Produktions-Reduktions-Modell:
Produktion und Reduktion im Rahmen der drei
zentralen güterwirtschaftlichen Grundfunktionen[24]

Bei diesem **Produktions-Reduktions-Modell** (Abb. 5-4) werden den drei güterwirtschaftlichen Grundfunktionen auf der Produktionsseite (Produktion i.w.S.) ebensolche auf der **Reduktionsseite** (Reduktion i.w.S.) gegenübergestellt, so dass Beschaffung, Produktion und Absatz ihre reduktionsseitigen Pendants in den Grundfunktionen Kollektion, Reduktion und Reintegration erhalten. Parallel zur Beschaffung besitzt die **Kollektion** dabei zentrale Bündelungsfunktionen, während die zentralen Transformationsvorgänge auf der Reduktionsseite in der Phase der **Reduktion** (Reduktion i.e.S.) stattfinden. Analog zum Produktionssektor arbeitet auch der Reduktionssektor nur dann erfolgreich, wenn es ihm schlussendlich gelingt, für seine Outputs Nachfrager zu finden, d.h. diese Outputs für eine erneute Nutzbarkeit zu reintegrieren. Für diese abschließende reduktionswirtschaftliche Phase wird deshalb der Begriff der **Reintegration** vorgeschlagen[25].
Während das in Abb. 5-2 visualisierte „Perlenschnurmodell" noch deutlich an Vorstellungen einer linearen Stoffdurchflusswirtschaft mit nachgeschalteter End-of-pipe-Technologie erinnert, drängt sich der Kreislaufgedanke in dem oben dargestellten Produktions-Reduktions-Modell in weit stärkerem Maße auf. Ansatz-

---

[24] *Sterr* [Reduktionswirtschaft 1999], S. 14.
[25] Eine derartige Reintegration braucht dabei nicht zwangsläufig technosphärengerichtet erfolgen, sondern kann sich auch auf eine Wiedereingliederung in den Naturhaushalt beziehen.

punkte für den Transfer von Stoffen und/oder Information werden hierdurch nicht nur zwischen direkt vor- und nachgelagerten Prozessabschnitten plausibel, sondern auch über eine Verknüpfung funktional gleichartiger Phasen. Wie *Liesegang* betont, lassen sich Reduktionsprozesse im Allgemeinen um so wirtschaftlicher durchführen, je stärker Produktions- und Reduktionsschritte aufeinander abgestimmt sind[26]. Das in Abb. 5-4 dargestellte Produktions-Reduktions-Modell liefert hierfür die gedanklichen Strukturvoraussetzungen. Entscheidungsträger des Produktionssektors werden hierdurch explizit dazu angeregt, sich mit entsprechenden Pendants aufseiten der Reduktion zu beider Vorteil systematisch „kurzzuschließen" (und umgekehrt), um so in maximaler und dabei auch zeitlich effizienter Weise voneinander lernen zu können. Dies bedeutet allerdings nicht, dass die Reduktionsphase deshalb unbedingt als verfahrenstechnisches Spiegelbild zur Produktionsphase ablaufen müsste, wenngleich Überlegungen zu einem derartigen Rückbaukonzept hierfür gewöhnlich wertvolle Anregungen liefern. Und selbst der reduktionsseitige Output (d.h. das Redukt[27]) muss nicht zwangsläufig einem Primärrohstoff oder Zwischenprodukt entsprechen, um ein dem Vorbild der Natur entsprechendes Stoffkreislaufszenario abzubilden, denn auch dort gibt es Stoffe die, siehe Humus, im Naturhaushalt ausschließlich vonseiten der Destruenten zur Verfügung gestellt werden.

Ganz allgemein wird der systemische Charakter des in Abb. 5-4 dargestellten Produktions-Reduktions-Modells durch zwei zentrale Formen von Beziehungen bestimmt:

a.) durch die Weitergabe materieller Ströme entlang einer Sukzession von Input-Output-Beziehungen (insoweit ist das Modell B mit dem Modell A kompatibel) und

b.) durch informationelle Beziehungen, für die neben den zeitlich unmittelbar vor- und nachgelagerten Systemelementen auch diagonale Austauschverhältnisse zwischen funktional gleichartigen Phasen der Produktions- und Reduktionsseite von größter Bedeutung sind.

---

[26] *Liesegang* [Kreislaufwirtschaft 1993], S. 24.
[27] Zum Reduktbegriff siehe Kap. 5.1.2.

Das Produktions-Reduktions-Modell erhält dadurch den Charakter eines integrierten Gesamtsystems, das sich graphisch entsprechend der folgenden Abb. 5-5 als Produktions-Reduktions-Rad visualisieren lässt und damit den von *Liesegang* formulierten Gedanken einer industriellen **Reproduktionswirtschaft**[28] *„in welcher Produktions- und Reduktionsprozesse sich komplementär ergänzen"* graphisch umsetzt[29].

Die in diesem **Produktions-Reduktions-Rad** eingezeichneten Aufhängungen der Speichen im Radkranz markieren dabei die zentralen güterwirtschaftlichen Grundfunktionen von Produktion und Reduktion[30], während die Lauffläche selbst den Transport von Stoffströmen und Information wiedergibt. Eine langfristige Stoffkreislaufführung wird intendiert. Dennoch gehen mit den damit verbundenen Verarbeitungs- und Transportprozessen selbst bei „abfallfreier Produktion"[31] gewisse Abnutzungserscheinungen einher, die sich, stofflich gesehen, in Form eines unkontrolliert an die Umwelt abgegebenen Abriebs niederschlagen.

Früher oder später einmal wird aber auch das Rad selbst irreparabel zusammenbrechen und somit insgesamt zu Abfall werden, der sich im Rahmen unserer Technosphäre in Analogie zu einer immer stärker verkürzten Papierfaser ein letztes Mal nur noch thermisch verwerten lässt.

Während sich die Stoffflüsse auf einem durch sukzessive hintereinandergeschaltete Produktions- und Reduktions-Prozesse bedingten Kreisbogen bewegen müssen, werden Informationen idealerweise zusätzlich auch auf kürzeren Wegen transferiert. Zwischen Produktion und Reduktion, Beschaffung und Kollektion, sowie zwischen Absatz und Reintegration bilden sich dabei zentrale institutionalisierbare Informationskanäle. Diese diagonalen Informationstransfers stellen so gewissermaßen Radspeichen dar, die dem Produktions-Reduktions-Rad größtmögliche Stabilität verleihen.

---

[28] *Liesegang* [Reduktion 1992], S. 9 ff. sowie *Liesegang* [Kreislaufwirtschaft 1993], S. 26 ff.
[29] Der Begriff der Reproduktion sollte dabei nicht verwechselt werden mit dem Begriff der Reproduktion (bzw. dem Reproduktionssektor) bei der Modellierung ökonomischer Subsysteme, bspw. in: *Niemes* [Wassergütewirtschaft 1981], S. 17, oder später bei *Faber / Niemes / Stephan* [Entropie 1983] S.11 ff., wo der Begriff der Reproduktion schlicht für den Begriff des Konsums steht.
[30] Sie entsprechen damit den Begriffen der Produktion bzw. der Reduktion im weiteren Sinne (i.w.S.).
[31] Siehe Definition von Produktionsabfällen in Abschnitt 2.2.2 dieser Ausführungen.

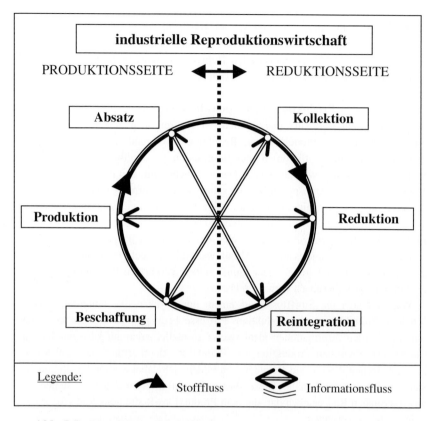

Abb. 5-5: Produktions-Reduktions-Rad:
— graphische Darstellung des Produktions-Reduktions-Modells im Bilde einer „*Reduktionswirtschaft als Komplement zur Produktionswirtschaft*" [32]; (Quelle: *Sterr* [Reduktionswirtschaft 1999], Abb. 6, S. 15, leicht modifiziert)

5.1.1.1 Hierarchieebenen des Produktionsbegriffes

Wie bereits am Anfang dieses Unterkapitels deutlich geworden ist, wird der **Produktionsbegriff** selbst in einem wirtschaftswissenschaftlichen Kontext gemeinhin für sehr unterschiedlich dimensionierte Vorgänge verwendet. Eine damit kompatible und trotzdem präzise abgrenzende Definition des Produktionsbegriffes ist da-

---

[32] *Liesegang* [Reduktionswirtschaft 1992].

5. Stoffkreislaufwirtschaft im Rahmen betriebswirtschaftlicher Betrachtungen

rum mit vielfältigen Schwierigkeiten behaftet, zu denen bspw. *Dyckhoff* (1994)[33] wertvolle Hinweise liefert. Unabhängig davon ist bereits wiederholt die Frage angeklungen, auf welcher Aggregationsebene der Produktionsbegriff nun eigentlich anzusiedeln sei. Vor diesem Hintergrund wird hier ein Begriffssystem vorgeschlagen, das nach räumlich-funktionalen Kriterien hierarchisch differenziert und die einzelnen Produktionsbegriffe so von der Makro- bis hin zur Mikroebene zueinander in Beziehung setzt.

Ausgehend von der Makroebene kann damit zunächst einmal von einer **geosphärischen Produktion** gesprochen werden, die alle auf der Erde stattfindenden Transformationsprozesse umfasst, darunter bspw. auch die rein anorganisch bestimmte Produktion hochkonzentrierter Schwefellagerstätten durch Solfataren. Als Teilelemente dieser geosphärischen Produktion stehen sich sodann die soeben exemplifizierte **mineralische Produktion** und die **biosphärische Produktion** gegenüber, wobei Letztere durch Akteure der belebten Ökosphäre gesteuert wird und damit die tierische und die pflanzliche Produktion zusammenfasst.

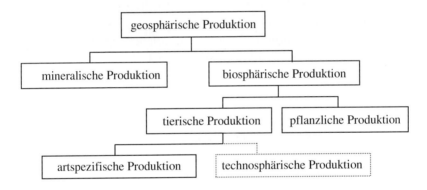

Abb. 5-6: Hierarchiestufen absichtsloser „Produktion" im Rahmen terrestrischer Systeme.

Fokussiert man auf den Menschen, so lassen sich die außerhalb seiner biologischen Natur liegenden und bewusst von ihm gestalteten Prozesse als **technosphärische Produktion** ansprechen. Diese technosphärische Produktion beschreibt also das zielorientierte Handeln des Menschen, im Rahmen dessen es freilich auch zu nicht bezweckten bzw. störenden Nebeneffekten kommt[34].

---

[33] *Dyckhoff* [Produktionstheorie 1994], S. 8 f.
[34] Siehe „Abfall-Kapitel" (Kap. 3).

Um den Begriff der Produktion auch innerhalb unseres technosphärischen Systemrahmens präzisieren zu können, wird vorgeschlagen, ihn auf zumindest vier Systemhierarchieebenen zu verorten[35]:

- Produktion als Überbegriff für zielorientiertes menschliches Handeln,
  die sich über den betrieblichen wie den privaten Bereich menschlichen Wirtschaftens erstreckt und neben der Transformation von Sachobjekten auch die Erstellung von Dienstleistungen umfasst[36].
  (**Technosphärische Produktion**).

- Produktion als betriebszweckbedingte Objektveränderung[37],
  die sich auf alle Stationen materieller und energetischer Leistungserstellung industrieller oder handwerklicher Betriebe erstreckt und als **betriebliche Produktion** sowohl produktions- als auch reduktionsseitige Vorgänge einschließt. In ihrer stoffkreislauftechnischen Ausprägung umgreift diese betriebliche Produktion den Bereich einer industriellen Reproduktionswirtschaft[38] (Produktion im weitesten Sinne).
  Ihr gegenüber steht der Konsum, der materielle Werte vernichtet.

- Produktion als zielorientierte Erstellung komplexer Sachgüter,
  die sich als Komplement zu einem Bereich der Reduktion versteht, welche auf den gezielten Komplexitäts- (und Toxizitäts-)abbau gerichtet ist und eine kontrollierte Ressourcenfreisetzung nach sich zieht. Produktions- und reduktionsseitige Arbeitsprozesse stehen sich auf dieser Hierarchieebene erstmals gegenüber. Ein auf diesem Aggregationsniveau angesiedelter Produktionsbegriff beschreibt Vorgänge, die im Zusammenhang mit einer **Sachgüterproduktion** stehen.
  (Produktion im weiteren Sinne)

- Produktion als (mittlere) güterwirtschaftliche Grundfunktion,
  im Sinne eines händisch, chemisch-physikalisch und/oder biologisch bestimmten Umformungs- und/oder Umwandlungsprozesses, der für die im Wesentlichen technisch bestimmte ummittelbare Produktfertigung steht. Sie beschreibt den eigentlichen Fertigungsprozess oder **Produktionsvorgang** und wird gemeinhin als **Produktion im engeren Sinne** (Produktion i.e.S.) bezeichnet[39].

---

[35] Leicht modifiziert nach *Sterr* [Reduktionswirtschaft 1999], S. 17.
[36] Wobei auch Dienstleistungsproduktion in aller Regel eine materielle Komponente besitzt, die zu materiellem Produktionsabfall führen kann.
[37] *Dyckhoff* [Produktionstheorie 1994], S. 8.
[38] Siehe der Systemrahmen der Abb. 5-5.
[39] So bspw. auch in den Arbeiten von *Dyckhoff, Souren* u.a.m.

5. Stoffkreislaufwirtschaft im Rahmen betriebswirtschaftlicher Betrachtungen

Bricht man den mit menschlichem Wirtschaften verbundenen Produktionsbegriff von der Ebene technosphärischer Produktion gemäß obiger Ausführungen sukzessive herunter bis auf die Ebene der unmittelbaren materiellen Fertigung, so erhält man folgende Schachtelung:

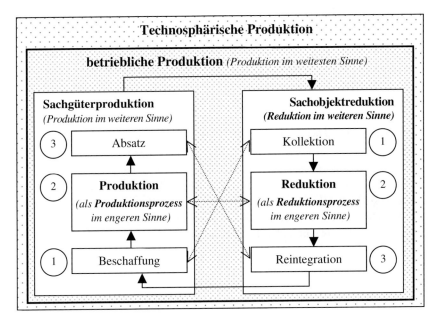

Abb. 5-7: Hierarchiestufen absichtsvoller „Produktion" im Rahmen unserer menschlichen Technosphäre

Der Begriff der **technosphärischen Produktion** wie auch der der betrieblichen Produktion (**Produktion im weitesten Sinne**) inkorporieren beide sowohl die Produktions- als auch die Reduktionsseite unseres Wirtschaftens und repräsentieren in ihrer kreislaufwirtschaftlichen Ausprägung *Liesegangs* Bild einer **Reproduktionswirtschaft**[40], die in ihrer Spezifizierung auf das verarbeitende Gewerbe auch als **industrielle Reproduktionswirtschaft**[41] bezeichnet werden könnte.

Die mit der Herstellung von Sachgütern verbundene **Produktion im weiteren Sinne** beschränkt sich innerhalb einer solchen industriellen Reproduktionswirtschaft lediglich auf die Beschreibung der Produktionsseite des Produktions-Reduktions-Modells. Sie beschreibt damit den **Produktionssektor** des in Abb. 5-1

---

[40] *Liesegang* [Reduktion 1992] bzw. die Ausführungen in Kap. 5.1.1.
[41] *Liesegang* [Reduktion 1992] bzw. das in Abb. 5-5 dargestellte Produktions-Reduktions-Rad.

dargestellten Dreisektorenmodells. Dieser Produktionssektor fasst die zum Zwecke der Erstellung von Gütern für die Versorgung des Konsumtions-, des Reduktions-, aber auch des Produktionssektors selbst durchgeführten Vorgänge zusammen, über die Ressourcen technosphärisch gebunden werden. **Produktion im engeren Sinne** beschränkt sich hierbei auf die chemisch-biologisch und/oder - physikalisch bestimmten **Fertigungsprozesse** selbst.

Unter einer **Sachgüterproduktion** (Produktion i.w.S.) lassen sich also alle jenen durch den Menschen veranlassten Transformationen von Inputobjekten in Outputobjekte subsumieren, im Rahmen derer Ressourcen zum Zwecke der zielgerichteten Güterversorgung aller technosphärischen Sektoren gebunden werden, wobei auch unerwünschte Kuppelprodukte zunächst einmal Teil dieser Sachgüterproduktion sind[42].

Ein **Produktionsprozess** kann sich im Rahmen des Produktions-Reduktions-Modells durchaus über viele Prozessschleifen und Prozessstufen hinweg erstrecken. Wer die mit einem solchen Produktionsvorgang einhergehenden Einzelprozesse vornimmt, ist dabei irrelevant. D.h. auch ein Entsorger, der das eingesammelte DSD-Material zur eigenen Herstellung von Blumentrögen, Tischen und Parkbänken einsetzt, operiert in diesem Zusammenhang, produktionstheoretisch betrachtet, als **Produzent** und nicht als Reduzent.[43]

---

[42] Damit soll noch einmal explizit zum Ausdruck gebracht werden, dass auch Abfälle gebundene Ressourcen darstellen.

[43] Siehe bereits den entsprechenden Hinweis bei *Souren* [Reduktion], S. 16.
Hinter einer derartigen Zuordnung steht ein **prozessorientierter Ansatz**, der unseren intuitiv eher **akteursorientierten Klassifikationsschemata** scheinbar zuwiderläuft, wo wir die Konsum- und Investitionsgüterindustrie einer Entsorgungswirtschaft gegenüberstellen (siehe hierzu auch die im Rahmen des Kapitels 5.3 (Logistik) diskutierten Vorstellungen von *Wildemann* [Entsorgungslogistik 1996]).
Allerdings scheint es nicht nur aus produktionstheoretischen Überlegungen heraus sinnvoll, prozessorientierte Zuordnungen zu treffen, sondern auch deshalb, weil die Verknüpfungen zwischen Produktion und Reduktion im Rahmen einer technosphäreninternen Stoffkreislaufwirtschaft immer enger werden und damit auch die akteursbezogenen Grenzen immer mehr verschwimmen. So arbeiten moderne Großbetriebe bestimmte Abfallfraktionen bereits innerbetrieblich wieder auf und auch der Tätigkeitsbereich der modernen Entsorgungsindustrie beschränkt sich inzwischen längst nicht mehr auf die reine Erfüllung von Ent-Sorgungs-Funktionen. Vielmehr erstellen Entsorger auf Basis ihrer Redukte in zunehmendem Maße auch konsumorientierte Endprodukte. (Siehe bspw. die Wormser Firma Becker Recycling mit ihrer Tochter WKR – Altkunststoffproduktions- und Vertriebsgesellschaft mbH.)
Der hier favorisierte prozessorientierter Ansatz garantiert damit also beispielsweise, dass eine Parkbank oder ein Blumenkübel aus Primärrohstoffen im Prinzip gleich behandelt wird wie einer, dessen Herstellung aus Produktionsabfällen erfolgt. Im Falle einer akteursorientierten Klassifizierung wäre nämlich der zuerst genannte Blumenkübel als Produkt einzuordnen und Letzterer als Redukt.

5.1.1.2 Konsumtion

Auch der im Rahmen des Dreisektorenmodells (Abb. 5-1) dargestellte Prozessbereich der **Konsumtion** beschränkt sich nicht auf die zunächst naheliegende Akteursgruppe der privaten Endnachfrager, sondern kennzeichnet ganz allgemein den Prozess der Wertminderung eines Gutes im Laufe seines Ge- bzw. Verbrauchs, dem durch Maßnahmen der Instandhaltung (bspw. über die Reinigung) und Instandsetzung (Reparatur) lediglich auf kurze Sicht entgegengewirkt werden kann. Langfristig werden maschinelle Anlagen, ja selbst Gebäude, genauso verbraucht, wie das kurzfristig für Roh-, Hilfs- oder Betriebsstoffe der Fall ist. Und Waren wie bspw. Computer, die als Produkte dynamisch weiterentwickelter Technologien „auf den Markt geworfen werden", verlieren ihren Wert nicht nur durch materielle Abnutzungserscheinungen, sondern vielfach bereits dadurch, dass sie trotz uneingeschränkter Funktionstüchtigkeit durch leistungsfähigere Modelle ersetzt werden. Dies geht bisweilen bis hin zu der von *Stahel* formulierten *„Nutzungsdauer Null"* [44].

In all den Fällen, in denen im Rahmen der Konsumtionsphase keine Vorgänge der Wieder- oder Weiterverwendung an die Stelle der Erstverwendung treten, entstehen Konsumtionsabfälle, die sodann Reduktionsprozessen zugeführt werden sollten. Auch hier ist wiederum nicht entscheidend, wer einen solchen Vorgang – in diesem Falle einen solchen der Konsumtion – vornimmt. D.h. auch ein produzierendes Unternehmen oder ein Entsorger ist bspw. als Nutzer von Produktionsmitteln, die ja im Laufe der Zeit ebenfalls Verschleißprozessen unterliegen, nicht Produzent oder Reduzent, sondern Konsument.

5.1.1.3 Reduktion

In Anlehnung an die Ausführungen zum Begriff der Produktion als Teilbereich einer industriellen Reproduktionswirtschaft kann auch der Prozess der **Reduktion** aufgefasst werden als jene durch den Menschen veranlasste Transformation von Inputobjekten in Outputobjekte, im Rahmen derer Reduzenden[45], zum Zwecke einer erneuten technosphärischen oder ökosphärischen Nutzbarkeit, zielgerichtet und systematisch entbunden und entschädlicht, oder zum Zwecke dauerhafter Schadwirkungsvermeidung mit einem wirksamen Nutzungsausschluss versehen werden (siehe die folgende Abb. 5-8).

---

[44] Als Beispiele hierfür nennt *Stahel* [Langlebigkeit 1991], S. 180, dauerhafte Konsumgüter oder auch fabrikneue Ersatzteile, die aufgrund von Absatzschwierigkeiten und Lagerhaltungskosten beim Produzenten oder Händler direkt zu Abfällen deklariert und einer Entsorgung zugeführt werden, ohne mit dem Kunden je in Kontakt gekommen zu sein. Zu weiteren Beispielen für die direkte Entsorgung funktionstüchtiger Neuprodukte siehe auch *Deutsch* [Langlebigkeit 1994], S. 19.

[45] Zum Begriff der Reduzenden siehe die Ausführungen in Abschnitt 5.1.2.

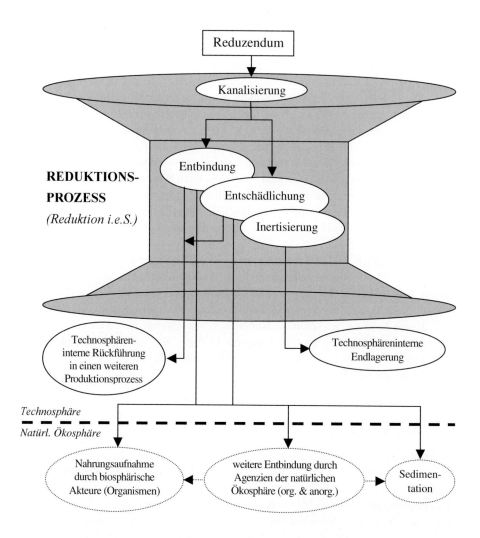

Abb. 5-8: Aufgaben technosphärischer Reduktionsprozesse im Rahmen einer industriellen Stoffkreislaufwirtschaft unter besonderer Fokussierung auf die Bedürfnisse und Problemlösungspotenziale der natürlichen Ökosphäre

5. Stoffkreislaufwirtschaft im Rahmen betriebswirtschaftlicher Betrachtungen

Eine derartige Definition betont nicht nur die zentrale Bedeutung der Reduktion als zwingend notwendigem Systemelement für eine technosphäreninterne Stoffkreislaufschließung, sondern schließt ihre traditionell wichtigen Aufgaben der Schadstoffentfrachtung oder des Abbaus von Schadstoffen selbst ebenso ein, wie die einer kontrollierten und genau spezifizierten Weiterleitung an die natürliche Ökosphäre.[46]

Reduktion im weiteren Sinne entspricht dabei einer **Reduktionsphase**, die mit *Liesegang* als „*Kehrseite zur Produktionsphase*" [47] aufgefasst wird, indem Produkte, Produktbestandteile sowie Abfälle aus dem Produktionsprozess in produktionstechnisch vorgelagerte Stufen zurückgeführt[48] werden. Ein solcher Bereich **technosphärischer Reduktion** beginnt mit der Grundfunktion der **Kollektion**, im Rahmen derer nutzlos gewordene Outputs unserer Technosphäre zunächst einmal eingesammelt, kanalisiert und analysiert werden. Im Sinne rückwärtsgerichteter Produktionsvorgänge erfolgen hierauf meist Demontageprozesse, im Rahmen derer beispielsweise Altautos oder elektronische Bauteile in die sie konstituierenden Komponenten zerlegt werden. Eine solche händische oder mechanische **Demontage** wird dann vielfach abgelöst von biologischen, chemischen und/oder physikalischen Umwandlungsprozessen, die ebenfalls zum Zwecke einer erneuten, technosphärisch gesteuerten Ressourcenfreigabe oder einer Entschädlichung vorgenommen werden. Für derartige Prozesse, die mit einer mehr oder weniger weit gehenden Auflösung der Materialidentität verbunden sind, wird als morphologisches Pendant zu einer produktionsseitigen Pro-Transformation die Bezeichnung **Retrotransformation** vorgeschlagen. Demontage und Retrotransformation beschreiben damit Vorgänge der **Reduktion im engeren Sinne**, die analog zur Produktion i.e.S. als mittlere güterwirtschaftliche Grundfunktion der Reduktionsphase verstanden wird. Die bereits an früherer Stelle erwähnte **Reintegrationsphase** schließt eine im Sinne von Kreislaufwirtschaft erfolgreiche Reduktionsphase ab.

Ist eine solche Reintegration weder in Richtung Technosphäre noch in Richtung natürlicher Ökosphäre möglich oder sinnvoll, so muss eine technosphäreninterne Endlagerung erfolgen. Eine solche technosphäreninterne Deposition sollte erst dann aufgegeben/aufgelöst werden, wenn die vollständige Abwesenheit von Gefahren für Mensch und Umwelt eine entsprechende Kontrolle als nicht mehr erforderlich erscheinen lassen.

---

[46] Deutlich kürzer definiert demgegenüber *Dyckhoff* die **Reduktion** als „*einen Produktionsprozess i.w.S.*[was hier einer Produktion i.wst.S., entspräche; Anm. d. Verfassers], *dessen primärer Zweck darin besteht, ein oder mehrere schädliche Objekte durch Transformation in andere Objekte zu beseitigen*". (*Dyckhoff* [Reduktion 1996] Sp. 1463). Hierdurch belässt er die Reduktion jedoch ziemlich stark in ihrer traditionellen Rolle einer „End-Sorgungs-Funktion".

[47] *Liesegang* [Reduktionswirtschaft 1996], S. 4.

[48] Lat. „re-ducere" = zurück-führen ⇔ „pro-ducere" = vor-führen, hervorbringen.

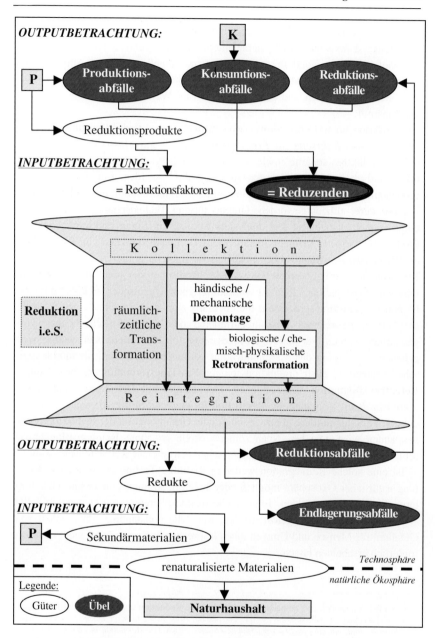

Abb. 5-9: Der Reduktionssektor (Reduktionsphase) im Produktions-Reduktions-Modell mit seinen stofflichen Input-Output-Verflechtungen
Quelle: modifiziert nach *Sterr* [Reduktionswirtschaft 1999], S. 21

5. Stoffkreislaufwirtschaft im Rahmen betriebswirtschaftlicher Betrachtungen 101

Gemeinsames Merkmal aller Reduktionsprozesse ist die zielgerichtete, systematische Entbindung. Technosphärisch erzeugte Bindung wird hier also mehr oder weniger weitgehend aufgelöst. Jedem technosphärisch angesiedelten Reduktionsprozess muss also irgendwann einmal ein ebensolcher Produktionsprozess vorangegangen sein. Derartige, auf eine technosphärische Rückführung hin zielende Prozesse müssen dabei jedoch nicht zwangsläufig spiegelbildlich zu zeitlich vorausgehenden Produktionsprozessen ablaufen und können sehr wohl auch zu anderen als den ehemaligen Ausgangsstoffen führen[49].

Je geringer der Grad an Entbindung für die Ermöglichung einer Rückführung in den Produktionssektor ist, desto größer ist gewöhnlich der ressourcenökonomische Einsparungseffekt gegenüber einer rein auf Primärrohstoffen basierten Produktion. Gerade vor diesem Hintergrund einer Minimierung der durch Wirtschaften erzeugten Entropiezunahme[50] sind deshalb solche Reduktionsprozesse anzustreben, deren Outputs möglichst engmaschige und prozesstechnisch frühzeitige Reintegrationsvorgänge in Produktionsprozesse erlauben und so entsprechend ressourcenschonende, hochwertige Kreislaufprozesse realisieren lassen[51].

Solche kreislauforientierten Forderungen an eine Reduktionswirtschaft sind verhältnismäßig jung. Sie dürfen nicht darüber hinwegtäuschen, dass der ältere Motivationsschub für die Entwicklung technosphärischer Reduktionsprozesse weniger auf der Suche nach Möglichkeiten zur Vorbereitung technosphäreninterner Stoffkreisläufe beruhte, als vielmehr von den Zielen der Verminderung bzw. Beseitigung von Schadenspotenzialen technosphärisch entstandener Abfälle geprägt war (End-Sorgungs-Motiv). Auch die deutsche Abfallgesetzgebung nahm ihren Ausgangspunkt ja vor genau diesem Hintergrund.

Beide Ziele, sowohl das der Reduktion der Schädlichkeit von Abfällen aller Art, als auch das der kontrollierten Ressourcenfreisetzung zur Vorbereitung nachfrageadäquater Inputs (bzw. naturkonformer „Nahrung") dürften die Entwicklung der „*Reduktionswirtschaft als Komplement zur Produktionswirtschaft*" in den nächsten Jahren deutlich vorantreiben. Gerade im Zusammenhang mit der aktiven Förderung und legislativen Absicherung einer kreislauforientierten Wirtschaftsweise dürfte dabei insbesondere das materialwirtschaftliche Sachziel der Reduktionswirtschaft stark an Bedeutung gewinnen und so eine deutlich engere Verflechtung produktions- und reduktionswirtschaftlicher Vorgänge erwarten lassen.

---

[49] So sind bspw. geschredderte Kunststoffteile ausschließlich Ergebnis von Reduktionsprozessen. Als Beispiele aus der Natur wurden bereits an früherer Stelle die Boden- bzw. Humusbildung angeführt.

[50] Zur Bedeutung des Entropiebegriffes im Rahmen einer industriellen Stoffkreislaufwirtschaft siehe auch die Ausführungen in Kap. 5.6.1; allgemeiner hierzu *Georgescu-Roegen* [Entropie 1971], der den Entropiebegriff für die Ökonomie zugänglich gemacht hat; bzw. *Faber* [Entropie 1983] und viele andere, die ihn auch in der deutschsprachigen Literatur populär gemacht haben.

[51] Siehe hierzu insbesondere auch die Ausführungen in Kap. 7.1.2 bzw. die dortige Abb. 7-4.

5.1.2 Objektkategorien des Dreisektorenmodells

Wie in Abb. 5-1 bereits verdeutlicht, wurde im Rahmen dieser Arbeit versucht, ein Begriffssystem für Stoffströme zu entwerfen, die im Rahmen einer industriellen Kreislaufwirtschaft typischerweise zirkulieren, bzw. kontrolliert ein- und ausgeschleust werden. Aus der Vielfalt der von der Fachliteratur zur Verfügung gestellten Begriffe wurden deshalb solche ausgewählt und spezifiziert, die sich in das hier verwendete technosphärische Dreisektorenmodell ohne Einschränkungen einpassen. Terminologische Lücken wurden eliminiert und so ein Begriffsgebäude aufgebaut, das in sich konsistent und in der Lage ist, Objektströme einer industriellen Stoffkreislaufwirtschaft begrifflich eindeutig zu kennzeichnen und zu verorten. Vor diesem Hintergrund veranschaulicht Abb. 5-1 eine ökosphärisch eingebettete Stoffkreislaufwirtschaft, die nach folgendem Muster aufgebaut ist:

Die drei technosphärisch angesiedelten Prozessboxen sowie die Stoffwechselprozesse der natürlichen Ökosphäre sind durch verschiedenartige Materialströme miteinander verbunden, die sich mit *Dyckhoff* nach den Kriterium ihrer Erwünschtheit grob in die Objektkategorien der „**Güter**" (erwünscht) und der „**Übel**" (unerwünscht) einordnen lassen[52]. Auf der Seite der Güter[53] werden Outputs gewöhnlich als „**Produkte**" bezeichnet, während sich für Inputs ebenfalls bereits seit langem der Terminus der „**Faktoren**" eingebürgert hat.

Wie bereits an früherer Stelle betont, verlaufen nahezu alle technosphärischen Transformationen als Kuppelproduktionsprozesse ab, wobei die Kuppelprodukte nur teilweise positiv bewertet werden. Werden also Güter über das Kriterium der Erwünschtheit als solche ausgewiesen, so ist ein Produktionssystem über die Objektkategorie der Güter nur in Teilen beschrieben. Vielmehr müssen auch Übel (Ungüter / Bads) betrachtet werden, was die Einführung von zwei weiteren Begriffen notwendig macht, die zur oben spezifizierten Verwendung des Produkt- bzw. Faktorbegriffs Pendants bilden. Handelt es sich bei solchen Übeln (Ungütern) um Outputs, so soll hierfür im folgenden der Begriff des „**Abprodukts**" stehen, für den *Garbe*[54] die Recyclingforschung der ehemaligen DDR als terminologischen

---

[52] Siehe bspw. *Dyckhoff* [Produktionstheorie 1994], S. 67, der wohl in Analogie zu den englischsprachigen Begriffen der „*goods and bads*" von „*Gütern und Übeln*" spricht.
Andere Autoren wählen statt der Bezeichnung „*Übel*" auch die eines „*Unguts*" und sprechen in diesem Zusammenhang von „*Gütern und Ungütern*".
In anderen Fachdisziplinen, wie bspw. der Rechtswissenschaft findet sich für negativ beschriebene Gegenstände auch der Begriff des „Abfalls", doch hat das vorangegangene Kapitel 3 sicherlich deutlich gemacht, dass der Abfallbegriff ein stark politisch bestimmter Begriff ist, der sich durch eine hohe intertemporale Instabilität auszeichnet. Für die Darstellung produktionstheoretischer Modellansätze ist er deshalb ungeeignet.

[53] Der Begriff des Gutes wird in dieser Arbeit stets im Sinne *Dyckhoffs* verwendet, impliziert also bereits eine positive Bewertung; soll eine Bewertung nicht zum Ausdruck gebracht werden, steht an Stelle von Gut oder Übel der Begriff des **Objekts**.

[54] *Garbe* [Stoffkreislaufwirtschaft 1992], S. 19.

5. Stoffkreislaufwirtschaft im Rahmen betriebswirtschaftlicher Betrachtungen 103

Schöpfer angibt. Für reduktionsseitige Inputfaktoren wird hier der Begriff des „**Reduzendums**[55]" vorgeschlagen[56], so dass sich aus der Verknüpfung von Inputs und Outputs mit Gütern und Übeln folgende vier zentrale Objektkategorien ergeben:

	Gut	Übel (Ungut)	Erwünschtheit	
Input	Faktor	Reduzendum		erwünscht
Output	Produkt	Abprodukt		unerwünscht

Abb. 5-10: Sammelbegriffe zentraler Input- und Outputkategorien (modifiziert nach (*Dyckhoff* [betriebswirtschaftliche Theorie 1992], S. 70)[57]

Abgesehen vom Begriff des Reduzendums entspricht die Abb. 5-10 dem nicht nur bei *Dyckhoff* und seinen Schülern gewöhnlich anzutreffenden Input-Output-Schema in seiner einfachsten Darstellung. Das **Reduzendum** bezeichnet hierbei das der Reduktionsseite zugeführte und dort zu reduzierende Objekt[58], ein Objekt also, das zur technosphärischen Reduktion ansteht. Der von *Dyckhoff* an dieser Stelle verwendete Begriff des Reduktes ist zweifellos aus dem Lateinischen „*reductus*" abgeleitet und suggeriert damit eher ein Objekt, an dem eine Reduktion bereits vorgenommen worden ist. Für die Inputseite reduktionswirtschaftlicher Transformationsprozesse ist der **Reduktbegriff** daher etwas unglücklich gewählt und wird deshalb auf die Outputseite gestellt, wie dies im Übrigen auch bereits *Halfmann* vorgeschlagen hatte[59]. Die Begriffe Faktor – Produkt – Abprodukt und Reduzendum bilden so ein in sich geschlossenes Begriffssystem, mit dem die vier zentralen Objektkategorien im Folgenden spezifiziert werden[60].

---

[55] Reduzendum ← lat. reducendum = rückzuführen seiend (Gerundivum).
Bei dieser Begriffswahl wurde ein terminologischer Vorschlag von *Halfmann* [Reduktionspotenzialplanung 1996], S. 41 aufgegriffen, der den *Dyckhoff*schen Begriff des „*Reduktes*" auf der Inputseite des Reduktionsbereiches ersetzt. (**Redukt** ← lat. reductus = zurückgeführt (Perfektform)).

[56] Die hier verwendete Terminologie unterscheidet sich davon der, die bspw. *Dinkelbach* im Rahmen seines ökologisch erweiterten Produktionssystems verwendet, wo für die Outputs von Übeln der Begriff der „*unerwünschten Nebenprodukte*" steht, während Inputs von Übeln als „*unerwünschte Nebenfaktoren*" bezeichnet werden. (Zu dieser inhaltlich vergleichbaren Terminologie siehe bspw. *Dinkelbach* [Produktionstheorie 1996], Sp. 1338 ff.).

[57] Hinsichtlich der Bezeichnung „Reduzendum" für Übelinputs terminologisch verändert. (Begründung hierfür im nachfolgenden Text)

[58] Es bezeichnet als Partizip der Zukunft (lat. Gerundivform) einen noch zu leistenden Vorgang.

[59] Siehe *Halfmann* [Reduktionspotenzialplanung 1996], S. 41, Abb. 1.

[60] Über einen solchen Viererblock hinaus unterscheidet *Dyckhoff* ([Produktionstheorie 1992], S. 67, bzw. [Produktionstheorie 1994], S. 18) noch das subjektiv indifferent betrachtete „**Neutrum**", das er im Falle eines Inputs als „**Beifaktor**" bezeichnet, während er für ein „Neutrum" auf der Outputseite den Begriff des „**Beiprodukts**" verwendet. Doch was kann auf Dauer tatsächlich als neutral

Bezogen auf das in Abb.5-1 dargestellte technosphärische Dreisektorenmodell umfasst die outputseitig angesiedelte Kategorie der **Abprodukte** alle Produktions-, Konsumtions- und Reduktionsabfälle. Sie sollten zur Eliminierung ihrer Abfalleigenschaften den Weg in den Reduktionssektor nehmen und werden damit inputseitig zu **Reduzenden**[61].

Damit die Reduktion von Reduzenden aber auch wie geplant abläuft, bestehen die stofflichen Reduktionsinputs gewöhnlich nicht nur aus Reduzenden, sondern auch aus technosphärisch hergestellten Produkten wie bspw. Chemikalien oder Bakterienkulturen, die zur Trennung, Ausfällung, Umwandlung o.ä. dieser Reduzenden eingesetzt werden müssen. Sie werden im Folgenden als **Reduktionsprodukte**, d.h. als Produkte, die zu Reduktionszwecken produziert worden sind, bezeichnet. Wie in Abb. 5-9 auch graphisch bereits verdeutlicht wurde, gehen jene als **Reduktionsfaktoren**[62] zusammen mit der Gruppe der Reduzenden in den Prozessbereich der Reduktion ein. Durch eine derartige Terminologie kann auch eine morphologische Parallelität zwischen Produktionsfaktoren (als den produktionsseitig eingehenden Gütern) und Reduktionsfaktoren (als den reduktionsseitig eingehenden Gütern) gewährleistet werden[63].

Eine andere Parallele bietet sich dahingehend an, dass man analog zum Begriff des Produkts (= erwünschter Output aus Produktionsprozessen) *Dyckhoffs* Begriff des **Redukts** gemäß eines Vorschlags von *Halfmann*[64] für die erwünschten Outputs aus Reduktionsprozessen verwendet. **Redukte** bezeichnen damit positiv bewertete Outputs von Reduktionsprozessen. Dabei kann weiter differenziert werden in solche Stoffe, die einer technosphärischen Rückführung zukommen sollen (**Se-**

---

betrachtet werden? Der Sinn einer gesonderten Spezifizierung dieser neutralen Objektkategorie dürfte im Wesentlichen darin liegen, dass sie erlaubt, auch solche Objekte zu kategorisieren, die auf ein System einen weder positiven noch negativen Einfluss ausüben. Die Ausweisung einer solchen Option hat bspw. bei der vollständigen Einordnung aller im Zusammenhang mit einem System stattfindenden Vorgänge gewisse Vorteile (und wird bspw. auch bei der Szenarienbildung mit der Stoffstrommanagementsoftware Umberto als separate Objektkategorie aufgeführt). Die in einem bestimmten Kontext als bedeutungslos erscheinenden Objekte könnten so gesondert ausgewiesen werden. Bei genauerer Betrachtung unseres industriellen Wirtschaftens dürften derartige neutrale Auffassungen gegenüber bestimmten Objekten allerdings nur selten aufrecht erhalten werden können. D.h. mit zunehmendem Wissen um die tatsächlichen Wirkungen von Objekten, aber auch im Zusammenhang mit den stetigen Reglementierungserweiterungen (bspw. der Erweiterung des juristischen Abfallbegriffs im Rahmen des KrW-/AbfG von 1996), dürfte der Raum für Neutra durch deren begründete Eingruppierung in „goods" oder „bads" weiter eingeschränkt werden. Auf eine durchgängige Berücksichtigung der neutralen Objektkategorie wird deshalb nach diesem terminologischen Hinweis verzichtet.

[61] Siehe hierzu bereits die graphische Visualisierung in Abb. 5-9.

[62] Zum Begriff der Reduktionsfaktoren siehe bereits *Halfmann* [Reduktionsmanagement 1996], S. 153.

[63] Der Input von **Faktoren** (sie stehen bei *Dyckhoff* für die in den Produktions- oder Reduktionsprozess eingehenden positiv bewerteten Güter) ist tatsächlich unerwünscht, da er zur Auflösung dieser (positiv bewerteten) Faktoren führt, weshalb es den für einen bestimmten Output erforderlichen Input zu minimieren gilt.
(Siehe hierzu *Dyckhoff* [Produktionstheorie 1992] als Urheber dieses Klassifikationsschemas.)

[64] *Halfmann* [Reduktionsmanagement 1996], S. 153.

5. Stoffkreislaufwirtschaft im Rahmen betriebswirtschaftlicher Betrachtungen 105

kundärmaterialien[65]) und solche die den Reduktionssektor in kontrollierter Form zur natürlichen Ökosphäre hin verlassen. Letztere sollten Materialeigenschaften aufweisen, die eine problemlose Einpassung in natürliche Stoffwechselprozesse erlauben und werden deshalb hier unter dem Begriff der **renaturalisierten Materialien** zusammengefasst. Reduktionsoutputs, deren Schadstoffpotenziale nicht vollständig vernichtet werden können, müssen einer umweltneutralen Endlagerung zugeführt werden, was in aller Regel einer direkt oder indirekt[66] hermetischen Abriegelung gegenüber Biosphärenelementen gleichkommt. Sie stellen **Endlagerungsabfälle** dar und müssen von jeder weiteren Art von Stoffkreislaufführung dauerhaft ausgeschlossen bleiben.

5.1.2.1 Die Objektkategorie der Güter („goods")

Präzisiert man die im vorangegangenen Abschnitt dargestellten Stoffströme einer industriellen Stoffkreislaufwirtschaft weiter, so ergibt sich in der Objektkategorie der Güter folgendes Bild:

Technosphärische Prozesse beginnen an dem Punkt, wo der Mensch aus der Ökosphäre natürliche Ressourcen extrahiert. In diesem Sinne beansprucht er die natürliche Umwelt als Rohstoffquelle. **Natürliche Ressourcen** sind also solche, die die natürliche Ökosphäre dem Menschen als potenzielle technosphärische Inputs zur Verfügung stellt.

Natürliche sowie die bereits technosphärisch überformten, **künstlichen Ressourcen** bilden Güterinputs (Faktoren) für die technosphärische Produktion zum Zwecke der Schaffung von **Produkten**, die die am Ende eines Produktionsprozesses stehenden, mehr oder weniger komplex zusammengesetzten, erwünschten Outputs bezeichnen. Im Falle des hier fokussierten stoffkreislaufwirtschaftlichen Forschungsgegenstandes umfasst das Produktspektrum sämtliche materiellen Güter, von Roh-, Hilfs- und Betriebsstoffen bis hin zu hochkomplexen maschinellen Anlagen. Produkte, die als Output eines Produktionssystems gleichzeitig auch das zugehörige Unternehmen verlassen, sind aus der Sicht des betrachtenden Unternehmens **Endprodukte**[67], wenngleich sie als **Vorprodukte** in andere extrabetriebliche Produktionsprozesse eingehen können, um dort zur Erstellung wiederum komplexerer, höherwertiger Produkte beizutragen. Sie durchlaufen damit eine ganze Reihe von Wertschöpfungsstufen, ehe sie schließlich ihre finale Bestimmung erreichen. In Ergänzung hierzu lässt sich der Begriff des **Zwischenproduktes** gemäß *Dinkelbach* für solche Produkte nutzen, die innerhalb des gleichen Un-

---

[65] Nähere Ausführungen hierzu im folgenden Unterkapitel.
[66] Bspw. über unterirdische Wasserkreisläufe, gefährliche Entgasungen u.a.m.
[67] Siehe bspw. *Dinkelbach* [Produktionstheorie 1996], Sp. 1339.

ternehmens in einem anderen Produktionssystem als Input in der Qualität eines Faktors weiterverarbeitet werden[68].

Produkte, die den Produktionssektor auf ihrer höchsten Wertschöpfungsstufe verlassen, um dem Bereich der Konsumtion zugeführt zu werden, werden dabei als **Konsumprodukte** zusammengefasst. Im Falle von **Verbrauchsgütern** werden sie im Rahmen eines oder einer Kette von Nutzungsprozessen vollständig konsumiert und/oder in Abfälle transformiert. Aber auch als **Gebrauchsgüter** (Betriebsmittel, langlebige Haushaltsgegenstände etc.) erfahren sie einen stetigen Wertverlust, der durch zwischengeschaltete Instandhaltungsprozesse (Reinigungen, Reparaturen etc.) lediglich unterbrochen und damit zeitlich gestreckt werden kann.

Auch auf prozesstechnisch vorgelagerten Stufen gibt es verschiedenartige Gruppen von Gütern, die aufgrund ihrer besonderen Bedeutung einer näheren Erläuterung bedürfen. Dabei bezeichnen **Primärrohstoffe** im Allgemeinen solche Rohstoffe, die aus natürlichen Ressourcen im Interesse menschlichen Handelns gewonnen werden. Dies kann, wie bspw. im Falle der Gewinnung von Aluminium, mit ziemlich aufwendigen Primärproduktionsprozessen verbunden sein. In anderen Fällen, so bspw. bei Wasser, besitzt jedoch bereits das natürliche Ausgangsmaterial die Qualität eines Primärrohstoffes, so dass der erste technosphärische Prozessschritt der Primärrohstoffproduktion hier vielfach vollständig übersprungen werden kann. Aber nicht nur Wasser, auch natürliche Gase, wie Sauerstoff, Stickstoff und viele andere mehr, werden für die Durchführung technosphärischer Transformationsprozesse gezielt in Anspruch genommen und gehören damit zu den, wenngleich unter allenfalls geringen Aufwendungen und Kosten[69], aus natürlichen Ressourcen wie bspw. der Luft bezogenen Primärinputs.

Unter **Sekundärmaterialien** werden im Folgenden alle die Stoffe verstanden, die nach Durchlaufen eines Reduktionsprozesses in der Technosphäre verblieben, um dort wiederum als erwünschte Produktionsinputs eingesetzt zu werden. Sekundärmaterialien sind damit ein Ausdruck für technosphärisch geschaffene Verfügbarkeiten zum Zwecke einer produktionsorientierten Nutzung und bilden so das technosphärische Pendant zu natürlichen Ressourcen. Sie sind je nach Ausmaß der verbliebenen Restkomplexität direkte Ausgangsstoffe bzw. Ausgangskomponenten für die Herstellung von Sekundärrohstoffen[70] oder bilden bereits komplexere Komponenten für Zwischen- oder Endprodukte. Differenzierend könnte man

---

[68] Ebd. Sp. 1339; Zwischenprodukte bezeichnen somit unternehmensinterne Stoffflüsse und weisen damit auf eine darunter liegende (i.e. die betriebliche) Aggregationsebene, die in Abb. 5-1 aus Gründen der Übersichtlichkeit nicht mehr abgebildet worden ist.

[69] Zum Problem der lediglich partiellen Internalisierung entstandener Kosten aufseiten des Produzenten siehe bspw. Darstellungen zum Konzept der *„ökologischen Rucksäcke"* von *Schmidt-Bleek* in Kap. 3.2 dieser Arbeit.

[70] Wobei die Sekundärrohstoffproduktion gemäß der hier verwendeten prozessorientierten Sichtweise bereits wieder einen Produktionsprozess darstellt (siehe entspr. Fußnote in Kap. 5.1.1.1).

5. Stoffkreislaufwirtschaft im Rahmen betriebswirtschaftlicher Betrachtungen

deshalb auch von **rohstofflichen** und **werkstofflichen Sekundärmaterialien** sprechen. Als hochwertige „Quereinsteiger" in Produktionsprozesse sind gerade die auf der werkstofflichen Ebene redistribuierbaren Objekte besonders interessant, weil sie noch ein vergleichsweise hohes Maß an Vorleistungen konserviert halten, die sonst unter deutlich größerem Ressourcenverzehr erst wieder hätten erstellt werden müssen[71]. Werden industrielle Reduktionsvorgänge erst auf dem Niveau von rohstofflichen Sekundärmaterialien einem Wiedereinsatz zugeführt, so besteht der erste Produktionsschritt – in direkter Parallele zur Primärrohstoffproduktion – in der Herstellung von Sekundärrohstoffen. **Sekundärrohstoffe** bezeichnen deshalb solche Rohstoffe, die der Mensch direkt oder indirekt aus Reduzenden gewinnt. Inhaltlich ganz ähnlich definiert im Übrigen auch das KrW-/AbfG „*sekundäre Rohstoffe*" als Stoffe, die zur Substitution von Primärrohstoffen aus Abfällen gewonnen werden[72].

An dieser prozesstechnischen Parallelität der Entstehung von Primär- und Sekundärrohstoffen wird aber auch deutlich, dass nicht nur Primär-, sondern auch Sekundärrohstoffe Outputs des Produktionsbereiches sind und nicht etwa der Reduktion. D.h. ein Entsorger, der nicht nur Reduktionsprozesse vornimmt, sondern darüber hinaus auch klar spezifizierte Sekundärrohstoffe herstellt, ist in dieser letztgenannten Funktion, produktionstheoretisch gesehen, nicht mehr als Reduzent, sondern bereits als Produzent tätig[73].

Doch auch auf der Outputseite der Prozessbereiche der Konsumtion kommt es zur Entstehung von Objekten, die die Eigenschaften von Gütern tragen.

Dabei steht der Begriff der **Gebrauchtgüter** hier für solche Gebrauchsgüter, die zwar nicht mehr neuwertig, aber noch in Gebrauch befindlich sind oder nach Ablauf einer ersten Nutzungsphase vorübergehend (z.B. zur Vornahme von Reparaturen) oder dauerhaft (z.B. durch Verkauf) in andere Hände übergehen, ohne jedoch die Konsumphase damit bereits wieder abgeschlossen zu haben.

Dass die Gruppe der **Sekundärmaterialien** einen erwünschten Output des Reduktionssektors darstellt, wurde bereits auf der Vorseite erwähnt. Solche Sekundärmaterialien stellen im Allgemeinen marktgerecht konditionierte Güter dar und zielen auf einen positiv bewerteten Verbleib in der Technosphäre. Ebenfalls erwünscht sind aber auch die zielgerichtet entstandenen Ergebnisse reduktionswirtschaftlicher Prozessabläufe, die auf die Einbindung in Stoffwechselprozesse der natürlichen Ökosphäre vorbereiten. Sie wurden bereits unter Punkt 5.1.2 als „renaturalisierte Materialien" bezeichnet wurden. Die Gruppe der **renaturalisierten**

---

[71] Siehe Kap. 7.1.2 bzw. die dortige Abb. 7-4.
[72] *„Die stoffliche Verwertung beinhaltet die Substitution von Rohstoffen durch das Gewinnen von Stoffen aus Abfällen (sekundäre Rohstoffe) ..."* [KrW-/AbfG, §4, Abs. 3, Satz 1].
[73] Siehe bereits den entsprechenden, produktionstheoretisch motivierten Abgrenzungsvorschlag bei Souren [Reduktion 1996], S. 16.

Materialien steht hier also für solche Stoffe, die den Reduktionssektor in Richtung Ökosphäre verlassen dürfen, weil sie von ihren Eigenschaften her geeignet sind, von der Natur als Inputstoffe problemlos aufgenommen und weiterverarbeitet zu werden. Auch ihnen kommt deshalb die Eigenschaft von Gütern (im Sinne *Dyckhoffs*) zu. Dies gilt aus der Perspektive der Natur direkt (im Sinne erwünschter Inputs für natürliche Stoffwechselprozesse) und aus der Perspektive des Menschen zumindest indirekt. Denn je besser die Versorgung der Natur unter Zufuhr der unter Umständen äußerst nährstoffreichen renaturalisierten Materialien funktioniert, desto eher ist die Natur in der Lage, entsprechend umfangreiche Stoffwechselprozesse durchzuführen und damit die wiederum für den Menschen interessanten Ressourcen (wie bspw. Holz, Boden, Humus, Nahrungsmittel u.a.) zu generieren.

5.1.2.2 Die Objektkategorie der Übel („bads")

Übel repräsentieren die unerwünschten Outputs von produktiven, konsumtiven oder reduktiven Transformationsprozessen und fallen in allen drei Bereichen der Technosphäre an. Sie umfassen sämtliche unerwünschten Outputs und schließen damit auch diejenigen Stoffe ein, die dissipativ an die Umwelt emittiert werden.

Der Begriff der **Dissipativa** kennzeichnet dabei eben jene Stoffe, die aus der Technosphäre unkontrolliert ausscheiden, hiernach zumeist äußerst feinverteilt in den einzelnen Umweltmedien immittiert werden und damit einer weiteren technosphärischen Nutzung oder Behandlung nicht zur Verfügung stehen[74]. Sie fallen vielfach unvermeidbar in jeder Phase von Produktion, Konsumtion und Reduktion an und beschreiben damit eine wesentliche Ursache der Unmöglichkeit technosphärischer Autarkie[75]. **Produktions-, Konsumtions- und Reduktionsabfälle im weiteren Sinne** schließen Dissipativa mit ein, werden diese drei Begriffe jedoch **in einem engeren Sinne** interpretiert, so umfassen sie lediglich die technosphärisch greifbaren Anteile dieser Objektgruppen[76]. Vor dem Hintergrund der praktischen Kontrollmöglichkeiten privatwirtschaftlicher Entscheidungsträger werden Produktions-, Konsumtions- und Reduktionsabfälle im Folgenden in diesem engeren Sinne verstanden, soweit nicht ausdrücklich anderes bestimmt wird.

Als **Produktionsabfälle** werden demnach im Folgenden all jene Stoffe bezeichnet, die den Prozessbereich der Produktion als unerwünscht entstandene Outputs verlassen und dazu geeignet sind, an dieser Nahtstelle mit technosphärischen

---

[74] Siehe hierzu auch die Daten zur inländischen Stoffstrombilanz der BRD von 1991, die auch als Tab. 4-4 in Kap. 4.2.1 abgedruckt wurde.
[75] Siehe hierzu auch die Ausführungen in Kapitel 4.1.2.
[76] Als solche entsprechen sie auch dem juristischen Abfallbegriff, der die Sacheigenschaft voraussetzt (siehe hierzu die entspr. Ausführungen in Kap. 3.3.2).

5. Stoffkreislaufwirtschaft im Rahmen betriebswirtschaftlicher Betrachtungen 109

Mitteln aufgefangen zu werden[77]. Demgegenüber kennzeichnen **Produktabfälle** solche Abfälle, die als nicht funktions- oder verkaufsfähige Endprodukte eine ursprünglich intendierte Nutzungsphase überspringen[78]. Während die Gruppe der Produktabfälle auf der Reduktionsseite tendenziell eher Demontageprozessen zugeführt wird, die vielfach auf eine zunächst werkstoffliche Rückführung in den Produktionsbereich abzielen, werden an Produktionsabfällen eher chemisch-physikalische oder biologische Transformationsprozesse vorgenommen und damit in der Regel nicht mehr als eine rohstoffliche Verwertung erreicht.

Auch auf der Eingangsseite von Produktionsprozessen sind unerwünschte Inputs denkbar, etwa, wenn die zugeführten Sekundärmaterialien mit unerwünschten Beimengungen behaftet sind. Für diese Gruppe wird der Begriff der **Störstoffe** vorgeschlagen. Ob und in welchem Maße störstoffhaltige Materialien eingesetzt werden (können), richtet sich in erster Linie nach dem Verwendungszweck, d.h. nach den qualitativen Anforderungen an den Produktionsprozess und das Produkt. Sekundärmaterialien[79] erfahren hier vielfach einen empfindlichen Inputpreisabschlag gegenüber ihren primärstofflichen Pendants..

Analog zu den Produktionsabfällen werden im Folgenden auch Konsumtions- und Reduktionsabfälle in einem engeren, d.h. dissipative Verluste ausschließenden Sinne definiert. Demnach bezeichnen **Konsumtionsabfälle** solche unerwünschten Outputs der Konsumphase, die geeignet sind, mit technischen Mitteln aufgefangen zu werden. Konsumabfälle verlassen also nicht einen Konsumvorgang, um als Gebrauchtgüter einer weiteren Lebenschance zugeführt werden, sondern verlassen gleichzeitig auch den Sektor der Konsumtion selbst. Um potenzielle Umweltbeeinträchtigungen zu vermeiden, sollten sie in kontrollierter Form zunächst einmal dem Sektor der technosphärischen Reduktion zugeführt werden[80]. Konsumtionsabfälle inkorporieren bspw. die sogenannten **Haushaltsabfälle**, die größtenteils Ergebnisse privater Verbrauchsprozesse sind, aber auch **Altstoffe**, die *Garbe* beschreibt als *„Betriebsmittel und Gebrauchsgüter der individuellen und gesellschaftlichen Produktion, deren Nutzungsdauer erloschen ist"* [81]. Gerade im letzteren Fall ist auch der Begriff der **Altprodukte** durchaus gebräuchlich.

---

[77] Auch an dieser Stelle könnte man weiter untergliedern in **Produktionsausschuss** (aus der Produktionsprozesskette ausgesonderte fehlerhafte Teile) und **Produktionsrückstände** (wie Verschnitt, Stanzabfälle, Anspritz oder Anguss).

[78] Siehe Kap. 5.1.1.2 bzw. *Stahels* Produkte mit *„Nutzungsdauer Null"*. (*Stahel* [Abfallvermeidung 1991]).

[79] Beispiele für den Wiedereinsatz störstoffhaltiger Sekundärmaterialien finden sich im Straßenbau, aber auch bei der Herstellung mehrschichtig aufgebauter Produkte, wo für inliegende Bereiche durchaus störstofffreichere Sekundärrohstofffraktionen verwendet werden (Bsp.: Kernkörper von Spanplatten aus der italienischen Spanplattenindustrie).

[80] Ein solcher Reduktionssektor kann dabei technisch durchaus recht einfach aufgebaut sein. Ein Beispiel hierfür wäre ein Komposter, der Privathaushalten die Möglichkeit gibt, Schnittreste und andere organische Haushaltsabfälle in attraktive Ressourcen zu transformieren.

[81] *Garbe* [Stoffkreislaufwirtschaft 1992], S. 17 f.

Alle Arten von „Übeln", die den Inputtrichter von Reduktionsprozessen erreichen, werden, wie bereits an früherer Stelle erwähnt, unter dem Sammelbegriff der Reduzenden zusammengefasst. **Reduzenden** könnte man demnach definieren als diejenigen Abfälle, die dem kontrollierten Prozess der technosphärischen Reduktion als kanalisierter Inputstrom zufließen. Zusammen mit den zur Reduktion von Reduzenden notwendigen Reduktionsprodukten bilden sie die Gesamtheit der dem Reduktionsbereich zufließenden **Reduktionsfaktoren.**

Abfälle, die auf der Outputseite des Reduktionsprozesses auftreten, können aufgesplittet werden in Reduktionsabfälle und Endlagerungsabfälle. Der Begriff der **Reduktionsabfälle** soll dabei für solche unerwünschten Outputs stehen, deren noch vorhandenes Rest-Schadenspotenzial einen technosphärischen Wiedereinsatz als (Sekundärmaterialien) oder eine kontrollierte Ausschleusung aus der Technosphäre (als renaturalisierte Materialien) noch nicht zulässt und die deshalb zunächst einmal weiteren Reduktionszyklen zugeführt werden. Sie tragen die Eigenschaft von Abfall zunächst einmal nur vorübergehend.

Als **Endlagerungsabfälle** hingegen sollen solche unerwünschten Reduktionsoutputs kenntlich gemacht werden, deren Abfalleigenschaften auch gegenüber einem „subjektiven Empfinden der Natur" langfristig erhalten bleiben. Endlagerungsabfälle quantifizieren zusammen mit den renaturalisierten Materialien und den dissipativ aus unserer Technosphäre emittierten Outputs, welche die natürliche Ökosphäre als nicht kontrollierter Stoffstrom penetrieren, die Lücke technosphäreninterner Stoffkreislaufwirtschaft. Wie bereits an früherer Stelle betont, ist diese Lücke jedoch nicht zur Gänze unerwünscht[82]. Denn gerade die kontrolliert an die Natur abgegebenen renaturalisierten Materialien werden den Agenzien des natürlichen Ökosystems über eine lange Kette natürlicher Stoffwechselprozesse neue Potenziale eröffnen und damit nicht nur naturökosphärisch sondern indirekt auch technosphärisch angesiedelten Interessenten zukünftigen Nutzen erbringen. Demgegenüber müssen die Endlagerungsabfälle inertisiert und vielfach über Jahrzehnte hinweg kontrolliert werden, um die Qualität anderer naturökosphärischer (und technosphärischer) Ressourcen nicht zu gefährden. Sie verbleiben demnach vorerst in der Technosphäre. Zusammen mit dem über natürliche Agenzien nicht abbaubaren Teil der oben genannter Dissipativa (die unkontrolliert an die natürliche Ökosphäre abgegeben worden sind) bilden sie das stoffkreislaufwirtschaftliche Defizit einer ökosphärischen Kreislaufwirtschaft.

Ganz ähnlich versteht *von Köller* [KrW-/AbfG 1996], S. 108 Altstoffe im Sinne des KrW-/AbfG §3. Abs. 3 Nr. 2 als bewegliche Sachen *„deren ursprüngliche Zweckbestimmung entfällt oder aufgegeben wird, ohne dass ein neuer Verwendungszweck unmittelbar an die Stelle tritt".*

[82] Siehe Ausführungen zu den Aufgaben technosphärischer Reduktion am Anfang des Kapitels 5.

5.1.3 Besondere Vorteile des Ansatzes

Von der Natur haben wir gelernt, dass ein mehr oder weniger autonom funktionsfähiges Ökosystem dreigliedrig sein muss. Unsere moderne Technosphäre ist und bleibt zwar ganz zwangsläufig eingebettet in die natürliche Ökosphäre, und doch muss auch sie, wie bereits in Kapitel 4.1.4 gezeigt wurde, sowohl aus quantitativen wie aus qualitativen Gründen heraus eine ihren neuartigen materiellen Charakteristika angepasste Dreigliedrigkeit aufweisen[83]. Die drei Funktionsglieder wurden dabei in Anlehnung an *Dyckhoff* mit den Bereichsbezeichnungen (technosphärischer) Produktion, Konsumtion und Reduktion tituliert. Aufgabe diese technosphärischen Dreiklangs muss es dabei aus ökologischen wie ökonomischen, bzw. ressourcentechnischen Gründen heraus sein, möglichst engmaschige und hochwertige Stoffkreislauflösungen zu realisieren. Dahinter steht allerdings nicht die Forderung nach strenger technosphäreninterner Autarkie, sondern die nach einer möglichst vielschichtigen Teamarbeit mit Stoffwechselpartnern aus der natürlichen Ökosphäre. Diese Zusammenarbeit sollte ganz allgemein auf Ressourcenschonung gerichtet sein, was in erster Linie durch Vermeidung und in zweiter durch technosphäreninterne bzw. ökosphärisch orientierte Stoffkreislaufwirtschaft anvisiert werden sollte.

Während der Terminus einer **ökosphärisch orientierten Stoffkreislaufwirtschaft** die möglichst schadstofffreie Renaturierung von Redukten betont, verlangt die **technosphäreninterne Stoffkreislaufwirtschaft** eine möglichst passgenaue und hochwertige Rückführung von Materialien in neue technosphärische Produktionsprozesse. Eine solche stoffkreislauforientierte Perfektionierung bedarf jedoch auch entsprechender Lernprozesse. Einen wesentlichen Zugang hierzu leisten die von *Liesegang* entwickelten Bilder einer „*Reduktionswirtschaft als Komplement zur Produktionswirtschaft*" oder einer industriellen „*Reproduktionswirtschaft*". Diese Bilder wurden hier umgesetzt und ausgebaut zu einem Produktions-Reduktions-Rad[84], das neben dem materiellen Umgang mit Stoffen auch die potenziell effektivsten Informationskanäle deutlich macht. Angetrieben, aber auch abgebremst wird dieses Produktion-Reduktions-Rad durch den Bereich der Konsumtion, der, wie in der folgenden Abb. 5-11 dargestellt, quasi als Motor oder Schwungrad wirkt.

Tatsächlich verbirgt sich hinter dieser Konsumtion nicht nur ein materieller Verbrauchsprozess, sondern der Konsument als Anlass für die Entwicklung der Technosphäre selbst. Seine Wünsche, Interessen und Bedürfnisse geben die Entwicklungsrichtung der Produktion vor und seine Nachfrage bestimmt nicht nur, was produziert wird, sondern in erheblichem Maße auch, wie dies geschieht. Die Umsetzung einer industriellen Stoffkreislaufwirtschaft erfährt deshalb eine ihrer

---

[83] Siehe Abb. 5-5.
[84] Beschreibung und detaillierte Darstellung siehe Kapitel 5.1.1.

wesentlichen Restriktionen dadurch, dass die produzierten Güter nur in dem Maße Recyclingobjekte inkorporieren dürfen, wie dies der Kunde akzeptiert oder gar honoriert[85].

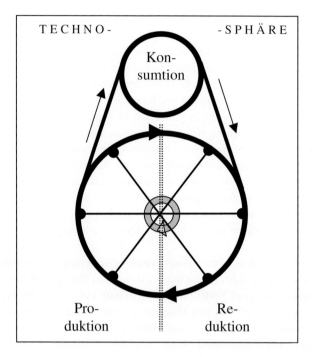

Abb. 5-11: Das Produktions-Reduktions-Rad und sein Motor „Konsumtion" im dreigliedrigen Technosphären-Modell
Quelle: *Sterr* [Reduktionswirtschaft 1999], S. 31

Ziel der Ausführungen dieses Grundlagenkapitels war es allerdings nicht nur, Mechanismen und Funktionalitäten innerhalb eines dreigliedrigen Technosphärengerüstes zu skizzieren. Vielmehr ging es insbesondere auch darum, ein solches unter möglichst weitgehendem Rückgriff auf den Fundus anerkannter produktionstheoretischer Begrifflichkeiten auch terminologisch zu spezifizieren. Zentrales Selektionskriterium war dabei die Passgenauigkeit bzw. Adaptionsfähigkeit der Fachausdrücke an die Abbildung von Systemzusammenhängen im Rahmen einer solchen Dreigliedrigkeit. Dies machte bisweilen auch neue bzw. modifizierte Definitionsansätze notwendig, wie sie v.a. im Zusammenhang mit der Beschreibung reduktionswirtschaftlicher Prozesse angeführt wurden.

---

[85] Siehe hierzu auch die Ausführungen in Kap. 5.6.5 („emotionale Grenzen"), bzw. die Abb. 5-25.

5. Stoffkreislaufwirtschaft im Rahmen betriebswirtschaftlicher Betrachtungen

Aus all diesen Überlegungen erwuchs schließlich eine begriffliche Systematik, wie sie die folgende Abb. 5-12 nochmals schlagwortartig zusammenfasst:

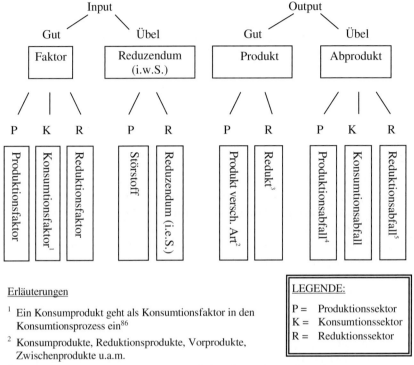

Erläuterungen

[1] Ein Konsumprodukt geht als Konsumtionsfaktor in den Konsumtionsprozess ein[86]

[2] Konsumprodukte, Reduktionsprodukte, Vorprodukte, Zwischenprodukte u.a.m.

[3] Hierunter fallen neben den Sekundärmaterialien, die zu einer technosphären-internen Rückführung bestimmt sind, auch die der natürlichen Ökosphäre anheim gegebenen renaturalisierten Materialien

[4] bzw. Produktions- und Produktabfall

[5] Im Falle einer „ent-idealisierten" Form des in Abb. 5-1 skizzierten technosphärischen Kreislaufmodells (d.h. in einer kreislaufgerichteten Wirtschaftsform heutiger Prägung) enthalten die Reduktionsabfälle noch beträchtliche Mengen an Endlagerungsabfällen.

LEGENDE:
P = Produktionssektor
K = Konsumtionssektor
R = Reduktionssektor

Abb. 5-12: Sammelbegriffe der Input- und Outputkategorien im Rahmen einer dreigliedrigen technosphärischen Stoffkreislaufwirtschaft

---

[86] Konsumprodukte stellen als Inputs in den Konsumtionsprozess (wie jedes andere Produkt auch) positiv bewertete Güter dar, deren Vernichtung unerwünscht ist - unerwünscht gerade auch deshalb, weil sich der Konsument beim Erwerb eines Produkts gewöhnlich nicht am Produkt um seiner selbst willen ausrichtet, sondern an dessen Nutzwert. Erhält er denselben Nutzwert auch durch die Inanspruchnahme einer geringeren Menge oder durch ein verschleißärmeres Konsumprodukt, ist das für ihn eindeutig besser. Genau genommen müsste man demnach auch auf der Inputseite des Konsumtionsprozesses einen dann sowohl für Konsumprodukte als auch Gebrauchtgüter geltenden Inputbegriff des „**Konsumtionsfaktors**" einführen.

5.2 Handlungsansätze für Produktion, Konsumtion und Reduktion vor dem Hintergrund einer technosphärischen Stoffkreislaufwirtschaft

Nachdem im vorangegangenen Kapitel 5.1 die theoretischen Grundbausteine einer dreigliedrigen Technosphäre skizziert, aufeinander abgestimmt und erläutert worden sind, soll es nun darum gehen, dieses Grundgerüst über die Lokalisierung konkreter Handlungsmöglichkeiten für eine stoffkreislaufwirtschaftliche Optimierung operationalisierbarer zu machen. Vor diesem Hintergrund wurde der in Abb. 5-1 noch als Black box dargestellte Produktionsbereich (P) im Rahmen der folgenden Abb. 5-13 in wesentliche Teilfunktionen aufgefächert und entsprechendes auch mit dem Bereich der Reduktion (R) vorgenommen. Die traditionell von der Betriebswirtschaftslehre beforschten Felder der Produktplanung, Beschaffung, Produktionsplanung, Verpackung, Lagerung, Marktforschung oder des Marketing werden hierdurch zumindest implizit sichtbar. Und auch die vielschichtigen Querverbindungen zwischen dem Reduktionsbereiches und dem der Produktion werden hierdurch in den jeweiligen Anknüpfungspunkten für Vorgänge werkstofflicher, rohstofflicher (und energetischer) Verwertung wesentlich deutlicher lokalisierbar.

Eine besondere Aufgabe der Abb. 5-13 ist es, konkrete Ansatzmöglichkeiten zur Verbesserung technosphärischer Stoffkreiskäufe aufzuzeigen. Eine Auswahl derartiger Möglichkeiten ist dort (im Rahmen darstellungstechnischer Restriktionen) randlich dargestellt. Auch wenn diese Punkte keinen Anspruch auf Vollständigkeit erheben, entsteht hierdurch dennoch ein bereits recht deutlicher Eindruck darüber, wie vielfältig die Palette für potenzielle Verbesserungen auf den hier abgebildeten Stufen der betrieblichen Leistungserstellung tatsächlich ist – oder anders ausgedrückt: die Darstellungen in Abb. 5-13 lassen erahnen, wie groß die Defizite bei der Ausnutzung prinzipiell vorhandener technosphärischer Stoffkreislaufführungsmöglichkeiten derzeit tatsächlich noch sind. Dabei ist es wichtig, sich stets aufs Neue zu vergegenwärtigen, dass die hinter den explizit spezifizierten Variablen stehenden Einzeldefizite nicht nur örtlich oder kumulativ, sondern vielfach auch dynamisierend wirken. Veränderungen an diesen Größen vermögen so Kettenreaktionen auszulösen, die in beide Richtung umfassende Selbstverstärkungseffekte nach sich ziehen.

Positiv ausgedrückt funktioniert eine ressourcenschonende technosphärische Stoffkreislaufwirtschaft um so eher, je weiter es gelingt, Defizite gerade an Schlüsselpositionen abzubauen, bzw. die einzelnen in Abb. 5-13 wiedergegebenen und dabei so weit als möglich lokal verorteten Handlungsgebote in praxi umzusetzen[87].

---

[87] Bei den in Abb. 5-13 mit „▲" bewerteten Variablen ist eine Zunahme kreislaufwirtschaftlich positiv, bei den mit „▼" bewerteten negativ zu beurteilen.
Die in dieser Abbildung bereits eingefügte Querschnittsfunktion der Logistik wird in Kapitel 5.3 noch eingehend thematisiert.

5. Stoffkreislaufwirtschaft im Rahmen betriebswirtschaftlicher Betrachtungen

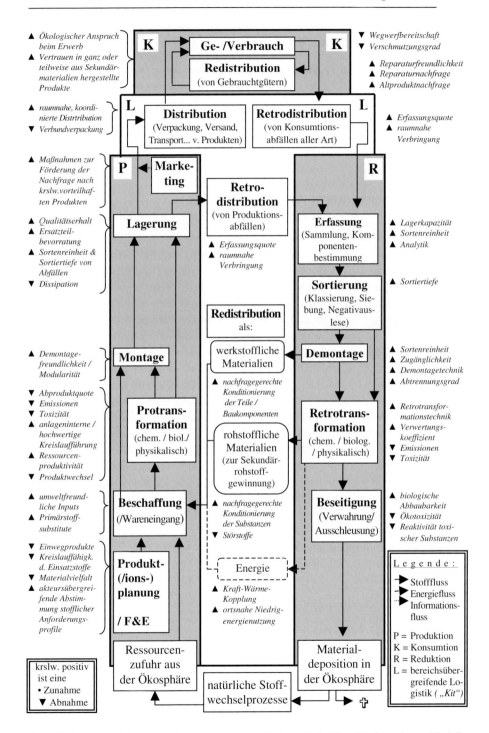

Abb. 5-13: Kreislaufwirtschaftlich relevante Prüfpunkte im dreigliedrigen Technosphären-Modell

5.2.1 Ausgewählte kreislaufwirtschaftliche Ansatzpunkte im Bereich der Produktion (P)

Die Darstellung des Produktionsbereiches umgreift die Abb. 5-13 zunächst einmal die drei wesentlichen güterwirtschaftlichen Grundfunktionen der Beschaffung, der Produktion und des Absatzes. Zur genaueren Lokalisierung kreislauffördernder Ansatzpunkte wurden diese Subsystemelemente des Produktionsbereiches jedoch weiter differenziert in Produkt(-ions)-planung und Beschaffung, Protransformation und Montage bzw. Lagerung und Marketing.

5.2.1.1 Ausgewählte Ansätze aus dem Bereich der Forschung und Entwicklung

Vor dem Zielhintergrund eines kreislauforientierten Wirtschaftens muss schon in der Phase der Produktplanung bzw. der **Forschung und Entwicklung**, d.h. bereits lange vor der materiellen Realisierung eines Produktes, auf seine spätere Kreislauffähigkeit hingearbeitet werden. Gerade an dieser Stelle liegt ein ganz zentraler Ansatzpunkt zur Förderung kreislauforientierten Wirtschaftens, weil nach *Steinhilper* (1994)[88] mehr als zwei Drittel des gesamten Leistungs- und Kostenprofils eines Produkts bereits in seiner Konstruktion festgelegt werden. Eine zukunftsorientierte Konzeption neuer Güter verlangt also, dass bereits ab dem Stadium der Produktidee die Eigenschaft der Kreislauffähigkeit in das Produkt und seine Bestandteile hineinentwickelt werden. Als vielversprechende Anknüpfungspunkte nennt *Steinhilper* hierbei insbesondere eine recyclinggerechte Werkstoffwahl, eine Standardisierung der Werkstoffvielfalt, eine umweltgerechte Hilfsstoffwahl, eine zerlegefreundliche Baustruktur[89] und schnell lösbare Verbindungstechniken im Sinne eines Schraubens statt Nietens, eines Schnappens statt Klebens sowie einer guten (axialen) Zugänglichkeit der Verbindungen[90]. Produktionsintegrierter Umweltschutz (PIUS) ist deshalb kein Instrument, das lediglich produktionsbegleitend verstanden werden sollte, sondern eines, dessen Aufgabe es ist, den Werdegang des Produktes und seiner Bestandteile von seiner geistigen Wiege bis hin zur ressourcenschonenden Wiedereingliederung in Technosphäre oder Ökosphäre maßgeblich mitzubestimmen. Hierfür muss PIUS bereits an den gedanklichen Entstehungsquellen der Produkte ansetzen[91].

---

[88] *Steinhilper* [Produktrecycling 1994], S. 36.
[89] So ist eine Konstruktion nach *Steinhilper* um so recyclinggerechter, je stärker sie als Baumstruktur aufgebaut ist, die es erlaubt die peripheren Teil nacheinander vom zentralen Stamm zu „pflücken". (*Steinhilper* [Produktrecycling 1994], S. 37.
[90] Ebd. S. 37.
[91] Siehe hierzu auch *Liesegang* [PIUS 1994], bzw. die im uwf-Schwerpunktheft „Produktionsintegrierter Umweltschutz" enthaltenen Fachartikel.

5. Stoffkreislaufwirtschaft im Rahmen betriebswirtschaftlicher Betrachtungen 117

Das erste Augenmerk kreislauforientierter Aktivitäten muss deshalb bereits den Roh-, Hilfs- und Betriebsstoffen gelten, die für die Erstellung eines bestimmten Produktes erforderlich sind. Diese gehen nur teilweise in das Produkt ein und könnten deshalb bspw. im Falle von Ölen, Waschwässern u.a.m. auch mehrfach genutzt werden, bis sich ihre positiven Eigenschaften fürs Erste abgenutzt haben[92]. Ganz allgemein sollte bereits bei der Werkstoffentwicklung darauf geachtet werden, dass die Materialien auch nach Ende der für sie vorgesehenen Nutzungsphase schlussendlich wieder zu Produktionsfaktoren aufgearbeitet werden können, wofür biologische Abbaubarkeit und die Beschränkung der Materialvielfalt wichtige Ansatzpunkte abgeben.

Wie groß das theoretische Potenzialfeld für Verbesserungen in diesem Bereich ist, zeigt die ungeheure Vielfalt neu entwickelter Substanzen, die jährlich auf den Markt gebracht werden, ohne dass deren spätere biologische Abbaubarkeit oder Rückführbarkeit in weitere Technosphärenkreisläufe bereits interessierte. Was zählt, ist immer noch fast ausschließlich die Optimierung stofflicher Gebrauchseigenschaften während einer speziell für sie vorgesehenen Nutzungsphase. Diese Problematik betrifft insbesondere den Kunststoffbereich, zu dessen Familie sich Jahr für Jahr Tausende neuartiger Mitglieder hinzugesellen, die aufgrund ihrer artspezifischen Eigenschaften bei gleichzeitiger Atomisierung artspezifischer Mengen enorme Anforderungen an eine spätere reduktionswirtschaftliche Bearbeitung stellen.

Eine solche Entwicklung steht im krassen Gegensatz zur Produktionsinputgestaltung in der Natur, deren Beschaffungspalette nicht mehr als 2 Bautypen von Biomolekülen mit 4 Basen von Nukleinsäuren zur Speicherung von Erbinformationen und 20 verschiedene Aminosäuren zur Gestaltung struktureller und funktioneller Aufgaben umfasst.[93] *„Diese prinzipielle Einfachheit und Universalität ..."*, so *Zwilling* im Zusammenhang mit seinem *„Alphabet des Lebens"*, *„ ... ist eine Voraussetzung für die weitgehende Austauschbarkeit aller Stoffe, die für das Leben eine Rolle spielen".*[94] In natürlichen Ökosystemen ist Abfall darum allenfalls ein lokal oder temporär auftauchendes Problem der Quantität, nicht aber eines der Qualität[95]. Eine zentrale Grundforderung der Kreislaufwirtschaft verlangt deshalb eine Minimierung der Materialienvielfalt unter den Produktionseinsatzstoffen, um auch die irgendwann zwangsläufig zu beanspruchenden Reduktionskanäle und technischen Reduktionsverfahren in ihrer Vielfältigkeit und ihrem jeweiligen Ressourcenbedarf nicht ausufern lassen zu müssen. Darüber hinaus sollten Möglichkeiten einer Kennzeichnung von Produktionsinputs ausgeschöpft werden, um eine

---

[92] *Liesegang* [PIUS 1994], S. 7.
[93] *Zwilling* [Stoffkreisläufe 1993], S. 26.
[94] Ebd. S. 27.
[95] Siehe bereits entsprechende Ausführungen in Kap. 2.1.1 bzw. 3.1.

früher oder später notwendige reduktionswirtschaftliche Komponentenbestimmung zu erleichtern. Auch der gezielte Einbau von Sollbruchstellen[96] könnte hier wichtige kreislaufwirtschaftliche Impulse liefern.

Vor dem Hintergrund der Ressourcenschonung, aber auch der Vermeidung zusätzlicher Kosten sollte bereits bei der verfahrenstechnischen Vorbereitung des Produktionsprozesses auf einen möglichst niedrigen Produktionskoeffizienten geachtet werden, wie er bspw. auch durch die Verstärkung anlageninterner Kreislaufführung gefördert werden kann. Denn Abfälle, die anlagenextern nicht anfallen, verursachen auch keine Kosten für die an eine anlagenexterne Entsorgung gekoppelten (vglw. teuren) Logistik-, Verwertungs- oder Beseitigungsprozesse. Auch ein niedrigerer Abproduktkoeffizient wird jedoch bereits in der Phase der Produkt- und Produktionsplanung einprogrammiert. Ein modularer Aufbau der Produkte verstärkt darüber hinaus werkstoffliche Demontagemöglichkeiten und trägt damit zu einer Erhöhung des Verwertungskoeffizienten bei.[97]

Die Bedeutung von Forschung und Entwicklung für die Entstehung einer umweltschonenderen Wirtschaftsweise ist deshalb von größter Tragweite, weil hierdurch Produktionsbedingungen, Kuppelproduktionsprozesse und damit auch Produktionsabfälle determiniert werden, aber auch weil damit bereits die Eigenschaften jener Abfälle im Wesentlichen vorherbestimmt werden, die vor, im Zuge sowie nach Beendigung einer konsumtiven Produktnutzungsphase zwangsläufig anfallen.

5.2.1.2 Ausgewählte Ansätze aus dem Bereich materieller Beschaffung

Hat sich ein Produktdesign als vielversprechend erwiesen, so muss schließlich auch noch überlegt werden, inwieweit die vorhandenen Produktionsmittel geeignet umgerüstet werden können, bzw. wo der Erwerb neuer Anlagen oder Ergänzungen nötig wird. Alle Inputs, ob nun komplexe CNC-gesteuerte Industrieroboter oder einfache Grundstoffe werden über den Bereich der **Beschaffung**[98] abgewickelt, über den sich das Unternehmen den Handlungsauflagen und persönlichen Ansichten seiner Entscheidungsträger entsprechend versorgt. Auch der Beschaffung kommt damit in puncto Kreislaufwirtschaft eine determinierende Bedeutung zu. Sie beschreibt die Stelle, über die sich alle produktionswirtschaftlichen Ideen und Konzepte faktisch materialisieren. Nur wenn der Einkauf verstärkt dazu über-

---

[96] Siehe bspw. den Hinweis bei *Liesegang* [Reduktionswirtschaft 1996], S. 5, über Versuche zum Einbau von Zuckermolekülen in Kunststoffe.

[97] Siehe hierzu v.a. *Strebel* [Ökologie 1996], Sp. 1307, aber auch bereits *Strebel* [Umweltwirtschaft 1980], S. 94 ff. oder *Strebel / Hildebrandt* [Rückstandszyklen 1989] S. 101 ff.

[98] Siehe hierzu bspw. auch Ausführungen bei *Eschenbach* [Materialwirtschaft 1996], Sp. 1193 ff.

geht, bislang eingesetzte Primärrohstoffe durch Sekundärrohstoffe zu substituieren, wird sich ein entsprechendes Angebot auch tatsächlich weiterentwickeln. Abgesehen von preislichen Kriterien, die an dieser Stelle zunächst einmal ausgeklammert bleiben sollen, wird die Bereitschaft zur Primärstoffsubstitution jedoch nur dann zunehmen, wenn auch Sekundärstoffe das gewünschte Anforderungsprofil aufweisen, d.h. wenn dem Sekundärrohstoffanbieter (bspw. auch in direkter Zusammenarbeit mit einem speziell interessierten Nachfrager) eine nachfragegerechte Sekundärrohstoffkonditionierung gelingt. Damit sich diese Bereitschaft aber auch in einer tatsächlichen und dauerhaften Nachfrage äußert und damit auch ein sich zunehmend stabilisierender Markt zustande kommt, müssen zu diesen qualitativen Materialanforderungen noch weitere materialwirtschaftliche Sicherungsziele hinzutreten wie bspw. eine zu jedem Zeitpunkt hinreichende Verfügbarkeit oder eine bedarfsgerechte Lieferbarkeit dieser Stoffe. Dies zu gewährleisten ist nicht immer einfach, denn der Fundus, aus dem die Sekundärrohstoffwirtschaft schöpft, liegt ja nicht in der natürlichen Ökosphäre, deren Ressourcenpotenzial in Relation zu einem kurzfristigen technosphärischen Bedarf kaum erschöpfbar ist, so dass sich das Auftreten von Knappheit lediglich in mehr oder weniger massiven Preissteigerungen niederschlägt[99]. Demgegenüber sind zusätzliche Sekundärrohstoffmengen unter Umständen schlicht nicht vorhanden, weil die dafür nutzbaren Ausgangsstoffe (ganz bestimmte technosphärische Abfälle) im Zeitraum t-1 gar nicht in größerem Umfange anfielen. Primärressourcen weisen darum eine vergleichsweise hohe Pufferkapazität auf und können so tendenziell wesentlich flexibler einplant werden als dies bei Sekundärstoffen der Fall ist, deren Ausgangsmenge rein technosphärisch bestimmt wird. Während also ein Primärstoffanbieter prinzipiell zu jedem Zeitpunkt in jeder Menge lieferfähig bleiben kann, unterliegt das potenzielle Angebot an bestimmten Rezyklaten für die industrielle Produktion vergleichsweise großen Schwankungen, die aus der Perspektive des Recyclers extern bedingt sind. Erschwerend kommt dazu, dass sich diese Schwankungen nicht nur auf Zeit, Menge und Ort, sondern vielfach auch auf die Zusammensetzung erstrecken, die nicht immer als „konstant" garantiert werden kann. Auch die Art der Inhaltsstoffe selbst variiert unter Umständen beträchtlich, ohne dass der Reduzent hiervon weiß, weil die Abfallentstehung ja nicht unbedingt prozesstechnisch prognostizierbar vonstatten geht, sondern Ergebnis vielfältiger Defizite entlang eines mehrstufigen Produktionsprozesses sein kann – vom Problem möglicher Fehlwürfe ganz zu schweigen. Auch das Problem der Aufkonzentration möglicher Störstoffe im Laufe mehrerer Recyclingzyklen ist in vielen Fällen sehr ernst zu nehmen.

---

[99] So weisen bspw. Mineralienlagerstätten unterschiedliche Konzentrationen an den gewünschten Ressourcen auf, die sich auf die Extraktionskosten niederschlagen und damit bei höherer Zahlungsbereitschaft auch eine Ausweitung der Fördermengen zur Folge haben.

5.2.1.3 Ausgewählte Ansätze aus dem Bereich der Protransformation

Im Zentrum der klassischen produktionswirtschaftlichen Dreiteilung[100] steht der Prozess der **Produktion im engeren Sinne**, dessen Betrachtung hier im Wesentlichen auf den Bereich der materiellen Produktion beschränkt bleibt. Hier werden die vom Bereich F&E vorgeschlagenen Konzepte mit den von der Beschaffung erworbenen Materialien, Vorprodukten und Produktionsmitteln kombiniert und damit zu materiellen Produkten ausgestaltet. Um eine bessere Spezifizierung produktionstechnischer Phänomene vornehmen zu können, wurde der in den Abb. 5-5 und 5-7 dargestellte materielle Produktionsprozess in Abb. 5-13 weiter differenziert in eine Phase der Protransformation von Ausgangssubstanzen und eine darauffolgende Montagephase, die von Umwandlungs- bzw. von Umformungsprozessen gekennzeichnet sind. Erstere sind potenziell substanzverändernd und werden im Folgenden mit dem Begriff der **Protransformation** gekennzeichnet, die im Rahmen dieser Arbeit für produktionsseitige Transformationsprozesse steht[101].

Die bei Produktionsprozessen zumeist am Anfang stehende Phase der **Protransformation**[102] zeichnet sich also insbesondere dadurch aus, dass die Materialidentität durch den Ablauf biologisch-chemischer und/oder physikalisch-thermischer Vorgänge vielfach grundlegend und umfassend modifiziert wird. **Transformationsprozesse** (ob nun produktionsseitig → Protransformationsprozesse, oder reduktionsseitig → Retrotansformationsprozesse) gehen damit allgemein einher mit einer stofflichen Wandlung, die dazu führt, dass die Outputs nicht nur in ihrer Physiognomie, sondern auch ihrer inneren Struktur nach anders geartet sind, als die ihnen zugrunde liegenden Einsatzfaktoren.[103] Eine derartige Substanzveränderung entspricht in vielen Fällen gleichzeitig auch einer deutlichen „Entfremdung" der Materialien von in der Natur bekannten Substanzen, was eine Kreislaufführung vor gravierende Probleme stellen kann[104]. Infolgedessen ist darauf zu achten, dass die natürliche Abbaubarkeit des Throughputs nach Möglichkeit erhalten bleibt, oder mit Hilfe reduktionswirtschaftlicher Verfahren eine neue nachfragegerechte Konditionierung geschaffen wird[105]. Auch die Toxizität von Prozess-

---

[100] Beschaffung – Produktion – Absatz.

[101] Der Begriff der **Transformation** selbst steht damit also lediglich für potenziell substanzverändernde Umwandlungsprozesse. Im Gegensatz dazu subsumieren *Hahn / Laßmann* [Produktionswirtschaft 1986], S. 6 ff., sowohl die Umformung als auch die Umwandlung unter dem Begriff der „Transformation", die bei ihnen demnach praktisch für eine produktions- und reduktionsseitig nicht unterschiedene Produktion i.e.S. steht.

[102] Unter dem Begriff der **Protransformation** wird im Rahmen dieser Arbeit eine nach vorne (im Hinblick auf das zu erstellende Produkt hin gerichtete) (substanzverändernde) Transformation eines Inputbündels in ein Outputbündel verstanden. Analog dazu auch der Begriff der Retrotransformation (s. Kap. 5.2.3.2).

[103] Siehe hierzu auch Kap. 2.3.

[104] Siehe die Ausführungen zur Transformatorensphäre (Kap. 2.3.2).

[105] Siehe hierzu bereits die Ausführungen in Kap. 4.1.4.

outputs könnte eine spätere technosphärische Rückführbarkeit der protransformatorisch erzeugten Outputsubstanzen ernsthaft gefährden, wenn nicht gar unter einen Ausschlusszwang stellen und sollte deshalb bereits im Zuge der Protransformation organisations- und verfahrenstechnisch minimiert werden.

5.2.1.4 Ausgewählte Ansätze aus dem Bereich der Demontage

Nach der Erstellung einzelner Produktkomponenten unter vielfach massiver Veränderung der Materialidentitäten wird ein Produkt gewöhnlich fertigungstechnisch[106] montiert, indem die einzelnen Teileelemente mechanisch zusammengefügt werden. In diesem, in Abb. 5-13 als **Montage** bezeichneten Abschnitt des Produktionsprozesses wird ebenfalls versucht, die bereits vom Bereich der Forschung und Entwicklung (F&E) vorgeschlagenen kreislaufwirtschaftlichen Potenziale in die Realität umzusetzen, wobei demontagefreundlichen Verbindungen, aber auch der späteren Zugänglichkeit austauschbarer Produktkomponenten eine besondere Bedeutung zukommt.

- Für die Konsumphase erwächst hieraus der kreislaufwirtschaftliche Vorteil besserer Reparaturfähigkeit, wodurch die erste Gebrauchsphase des Produktes deutlich verlängert werden kann. Und auch hiernach erhöht sich die Chance zur Wieder- oder Weiterverwendung des Produktes in Form einer Zweit- und Drittnutzung unter Umständen erheblich.
- In der Reduktionsphase verbinden sich mit der einfachen Demontierbarkeit eines Altproduktes vor allem Chancen zur Erhöhung des Abtrennungsgrades vom Ausgangsobjekt und damit auch zur Fernhaltung von Störstoffen, die die Entstehung hochwertiger Rezyklate ernsthaft beeinträchtigen könnten.
- Der Produktionswirtschaft selbst wächst hieraus wiederum der Vorteil einer Senkung des Ressourcenverbrauchs pro Outputeinheit und damit einer Erhöhung der Materialproduktivität, weil sie von der in werkstofflichen Rezyklaten enthaltenen Restkomplexität profitieren kann[107].

---

[106] Zu den Begriffen der Prozesstechnik und der Fertigungstechnik siehe bspw. *Haasis* [PIUS 1994], S. 21.

[107] Entsprechendes gilt natürlich auch für den im Rahmen dieser Arbeit nur am Rande thematisierten Faktor Energie, so dass mit der Integrierung von Rezyklaten in den Produktionsprozess eine bisweilen enorme Steigerung der Energieproduktivität einhergeht.

5.2.1.5 Ausgewählte Ansätze aus dem Bereich der Lagerung

Bevor erwünschte und nicht erwünschte Outputs einer Abfolge von Produktionsprozessen ihrer weiteren Bestimmung übergeben werden, ist gewöhnlich eine (Zwischen-) **Lagerung** notwendig, die schließlich durch warendistributionslogistische bzw. entsorgungslogistische Prozesse abgelöst wird. Im Falle unerwünschter Outputs ist deshalb schon im Vorfeld auf eine adäquate innerbetriebliche Entsorgungslogistik zu achten, wie sie noch ausführlicher Gegenstand des folgenden Kapitels 5.3 sein wird. Hierauf wird in Abb. 5-13 bereits mit den produktionsseitig verorteten Ansatzpunkten nach einer Steigerung der Sortiertiefe und der Sortenreinheit der zwischengelagerten Abfälle hingewiesen. Aber auch bei der Zwischenlagerung von im Sinne des unternehmerischen Sachziels entstandenen Produkten können wertvolle kreislaufwirtschaftliche Potenziale dadurch verschenkt werden, dass Lagerungsschäden entstehen, die schlimmstenfalls einen direkt entsorgungswirtschaftlichen Weiterweg vorschreiben und damit das Durchlaufen des hinter der Produktionsabsicht stehenden konsumtiven Zielkorridors bereits von vorne herein ausschließen.

5.2.1.6 Ausgewählte Ansätze aus dem Bereich des Marketing

Schlussendlich sei noch die Bedeutung des **Marketings** für die Entwicklung der Kreislaufwirtschaft hervorgehoben, obwohl die Beziehung zum stofflichen Throughput des Unternehmens hier, ähnlich wie im Falle des bereits weiter oben erwähnten Abschnitt der Produktplanung, im Wesentlichen informationeller Natur ist. Umweltfreundlichere, weil bspw. kreislauffähige Produkte haben nur dann eine Chance, sich gegenüber weniger umweltfreundlichen Konkurrenzprodukten auf dem Markt durchzusetzen, wenn der Konsument über seine Kaufentscheidung eine entsprechende Umorientierung dokumentiert. Genau an dieser Stelle erlangen ökologisch orientierte Maßnahmen aus der Rezepturenkiste des Marketings eine zentrale Bedeutung, indem sie den Entscheidungsprozess des Nachfragers sowohl merklich als auch unterschwellig wesentlich beeinflussen und begleiten.

5.2.2 Ausgewählte kreislaufwirtschaftliche Ansatzpunkte im Bereich der Konsumtion (K)

Ein Produkt ist nur dann ein erfolgreiches Produkt, wenn es nachgefragt wird. Die verfahrenstechnische Realisierbarkeit technosphärischer Kreisläufe ist damit lediglich eine notwendige Voraussetzung für die Weiterentwicklung einer ressourcenschonenden industriellen Stoffkreislaufwirtschaft. Hinreichend ist sie nicht. D.h. inwieweit Stoffkreislaufwirtschaft tatsächlich zu einem zentralen Prinzip unserer Wirtschaftsweise wird, entscheidet letztlich der Konsument mit seiner Nachfrage nach ganz oder teilweise aus Sekundärmaterialien hergestellten Produkten. Er ist der eigentliche Motor der Stoffkreislaufwirtschaft, der bei entsprechendem Kaufverhalten ressourcenschonende Entwicklungen beschleunigen, bei einer Beschränkung auf bloße Lippenbekenntnisse aber auch ausbremsen kann[108].

Und tatsächlich hat „König Kunde" die in ihm wohnende Diskrepanz zwischen Wollen und Handeln[109] erst in vergleichsweise wenigen Fällen, wie bspw. bei der Nachfrage nach Artikeln aus Recyclingpapier (für Schreibpapiere, Verpackungen, Klopapier u.a.m.), überwunden. Gerade bei hochpreisigen Produkten, wie bspw. solchen aus der Automobilindustrie, paust sich der Wunsch des Nachfragers nach der Verarbeitung primärer und nicht sekundärer Rohstoffe auch weiterhin über die gesamte Produktionskette hinweg durch.[110] Mannigfaltige Kreislaufführungsmöglichkeiten lassen sich somit nicht oder nur beschränkt umsetzen, weil bestimmte Waren- und Konsumentengruppen hieran nicht partizipieren[111].

Ansatzpunkte für eine Förderung kreislaufwirtschaftlicher Prozesse im Konsumbereich liegen jedoch nicht nur im Beziehungsmuster zwischen Konsum und Produktion sondern auch im konsumtiven Umgang mit einem Produkt während der Ge- bzw. Verbrauchsphase[112] selbst. So weist *Souren* (1996) mit Recht darauf hin, dass bspw. die unterschiedliche Beanspruchung des gleichen Fahrzeugtyps durch

---

[108] Siehe bereits die entspr. Darstellung in Abb. 5-11

[109] Siehe bspw. *Schahn* [Umweltbewusstsein 1996].

[110] Bei der Wahl v.a. hochpreisiger Produkte wünschen die Nachfrager selbst für unwesentliche Details ein ganz bestimmtes Schwarz, grau, blau, grün oder weiß und eben keine Melange oder andere „Farbfehler". Selbst eine Bohrmaschine mit Farbfehlern in der Außenverkleidung wird vielfach als eine minderwertige Bohrmaschine aufgefasst. Sie ist damit schwer verkäuflich – und das, obwohl der für die Produktion dieser Bohrmaschine entscheidende funktionalen Nutzen hierdurch in keinster Weise beeinträchtigt wird.
Ansätze für ein ressourcenschonenderes Wirtschaften beschränken sich deshalb gerade im Hochpreissegment weitestgehend auf im Nichtsichtbereich liegende Lokalitäten. Allerdings sind auch hier nun zunehmend noch große Potenziale offen. Immerhin gibt es inzwischen jedoch interessante Ansätze, zumindest unter der sichtbaren Außenhaut von Fahrzeuginnenräumen bspw. bei der Polsterung von Autositzen, Nackenstützen u.a.m. die ehedem eingesetzten Kunststoffkerne durch solche aus nachwachsenden Rohstoffen zu ersetzen. Leider sind die Einsatzmöglichkeiten für derartige Naturprodukte jedoch recht beschränkt und keineswegs prinzipiell unproblematisch. Denn auch sie bedürfen eines bestimmten „Finish", um eine vorzeitige Bemächtigung dieser potenziellen Nahrungsquelle seitens natürlicher Agenzien zu vereiteln. Dennoch wird hier die Produktion naturferner Stoffe vermieden, wenngleich wiederum auch die vom Zielort u.U. weit entfernte Produktion nachwachsender Rohstoffe mit bisweilen hohen Umweltkosten verbunden ist (Chemikalieneinsatz beim Anbau, Ferntransporte, ...).
Dies alles leitet schließlich zu der Forderung, nicht nur die Möglichkeiten einer Substitution naturferner durch naturnahe Substanzen zu prüfen, sondern auch für die bereits produzierten und inzwischen in „Abfallqualität" vorliegenden Artefakte neue technosphärische Einsatzfelder zu suchen und kreativ auszugestalten.

[111] Darüber hinaus allerdings auch, weil gesetzliche Restriktionen die technosphärischen Wiedereinsatzmöglichkeiten bisweilen extrem stark einschränken.

[112] Auch Verbrauchsprodukte sind insofern kreislaufwirtschaftlich relevant, als sie während ihres Verbrauchs nicht etwa verschwinden, sondern letztlich auch in Abfälle umgewandelt werden. Sie fallen idealerweise (d.h. wenn sie nicht dissipativ in die Umwelt emittiert werden) reduktionswirtschaftlichen Prozessen anheim.

verschiedene Nutzer die schlussendlich zur Entsorgung anstehenden Altautos zu unterschiedlichen Abfällen werden lässt[113], was sich in diesem Falle insbesondere auf die reduktionswirtschaftlichen Prozesse der Sortierung, der Demontage und schließlich auch der Wiedereinsatzmöglichkeiten auswirkt. Auch der Verschmutzungsgrad von Gebrauchtgegenständen ist damit ein wichtiger Indikator für die tatsächlichen kreislaufwirtschaftlichen Möglichkeiten, die in einem Altprodukt stecken.

Hat ein Produkt seine konsumtive Nutzbarkeit eingebüßt, so liegt es wiederum in der Entscheidung des Konsumenten, ob er das Produkt reparieren lässt und ihm damit eine weitere Nutzungsphase einräumt, oder ob eine gewisse Wegwerfmentalität seinen Entscheidungsprozess dominiert. Um ihm seine Entscheidung zugunsten der im Allgemeinen ressourcensparenden Reparatur zu erleichtern, ist ein mit einfacher Demontierbarkeit verbundener modularer Aufbau des Produktes sehr wichtig. Dies wurde in Abb. 5-13 mit dem Kreislaufparameter der Reparaturfreundlichkeit angedeutet, der ebenfalls bereits über die unter 5.2.1.1 beschriebene Produktionsplanung vorbereitet wird.

Damit allerdings die modulare Austauschbarkeit der von ihr erwarteten kreislaufwirtschaftlichen Sinnhaftigkeit aber auch tatsächlich gerecht werden kann, ist es zudem erforderlich, dass die Produktionsseite auch eine entsprechende Ersatzteilbevorratung aufrechterhält. Gerade jene nimmt jedoch aufgrund der immer kürzeren Produktlebenszyklen, der immer häufigeren Produktwechsel und der damit immer kostspieligeren Lagerhaltung immer mehr ab. Lagerhaltung rechnet sich nur dann, wenn auch die Zahlungsbereitschaft der Ersatzteilnachfrage ein hinreichendes Niveau erreicht.

Damit also tatsächlich eine Zweit- und Drittverwendung eines Gegenstandes stattfindet, müssen sowohl die Kriterien der Reparaturfähigkeit bzw. Reparaturfreundlichkeit als auch die einer hinreichend langen Ersatzteilbevorratung und einer entsprechenden Altproduktnachfrage gegeben sein. So nutzt beispielsweise die Reparaturfreundlichkeit eines defekten Altcomputers wenig, wenn ein gleichartiges Neugerät bspw. aufgrund des mit Nachfolgeprodukten verbundenen Preisverfalls so günstig geworden ist, dass sich die Reparatur des alten finanziell nicht mehr rechnet. Einer Reparaturinfrastruktur für Gebrauchtcomputer kann sich unter derartigen Marktbedingungen nur schwer entwickeln.

Ist die Reparatur eines Produktes nicht mehr möglich oder sinnvoll, bzw. hat es seinen Nutzwert als Gebrauchsgut bereits eingebüßt, so gilt es, problemadäquate Inputtrichter in den Reduktionssektor zu positionieren, um die mit der Dissipation von Stoffen verbundenen Materialentropie[114] möglichst weitgehend zu vermeiden. Hier gilt es, über die Installierung eines hinreichend dichten Netzes von

---

[113] *Souren* [Reduktionsprozesssteuerung 1996], S. 17.
[114] Zum Begriff der Materialentropie siehe Kap. 5.6.1.

5. Stoffkreislaufwirtschaft im Rahmen betriebswirtschaftlicher Betrachtungen

Wertstoffsammelbehältern, die menschliche Trägheit zu überwinden, wobei auch auf deren Fehlwurfsicherheit oder deren Positionierung an der Schnittstelle vielbegangener „Trampelpfade" geachtet werden muss. Gerade die Angepasstheit der Auffangbehältnisse an die Verhaltenmuster der Konsumenten beeinflusst die Erfassungsquote und Sortenreinheit von Reduzenden ganz wesentlich und bestimmt so einen großen Teil der Potenziale für eine spätere Stoffkreislaufführung. Trotz der stolzen Forschritte, die in Deutschland in den letzten Jahren in puncto Abfallerfassungsquote bereits erzielt werden konnten, bleibt die Entsorgungslogistik auch weiterhin ein entscheidender Ansatzpunkt zur Verbesserung technosphärischer Stoffkreisläufe. Um jedoch bei den über Jahre hinweg zu artiger Abfalltrennung erzogenen Privathaushalten keine Einbrüche erleben zu müssen, ist es sicherlich wichtig, die Kriterien der Verhältnismäßigkeit einer bestimmten Trennung von Abfällen nie aus den Augen zu verlieren und den Konsumenten über mit durch sein Tun eröffneten oder vereitelten Chancenpotenziale intensiv und stets nachvollziehbar aufzuklären.

5.2.3 Ausgewählte kreislaufwirtschaftliche Ansatzpunkte im Bereich der Reduktion (R)

Reduktionswirtschaft hat sich zu einem wirtschaftswissenschaftlichen Fachbegriff[115] entwickelt, der für ein stetig an Bedeutung gewinnendes Marktsegment steht, das sich zunehmend auf die Aufgabe konzentriert, Abfälle in technosphärisch oder natürlich nutzbare Materialien zu transformieren. In der Reduktionswirtschaft als vollwertigem Sektor einer industriellen Reproduktionswirtschaft liegt ein wesentlicher Schlüssel zur Transformierung technosphärischen Wirtschaftens weg von der traditionell linearen Stoffdurchflusswirtschaft hin zu einer zukunftsgerichteten Stoffkreislaufwirtschaft. Die verfahrenstechnische Ausdifferenzierung und Weiterentwicklung der Reduktionswirtschaft vollzieht sich zunehmend im Rahmen privatwirtschaftlicher Organisationseinheiten, die belegen, dass Reduktion auch aus einer streng wirtschaftlichkeitsorientierten Sichtweise heraus Sinn macht, wenn die mit unserer Art des Wirtschaftens verbundenen Umweltkosten tatsächlich internalisiert werden müssen. Hierzu trägt die Spezifizierung neuer ordnungspolitischer Rahmenbedingungen in hohem Maße bei.

Die Entwicklung einer technosphärisch angelegten Reduktionswirtschaft ist ein notwendiger Schritt für die Weiterentwicklung unserer Transformatorensphäre, deren Outputs von der natürlichen Ökosphäre aufgrund der Auftretens von Neuheit

---

[115] Siehe v.a. die im Literaturverzeichnis aufgelisteten Veröffentlichungen der Professoren *Liesegang* und *Dyckhoff* bzw. seines ehem. Doktoranden *Souren*.

nur in Teilen weiterverarbeitet werden können[116]. Reduktionswirtschaft ist hierbei das materialwirtschaftliche Bindeglied für eine technosphäreninterne Stoffkreislaufführung und sie bildet gleichwohl den Transformator für einen schadlosen Rücktransfer zeitweilig technosphärisch genutzter Materialien an die natürliche Ökosphäre. Auch die Reduktionswirtschaft beherbergt eine ganze Reihe von Verbesserungspotenzialen, die im Folgenden, bezogen auf einzelne ihrer Prozessschritte, präziser lokalisiert und spezifiziert werden sollen.

Analog zu den drei wichtigsten Grundfunktionen der Produktionswirtschaft wurde auch die Reduktionswirtschaft zunächst aufgesplittet in beschaffungs-, produktions- und absatzorientierte Funktionsbereiche, die in Kapitel 5.1.1 mit den Begriffen der Kollektion, Reduktion (i.e.S.) und Reintegration überschrieben wurden.[117] In ihrer zeitlichen Abfolge beschreiben diese Phasen das gedankliche Konstrukt einer zur Produktionswirtschaft spiegelbildlichen Reduktionswirtschaft, mit der sie sich als industrielle Reproduktionswirtschaft zu einem stoffkreislauftechnischen System verbindet[118]. Unter Einbeziehung der technosphärisch kontrollierten Austauschbeziehungen mit der natürlichen Ökosphäre ergibt sich hieraus folgendes Bild:

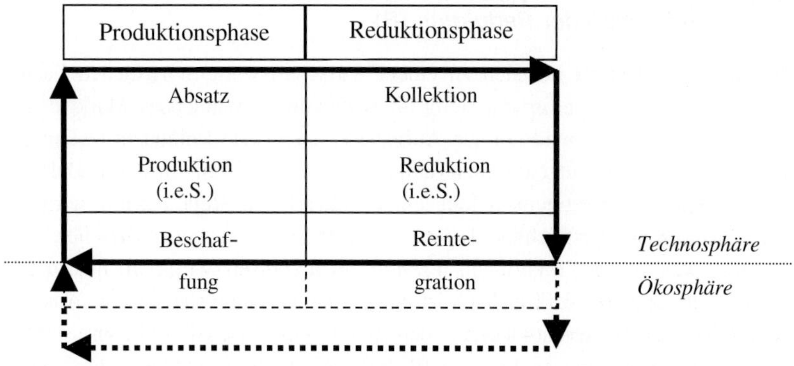

Produktionsphase	Reduktionsphase	
Absatz	Kollektion	
Produktion (i.e.S.)	Reduktion (i.e.S.)	
Beschaffung	Reintegration	*Technosphäre*
		Ökosphäre

Abb. 5-14: Zentrale betriebliche Grundfunktionen von Produktion und Reduktion

Zur genaueren Spezifizierung kreislaufwirtschaftlicher Ansatzpunkte in der Phase der Reduktion werden auch die oben genannten 3 reduktionsseitigen Grundfunktionen weiter aufgesplittet in die Bereiche der Erfassung & Sortierung, der De-

---

[116] Siehe hierzu bereits Kap. 2.3.2 sowie 4.1.4.
[117] Siehe hierzu auch die entsprechenden Abbildungen 5-4 und 5-5.
[118] Siehe Kap. 5.1.1, Abb. 5-5.

5. Stoffkreislaufwirtschaft im Rahmen betriebswirtschaftlicher Betrachtungen 127

montage & Retrotransformation sowie der Reintegration und Beseitigung, wobei das Handlungsfeld der Reintegration aus darstellungstechnischen Gründen in Abb. 5-13 implizit über die Redistribution werk- bzw. rohstofflicher Sekundärmaterialien zum Ausdruck gebracht wurde[119].

5.2.3.1 Ausgewählte Ansätze aus dem Bereich der Kollektion (Erfassung und Sortierung)

Im Kettenglied der **Kollektion** geht es um zielgerichtet gelenkte, räumlich, zeitlich, quantitativ und qualitativ dimensionierte Prozesse der Zugriffssicherung, Erfassung und Sortierung von Reduzenden. Für die Phase der Reduktion stellt die Kollektion den zentralen Beschaffungsvorgang dar, der damit ein Pendant zum Bereich der Beschaffung auf der Produktionsseite bildet. Analog zur Produktionsphase beginnt auch die Reduktionsphase mit Beschaffungsvorgängen, die logistisch gesehen als Hol- und Bringsysteme (bzw. als Mischformen davon) ausgelegt sein können[120]. Mit der Ausgestaltung dieser Beschaffungsvorgänge eng verbunden sind dabei nicht nur optische sondern auch chemisch-physikalische Klassifizierungen (Analytik). Ob eine erste visuelle Grobklassifizierung bereits auf dem Betriebsgelände Produzenten oder erst auf dem des Entsorgers stattfindet, ist für eine Zuordnung zum Bereich der Reduktion nicht entscheidend. Denn in beiden Fällen handelt es sich eindeutig um einen reduktionswirtschaftlich ausgerichteten Prozess[121]. Präziser ausgedrückt liegt der Beginn reduktionswirtschaftlicher Vorgänge genau an dem Ort, wo unerwünschte Stoffe zum ersten Mal als solche erfasst werden – und damit beim vielfach direkt an eine Produktionsanlage angegliederten outputspezifischen Abfallsammelgefäß. Die Phase der Reduktion schließt sich damit dem Produktionsvorgang am Produktionsort unmittelbar an.

Eine innerbetriebliche **Erfassung und Sortierung** von Abfällen ist also, produktionstheoretisch betrachtet, ein Reduktionsvorgang – und dies unabhängig davon, ob er nun auf dem Betriebsgelände des Produzenten oder dem des Entsorgers stattfindet. Jedes Stück Abfall, das in einem Abfallbehältnis aufgefangen wird, ist damit bereits etwas, das es über einen kontrollierten Kanal zu reduzieren gilt. Es wird damit bereits zum potenziellen reduktionsseitigen Input, d.h. in diesem Falle zu einem Reduzendum, das in aller Regel weiteren reduktionswirtschaftlichen Prozessen zuzuführen ist[122]. Je mehr reduktionswirtschaftliche Prozesse der Vor-

---

[119] Denn eine Redistribution als werkstoffliche bzw. rohstoffliche ‚Rezyklate funktioniert nur, wenn ihr auch ein entsprechender Vermarktungserfolg voraussig.

[120] Näheres zu diesen Begrifflichkeiten siehe die Ausführungen zum Thema Retrodistribution im Rahmen des nächsten Unterkapitels (Kap. 5.3).

[121] Siehe hierzu bereits eine ausführliche Fußnote am Ende des Abschnitts 5.1.1.1.

[122] Siehe bspw. auch die graphische Darstellung der Abb. 5-1.

sortierung bereits zur Abfallanfallstelle hin rückverlagert werden, desto mehr spielen sich kreislaufwirtschaftlich orientierte Reduktionsmaßnahmen bereits auf dem Gelände des Konsum- oder Investitionsgüterherstellers ab, der so auch „end-of-its-pipe" noch einen sehr deutlichen Beitrag zur Förderung einer industriellen Stoffkreislaufwirtschaft leisten kann. Eine zunehmende Anzahl von Betrieben des produzierenden Gewerbes betreibt in diesem Zusammenhang bereits große firmeninterne Recyclinganlagen, die eine zunehmend innerbetriebliche Stoffrückführung und damit ein Stück betriebsinterner Stoffkreislaufwirtschaft ermöglichen[123]. Derartige Verfahrensweisen fordern vom produzierenden Betrieb allerdings auch ein zunehmendes Know-how auf einem Feld, das nicht zu seinen Kernkompetenzen gehört. In vielen Fällen haben deshalb inzwischen Outsourcingprozesse stattgefunden, und zwar entweder dergestalt, dass die entsorgungsorientierten Geschäftseinheiten unternehmensrechtlich verselbständigt wurden oder indem professionelle Entsorger von außerhalb beauftragt wurden, mit ihren reduktionswirtschaftlichen Tätigkeiten bereits auf an der innerbetrieblichen Abfallanfallstelle des Produzenten zu beginnen[124].

Wer nun diese Tätigkeiten tatsächlich ausführt (ob nun Produzent oder Entsorger), ist im Rahmen des hier verfolgten reduktionswirtschaftlichen Ansatzes genauso gleichgültig, wie die Frage, ob ein Reduktionsvorgang nun auf dem Gelände des einen oder des anderen stattfindet. Entscheidend ist vielmehr der funktionale Charakter des Vorgangs selbst – und der ist eindeutig reduktionsseitig einzuordnen.

Für die Stoffkreislaufökonomie bedeutsam ist die Frage, ob am Ende des solchen Reduktionsprozesses tatsächlich qualitativ hochwertige Sekundärmaterialien bzw. Sekundärwerkstoffe stehen, die an die produktionsseitige Nachfrage in und außerhalb des Betriebes optimal angepasst sind. Ist dies der Fall, so ist die Wahrscheinlichkeit, dass sich eine betriebsstätteninterne Stoffkreislaufführung einer Inanspruchnahme betriebsextern zu beziehender Primärressourcen tatsächlich als überlegen erweist, relativ hoch. Und dies nicht nur wegen der im Allgemeinen größeren Offenheit gegenüber einem Wiedereinsatz eigener und damit wohlbekannter Abfallstoffe, sondern darüber hinaus auch wegen des Wegfalls der Kosten, die mit Transportleistungen jenseits des Betriebsgeländes verbunden sind.

Ganz allgemein können die Chancen zur Schließung technosphärischer Stoffkreisläufe über Verbesserungen bei der (reduktionswirtschaftlichen) Erfassung und Sortierung erhöht werden:

---

[123] Emulsionsspaltanlagen, Kunststoffregranulierungsanlagen, Anlagen zur Lösemittelwiedergewinnung, ...

[124] Gerade in Großunternehmen trifft man bisweilen auf Entsorger, die sämtliche reduktionswirtschaftlichen Tätigkeiten schon unmittelbar ab dem Ort der Abfallentstehung übernehmen und deshalb bereits innerhalb der Produktionsstätten selbst mit eigenen Fahrzeugen und eigenem Personal aktiv sind.

- durch eine Erhöhung der Erfassungsquote (und damit einer Minimierung dissipativer Verluste im Betrieb / in der Technosphäre),
- durch eine stärker differenzierende Sortierung
- durch eine Steigerung von Sortenreinheit sowie
- durch Verbesserungen bei der analytischen Komponentenbestimmung,

um nur die wichtigsten Ansatzpunkte zu nennen.

5.2.3.2 Ausgewählte Ansätze aus dem Bereich der Reduktion i.e.S. (Demontage und Retrotransformation)

Prozesse der **Reduktion i.e.S.** werden im Folgenden, analog zu den Produktionsprozessen in Unterkapitel 5.2.1, aufgesplittet in solche der Umwandlung und Umformung, wobei im Gegensatz zur Produktion Prozesse der Umformung solchen der Umwandlung in aller Regel zeitlich vorangestellt sind[125].

In der Produktlebensphase der **Demontage** geht es dabei zumeist erst einmal um die Abtrennung von Elementen, die als unmittelbar redistribuierbare Module von besonderem Wert sind, oder den reibungslosen Ablauf nachfolgender Reduktionsprozesse stören könnten. Solche stark selektiven Abtrennungsvorgänge markieren in der Regel den Anfang einer komponentenbezogenen Auflösung des Produktes, die, soweit möglich und sinnvoll, spiegelbildlich zu vormaligen Montageprozessen verläuft. Wichtige Faktoren, die die späteren Rückführungspotenziale in die Produktion maßgeblich vorherbestimmen, sind hier der Abtrennungsgrad, der wesentlich durch die Demontagetechnik bestimmt wird, sowie die Sortenreinheit der zu Verwertungszwecken abgetrennten Materialien[126]. Kreislaufwirtschaftlich gesehen von besonderer Bedeutung sind solche Outputs aus Demontageprozessen, die vonseiten des Produktions- oder Konsumsektors bereits auf modularer oder werkstofflicher Ebene wieder nachgefragt werden. Beispiele gibt es hier gerade aus dem Bereich der Automobilverwertung zuhauf, man denke nur an den Einbau eines Gebrauchtmotors in ein fast neuwertiges Fahrzeug, das wegen Motorschadens seine komplette Funktionstüchtigkeit eingebüßt hatte. Der Einbau eines solchen Gebrauchtmoduls in ein Fahrzeug eliminiert so zunächst einmal die Nachfrage nach einem entsprechenden Neumotor und erübrigt zunächst einmal dessen Produktion. Darüber hinaus erlaubt ein solcher Austauschmotor die Wiederherstellung eines funktionsfähigen Systems Auto, verschiebt damit die Nachfrage des

---

[125] Zu den Begriffen der Umwandlung und Umformung bzw. Transformation siehe bereits entsprechende Markierungen (Fettschrift) und Ausführungen in Kapitel 2.1.1 bzw. 5.2.1.3.

[126] Aus der Summe der werkstofflich verwerteten Abfallstoffe im Verhältnis zur entsprechenden Abfallgesamtmenge ließe sich die kreislaufwirtschaftliche Bedeutung eines Reduktionsvorganges schließlich an einer **werkstofflichen Verwertungsquote** ablesen.

Konsumenten nach einem neuen Wagen zeitlich nach hinten. Hierdurch wird ein wesentlich umfassenderer und äußerst ressourcenintensiver Komplexitätsaufbau vorerst vermieden.

Während Demontagevorgänge hauptsächlich bei wertschöpfungsintensiven Altprodukten aus der metallverarbeitenden oder der elektrotechnischen Industrie vorgeschaltet werden, ist für die Entsorgung der technosphärischen Hauptlast der Produktions- und Haushaltsabfälle in aller Regel eine direkte Rückführung über biologisch-chemische oder physikalisch-thermische Transformationen problemadäquat. Diese Umwandlungsprozesse werden in Analogie zur produktionsseitigen Phase der Protransformation unter dem Begriff der **Retrotransformation** zusammengefasst, für den Autoren wie bspw. *Bruns* die Bezeichnung „Behandlung" verwenden[127]. Analog zu den produktionsseitigen Transformationsprozessen kommt es auch hier nicht nur zu einer mechanischen Umformung eines stofflichen Kompositums, sondern zur weitgehenden Auflösung der Materialidentität – mit allerdings umgekehrter Komplexitätsrichtung. Entsprechend soll die Bezeichnung der Retrotransformation auch das zentrale Prozessziel einer Rückführung protransformatorisch entstandener Substanzen in natürliche / naturnahe oder zumindest nachfragegerechte Substanzen geringerer Komplexität oder Materialbindung unterstreichen.

Zweck der beiden zentralen Reduktionsvorgänge der Demontage und der Retrotransformation ist zum einen die möglichst weitgehende Reduktion abfallstofflicher Toxizität der Reduzenden, zum anderen aber auch deren Vorbereitung auf einen werk- bzw. rohstofflichen Wiedereinsatz im Rahmen technosphärischer oder allgemein ökosphärischer Produktionsprozesse.

Mit den Zielen einer möglichst vollständigen Eliminierung von Schadenspotenzialen und der Erreichung eines möglichst hohen Verwertungskoeffizienten werden in diesem zentralen Prozessabschnitt der Reduktion die technischen Voraussetzungen für eine technosphärische Stoffkreislaufschließung geschaffen.

5.2.3.3 Ausgewählte Ansätze aus dem Bereich der Reintegration

Nach Abschluss der Kollektions- und oder Reduktionsvorgänge i.e.S. mündet die Kette reduktionswirtschaftlicher Prozessschritte in ihre abschließende Phase, bei der es, analog zur Produktionswirtschaft, zunächst einmal um eine möglichst erfolgreiche Vermarktung von Reduktionsoutputs als Bauelementen für die Produktion geht. Mit einer dergestalt definierten erfolgreichen **technosphärischen Reintegration** von Materialien in produktionsseitige Verarbeitungsprozesse wird der

---

[127] Siehe entsprechende Erläuterungen zum Begriff der „Behandlung" in *Bruns* [Entsorgungslogistik 1997], S. 30 f.

5. Stoffkreislaufwirtschaft im Rahmen betriebswirtschaftlicher Betrachtungen 131

Stoffkreislauf technosphärisch geschlossen. Eine solche Reintegration sollte unter möglichst geringen Wertschöpfungsverlusten, d.h. nach Möglichkeit bereits auf Basis werkstofflicher Rezyklate geschehen (siehe Demontage), wodurch die Phase der Retrotransformation gar nicht mehr durchlaufen werden muss[128]. Das Hinarbeiten auf eine solch frühzeitige Rückführung in den Produktionssektor ist aus entropischen Gründen heraus sehr wünschenswert, wird jedoch auch in Zukunft nur für einen verhältnismäßig geringen Anteil von Reduzenden möglich sein[129]. Einer technosphärischen Nutzung der in den Reduktionsoutputs noch enthaltenen Exergie sollte eher subsidiärer Charakter zukommen, weil es sich hier um eine letztmalige Kreislaufführungsmöglichkeit innerhalb unserer Technosphäre handelt. Allerdings sind thermische Verfahren[130] einer stofflichen Verwertung c.p. dann vorzuziehen, wenn der hierdurch direkt und indirekt verursachte Umweltverbrauch geringer ist[131].

Angesichts der gegenwärtig vorhandenen Schwierigkeiten bei der technosphäreninternen Schließung von Stoffkreisläufen sei aber auch an dieser Stelle nochmals betont, dass eine solche nur in dem Maße funktioniert, wie sich die Anbieter von Sekundärmaterialien, Sekundärrohstoffen oder auch höherwertigen reduktionswirtschaftlichen Outputs gegen das Konkurrenzangebot an Primärstoffen bzw. die Konkurrenz produktionswirtschaftlich angesiedelter Vorlieferanten höherwertiger Produktkomponenten auch tatsächlich durchsetzen können. Dies ist keinesfalls ausschließlich eine Frage von Vergleichspreisen, sondern zudem auch eine solche eines entsprechend erfolgreichen Marketings. Mithin geht es also auch bei der Reduktionswirtschaft entscheidend um die erfolgreiche Beeinflussung potenzieller Kaufinteressenten[132].

---

[128] Siehe den Direktpfeil von der Demontage zur Reintegration in Abb.5-9, bzw. den frühzeitigen Austritt aus dem Reduktionssektor in Abb. 5-13 (d.h. von der Demontage hin zur Redistribution in Form werkstofflicher Materialien).

[129] Grundvoraussetzung hierfür ist natürlich, dass das Ausgangsobjekt die Stufe der Werkstoffe überhaupt erklommen hat.

[130] Juristische aufgesplittet in energetische Verwertung und thermische Behandlung (siehe Kap. 3.3.2).

[131] Wichtige Hinweise hierfür liefert eine umfassende ökobilanzielle Bewertung, deren Ergebnisse allerdings vielfach nicht pauschalisierbar sind, sondern (neben andern Schwierigkeiten mehr) auch vom lokalen Kontext abhängen. So begünstigt die lokale Nachfrage bspw. nach erdölsubstituierendem Brennholz die ökologische Sinnhaftigkeit energetischer Verwertung gegenüber einer fernab gelegenen Altpalettenwiederaufarbeitung unter Umständen so stark, dass diese Schiene nicht nur aus marktökonomischen, sondern auch aus ökologischen Gründen vorzuziehen wäre.

[132] Wie bereits in Kapitel 5.2.2 betont bestimmt aber auch hier letztlich "König Kunde" ganz wesentlich darüber mit, in welchem Maße tatsächlich reduktionswirtschaftliche Outputs im Rahmen technosphäreninterner Kreislaufschließung einen neue Funktionalität erhalten. Hinter der Phase der **Reintegration** steht vor diesem Hintergrund (ähnlich zur produktionsseitigen Phase des Ansatzes) ganz wesentlich eine Marketingaufgabe.

Der vorangegangene Abschnitt hat v.a. Fragen einer **technosphäreninternen Reintegration** thematisiert. Bei allen Bemühungen um eine solche technosphäreninterne Schließung von Stoffkreisläufen sollte allerdings stets auch die Alternative einer **Reintegration in die natürliche Ökosphäre** überdacht werden. Denn auch der Naturhaushalt benötigt zu seiner Entfaltung, bzw. zur Aufrechterhaltung seiner für uns wichtigen Leistungen Ressourcen, die wir ihm über Ressourcenextraktion aller Art selektiv entziehen. Problem dabei ist, dass wir sie auch nach Verlust ihres technosphärischen Nutzwertes nicht immer in Nahrungsform an die natürliche Ökosphäre zurückzugeben. Die Optimierung unserer technosphärischen Bemühungen um die Schließung von Stoffkreisläufen muss daher auch eine kontrollierte Rückgabe entschädlichter und inputgerecht konditionierter Materialien an die natürliche Ökosphäre beinhalten[133]. Gerade der Minimierung von Ökotoxizität gebührt hierbei höchste Bedeutung und dies schon allein deshalb, weil wir Menschen mit unserer gesamten Technosphäre von einer voll funktionsfähigen und größtmöglich diversifizierten Ökosphäre vital abhängig sind.

5.2.3.4 Ausgewählte Ansätze aus dem Bereich der Beseitigung

Der Prozess der **Beseitigung** beschreibt einen reduktionswirtschaftlichen Vorgang, der der Stoffkreislaufführung komplementär gegenübersteht. Er steht damit zum einen für eine kontrollierte Verwahrung toxischer Substanzen innerhalb der Technosphäre, zum zweiten aber auch für alle Formen der Ausschleusung von Materialien von der Technosphäre in die natürliche Ökosphäre[134]. Mit der sogenannten Konzentrations- und der Diffusionsstrategie stehen der Reduktionswirtschaft grundsätzlich zwei Verfahrensweisen zur Verfügung. Die **Konzentrationsstrategie** beschreibt in diesem Zusammenhang ein kontrolliertes und räumlich kompaktierendes Zusammenfassen von Beseitigungsmaterialien zur Endlagerung auf einer geordneten Deponie[135], während die **Diffusionsstrategie** über eine möglichst feine und gleichmäßige Verteilung in einem oder mehreren Ökosphärenmedien (Atmosphäre, Hydrosphäre, Pedosphäre, ...) einen Verdünnungseffekt beabsichtigt[136, 137]

---

[133] Siehe hierzu auch bereits die Ausführungen zu Beginn dieses 5. Kapitels.

[134] Dabei beschreibt er die Ausschleusung von Stoffen aus der Technosphäre unabhängig davon, ob es einer solchen nun tatsächlich bedurfte oder nicht (Siehe die Ausführungen in Kap. 3.3.2 bzw. §3, Abs. 1 Satz 2,2 KrW-/AbfG: *„Abfälle, die nicht verwertet werden, sind Abfälle zur Beseitigung".*).

[135] In diesem Falle handelt es sich um einen technosphäreninternen Beseitigungsvorgang (siehe „technosphäreninterne Endlagerung" in Abb. 5-8).

[136] In diesem Falle handelt es sich um eine technosphärische Ausschleusung, da hier die technosphärische Kontrolle aufgegeben wird (Bsp. Verklappung auf hoher See).

5. Stoffkreislaufwirtschaft im Rahmen betriebswirtschaftlicher Betrachtungen

Beseitigung durch Verbrennung, die insbesondere mit dem Ziel des Abbaus von Toxizität und Reaktivität, zunehmend aber auch zur Schonung knappen Deponieraums angewandt wird, bedient sich im Prinzip beider Strategien gleichzeitig. Obwohl großen Teilen dieser Stoffe nunmehr die Sacheigenschaft fehlt[138], sind die verbrannten Substanzen physisch aber nach wie vor vorhanden[139]. Selbst eine beseitigungsorientierte Verbrennung unerwünschter Materialien schafft also nicht mehr als eine, wenngleich meist beträchtliche, Volumen- und Gewichtsreduktion – bezogen auf eine daran anschließende Deponierung. Jeder Vorgang der Beseitigung bewirkt also, rein materiell gesehen, keine Eliminierung, sondern stets nur eine Massenverlagerung im Sinne einer Emission, die sich gemäß der aus dem ersten Hauptsatz der Thermodynamik abgeleiteten Massenbilanzgleichung in einem anderen Raum oder Umweltmedium zwangsläufig wiederum als Immission niederschlagen muss. Sind auch Verdünnungseffekte ökologisch inakzeptabel, so muss gewährleistet werden, dass sich diese Stoffe weder in technosphärische Stoffkreisläufe noch solche der natürlichen Ökosphäre einbinden lassen[140]. Als potenzielle Nahrungsquellen sind sie damit allerdings „endgültig[141]" verloren.

Vor dem Hintergrund eines zumindest vorübergehenden Verlustes an potenziellen Inputs oder einer potenziellen Schädigung von Ökosystemkomponenten sind grundsätzlich alle Arten von Beseitigungsvorgängen problematisch. Gleichwohl sind diese unter reduktionswirtschaftlicher Steuerung und Kontrolle befindlichen Beseitigungsvorgänge einer unkontrollierten **Diffusion**[142] in die Ökosphäre streng vorzuziehen.

Da Beseitigungsvorgänge ganz allgemein mit einem Verlust an „Nahrungsmitteln" für Öko- und Technosysteme verbunden sind, sollten sie allerdings auf das ökologisch Notwendige und das ökonomisch nicht Zumutbare beschränkt bleiben.

---

137 Nähere Ausführungen zu diesen beiden Strategiealternativen finden sich bspw. in *Strebel* [Umweltwirtschaft 1980], S. 102 ff. unter Bezugnahme auf *Ullmann* [Unternehmenspolitik 1976], S. 189 ff.

138 Zur Sacheigenschaft von Abfällen siehe die Ausführungen in Kap. 3.4.

139 Siehe hierzu auch die Ausführungen zum Materialbilanzansatz in Kap. 2.2; bezogen auf die Erde als Ganzem (Massenerhaltung).

140 Die dafür notwendigen Maßnahmen können durchaus auch die Sonderform „**reduktionswirtschaftlicher Hinzufügungsprozesse**" annehmen, bei denen es im Gegensatz zu Demontage und Retrotransformation nicht zu einer Komplexitätsreduktion kommt, sondern sogar zu einer Zunahme derselben, wenngleich nicht im mit dem Ziel einer zukünftigen Nutzung, sondern eines allgemeinen (gesamtökosphärischen) Nutzbarkeitsausschlusses. Entscheidend ist jedoch auch hier das reduktionsseitige Prozessziel der „Beseitigung". In diesem Sinne werden beispielsweise Ummantelungsprozesse in Form vorgenommen (so z.B. in Form von Verglasungen), deren Zweck ein dauerhafter Reaktivitätsausschluss des eingeschlossenen Reduktes mit seiner Umwelt ist.

141 „Endgültig" im Sinne menschlicher Ermessenszeiträumen, bzw. für den Menschen und sein gegenwärtiges Kontextmilieu, denn es könnte ja durchaus sein, dass die Natur durch die Entwicklung eines neuartigen Stoffwechselprozesses eine sich aufweitende Nische eines Tages nutzt.

142 Schlichtes verbrennen, verteilen, vergraben, vergessen.

5.3 Theoretische Grundlagen der Logistik (L) im Dreisektorenmodell

Will man sich nicht darauf beschränken, die stoffkreislaufwirtschaftlichen Unzulänglichkeiten unserer Kreislaufwirtschaft zu quantifizieren und daraufhin zu beklagen, sondern will man tatsächlich operationale Handlungsansätze entwickeln und zur Umsetzung vorschlagen, so ist ein Modells hilfreich, dessen ökosystemare Anlage bis hinunter in einzelne Prozesskettenglieder durchgängig erscheint und damit hilft, den abstrakten Wunsch nach einer langfristig stabilen Dynamik unseres Wirtschaftens (Makroebene) mit entsprechend zielführenden Handlungsansätzen für den einzelnen Entscheidungsträger (Mikroebene) zu verknüpfen. In diesem Zusammenhang wurde aus der Dreiteilung der Abb. 5-1 (Produktion – Konsumtion – Reduktion) zunächst eine Dreigliederung der jeweiligen Prozessbereiche in Beschaffung – Produktion – Absatz bzw. Kollektion – Reduktion – Reintegration (für die Kreislaufführung) / Beseitigung (für den kreislaufwirtschaftlichen Ausschluss) vorgenommen (Kap. 5.1 bzw. Abb. 5-4), ehe auch diese güterwirtschaftlichen Grundfunktionen wiederum aufgesplittet wurden, um konkretere stoffkreislaufwirtschaftliche Ansatzpunkte lokalisieren und mit entsprechenden Handlungsvorschlägen versehen zu können (Kap. 5.2 bzw. Abb. 5-13). Vor diesem Hintergrund wurden die Leistungsspektren der zentralen Funktionsträger aufgespannt und v.a. im Hinblick auf die industriebetriebliche Sphäre der Produzenten und Reduzenten spezifiziert.

Allerdings sind die unser materielles Wirtschaften vergegenständlichenden Stoffe und Produktionsmittel nicht an einem Punktmarkt verortet, sondern räumlich verteilt, so dass es eines speziellen Mediums bedarf, das die erforderlichen Translokationsaufgaben übernimmt. Dieses Medium verbindet die in den beiden vorangegangenen Abschnitten spezifizierten Prozesskettenglieder und fungiert damit als Leiter. In der Betriebswirtschaftslehre wird diese Verbindungsinfrastruktur als **Logistik** bezeichnet und stellt im Gegensatz zu den in Kapitel 5.1 und 5.2 produktionstheoretisch beschriebenen Funktionen[143] eine Querschnittsaufgabe dar, die „*die Gesamtheit aller zielgerichteten Veränderungen der räumlichen und/oder zeitlichen Eigenschaften materieller Objekte durch die Gestaltung und Ausführung von Transport-, Lagerungs-, Umschlags- und anderen Verkehrsprozessen*" [144] umfasst. Logistik wird notwendig und unabdinglich, sobald eine räumliche und/oder zeitliche Trennung systemarer Teilfunktionen stattfindet. Logistik beschreibt die Kanten, über die die meist lokal verorteten und größtenteils immobilen technosphärischer Prozesselemente (Stellen) unserer Technosphäre miteinander in Beziehung treten können (s. Abb. 5-15 unten), d.h. erst durch eine funktionstüchtige Logistik konstituiert sich ein System. Und nur in einem solchen

---

[143] Produktion - Konsumtion – Reduktion, bzw. die in Kap. 5.2 präzisierten Untereinheiten davon.
[144] *Gabler* [Wirtschaftslexikon 1988[12]] Bd. 4, S. 175.

5. Stoffkreislaufwirtschaft im Rahmen betriebswirtschaftlicher Betrachtungen

systemaren Kontext erhalten die verschiedenen Technosphärenelemente (Kunststoffe, Konsumprodukte, technische Anlagen, ...) ihre Daseinsberechtigung[145].

Im Rahmen einer solchen Systemstruktur lassen sich die in Kapitel 5.1 bis 5.2.3 beschriebenen und lokal gebundenen Prozesse als Systemknoten interpretieren, während die Logistik den über die Kanten fließenden Stofffluss gewährleistet.

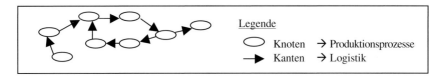

Legende
◯ Knoten → Produktionsprozesse
⇒ Kanten → Logistik

Abb. 5-15: Güterwirtschaftliche Prozesse und Logistik
im Rahmen eines offenen Knoten-Kanten-Systems

Jeder technosphärische Stofftransport und jede technosphärische Zwischenlagerung von Stoffen bedarf damit räumlich-zeitlich dimensionierter Logistikprozesse, die für alle Aggregationsebenen von Produktions-, Konsumtions- oder Reduktionsprozessen entwickelt oder gefördert werden müssen[146].

Während in Abb. 5-13 zur Bewahrung einer gewissen Übersichtlichkeit von der Darstellung innerbetrieblicher bzw. akteursbereichsinterner Logistikprozesse abgesehen wurde, sind zumindest zentrale bereichsübergreifende Beschaffungs- bzw. Absatzwege einer technosphärischen Stoffkreislaufwirtschaft als Distribution, Retrodistribution und Redistribution explizit ausgewiesen. Entsprechend dieser Terminologie werden:

- Produkte distribuiert
- Abfälle retrodistribuiert und
- Redukte (oder auch Gebrauchtprodukte) **redistribuiert**.

Hieran wird deutlich, dass im Zusammenhang mit dem Verständnis einer zur Produktionswirtschaft komplementären Reduktionswirtschaft Begrifflichkeiten eingeführt oder zumindest spezifiziert werden mussten, die sich zumindest von der Inhaltsseite her in anderen Arbeiten nur zum Teil wiederfinden. Sie werden deshalb im Folgenden nacheinander präzisiert. Bei alledem wurde allerdings besonderer Wert darauf gelegt, nur subsidiär Neues zu schaffen, d.h. die in der fachwissenschaftlichen Literatur bereits eingeführten und etablierten Definitionen und Definitionsansätze, wo immer transferabel und problemadäquat, zu übernehmen.

---

[145] Siehe hierzu auch die Ausführungen in Kap. 2; insbes. Abschnitt 2.2.

[146] „Förderung" betrifft dabei den Fall, wo die von der Natur bereits zur Verfügung gestellten Translokationsinstrumente in Anspruch genommen werden (Bsp.: Reduktion durch Kompostierung, Biovergasung etc.).

Während vielerorts gerade im Zusammenhang mit kreislaufwirtschaftlichen Darstellungen auf der reduktionswirtschaftlichen Seite vielfach mit einem nur sehr schwammig umrissenen Begriff der Entsorgungslogistik operiert wird, liefert *Wildemann*[147] ein differenzierteres Grundgerüst, das sich an die drei güterwirtschaftlichen Grundfunktionen sowohl im Bereich der Produktions- als auch der Reduktionswirtschaft anlehnt und so vorhandene Strukturparallelen widerspiegelt. Und wie in der folgenden Abb. 5-16 deutlich wird, kommt auch *Wildemann* aus seinem logistischen Blickwinkel heraus zu einem 2x3, d.h. 6-phasigen Kreislaufschema, das mit dem Konzept der in Kap. 5.1.1 erläuterten bzw. in der dortigen Abb. 5-5 graphisch dargestellten „industriellen Reproduktionswirtschaft" in weiten Teilen kompatibel ist. Es bildet damit ein hochinteressantes Konstrukt im Sinne der *Liesegang*'schen Idee von einer auf spiegelbildlicher Komplementarität basierenden Kreislaufwirtschaft. Bevor jedoch auf grundlegende Unterschiede zwischen dem *Wildemann*'schen Konzept und dem hier verfolgten reproduktionswirtschaftlichen Ansatz eingegangen werden kann, bedarf es zunächst einmal der Wiedergabe von *Wildemanns* Vorschlag:

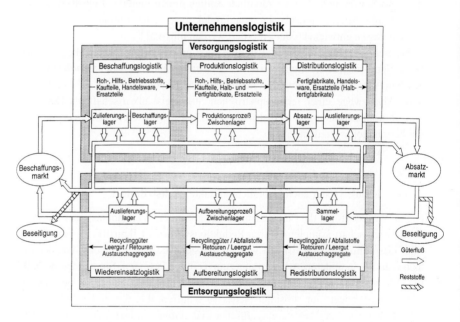

Abb. 5-16: Subsysteme der Unternehmenslogistik
Quelle: *Wildemann* [Entsorgungslogistik (1996)], S. 59

---

[147] *Wildemann* [Entsorgungslogistik 1996], S. 59.

5. Stoffkreislaufwirtschaft im Rahmen betriebswirtschaftlicher Betrachtungen

Konzentriert man die in Abb. 5-16 wiedergegebenen konzeptionellen Vorstellungen *Wildemann*s auf die Darstellung ihrer Dreiphasenstruktur, so ließe sich diese unter Einbeziehung der Technosphärengrenze wie folgt beschreiben:

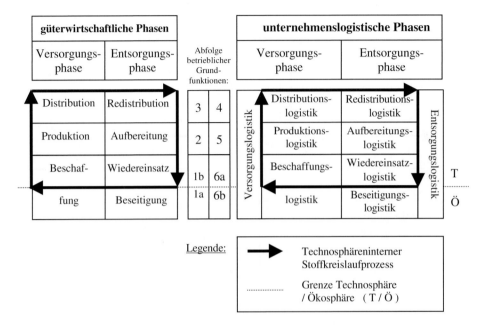

Abb. 5-17a: Terminologie der Logistik in der industriellen Stoffkreislaufwirtschaft unter Zugrundelegung des akteursorientierten Ansatzes von *Wildemann* (1996)[148]

Bei genauerer Betrachtung der Abb. 5-16 und 5-17a wird deutlich, dass *Wildemann* mit seinen Ausführungen zur Entsorgungslogistik einen eher **akteursorientierten Ansatz** beschreibt, dem in der folgenden Abb. 5-17b eine **prozessorientierte Sicht** gegenübergestellt wird, wie sie für die Arbeiten von *Dyckhoff* und *Souren* typisch ist und auch im Rahmen dieser Arbeit favorisiert wird[149]. Mit der Präzisierung der letztgenannten, reproduktionswirtschaftlichen Sichtweise ergeben sich aufseiten der Reduktion allerdings nicht nur terminologische, sondern auch begriffsinhaltliche Veränderungen, die im direkten Anschluss an die folgende Abb. 5-17b in ihren wesentlichen Zügen beschrieben werden.

---

[148] *Wildemann* [Entsorgungslogistik 1996].
[149] Siehe auch die abschließende Fußnote des Unterkapitels 5.1.1.1.

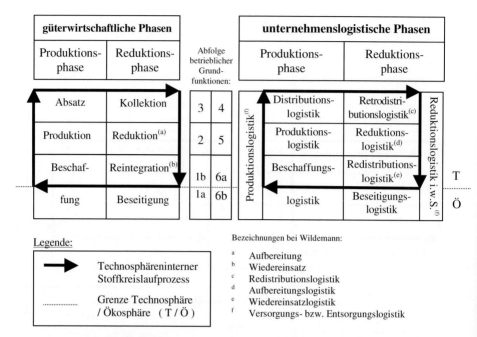

Abb. 5-17b: Terminologie der Logistik in der industriellen Stoffkreislaufwirtschaft unter Zugrundelegung eines prozessorientierten Ansatzes

Generell unterscheiden sich ein akteurs- und ein prozessorientierter Ansatz in diesem Fallbeispiel insbesondere darin, dass *Wildemann* den Entsorger als organisatorischer Einheit zum determinierenden Entscheidungskriterium erhebt, während *Dyckhoff* und *Souren* dies für den Prozess der Reduktion tun. Oder anders ausgedrückt: Nach der hier als „reproduktionswirtschaftlich" bezeichneten prozessorientierten Auffassung über das Wirtschaftsgeschehen agiert der Ent-Sorger nur so lange als solcher, wie er tatsächlich Reduktionsvorgänge im prozessualen Sinne vornimmt. D.h. beim reproduktionswirtschaftlichen Ansatz wird Kreislaufwirtschaft nicht als Wechselspiel zwischen Produzent und Entsorger beschrieben, sondern als Wechselspiel zwischen Produktions- und Reduktionsvorgängen.

Die hier vorliegende Arbeit stärkt eine solche reproduktionswirtschaftliche Sichtweise, indem sie Kreislaufwirtschaft zunächst einmal als materiell-technischen Prozess auffasst, und sie sieht sich im besonderen Potenzial dieses Ansatzes darin bestätigt, als das Tätigkeitsspektrum eines modernen Entsorgers die Grenzen des Prozessfeldes einer beseitigungsorientierten oder zumindest mit Beseitigung konnotierten Ent-Sorgung bereits deutlich überschritten hat. Tatsächlich nimmt sie

5. Stoffkreislaufwirtschaft im Rahmen betriebswirtschaftlicher Betrachtungen

grade im Zusammenhang mit der Herstellung von Recyclingprodukten (von einer lukrativen Erhöhung der Wertschöpfungstiefe einmal abgesehen) längst auch Versorgungsaufgaben wahr, die sich über die Fokussierung auf den Prozess wesentlich besser charakterisieren lassen als über die Fokussierung auf den Akteur.

Die in Abb. 5-16 wiedergegebene akteursorientierte Darstellung sieht hingegen nicht nur die Entsorgung von Abfällen, sondern auch die Produktion von „Recyclinggütern" auf der Akteursseite des Entsorgers und nicht des Versorgers. Und demzufolge sind dort nicht nur die Aufbereitung, sondern auch der Wiedereinsatz im Funktionsbereich des Entsorgers verortet. Auch *Wildemann* versucht damit, dem modernen Entsorger gerecht zu werden, allerdings mit dem Problem, dass das von einem Entsorger erstellte Recyclinggut ja nicht zu Ent-Sorgungszwecken, sondern, zu Ver-Sorgungszwecken erstellt wird und damit eindeutig der Versorgungsseite zugeordnet werden müsste. Wird die Erstellung von Recyclinggütern aber auf der Entsorgungsseite belassen (siehe Abb. 5-17a), so wird ein Entsorger damit, reduktionswirtschaftlich betrachtet, auch als Hersteller von Gütern auf Sekundärrohstoffbasis entsorgungsseitig kategorisiert.

Die vorliegende Arbeit schlägt deshalb vor, den Bereich des „Wiedereinsatzes" im Sinne des hier verwendeten reproduktionswirtschaftlichen Ansatzes bereits wieder produktionsseitig zuordnen. Der Prozessbereich der Reduktion schließt damit gemäß der hier vertretenen Auffassung nicht mit dem Recyclingprodukt ab, sondern bereits wesentlich früher mit der Phase der Reintegration, die als Spiegelbild zum produktionsseitigen „Absatz" das primär Ziel verfolgt, die technosphäreninterne (und ökosphärische) Nachfrage nach bestimmten Sekundärrohstoffen und -werkstoffen anzuregen, d.h. den Wiedereinsatz vorzubereiten und nicht, ihn bereits durchzuführen.

Nicht nur die oben geschilderten konzeptbedingten Unterschiede, sondern auch semantische Überlegungen veranlassten den Autor, von der *Wildemann*'schen Terminologie auf der Rückführungsseite abzuweichen und die in Abb. 5-17b vorgeschlagenen Termini anstelle der in Abb. 5-17a wiedergegebenen zu setzen. Im Einzelnen stützen sich die Überlegungen dabei auf folgende Punkte:

1. beschreibt die lateinische Vorsilbe „re-" ein „wieder, noch einmal" und passt damit terminologisch weit besser zu den am Ende einer Reduktionsphase stehenden Bemühungen um eine Vorbereitung des Wiedereinsatzes von Materialien, als zu dem am Beginn stehenden Vorgang der Materialien-Rückführung, die *Wildemann* (siehe Abb. 5-16, bzw. Abb. 17a, Phase 4) als Redistribution bezeichnet.

2. besitzen die Begriffe des „Wieder-einsatzes" und der „Re-distribution" eine sehr enge semantische Verwandtschaft[150] Sie werden bei *Wildemann* jedoch gleichzeitig für Logistikprozesse am Beginn (latinisiert) bzw. am Ende der Reduktionsphase (deutsch) verwendet, was die besonderen Charakteristika des einen gegenüber dem anderen Prozess eben nicht spezifiziert.

3. gibt der bspw. bei *Pfohl / Stölzle* (1995)[151] verwendete Begriff der „**Retrodistribution**" mit seiner Vorsilbe des „retro-" i.e. „rückwärts, zurück" tatsächlich das besondere Charakteristikum der beginnenden Reduktionsphase wieder, nämlich das geordnete Zurückholen von Altprodukten oder Produktkomponenten. Eine derartig beschriebene Retrodistribution ist auch geeignet, die zunehmenden Produktrücknahmepflichten des produzierenden Gewerbes und die damit einhergehenden Rücktransporte bildhaft wiederzugeben. Demgegenüber vermag die Vorsilbe „re-" (s.o.) wiederum eine zeitlich nachgelagerte Phase des Reduktionsprozesses treffend zu beschreiben, bei dem es um die Vorbereitung des Wieder-Einsatzes der bereits bis zu einem bestimmten Komplexitätsgrad zurückgeführten (und entschädlichten) Stoffe geht. Bei dieser „**Redistribution**" geht es, logistisch gesehen, nicht mehr um invers angelegte Rücktransporte, sondern um produktionszielorientierte Transporte zu den produktionsseitigen Inputstellen.

4. wurden für die einstmalige Festlegung des Begriffes der Produktionswirtschaft Vorgänge der Produktion als determinierendes Charakteristikum angesehen[152] und ebenso hatte der Terminus der Reduktion in einem vergleichbaren Kontext eine namensgebende Funktion bei der Festlegung des Begriffes der Reduktionswirtschaft[153]. In Analogie hierzu wird das reduktionswirtschaftliche Zentralelement (Phase 5) hier nicht als „Aufbereitung" (*Wildemann*), sondern als „**Reduktion**" bezeichnet. Dies ist auch insofern sinnvoll, als der Begriff der „Aufbereitung" bei prozessorientierter Vorgehensweise unter Umständen auch produktionsseitig verortet werden müsste[154].

---

[150] Lateinisch „Re-Distribution" entspricht deutsch „Wieder-Verteilung", die bereits einen „Wieder-Einsatz" im produktionsseitigen Sinne suggerieren könnte, obwohl sie erst den Beginn einer entsorgungswirtschaftlichen Schrittfolge markiert.

[151] *Pfohl / Stölzle* [Retrodistribution 1995] Sp. 2234; der Begriff der Retrodistribution als Synonym für den „schlichteren" Begriff der Kollektion findet sich jedoch auch schon bei *Liesegang* [Kreislaufwirtschaft 1993], S. 24.

[152] Dies impliziert bereits ein prozessorientierter Ansatz.

[153] Siehe Ausführungen in Kap. 5.1.1.3.

[154] Dies gilt bspw. für den Fall der „Aufbereitung" von Sekundärmaterialien (Outputs des Reduktionssektors) zu Sekundärprodukten.

5. Stoffkreislaufwirtschaft im Rahmen betriebswirtschaftlicher Betrachtungen 141

Aus den hier genannten Gründen heraus werden im Folgenden die logistischen Bindeglieder, welche den potenziell kreislaufwirtschaftlich orientierten Stofffluss zwischen den Bereichen der Produktion, Konsumtion und Reduktion gewährleisten, als Distributions-, Retrodistributions- und Redistributionslogistik – oder kurz als Distribution[155], Retrodistribution und Redistribution bezeichnet.

Der Logistikbereich der **Distribution** beschäftigt sich dabei mit der Verteilung bzw. dem Transport von Neuwaren, während **Redistribution** für die erneute Verteilung von gebrauchten oder rückgeführten Gütern steht[156]. Redistribution bezeichnet also räumlich-zeitlich dimensionierte Verkehrsprozesse, die zur Vorbereitung des technosphärisch angesiedelten Wiedereinsatzes von Stoffen und Materialien durchgeführt werden[157]. Redistribution markiert damit die logistische Leistung zur Schließung von Stoffkreisläufen. **Retrodistribution** geht einer Redistribution voraus. Sie trägt ihr gegenüber einen eindeutig rückwärtsgerichteten Charakter und beschreibt hier eine zielgerichtet gelenkte (kontrollierte), räumlich-zeitlich dimensionierte Rückführung von Produktabfällen, Altprodukten und deren Bestandteilen, die sowohl den Bereich der Produktion, der Konsumtion als auch (in Abb. 5-13 nicht wiedergegeben) der Reduktion selbst als Absender haben kann[158]. Die Retrodistribution kann dabei sowohl als Hol- wie auch als Bringsystem ausgebildet sein.

Dabei liegt ein **Holsystem** dann vor, wenn der Entsorgungspflichtige den Abfall beim Abfallbesitzer (grundstücksintern) abholt und damit zumindest den Transport bereits übernimmt, während der Abfallbesitzer den Abfall im Falle eines **Bringsystems**, d.h. auf eigene Initiative hin, zumindest bis zur ersten (grundstücksexternen) Abfallsammelstelle bringt. Während letzteres v.a. im Zusammenhang mit privaten Konsumenten praktiziert wird, die bspw. ihr Altglas oder ihr Altpapier zu entsprechend vorgehaltenen Containern transportieren und für sporadisch anfallende größere oder gesundheitsschädliche Abfallmengen auch mal den Weg zum nächsten Recyclinghof auf sich nehmen, lässt die Industrie ihre Abfälle in aller Regel bereits auf dem Firmengelände von Entsorgungsspezialisten abholen, denen sie die hierfür notwendigen Transport- und transportsicherheitstechnischen Leistungen vergütet[159].

---

[155] Die Verwendung des Begriffes der Distribution bleibt hier also für einen logistischen Prozess reserviert und ist damit kein Synonym für den Begriff „Absatz", wie ihn *Wildemann*s Graphik (Abb. 5-16) u.U. nahe legen könnte.

[156] Siehe hierzu auch die begriffliche Spezifikation in Abb. 5-13.

[157] Diese Verkehrsprozesse werden im Rahmen dieser Arbeit zwar im Wesentlichen als Verknüpfung zweier technosphäreninterner Systemknoten verstanden, gleichwohl kann der Empfänger dieser Transportleistung durchaus auch die natürliche Ökosphäre sein.

[158] Dies entspräche etwa Logistikprozessen, die im Zusammenhang mit Reduktionsabfällen stehen, wie sie in Abb. 5-1 wiedergegeben wurden.

[159] Gleichwohl ist die Entsorgung von Haus- und Sperrmüll aber auch für Privathaushalte als Holsystem organisiert, so dass auch hier nur verhältnismäßig kleine Abfallmengen verbracht werden.

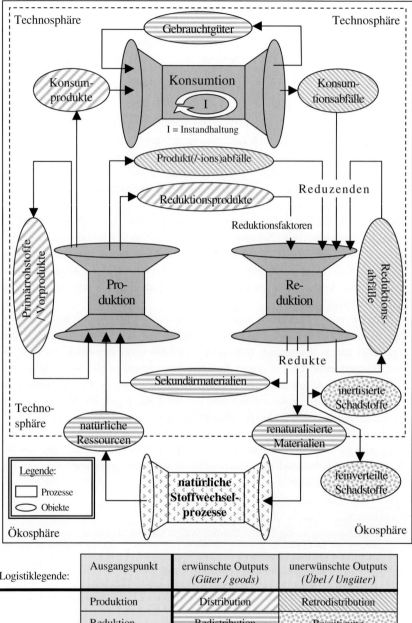

Abb. 5-18: Logistikprozesse in einer dreigliedrigen kreislauforientierten Wirtschaft

5. Stoffkreislaufwirtschaft im Rahmen betriebswirtschaftlicher Betrachtungen 143

Abb. 5-18 (siehe vorhergehende Seite) betrachtet das bereits in Abb. 5-1 dargestellte reproduktionswirtschaftliche Gesamtsystem noch einmal unter spezieller Fokussierung auf logistische Vorgänge, auf die erstmalig in Abb. 5-13 hingewiesen wurde. Lässt man einmal die Distribution zielgerichtet erstellter Produkte außer Acht und konzentriert sich auf die Reduktionsseite einer kreislauforientierten Wirtschaftsform, so konstituiert sich die damit verbundene **Reduktionslogistik** nacheinander aus folgenden Vorgängen:

- der **Retrodistribution**,
  im Rahmen derer Abfälle zur Reduktion hin transferiert werden
- der **Redistribution**,
  im Rahmen derer Gebrauchtgüter und Sekundärmaterialien einem weiteren Faktoreinsatz zugeführt werden
- und der **Beseitigungslogistik**,
  die für den Fall kreislaufwirtschaftlicher Unvollkommenheiten und Gefahren eine kontrollierte umweltneutrale Verwahrung oder ökosphärische Feinverteilung gewährleisten soll.

Reduziert man das in Abb. 5-1 bzw. Abb. 5-18 dargestellte Dreisektorenmodell auf die Abbildung dieser reduktionslogistischen Prozesse, so lässt sich das hieraus entwickelte Knoten-Kanten-System wie folgt skizzieren:

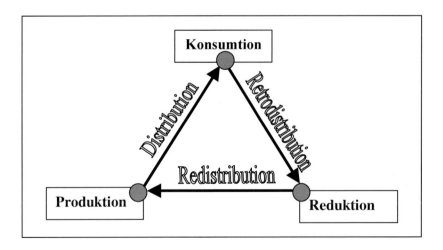

Abb. 5-19: Knoten-Kanten-Darstellung einer dreigliedrigen technosphärischen Kreislaufwirtschaft unter Zugrundelegung eines reproduktionswirtschaftlichen Ansatzes

Die drei Sektoren der Produktion, Konsumtion und Reduktion werden dabei verknüpft durch logistische Prozesse, wobei Endprodukte hauptsächlich zu Konsumzwecken distribuiert werden, während am Ende von Konsumtionsprozessen Retrodistributionsvorgänge dominant werden, die die Abfälle zum Zwecke ihrer Reduktion kanalisieren, ehe sich der Reduktionssektor schließlich mit Redistributionsvorgängen erneut der Produktionsphase zuwendet[160].

5.4 Entsorgung, Recycling und technosphärische Reduktion – drei Begriffsstämme für denselben Vorgang?

Abfälle sind mit negativen Wertvorstellungen behaftet. Ihr Dasein bereitet dem Wirtschaftssubjekt Sorgen, deren es sich entledigen, oder schlicht „ent-sorgen" will. Der Terminus der **Entsorgung** ist darum ein sprachliches Kompositum mit einer oftmals stark emotionalen Note. Gemäß ihres semantischen Hintergrundes weist sie zunächst einmal auf ein emotional ausgelöstes Vorhaben eines Abfallerzeugers oder -besitzers gegenüber einem unliebsamen Stück Materie hin. Er will sich seiner „ent-sorgen". Demgegenüber implizieren Gedanken zum **Recycling** bereits Vorstellungen über das wie: nämlich über eine technosphäreninterne Kreislaufführung. Auch die in Kap. 5.1.1.3 beschriebene **technosphärischen Reduktion** ist technosphärisch angesiedelt, inkorporiert im Gegensatz zum Recyclingbegriff aber auch die Möglichkeit einer Beseitigung und einer kontrollierten Ausschleusung in die Ökosphäre. Mit einer juristisch verstandenen Entsorgungsbegriff kommt die Reduktion jedoch insoweit nicht zur Deckung, als sich erstere bis zum produktionsseitigen Wiedereinsatz erstreckt. Auch wenn sich all diese Fachbegriffe auf den Umgang mit Abfall beziehen, so erscheint ihr Verhältnis zueinander doch kompliziert, was v.a. demjenigen auffallen dürfte, der versucht, für die dahinter stehenden Auffassungen eine gemeinsame Verständigungsgrundlage zu schaffen.

5.4.1 Entsorgung

Souren versteht den Begriff der Entsorgung als eine Betrachtung aus der Sicht des Abfallerzeugers[161] und knüpft damit an den oben beschriebenen, stark intuitiv geprägten Begriff einer **Ent-Sorgung** an. Gemäß der stark emotional belegten Sprachwurzel, bei der die subjektive Empfindung einer Befreiung von Sorge im Vorder-

---

[160] Wie bereits in der Beschreibung der Graphik erwähnt, beschränkt sich die obige Darstellung jedoch auf die jeweils dominanten Logistikprozesse zwischen den einzelnen Sektoren, da ja bspw. Reduktionsprodukte auch auf direktem Wege an den Reduktionssektor distribuiert werden .

[161] *Souren* [Reduktionstheorie 1996], S. 16.

5. Stoffkreislaufwirtschaft im Rahmen betriebswirtschaftlicher Betrachtungen 145

grund steht, wird er in Abb. 5-20 als „**gemeinsprachlicher Entsorgungsbegriff**" bezeichnet. Ein solcher Entsorgungsbegriff umfasst bei *Souren* sämtliche im Rahmen dieser Arbeit als reduktionswirtschaftliche Prozesse bezeichnete kontrollierte Vorgänge, darüber hinaus aber auch Prozesse der unkontrollierten Dissipation von Abfällen in die Ökosphäre[162].

Darüber hinaus hat sich eine ganze Reihe weiterer Entsorgungsbegriffe etabliert, deren Spannweite sich von einer reinen End-Sorgung im Sinne einer technosphärischen Beseitigung bis hin zu einer selbst die Produktion von Sekundärrohstoffen einschließenden Begriffsverwendung erstreckt[163]. Für Letzteres könnte an dieser Stelle wiederum die als Abb. 5-16 eingescannte Graphik von *Wildemann* herangeführt werden, die implizit mit einem die Produktion von Recyclinggütern einschließenden Entsorgungsbegriff operiert. In Anlehnung an die Ausführungen des vorherigen Unterabschnitts[164] könnte man hier von einem **akteursorientierten Entsorgungsbegriff** sprechen[165].

Inhaltlich recht ähnliche Bestandteile wie bei *Wildemann* inkorporiert der **juristische Entsorgungsbegriff**, im Rahmen dessen das KrW-/AbfG §3 Abs. 7 Abfallentsorgung als einen Vorgang definiert, dessen Spannweite *„die Verwertung und Beseitigung von Abfällen"* umfasst. Zwar findet man im KrW-/AbfG weder für den Begriff der Verwertung noch für den der Beseitigung eine Legaldefinition, doch gibt es in KrW-/AbfG §3 Abs. 2 einen Hinweis auf Anhang II B des Gesetzes, wo die als Verwertung anerkannten technischen Verwertungsverfahren nacheinander aufgeführt werden (sog. R-Sätze). Mit R13 des Anhangs IIb wird jedoch deutlich, dass auch die *„Ansammlung von Stoffen ... bis zum Einsammeln auf dem Gelände der Entstehung der Abfälle"* von Gesetz bereits als Verwertungsverfahren angesehen wird. Der juristische Begriff der **Verwertung** umfasst damit alle Vorgänge zwischen der Ansammlung von Stoffen zur technosphärischen Reduktion bis hin zur Produktion von Sekundärmaterialien. Dies wird bspw. auch in KrW-/AbfG, Anhang II B, R8 deutlich, wo die Altölraffination explizit als Verwertungsverfahren aufgeführt wird[166].

---

[162] Siehe entsprechende Schraffuren in Abb. 2.2 bei *Souren* [Reduktionstheorie 1996], S. 17.

[163] Siehe hierzu bspw. die vergleichenden Ausführungen zum Entsorgungsbegriff bei *Stölzle* [Entsorgungslogistik 1993], S. 159 ff. oder Anmerkungen bei *Souren* [Reduktionstheorie 1996], S. 16.

[164] Siehe Ausführungen zur akteursorientierten versus prozessorientierten Zuordnung von Logistikprozessen in Kapitel 5.3.

[165] In einem solchen Sinne umgreift die Entsorgung das gesamte Tätigkeitsfeld das für Entsorger typisch ist und bis hin zur Produktion von Endprodukten auf Recyclingbasis reicht.

[166] Damit ähnelt der Entsorgungsbegriff dem von *Wildemann* (siehe Abb. 5-16), der die Produktion von Recyclinggütern inkorporiert. Produktionstheoretisch betrachtet erwächst hieraus aber das bereits an anderer Stelle (Fußnote am Ende des Abschnittes 5.1.1.1) erwähnte Problem, dass damit – um im obigen Fallbeispiel zu bleiben – ein auf der Basis von Rohöl raffiniertes Erdölprodukt Ergebnis einer versorgungsorientierten Leistungserstellung darstellt, während ein in Anschauung und molekularem Aufbau identisches Gut, das aus Altöl hergestellt wurde, Ergebnis einer entsorgungsorientierten Tätigkeit wäre.

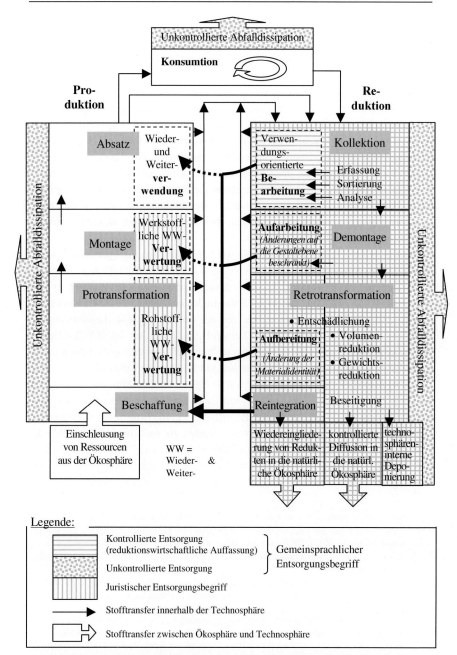

Abb. 5-20: Terminologische Abgrenzung des Entsorgungsbegriffes nach seiner prozessualen Spannweite im Rahmen des Produktions-Reduktions-Modells

5. Stoffkreislaufwirtschaft im Rahmen betriebswirtschaftlicher Betrachtungen   147

Damit beschränkt sich der juristische Entsorgungsbegriff nicht auf Vorgänge einer zur Produktion komplementären Reduktion, wie das bei der reduktionswirtschaftlichen Auffassung des Entsorgungsbegriffes der Fall ist (siehe Abb. 5-20 auf der Vorseite), sondern greift bereits weit in ein Prozessfeld hinein, das bei produktionstheoretischer, oder präziser, reduktionswirtschaftlicher Betrachtung eindeutig produktionsseitig zugeordnet werden muss[167]. Darüber hinaus ist der juristische Entsorgungsbegriff an den Handlungsgegenstand des bereits an früherer Stelle erläuterten juristischen Abfallbegriffs[168] gekoppelt und eignet sich auch aufgrund der damit verbundenen intertemporalen Unbeständigkeit seiner begrifflichen Reichweite wenig für eine produktionstheoretische Betrachtung.

Gilt dies aber nicht auch für den bei Souren angetroffenen Entsorgungsbegriff, der ja auch eine subjektive Sicht der Dinge wiedergibt[169]? Dies ist sicherlich richtig. Tatsächlich deckt sich die zumindest gegenwärtig dahinter stehende Auffassung aber auch mit dem Funktionsbereich des Reduktionssektors im Dreisektorenmodell. D.h. der **„reduktionswirtschaftliche Entsorgungsbegriff"** erstreckt sich von Prozessen der Sammlung, Sortierung, Analyse, Demontage, Retrotransformation bis hin zur Beseitigung von Übeln. Eine in diesem Sinne verstandene **Entsorgung** ist damit kongruent mit der in Kap. 5.1.1.3 spezifizierten „Reduktion im weiteren Sinne" (bzw. dem Bereich technosphärischer Reduktion). Die prozessuale Spannweite des reduktionswirtschaftlich spezifizierten Entsorgungsbegriff beginnt damit an gleicher Stelle wie die des juristischen, endet jedoch bereits wesentlich eher (siehe auch die entsprechenden Schraffuren in Abb. 5-20).

5.4.2 Recycling

Im Gegensatz zum Entsorgungsbegriff besaß der Begriff des **Re-Cycling** schon immer eine eher technische Konnotation, getragen von der Vorstellung, dass sich Materialien (und Energie) aus Abfällen über eine Abfolge bestimmter Maßnahmen erneut in technosphärischen Produktionsprozessen einsetzen lassen und damit eine zyklische Nutzung ihrer Potenziale ermöglicht. Entsprechend wird **Recycling** beispielsweise bei *Steven* (1995) definiert als *„Rückführung von Material und Energie, die bei der Produktion als Rückstand oder bei der Konsumtion als Hausmüll anfallen, als Einsatzstoffe in Produktionsprozesse"*.[170] Auch bei *Kleinaltenkamp* (1985) findet sich eine inhaltlich ganz ähnliche Definition. Er zählt zum Recycling *„all jene Prozesse, durch die ein bislang nicht verwerteter Materie- bzw.*

---

[167] Siehe bereits die Ausführungen in Kapitel 5.1.1 sowie Kapitel 5.2 dieser Arbeit.
[168] Siehe Ausführungen in Kapitel 3.3.
[169] Er steht nach *Souren* [Reduktionsprozesssteuerung 1996], S.16, für die von persönlicher Anschauung geprägte Sichtweise des Abfallerzeugers.
[170] *Steven* [Recyclingbegriffe 1995], S. 689.

Energieoutput des Wirtschaftssystems diesem als Inputfaktor wieder zugeführt wird" [171], und stellt Recycling damit explizit in Zusammenhang mit dem Begriff der Verwertung. Recycling in diesem traditionellen Sinne wäre damit nichts anderes als eine mit Verwertungsprozessen verbundene technosphäreninterne Rückführung von Materialien und Energie in die Produktion. Um jedoch die hierin liegende Einschränkung des Recyclingbegriffes präziser fassen zu können, ist zunächst einmal eine genaue Abgrenzung des Begriffspaares der **Verwertung und Verwendung** notwendig.

Beide Begriffe haben, teilweise auch außerhalb einer direkten Gegenüberstellung, eine von großer Uneinheitlichkeit geprägte Entwicklungsgeschichte hinter sich, die alsbald durch die Präfixe Wieder- und Weiter- präzisiert wurde, ohne allerdings hierdurch stets zu einem eindeutigeren Begriffsverständnis geführt zu haben. Glücklicherweise hat sich dieses bedeutungsseitig vorhandene Wirrwarr zumindest in der betriebswirtschaftlichen Literatur weitgehend dahingehend aufgelöst, dass immer mehr Autoren auf eine möglicherweise von *Heeg* (1984)[172] entwickelte Terminologie zurückgreifen, die die beiden oben genannten Morpheme zu einem maximalen Formenreichtum kombiniert und die dadurch entstandenen Begriffe der Wieder- und Weiterverwendung sowie der Wieder- und Weiterverwertung mit aufeinander abgestimmten Inhalten versieht. (Siehe in diesem Sinne auch die Abb. 5-21 auf der folgenden Seite).

Als Beispiele für **Wiederverwendung** können dabei alle Arten von Mehrwegverpackungen wie bspw. Gitterboxen, bestimmte Kunststoffkanister oder Pfandflaschen, aber auch runderneuerte Reifen, Austauschmotoren oder der Einsatz von Kreislaufwasser angeführt werden; Senfgläser als Trinkgläser oder Vasen, Klaviere als Minibars oder Radfelgen als Füße für Sonnenschirme stehen für Nutzungsformen einer **Weiterverwendung**. Metallschrottinputs bei der Stahlherstellung oder die Zuführung von Altglas bei der Glasherstellung stehen für eine **Wiederverwertung**, während bspw. die Kompostierung zur Produktion von Humus, die Herstellung von Bauplatten, Dämmstoffen oder aus Altpapier oder von Blumenkübeln aus Kunststoff-Mischbfällen exemplarisch für Vorgänge einer **Weiterverwertung** genannt werden können[173].

---

[171] *Kleinaltenkamp* [Recyclingstrategien 1985], S. 21.
[172] *Heeg* [Recycling 1984].
[173] Während im Bereich der Zweitverwendung kaum Abgrenzungsprobleme auftreten dürften, ist die Sache im Verwertungsbereich bisweilen schwieriger. Streng genommen ist nämlich bspw. der Sekundärkarton aus Altkartonage ein Produkt der Wiederverwertung, während Sekundärkarton aus Altpapier zur Weiterverwertung gehört. Umgekehrt ist Recyclingpapier nur dann ein Produkt der Wiederverwertung, wenn der Ausgangsstoff tatsächlich Altpapier war und nicht etwa Kartonage. Verschiedene Veröffentlichungen subsumieren Wieder- und Weiterverwertung deshalb auch einfach unter dem Begriff der Verwertung (so bspw. auch in *UBA* [Abfall 1994], S. 13).

5. Stoffkreislaufwirtschaft im Rahmen betriebswirtschaftlicher Betrachtungen

	Recycling im Rahmen der Phase der Konsumtion	Recycling nach Beendigung der Produktions- und/oder Konsumphase (Altstoffrecycling)	Kriterium:
Einsatz von Komponenten und Materialien	**Wieder-** .... in bereits früher durchlaufenen Produktionsprozessen *(primäres Recycling)*	**Weiter-** .... in noch nicht durchlaufenen Produktionsprozessen *(sekundäres Recycling)*	Erstzweck
unter	**-verwendung** ... Beibehaltung der Materialidentität *(direktes Recycling)*	**-verwertung** ... Aufgabe der Materialidentität oder zumindest Gestaltänderung *(indirektes Recycling)*	Materialidentität

Abb. 5-21: Kriterien für die Kategorisierung von Recyclingvorgängen (inhaltlich abgeleitet aus *Heeg* [1984], *Heeg et al.* [1994] sowie *Bruns* [1997])[174]

Alle diese Spezifikationen repräsentieren prozesstechnisch determinierte Formen des **Recycling**, und dies auch dann, wenn die Vorgänge intrakonsumtiv ablaufen und damit zumindest nach rechtlicher Auffassung keine Abfallentstehung vorausgegangen ist. D.h. auch Reinigungsprozesse, Instandhaltungsprozesse, oder Maß-

---

[174] Siehe *Heeg* [Recycling 1984] S. 507; *Heeg / Veismann / Schnatmeyer* [Recycling 1994], S. 23 ff; sowie *Bruns* [Entsorgungslogistik 1997], S.10, für die in Klammern stehenden Recyclingbegriffe. Auch *Kleinaltenkamp* [Recyclingstrategien 1985], S.55 oder *Rutkowsky* [Abfallpolitik 1998], S. 52 liefern eine ähnlich erscheinende Matrix. Allerdings steht bei ihnen der Begriff der Verwendung in Verbindung mit „Bauteilen", d.h. relativ komplex aufgebauten Abfallobjekten, während sich Wiederverwertung und Weiterverwertung auf Stoffe beziehen. Die Abgrenzung von Verwendung und Verwertung richtet sich damit nach dem Niveau der Restkomplexität des Redukts. Nachteil dieses Klassifikationskriteriums ist jedoch beispielsweise, dass ein Grundstoff damit nur verwertet, schwerlich aber wieder- oder weiterverwendet werden könnte.

Das hier vorgeschlagene Unterscheidungskriterium nach Beibehaltung oder Auflösung der Materialidentität entscheidet die Frage nach Verwertung oder Verwendung hingegen an der Qualität des reduktionswirtschaftlichen Transformationsprozesses, der vorgenommen worden ist. Findet ein Grundstoff also bereits nach einem räumlich-zeitlichen Transfer (siehe die entspr. Kennzeichnung in Abb. 5-9) oder nach einer lediglich auf Vorgänge der Kollektion (siehe die Ausführungen in Kap. 5.2.3) beschränkte technosphärische Reduktion wieder in den Produktionsprozess zurück, so ist dieser Vorgang gemäß Abb. 5-22 nicht als Verwertungs- sondern als Verwendungsvorgang einzuordnen. Beispiel hierfür wäre der Einsatz nicht mehr benötigter Altchemikalien einer Firma A bei einer Firma B. Bei einem solchen Vorgang handelt es sich um eine vergleichsweise enge, entropiearme Kreislaufschließung, die gerade unter ökologischen Gesichtspunkten als außerordentlich positiv einzustufen ist.

nahmen zur Wiederinstandsetzung komplexerer Gebrauchtgüter (so bspw. der Einbau eines Austauschmotors), sind nach der hier vertretenen Auffassung Recyclingprozesse. Es handelt sich hier um sogenanntes *„Recycling während des Produktgebrauchs"*, wie es die VDI-Richtlinie 2243 mit dem Titel *„Konstruieren recyclinggerechter technischer Produkte, Grundlagen und Gestaltungsregeln"* beschreibt. Recycling impliziert also nicht die Inanspruchnahme eines technosphärischen Reduktionsprozesses oder gar von Maßnahmen aus dem Bereich der „Verwertung", sondern steht mit *Kreibich* (1984) schlicht für den Begriff der „Kreislaufrückführung" [175]. Dies sehen v.a. solche Akteure anders, die das Recycling mit retrotransformativen Vorgängen verbinden und dies in den besonderen Charakteristika der bei professionellen Recyclern vorgefundenen Prozesstechnik auch bestätigt finden.

Auch das KrW-/AbfG beschränkt sich in seinem Geltungsbereich ausschließlich auf Vermeidung, Verwertung und Beseitigung[176] und klammert damit Wiederverwendung und Wiederverwendung weitestgehend aus. Dies liegt schlicht daran, dass im juristischen Sinne bei einer intrakonsumtiv angelegten Zweit- oder Drittverwendung noch kein Abfall angefallen ist und sich die bereits auf Verwendungsniveau erfolgenden Kreislaufschließungen v.a. hierauf beschränken. Auch *von Köller* weist in seinem *„Leitfaden Abfallrecht"* von 1997 ausdrücklich darauf hin, dass das Abfallrecht (und damit im Besonderen auch das KrW-/AbfG) auf Vorgänge der Wiederverwendung nicht anwendbar ist[177]. Diese Aussage gilt jedoch nicht nur für Vorgänge der Wiederverwendung sondern auch der Weiterverwendung. So heißt es bspw. im KrW-/AbfG §3 Abs. 3 Satz 2, dass ein Entledigungswille ... anzunehmen ist, wenn die *„... ursprüngliche Zweckbestimmung entfällt oder aufgegeben wird, ohne dass ein neuer Verwendungszweck an deren Stelle tritt."* Genau dieser neue Verwendungszweck markiert aber eine Weiterverwendung.

Um also beim Umgang mit dem Recyclingbegriff klar zum Ausdruck zu bringen, wie man ihn in seiner prozesstechnischen Dimensionierung versteht, ist es nützlich, ihn durch eine präzisierende morphologische Komponente zu bereichern. Unter entropischen Gesichtspunkten wird deshalb im Folgenden unterschieden zwischen einem **verwertungsgerichteten Recycling**, das im Rahmen seiner materiellen und/oder energetisch beschriebenen Kreisbahn die Phase der Reduktion und/oder Produktion i.e.S. durchläuft und einem **verwendungsgerichteten Recycling**, das die lediglich auf Verwendungsprozesse beschränkte Rückführung von Gebrauchtgütern und Reduzenden in Produktion und Konsumtion begrifflich zu-

---

[175] *Kreibich* [ökologische Produktgestaltung 1994], S.14.
[176] KrW-/AbfG §2, Abs. 1.
[177] *Von Köller* [KrW-/AbfG 1997], S. 104.

sammenfasst und im Allgemeinen mit einer wesentlich geringeren entropischen Distanz[178] von Input und Output verbunden ist.

Beides zusammen könnte man schließlich durch den Begriff eines **technosphäreninternen Recyclings** kenntlich machen, das sämtliche mit Verwendungs- und Verwertungsprozessen verbundenen Rückführungen von Gebrauchtgütern, Redukten [und Energie] in den technosphärischen Konsum- oder Produktionsprozess umfasst und damit den Gesamtprozess des Recyclings innerhalb unserer Technosphäre umklammert.

Während die auf Verwendungszyklen beschränkten Recyclingvorgänge zu großen Teilen bereits intrakonsumtiv geschlossen werden und in diesem Falle den Reduktionssektor erst gar nicht tangieren, beginnen zumindest die verwertungsgerichteten Recyclingvorgänge allesamt an der gleichen Stelle wie Vorgänge der Entsorgung[179] oder der Reduktion i.w.S., nämlich bei der Zufuhr unerwünschter Outputs in die erste kontrollierte Abfallsenke, die sich im Idealfall in unmittelbarer Nähe des abfallverursachenden Produktionsprozesses oder Konsumtionsprozesses befindet.

Im Gegensatz zu einem bestimmten Teil der Entsorgungsvorgänge (nämlich dem der Beseitigung) endet Recycling aber nicht in einer technosphärischen Sackgasse, d.h. beim Ausschluss von Stoffen aus der Stoffkreislaufwirtschaft sondern beim Vorgang der Verwertung im Sinne eines faktischen Wiedereinsatzes, der bereits den Beginn einer nächsten Produktionsphase markiert[180]. Recycling ist damit nicht die Kehrseite zur Produktion, sondern besitzt mit ihr im Prozess der Verwertung bereits eine Schnittmenge.

Auch diese Zusammenhänge sollen anhand der Eintragungen und Schraffuren in der folgenden Abbildung 5-22 nochmals plastisch verdeutlicht werden:

---

[178] Zum Begriff der entropischen Distanz siehe Kap. 7.1.2.
[179] Im Sinne des im vorherigen Abschnitt definierten reduktionswirtschaftliches Entsorgungsbegriffs.
[180] Hierbei wird einer produktionstheoretischen Interpretation des Verwertungsvorgangs gefolgt, wie sie bei *Souren* [Reduktionstheorie 1996] S. 16 ff. anzutreffen ist.

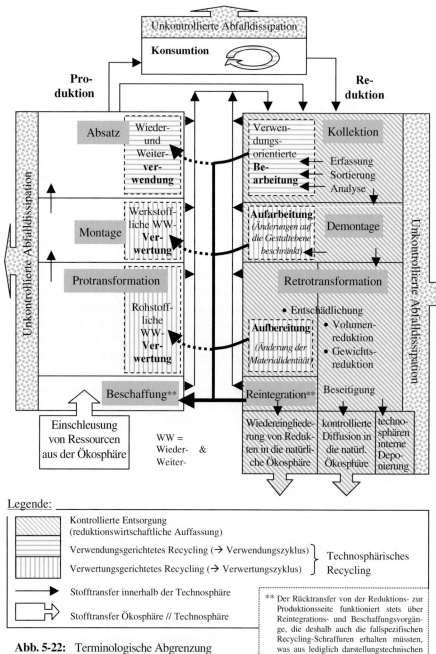

Abb. 5-22: Terminologische Abgrenzung von Recycling und Entsorgung nach seiner prozessualen Spannweite im Rahmen des Produktions-Reduktions-Modells

5. Stoffkreislaufwirtschaft im Rahmen betriebswirtschaftlicher Betrachtungen   153

Will man hingegen die Bedeutung von Systemgrenzen besonders betonen, was die empirischen Befunde des 8. Kapitels durchaus nahe legen, so empfiehlt sich eine Fallunterscheidung in prozessintegriertes, produktionsintegriertes und betriebsexternes Recycling, wie dies von *Strebel / Schwarz / Schwarz* (1996) vorgeschlagen wird[181]. **Prozessintegriertes Recycling** bezeichnet in diesem Zusammenhang einen Vorgang bei dem die Produktionsrückstände unmittelbar nach deren Entstehung wieder in den Produktionsprozess zurückgeführt werden[182], wie dies bspw. im Falle von Anspritz bei der Kunststoffproduktion oder Anguss bei der Metallverarbeitung vielfach möglich ist. Prozessintegriertes Recycling repräsentiert damit im Rahmen des gegenwärtig gültigen KrW-/AbfG, §4, Abs.2 einen Vorgang der Abfallvermeidung[183]. Den Begriff „**Produktionsinternes Recycling**" verwenden *Strebel / Schwarz / Schwarz* (s.o.) hingegen für den innerbetrieblichen Wiedereinsatz von Produktionsrückständen in einem anderen als dem Ursprungsprozess[184]. In diesem Falle ist zwar abfallrechtlich Abfall entstanden, der jedoch innerhalb der Systemgrenzen der Betriebsstätte bereits wieder Eingang in einen produktionsseitig angesiedelten Verarbeitungsprozess gewonnen hat. **Betriebsexternes Recycling** umgreift gemäß o.g. Autoren schließlich alle die Materialkreisläufe, die erst außerhalb der betrieblichen Grenzen geschlossen werden können. Eine derartige Kategorisierung wird im Folgenden vor allem dort eine Rolle spielen, wo es explizit um Fragen der Stoffkreislaufwirtschaft im Raum geht und damit nicht nur um räumliche Distanzen, sondern gleichwohl auch um die Bedeutung organisationaler Systemgrenzen[185].

Lässt man also die in Punkt 5.4 dargestellten Ergebnisse nochmals in aller Kürze Revue passieren, so wird deutlich, dass sich in Anhängigkeit vom Fokus der jeweiligen Fragestellung verschiedenartige Recyclingklassifikationen anbieten, die einander nicht kontradiktorisch gegenüberstehen müssen, sondern jeweils das Ihrige zum Gesamtverständnis beitragen. Dies sei anhand der folgenden Abbildung 5-23 nochmals in plakativer Form verdeutlicht, das in seinem linken Flügel auf die Intensität prozessualer Veränderungen fokussiert, während der rechte Flügel system- bzw. akteursorientierte Fragestellungen in den Vordergrund stellt:

---

[181] Einen ähnlichen Vorschlag machen bspw. *Wicke / Haasis / Schafhausen / Schulz* [betriebliche Umweltökonomie 1992], S. 177f., indem sie, unter Bezugnahme auf *Staudt* [Recycling 1977], S. 14ff., zwischen einem **unternehmensinternen**, einem **unternehmensexternen** und einem **Non-Abfall-Recycling** unterscheiden, „*je nachdem, ob der Kreislauf im einzelnen Unternehmen geschlossen wird, Güter mit einbezieht oder erst durch die Zusammenarbeit verschiedener Betriebe hergestellt wird*". Nachteil einer solchen Dreiteilung ist jedoch, dass durch die Einbeziehung der Frage des Primärgüteranteils verschiedenartige Abgrenzungskriterien miteinander vermengt werden.

[182] *Strebel / Schwarz / Schwarz* [betriebsexternes Recycling 1996], S. 49.

[183] Siehe hierzu bereits die Ausführungen in Kap. 3.3.2.

[184] *Strebel / Schwarz / Schwarz* [betriebsexternes Recycling 1996], S. 50.

[185] Als kurze Vorschau hierauf siehe bspw. die Abb. 7-10, 7-12 und 7-18.

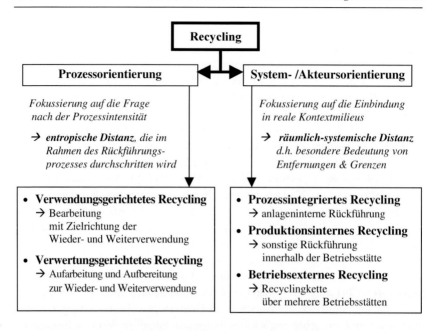

Abb. 5-23: Entropische bzw. räumlich-systemische Distanz
als Klassifikationskriterien für Recyclingprozesse

5.5 Recycling als kreislauforientierte Prozesskette zur Verknüpfung von Reduktion und Produktion

Der vorangegangene Abschnitt hat gezeigt, dass nicht nur der Begriff der Entsorgung, sondern grade auch der des Recycling recht schillernd ist und seine Klassifizierung sich v.a. danach richtet, welche Dimension man primär darstellen will. In diesem Zusammenhang wurde zunächst einmal ein verwertungs- von einem verwendungsgerichteten Recycling abgegrenzt, was einer entropisch-prozesstechnischen Fragestellung gerecht wird, die primär auf das qualitative Niveau der Kreislaufschließung gerichtet ist. Die damit gewinnbaren Empfehlungen werden jedoch unter Umständen durch solche konterkariert, die die Recyclingpotenziale in seinem raumsystemischen Kontextmilieu abbilden und vor diesem Hintergrund nach Anlage – Betriebsstätte und außerbetrieblicher Systemwelt schachteln. Letzteres käme einer akteursorientierten Betrachtung nahe, wie sie bspw. *Wildemann* (1996) favorisiert[186], ersteres einem eher prozessorientierten Ansatz, zu dem auch der in Kap. 5.1 vorgestellte Produktions-Reduktions-Modell zu zählen ist.

---

[186] Siehe die aus *Wildemann* [Entsorgungslogistik 1996], S.59 entnommene Abb. 5-3.

5. Stoffkreislaufwirtschaft im Rahmen betriebswirtschaftlicher Betrachtungen

Betrachtet man den Recyclingvorgang aus der Perspektive einer produktionsreduktionswirtschaftlich bestimmten Produktionstheorie, so entzünden sich beim Umgang mit dem Begriff des Recycling Probleme, die ganz einfach daher rühren, dass der mehrstufige Recyclingprozess als Bindeglied zwischen Produktion und Reduktion wirkt und in dieser Stellung Elemente von beiden Seiten enthält.

So sind bspw. Schredderanlagen, Magnetabscheider, Windsichtanlagen, Schwimm-Sink-Anlagen, aber auch Anlagen zur chemischen Ausfällung bestimmter Stoffe, Instrumente zur Bewerkstelligung eines verwertungszyklischen Recyclings. Dabei sind sie eindeutig Demontage- und Retrotransformationswerkzeuge zur Rückgewinnung roh- und werkstofflicher Materialien und als solche in ihrem Einsatz eindeutig auf die Verrichtung reduktionswirtschaftlicher Prozesse beschränkt. Finales Ziel ihres Einsatzes ist zwar eine möglichst weitgehende produktionsseitige Wiedereingliederung der dabei entstehenden Sekundärmaterialien, für diesen produktionsseitigen Wiedereinsatz im Rahmen eines technosphärischen Produktionsvorgangs schaffen sie aber lediglich die stofflichen Voraussetzungen. Die Outputs rohstofflich ausgerichteter Reduktionsprozesse stehen damit, produktionstheoretisch betrachtet, auf der gleichen Stufe wie natürliche Ressourcen, die die Grundlage für die Herstellung von Primärrohstoffen bilden. Ein solcher Primärrohstoffinput markiert jedoch eindeutig den Beginn eines Produktionsvorgangs, weshalb dasselbe auch für einen Input von Sekundär(roh)stoffen gelten muss. Die daran anschließende Phase einer faktischen Verwertung dieser Redukte ist damit also (siehe Abb. 5-22) ebenfalls produktionsseitig einzuordnen.

Bevor jedoch solche umfassenden Reduktionsprozesse eingeleitet werden müssen, sollte zunächst einmal geprüft werden, ob der Stoffkreislauf nicht bereits durch einen einfachen Bearbeitungsvorgang wieder geschlossen werden kann. Bei einer solchen **verwendungsorientierten Bearbeitung**, wie sie auch im Rahmen des (intrakonsumtiv angesiedelten) Produktgebrauchs typisch ist, geht es im Wesentlichen lediglich darum, über Reparaturen und andere Arten von Instandhaltungs- und Instandsetzungsmaßnahmen die Gestalt oder die besonderen Eigenschaften eines Produktes wiederherzustellen. Beim produktionsseitigen Abschluss dieses verwendungsgerichteten Recyclingvorgangs sind auch qualitative Verbesserungen im Sinne eines Upgrading möglich[187].

---

[187] **Upgrading** bezeichnet im Allgemeinen „*den Vorgang, ein gebrauchtes Produkt durch den Austausch von Komponenten an den aktuellen Stand der Technik anzupassen*" (Behrendt [ökologische Dienstleistungen 2000], S. 8), was eine Steigerung des Gebrauchtwertes zur Folge hat. Beispiele hierfür finden sich v.a. im Bereich der Aufrüstung von Altcomputern mit leistungsfähigeren Festplatten, Speicherchips, Graphikkarten, CD-Rom-Laufwerken etc., aber auch bei bereits ex ante entsprechend konzipierten Geräten wie bspw. Xerox-Kopiermaschinen.
Upgradingmaßnahmen spielen sich, ähnlich den Instandhaltungsmaßnahmen, im Wesentlichen bereits innerhalb des Konsumsektors ab, so dass der Transfer des davon betroffenen Objekts an den Reduktionssektor in einem solchen Falle vorerst noch vermieden werden kann.

Kann das betreffende Produkt nicht als solches erhalten werden, steht es am Beginn eines deutlicheren Downcyclingprozesses[188], im Rahmen dessen zunächst einmal verwertungsgerichtete Prozesse an die Stelle verwendungsgerichteter treten. Der bloßen Kollektion folgt damit auf der Reduktionsseite ein **Extraktionsprozess** und damit eine Phase der Entbindung, deren Basis im Gegensatz zur Primärrohstoffproduktion allerdings nicht die natürliche Ökosphäre, sondern die Technosphäre ist. Von einer Extraktion von Primärressourcen unterscheidet sich diese verwertungsvorbereitende Phase des Recyclings also dadurch, dass sie dabei nicht direkt aus der Natur, sondern aus technosphärisch verursachten Abfällen schöpft. Diese Abfälle werden hier so weit wie nötig zerlegt und entschädlicht, bis auch hier wiederum der Sprung auf die Produktionsseite gelingt, die stets das finale Ziel der Recyclingmaßnahme darstellt[189].

Im Zuge eines verwertungsgerichteten Recyclings tritt das Abfallobjekt dabei zunächst einmal in eine Phase der Reduktion i.e.S. ein, die mit dem Zerlegungsprozesses der **Demontage** beginnt. Eine Demontage, die der Werkstückrückgewinnung dient, wird unter Bezugnahme auf *Steinhilper* (1994) im Folgenden als **Aufarbeitung** bezeichnet[190]. Outputs dieses Prozessschrittes können damit günstigstenfalls auf Basis komplexer Module oder dem Komplexitätsniveau von Werkstücken wieder an die Produktionsseite transferiert werden. In einem solchen Falle können sie produktionsseitig aber auch über Upcyclingprozesse zum Abschluss kommen[191].

Gelingt ein auf modularer oder werkstofflicher Ebene geschlossenes Recycling nicht, so müssen Prozesse der **Retrotransformation** eingeleitet werden, die physikalisch, biologisch, chemisch oder thermisch bewirkte Transformationen beinhalten. Im Gegensatz zu der o.g. und im wesentlichen handwerklich, bzw. händisch-mechanisch bestimmten Aufbereitung wird die mit Retrotransformationsvorgängen verbundene **Aufbereitung** also im Wesentlichen durch die Anwendung verfahrenstechnischer Prozesse bestimmt, die der Wiedergewinnung von Rohstof-

---

[188] Siehe hierzu bspw. Siehe bspw. *Liesegang / Pischon* [Downcycling 1996], Sp. 1794 ff.
[189] D.h. das finale Ziel einer Recyclingmaßnahme ist die Erstellung eines Produkts, das einer Reduktionsmaßnahme hingegen ist die (reduktionsseitige) Entbindung und Entschädlichung.
[190] Siehe bereits die entspr. Kennzeichnung in Abb. 5-20.
[191] Den Begriff des **Upcyclings** könnte man entweder synonym zum o.g. Begriff des Upgrading verwenden, oder für solche Fälle reservieren, in denen die Aufwertung des Zielprodukts gegenüber dem Ausgangsprodukt nicht von einer Kreislaufschließung auf Verwendungsniveau, sondern einer auf (modularem oder werkstofflichem) Verwertungsniveau ausging. Damit könnte man Upgrading und Upcycling folgendermaßen beschreiben:
Upgrading: Aufwertung des Zielprodukts gegenüber dem Ausgangsprodukt auf Basis eines Verwendungskreislaufs
(Bsp.: PC-Aufrüstung mit größerer Festplatte, leistungsfähigerer Graphikkarte etc.)
Upcycling: Aufwertung des Zielprodukts gegenüber dem Ausgangsprodukt
auf Basis eines modularen (oder zumindest) werkstofflichen Verwertungskreislaufs
(Bsp.: Ausschlachtung mehrerer Altfahrzeuge zum Zusammenbau eines fahrfähigen Oldtimers).

5. Stoffkreislaufwirtschaft im Rahmen betriebswirtschaftlicher Betrachtungen 157

fen dienen[192]. Die Aufbereitung kennzeichnet daher jenen Teil der Retrotransformation, dessen Outputs Verwertungsprozessen zugeführt werden sollen[193]. Sie steht damit komplementär zu Beseitigungsvorgängen, die in aller Regel ebenfalls über Retrotransformationsvorgänge vorbereitet werden.

Während die reduktionswirtschaftlich anzusiedelnden Vorgänge der **verwendungsorientierten Bearbeitung** auf der Produktionsseite mit solchen einer erneuten **Verwendung** verbunden werden, wird die **Aufarbeitung und Aufbereitung** der zu reduzierenden Bauteile und Stoffe produktionsseitig durch **Verwertungs**vorgängen abgelöst, so dass sich folgender, bereits in Abb. 5-22 enthaltener Zusammenhang ergibt:

	Produktion	**Reduktion**	Abschließender Reduktionsprozess
verwendungsorientiertes Recycling	Verwendung	⬅ *(Verwendungsorientierte) Bearbeitung*	*(Verwendungsorientierte) Bearbeitung*
verwertungsorientiertes Recycling	werkstoffliche Verwertung	⬅ Aufarbeitung	Demontage
	rohstoffliche Verwertung	⬅ Aufbereitung	Retrotransformation

Abb. 5-24: Recyclingtechnische Begriffsabgrenzungen im Produktions-Reduktions-Modell

Entsprechend formuliert auch *Steinhilper* (1994), dass ein **Aufbereitungsprozess** „*meist zur Vorbereitung für die eigentliche metallurgische oder sonstige Verwertung*" dient[194]. Damit versteht auch er „Aufbereitung" und „Verwertung" als zwei zeitlich hintereinandergeschaltete Prozesse, die sich in das Produktions-Reduktions-Modell begrifflich sinnvoll und konsistent einbetten lassen[195]. In seiner ausschließlich produktionsseitigen Verortung unterscheidet sich dieser Verwertungsbegriff jedoch deutlich vom **Verwertungsbegriff des KrW-/AbfG**, der sämtliche

---

[192] *Steinhilper* [Produktrecycling 1994], S. 32 (wobei *Steinhilper* allerdings nicht zwischen Werk- und Rohstoffen differenziert).
[193] Siehe auch die entsprechende Kenntlichmachung in Abb. 5-22.
[194] *Steinhilper* [Produktrecycling 1994], S. 32; eine inhaltlich entsprechende Definition findet sich auch bereits in *Steinhilper* [Produktrecycling 1988], S. 29 f. sowie in der VDI-Richtlinie 2243, an der *Steinhilper* persönlich mitgewirkt hat.
[195] Da *Steinhilper* nur zwischen Werkstück- und Werkstoffrückgewinnung differenziert, ist davon auszugehen, dass eine Rohstoffgewinnung bei ihm in der Werkstoffrückgewinnung enthalten ist und damit eine mit *Steinhilper* kongruente Fixierung der Begriffsinhalte besteht.

als Verwertungsverfahren zugelassene Rückgewinnungsprozesse umfasst, darunter auch solche, die teilweise eindeutig reduktionswirtschaftliche Charakteristika tragen. Dies gilt nicht nur für die einen Reduktionsvorgang einleitende Ansammlung von Stoffen[196], sondern auch für die zentralen Vorgänge bei der Rückgewinnung von Lösemitteln, Metallen, Katalysatorbestandteilen .....[197], die gemäß obiger Terminologie als Aufbereitungsvorgänge einzuordnen sind.

Für die produktionstheoretische Beschreibung technosphärischen Recyclings ergeben sich aus den nunmehr abgeschlossenen Erläuterungen die in der nächstfolgenden Abbildung aufeinander abgestimmte und miteinander kompatible Fachbegriffe. Die Abb. 5-25 beschreibt damit **Recycling** als Prozess zur technosphärischen Mehrfachnutzung von Objekten oder Objektbestandteilen in einem Gesamtrahmen, der über entsorgungstechnische und abfallrechtlich relevante Vorgänge deutlich hinausgeht. Im Sinne einer möglichst weitgehenden Aufrechterhaltung der in Altprodukten oder Materialien enthaltenen Wertschöpfung und der damit verbundenen Ressourcenschonung sollten Recyclingmaßnahmen, wie bereits in Abb. 5-13 dargestellt, zu einer qualitativ möglichst hochwertigen Rückführung von Materialien in die Produktion führen[198].

Sogenannte **Downcyclingeffekte**, d.h. Wertschöpfungsminderungen durch Recyclingvorgänge, sind bei Wieder- und Weiterverwendung am geringsten und nehmen zu den Verwertungsmaßnahmen hin in dem Maße zu, wie weitere Reduktionsmaßnahmen eingeleitet werden müssen, bevor tatsächlich ein Output erzielt wird, der als Faktor zur Erstellung neuer Produkte eingesetzt werden kann. In diesem Zusammenhang wird auch von Entwertungsspiralen oder Recyclingkaskaden gesprochen[199].

Je frühzeitiger Recyclingkreisläufe geschlossen werden können, desto höher ist auch die in entsprechenden Materialien verbliebene Wertschöpfung, desto größer ist gleichzeitig die im Vergleich zur Neuproduktion erzielte Ressourcenersparnis und damit die Ressourcenproduktivität, die Entropieeinsparung und die Umweltschonung. Unter sonst gleichen Bedingungen wäre deshalb ein Produktrecycling einem Komponentenrecycling und dieses wiederum einem Materialrecycling vorzuziehen[200].

---

[196] Siehe KrW-/AbfG, Anhang II B, R13.

[197] Ebd. (R1 ff.).

[198] Die damit in Verbindung stehenden entropisch bestimmten Material- und Energie-Umlaufbahnen sind explizit in Abb. 7-4 dargestellt.

[199] Siehe hierzu auch die Ausführungen und Literaturhinweise bei *Liesegang / Pischon* [Downcycling 1996], Sp. 1794 ff.

[200] Beim **Produktrecycling** bleibt das Produkt mit oder ohne Überarbeitung im ganzen Erhalten (Bsp. Gebrauchtwagen); **Komponentenrecycling** verbindet sich im Wesentlichen mit Überarbeitungsvorgängen, die an Produkten oder Ersatzteilen vorgenommen werden, während sich der Kreislauf beim **Materialrecycling** auf Stoffniveau schließt.
(Zu dieser Terminologie siehe bspw. *Steven* [Recyclingbegriffe 1995], S. 691).

5. Stoffkreislaufwirtschaft im Rahmen betriebswirtschaftlicher Betrachtungen

Recycling-technische Kreislauf-bahn ▼	Produkt-lebensphase bei Recyc-lingbeginn ▼	Sektorbezogene Ansiedlung des Recyclingvorgang					
		reduktionsseitig			produktionsseitig		
		Recycling-prozess	Prozess-niveau	vorherrschende Prozess-technologie		Prozess-niveau	typischer Output
verwen-dungs-orientiertes Recycling	während der Gebrauchs-phase (intra-konsumtiv)	Reinigung	**Verwen-dungs-orien-tierte Be-arbei-tung**	Handwerklich bestimmt	über-wiegend händisch mit Werk-zeug-einsatz	**Wieder-verwen-dung**	Ge-braucht-waren
	während und nach einer Gebrauchs-phase	Reparatur, Instandhal-tungs-/-set-zungsmaß-nahmen				**Wieder- und Wei-terver-wendung**	Ge-braucht-waren
verwer-tungs-orientiertes Recycling	Ausschließ-lich nach Ab-schluss der Gebrauchs-phase (Kon-sumtions-abfälle) bzw. ohne Gebrauchs-phase (Pro-duktabfälle) sowie pro-zessbedingte Produktions-& Reduk-tionsabfälle)	Demontage	**Auf-arbeitung**	Verfahrenstechnik	(- Übergang -)	überwie-gend hän-disch + Maschi-nenkraft	**modulare / werk-stoffliche / roh-stoffliche**	sekundär erzeugte Module & Werk-stoffe
		Schreddern, Regranulie-rung etc.	**Auf-bereitung**		maschi-nell- physika-lisch		sekundär erzeugte Rohstoffe
		Fällung, Redestilla-tion etc.			biolo-gisch-chemisch	**Wieder- und Weiter-verwer-tung**	
		energetische Verwertung			energe-tisch		Niedrig-energie

Abb. 5-25: Technologisch-produktionswirtschaftlich beschriebenes Begriffs-gebäude zur Charakterisierung technosphärischer Recyclingprozesse

Mit zunehmender Modularisierung und Standardisierung von Produktkomponenten wächst dabei gleichzeitig auch die Wahrscheinlichkeit, dass sich diese ökologischen Vorteile auch mit technisch-ökonomischen verknüpfen lassen und damit kreislaufwirtschaftliche Prozesse weiter dynamisieren.

Zukünftige Potenziale zur hochwertigen Schließung technosphärischer Stoffkreisläufe sieht *Steinhilper* deshalb auch in der zerstörungsfreien Bauteildemontage, im Ersatzteilgeschäft oder in der industriell organisierten Aufarbeitung und Wiederherstellung des vorherigen Neuzustandes bei zusätzlicher Modernisierung, die er als **Upcycling** bezeichnet[201].

Im Sinne eines umweltschonenderen Wirtschaftens ergibt sich somit für den Umgang mit Abfällen eine tendenzielle kreislaufwirtschaftliche Zielhierarchie in Gestalt einer:

- Vermeidung
- vor Verminderung
- vor Wiederverwendung
- vor Weiterverwendung
- vor Wiederverwertung
- vor Weiterverwertung
- vor einer kontrollierten und umweltneutralen Beseitigung[202],

sofern nicht besondere Charakteristika wie bspw. Raumüberwindungskosten oder Toxizität eines Abfalls die nachrangig aufgeführten Recyclingniveaus als umweltschonender ausweisen.

Während das Kreislaufwirtschafts- und Abfallgesetz innerhalb der im Rahmen von Verwertungsprozessen anzuwendenden Recyclingverfahren bislang keine Rangordnung vorgibt[203], hierarchisiert die umweltwissenschaftliche Fachliteratur in aller Regel in eine

- werkstoffliche,
- vor rohstofflicher und
- energetischer Verwertung,

---

[201] *Steinhilper* [Produktrecycling 1994], S. 36.
Siehe hierzu auch die in einer früheren Fußnote angeregte Möglichkeit einer weitergehenden Differenzierung in Upgrading und Upcycling. (Siehe weiter oben in diesem Unterkapitel).

[202] Wobei sich die Beseitigung erst an das Versagen kreislaufwirtschaftlicher Optionen anschließt.

[203] Eine solche wurde in die letztlich verabschiedete Fassung des KrW-/AbfG nicht mit aufgenommen, spiegelt sich in kommunal- und regionalpolitischen Handlungsleitlinien wie bspw. im Raumordnungsplan Rhein-Neckar von 1992 aber durchaus wider, wo es unter dem Punkt „stoffliche Verwertung" heißt: *„Die Abfallverwertung soll soweit wie möglich vorangetrieben und die Abfallentsorgung auf die unvermeidlichen Restmüllmengen beschränkt werden. ...... Nach einer weitgehenden stofflichen Verwertung ist der thermischen Behandlung des Restmülls insbesondere dort der Vorrang zu geben, wo die notwendige Infrastruktur, insbesondere für die Wärmeverwertung und die angestrebte Kraft-Wärmekopplung vorhanden ist ...... ROV* [Regionalplan 1992], S. 146.

und erinnert damit gerade auch an die Forderung nach einem möglichst geringen Downcyclingeffekt der Kreislaufschließung, d.h. also nach einer Minimierung entropischer Distanz[204].

5.6 Grenzen des Recycling

Wie bereits an früherer Stelle zum Ausdruck gebracht wurde, stellt Recycling eine Aktivität dar, im Rahmen derer ein technosphärisch hergestellter, dort aber nicht mehr erwünschter Output durch geeignete Umformungs- oder Umwandlungsprozesse wiederum einem technosphärischen Produktionsprozess zugeführt wird. Recycling beschreibt daher eine im Wesentlichen technisch-organisatorisch bestimmte Prozesskette zur technosphäreninternen Stoffkreislaufschließung (unter Einschluss der Ausnutzung auch energetischer Potenziale). Je weitergehend eine solche technosphärische Wiedereingliederung gelingt, desto näher rückt das technosphärische System an die Überlebensstrategie der natürlichen Ökosphäre, der es lediglich unter steter Inanspruchnahme von Sonnenenergie (und Erdwärme) gelingt, eine endliche Menge an Materie praktisch ohne Nutzbarkeitsverluste stetig umzuwälzen. Tatsächlich ist das technosphärische System und mit ihm auch die technosphärische Stoffkreislaufführung von einem derartigen Idealzustand noch sehr weit entfernt und dies aus verschiedenartigen Gründen, die als Hindernisse oder Grenzen und damit als mehr oder weniger bedeutsame Restriktionen eines technosphärischen Recyclings wirksam werden.

Nun weisen diese Restriktionen zwar enge Beziehungen zueinander auf, sie stehen bei genauerer Betrachtung jedoch nicht auf einer Ebene und lassen sich somit gerade für analytische Zwecke durchaus in eine hierarchische Ordnung bringen. Dies erlaubt die Entwicklung einer Kette von Prüfsteinen für Recyclingfragen, die die verschiedenen Hürden aufzeigt, welche beim recyclingorientierten Planungsprozess überdacht und im Anschluss daran praktisch überwunden werden müssen.

Die folgende Abb. 5-26 repräsentiert einen solchen Vorschlag. Die daran anschließenden Unterkapitel richten sich an diesem Ablaufschema aus. Sie erläutern dabei die auf den einzelnen Prüfebenen zu berücksichtigenden Grenzen und enthalten Aussagen zu deren Verschiebbarkeit.

---

[204] Siehe auch die entsprechend angelegte Abb. 7-4 in Kap. 7.1.2.

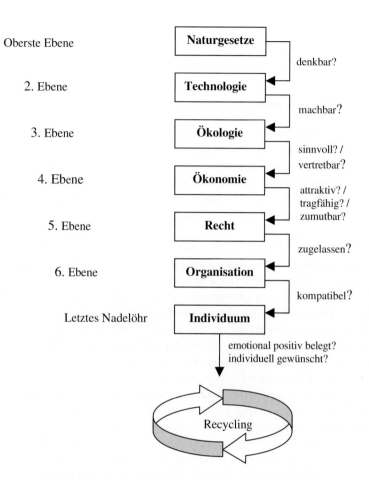

Abb. 5-26: Grenzen des Recycling als Prüfsteine und Leitlinien für den planerischen Entscheidungsprozess

5.6.1 Naturgesetzliche und natürliche Grenzen

Nach dem ersten Hauptsatz der Thermodynamik bleibt die Masse bzw. Energie in einem geschlossenen System konstant, nach dem zweiten tendiert die **Entropie**, als Maß für die nicht mehr frei verfügbare Energie, im Universum zu einem Maximum[205]. *Georgescu-Roegen* leitet aus diesen von *Clausius* identifizierten Gesetzmäßigkeiten auch eine „**Materie-Entropie**"[206] ab, dahingehend, dass diese Tendenz zur Unordnung in einem isolierten System auch für Materie gelte. Nun ist die Erde zwar kein isoliertes System, kann aber, was für die Betrachtung von Materie genügen kann, als (annähernd[207]) geschlossenes System betrachtet werden. Auf dieser Erde befindet sich eine gegebene Menge an verschiedenartigen Ressourcen, deren Verfügbarkeit für den Menschen mit zunehmender Beanspruchung abnimmt. Georgescu-Roegen (1987)[208] veranschaulicht dies bspw. anhand eines Autoreifens, der sich durch das Fahren sukzessive abnutzt, indem ein gewisser Abrieb feinverteilt auf den Straßen bleibt. Eine vollständige Rückführung des Altreifens in den Wirtschaftskreislauf wäre nur dann möglich, wenn nicht nur der abgefahrene Altreifen recycelt würde, sondern darüber hinaus auch der dispers auf dem Untergrund verteilte Abrieb selbst. D.h. in dem Maße, wie durch den Gebrauch des Reifens feinverteilte Unordnung (also Vermischung) entsteht, nimmt die Entropie zu. Entropiezunahme ist allerdings beileibe kein Prozess, der lediglich Verschleißerscheinungen widerspiegelt oder mit der Entstehung von Abfall verbunden ist. Auch die Produktionsprozesse selbst sind nicht nur mit einer Entropieabnahme hin zu einer hochgradig geordneten Struktur des Zielproduktes verbunden. So bedarf bspw. die Erstellung des Zielprodukts Neureifen oder Runderneuerter Reifen

1. einer ganzen Fülle hochreiner, d.h. niedrigentropischer Inputs, die in Form von Rohstoffen, Hilfs- und Betriebsstoffen oder in Form von Energieträgern für das Erreichen des Produktionsziels benötigt werden und dabei ihr Nutzbarkeitspotenzial verlieren und geht darüber hinaus

2. mit Emissionen in die Umwelt einher, die sich hierdurch fein verteilen und damit zumindest für den Menschen im Allgemeinen keine weitere Nutzung mehr zulassen. Als Immissionen schlagen sie sich in andere Milieus nieder und verursachen dort wiederum eine Zunahme an Unordnung, die wir gewöhnlich als Umweltverschmutzung bezeichnen.

---

[205] Siehe hierzu bspw. *Georgescu-Roegen* [Entropie 1987], S. 5; präziser noch in *Schenkel / Faulstich* [Abfallwirtschaft 1993], S. 85 ff.
[206] Eine solche Übersetzung findet sich bei *Hofmeister* [ökologische Stoffwirtschaft], S. 117.
[207] Meteoriteneinschläge, Entgasungen oder der Materieverlust durch die Raumfahrt fallen nicht ins Gewicht.
[208] *Georgescu-Roegen* [Entropie 1987], S. 8 f.

Auch die Aufkonzentration von Kupfer oder Aluminium im Zuge ihrer Gewinnung aus natürlichen oder technosphärischen Lagerstätten[209] repräsentieren nicht mehr als eine partielle, stoffbezogene Entropieabnahme, die von der damit verbundenen Entropiezunahme v.a. dann deutlich überkompensiert wird, wenn man die oben genannten Auswirkungen auf die Umwelt in die Bilanzierung mit einbezieht[210].

Nichtsdestotrotz demonstriert uns aber die Geschichte unserer Erde, dass es auch in 4,6 Milliarden Jahren dynamischer Entwicklung keineswegs zu einer Gleichverteilung von Stoffen und Energie kommen muss, wie das Entropiegesetz dies unter Umständen nahe legen könnte. Ganz im Gegenteil: Die Elemente und Systeme auf der Erde haben sich zunehmend ausdifferenziert und in diesem Sinne sowohl anorganische als auch organische Lagerstätten entwickelt, die heute als niedrigentropische Ressourcen genutzt bzw. ausgebeutet werden können. Ist also die Angst vor der mit unserer Wirtschaftsweise verbundenen Entropiezunahme unbegründet, weil die konzentrationsfördernden Kräfte auf unserer Erde in summa deutlich wirksamer waren als die gleichverteilungsfördernden?

Dies wäre ein höchst gefährlicher Trugschluss, denn er verkennt völlig die zeitlichen Intervalle, im Rahmen derer einzelne Prozesse wirksam werden. Hier gilt es, sich zunächst einmal bewusst zu machen, dass erschöpfliche Ressourcen gerade deshalb „**erschöpfliche Ressourcen**" genannt werden, weil die Geschwindigkeit ihrer Herausbildung mit der Geschwindigkeit ihres gegenwärtigen Abbaus in keinster Weise Schritt hält und nicht, weil sie grundsätzlich nicht regenerierbar wären[211]. Tatsächlich ist unser technosphärischer Umgang mit Ressourcen in höchstem Maße gleichverteilungsfördernd und damit potenzialmindernd. Gerade die linear orientierte Stoffdurchflusswirtschaft, die unser Wirtschaften bis heute in wesentlichen Teilen bestimmt, führt zu einer durch natürliche Selektions- und Konzentrationsagenzien kaum zu bewältigenden Feinverteilung von Materie auf der Erde. Sie erhöht damit das Maß an Unordnung, d.h. die Entropie. Dieser Prozess kann durch ein ressourcenschonendes Recycling zwar gemindert werden, indem die hierdurch erzeugte Entropiesteigerung geringer ist als diejenige, die mit der Aufbereitung entsprechender Primärressourcen einherginge, egalisiert werden

---

[209] Als **Technosphärische Lagerstätten** werden hier solche Stoffvorkommen verstanden, die gegenwärtig im Rahmen von Gütern und Ungütern im Rahmen unserer Technosphäre gebunden sind und hierbei in einer vergleichsweise angereicherten Form vorliegen. (Die Spanne der damit verbundenen Gegenstände und Bereiche kann dabei vom hochreinen Kupferkabel bis hin zu Abraumhalden oder geordneten Deponien gehen, für die zumindest in Einzelfällen über kurz oder lang auch ein stoffspezifisches Remining angedacht werden könnte.

[210] Siehe in diesem Sinne auch *Siegler* [Recyclingbewertung 1993], S.62 f. unter Bezugnahme auf *Georgescu-Roegen* (1974), S.21.

[211] So erfüllt beispielsweise der Tiefenbereich des Schwarzen Meeres in hohen Maße die Bedingungen für die Bildung von Erdöllagerstätten, gleichwohl kann Erdöl aus der Kurzfristperspektive eines menschlichen Lebenshorizontes heraus kaum als „regenerierbare Ressource" betrachtet werden.

kann er jedoch nicht. Und maßgeblich hierfür ist weniger die Unmöglichkeit eines Perpetuum mobile, wie an diesem Punkt einer Diskussion vielfach angeführt wird – denn eines solchen bedürfte es angesichts der kontinuierlichen extraterrestrischen Energiezufuhr ja gar nicht – maßgeblich hierfür ist vielmehr das Element der Geschwindigkeit, mit der wir gleichverteilungsfördernde Prozesse betreiben, verbunden mit der Tatsache, dass es gerade für den Großteil der durch technosphärische Prozesse feinverteilten Materie gar keine natürlichen (oder anthropogen geschaffenen) Agenzien gibt, die im Sinne eines neuen Potenzialaufbaus tätig werden könnten. Zu den im physikalischen Sinne naturgesetzlichen Grenzen addieren sich also solche, die im biologischen Sinne als natürliche Grenzen wirken.

5.6.2 Technische und ökologische Grenzen

In seinen grundlegenden Arbeiten zur Bedeutung des Entropiegesetzes für den ökonomischen Prozess betont *Georgescu-Roegen* ausdrücklich den in seinen Augen unverkennbar anthropomorphen Charakter des Entropiekonzeptes[212]. D.h. die Grenze zwischen Verfügbarkeit und Nichtverfügbarkeit richtet sich nach den Möglichkeiten des Menschen, eine Ressource für seine Zwecke zu erschließen. Die Nutzbarkeit von Materie ist also nicht nur eine Frage physikalischer Naturgesetzlichkeiten oder biologischer Stoffwechselfinessen, sondern aus der Perspektive des Menschen zunächst einmal eine Frage der Technik. Während er die unter 5.6.1 beschriebene oberste Ebene der Naturgesetze als gegeben hinnehmen muss, liegen auf dieser nächstfolgenden Hierarchiestufe (siehe Abb. 5-26) seine ersten und wesentlichen Möglichkeiten, die Nutzbarkeit der von ihm begehrten Ressourcen möglichst weit in die Zukunft hinein zu verlängern. So ist der Energie- und Materialaufwand zur Aufbereitung von Kupfer- oder Aluminiumschrott heute um ein Mehrfaches niedriger als der, derjenige, der für die Herstellung entsprechender Mengen an Primärkupfer oder -aluminium erforderlich ist. Und der Beitrag des Recyclings zur Schonung natürlicher Ressourcen wird sich mit zunehmendem technischem Fortschritt weiter steigern lassen, indem der Wirkungsgrad technosphärischer Prozesstechnologie streng steigt und bspw. auch der Bereich der Telematik gegenwärtig inmitten einer Effizienzrevolution steckt.

Gleichwohl gilt es allerdings abzuwägen, ob das technisch Mögliche tatsächlich auch ökologisch wünschenswert ist. So ist es im Rahmen der technologischen Entwicklung zwar möglich, vermischte Materialien mit immer ausgefeilteren Methoden immer besser voneinander zu trennen, doch rechtfertigt der damit verbundene Zusatzverbrauch an Ressourcen bzw. der damit verbundene Umweltverbrauch im Allgemeinen solche Anstrengungen nur bis zu einem gewissen Grade.

---

[212] So bspw. auch in *Georgescu-Roegen* [Entropie 1987], S. 4.

Eine technologisch mögliche Stoffkreislaufführung innerhalb der Technosphäre darf damit nicht ad infinitum gegen ihre naturgesetzlichen Grenzen hin verschoben werden, sondern allenfalls bis zu dem Punkt, wo ein zusätzlicher Reduktionsschritt den damit verbundenen zusätzlichen Verbrauch bzw. die zusätzliche Beeinträchtigung von Umweltgütern gerade noch (über-)kompensiert. Da diese Beeinträchtigung von Umweltgütern jedoch äußerst vielfältig und mit einer kaum wissbaren Fülle und Qualität von Sekundäreffekten verbunden ist, sollten Recyclingprozesse bereits vor dem Eintritt in einen solchen Grenznebel ihren erfolgreichen Abschluss gefunden haben. Auch die Aufkonzentration von Stör- bzw. Schadstoffen wie sie im Zuge mehrmaliger Rezyklierung gegenwärtig vielfach noch unvermeidlich ist, setzt dieser Methode zur Wiederverfügbarmachung von Ressourcen nicht nur prozesstechnische Grenzen, sondern auch ökologische.

5.6.3 Ökonomische Grenzen

Lässt man die Welt der Primärrohstoffproduktion zunächst einmal außen vor, so ist ein Recycling gegenüber einem Beseitigungsvorgang so lange attraktiv, wie der Saldo aus Kosten und Erlösen aus einem Recyclingvorgang kleiner oder gleich dem ist, der für Beseitigungskosten zum Ansatz kommt, d.h. so lang gilt:

K_R	-	E_{SR}	$\leq$	K_B
Kosten des Recyclingprozesses		Erlöse aus der Sekundär(roh)stoffherstellung (Erlöse aus Recycling)[213]		Beseitigungskosten

Unter Einbeziehung des heterogen strukturierten Raumes erweitert sich diese Beziehung zu:

K_R	-	E_{SR}	+	K_{TR}	$\leq$	K_B	+	K_{TB}
Kosten des Recyclingprozesses		Erlöse für Sekundär-(roh)stoffe		Kosten des Transports zum Recyclingort		Beseitigungskosten		Kosten des Transports zum Beseitigungsort

---

[213] Streng genommen dürfte hier nicht „Erlöse aus Recycling" stehen, sondern allgemeiner „Preis des Recyclingmaterials", denn es ist ja durchaus denkbar, dass ein Abfall bspw. für den Einsatz im Straßenbau oder anderen Zwecken aufgearbeitet wird und anschließend in einen neuen Nutzungszyklus gelangt, vom Abnehmer aber trotzdem nur gegen Zuzahlung angenommen wird. (Damit ein solcher Fall jedoch c.p. attraktiv ist, muss die Zuzahlung für die Abnahme des Rezyklats jedoch geringer sein als die Differenz zwischen Beseitigungs- und Recyclingkosten.)

5. Stoffkreislaufwirtschaft im Rahmen betriebswirtschaftlicher Betrachtungen 167

Betrachtet man den hier dargelegten grundlegenden Zusammenhang rein buchhalterisch[214], so veranschaulicht er, dass die Durchführung einer Recyclingmaßnahme anstelle einer Beseitigung zumindest in Abhängigkeit davon erfolgt:

- wie kostenintensiv der technische Ablauf des Recyclingprozesses selbst ist, (wobei ein raumwirksamer Zusammenhang darin besteht, dass die Anwendung hochwertiger Verfahren einer stoffspezifische Mindestanschlussdichte bzw. -menge bedarf, die in etlichen Fällen erst in Industrieregionen erreicht wird[215]),
- wie die darüber hinaus gehenden logistisch wichtigen **Verwertungsbedingungen** (Anfallhäufigkeit, Anfallregelmäßigkeit, Sortenreinheit, Sortieraufwand etc.) gestaltet sind[216],
- wie c.p. der Markt für Sekundärrohstoffe beschaffen ist (wozu eben nicht nur primärstoffliche Substitutionsmöglichkeiten, sondern auch die relative Lage der Abfallbeschaffungsorte zu den Wiedereinsatzorten zählt) und
- welche Beseitigungskosten alternativ zu einem Verwertungsvorgang zu bezahlen wären[217].

Unterliegen Angebot und Nachfrage hinsichtlich bestimmter Sekundärrohstoffe größeren Schwankungen oder Unsicherheiten, so wirkt dies tendenziell hemmend auf die Investitionsbereitschaft potenzieller Recycler, die diese Risiken in aller Regel zu tragen haben. Sinken die Preise für substitutiv einsetzbare Primärrohstoffe oder kommt es c.p. zu kostenwirksamen Rechtsverschärfungen im Recyclingbereich, so gilt dasselbe.

Gerade auf dem Felde der **Beseitigung** gibt es einen bereits seit Jahren anhaltenden Preisverfall, der wesentlich dadurch bedingt ist, dass v.a. in den neuen Bundesländern in den letzten Jahren große Deponiekapazitäten verfügbar gemacht wurden, deren Betreiber von einer Anpassung an die Vorschriften der TASi[218] ab-

---

[214] I.e. ökonomisch im engsten Sinne.

[215] Bei aufkommensschwächeren Fraktionen sind in vielen Fällen nicht hinreichend große Kostendegressionseffekte erzielbar, die die ökonomische Tragfähigkeit eines hochwertigen Verwertungsverfahrens erlaubten (siehe entspr. auch *Kleinaltenkamp* [Recyclingstrategien 1985], S.80).

[216] Eine hilfreiche Auflistung derartiger (ökonomisch wirksamer) Verwertungsbedingungen findet sich bei *Dutz* [Produktverwertung 1996], Tab. 7, S.84.

[217] Eine empirisch basierte und dabei recht detaillierte Gegenüberstellung von Kostenkomponenten eines konkreten (energetischen) Verwertungsprozesses für Mischkunststoffe gegenüber einer entsprechenden Beseitigungsalternative findet sich bei *Bruns / Steven* [Entsorgungslogistiksysteme 1997].

[218] **TASi** = Technische Anleitung Siedlungsabfall.
Diese Verwaltungsvorschrift vom 1.6.1993 verlangt, dass Betreiber von Hausmülldeponien spätestens bis zum 1.6.2005 über eine Basisabdichtung, eine Sickerwasser- und eine Gasbehandlung verfügen müssen, um weiterhin den einen dahin zwingend vorbehandelten Hausmüll annehmen und einlagern zu dürfen. (Siehe hierzu bspw. *Wagner* [Abfallrecht 1995], S. 132 ff. *DSD* [TASi 1998], oder (Bundesanzeiger [TASi 1993].).

sehen und die deshalb (je nach Abfallklasse) bis zum Jahre 2003 bzw. 2005 verfüllt sein müssen[219]. Gerade dieser letztgenannte Umstand wirkt derzeit verheerend auf die Wirtschaftlichkeit von Sortier- und weitergehenden Verwertungsverfahren. Da die Bereitschaft zur TASi-konformen Deponieanpassung gerade in den neuen Bundesländern ziemlich gering ist, ist zu befürchten, dass sich an der bevorzugten Ansteuerung der am schlechtesten ausgerüsteten Deponien vor Ende der im Sommer 2005 auslaufenden Übergangsfrist auch nichts Wesentliches ändern wird[220].

Die gegenwärtig v.a. in den neuen Bundesländern geltenden Deponiepreise veranschaulichen in aller Deutlichkeit, dass die ökologischen Folgekosten vom Abfallerzeuger nur zu einem geringen Bruchteil bezahlt zu werden brauchen und infolgedessen im Laufe der nächsten Jahrzehnte auf die Allgemeinheit umgewälzt werden müssen. Die vielfach geforderte Internalisierung externer Kosten der Verursacherseite und die damit verbundene Signalwirkung auf das ökonomische Verhalten der Abfallerzeuger bleiben dadurch weiterhin aus. Betrachtet man also das Verhältnis von ökonomischer zu ökologischer Grenze des Recycling, so bleiben gegenwärtig große ökologisch sinnvolle Recyclingpotenziale schon allein deshalb unausgeschöpft, weil die vom Abfallerzeuger zu bezahlenden Preise kaum bzw. immer weniger die ökologische Wahrheit widerspiegeln.

Recycler und damit auch eine industrielle Stoffkreislaufwirtschaft sind damit aus zwei Richtungen besonderen Substitutionsgefahren ausgesetzt:

1. dem oben beschriebenen Marktversagen aufseiten der Beseitigung mit dem Effekt, dass gegenwärtig insbesondere die Anlagen zum Zuge kommen, die sich gegen eine TASi-gerechte Anpassung entschieden haben und angesichts der auf das Ende der Übergangsfrist befristeten Betriebsdauer an einer schnellstmöglichen Verfüllung interessiert sind und

2. der Preisentwicklung auf dem Primärrohstoffmarkt[221], die im Wesentlichen von kurzfristigen Knappheiten bestimmt wird und für die Recycler gegenwärtig auch nur in wenigen Bereichen positiv ausfällt[222].

---

[219] Die Preise für die Deponierung unbehandelter Siedlungsabfälle sind infolge dieser Umstände inzwischen bereits auf unter 25 / Tonne gefallen. (Nach Daten des *DSD* [TASi 1998], S.4, lagen sie 1998 bundesweit bei umgerechnet 30-250 / Tonne bei einem Durchschnittspreis von ca. 100 / Tonne).

[220] Nach den „Daten zur Umwelt" des Umweltbundesamtes (zitiert in *DSD* [TASi 1998], S.3 f., verfügten in den neuen Bundesländern (NBL) lediglich 12 von 202 Deponien über eine Basisabdichtung (in den alten Bundesländern (ABL) waren es immerhin 115 von 270; über die ab Sommer 2005 ebenfalls zwingend vorgeschriebene Deponiegasbehandlung verfügten in den NBL 7 / 202 ggü. 127 / 270 in den ABL.

[221] Zur Verhältnis zwischen der Entwicklung von Primärrohstoffpreisen und denen einer recyclingorientierten Abfallwirtschaft siehe insbesondere *Siegler* [Recyclingbewertung 1993]

[222] Positive Impulse für das Kunststoffrecycling gehen derzeit von den gestiegenen Ölpreisen aus (siehe bspw. gewisse Zuzahlungen von Entsorgern für die Überlassung von PE-Abfällen); es bleibt jedoch abzuwarten, ob diese Marktbewegung tatsächlich von Dauer sein wird.

5.6.4 Organisatorisch-institutionelle Grenzen

In praxi fällt auf, dass sich bestimmte Recyclingwege nicht durchsetzen, obwohl sie bei einer rein materialbezogenen Kostenvergleichsrechung eine deutlich günstigere Alternative darstellten. Begründungen hierfür liefert eine ganze Palette von Umstellungskosten, die im Falle organisatorischer oder logistischer Umstellungsmaßnahmen weitgehend singulären Charakter haben, im Falle von **Lern- und Kontrollkosten**[223] jedoch durchaus wiederkehrend oder gar dauerhaft sein können. Letzteres gilt beispielsweise dann, wenn die Gangbarkeit eines Recyclingpfades in puncto Sortenreinheit ein hohes Maß an Aufmerksamkeit verlangt. Unternehmen scheuen derartige Lernkosten v.a. in solchen Betrieben, in denen eine vergleichsweise hohe Anzahl niedrig qualifizierter und/oder ausländischer Arbeitskräfte bei gleichzeitig hoher Mitarbeiterfluktuation zum Einsatz kommen[224].

Ganz allgemein stellt sich hier die Frage, inwieweit die organisatorisch-institutionellen Gegebenheiten gerade im Industriebetrieb den veränderten Anforderungen gerecht werden können. Haben Fragen des Umweltmanagements im Rahmen der betrieblichen Organisation eines bestimmten Unternehmens tatsächlich ein spezielles Zuhause? Und wenn ja, wo ist dieses Zuhause im Einzelfall verankert?[225] Wie ist das betriebliche Umweltmanagement ausgestaltet?[226] Welche Aufgaben werden damit verbunden? Gibt es also bspw. gemeinsame Arbeitskreise mit der Abteilung F&E oder ist bei der Produktentwicklung evt. auch eine Umweltprüfung vorgesehen? Sind die personellen Kapazitäten hinreichend groß, um produktions- und entsorgungstechnische Wege neu zu überdenken? Werden Mitarbeiter aus der Produktion in diese Überlegungen mit einbezogen? Wirken sie als Protagonisten einer recyclingfördernden Abfalltrennung am Arbeitsplatz wei-

---

[223] Gerade diese Lern- und Kontrollkosten aber auch Verhandlungskosten und andere Transaktionskosten wurden insbesondere vonseiten der Institutionenökonomie stark thematisiert und damit einer ökonomischen Interpretation maßgeblich erschlossen. Gleichwohl sind organisatorische Rahmenbedingungen jedoch auch von Rigiditäten geprägt, die dem herkömmlichen Ökonomieverständnis fremd sind.

[224] Von Unternehmensseite wurde dem Autor gegenüber dabei zum einen die Problematik mangelnder Zugänglichkeit für Fragen des Umweltschutzes geschildert, die auch mit speziellen kulturellen Kontexten verbunden wurden. Zudem seien viele ausländische Mitarbeiter der deutschen Sprache nur begrenzt mächtig und gerade das Arbeiterheer im Produktionsbereich, wo der überwiegende Teil an Abfällen anfiele, sei einer hohen Fluktuation unterworfen, was ebenfalls gegen eine Investition in Know-how spreche, das für die direkte Erfüllung des primären Produktionsziels nicht erforderlich sei.

[225] „Umweltmanager" arbeiten vielfach auf Stabsstellen, die zwar der Geschäftsführung beigordnet sind, ggü. der klassischen Linienorganisation im Allgemeinen jedoch über keine Weisungsbefugnisse verfügen.

[226] Neben der fachlich-personellen Ausstattung des betrieblichen Umweltmanagements war in praxi (siehe Kap. 8) allerdings auch die Frage bedeutsam, ob die damit betrauten Personen im Einzelfall überhaupt über einen eigenen Etat verfügen, mit Hilfe dessen sie bestimmte Prozesse anregen, vorbereiten und aktiv fördern können, ohne hierfür bereits eine formelle Genehmigung vonseiten der Geschäftsleitung einholen zu müssen.

ter und wenn ja über welche Strukturen? Inwieweit eignet sich die Unternehmensorganisation zur Eingliederung eines effektiven Umweltmanagements? Wie steht es um die Durchgängigkeit der Unternehmensorganisation gegenüber umweltorientierten Verbesserungsvorschlägen von unten nach oben bzw. von deren konzeptioneller Anlegung bis hinunter zu deren praktischer Umsetzung? Welche Hindernisse, welche Grenzen stellen sich dem in den Weg? – Dies alles sind nur beispielhaft gewählte Fragestellungen, hinter denen sich vielfach beträchtliche Transaktionskosten verbergen, denen viele Betriebe gerne soweit irgend möglich auszuweichen versuchen. Darüber hinaus gibt es unter den mit Recyclingfragen zusammenhängenden organisatorischen Problemen durchaus auch solche, die sich mit vertretbarem Aufwand kaum beseitigen lassen. So sind einzelne Betriebsgelände bisweilen so weit überbaut, dass für einen speziellen Abfallhof, ein Abfallzwischenlager oder eine weitere Aufsplittung der Abfalltrennung gar kein Raum mehr vorhanden ist. Ähnliches gilt auch für räumliche Restriktionen am einzelnen Arbeitsplatz oder dessen unmittelbarem Umfeld. Folge dieser Raumknappheiten ist, dass die für bestimmte Recyclingprozesse erforderliche weitergehende Abfalltrennung schon allein aus Platzmangel heraus nicht mehr am Arbeitsplatz oder Betriebsstandort erfolgen kann. Der dadurch entstehende Abfallvermischungseffekt kann dann auch bei einer betriebsextern nachgelagerten Trennung, bspw. über eine moderne Abfallsortieranlage, nur noch teilweise kompensiert werden.

5.6.5 Rechtliche Grenzen

Die Hürde rechtlicher Grenzen umfasst zunächst einmal die Ebene der **Gesetze**, die beispielsweise im Rahmen des Kreislaufwirtschafts- und Abfallgesetzes bestimmte Überwachungsbedürftigkeiten festschreiben und damit Vorschriften im Umgang mit bestimmten Abfällen sowie letztlich auch Recyclingpfade determinieren[227]. Auch Verbote wie sie beispielsweise im Chemikaliengesetz oder im Wasserhaushaltsgesetz zum Ausdruck kommen, schränken die Anzahl der im Einzelnen gangbaren Rückführungsmöglichkeiten faktisch ein[228]. Hinzu tritt die Problematik verschiedenartiger Rechtsauslegungen, im Rahmen derer bestimmte Entsorgungspfade in einem Bundesland als Verwertungsverfahren anerkannt werden, während sie in einem anderen Beseitigungsvorgänge darstellen und damit deutlich an Attraktivität einbüßen[229].

---

[227] Siehe hierzu bspw. der Pflichtenkatalog im Zusammenhang mit der Erstellung von Abfallwirtschaftskonzepten gemäß § 19 KrW-/AbfG.

[228] Dahinter steht eine Schutzfunktion von Mensch und Natur zur Unterbindung von Prozessen, die in diesem prohibitiven Sinne das Kriterium ökologischer Verträglichkeit nicht erfüllen.

[229] Hier wirkt sich die weiterhin strittige und an manchen Stellen lediglich über gerichtliche Einzelfallentscheidungen punktierte Grenzziehung zwischen „Verwertung" und „Beseitigung" aus, auf

Auch die prinzipiell auf Freiwilligkeit basierenden **Normen**, die Zeugnis über die besondere Qualität von Produkten oder Prozessen ablegen sollen, werden faktisch als Gebote behandelt und wirken hierdurch, von der anderen Seite her betrachtet, als Ausschlusskriterien. Tatsächlich schließen ca. drei Viertel der Produktnormen gegenwärtig einen Einsatz von Sekundärkunststoffen aus. Setzt ein Hersteller sie trotzdem ein, verliert das erwünschte Outputobjekt seinen Status als normgerechtes Produkt[230]. Eine gleichartige Wirkung geht auch vom sogenannten **Listing** aus, das im Sinne einer Positivliste all diejenigen Stoffe aufführt und spezifiziert, die für einen bestimmten Herstellungsprozess verwendet werden können. Eine entsprechende Listingmöglichkeit für Sekundärmaterialien steht nach Aussagen verschiedener Produktionsleiter bislang jedoch noch aus, so dass Sekundärmaterialien in manchen Bereichen vor massiven Marktzutrittsbarrieren stehen, die bei Nachweis vergleichbarer qualitativer Eigenschaften kaum zu rechtfertigen sind[231].

5.6.6 Emotionale Grenzen

Das Wesen des Menschen zeichnet sich unter anderem dadurch aus, das er persönliche Interessen verfolgt, die aus den oben geschilderten Leitlinien oder randlichen Leitplanken nur in Teilen abgeleitet werden können. Dahinter stecken im Wesentlichen emotional bedingte Gründe. Auf der Seite der Nachfrager zeigen sie sich beispielsweise in psychologisch erklärbaren Vorbehalten gegenüber Produkten,

---

die hier allerdings nicht weiter eingegangen werden kann. (Siehe hierzu verschiedene Rechtsgutachten bspw. von *Dolde / Vetter* [Verwertungsabgrenzungsproblematik 1997]). Tatsache ist, dass es nach wie vor Abfallwege gibt, die bspw. in Nordrhein-Westfalen oder auch in Rheinland-Pfalz als Verwertungswege anerkannt sind, während sie in Baden-Württemberg als Beseitigungsvorgang eingestuft werden. Dahinter steht ganz wesentlich eine zumindest vordergründig geführte Diskussion um die sogenannte „**Scheinverwertung**". Tatsache ist, dass es inzwischen zur gängigen Praxis geworden ist, gemischte Siedlungsabfälle praktisch ohne Vorbehandlung einer „energetischen Verwertung" zuzuführen, wobei auch die in diesen Gemischen enthaltenen Metalle, Glas oder wasserreiche Bioabfälle „energetisch verwertet" werden, obwohl sie das gemäß ihrer besonderen Eigenschaften nicht können. Tatsache ist zudem, dass Sortieranlagen mit nachgeschalteter Deponie gemeinhin wesentlich weniger gut selektieren als solche, die über eine derartige „Symbiosebeziehung" nicht verfügen. Tatsache ist allerdings auch, dass gerade Baden-Württemberg gegenwärtig über überproportioniert erscheinende Beseitigungskapazitäten oder präziser ausgedrückt: über Sonderabfallkontingente in Hamburg verfügt, die gegenwärtig nicht ausgeschöpft werden können, aber bezahlt werden müssen, so dass hinter der hierzulande vergleichsweise weit ausladenden Auffassung über die Scheinverwertung nicht unbedingt ausschließlich ökologisch motivierte Protagonisten stehen müssen.

[230] *Angerer / Marscheider-Weidemann* [Normung 1998], S. 17.
[231] Im persönlichen Gespräch hatte der Vertreter eines kunststoffverarbeitenden Betriebes betont, dass er bestimmte Sekundärkunststoffe von deren verhaltenstechnischen Eigenschaften her ohne Probleme in eines seiner Produkte einarbeiten könnte; er dürfe jedoch im relevanten Falle ausschließlich mit gelisteten Stoffen arbeiten. So lange hier keine Erweiterung des Stofflistings in Richtung Sekundärmaterialien vorgenommen werde, bliebe ihm diese Möglichkeit aus rein formalen Gründen versperrt.

die ganz oder teilweise aus Recyclingmaterial hergestellt wurden, also ehemals als unerwünscht betrachtete Bestandteile enthalten und hierdurch gesundheitlich begründete Vorbehalte und andere negative Assoziationen hervorrufen. Gelingt es nicht, diese Vorbehalte in hinreichendem Maße abzubauen, so muss der Produzent von einem Einsatz prinzipiell geeigneter Sekundärrohstoffe Abstand nehmen und dies auch dann, wenn er deren Unbedenklichkeit auch mit seinem fachlichen Wissen überprüfen und nachweisen kann. Dies hat zur Folge, dass sich der Markt für Primärstoffsubstitute an dieser Stelle nicht entwickelt und wesentliche Stoffkreislaufführungspotenziale, die alle vorhergehenden Grenzprüfsteine (Kap. 5.6.1 bis 5.6.5) passieren konnten, aus primär emotionalen Gründen heraus letztlich doch nicht ausgeschöpft werden können.

Dass viele Produzenten aus diesen privaten und unternehmerischen Befürchtungen heraus eine wenigstens punktuelle Umstellung auf Sekundärrohstoffinputs erst gar nicht wagen, ist vor diesem Hintergrund nachvollziehbar. Gleichwohl haben sie im Bereich des Marketings allerdings umfassende Steuerungsinstrumente an der Hand, die ganz speziell dazu dienen, Emotionen auf der Nachfragerseite begünstigend zu beeinflussen. Eine derartige Beeinflussung könnte also durchaus auch zugunsten einer „ressourcenschonenderen Produktionsweise ohne Einbuße an Qualität" erfolgen, um hierdurch eine entsprechend umweltsensible Klientel anzulocken. Gerade in Deutschland leisten hier schon seit Jahren große Teile der Gesellschaft und der Politik umfassend Beistand und erleichtern so dem Produzenten die Einführung und Marktausweitung für ökologiefreundliche und ökologiefreundlich produzierte Produkte.

Dies wiederum richtet den Blick gerade auch auf die Geschäftsführungsebene der Produzenten, deren Unternehmensphilosophie und deren hieraus abgeleitete Unternehmenspolitik. Sehen sich diese zentralen Entscheidungsträger als Anwälte einer die wirtschaftliche Prosperität wahrenden nachhaltigkeitsorientierten Wirtschaftsweise[232], so kann dies die Entwicklung einer industriellen Kreislaufwirtschaft entscheidend dynamisieren. Klammern sie sich dagegen an den Status quo, an kurzfristig orientierte Planungsgrößen oder an rein buchhalterisch bestimmte Indikatorenbündel, so bürden sie der Gesellschaft in vielen Fällen zusätzliche, vermeidbare Lasten auf und riskieren darüber hinaus eine image- und damit auch nachfragebelastende öffentliche Wertschätzung[233].

Allerdings ist die Frage der Emotionalität in puncto Kreislaufwirtschaft nicht nur mit Produkten, Produktionsprozessen oder Unternehmensphilosophien verbunden, sondern auch mit dem persönlichen Verhältnis bestimmter Menschen zu-

---

[232] Siehe hierzu insbes. die Ausführungen in Kap. 7.8.5.
[233] Letzteres beschränkt sich gegenwärtig allerdings noch immer auf Vertreter der Chemieindustrie oder konsumnah produzierenden und damit ebenfalls öffentlichkeitsexponierten Industriebetrieben aus anderen Branchen, während der ökologisch sensible Nachfrager bspw. den Produzenten des Innenlebens von Autoschließanlagen nicht kennt.

einander. So ist es durchaus nicht selten (persönliche Gespräche des Autors mit Unternehmensvertretern belegen dies), dass bestimmte Personen – aus Unsicherheit, Vorurteilen oder negativen Erfahrung in der Vergangenheit – als Geschäftspartner mehr oder weniger kategorisch abgelehnt werden. Im Falle kreislaufwirtschaftlicher Fragestellungen trifft diese Ablehnung vielfach Entsorgungsmakler und Recycler, die bestimmte Abfälle annehmen oder Sekundärrohstoffe abgeben könnten, zu denen ein dafür hinreichendes Vertrauensverhältnis aber nicht (wieder-) herstellbar ist. Doch auch gegenteilig ausgelöste Blockaden sind möglich, wenn etwa verpflichtende Absprachen, persönliche Bekanntschaften oder Gefälligkeiten die Implementierung vergleichsweise nachhaltigkeitsfördernder Lösungsansätze verhindern.

Insgesamt zeigt sich, dass schlussendlich der von vielfältigen Emotionen durchwobene persönliche Wille des Entscheidungsträgers darüber bestimmt, inwieweit ein nach Berücksichtigung objektiv feststellbarer Umfeldrestriktionen noch gangbarer Stoffkreislaufpfad tatsächlich auch gegangen wird.

5.6.7 Zielkorridore und Leitplanken des technosphärischen Recyclings

Wie an den Ausführungen der vorangegangenen Abschnitte dieses Kapitels deutlich geworden ist, sind die Bestimmungsfaktoren technosphärischen Recyclings außerordentlich vielfältig, wobei aus den zentralen Entscheidungsdimensionen lediglich einzelne Mosaiksteine herausgegriffen werden konnten. Die dabei thematisierten Restriktionen sind in einem mehrgliedrig darstellbaren **Möglichkeitsraum** angesiedelt, der ausgehend von dem Raum des Naturgesetzmäßigen bis hin zum individuellen Umsetzungshandeln immer enger wird. Die folgende Abb. 5-27 veranschaulicht ein derartiges Bild, wobei die Positionierung der einzelnen Elementarbausteine für aspektspezifische Zielkorridore steht, innerhalb derer ein Recyclingvorgang platziert sein muss, um gangbar zu sein. Die Seitenränder dieser Aspektebenen können dabei als mehr oder minder scharfe Grenzen ausgeprägt sein und wirken als **Leitplanken**, innerhalb derer ein potenzieller Recyclinggegenstand navigiert werden muss, ehe er schließlich über eine vom persönlichen Willen des Entscheidungsträgers bestimmte Trichtermündung eine letzte Engführung passieren kann. Läuft der Recyclingansatz jedoch bezüglich auch nur eines der aufgeführten Aspekte „ins Leere", so scheidet er aus dem Set der Möglichkeiten aus und wird erst dann wieder diskutabel, wenn er an den bereits existierenden Zulassungsraum angepasst werden könnte oder auf der relevanten Problemebene eine passende Grenzverschiebung stattfindet.

Leitplanken[234] und Grenzbereiche für die Implementierung von Recyclingprozessen sind dabei allerdings nur auf der naturgesetzlichen Ebene rigide und unverrückbar fixiert, während der in umseitiger Abb. 5-27 als Trichter dargestellte Möglichkeitsraum im Wesentlichen vom Wirtschaften des Menschen bestimmt wird.

Technischer Fortschritt erweitert die Navigationsmöglichkeiten für Recyclingverfahren, umweltschädigendes Auftreten von Marktversagen verlangt an wiederum anderer Stelle deren Einschränkung[235]. Mit der räumlich versetzten Darstellung der unterschiedlichen Zulassungsbereiche soll in Abb. 5-27 zum Ausdruck gebracht werden, dass keineswegs jeder partialanalytisch als unzweifelhaft gangbar ermittelte Recyclingvorgang tatsächlich auch bei anderen Zielkorridoren im Zentrum liegen muss. Gleichwohl dürfte der größte Anteil der entscheidungstechnisch zunächst einmal „zulässigen" Recyclingpfade an den nach unten hin dargestellten Anspruchsfeldern scheitern und dies, obwohl die seitlichen Grenzen dort weit weniger markant und sehr viel mobiler sind. Ganz konkret bedeutet dies, dass neben der Förderung technologischer Entwicklung[236] und der Internalisierung externer Effekte[237] insbesondere Organisations-, Informations- und Überzeugungsarbeit geleistet werden muss, damit der Systemoutput zugunsten ressourcenschonender technosphärischer Stoffkreislaufschließung steigt[238].

---

[234] In seiner Spezifizierung auf einen ökologischen Kontext geht der Begriff der Leitplanken wahrscheinlich auf *Schmidt-Bleek* [MIPS 1994], S. 234, zurück (siehe entspr. Hinweis bei *Hinterberger* [Leitplanken 1998], S. 87).

[235] Hier tritt bspw. auch die nachhaltigkeitsorientierte Forderung nach einer Internalisierung externer Kosten des Individualhandelns auf den Plan, der v.a. die staatliche Seite über die Errichtung rechtlich dimensionierter Leitplanken Geltung zu verschaffen versucht.

[236] Auf die Darstellung und Bewertung verschiedener recyclingtechnischer Verfahrensalternativen kann im Rahmen dieser Arbeit nicht eingegangen werden. Hierzu gibt es jedoch eine riesige Fülle leicht erschließbarer und gleichzeitig rasch veraltender Fachliteratur, so dass auch die Benennung einer stellvertretenden Auswahl hier als nicht sinnvoll erscheint.

[237] Hier ist besonders an die Nachrüstung oder Schließung sicherheitstechnisch unzulänglich ausgestatteter Billigdeponien zu denken, die als Abfallpreissenken große Abfallmengen an sich binden und damit die Entwicklung einer nachhaltigkeitsorientierten Stoffkreislaufwirtschaft spürbar einschränken.

[238] Auf die räumliche Relevanz der hier erläuterten bzw. in der folgenden Abbildung 5-27 dargestellten Aussagen wird in Kap. 7 noch ausführlich eingegangen.

5. Stoffkreislaufwirtschaft im Rahmen betriebswirtschaftlicher Betrachtungen 175

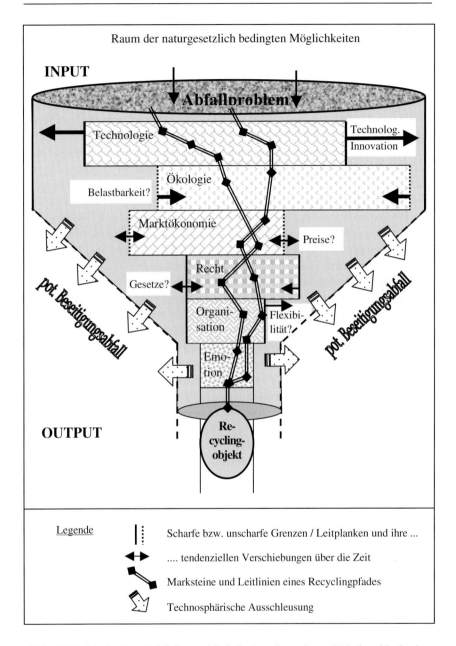

Abb. 5-27: Marksteine, Leitlinien und Leitplanken der technosphärischen Navigation unerwünschter Stoffe vom Abfallproblem zum Recyclingobjekt

5.7 Zentrale entsorgungswirtschaftliche Begrifflichkeiten in ihrem Verhältnis zueinander – eine abschließende Betrachtung

Vor dem Hintergrund der in diesem 5. Kapitel vorgenommenen Konkretisierung eines reduktionswirtschaftlichen Betrachtungsansatzes wurde zunächst einmal der **Reduktionsbegriff** eingehend erläutert und als Komplement zum Produktionsbegriff stark gemacht[239]. Auch der Begriff des **Recycling** wurde in den letzten beiden Unterkapiteln eingehend thematisiert, wobei in Kap. 5.5 insbesondere auf den Aspekt hingewiesen wurde, dass Recycling einen Abschnitt des Stoffkreislaufprozesses darstellt, der reduktionsseitig beginnt und produktionsseitig zu seinem Abschluss kommt, d.h. sowohl Prozesskettenglieder von Reduktion als auch solche von Produktion beinhaltet. **Stoffkreislaufwirtschaft** hingegen steht für ein systemares Ganzes (d.h. für Recycling im Kontext mit recyclinggerechter Produktion und Reduktion), was im Idealfall eine stetig wiederholbare Ver- und Entbindung von Stoffen und damit stetig reproduzierbare Nutzungszyklen erlaubt.

Eine solche **idealtypische Stoffkreislaufwirtschaft** wurde bereits in Abb. 5-1 dargestellt als ein System, im Rahmen dessen Produktions- und Reduktionswirtschaft als die beiden Seiten einer (vom Menschen hergestellten) Medaille voll ausgebildet sind, wobei die beiden industriewirtschaftlichen Säulen als auf- und abstrebend verkettete Prozessabfolgen erscheinen – wobei eine möglichst entropiearme Stoffkreislaufschließung anzustreben ist. Von der wirtschaftlichen Realität wird dieses Ideal jedoch dahingehend modifiziert, als mit der technosphärischen Reduktion nicht nur Verwertungs-, sondern auch Beseitigungsprozesse verbunden sind, die das Ausmaß des Defizits unserer technosphärischen Stoffkreislaufwirtschaft repräsentieren.

Technosphärische Stoffkreislaufwirtschaft versucht, dieses Defizit zu minimieren, indem sie unter Einsatz technologischer Instrumente Demontage- und Retrotransformationsprozesse durchführt, die ökosphärenkonforme oder technosphärenintern erwünschte Outputs liefern. Wie bereits in Kapitel 5.6.2 eingehend begründet, darf es dabei allerdings nicht darum gehen, Kreislaufwirtschaft um jeden Preis zu realisieren, sondern die Umsetzungsansprüche bereits von vorn herein auf das ökologisch Sinnhafte zu begrenzen[240]. Eine **technosphäreninterne Stoffkreislaufwirtschaft** funktioniert dabei nur insoweit, wie die Reduktionswirtschaft die Technosphäre mit nutzungsgerechten Inputs zu versorgen vermag, und die Inputseite die reduktionsseitig verfügbar gemachten Redukte (Stoffe, Komponenten und komplexere Module) auch tatsächlich nachfragt.

---

[239] In diesem Zusammenhang sei insbesondere auf das Kapitel 5.1.1.3 hingewiesen.
[240] Siehe Kap. 5.6.2.

5. Stoffkreislaufwirtschaft im Rahmen betriebswirtschaftlicher Betrachtungen 177

Beschreibt man schließlich **Kreislaufwirtschaft juristisch**, so schließt auch diese Auffassung Vorgänge der Beseitigung explizit aus. Sie versteht unter dem Begriff der Kreislaufwirtschaft implizit Vorgänge der Vermeidung und Verwertung von Abfällen[241]. Mit der bereits in Kapitel 5.4.1 erwähnten juristischen Ausprägung des Entsorgungsbegriffs[242] besitzt er ein gemeinsames Element im Vorgang der Verwertung[243]. Zwar liefert der Gesetzgeber auch im Falle des Begriffes der Kreislaufwirtschaft keine Legaldefinition, doch umfasst sie gemäß KrW-/AbfG, §4, Abs. 5 „*auch das Bereitstellen, Überlassen, Sammeln, Einsammeln durch Hol- und Bringsysteme, Befördern, Lagern und Behandeln von Abfällen zur Verwertung.*" Da §4 Abs. 2 des KrW-/AbfG die anlageninterne Kreislaufführung als Vermeidungsmaßnahme kennzeichnet und die Abfallvermeidung auch an anderer Stelle ganz allgemein der Kreislaufwirtschaft unterstellt wird, kann das ebd. in §4 Abs. 5 einleitend verwendete „auch" als Bindeglied zwischen Vermeidung und Verwertung verstanden werden.

Damit sind auch die wesentlichen Mitglieder des Begriffsfeldes der Kreislaufwirtschaft in ihren spezifischen Bedeutungsinhalten explizit vor- und einander gegenübergestellt worden, so dass es schlussendlich nur noch darum gehen soll, den Umgang mit den bislang thematisierten zentralen Fachbegriffen aus dem Themenbereich Kreislaufwirtschaft dadurch zu erleichtern, dass ein am Produktions-Reduktions-Modell ausgerichtetes Abgrenzungsraster darüber gelegt wird. Die folgende Tab. 5-1 präsentiert einen derartigen Versuch, bei dem die in den einzelnen Spalten aufgeführten Termini mit der aus diesem Kapitel bereits hinlänglich bekannten Prozessabfolge innerhalb des Reduktions- und des Produktionssektors gekreuzt werden. Sie stellt damit ein in sich konsistentes Begriffsgebäude vor, das mit produktionstheoretischen Überlegungen im Allgemeinen und mit dem im Rahmen dieser Arbeit präzisierten Produktions-Reduktions-Modell harmoniert und so ein geeignetes Grundgerüst für die Bearbeitung unterschiedlichster entsorgungswirtschaftlicher Fragestellungen aus der Perspektive einer industriellen Reproduktionswirtschaft bietet.

---

[241] *Von Köller* [KrW-/AbfG 1996], S. 82, 100.
[242] Dieser umfasst gemäß KrW-/AbfG §3 Abs. 7 Vorgänge der Verwertung und Beseitigung.
[243] Siehe hierzu auch *von Köller* [KrW-/AbfG, 1996], S. 80 bzw. *von Köller* [KrW-/AbfG, 1997], S. 81 f.

	Elemente stoffwirtschaftlicher Prozessabfolge						
Produktionstheoretische Einordnung im Produktions-Reduktions-Modell:	Reduktion					Produktion	Zusätzlich eingeschlossene Prozesse
(Fach-)Begriff:	Sammlung, Sortierung, Analyse,	Demontage	Retrotransformation	Beseitigung	Verwertung		
Entsorgung, gemeinsprachlich	■	■	■	■	■		**
Entsorgung, juristisch	■	■	■	■	■		
Entsorgung, reduktionswirtschaftlich	■	■	■	■	■		
Reduktionswirtschaft	■	■	■	■	■		
Reduktion (i.e.S.)		■	■	■	■		
Recycling (verwendungsorientiertes)		■	■		■		***
Recycling (verwertungsorientiertes)			■		■		
Verwertung, juristisch			■		■		
Verwertung, reduktionswirtschaftlich					■		
Kreislaufwirtschaft, technosphärisch	■	■	■		■		***
Kreislaufwirtschaft, juristisch	■	■	■	■	■		

**   Diffusion
*** intrakonsumtive Aufbereitung

Tab. 5-1: Terminologische Abgrenzung zentraler entsorgungswirtschaftlicher Begrifflichkeiten unter Zuhilfenahme des Produktions-Reduktions-Rasters

Tab. 5-1 stellt damit ein in sich konsistentes Begriffsgebäude vor, das mit produktionstheoretischen Überlegungen im Allgemeinen und mit dem im Rahmen dieser Arbeit präzisierten Produktions-Reduktions-Modell harmoniert und so ein geeignetes Grundgerüst für die Bearbeitung unterschiedlichster entsorgungswirtschaftlicher Fragestellungen aus der Perspektive einer industriellen Reproduktionswirtschaft bietet.

5.8 Entwicklungschancen

Mit den Ausführungen auf den vergangenen Seiten wurde versucht, einen groben Umriss über Ansatzpunkte für eine technosphärische Stoffkreislaufwirtschaft zu liefern und auch die dabei entscheidend wirksamen vielschichtigen Interdependenzen zwischen Produktions- und Reduktionsvorgängen zu thematisieren. Die meisten der dargestellten Systemelemente sind wie Glieder einer Kette hintereinandergeschaltet (siehe Abb. 5-13), Querverbindungen im Sinne gegenseitigen Lernens oder engmaschiger Stoffkreisläufe können zu deutlichen Effizienzsteigerungspotenzialen führen und sind deshalb anzustreben. Jede Suboptimalität eines zeitlich vorgelagerten Vorgangs insbesondere entlang der materialwirtschaftlichen Hauptkette (Lauffläche des Rades der Abb. 5-5) führt nachgelagert zu einer „Verkettung unglücklicher Umstände". Entsprechend führen jedoch auch Verbesserungen an den entsprechenden Punkten zu kreislaufwirtschaftlichen „backward linkages", die zu einem Vielfachen des ursächlichen Einzeleffektes anwachsen und so die Ressourcenproduktivität insgesamt erheblich steigern können[244]. Entscheidend für die Weiterentwicklung der industriellen Stoffkreislaufwirtschaft zu Lasten der gegenwärtig noch weithin dominierenden Stoffdurchflusswirtschaft ist allerdings die tatsächliche Kaufentscheidung des potenziellen Nachfragers. Ob technisch mögliche Potenziale tatsächlich ausgeschöpft werden, entscheidet (neben einem legislativ tätigen Staat) schlussendlich der Konsument. Er ist der Antriebsmotor einer industriellen Reproduktionswirtschaft – und dies nicht nur im Sinne einer reproduktionsorientierten Beschleunigung, sondern auch Abbremsung. Denn hergestellt wird zumindest mittelfristig nur, was beim Kunden auch einen entsprechenden Absatz findet. Mehr ist angesichts der bereits in Kapitel 2 geschilderten Unvollkommenheit technosphärischer Produktion auch ökologisch nicht zu verantworten. Somit gilt es auch, sich zu vergegenwärtigen, dass jede industriewirtschaftliche Produktion eine vermeidbare Umweltbelastung darstellt, wenn sie nicht auf Nachfrage trifft.

Ist der Konsument mit dem Rezyklateinsatz in der Produktion einverstanden, oder fordert er ihn sogar, so muss auch das Sekundärrohstoffangebot dem gerecht werden können, indem es die Anforderungen nicht nur in preislicher, sondern auch in qualitativer und zeitlicher Hinsicht erfüllt[245]. Da die gleichzeitige Erfüllung dieser verschiedenartigen Faktoren eine sehr anspruchsvolle Herausforderung darstellt, ist es gerade hier besonders wichtig, dass sich produktions- und reduktionswirtschaftlich tätige Akteure insbesondere aus den jeweiligen Bereichen von Forschung & Entwicklung informationell austauschen oder auch strategische Ko-

---

[244] Entsprechendes gilt auch für „forward linkages", die sich entlang der Prozesskette immer mehr nach vorne arbeiten und so wiederum zu umfassenden Umwälzungen führen können.

[245] Siehe materialwirtschaftliche Ausführungen im Rahmen des zu Beginn von Kapitel 4.2.1 geschilderten Bereichs der Beschaffung.

operationen eingehen, um damit vor- und nachgelagerte Produktionsstufen zwischen Produktion und Reduktion im Sinne eines Betriebsgrenzen überschreitenden Schnittstellenmanagements in wesentlich stärkerem Maße verknüpfen zu können.

Und auch dann ist die Gewährleistung einer solchen Passgenauigkeit nicht immer einfach, denn eine Sekundärrohstoffwirtschaft kann nur solche Materialien zu Sekundärrohstoffen verarbeiten, die sich aus der zielgerichteten Reduktion verfügbarer Reduzenden erzielen lassen. Dies ist darauf zurückzuführen, dass der Fundus, aus dem die Sekundärrohstoffwirtschaft schöpft, ja eben nicht in der natürlichen Ökosphäre liegt, aus der sich Primärrohstoffproduzenten absolut bedarfsgerecht bedienen können, sondern in vergleichsweise bescheidenen, temporal bisweilen unvorhersehbar schwankenden Quantitäten und Qualitäten von Abfällen. Die Entwicklung und Stabilisierung entsprechender Märkte ist damit bereits aus diesen Gründen deutlich schwieriger, als die für entsprechende Neuware. Ein ökologisch ausgerichteter und gleichzeitig auch praxisorientierter Ansatz muss sich deshalb in ganz besonderem Maße darum bemühen, Kosteneinsparpotenziale einer industriellen Kreislaufwirtschaft zu identifizieren, zu visualisieren und zu quantifizieren sowie Möglichkeiten für ihre Ausnutzung aufzuzeigen, um damit in einem umfassenden Sinne reale ökonomische und ökologische Vorteile für den Einsatz sekundär erzeugter Inputfaktoren zu schaffen oder deren Anteil zu vergrößern.

Darüber hinaus gilt es aber auch, umfassende Aufklärungs- und Überzeugungsarbeit zu leisten, um die Bedeutung des Konsumenten als Antriebskraft einer industriellen Reproduktionswirtschaft (siehe Abb. 5-11) zu stärken.

6. Der Raum als Grundlage menschlichen Wirtschaftens

Während das Grundmodell der neoklassischen Ökonomie im realräumlichen Sinne raumfrei (wie im Übrigen auch zeitfrei) konzipiert ist, indem bspw. *Walras* von einem Punktmarkt ausgeht, an dem bei vollkommener Konkurrenz und vollständiger Information Angebot und Nachfrage aufgrund einer vollständigen Flexibilität der Faktormärkte stets zum Ausgleich kommen[1], spielt die räumliche Ausgedehntheit eines Handlungsfeldes gerade im Zusammenhang mit der Umsetzung stoffkreislaufwirtschaftlich orientierter betrieblicher Handlungsansätze, wie sie im Zentrum dieser Arbeit stehen, eine zentrale Rolle.

Sobald ein stofflicher Vorgang mit der Einheit des Ortes – einer der zentralen Annahmen des neoklassischen Grundmodells – bricht, werden Transporte notwendig, die damit unverzichtbare Systembausteine unseres Wirtschaftens darstellen. Entsprechend nimmt der Faktor der Transportkosten nicht nur bei der für eine agrarisch geprägte Volkswirtschaft konzipierten Standortstrukturtheorie von *Johann Heinrich von Thünen* (1825/1875)[2], sondern auch bei der Industriestandorttheorie *Alfred Webers* (1909)[3] eine determinierende Stellung ein – und weitere Beispiele dieser Art ließen sich noch in großer Zahl und Vielfalt benennen. Hierzu sei betont und anerkannt, dass auch die weithin dominierende Neoklassik mit ihren so faszinierend klaren Modellen und Modellergebnissen inzwischen regionale Wachstumstheorien entwickelt hat, die die Raumkomponente zumindest implizit berücksichtigen[4]. Von den oben angedeuteten, sehr restriktiven Annahmen des Grundmodells können jedoch auch sie nur begrenzt Abstand nehmen.

Der Ausbau der Verkehrs- und Kommunikationsinfrastruktur, so ein zentrales neoklassisches Argumentationsmuster, wird die räumlich bedingten Unterschiede immer mehr nivellieren und schließlich aufheben[5], so dass die Gültigkeit des neoklassische Grundmodells gegenwärtig lediglich von vorübergehenden Unvollkommenheiten kaschiert wird. Und tatsächlich scheinen die neuen Informationstechnologien dem Recht zu geben, indem sie nun endlich den langersehnten Realisierbarkeitsbeweis für eine raumfrei operierende und funktionierende Ökonomie

---

[1] Einheit von Ort und Zeit im Rahmen des sog. Allgemeinen Gleichgewichtsmodells.

[2] Berechnung einer Differenzialrente der Lage zum Konsumzentrum, die bei ihm entscheidend ist für die Lokalisierung bestimmter Produktionsstandorte; siehe hierzu das mannigfach zitierte und ab 1825 in drei Etappen entstandene Buch von *Johann Heinrich von Thünen* (1875) mit dem Titel „*Der isolierte Staat in Beziehung auf Landwirtschaft und Nationalökonomie*".

[3] Berechnung von Transportkostenminimalpunkten bei räumlich (einfach oder mehrfach) getrennten Produktions- und Konsumtionsprozessen mit Reingewichts- und/oder Gewichtsverlustmaterialien (siehe *Alfred Weber* (1909), dessen zentraler Gedankengang bis heute in fast jedem Buch über Industriestandorttheorie oder Wirtschaftsgeographie zumindest grob umrissen wird.

[4] Siehe hierzu bspw. das von *Borts / Stein* (1964) entwickelte regionale Wachstumsmodell, das in seinen Grundgedanken bspw. in Schätzl [Raumtheorie] 1996[6] dargestellt wird.

[5] Ausgleich der Faktorpreisdifferenzen aufgrund vollständiger Faktormobilität.

liefern zu können scheinen[6]. Bei genauerer Betrachtung kann dem jedoch allenfalls soweit zugestimmt werden, wie ein entsprechender Informations- bzw. Datenaustausch keine realen Stofftransfers nach sich zieht. Genau Letzteres ist aber selbst bei der Internetkommunikation vielfach der Fall. So ist es mit Sicherheit kein Einzelfall, wenn die Bestellung eines Küchenutensils nunmehr einen Transport aus den USA auslöst oder eine umweltrelevante Bewegung von Stoffen erst dadurch ausgelöst wird, dass der räumliche Informationshorizont auf Anbieter- oder Nachfragerseite deutlich erweitert werden konnte. Die Information über einen via Internet bestellbaren Gegenstand mag also das Bedürfnis, einen solchen besitzen zu wollen, auch erst auslösen.

Doch auch wenn man von derartigen raumgreifenden Sekundäreffekten einer zunächst einmal raumfrei bewerkstelligten Order einmal absieht, so dürfte auch dem Internet in absehbarer Zeit nicht gelingen, was dem Telefon, dem Telefax und vergleichbaren Instrumentarien in all den Jahren, in denen sich Jedermann damit vertraut machen konnte, nicht gelungen ist: die Abschaffung von Face-to-face-Kontakten. D.h. nicht nur beim Transport von Materialien ist der wirtschaftliche Bezugsraum mit Sicherheit auch in Zukunft ein zentraler Bestimmungsparameter des Erfolgs einer Handlungsstrategie, sondern auch beim Transfer von Information. So betonen empirische Studien gerade zur regionalen Wirtschaftsdynamik ziemlich eindeutig die auch im Zeitalter hochentwickelter Kommunikationstechnologien ungebrochene Bedeutung sogenannter „räumlicher Nähe" für den Abschluss von Geschäften und den Erfolg neuer Kombinationen im Wirtschaftsprozess[7]. Dies sind nur einzelne der weit verbreiteten Indizien dafür, dass menschliches Wirtschaften selbst jenseits materieller Gütertransfers wesentlich durch räumlich wirksame Faktoren bestimmt wird.

Wenn gerade vonseiten der betrieblichen Kostenkalkulation abgewiegelt wird, dass der Parameter Entfernung heutzutage keine Rolle mehr spielt, so beschränkt sich die Vertretbarkeit dieser Aussage im Wesentlichen auf die Fälle, wo es um regelmäßige Transporte gleichartiger, großer und vollständig beschriebener Stoffströme geht, bei denen die Kosten der Informationsbeschaffung und -aktualisierung minimal sind. Je weniger diese Eigenschaften zutreffen und je wichtiger demnach persönliche Kommunikation oder gar Netzwerkbildung werden, desto mehr werden Raumfaktoren auch in Zukunft ins Kalkül zu ziehen sein, wenn man die tatsächlichen Kosten von Transaktionen berechnen will.

Doch auch wenn man sich rein auf die mit unserem gegenwärtigen Wirtschaften verbundenen Stofftransporte konzentriert, so senkt unsere postindustrielle

---

[6] Als Musterbeispiele hierfür gelten im Allgemeinen die internationalen Finanzmärkte oder die modernen Informations- und Telekommunikationstechnologie (IT)-Bereiche.

[7] Siehe hierzu v.a. die Untersuchungen sogenannter „innovativer" oder „kreativer Milieus" (*Camagni* (1991) bzw. die Ausführungen und Belege im Rahmen von Kap. 7).

6. Der Raum als Grundlage menschlichen Wirtschaftens 183

Dienstleistungsgesellschaft den materiellen Güterumschlag gegenwärtig lediglich gegenüber einem Szenario, das die Bedeutung einzelner Wirtschaftsformen beim Alten belassen hätte, in absoluten Zahlen tut sie das nicht. D.h. auch unsere postindustrielle Dienstleistungsgesellschaft ist lediglich durch eine **relative Dematerialisierung** gekennzeichnet[8], während die jährliche Tonnenkilometerleistung, in absoluten Größen betrachtet, weiter ansteigt und die einzelnen Dematerialisierungserfolge damit überkompensiert. Wir befinden uns also weiterhin in einer Situation absolut zunehmender Stofftransporte, die durch die im Zuge der Globalisierung und ihrer Instrumente global stark zunehmende Informationstransparenz eine weitere Zunahme erwarten lässt. Die ökologischen, ressourcenökonomischen, aber auch sozialen Wirkungen dieses stetigen Anstiegs von Transportkilometerleistungen verursachen jedoch kumulativ wirkende externe Effekte, die eine ernsthafte Suche nach Alternativen dringender denn je erscheinen lassen. Dabei geht es beispielsweise um die Suche nach zukunftsverträglicheren Substituten gegenwärtiger Bedürfnisbefriedigungsobjekte, was auch deren partielle Substitution zugunsten eines immateriell erzeugten Wohlbefindens einschließt[9]. Dort, wo diese Option jedoch nicht beschritten wird oder werden kann, skizziert das primär ökonomisch beschriebene Konzept der sogenannten „Internalisierung externer Kosten" unseres Wirtschaftens einen Weg, der eine verursachungsgerechte Kostenzuordnung anpeilt und hierdurch bspw. auch die dem Verursacher ehedem nicht in Rechnung gestellten Raumüberwindungskosten sukzessive zu Entscheidungsparametern macht. Je stärker sich dieser grundsätzlich marktkonforme Prozess durchsetzt, desto mehr wird auch die Entscheidungsrelevanz des Faktors Raum zurückkehren. Desto intensiver wird deshalb auch die Suche nach Möglichkeiten zur Verringerung der räumlichen Distanz zwischen Prozesskettengliedern vonstatten gehen und zu entsprechend raumschonenden Ergebnissen führen.

Um die Potenziale einer industriellen Stoffkreislaufwirtschaft im Zusammenhang mit ihrer raumabhängigen Bedingtheit jedoch auch ausschöpfen zu können, bedarf es eines sehr umfassend angelegten Stoffstrommanagements, das nicht nur technisch-ökonomische und ökologische, sondern auch soziale Faktoren berücksichtigt[10]. Und damit befindet sich ein Stoffstrommanager plötzlich in Abstim-

---

[8] Siehe bspw. Schmidt-Bleeks „*Materialintensität pro Serviceeinheit*" (MIPS) (*Schmidt-Bleek* [MIPS 1994], bzw. kurze Ausführungen hierzu im Unterkapitel 4.2.2 dieser Arbeit).

[9] Siehe hierzu auch zentralen Gedanken sog. **Suffizienzstrategien**, die über einen gewissen Konsumverzicht oder zumindest eine partielle Substitution von Materie und Energie durch Information ein Mehr an Nachhaltigkeit zu erreichen suchen.

[10] So formulierte die Enquete-Kommission „Schutz des Menschen und der Umwelt" in ihrem Schlussbericht (*Enquete Kommission* [Stoffströme 1994]), S. 449, für den Begriff des **Stoffstrommanagements**: „*Unter dem Management von Stoffströmen der beteiligten Akteure wird das zielorientierte, verantwortliche, ganzheitliche und effiziente Beeinflussen von Stoffströmen verstanden, wobei die Zielvorgaben aus dem ökologischen und dem ökonomischen Bereich kommen, unter Berücksichtigung von sozialen Aspekten.*". Zum Begriff des Stoffstrommanagements siehe darüber hinaus insbesondere *De Man / Claus / Völkle / Ankele / Fichter* [Stoffstrommanagement

mungsprozessen mit Fachvertretern recht unterschiedlicher Provenienz, die aus sehr unterschiedlichen **Raumvorstellungen** heraus argumentieren.

Hierbei wird der Transportlogistiker „Raum" zunächst einmal mit dem Faktor „Transportkosten" gleichsetzen, die sich auf der Grundlage eines durch Knoten (Umschlagplätze) und Kanten (Verkehrsachsen) gekennzeichneten Raumes berechnen lassen. Auch dem Materialwirtschaftler erscheint eine derartige Sichtweise im Allgemeinen recht naheliegend, weil sich auch sein Verständnis von Raum im Wesentlichen als mechanistisch funktionierendes Infrastruktursystem darstellt, in welchem er bei präzise ermittelbaren Marktpreisen pro Materialeinheit optimale Kosten-Leistungs-Verhältnisse errechnet. Beide werden jedoch die Raumauffassung des Behördenvertreters oder des Statistikers wenig nachvollziehen können, die die Stoffströme im Rahmen von Hoheitsgebieten quantifizieren und portionieren. Von naturwissenschaftlicher Seite her werden die Ökologen den Raum über Ökosysteme beschreiben, wobei ein Teil von ihnen besonderen Wert darauf legen wird, bei der Behandlung von Stoffstrommanagementfragen das Wechselspiel zwischen Marktökonomie und Natur(ökonomie) möglichst weitgehend mitzubilanzieren[11]. Soziologen, Psychologen und andere gesellschaftswissenschaftlich orientierte Fachvertreter werden schließlich verhaltensorientierte Determinanten wie bspw. den Faktor „mentaler Nähe" von Menschen als konstituierenden und entscheidungsrelevanten Ausdruck eines bestimmten Raumgebildes verstanden wissen wollen. Die Optimierung von Stofftransfers wäre nach deren Auffassung vor dem Hintergrund sozialräumlicher Umfeldfaktoren zu suchen, die auch die Beziehungsmuster privatwirtschaftlicher Unternehmen wesentlich bestimmten. Wo immer die Schlüssel zur effizienteren Gestaltung von Stofftransfers gesehen werden, es wird letztlich zumindest Einigkeit darüber bestehen, dass erfolgreiches Wirtschaften ohne Berücksichtigung räumlicher Aspekte nicht möglich ist.

Raum als Grundlage wirtschaftlichen Handelns scheint also allgemein wenig bestreitbar. Doch wie kann Raum angesichts der hier nur andeutungsweise skizzierten Vielfalt von Vorstellungen strukturell beschrieben und für eine interdisziplinäre Kommunikation handhabbar gemacht werden? Wer hierauf eine Antwort sucht, der wird sich mit Recht zunächst einmal an die Geographie wenden, die sich mit dem Phänomen Raum als ihrem zentralen Forschungsgegenstand bereits seit Wissenschaftlergenerationen auseinandersetzt. Er wird dann jedoch alsbald erkennen müssen, dass es gerade der Geographie, nicht zuletzt aufgrund ihrer in-

---

1997], *Friege / Engelhardt / Henseling* [Stoffstrommanagement 1998], bzw. *Sterr* [Stoffstrommanagement 1998].

[11] Siehe hierzu bspw. auch die Anregungen von *Strassert* [erweiterte I-O-Rechnung 1999], der die monetären Bereiche der klassischen Input-Output-Rechnung durch bislang nicht bewertete Dienste der Natur erweitert, um so auch entsprechende Ressourcen aus der Natur (Primärinputbereich B) bzw. Reststoffe in die Natur (Endproduktionsbereich B) einzubeziehen. Für Baden-Württemberg kommt er dabei zum Ergebnis, dass eine Monetäre Input-Output-Tabelle lediglich 19% der stofflichen Bruttoproduktion erfassen würde. (ebd., S. 2 f.)

6. Der Raum als Grundlage menschlichen Wirtschaftens

terdisziplinären Anlage und ihres Anspruchs, eine, wenn nicht die zentrale Raumwissenschaft zu sein, bis zum heutigen Tage ganz besonders schwer gefallen ist, den Begriff des Raumes zu definieren. Seine Mittlerstellung prädestiniert den Geographen andererseits aber auch dafür, die aus der mehr oder weniger abgeschotteten Innenperspektive einzelner Fachdisziplinen heraus kaum zu ermittelnden fachspezifischen Besonderheiten des Raumbegriffes herauszuarbeiten und im Rahmen einer disziplinenübergreifenden Systematik zu klassifizieren. So hat bspw. *Blotevogel* (1996) einen trotz gewisser Unvollständigkeiten äußerst hilfreichen Versuch unternommen, die Vielfalt der in einzelnen Fachdisziplinen auftauchenden Raumvorstellungen zumindest in sechs wissenschaftliche Raumkonzepte zu typologisieren[12].

Andererseits verzichten aber selbst namhafte Wirtschaftsgeographen wie bspw. *Schätzl*, die ihr Fachgebiet als die *„Wissenschaft von der räumlichen Ordnung und der räumlichen Organisation der Wirtschaft"* [13] umschreiben, zumeist weitgehend auf die explizite Voranstellung einer Definition des entsprechenden Arbeiten zugrunde liegenden Raumverständnisses.[14] *Ritter* (1998), ebenfalls ein ausgewiesener Wirtschaftsgeograph, liefert im Rahmen eines deutlich systemtheoretisch geprägten Ansatzes zumindest eine Klassifizierung der vonseiten der Geographie selbst gepflegten Raumvorstellungen[15], während bspw. *Schamp* (1988) den Begriff des Raumes speziell im Rahmen industriegeographischer Forschungsperspektiven erläutert[16].

Im alltagsweltlichen Raumverständnis wurde und wird **Raum** weitgehend verstanden als *„Ausgedehntheit von materiellen Dingen"* [17], wobei allerdings die individuelle Raumerfahrung eine sehr bedeutende Rolle spielt. Mit dem **relationalen Raum** als einem *„System von Lagerelationen materieller Objekte"*[18], wie er beispielsweise den Standorttheorien von *Weber, Christaller, Loesch* und anderen zugrunde liegt, ist ein solches Raumverständnis bereits nicht mehr kongruent, genauso wenig aber auch mit dem sogenannten **Realraum**, wie der in den Naturwissenschaften gebräuchliche (und gewöhnlich dreidimensionale) Raumbegriff auch bezeichnet wird. Zu sehr schwingt hier eine subjektive Raumwahrnehmung als **Erlebnisraum** mit, der nur eine stark selektive Auswahl mehr oder minder scharf abgebildeter Raumelemente des Realraums enthält, für die tatsächliche Entschei-

---

[12] *Blotevogel* [Raumtheorie 1996], S. 733-740, der die einzelnen wissenschaftlichen Raumbegriffe dabei auch im Rahmen ihres entstehungsgeschichtlichen Kontextes darstellt.
[13] *Schätzl* [Raumwirtschaftstheorie 1996^6], S. 17 f.
[14] Entsprechendes gilt auch für *Sedlacek* [Wirtschaftsgeographie 1988].
[15] Siehe hierzu *Ritter* [Wirtschaftsgeographie 1998^3], Kapitel I.
[16] *Schamp* [Industriegeographie 1988].
[17] *Blotevogel* [Raumtheorie 1996], S. 733.
[18] Ebd., S. 734.

dungsfindung von Wirtschaftssubjekten aber von großer Bedeutung ist. Einigkeit dürfte allerdings dahingehend bestehen, dass die **räumliche Dimension** in den Faktoren Distanz, Richtung und Dichte zum Ausdruck kommt[19].

Ausgehend von diesen grundsätzlichen Anmerkungen zum Verständnis von Raum sowie zu weiterführenden Literaturhinweisen, sollen die folgenden Unterkapitel dazu dienen, die im Zentrum der Arbeit stehenden Begriffe des Wirtschaftsraumes und der Wirtschaftsregion genauer zu beleuchten und für einen wissenschaftlichen Umgang damit geeignet zu umreißen.

6.1 Der Wirtschaftsraum als Handlungsraum des Menschen

Im Rahmen einer funktionalräumlichen Perspektive bezeichnet der Begriff des **Wirtschaftsraums** ein *„verortetes Wirkungsgefüge"*, das aus dem Zusammenwirken ökonomischer Kräfte einerseits und naturräumlicher Vor- und Nachteile sowie historisch gewachsener Tatbestände andererseits erklärt wird[20]. Im Gegensatz zum wissenschaftsgeschichtlich vorgelagerten Konzept des **Industrieraums**, das sich im Wesentlichen auf die Beschreibung und Erklärung der Physiognomie von Industrielandschaften konzentrierte, berücksichtigt ein solcher Wirtschaftsraum darüber hinaus insbesondere Netze industriewirtschaftlicher Verflechtungen, die auch die Beschäftigung mit Fragen der räumlichen Distanz zwischen den einzelnen Raumelementen ins Zentrum des wissenschaftlichen Interesses rücken[21]. In diesem Zusammenhang werden in aller Regel Transportdistanzen und Transportkosten ermittelt, wodurch bspw. Rückschlüsse auf die Standort- und Marktkonkurrenz im Raum möglich werden.

Wird der Begriff des Wirtschaftsraumes aus einem **raumwirtschaftlichen Ansatz** heraus abgeleitet, wie dies bspw. bei *Schätzl* der Fall ist[22], so wird dabei zunächst einmal versucht, die räumliche Ordnung der Wirtschaft ganz im Sinne der **Raumwirtschaftstheorie** rein ökonomisch abzuleiten. Die Standortwahl wird bei diesem Konzept im Wesentlichen auf der Basis der Ressourcenausstattung des Bezugsraumes, der dortigen Konkurrenzsituation, der Kosten der Raumüberwindung oder über Ersparnisse durch räumliche Konzentrationseffekte getroffen. Zentraler Akteur in diesem Raumkonzept ist der *„homo oeconomicus"*, dessen rationales Handeln auch die räumliche Ordnung der Wirtschaft bestimmt.[23] Neo-

---

[19] Siehe hierzu auch eine entsprechende Graphik bei *Klingbeil* (1978), die in *Wolf* [räumliches Verhalten 1996], S. 750, wiedergegeben wird.
[20] *Schamp* [Industriegeographie 1988], S. 5.
[21] Ebd.
[22] Siehe bspw. *Schätzl* [Raumwirtschaftstheorie 1996], S. 17 ff.
[23] Siehe hierzu bspw. *Schamp* [Industriegeographie 1988], S. 5 f.

klassisch bestimmte Ansätze tendieren dabei aus bereits einleitend angedeuteten Gründen stets zu einem interregionalen Ausgleich, auch wenn die gerade von der Empirie häufig konstatierten Polarisierungstendenzen anderes vermuten lassen, was im Rahmen derartiger Modellvorstellungen jedoch als eine lediglich vorübergehende Erscheinung interpretiert wird[24].

Demgegenüber sieht der **handlungstheoretische Ansatz** (behavioural approach) den Menschen als individuellen Entscheidungsträger im Zentrum eines Wirtschaftraumes, der im Gegensatz zu insbesondere neoklassischen Ansätzen nicht mehr von rein marktmäßigen Regelungsmechanismen bestimmt wird. Die Entscheidungsfindung eines Unternehmens wird dabei über das menschliche Individuum als Entscheidungsträger abgebildet, der über einen speziellen Gestaltungsrahmen verfügt und zudem unvollständige Marktinformationen besitzt. Er agiert im Rahmen sozialer Beziehungen und besitzt individuelle Präferenzen, die (im Gegensatz zu denen des homo oeconomicus) nicht immer und ausschließlich ökonomisch bestimmt sind. Seine Entscheidungen sind dennoch nicht zufällig, sondern entspringen einem kognitiven Prozess, der allerdings individuelle Züge trägt, bzw. ein Spiegel des Zusammenspiels endogener Ressourcen eines Unternehmens ist. Diesem handlungstheoretischen Ansatz liegt nach *Schamp* (1988)[25] das Menschenbild eines *„satisficer"* zugrunde, *„der unter seinen begrenzten Möglichkeiten der Informationsgewinnung bei teils sich widersprechenden verschiedenen Zielsetzungen und unter vielfältigen Handlungsschranken, die relativ beste Wahl treffen will, und das heißt, nach einer für ihn befriedigenden Lösung seines Wahlproblems strebt"*.[26] Ähnlich wie bspw. im Industriestandortmodell von *Pred* (1967)[27] wird also hier keine optimale Punktlandung prognostiziert, sondern zunächst einmal eine „befriedigende" Second-best-Lösung, die bereits durch ihre Verortung in einem durch lokalisierungsbedingte Gewinne bestimmten Standortsuchraum gegeben ist[28]. Die besondere Bedeutung, die dem handelnden Wirtschaftssubjekt im Rahmen eines handlungstheoretischen Ansatzes zur Erklärung raumbestimmender Verhaltensmuster zukommt, harmoniert vom Ansatz her gut

---

[24] Auch **Polarisierungstendenzen** sind in bspw. neoklassischen Wachstumsmodellen bisweilen zugelassen, haben jedoch (im Gegensatz bspw. zu ihrer Bedeutung bei strukturalistisch geprägten Ansätzen) nur vorübergehenden Charakter, weil sie durch die vollständige Faktorflexibilität über kurz oder lang relativiert werden.
[25] *Schamp* [Industriegeographie 1988], S. 8.
[26] Ebd., S. 8.
[27] Zum Modell von *Pred* (1967 siehe bspw. *Schätzl* [Raumwirtschaftstheorie 1996^6], S. 56 ff.
[28] Allerdings hat bspw. auch *Smith* (1981) in Erweiterung des *Weber*'schen Industriestandortmodells ein durch vergleichsweise weiche Restriktionen bestimmtes Modell entwickelt, das auch auf der Basis rein ökonomisch bestimmter Entscheidungsparameter flächenhafte Gewinnzonen als Zielkorridore abbildet. (Siehe eine entsprechende Darstellung in *Schätzl* [Raumwirtschaftstheorie 1996^6], S. 49 ff.).

mit Grundbausteinen der Neuen Institutionenökonomie und stärkt darüber hinaus auch systemtheoretisch geprägte Herangehensweisen.[29]

In einer Verbindung der beiden Ansätze verwendet *Blotevogel* den Begriff des **Ökonomischen Raumes**, den er dem Typus eines **gesellschaftlichen Raumes** unterordnet, welcher nicht primär erdräumlich-materiell strukturiert und begrenzt ist, sondern einen Aspekt der *„sozialen Konstruktion von Wirklichkeit"*[30] darstellt. Folgt man dieser Vorstellung, so ist auch das Phänomen des Wirtschaftsraumes nicht rein erdräumlich-physiognomisch dimensioniert, sondern versinnbildlicht ein Gebilde, dessen Gestalt und Dynamik nur über die Einbeziehung nichtdinglicher Bestandteile beschrieben werden kann.

Die Beschreibung des Phänomens **Wirtschaftsraum** ist also in hohem Maße abhängig von seiner wissenschaftstheoretischen Einordnung bzw. von einem bestimmten Erkenntnisinteresse, so dass eine fachdisziplinenübergreifende Einigkeit über diesen Forschungsgegenstand kaum herstellbar sein dürfte. Gleichwohl dürfte sich jedoch Übereinstimmung zumindest in den drei folgenden Punkten erzielen lassen:

- Beim Phänomen des Wirtschaftsraumes handelt es sich um einen **ökonomischen Raum**, der zwar auf einem Erdraum aufsitzt, selbst jedoch vollständig anthropogen bedingt und strukturiert ist. Als funktional konzipierter, kontrollierter und vielgliedrig gestalteter Ausdruck menschlicher Schaffenskraft bestimmt er inzwischen vor allem die Reliefsphäre[31], greift bisweilen aber bereits weit in Atmosphäre auf der einen und Pedosphäre bzw. Lithosphäre auf der anderen Seite hinaus.

- Von der Größenordnung her ist der Wirtschaftsraum als **Mesoraum** einzustufen, der zwischen der Leiblichkeit des Menschen und dem gesellschaftlichen Makroraum der Weltwirtschaft steht[32].

- Gleichzeitig lässt er sich als ein **Relationalraum** charakterisieren, der durch Standorte, Distanzen und Lagebeziehungen bestimmt wird und als solcher vor allem die Standortforscher beschäftigt. Als Raum gesellschaft-

---

[29] Über die raumwirtschaftliche und die handlungstheoretische Forschungsperspektive hinaus unterscheidet *Schamp* [Industriegeographie 1988], S. 10 ff. noch eine im Wesentlichen auf neomarxistischen Grundlagen basierende **strukturalistische Perspektive**, die auch auf die Beforschung von Wirtschaftsräumen angewendet werden kann. Entsprechende Arbeiten befassen sich v.a. mit dualistischen Strukturen, die beispielsweise durch einen dominierenden Sektor von Großunternehmen und einen dominierten Sektor von Kleinunternehmen beschrieben werden. Andere Arbeiten versuchen, Stagnation und wirtschaftlichen Niedergang von Wirtschaftsräumen mit fallenden Profitraten zu erklären, denen der Unternehmer zunächst durch eine Sozialisierung interner Kosten und schließlich durch Kapitalexport zu entgehen versucht.

[30] *Blotevogel* [Raumtheorie 1996], S. 737; wobei *Blotevogel* hier zunächst den Begriff des *„Ökonomischen Raumes"* verwendet.

[31] D.h. die dünne Haut der Erdoberfläche.

[32] Siehe bspw. *Blotevogel* [Raumtheorie 1996], S. 738.

6. Der Raum als Grundlage menschlichen Wirtschaftens

licher Beziehungsgeflechte erlegt er dem empirisch orientierten Wissenschaftler jedoch bereits deutliche Messprobleme auf.

Gerade bei der Handhabung des Wirtschaftsraumes als räumlichem Kontinuum oder räumlich diskretem Vernetzungsmuster gehen die Auffassungen jedoch bereits wieder auseinander. Und noch größere Differenzen treten bei der Behandlung der Frage zutage, wo nun eigentlich die Grenzen eines Wirtschaftsraumes anzusiedeln wären? Vor diesen sehr grundsätzlichen Fragestellungen stehen sich verschiedene Fraktionen gegenüber, die man grob als Anhänger eines territorialen und eines kommunikativen Raumkonzepts klassifizieren könnte.

Wirtschaftsräumliche Grundvorstellung	**territorial**	**kommunikativ / systemisch / verhaltensorientiert**
Außengrenzen	administrativ bestimmt; präzise definiert und fest	eher situativ bestimmt; mehr oder weniger diffus
Innengrenzen	keine (Kontinuum)	jenseits von Knoten und Kanten befinden sich Leerräume
Stabilität der Grenzen	sehr hoch *(siehe bspw. den statischen Charakter administrativer Einheiten)*	relativ niedrig *(dynamischer Charakter von Akteursgeflechten bzw. wirtschaftlichen Einheiten)*
Grenzveränderungen	diskret	kontinuierlich
Resultat des Grenzziehungsprozesses	Rechtsfigur (administrative Region)	Spiegelbild von individuellem oder unternehmerischem Wirtschaften

Tab.6-1: Grenzen wirtschaftsräumlicher Wirkungsgefüge auf Basis territorialer bzw. kommunikativer Raumkonzepte[33]

Anstelle des Begriffes des Wirtschaftsraumes findet sich in der Literatur vielfach auch der der Wirtschaftsregion, den bspw. *Ritter* (1998)[34] ausdrücklich synonym

---

[33] Zusammenstellung unter Verwendung von Überlegungen von *Ritter* [Wirtschaftsgeographie 1998³], *Schamp* [Industriegeographie 1996], *Sinz* [Regionsbegriff 1996] und *Blotevogel* [Raumtheorie 1996];
Neben dem territorialen und dem kommunikativen Raumkonzept unterscheidet *Ritter* [Wirtschaftsgeographie 1998³], S. 5 ff. noch ein geosphärisches, das (im Gegensatz zum territorialen nicht administrativ, sondern) nach Landschaften und Naturräumen trennt, doch haben auch sie flächigen Charakter und entsprechen auch in anderen Grundzügen der hier als „territorial" bezeichneten Raumauffassung.

[34] So bspw. in *Ritter* [Wirtschaftsgeographie 1998³], S.17

einsetzt. Dennoch lassen sich im allgemeinen Sprachgebrauch einige Unterschiede zwischen beiden feststellen, die tatsächlich auch wissenschaftlich genutzt werden könnten. So spricht man stets von einem „**Europäischen Wirtschaftsraum**" (EWR) und meint damit den durch wirtschaftspolitische Außengrenzen bestimmten und über vertragliche Vereinbarungen wiederum veränderbaren supranationalen Raum der Europäischen Gemeinschaft, während ein „**Europa der Regionen**" aus räumlich kleineren Einheiten besteht, die (in der Regel[35]) innerhalb des EWR verortet sind. Als Zentren wirtschaftlicher Prosperität wachsen sie zunehmend auch über Länder- und Staatsgrenzen hinweg zusammen und entfalten dabei eine grenzübergreifende Dynamik. Sie sind damit Träger besonderer qualitativer Eigenschaften innerhalb des EWR und konstituieren damit auch in ihrer Gesamtheit nur ein qualitativ bestimmtes Mosaik.

Die Verwendung des Begriffes „**Wirtschaftsraum**" trägt in diesem gemeinsprachlichen Gebrauch somit eher die Züge eines politisch-administrativ bestimmten einheitlichen Rechtsraumes für die Wirtschaft (siehe EWR), während sich der der „**Wirtschaftsregion**" als der von der Wirtschaft selbst im Zuge eines Jahrzehnte langen evolutorischen Prozesses herauskristallisierte, wirtschaftlich bestimmte Verdichtungsraum darstellen ließe.

6.2 Die Region als menschlicher Handlungsraum mittlerer Größenordnung

Der Begriff der Region findet sowohl im wissenschaftlichen wie im gemeinsprachlichen Umgang sehr verschiedenartige Verwendungen, die an einer geographisch bestimmten Einheit im Sinne eines Gebietes oder einer Gegend festmachen[36]. Entsprechend vielfältig und detailliert sind auch die Klassifizierungsmöglichkeiten, die hierbei vorgenommen werden könnten. Ohne hierauf an dieser Stelle näher eingehen zu können, wird mit der Tabelle 6-2 zumindest ein Bogen aufgespannt, der das Anwendungsspektrum des Regionsbegriffs ohne Anspruch auf Vollständigkeit strukturiert und beispielhaft illustriert:

---

[35] Als Ausnahme wäre hier zumindest die Region Basel (CH) – Mulhouse (F) – Lörrach (D) zu nennen, die sich auch über die Grenzen der Europäischen Gemeinschaft hinaus entwickelt.
[36] *Bacchini / Bader* [regionaler Stoffhaushalt 1996], S.11.

Abgrenzungskriterium	Beispiele
Naturräumlich:	
Pedologie / Geologie	Lössregion, Karstregion, Schwarzerderegion, Braunkohleregion
Topographie	Bergregion, Küstenregion, Gletscherregion, Alpenregion, Schweizer Mittelland, Oberes Rhonetal
Vegetation	Nadelwaldregion, Steppenregion, Almenregion
Anthropogen:	
Siedlungs- und Kulturgeschichte	Kraichgau, Savoyen, Burgund, Kurpfalz; Kulturregion
(gegenwärtige) Politik und Verwaltung	Verwaltungsregion, TechnologieRegion Karlsruhe, Region Rheinpfalz, Region Mittleres Ruhrgebiet
Wirtschaftlicher Charakter	Industrieregion, Ölförderregion, Weinbauregion, Silicon Valley, Braunkohlerevier, Ruhrgebiet, Bassin houillier

Tab. 6-2: Naturräumlich bzw. anthropogeographisch bestimmte Anwendungen des Regionsbegriffs (Quelle: *Sterr* [Region 2000], S. 1)

Die hier vorgenommene Klassifizierung in naturräumliche bzw. anthropogeographisch konnotierte Anwendungsbeispiele des Regionsbegriffes ist dabei keineswegs im Sinne von Komplementarität zu verstehen, denn schließlich überformt der Mensch naturräumliche Lokalitäten in vielfach recht starker Abhängigkeit von einem ganz bestimmten Substrat. Aus einer Braunkohleregion, die zunächst einmal auf ein abbauwürdiges Braunkohlevorkommen hinweist (qualitative Eigenschaften des Naturraums → Produktionsfaktor Boden bestimmt die Umrisse), kann so eine Braunkohleregion[37] werden, deren Umrisse sich auf die Konturen einer hierauf basierenden industriellen Überformung beschränken (anthropogene Folgeerscheinung auf naturräumlicher Basis → Zusammentreffen des Produktionsfaktors Boden mit den Produktionsfaktoren Kapital, Arbeit, Wissen ... bestimmt die Umrisse). Wie stark bestimmte Regionsbegriffe im Laufe der Zeit transformiert werden, lässt sich auch am Beispiel der sog. „Kaukasusregion" verdeutlichen, die in ihrem ursprünglichen Sinne – ähnlich der Alpenregion – zunächst einmal einen topographisch umrissenen Gegenstand beschreibt. Gleichwohl wird sie heute jedoch zumeist in einem politischen Sinne verstanden, i. e. als die Gruppe der Verwaltungseinheiten / Stammesgebiete, die an dieser Bergregion Anteil haben, aber teilweise bis weit ins vorgelagerte Flachland reichen.

---

[37] Im Sinne eines „Braunkohlereviers".

Ganz allgemein wird an diesen Beispielen deutlich, dass es eine „Region" per se nicht gibt. Dem Wesen nach handelt es sich, wie *Sinz* sich ausdrückt, lediglich um eine *„zweckgebundene Abstraktionsleistung des menschlichen Geistes"*[38], mit dem Ziel, durch (zunächst einmal nur gedankliche) Abgrenzungen den praktischen Umgang mit einem bestimmten räumlich dimensionierten Muster zu erleichtern. Die **Regionsbildung**, so *Sinz*, stellt den Versuch dar, komplexe ökologische, wirtschaftliche oder soziale Zusammenhänge auf ihre räumliche Dimension zu reduzieren und damit leichter interpretierbar zu machen[39]. Nach dem **Ähnlichkeitsprinzip** werden dabei diskrete räumliche Grundeinheiten unter Berücksichtigung bestimmter Merkmale bspw. über Clusteranalysen zu möglichst homogenen Regionen zusammengefasst (so bspw. bei der Weinbauregion). Bei Vorgehensweisen nach dem **Verflochtenheitsprinzip** stehen eher Beziehungsintensitäten im Vordergrund, die bspw. über Gravitationsmodelle ermittelt werden können.[40] Derartige Beziehungsintensitäten, aber auch die o.g. Charaktereigenschaften verleihen ihr eine besondere Ausprägung.

Sinz (1996) bezeichnet die **Region** in einem allgemeinen Sinne als einen *„durch bestimmte Merkmale gekennzeichneten, zusammenhängenden Teilraum mittlerer Größenordnung in einem Gesamtraum"*, der oberhalb der örtlichen, aber unterhalb der staatlichen Ebene angesiedelt ist[41, 42]. Damit unterstreicht er in erster Linie die territoriale Konnotation des Regionsbegriffes. Bezogen auf die föderalen Verhältnisse in der Bundesrepublik Deutschland schränkt *Richter* den Anwendungsraum eines territorial interpretierten Regionsbegriffes noch weiter ein, indem er seine Ausdehnung zwischen der Ebene der Landkreise und der der Bundesländer angesiedelt wissen will[43]. Für *Wirth* hingegen ist die Region in Anlehnung an *Giddens* ein *„Produkt sozialer Interaktion unter je spezifischen räumlich-zeitlichen Rahmenbedingungen"*[44], was eine verhaltensorientierte Interpretation des Phänomens der Region stärker in den Vordergrund rückt. In ähnlicher Weise betrachtet beispielsweise auch *Krätke* Regionen als *„sozialökonomische Verflechtungsräume, ... als ein[en] Zusammenhang mehrerer Aktivitätszentren und Stand-*

---

[38] *Sinz* [Regionsbegriff 1996], S. 806.
[39] In diesem Sinne siehe *Sinz* [Regionsbegriff 1996], S. 806.
[40] *Sinz* [Regionsbegriff 1996], S. 806; zur Anwendung entsprechender Klassifizierungsmethoden ausführlicher bspw. bei *Schätzl* [Raumwirtschaftstheorie 1996], S. 102 f. (stellvertretend für viele andere).
[41] Formulierung in Anlehnung an *Sinz* [Regionsbegriff 1996], S. 805.
[42] Allgemein herrscht zwar Einigkeit darüber, dass der Regionsbegriff einen Mesoraum repräsentiert (siehe hierzu bspw. *Blotevogel* [Raumtheorie 1996]), gerade im Zeitalter wirtschaftlicher Globalisierung werden jedoch zunehmend „Weltregionen" relevant, die sich bspw. als ASEAN, EU oder NAFTA auf staatenübergreifender Ebene von ihrer Umgebung abgrenzen und damit Mesoräume der Weltwirtschaft darstellen.
[43] *Richter* [Regionalisierung], S.77.
[44] *Wirth* [Handlungstheorie 1999], S. 58.

6. Der Raum als Grundlage menschlichen Wirtschaftens

orte, die ein sozioökonomisches Beziehungsgefüge bilden und ein Interaktionsfeld wirtschaftlich-sozialer Akteure darstellen" [45].

Welche praktischen Schwierigkeiten im Umgang mit dem Regionsbegriff dann aber tatsächlich bestehen, zeigt beispielsweise die Regionalplanung, wo der im Widerstreit zwischen Territorialgrenzen und sozialer Wirklichkeit liegenden Interessenskonflikt um die Manifestierung von „Region" sehr deutlich zum Ausdruck kommt[46]. Vor diesem Hintergrund formuliert bspw. *Becker-Marx* sehr treffsicher, dass man sich daran gewöhnt habe *„mit der Region einen gefälligen Ausdruck für das Ungefähre, frei Flottierende gefunden zu haben"*[47]. Auch wenn gerade dieser Umstand für die Behandlung sensibler politischer Fragen durchaus seinen Charme haben mag, als wissenschaftlicher Fachbegriff wäre er damit verloren. Wie aber sollte die Frage nach einem „regionalen Wirtschaften" mit wissenschaftlichen Methoden analysiert werden, wenn das konstituierende terminologische Element der Region Charakterzüge des Beliebigen trägt?

Der folgende Abschnitt stellt deshalb den Versuch dar, den Begriff der Region aus zwei grundsätzlich verschiedenen Denkansätzen heraus greifbar zu machen, um damit einer konstruktiven Diskussion um das Phänomen der Wirtschaftsregion zentrale strukturelle Grundlagen zu liefern.

6.3 Interpretationsmuster des Phänomens der Wirtschaftsregion

Wie *Sinz* treffend formuliert, handelt es sich bei dem Phänomen der **Region** tatsächlich um ein Abstraktum, das sich zwar im Sinne eines präzise abgegrenzten Territoriums manifestieren kann, aber durchaus nicht muss. Diese Tatsache betrifft allerdings nicht nur die in den verschiedenen Fachdisziplinen unterschiedliche Konzeption von Region im Allgemeinen, sondern auch die von Wirtschaftsregion im Besonderen. Eben jene Wirtschaftsregion bildet auch den räumlichen Rahmen einer regionalen Kreislaufwirtschaft, wie sie Gegenstand der vorliegenden Arbeit ist. Die **Wirtschaftsregion** wird dabei zunächst einmal ganz allgemein verstanden als ein realräumlich verortetes Gebilde wirtschaftlicher Aktivitäten, Beziehungsgeflechte und Infrastruktur, dessen räumliche Ausgedehntheit sich in einer überkommunalen aber unterstaatlichen Größenordnung bewegt. In welchem Maße dabei territorial-administrative Grenzen eine Rolle spielen, hängt ganz wesentlich von der Fokussierung der jeweiligen Fragestellung ab, die ganz bestimmte Objekte, Aktionsrahmen und Beziehungsmuster ins Zentrum des Interesses rückt.

---

[45] *Krätke* [Regionalentwicklung 1997], S. 85.
[46] Siehe hierzu bspw. *Becker-Marx* [Region 1999].
[47] *Becker-Marx* [Region 1999], S. 176.

Forscht man beispielsweise auf dem Gebiet einer regionalen Stoffkreislaufschließung, so macht es einen großen Unterschied, ob man sich dabei mit den Abfällen von Privathaushalten oder denen von Industrieunternehmen beschäftigt. Erstere werden zumindest gegenwärtig noch nahezu ausschließlich über einen administrativen Systemrahmen gesteuert, der, landesrechtlich verankert, über Gemeinde-, Stadt- oder Kreisgrenzen abgesteckt ist[48], was die Rekurrierung auf einen administrativ geprägten Raumrahmen nahe legt. Industrieunternehmen hingegen können seit der Inkraftsetzung des Kreislaufwirtschafts- und Abfallgesetzes (KrW-/AbfG) von massiven Streichungen vormaliger Andienungspflichten[49] profitieren und genießen zumindest auf dem Gebiet sogenannter „Abfälle zur Verwertung" die Freiheit der Partnerwahl. Damit werden marktliche Entscheidungsparameter dominant und konstituieren im Allgemeinen mesoräumliche Vernetzungsmuster, die allerdings schon aufgrund ihrer individuellen Steuerungsmechanismen und der damit einhergehenden Dynamik mit territorialen Raumkonzepten kaum noch beschrieben werden können. Ungleich geeigneter erscheint hier die Beschreibung des Phänomens der Wirtschaftsregion unter Zugrundelegung eines systemischen Ansatzes. Wie bereits angedeutet, gilt diese Aussage allerdings in erster Linie für den Umgang mit industriellen Abfällen zur Verwertung. Denn solche zur Beseitigung sind kraft Gesetz nach wie vor mit Hoheitsrechten von Behörden belegt, so dass ihre Lenkung auch weiterhin von deutlich politischen Interessen bestimmt werden kann[50].

---

[48] Entsprechend der „**Überlassungspflichten**" gemäß § 13, Abs. 1, Satz 1 KrW-/AbfG, *„sind Erzeuger oder Besitzer von Abfällen aus privaten Haushaltungen verpflichtet, diese den nach Landesrecht zur Entsorgung verpflichteten juristischen Personen (öffentlich-rechtliche Entsorgungsträger) zu überlassen, soweit sie zu einer Verwertung nicht in der Lage sind oder diese nicht beabsichtigen."* Die damit angesprochene Selbstverwertung beschränkt sich allerdings weitestgehend auf die Eigenkompostierung, die durch §5 Abs. 3 KrW-/AbfG gestützt wird.
Gemäß § 13, Abs. 1, Satz 2 KrW-/AbfG gilt diese Überlassungspflicht auch für *„Abfälle zur Beseitigung aus anderen Herkunftsbereichen, soweit sie* [die Erzeuger und Besitzer von Abfällen] *diese nicht in eigenen Anlagen beseitigen oder überwiegend öffentliche Interessen eine Überlassung erfordern."* Mit der durch *von Köller* [Entsorgungsträger 1995] geäußerten Interpretation, dass dieses öffentliche Interesse auch wirtschaftlicher Natur sein könne, *„so dass die öffentlich-rechtlichen Entsorgungsträger bei mangelnder Auslastung ihrer Anlagen weiterhin eine Überlassungspflicht durchsetzen können",* wird aber selbst im Rhein-Neckar-Raum mit seiner unterausgelasteten MVA bislang sehr behutsam umgegangen.

[49] Siehe hierzu insbesondere die Ausführungen in Kapitel 2.3 dieser Arbeit.

[50] Von derartigen Eingriffsmöglichkeiten wird insbesondere in den Fällen ausgiebig Gebrauch gemacht, wo sich Bundesländer in Erwartung eines drohenden Entsorgungsnotstandes zum Aufbau großer Entsorgungskapazitäten engagiert haben.
Im Falle des Landes Baden-Württemberg gilt dies im Speziellen für den Bereich von Abfällen, die besonderen Überwachungsvorschriften zur Beseitigung unterliegen (bübB-Abfälle) und für deren (andienungspflichtige) Entsorgung sich das Land mit einer garantierten Mindestinanspruchnahme von 20.000 Jahrestonnen in die Erweiterung der Hamburger Sondermüllverbrennungsanlage eingekauft hat.
Im Falle des Rhein-Neckar-Raums gilt dies für die Erweiterung der Müllverbrennungsanlage Mannheim (MVA), der eine regionale Eigenentsorgung v.a. im Bereich von Siedlungsabfällen gewährleisten sollte. So heißt es noch im Raumordnungsplan Rhein-Neckar von 1992, dass die

6. Der Raum als Grundlage menschlichen Wirtschaftens

Dennoch: Die über das KrW-/AbfG erfolgte Teilliberalisierung des Umgangs mit Abfällen[51] hatte insgesamt zur Folge, dass es im Umgang mit Industrieabfällen zu einer verhältnismäßig raschen Neuordnung von Systempartnerschaften zwischen Abfallquellen und Abfallsenken kam, im Rahmen derer die Bedeutung des ehedem determinierenden politischen Raumes deutlich in den Hintergrund trat. Die Rekurrierung auf ein territorial bestimmtes Modell der Wirtschaftsregion ist darum nur noch partiell zielführend, wenn man die gegenwärtig ablaufenden Stoffflüsse im anthropogenen Gebilde einer Wirtschaftsregion verstehen will, um sie im Rahmen eines regionalen Stoffstrommanagements weiterzuentwickeln.

Für eine wissenschaftliche Annäherung an das Phänomen der Wirtschaftsregion wird deshalb im Folgenden differenziert in eine territoriale und eine verhaltensorientierte Auffassung über einen solchen Mesoraum. Ziel ist es dabei auch, die Blickwinkel verschiedener Fachdisziplinen und Interessensvertreter, aber auch die besondere Bedeutung bestimmter Interessensgegenstände deutlich herauszupräparieren und verstehen zu lernen, um hierdurch den interdisziplinären Diskurs zu erleichtern. Eine terminologische Kenntlichmachung dieser verschiedenartigen Raumabstraktionen soll über die Begriffe der „territorialen" respektive „systemisch interpretierten" Wirtschaftsregion erfolgen.

6.3.1 Die territoriale Wirtschaftsregion als Ausdruck eines territorialen Raumkonzepts

Leitet man den Begriffsinhalt von „Region" von seiner lateinischen Herkunft („**regio**" = Gebiet / Bereich, in Kombination mit „regere" = regieren) ab[52], so prädestiniert ihn seine Anwendung insbesondere für die Beschreibung administrativer Beziehungsmuster und Handlungsansätze, denen ein territoriales Raumkonzept zu Grunde liegt[53]. Ein solches territoriales Raumkonzept besitzt statischen bzw.

Anlagekapazität für eine (aus Platzmangel befürwortete) thermische Behandlung der Abfälle aus dem Raum Heidelberg, Mannheim (und Ludwigshafen) nicht ausreichend sei, „... *so dass erhebliche Abfallmengen noch deponiert werden müssen. Aus dem Rhein-Neckar-Kreis werden erhebliche Abfallmengen übergangsweise nach Frankreich verbracht."* (ROV [Raumordnungsplan 1992], S. 150).
Auch *Schmitz* [Entsorgungsnotstand], S. 60 ff., schreibt noch 1993 von einem drohenden Entsorgungsnotstand, dem grade im Reststoffbereich nur durch die Schaffung regionaler Entsorgungsräume beizukommen sei (Siehe in diesem Sinne auch die in Kap. 6.5 erwähnte Gründung des ZARN (1985) im baden-württembergischen Teil der Rhein-Neckar-Region).

51 Reduktion der Andienungspflichten für bestimmte Abfälle auf solche zur „Beseitigung", d.h. alle Abfälle zur Verwertung dürfen seit Oktober 1996 auch privatwirtschaftlich organisierten Entsorgungsspezialisten zur Entsorgung überlassen werden.
52 Nach *Becker-Marx* [Region 1999], S. 176, teilte die römische Stadtverfassung unter Augustus die Stadt in 14 regiones.
53 Siehe bspw. Regionalpläne oder auch Vorschläge zur Regionalisierung von Ansätzen kommunaler Wirtschaftsförderung (siehe hierzu bspw. *Richter* [Regionalisierung 1997]).

sprungfixen Charakter und kann demzufolge von den intertemporal stark variablen Aktionsräumen und verhaltensbestimmenden Vorstellungen von Menschen oder Unternehmen in praxi deutlich abweichen. Dies kommt vor allem dann zum Tragen, wenn die räumliche Parzellierung nur sehr grob oder bereits deutlich antiquiert ist. In diesem Sinne erläutert bspw. *Becker-Marx*[54] sehr eindrücklich den im Widerstreit zwischen Territorialgrenzen und sozialer Wirklichkeit liegenden Interessenskonflikt um die Manifestierung von „Region" im Rahmen der administrativen Neuordnung der Bundesrepublik Deutschland und resümiert, dass man sich vor diesem Hintergrund daran gewöhnt habe *„mit der Region einen gefälligen Ausdruck für das Ungefähre, frei Flottierende gefunden zu haben"*[55].

Betrachtet man zunächst einmal den konstituierenden Begriffsbestandteil des **Territoriums** und zwar von seiner sprachlichen Wurzel[56] her, so handelt es sich hierbei um ein Stück Land mit festen Grenzen, das bestimmten Eigentumsverhältnissen oder Zuständigkeitsbereichen unterstellt ist[57]. Seine erdräumlich präzise definierten Grenzen umreißen einen flächenhaft oder dreidimensional verorteten Raum, der gegenüber Dritten in vielfältiger Art und Weise verteidigt wird und hierdurch ein hohes Maß an Stabilität aufweist. Territorien sind somit räumlich konstituierende Elemente von Staaten[58] und in diesem Zusammenhang Hoheitsgebiete einer entsprechenden Wirtschaftsordnung. Sie bilden Rechtsräume und markieren mit ihren eindeutig festgeschriebenen Grenzen die realräumlichen Umrisse politisch-administrativ bestimmter Einheiten.

Die kleinste Einheit im territorialen Raumkonzept bildet nach *Ritter*[59] das räumlich zentimetergenau definierte **Grundstück**. **Standorte**, so *Bökemann*[60], sind in diesem Zusammenhang Grundstücke, die sich zu größeren Grundstücken konsolidieren und in kleinere Grundstücke parzellieren lassen. Grundstücke bilden also den materiellen Untergrund bspw. für einzelne **Maschinenstandorte** oder ganze **Betriebsstandorte**. Letztere repräsentieren schließlich auch die flächenmäßig größte Kategorie solcher territorial definierter Standorte, die sich eigentumsrechtlich in einer Hand befinden. Als nächstgrößere Raumkategorie ließen sich in diesem Ordnungssystem **Industriestandorte** benennen, die als Verbünde von Betriebsstandorten betrachtet werden können, sich also aus räumlich gruppierten Fertigungsstätten verschiedener Eigentümer zusammensetzen. Dergestalt dimensio-

---

[54] *Becker-Marx* [Region 1999].
[55] *Becker-Marx* [Region 1999], S. 176.
[56] Lat. territorium = zu einer Stadt gehöriges Ackerland.
[57] *Ritter* [Wirtschaftsgeographie 1998³], S. 11.
[58] *„Das Territorium umfasst die Landfläche eines Staates und die Territorialgewässer sowie den Untergrund und den Luftraum über diesem Gebiet."* (*Leser* et al. [Fachbegriffe 1987³] Bd. 2, S. 285).
[59] *Ritter* [Wirtschaftsgeographie 1998³], S. 19.
[60] *Bökemann* [Raumplanungstheorie 1982], S. 23, versteht in seinem territorialen Raumkonzept Grundstücke als „Standorte niedrigster Ordnung".

6. Der Raum als Grundlage menschlichen Wirtschaftens

nierte Industriestandorte bilden damit die dem eigentumsrechtlichen Einzelstandort des Betriebes direkt übergeordnete Kategorie, für die *Bökemann* in seiner „*Theorie der Raumplanung*" den Begriff des **Gebietes** verwendet.[61] Durch die Schaffung einer derartigen terminologischen Verbindung zwischen (territorial definiertem) „Industriestandort" und „**Industriegebiet**" können die beiden Begriffe synonym verwendet werden. Eine solche Auffassung von „Industriegebiet" deckt sich dabei auch mit der gemeinsprachlichen Verwendung des Begriffes für ein planungsrechtlich ausgewiesenes Gewerbegebiet einer Stadt oder Gemeinde.

Mit der folgenden Abb. 6-1 soll der hier erläuterte Begriffsrahmen nochmals graphisch verdeutlicht werden:

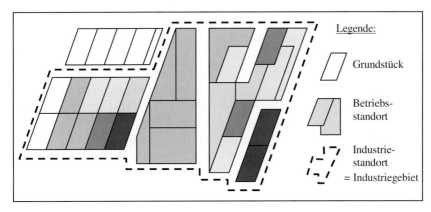

Abb. 6-1:   Grundstück, Standort und Gebiet im territorialen Raumkonzept
(Quelle: *Sterr* [Region 2000], S. 4)

Erweitert man diese aufeinander abgestimmte Begriffskette um ein weiteres Glied, indem man den Begriff der „**Region**" als eine Gruppe räumlich benachbarter „Gebiete" versteht, so steht die **Industrieregion** für eine Gruppe von Industriegebieten, die sich von ihrem Umfeld als industriell bestimmter Verdichtungsraum abheben[62]. Dabei können Industrieregionen freilich auch bundesländerübergreifend oder gar

---

[61] *Bökemann* [Raumplanungstheorie 1982], S. 22; dabei wird vom Vorschlag *Bökemanns* allerdings nur die Idee eines hierarchischen Zusammenhanges zwischen einem territorial definierten „*Standort*" und einem „*Gebiet*" übernommen, während der ausdrückliche Vorschlag von *Bökemann*, den Begriff des Gebietes als „*ein begriffliches Äquivalent für „Standort"* " auf der jeweils übergeordneten Ebene zu verwenden, im Zusammenhang mit dieser Arbeit verworfen wird, weil hierdurch lediglich relative Dimensionsunterschiede verdeutlicht werden könnten. Auch dem daran unmittelbar anschließenden Vorschlag *Bökemanns* [Raumplanungstheorie 1982], genutzte Gebiete als „*Regionen*" zu bezeichnen, wird hier schon allein aus Kompatibilitätsgründen nicht gefolgt.

[62] Dabei werden die Umrisse einer Industrieregion gewöhnlich auf Gemarkungs-, wenn nicht gar Kreisgrenzen abstrahiert (siehe u.a. Hinweise bei *Schön* [Metropolregionen 1996], S. 361 f.).

staatenübergreifend angelegt sein, wie dies bspw. im Falle des Rhein-Neckar-Dreiecks (Baden-Württemberg / Rheinland-Pfalz / Hessen) oder in der Industrieregion Saar-Lor-Lux (Saarland / Lorraine / Luxemburg)[63] der Fall ist.

Auch das weiter oben zitierte Definitionsmuster von *Sinz* (1996) lässt sich auf einen derartigen Begriff von Industrieregion anwenden, indem man **Industrieregion** als einen zusammenhängenden Teilraum mittlerer Größenordnung beschreibt, der durch das gemeinsame Merkmal eines vergleichsweise hohen Industriebesatzes charakterisiert wird.

So wie sich eine Industrieregion durch einen besonders hohen Besatz an Industrie von ihrem Umland abhebt, könnte man von einer **Wirtschaftsregion** beispielsweise eine überdurchschnittlich hohe Arbeitsplatzdichte, Bruttowertschöpfung oder Ähnliches verlangen. Vor diesem Hintergrund lässt sich eine Wirtschaftsregion begreifen als ein funktional bestimmter regionalmaßstäblicher Raum, der eine vergleichsweise hohe Wertschöpfung pro Flächeneinheit (oder auch pro Kopf) aufweist. Die determinierenden Charakteristika eines solchen Raumes beschränken sich im Gegensatz zu denen der Industrieregion aber nicht auf eine bestimmte Wertschöpfungsquelle. Vielmehr heben sie die wirtschaftliche Bedeutung eines Teilraums unabhängig davon hervor, auf welcher Grundlage diese Wertschöpfung beruht. Eine derartige Aggregation funktionaler Spezifika auf regionaler Ebene ist besonders deshalb sinnvoll, weil sich unsere Volkswirtschaft zunehmend von einer Industriegesellschaft zu einer Dienstleistungsgesellschaft hin wandelt, die jedoch die im Zuge derartiger Transformationsprozesse von der Industrie freigesetzten bzw. dort nicht mehr absorbierbaren Arbeitskräfte vielfach bereits innerhalb eines regionalmaßstäblichen Rahmens wieder bindet. Territorial betrachtet bedeutet dieser Wandlungsprozess zwar eine Verlagerung der Aktivitätszentren auf der Ebene einzelner Grundstücke (oder auch einzelner Gewerbegebiete)[64], nicht aber auf der Ebene der Region. Letztere erscheint so auch weiterhin als Zentrum wirtschaftlicher Prosperität, die lediglich eine innere strukturelle Modifikation erfahren hat. Eine so verstandene **Wirtschaftsregion** manifestiert sich demnach als Kompositum räumlich benachbarter Gebietseinheiten, die sich von ihrem extraregionalen Umfeld durch eine vergleichsweise hohe Bruttowertschöpfung auszeichnen. Dabei bestimmt sie sich durch die Aufaddierung primärer, sekundärer und tertiärer (und quartärer) Wertschöpfungsquellen und bildet hierdurch das gesamtwirtschaftlich tatsächlich relevante Wertschöpfungskompositum unserer Wirtschaft ab. Sie ist Ausdruck der vergleichsweise hohen Wirtschaftskraft eines Clusters räumlich benachbarter Gemeindeflächen (territorialer Ansatz).

---

[63] Siehe hierzu bspw. www.elis.de.
[64] D.h. ein bestimmtes Grundstück mit ehemals industrieller Nutzung fällt unter Umständen brach, während bereits in dessen unmittelbarer Nachbarschaft ein anderes Grundstück für den Bau eines neuen Finanzdienstleistungszentrums in Anspruch genommen wird.

6. Der Raum als Grundlage menschlichen Wirtschaftens

Gleichwohl könnte sie aber auch als ein Spiegel der Verflechtungsintensität und Innovationskraft ihrer Systemelemente betrachtet werden (systemischer Ansatz)[65]. Einer derartigen Auffassung steht allerdings die Tatsache gegenüber, dass der Begriff der **Wirtschaftsregion** gerade von staatlicher Seite (bspw. über die Raumplanung) vielfach streng auf einen flächendeckendes Mosaik von Raumordnungseinheiten angewandt wird[66]. So werden Bundesländer wie bspw. Nordrhein-Westfalen in einzelne „Wirtschaftsregionen" aufgeteilt, die sich wiederum aus mehreren Kreisen zusammensetzen[67].
– auch mit dem Ergebnis, dass jeder Kreis bzw. jede kommunale Gemarkung Teil einer solchen Wirtschaftsregion ist. Und dies unabhängig davon, ob es sich dabei nun um ein infrastrukturreiches Aktivitätszentrum oder einen vergleichsweise wenig überformten Naturraum handelt[68]. Allerdings kann das Territorium der Bundesrepublik Deutschland inzwischen tatsächlich als Konglomerat verschiedenartigster Kulturflächen aufgefasst werden, die der Mensch inzwischen praktisch zu ihrer Gänze in irgendeiner Form bewirtschaftet[69]. Mithin können auch die entlegensten Winkel Deutschlands als Wirtschaftsflächen aufgefasst werden, die als Merkmalsträger von „Wirtschaften" prinzipiell willkürlich zu einzelnen Wirtschaftsregionen aggregiert werden könnten und in ihrer Gesamtheit schließlich ein Bundesland bzw. die Bundesrepublik Deutschland selbst abbildeten. Denn „Wirtschaften" im Sinne zielgerichteter menschlicher Aktivitäten ist hierzulande tatsächlich flächendeckend anzutreffen[70], was für einzelne Formen des Wirtschaftens wie bspw. für die industrielle Produktion sicherlich nicht gilt. Das heißt: Während die Aufteilung des deutschen Staatsterritoriums bzw. seiner Bundesländer in einzelne Wirtschaftsregionen aufgrund der Tatsache, dass praktisch alle Teilflächen Merkmalsträger von „Wirtschaften" sind, auch von einem wissenschaftlichen Standpunkt aus legitim ist, wäre eine vollständige territoriale Aufteilung Deutschlands in Industrieregionen irreführend.

---

[65] Siehe Kapitel 6.3.2.

[66] Hier gilt es also gerade auch die „normative Kraft des Faktischen" zu berücksichtigen.

[67] Siehe bspw. Bezeichnungen wie die von *Havighorst* [Regionalisierung 1997] untersuchte Region „Dortmund – Unna – Hamm".

[68] Ganz allgemein vermag ein solches territoriales Konzept eine ideale Grundlage für eine staatliche Politik zu bilden, die einen regionalen Ausgleich der Lebensbedingungen (siehe hierzu auch die Ausführungen in Kap. 7.8.2), oder gar eine *„regionale Gerechtigkeit"* (*Bökemann*, [Raumplanungstheorie 1982], S. 27 f.) anstrebt.

[69] Allerdings sind die Grenzen von Kulturräumen mit denen administrativ bestimmter „Wirtschaftsräume" keineswegs kongruent sind, weil jene durch Veränderung von Grenzziehungen (siehe Kurpfalz) vielfach bereits wiederholt durchschnitten wurden, ohne sich deshalb als kulturell-mentale Einheiten aufgelöst zu haben.

[70] Dies gilt erst recht, wenn man Wirtschaften im aristotelischen Sinne als *„oikonomia"* auffasst, die *„keine Lehre vom Markt, sondern eine vom Haus"* ist. (*Brunner* 1949), S. 248; zitiert in *Manstetten* [Philosophie 1993], S.4).

Wird der Begriff einer „**Wirtschaftsregion**" über ein territoriales Raumkonzept beschrieben (siehe Abb. 6-1 bzw. die folgende Abb. 6-2), so weist er damit Eigenschaften auf, die von Staatswissenschaftlern aller Art hoch geschätzt werden. Gerade für sie ist die Verwendung des Begriffs der Wirtschaftsregion bei konsequenter Rekurrierung auf die Grenzen politisch-administrativ determinierter **Raumordnungsregionen**[71] von besonderem praktischem Wert, weil sich so mit einem überschneidungsfreien aber flächendeckenden, hierarchisch geschachtelten Planungsgegenstand operieren lässt[72]. Die Beschreibung des Begriffes der Wirtschaftsregion über ein solches (rein statisch angelegtes) Raumkonstrukt vereinfacht jedoch nicht nur staatliche Planungsaufgaben, sie ist darüber hinaus auch für den empirisch arbeitenden Wissenschaftler wegen der flächendeckenden Verfügbarkeit von entsprechend gegliedertem Datenmaterial der statistischen Landesämter von grundlegender Bedeutung. Gerade für den Statistiker, gleich welcher Provenienz, ist ein solcher räumlich fixer Bezugsrahmen insbesondere dann unabdingbar, wenn es um die datentechnische Abbildung von Prozessen entlang einer Zeitachse oder um eine intertemporale Vergleichbarkeit von Daten geht. Allgemeiner noch harmoniert eine nicht nur territorial, sondern darüber hinaus auch als geschlossene administrative Verwaltungseinheit definierte Wirtschaftsregion in hervorragender Weise mit dem wissenschaftlichen Anspruch einer klaren und über längere Zeiträume hinweg stabilen Abgrenzung eines räumlichen Forschungsgegenstandes. Denn während sich die durch einen besonders hohen Besatz an Industrie von ihrem Umland abgegrenzte Industrieregion in einem stetigen räumlichen Veränderungsprozess befindet, indem sie eine wechselnde (in der Regel jedoch steigende) Zahl von Betriebsstandorten inkorporiert, bleibt eine administrativ definierte Wirtschaftsregion als exakt begrenzte territoriale Verwaltungseinheit in aller Regel über lange Zeiträume hinweg stabil, ja geradezu monolithisch.

Zu den praktischen Vorteilen der Verwendung territorialer Raumkonzepte zählt beispielsweise die Möglichkeit, auf dieser Grundlage thematische Karten zu zeichnen, die jedwede Art von Daten lückenlos flächig abbilden. Dabei entstehen jedoch nicht nur politisch-administrative Karten, sondern bspw. auch Emissions-Karten, die zwar auf raumdeckenden Sachverhalten beruhen, von ihrem phänomenologischen Gegenstand her jedoch keine diskreten Grenzen kennen und deshalb nur bei entsprechender Feingliederung als wissenschaftlich legitime Darstellungen gelten können. Oftmals werden jedoch auch solche Merkmale großflächig auf eine

---

[71] Neutrale Formulierung für die bspw. bei *Becker-Marx* [Region 1999] in ihrer politischen Historie näher bestimmten „**Planungsregionen**".

[72] Wohin ein anderer Weg führt, zeigt bspw. eine Arbeit von *Schön* [Metropolregionen 1996], S. 361 ff.), der für die Bundesrepublik Deutschland sieben große sog. „**Metropolregionen**" ausweist, die er aber nach drei verschiedenen Klassifizierungsmustern abgrenzen muss: teilweise auf der Basis länderübergreifender Festlegung, teilweise auf der Basis von Gemeindegrenzen – oder eben auf der Basis von Raumordnungsregionen.

administrativ bestimmte Wirtschaftsregion projiziert, die in einem regionalen Maßstab nur punktuell verortet sind[73]. An diesem Umstand, dass auch „*Wirtschaftskarten oft im territorialen Raumkonzept angesiedelt und daher von problematischem wissenschaftlichen Wert*" sind, entzündet sich beispielsweise auch die deutliche Kritik von *Ritter* (1998)[74]. Andererseits sind solche wissenschaftstheoretisch sicherlich fragwürdigen Kniffe insbesondere für die Raumplanung, aber auch für die Nationalökonomie außerordentlich wichtige, ja fast unverzichtbare Hilfsmittel zur plakativen Visualisierung eines bestimmten Sachverhalts gegenüber Dritten.

Wie *Sinz* (1996) bemerkt, wird v.a. von sozialwissenschaftlicher Seite betont, dass Regionen stets zweckgebundene Raumabstraktionen des menschlichen Geistes darstellen, deren Abgrenzung nach den zugrunde liegenden realen Sachverhalten oder Vorgängen unterschiedlich ausfallen muss.[75] „*Ihre Zentren und ihre Grenzen, ihre innere Struktur und ihre hierarchische Ordnung*", so *Sinz* (1996 nach *Isard* 1956), ... „*hängen von dem speziellen zu untersuchenden Problem ab.*" Selbst vor dem Hintergrund eines territorialen Raumkonzepts besitzen deshalb bspw. eine Industrieregion X, die durch einen besonders hohen Industriebesatz beschrieben wird und eine als Raumordnungsregion begriffene Wirtschaftsregion Y nicht mehr als eine gemeinsame Schnittfläche,

a.) weil innerhalb einer Wirtschaftsregion in aller Regel nur Teilräume die konstituierenden Elemente einer Industrieregion in hinreichendem Maße aufweisen und

b.) weil viele Industrieregionen, wie bspw. auch die Industrieregionen Rhein-Neckar, Rhein-Main und etliche andere mehr, an administrativ bestimmten Regionsgrenzen nicht abbrechen, sondern in diesen beiden konkreten Fällen gar Ländergrenzen überschreiten.

Beiden Möglichkeiten werden anhand der folgenden Abb. 6-2 nochmals visualisiert, wo sie beide zugleich auftreten. Als Raumordnungseinheit repräsentiert dabei sowohl die Region A als auch die Region B eine Wirtschaftsregion. Verknüpft man den Begriff der Wirtschaftsregion zusätzlich mit funktionalen Kriterien, wie bspw. einem überdurchschnittlich hohen Gewerbebesatz oder anderen ökonomischen Indikatoren, so könnte lediglich im Falle der Region B von einer Wirtschaftsregion gesprochen werden. Der dadurch entstehende Protest seitens bestimmter Protagonisten aus A könnte jedoch abgemildert werden, indem man den Fall B als eine „bedeutende Wirtschaftsregion" wiederum in den Vordergrund stellte.

---

[73] Punktquellen wie bspw. Schornsteine / Standorte von Fabriken oder anderen Wirtschaftseinheiten.
[74] *Ritter* [Wirtschaftsgeographie 1998³], S. 14.
[75] *Sinz* [Regionsbegriff 1996], S. 806.

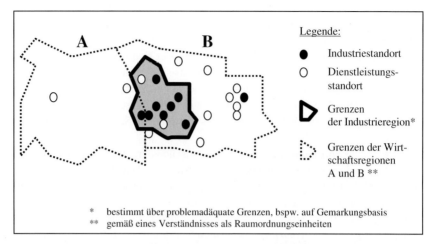

Abb. 6-2: Industrie- und Wirtschaftsregion vor dem Hintergrund territorialer Raumkonzepte (Quelle: *Sterr* [Region 2000], S.7)

Im Gegensatz zum Begriff der Wirtschaftsregion steht der Begriff der **Industrieregion** ganz eindeutig im Zusammenhang mit ökonomischen Indikatoren, die in diesem Falle einen besonders hohen Industriebesatz anzeigen. Da die Industrieregion genau dieses Spezifikum herauspräparieren soll, erscheint ihre Verortung über die ökonomisch vielfach äußerst heterogenen regionalmaßstäblichen Raumordnungseinheiten wenig hilfreich. Aus diesem Grunde wird vorgeschlagen, das Territorium einer Industrieregion auf Gemarkungs- oder Stadtkreisebene zu basieren. Dies führt dann zwar in aller Regel dazu, dass sich eine Industrieregion aus Teilflächen verschiedener Wirtschaftsregionen zusammensetzt (siehe Abb. 6-2), andererseits gewinnt der Begriff jedoch nur so die notwendige Trennschärfe gegenüber einem deutlich andersartig charakterisierten Umraum.

Geht es um zwischenbetriebliches Stoffstrommanagement, so steht der industriell geprägte Verdichtungsraum, d. h. die Industrieregion mit ihrer vergleichsweise hohen Abfallentstehung und Sekundärrohstoffaufnahmekapazität, zunächst einmal im Zentrum des Geschehens und kann sich so auch als **Stoffverwertungsregion** herauspräparieren, die regionale Verdichtungen bei den faktischen Stoffrückflüssen in den Wirtschaftskreislauf widerspiegelt.

Dennoch darf die Industrieregion auch in diesem Zusammenhang nicht losgelöst von einer deutlich größeren Wirtschaftsregion gesehen werden, die hier wichtige intraregionale Angebots- und Nachfragefunktionen wahrnimmt (→ funktionale Komponente) und auch als politischer Gestaltungsraum durchaus von Bedeutung ist (→ administrative Komponente).

6. Der Raum als Grundlage menschlichen Wirtschaftens

Betrachtet man also den Begriff der Wirtschaftsregion zunächst einmal im Rahmen eines territorialen Raumkonzepts, so lässt er sich in zweierlei Formen interpretieren:

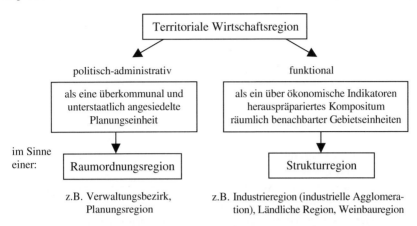

Abb. 6-3: Interpretationsalternativen eines territorialen Verständnisses von „Wirtschaftsregion" (Quelle: nach *Sterr* [Region 2000], S. 8)

6.3.2 Die systemisch interpretierte Wirtschaftsregion als Ausdruck eines kommunikativen Raumkonzepts

Im Gegensatz zum topographisch oder staatswissenschaftlich geprägten Konstrukt einer territorial dimensionierten Wirtschaftsregion legt *Ritter* besonderen Wert auf die Feststellung, dass es sich bei einer Wirtschaftsregion um einen diskontinuierlichen Raum handelt, „*der durch Knoten und Kanten bestimmt*" wird – was ihn nicht nur vom politischen, sondern auch vom Naturraum oder vom realweltlichen Raum der Physik fundamental unterscheidet[76]. So ist die **Wirtschaftsregion** nach *Ritter* „... *kein Kontinuum und auch kein Potenzialfeld, dessen Kräfte an jedem beliebigen Punkt meßbar wären, sondern ein ständiger Wechsel zwischen hohen Werten und Null*"[77]. *Ritter* sieht sie als ein lockeres Gefüge miteinander verknüpfter Standorte, als ein wirtschaftliches Beziehungsgefüge, das durchaus sehr dicht und vielschichtig sein kann, ohne jedoch einen Ausschnitt aus der Geosphäre lü-

---

[76] So vergleicht bspw. *Ritter* [Wirtschaftsgeographie 1998³], S. 17, den Wirtschaftsraum mit einer Baumkrone, die dem fernen Beobachter als Körper erscheint und die sich auch gegenüber dem Wind als solcher verhält. Andererseits, so *Ritter*, erleben ihn Vögel als hochgradig durchlässiges Gebilde, das in Wahrheit zu 99% aus Luft besteht.

[77] *Ritter* [Wirtschaftsgeographie 1998³].

ckenlos zu füllen[78]. Dabei nehmen die Leerräume mit zunehmender Entfernung von den zentralen Knotenpunkten des Wirtschaftsraumes nach außen hin immer mehr zu und auch die durch materielle und immaterielle Verrichtungswege bestimmten **Kanten** werden dünner. Diese Kanten stellen ganz allgemein die Funktionalzusammenhänge zwischen einzelnen Knoten her und spannen damit ein räumliches System auf, das seinen Ursprung aus dem Zerfall der Einheit von Ort und Zeit einer Handlung nimmt.

Als **Knoten** unterscheidet *Ritter* bei der Darstellung des Konzeptes der „*Kommunikativen Räume*"[79] Schauplätze, Standorte und Orte. **Schauplätze** bezeichnen dabei Punkte, an denen Menschen entsprechend einer wie auch immer bedingten Zweckmäßigkeit Handlungsabfolgen vollziehen. Diese kleinsten Einheiten des Konzepts sind zwar als Erdstellen verortet, tendenziell jedoch sehr instabil und nur im Rahmen eines bestimmten Gefüges von Handlungszusammenhängen erklärbar und verständlich, was den systemtheoretischen Hintergrund dieses Konzepts sehr transparent werden lässt. „*Standorte*", so *Ritter*[80], „*...können Bündelungen von vielen Schauplätzen sein*". Damit sind Standorte nicht nur nächstgrößere Systemeinheiten, sondern gleichzeitig Punkte, die, auf der Basis einer bestimmten Topographie, die Gesamtheit aller hierauf wirksamen Gestaltungskräfte repräsentieren. Sie wären damit, handlungstheoretisch betrachtet, Ausdruck eines Bündels interner Entscheidungsprozesse von Wirtschaftssubjekten, die allerdings erst durch ihren räumlichen Systemzusammenhang erklärbar werden (systemtheoretischer Ansatz). Ein Unternehmen könnte demnach als ein Standort beschrieben werden, der erst als punktuelle Bündelung verschiedener Schauplätze verständlich wird.

Ein Netz solcher Standorte, von Ritter[81] als „**Ort**" bezeichnet, gestaltet damit ein räumliches System, das sich allerdings nur aus den miteinander verbundenen Merkmalsträgern konstituiert. D.h. nur solche Standorte einer Raumordnungseinheit sind damit Teil eines bestimmten Systems, die miteinander durch tatsächlich gegebene Beziehungen (Kanten) verknüpft sind. Standorte sind also zwar räumlich verortet, ihre Bedeutung ist jedoch nur über Systemzusammenhänge erklärbar, die durch das Kommunikationsverhalten einzelner Individuen / Organe bestimmt werden. Als Folge davon konstituieren sich entsprechende Netze nur aus einer sehr selektiven Auswahl potenziell möglicher Systempartner. Übertragen auf ein Unternehmen heißt das, dass nicht bereits das Unternehmen selbst, bspw. aufgrund bestimmter äußerer Kennzeichen, Element eines bestimmten Systems ist, sondern dass vielmehr erst seine individuellen Entscheidungsträger es zu einem

---

[78] Siehe *Ritter* [Wirtschaftsgeographie 1998³], S. 15 ff.
[79] *Ritter* [Wirtschaftsgeographie 1998³], S. 14ff (unter Bezugnahme auf *Hall* [Raum 1979] und *Dürrenberger* [Territorien 1993]).
[80] *Ritter* [Wirtschaftsgeographie 1998³], S. 19.
[81] *Ritter* [Wirtschaftsgeographie 1998³], S. 19.

6. Der Raum als Grundlage menschlichen Wirtschaftens

solchen Systembestandteil machen. Dabei kann sehr wohl ein räumlich weiter entfernter Akteur Teil desselben Systems sein, während sich gleichzeitig räumlich benachbarte Unternehmen vollkommen fremd sind, d.h. keine gemeinsamen Kanten aufweisen.

Für eine Stoffkreislaufwirtschaft innerhalb einer Wirtschaftsregion ist darum die Grundgesamtheit (und Ausstattung) der dort verorteten Knotenpunkte nicht mehr als eine potenzialbestimmende Größe, während erst die Beziehung dieser räumlich verorteten Stellen zueinander, d.h. die Bildung von Kanten, ein entsprechendes System schafft. Die räumliche Dichte dieser Knoten sowie der Grad der Überlagerung verschiedener Systeme nehmen dabei zum Zentrum / zu den Zentren der Wirtschaftsregion hin tendenziell zu.

Das hierbei zum Ausdruck kommende Verständnis von Standorten als Funktionseinheiten von Netzwerken oder Systemen soll durch die folgende Abb. 6-4 etwas plastischer verdeutlicht werden:

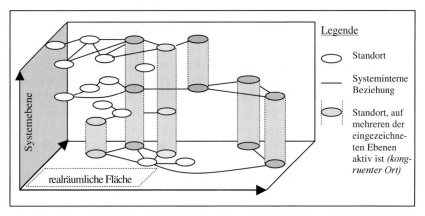

Abb. 6-4: Die Wirtschaftsregion als mehrdimensionales Beziehungsgeflecht (Quelle: *Sterr* [Region 2000], S. 10)

Abb. 6-4 veranschaulicht damit eine systemtheoretisch orientierte Abstraktion räumlich verorteter Standorte. Dabei wurde der Versuch unternommen, die durch verschiedenartige Beziehungen zwischen Standorten konstituierten Systeme dadurch künstlich zu entzerren, dass sie in eine dritte Ebene („Systemebene") projiziert werden. Hierdurch lässt sich verdeutlichen, dass bestimmte Punkte in der „realräumlichen Fläche" zumeist Zugehörigkeiten zu verschiedenen Systemen besitzen[82], von denen hier nur vier dargestellt sind.

---

[82] Sog. **kongruente Orte** im Sinne von *Ritter* [Wirtschaftsgeographie 1998], S. 16.

Eine **Wirtschaftsregion** ließe sich so als ein realräumlich verortetes Systemgeflecht mittlerer Größenordnung interpretieren, das sich von seinem Umraum durch eine vielfache Überlagerung engmaschig miteinander vernetzter Standorte[83] abhebt. Im Sinne eines engmaschigen Netzes ökonomisch bestimmter Knoten und Kanten lässt sich die Wirtschaftsregion also auch als systemisches Gefüge im Rahmen eines nicht-territorialen Raumkonzepts gegen ihr Umfeld herauspräparieren. Allerdings ist der daten- und darstellungstechnische Umgang mit ihr im Allgemeinen wesentlich schwieriger, weil die konstituierenden Systemelemente nicht mehr zur Gänze innerhalb bestimmter Verwaltungseinheiten oder territorialer Agglomerationen verortet sein müssen. Darüber hinaus sind die eine solche interaktionsgesteuerte Wirtschaftsregion determinierenden kommunikativen Beziehungen zwischen gleichartigen wie unterschiedlichen Akteuren höchst flexibel, komplex und dynamisch, was deren Beschreibung, geschweige denn Prognose, noch weiter erschwert.

Beschäftigt man sich jedoch nicht nur mit den quantitativen Potenzialen einer regionalen Kreislaufwirtschaft, sondern auch mit deren tatsächlicher Ausschöpfung, so kommt man gar nicht umhin, die Wirtschaftsregion auch als interaktionsgesteuerten Akteursraum zu untersuchen. Hierfür wurden gerade in den letzten beiden Jahrzehnten eine ganze Reihe von Ansätzen entwickelt oder weiterentwickelt, die sich mit Verhaltensweisen von Institutionen / Organisationen und individuellen Entscheidungsträgern im Rahmen solcher Interaktionen beschäftigen und auf diese Art und Weise die Entwicklung einer Wirtschaftsregion zu beschreiben und/oder zu prognostizieren versuchen.

Ganz allgemein wird hier vielfach mit systemtheoretisch oder evolutorisch geprägten Ansätzen operiert. Vonseiten der Wirtschaftswissenschaften wurde die Beforschung von Interaktionsbeziehungen insbesondere über institutionenökonomische und netzwerktheoretische Ansätze vorangetrieben, während die Wirtschaftsgeographie jüngst hauptsächlich über regulationstheoretische Ansätze[84], bzw. über das Konzept des „industriellen Distrikts" oder das des „kreativen" bzw. „innovativen Milieus" von sich reden macht[85].

Region wird hier nicht alleine als räumliche Konzentration oder Verdichtung von Input-Output-Verflechtungen verstanden, sondern gleichwohl auch als *„a nexus of untraded interdependencies"*[86], d.h. als Ausdruck allseits akzeptierter

---

[83] Wobei ein solcher Standort bspw. ein Unternehmen sein kann
(siehe die Ausführungen auf der vorangegangenen Seite).

[84] Siehe hierzu bspw. der Überblicksartikel von *Krätke* [Regulationstheorie 1996]; aber auch Aufsätze von *Oßenbrügge, Danielzyk, Benko* oder auch die theoretische Fundierung der Dissertation von *Ott* [Transformationsprozess 1997].

[85] Siehe hierzu, quasi als plakativen Überblick, die folgende Abb. 6-5;
eingehendere Darstellungen zu den in dieser Abbildung enthaltenen Distrikt- und Milieuansätzen finden sich im 7. Kapitel dieser Arbeit; insbesondere in Kap. 7.8.3.

[86] *Storper* [Region 1995], S. 191.

6. Der Raum als Grundlage menschlichen Wirtschaftens

Handlungsregeln, Umgangsformen, Arbeitsbeziehungen und kollektiver Interpretationsmuster für technisches und wirtschaftlich-soziales Wissen[87]. Erst vor diesem Hintergrund, so die Protagonisten derartiger Ansätze, entscheide sich tatsächlich, welche Prosperität eine Ansammlung von Akteuren tatsächlich zu entfalten vermag.

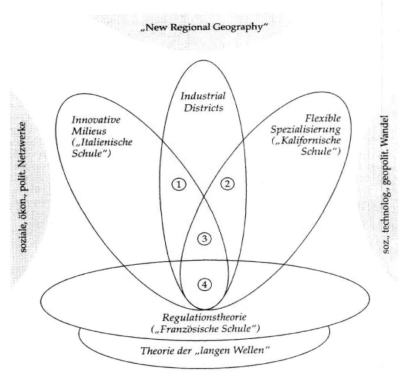

1: Einbettung der Unternehmenskultur in Regionalkultur
2: Regionale Phasenspezialisierung, sektorale Netzwerke
3: Innovationskultur durch intra- und interregionale Vernetzung von Know-how
4: „Postfordistische Spielregeln": Deregulierung, Dezentralisierung, Intermediäre Organisationen, Kooperation, Konsensaushandlung, Networking

Abb. 6-5: Evolutorische Konzepte der Regionalforschung
(Quelle: *Becker* [Regionalforschung 1997])[88]

---

[87] *Krätke* [Regionalentwicklung 1997], S. 93.
[88] *Becker* [Regionalforschung 1997], nach *Butzin* (1996) und *Sternberg* (1995).

6.4 Territoriale und systemische Wirtschaftsregion im Kontrast

	territoriale Wirtschaftsregion	systemische Wirtschaftsregion
Allgemeiner Charakter	Kodifizierter Rechts- oder Planungsraum	Ökonomisch wirksamer Handlungsverbund, der über entsprechende Kommunikations- und Verflechtungsintensitäten bestimmt wird
Räumliche Dimensionierung	Tatsache oder zumindest zweckgerichtete Vorstellung eines flächigen Phänomens	Räumlich verortetes Netzwerk aus Knoten (wie bspw. Betriebsstandorten) und Kanten (Beziehungen, Verbindungen, Kommunikationsvorgänge); der dazwischen liegende Raum ist leer
Verfahren zur besonderen Hervorhebung	Projektion statistisch erhobener Daten auf administrativ bestimmte territoriale Einheiten	Anwendung von Methoden zur Identifikation räumlicher Beziehungen (wie bspw. Clusteranalysen oder Gravitationsmodelle)
Grenzen	Administrativ eindeutig bestimmt, räumlich fix und von hoher Stabilität	Allenfalls über Hüllkurven eingrenzbar, die nicht nur das aus Knoten und Kanten bestehende System umschließen, sondern darüber hinaus auch die dazwischen liegenden systemexternen Leerräume
Distanz bestimmende Faktoren	Streng realräumlich	Entscheidende Bedeutung organisationaler Nähe und mentaler Interaktionsabstände
Graphische Darstellungsformen	Politische Karten	Graphen, Netzpläne

Tab. 6-3: Kontrastierende Beschreibung von territorial versus systemisch interpretierter Wirtschaftsregion (Quelle: *Sterr* [Region 2000], S. 13)

Die vorangegangenen Abschnitte dieses 6. Kapitels hatten dazu gedient, den Regionsbegriff, und im Speziellen den der Wirtschaftsregion, inhaltlich zu präzisieren und damit einem wissenschaftlichen Umgang zugänglicher zu machen. Den zentralen Ansatzpunkt hierfür bildete das Herauspräparieren zweier fundamental unterschiedlicher Raummodelle, die sich hinter den Vorstellungen verschiedener Gruppen gegenüber dem Abstraktum der Region verbergen. Die damit verbundenen territorial bzw. interaktionsbasierten, systemtheoretisch geprägten Interpretationsansätze werden in der folgenden Tab. 6-3 unter besonderer Fokussierung auf das Phänomen der Wirtschaftsregion nochmals in einer direkten Gegenüberstellung zum Ausdruck gebracht.

So misslich die Umstände beispielsweise für den klassischen Statistiker auch sein mögen, gerade in einem zusammenwachsenden Europa oder in einer wirtschaftlich immer komplexer verzahnten marktwirtschaftlich orientierten Weltwirtschaftsgemeinschaft entfernen sich wirtschaftliche Beziehungsgefüge immer mehr von administrativ-rechtlich vorgegebenen Systemrahmen und machen so die intensivere Beforschung eines wesentlich stärker akteursorientierten Systemrahmens erforderlich.

Wie in den vorangegangenen Abschnitten sicherlich deutlich geworden ist, ist es allerdings keineswegs so, dass eine systemische Raumkonzeption zukünftig eine territoriale ablösen könnte, auch wenn die Relevanz der Letzteren vor dem Hintergrund zunehmender Freiheitsgrade individualistisch auftretender Akteure in ihrer relativen Bedeutung sicherlich zurückgegangen ist.

Wie in Tab. 6-3 zum Ausdruck gebracht, beherbergen sowohl territoriale als auch systemische Ansätze zum Umgang mit dem Forschungsgegenstand eine besondere Interpretationskraft, die nur ihnen eigen ist und deshalb in Abhängigkeit von wissenschaftlichen Perspektiven oder Handlungsgegenständen in Anspruch genommen werden muss. Es ergeben sich somit prädestinierte Anwendungsfelder, aber auch Anhängerschaften, wie sie in der folgenden Tabelle 6-4 beispielhaft dargestellt sind:

	territoriale Wirtschaftsregion	**systemische Wirtschaftsregion**
Typische Anwendungsfelder	Raumplanung, Verwaltung, Recht, Statistik, regionale oder nationale Stoffstrombilanzen[89]	Kommunikation und Vernetzung, Wertschöpfungsketten, soziologische und psychologische Fragestellungen
Tendenzielle Anhängerschaft aus dem Bereich der Wirtschaftswissenschaften	Nationalökonomie, Wirtschafts- und Sozialstatistik	Betriebswirtschaft, Institutionenökonomik, Netzwerktheorie, Wirtschaftsinformatik

Tab. 6-4: Typische Anwendungsfelder und Anhängerschaften territorialer bzw. systemischer Interpretationen des Phänomens der Wirtschaftsregion (Quelle: *Sterr* [Region 2000], S. 13)

---

[89] Siehe hierzu bereits die Ausführungen in Kap. 4.2.1.

Wissenschaftsgeschichtlich betrachtet vollzog sich die Ergänzung territorialer Ansätze um solche systemtheoretischer Natur schrittweise und vielfach unter Beibehaltung wissenschaftlicher Fachbegriffe, die auf diese Art und Weise ein Bindeglied zwischen Ursprung und Transferleistung bilden konnten. Damit wurden (und werden) solche Fachbegriffe jedoch in ein andersartiges Kontextmilieu gestellt, vor dem sie dann auch eine begriffsinhaltliche Modifikation erfahren. Da diese in den einzelnen Fachartikeln jedoch kaum thematisiert wird, erschließt sie sich zumindest dem interessierten Laien nur schwer.

So wie im Rahmen dieses Kapitels der Vorschlag erarbeitet wurde, Ansätze zum Regionsverständnis in territoriale und systemisch geprägte Abstraktionsmuster zu kategorisieren, soll mit der folgenden Tab. 6-5 auch das Bewusstsein für den kontextabhängigen Bedeutungsinhalt von Fachbegriffen geschärft werden, der im Zusammenhang mit dem jeweiligen Verständnis von Wirtschaftsregion relevant wird.

Begriff	territoriale Wirtschaftsregion	systemische Wirtschaftsregion
Standort	Grundstück (*Bökemann* 1982)[90]	Bündelung von Schauplätzen (*Ritter* 1998)[91]
Ort	Kumulation räumlich aneinandergereihter Standorte; flächige Ausdehnung einer Kommune auf der Basis von Grundstücken	Aggregat aus sich vielfach überlappenden Standorten, wobei das Ganze etwas anderes ist als die Summe seiner Teile[92]
Grenze	präzise dokumentierte Umrisslinie eines mit Ansprüchen besetzten Landstücks	(zweckorientiert bestimmte) Hüllkurve (*Ritter* 1998)[93]

Tab. 6-5: Bedeutungsinhalte zentraler Begrifflichkeiten von Wirtschaftsregion gemäß ihres territorial bzw. systemisch orientierten Anwendungskontextes   (Q.: *Sterr* [Region 2000], S. 14)

Auch der Begriff des **Territoriums**, das in Anlehnung an die Ausführungen in Kapitel 6.3.1 als ein mit Ansprüchen besetztes Stück Land mit festen Grenzen umschrieben werden könnte, erfährt beispielsweise im Rahmen einer Ökonomie der Konventionen einen ganz anderen Bedeutungsinhalt. Dort nämlich bezeichnet sie gewöhnlich ein *„Ensemble von mehr oder weniger institutionalisierten und mehr oder weniger kodifizierten Regeln ..., die sich auf kollektive Vorstellungen gründen,*

---

[90] Bökemann [Raumplanungstheorie 1982], S. 23.
[91] Ritter [Wirtschaftsgeographie 1998³], S. 19.
[92] Nach *Ritter*, der einen systemorientierten Ansatz verfolgt, lassen sich Orte *„zwar als Aggregate von Standorten verstehen, können aber umgekehrt nicht schematisch in solche aufgeteilt werden"* (*Ritter* [Wirtschaftsgeographie 1998³], S. 19).
[93] Ritter [Wirtschaftsgeographie 1998³], S. 22.

und die Individuen und Organisationen in den Zusammenhang einer gemeinsamen Aktion stellen." [94] Bei diesem durch *Benko* formulierten regulationstheoretischen Verständnis von Territorium handelt es sich demnach um eine Netzwerkbasis, die ihre potenzielle Funktionsfähigkeit über kodifizierte Regeln erhält, welche gerade in Westeuropa immer stärker individuell und privatwirtschaftlich ausgestaltet werden können. Territorien markieren hier also räumlich abstrakte Gültigkeitsbereiche bestimmter Funktionsmechanismen, die auch bei ihrer Verknüpfung mit der realräumlichen Topographie Flächen kreieren, welche mit den unter 6.3.1 dargestellten Verwaltungseinheiten längst nicht mehr kongruent sind.

Je mehr sich derartige, akteurssystemisch beschreibbare Mechanismen durchsetzen, desto mehr verlieren administrativ bestimmte Regionseinheiten an praktischem Erklärungswert. Dies verstärkt die Bedeutung indikatorgestützter Regionsmodelle, deren Außengrenzen lediglich über prinzipiell willkürlich festlegbare Schwellenwerte bestimmbar werden und die hierfür mit höchst unterschiedlichen sachzielorientierten Indikatoren oder gar Indikatorenbündeln arbeiten.

Legt man die konzeptionelle Basis einer Untersuchung erst gar nicht im territorialen Raumkonzept an, sondern greift gleich nach einem interaktionsgesteuerten, systemorientierten Ansatz, so erschließt man damit mühelos einen ganz neuen Raum zur zielgerichteten Ausnutzung identifizierter Synergiepotenzial – allerdings an vielen Stellen auch um den Preis deutlich abnehmender Verallgemeinerungsfähigkeit empirisch ermittelter Erkenntnisse. Gleichwohl dürfte es aber auch heute nur wenige raumgreifende Untersuchungsgegenstände geben, die einen vollständigen Verzicht auf territoriale Bezüge rechtfertigten.

In den vorangegangenen Ausführungen ist sicherlich deutlich geworden, dass jedes der skizzierten Konzepte bestimmte Zugänge zu einer „regionalen Wirklichkeit" erlaubt, die in der Tat außerordentlich vielschichtig ist. Keines der Konzepte schließt dabei das andere aus, sondern ergänzt es vielmehr und vervollkommnet so das Verständnis über das Phänomen Region insgesamt. Damit gestaltet sich Region ganz ähnlich wie ein Schichtenaquarell, das erst aus der Distanz als strukturelles Kompositum wahrgenommen wird, während es bei genauer Betrachtung aus vielen verschiedenartigen Farbschichten (Flächen → Territorialverständnis) und Feinstrukturen (Beziehungslinien → Systemverständnis) zusammengesetzt ist, die auf einen bestimmten materiellen Untergrund (physischer Raum) aufgetragen wurden. Alle diese Bausteine tragen einen wesentlichen Teil zum Gesamtkunstwerk bei, ohne dabei jedoch ihre spezifischen Eigenheiten aufzugeben. **Region** ließe sich so interpretieren als ein Stapel übereinander gelagerter Ansprüche und Beziehungsgeflechte gegenüber einem geographisch bestimmten Mesoraum, die sich in ihrem Kernbereich am vielschichtigsten überlappen und nach außen hin zunehmend ausdünnen und divergieren.

---

[94] *Benko* [Regulationstheorie 1996], S. 191.

6.5 Die Exemplifizierung des Regionsbegriffs am Beispiel des Wirtschaftsraums Rhein-Neckar

Wie in den vorangegangenen Abschnitten deutlich geworden ist, gewinnt der Regionsbegriff seine besondere Gestalt vor dem Hintergrund eines bestimmten Interessengegenstandes bzw. einer bestimmten Anschauung der Dinge. Wie steht es dabei um den Begriff der Rhein-Neckar-Region, in welchem das im Abschlusskapitel noch eingehender beschriebene bmb+f-Projekt „*Stoffstrommanagement Rhein-Neckar*"[95] angesiedelt ist?

Vor allem Raumplaner, Verwaltungswissenschaftler, aber auch Statistiker besitzen von einem solchen Raum recht konkrete Vorstellungen: Als **„Rhein-Neckar-Raum"** repräsentiert die **„Rhein-Neckar-Region"** für sie das siebtgrößte Ballungsgebiet Deutschlands[96] mit einer Fläche von 3.324,54 qkm, auf der ca. 1,9 Mio. Einwohner beheimatet sind[97]. Damit wird die Rhein-Neckar-Region gleichgesetzt mit der Region des „Raumordnungsverbandes Rhein-Neckar" (ROV), der 1969 auf Basis eines Staatsvertrages zwischen den Ländern Baden-Württemberg, Hessen und Rheinland-Pfalz für die Zusammenarbeit bei der Raumordnung im **„Rhein-Neckar-Dreieck"** gegründet wurde[98]. Mit diesem Staatsvertrag wird der Tatsache Rechnung getragen, dass sich der wirtschaftliche Verdichtungsraum Rhein-Neckar als Bundesländergrenzen überschreitender Ballungsraum entwickelt und deshalb auch eines Planungsinstrumentariums bedarf, das diesem Umstand gerecht wird. Vor diesem Hintergrund wurde für die Rhein-Neckar-Region in den Grenzen des ROV ein **Regionalplan** erstellt[99], der im Rahmen einer zweistufigen Regionalplanung[100] verbindliche Ziele der Raumplanung und Landesentwicklung festlegt[101]. In eben diesem politisch-administrativen Kontext wurden dabei folgende Körperschaften an einen Tisch gebracht:

---

[95] Siehe hierzu die Ausführungen in Kap. 8.2.
[96] *ROV* [Raumordnungsplan 1992], S. 8.
[97] Positionspapier RNI 2/99, S. 1; *ROV* [Rhein-Neckar-Raum 1999];
siehe hierzu auch: www.region-rhein-neckar-dreieck.de
Einwohnerzahl 30.6.1999: 1.898.192 Personen
(Aus Gründen steter Aktualisierung sei hier ebenfalls auf o.g. Homepage verwiesen).
[98] *Becker-Marx* [ROV 1970], Sp. 2537.
[99] Siehe bspw. ROV 1992 [Raumordnungsplan 1992].
[100] Die zweite Stufe steht für die Umsetzung der im Regionalplan festgehaltenen Ziele im Rahmen der hiervon territorial tangierten landesinternen Regionalpläne.
[101] Siehe hierzu im Einzelnen *Becker-Marx* [ROV 1970], Sp. 2538 f.

6. Der Raum als Grundlage menschlichen Wirtschaftens

- aus Baden-Württemberg: die **Region Unterer Neckar**, die sich ihrerseits aus den Stadtkreisen Mannheim und Heidelberg, sowie dem Rhein-Neckar-Kreis zusammensetzt
- aus Rheinland-Pfalz: der Nördliche Teil der **Region Rheinpfalz**, bestehend aus den Stadtkreisen Ludwigshafen, Speyer, Neustadt, Frankenthal und Worms sowie den Landkreisen Ludwigshafen und Bad Dürkheim.
- aus Hessen: der Landkreis Bergstraße als südwestlicher Abschnitt der **Region Südhessen** (mit Sitz in Darmstadt).

Eine Mitgliedschaft des Neckar-Odenwald-Kreises wird gerade vom Regionalverband Unterer Neckar nach Kräften gefördert[102]; die Umsetzung eines solchen Wunsches bedürfte jedoch einer Änderung des Staatsvertrages, welche nach Einschätzung vonseiten des ROV so schnell nicht zu bewältigen sein dürfte. Auch auf Rheinland-Pfälzischer Seite ist lediglich der nördliche Teil der Landesregion Rheinpfalz Teil der Rhein-Neckar-Region, während ihr südliches Teilgebiet (die Region Südpfalz) Kraft ihrer primären Bezugspunkte bereits zur südlich anschließenden „**PAMINA-Region**" [103] zählt. Auch für diese PAMINA-Region gibt es seit 1974 einen Staatsvertrag, im Rahmen dessen sich Vertreter verschiedener Planungseinheiten um das Verdichtungszentrum Karlsruhe auf eine grenzüberschreitende Zusammenarbeit geeinigt haben. Es wäre allerdings zu einfach, anzunehmen, dass die Südpfalz in ihrer primären Ausrichtung auf das Karlsruher Oberzentrum deshalb auch in die „**TechnologieRegion Karlsruhe**" involviert wäre, die sich im *„zunehmenden Standortwettbewerb im Europa der Regionen durch Regionalmarketingaktivitäten und neue Formen der regionalpolitischen Zusammenarbeit"* hervortun will[104]. Tatsächlich versteht sich die TechnologieRegion Karlsruhe trotz all dieser Vorsätze zumindest bislang als eine ausschließlich rechtsrheinische Angelegenheit, was im landespolitischen Überbau mit seinem länderspezifisch bestimmten Regionalsystem und einer entsprechenden Fördermittelvergabepolitik seine Ursachen haben dürfte. Eine raumnahe, aus der jeweiligen

---

[102] Siehe *ROV* [Rhein-Neckar-Raum, 1999], S. 7.

[103] PAMINA = **Pa**latinat (Pfalz) + **Mi**ttlerer Oberrhein + **N**ord **A**lsace (nördliches Elsass)
d. h. während die Raumordnungsregion Rhein-Neckar bundesländerübergreifenden Charakter hat, besitzt PAMINA sogar staatenübergreifenden Charakter, da neben Baden-Württemberg und Rheinland-Pfalz mit dem nördlichen Elsass (Wissembourg und Umgebung) auch noch ein französischer Teilraum involviert ist.

[104] Siehe: *TechnologieRegion Karlsruhe* [Region Karlsruhe, o.J.]: „Wir über uns" (o.J.); www.trk.de/docs/wir_fr.html (Homepagebesuch vom 9.6.00).

Landesperspektive jedoch „extraterritoriale" Vernetzung regionaler Teilsysteme gemäß dem Beispiel des ROV ist hier bislang nicht erfolgt[105].

Hier ist der Rhein-Neckar-Raum über die Verwirklichung des grenzüberschreitenden ROV gewiss bereits ein gehöriges Stück weiter gediehen als das eher traditionslose Konstrukt einer PAMINA-Region, die in ihrer inhaltlichen Substanz bislang kaum über problemspezifische Einzelinitiativen mit länderübergreifender Ausrichtung hinausgeht[106]. Zusammenfassend betrachtet handelt es sich bei der Region PAMINA also zunächst einmal um eine eindeutig politische Idee, die im Sinne grenzüberschreitender Völkerverständigung gerade auch auf die Inkorporierung nordelsässischer Gebiete abzielte und damit einem gesellschaftlichen Wunsch nach der Überwindung von Grenzen unter die Arme greifen will, während die wirtschaftlichen Austauschbeziehungen über die deutsch-französische Staatsgrenze hinweg, trotz Schengener Abkommen und anderer Kommunikationserleichterungen mehr, auch heute noch verhältnismäßig unbedeutend sind.[107]

Beim Rhein-Neckar-Raum hingegen hat die Industriegeschichte Deutschlands über viele Jahrzehnte hinweg grenzüberschreitende Fakten geschaffen, die ganz wesentlich in Verbindung mit dem ehemaligen Endpunkt der Rheinschifffahrt (Mannheim) und dem industriellen Aufstieg der Städte Mannheim (seit Beginn der Industrialisierung) und Ludwigshafen (v.a. im Zusammenhang mit der BASF) zu sehen sind. Der Kernbereich des Rhein-Neckar-Raumes gründet sich damit nicht auf eine administrative Idee, sondern entwickelte sich trotz seiner politische Grenzen überschreitenden Anlage. Er ist ein über Jahrzehnte hinweg vonseiten der privaten Wirtschaft ausgestaltetes Faktum, dem die Politik Rechnung tragen muss. Oder, wie es *Krätke* ganz allgemein zum Ausdruck bringt: *„Industrien produzieren Wirtschaftsräume, sie schaffen selbst Regionen"*[108]. Gleichwohl muss im Falle der Region Rhein-Neckar und ihrer Wahrnehmung als regionale Einheit daran erinnert werden, dass es sich hier um ein Gebilde handelt, welches sich territorial eng an das Staatsgebiet der historischen **Kurpfalz** anlehnt, die ihm bis heute eine

---

[105] Anstelle eines rechtsverbindlichen Raumordnungsplanes wird hier gegenwärtig an einem Regionalentwicklungskonzept gearbeitet, hinter dem allerdings nicht mehr als Willenserklärungen der einzelnen Planungspartner stehen (ggw. mit EU-Mitteln gefördertes Projekt, das auf Freiwilligkeit basiert).

[106] Zu diesen Einzelinitiativen zählt bspw. ein grenzüberschreitender Tourismusverband mit Sitz in Karlsruhe; der Rheinpark Pamina e.V. mit Sitz in Karlsruhe oder eine französisch-deutsche Volkshochschule in Wissembourg (Nordelsass).
Siehe darüber hinaus auch die Ausführungen in www.pamina.de. (Arbeitsgemeinschaft *PAMINA* [Pamina, o.J.].

[107] Die Erstellung von **Regionalplänen** mit der Rechtsverbindlichkeit eines Regionalplanes Rhein-Neckar wird zwar auch für die Region PAMINA angestrebt, ist aber ungleich diffiziler umzusetzen, da die französische Seite Regionalpläne gar nicht kennt. Zwar gibt es auch dort den Begriff der Raumordnung, doch wird dieser sehr viel weitläufiger interpretiert, als das in Deutschland der Fall ist, wo die raumordnerischen Strukturen wesentlich von der hierarchischen Orientierung des *Christaller*'schen Systems der zentralen Orte bestimmt sind.

[108] *Krätke* [Regionalentwicklung 1997], S. 85.

kulturelle Identität verleiht und sie damit auch als Kultur- und Identitätsregion in Erscheinung treten lässt.

Auch wenn das politische Gebilde der Kurpfalz längst Geschichte ist und heute im Rahmen einer länderhoheitlichen Dreiteilung des Rhein-Neckar-Raumes (daher die Bezeichnung Rhein-Neckar-„Dreieck") politisch beplant wird, so hat die Region im Laufe der letzten Jahrzehnte doch trotz dieser „erschwerten Bedingungen" eine deutliche Stärkung erfahren. Die Tatsache, dass die politischen Vertreter der drei Teilräume das gemeinsame Los der Hauptstadtferne teilen[109], mag das Interesse an einer substanziellen „Koordination unter Gleichen" (im Sinne von Akteuren, die sich gleichermaßen marginalisiert fühlen) sicherlich bestärkt haben. Entscheidender dürfte jedoch gewesen sein, dass die verkehrstechnisch hervorragend positionierte Industrieregion Rhein-Neckar durch die regionale Verwurzelung prosperierender Industrieunternehmen und das institutionenübergreifende Zusammenspiel verschiedenster Entscheidungsträger wesentliche Dynamisierungsimpulse empfing und dabei gleichzeitig auch ihr Profil schärfen konnte.

Die in den letzten drei Jahrzehnten mit Leben gefüllte Koordinationsleistung zwischen den Vertretern der im ROV versammelten baden-württembergischen, rheinland-pfälzischen und hessischen Teilregionen beschränkt sich heute nicht nur auf die Aufstellung und Forschreibung des länderübergreifenden Raumordnungsplanes Rhein-Neckar, sondern greift durch weitere interorganisationale Stützen, wie bspw. der des 1989 gegründeten Vereins Rhein-Neckar-Dreieck e.V. weit über einen rein raumplanerisch-administrativen Gestaltungsansatz hinaus. Gleichwohl darf nicht verschwiegen werden, dass die räumlich-nachbarschaftliche Koordination über Zuständigkeitsgrenzen hinweg auch im Rhein-Neckar-Raum ein weiterhin recht diffiziles Feld darstellt[110].

Beschränkt man sich zunächst einmal auf den normativ-politisch determinierten Raumrahmen der Rhein-Neckar-Region, so zeigt sich im Wesentlichen folgendes Bild:

---

[109] Die Landeshauptstädte von Baden-Württemberg (Stuttgart), Rheinland-Pfalz (Mainz) und Hessen (Wiesbaden) liegen allesamt außerhalb des Rhein-Neckar Raumes, und selbst auf der darunter liegenden Ebene stehen Mannheim und Heidelberg hinter Karlsruhe als dem Verwaltungszentrum für Nordbaden.

[110] Siehe bspw. die in Veranstaltungen zur Regionalplanung von Landrat a.D. Prof. Dr. *Becker-Marx* lebhaft illustrierte Geschichte um die bis heute nicht verwirklichte Rheinbrücke bei Altrip.

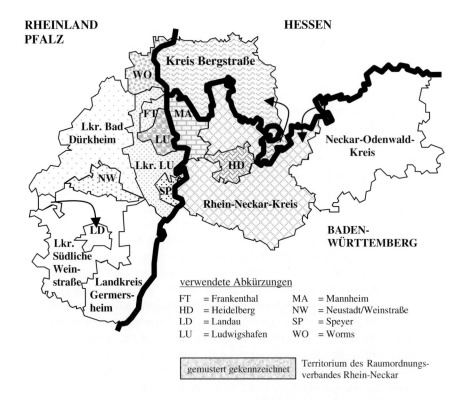

Abb. 6-6: Die Rhein-Neckar-Region als regionalpolitisches Konstrukt in den Grenzen der Raumordnungsregion Rhein-Neckar (gemustert hervorgehoben), bzw. denen des über den Verein Rhein-Neckar-Dreiecks e.V. repräsentierten Rhein-Neckar-Dreiecks (RND) in den Grenzen von 1997[111] (Quelle: *Sterr* [Region 2000], S. 18)

Die als Abb. 6-6 wiedergegebene Karte veranschaulicht das Ergebnis eines Operierens mit dem territorialen Raumbegriff über politisch-administrative Einheiten am Beispiel der an der Schnittstelle dreier Bundesländer lokalisierten Rhein-Neckar-Region. Als **Rhein-Neckar-Region** im Sinne des ländergrenzenüber-

---

[111] Die territoriale Ausdehnung des „**Rhein-Neckar-Dreiecks**" (RND) war mit denen der Rhein-Neckar-Region (RNR) über lange Jahre hinweg kongruent, ehe beim RND 1997 eine Erweiterung hin zu einer vollständigen Inkorporierung der länderbezogenen Planungsregionen Rheinpfalz und Unterer Neckar vorgenommen wurde.
Zum Verein Rhein-Neckar-Dreieck e.V. siehe insbesondere auch www.rhein-neckar-dreieck.de bzw. *Lang* [Rhein-Neckar-Dreieck] 1998, resp. die Ausführungen im Rahmen von Kap. 7.8.3.

schreitenden Raumordnungsverbandes Rhein-Neckar (ROV) gilt derzeit die in dieser Abbildung gemustert gekennzeichnete Fläche. Demgegenüber inkorporiert das ländergrenzenüberschreitende Kommunikationsnetzwerk des Rhein-Neckar-Dreieck e.V., dessen Geschäftsstelle ebenfalls beim Raumordnungsverband angesiedelt ist, seit 1997 zusätzlich noch die Südpfalz und den Neckar-Odenwald-Kreis[112].

Die administrativ-politisch bestimmten Regionsbegriffe im Rhein-Neckar-Raum lassen sich demnach gegenwärtig wie folgt zueinander in Beziehung setzen:

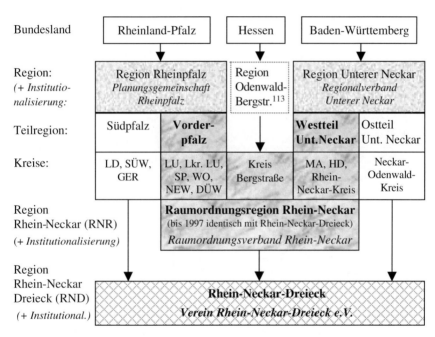

Abb. 6-7 : Zentrale administrativ-politisch determinierte Regionsbegriffe im Rhein-Neckar-Raum (Quelle: Sterr [Region 2000], S. 19)

---

[112] *Bremme* [Rhein-Neckar-Dreieck 1998], S. 54; siehe auch: http://www.region-rhein-neckar-dreieck.de. (*ROV* [Rhein-Neckar-Raum, o.J.]).

[113] Bestehend aus dem Kreis Groß-Gerau, dem Stadtkreis Darmstadt, dem Landkreis Darmstadt-Dieburg und dem Odenwaldkreis; im Raumordnungsplan von 1992 auch als Region Südhessen bezeichnet (*ROV* [Raumordnungsplan 1992], S. 4).

Damit wird deutlich, dass im Rhein-Neckar-Raum schon allein auf der politisch-administrativen Ebene vier unterschiedlich abgegrenzte regionale Einheiten relevant werden (drei bundesländerspezifische und eine bundesländerübergreifende), die jeweils eigene Regionalpläne aufstellen und im Territorium der Region Rhein-Neckar (siehe Abb. 6-6) auch koordinieren müssen[114].

Betrachtet man den Rhein-Neckar-Raum nun vor einem wirtschaftlich-institutionell geprägten Hintergrund, indem man ihn mit den darin vertretenen IHK-Bezirken verschneidet, so zeigt sich (siehe Abb. 6-8), dass keine einzige der teilweise wiederum anders abgegrenzten vier Verwaltungseinheiten der IHK ausschließlich in den Grenzen der Raumordnungsregion Rhein-Neckar beheimatet ist:

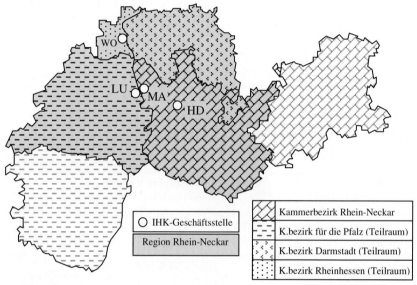

Abb. 6-8:
Der Wirtschaftsraum „Region Rhein-Neckar" [115] in den Grenzen der Raumordnungsregion Rhein-Neckar (dunkel hinterlegt) bzw. des Rhein-Neckar-Dreiecks in den Grenzen von 1997 (Gesamtdarstellung) und die von diesem Territorialgebilde tangierten Industrie- und Handelskammer-Bezirke. (Q.: *Sterr* [Region 2000], S. 20; erstellt auf Basis einer Karte aus www.rhein-neckar-dreieck.de)

---

[114] Glücklicherweise werden drei dieser vier Regionalpläne im Gebäude des Raumordnungsverbandes Rhein-Neckar, teilweise auch in Personalunion erstellt und lassen sich somit relativ gut koordinieren; demgegenüber wird der Regionalplan für die Region Odenwald-Bergstraße, die ihrseits wiederum eine Teilregion der Region Südhessen darstellt, in Darmstadt erarbeitet und wirft dadurch in praxi so manche Abstimmungsprobleme mit dem Regionalplan Rhein-Neckar auf. (Kommentar eines Hessischen Regionalplaners zu diesem Problem:*„Es kann nicht sein, dass der Schwanz* [i.e. der Landkreis Bergstraße in seinen länderübergreifenden Raumplanungsbezügen zum ROV] *mit dem Dackel* [i.e. die Region Odenwald-Bergstraße mit Sitz in Darmstadt] *wedelt"*).

[115] http://www.rhein-neckar-dreieck.de/wirtschaft/wirtschaft.html.

6. Der Raum als Grundlage menschlichen Wirtschaftens

Mit Ausnahme des Stadtkreises Worms, der zwar zur Planungseinheit „Rheinpfalz" nicht aber zum „Kammerbezirk für die Pfalz" gehört, besteht aber zumindest zwischen den IHK-Bezirken und den bundesländerspezifischen Regionen eine territoriale Übereinstimmung[116].

Darüber hinaus findet sich bspw. bei *Fischer*[117] noch eine wiederum anders begrenzte „Bankenregion" oder auch eine „Zeitungsregion Rhein-Neckar-Pfalz". Der Verkehrsverbund Rhein-Neckar (VRN) inkorporiert wiederum ein randlich davon abweichendes Set von Teilräumen. Ganz ähnlich verhält es sich mit dem „ZARN-Gebiet" (Gebiet des Zweckverbandes Abfallwirtschaft Rhein-Neckar)[118], das aus abfallrechtlichen Gründen auf den regionalen Teilraum der baden-württembergischen Seite des Raumordnungsverbandes Rhein-Neckar beschränkt ist. Als linksrheinisches Pendant (d. h. auf der rheinland-pfälzischen Seite der Rhein-Neckar-Region) haben sich 5 Städte und 2 Landkreise zu einer „Gesellschaft zum Betrieb des Müllheizkraftwerks Ludwigshafen und zur Entsorgung der Vorderpfalz" (GML) zusammengeschlossen.

Es bleibt also festzuhalten, dass die Region Rhein-Neckar einen politisch-administrativ bzw. institutionell präzise abgegrenzten Handlungsraum darstellt, wenngleich die Außengrenzen dieses Territoriums recht unterschiedlich gezogen werden. Gerade im Abfallbereich (siehe ZARN bzw. GML) spiegelt sich dabei die determinierende Bedeutung einer landesrechtlichen Rahmenordnung deutlich wider.

Fragt man jedoch den Handwerker oder Kleinbetrieb nach seiner Auffassung von der Rhein-Neckar-Region, so wird er in erster Linie an seinen Kundenstamm oder seinen produktspezifischen Absatzmarkt denken, der mit territorialen Zuständigkeitsgrenzen heute kaum je mehr zur Deckung kommen wird. Denn das Regionsverständnis eines solchen privatwirtschaftlichen Akteurs wird wesentlich stärker an dem eines Beziehungsraumes angelehnt sein, der sein persönliches Interaktionsfeld konstituiert. In dieser Hinsicht offenbart sich die Rhein-Neckar-Region also als ein über Knoten und Kanten bestimmtes Beziehungsgeflecht, das sich nur über die Visualisierung kontextspezifischer Systempartner erschließen lässt.

---

[116] So ist bspw. das Territorium des IHK-Kammerbezirks Rhein-Neckar kongruent mit dem der Landesplanungsregion Unterer Neckar.

[117] *Fischer* [Rhein-Neckar-Region 1999], S.106 f.

[118] Der 1986 gegründete **ZARN** bündelt die verschiedenartigen Problemlösungskapazitäten der Industriestadt Mannheim (Ausbau der Verbrennungskapazitäten einer kommunalen Müllverbrennungsanlage mit Dampf- und Fernwärmeerzeugung), der dienstleistungsdominierten Stadt Heidelberg (Auf- und Ausbau einer modernen Kompostierungsanlage u.a.m.) sowie des vergleichsweise freiflächenreichen Rhein-Neckar-Kreises (Deponieausbau in Wiesloch).
Siehe hierzu auch: *Fleischer / Hoffmann* [ZARN, 1995] bzw. *Stadt Heidelberg* [Abfallwirtschaftskonzept 1991].

Gleichwohl ist der Rhein-Neckar-Raum auch im Rahmen eines systemischen Verständnisses von Region nichts Beliebiges. Er ist vielmehr gekennzeichnet durch eine Ballung von Beziehungsgeflechten zwischen Wirtschaftssubjekten, die sich auf dem Territorium der ländergrenzenübergreifenden Doppelstadt Mannheim/Ludwigshafen, entlang der Bergstraße zwischen Weinheim, Heidelberg und Walldorf/Wiesloch, entlang der Weinstraße sowie auf beiden Seiten des Rheines in besonderem Maße verdichten. Diese Beziehungsgeflechte sind in der folgenden Abb. 6-9 als offenes Knoten-Kanten-System abgebildet, das eine Gitterstruktur offenbart, die sich durch hohe und höchste Vernetzungsintensität der Systemelemente gegen einen Umraum abgrenzen lässt und dadurch schon fast als Molekül erscheint.

Ganz entsprechend sind in der folgenden, aus Fischer (1999) entnommenen Abbildung 6-9 die zentralen Kanten des Rhein-Neckar Raumes über die „Dreifachbindungen" zwischen den drei Oberzentren Ludwigshafen, Mannheim und Heidelberg gekennzeichnet. „Doppelbindungen" verdeutlichen Netzwerkbeziehungen mit den nächstrangigen Industrie- und Dienstleistungsstandorten des Verdichtungsraumes. Standortverflechtungen, die die Linie der vom Autor in das *Fischer*'sche Schaubild eingefügten Umhüllenden überschreiten, zeigen ausschließlich drittrangige (d.h. durch Einfachstriche wiedergegebene) Intensitäten. Auch die Vernetzungsintensitäten zu der im Verein „Rhein-Neckar-Dreieck" inkorporierten Teilregion Südpfalz erscheinen hier als relativ gering[119]. Tatsächlich stellt die Südpfalz eher eine Übergangszone dar, die auch zum Karlsruher Raum hin bereits deutliche Affinitäten besitzt.

Im Gegensatz zur Wirtschaftsregion Karlsruhe (monozentrische Region mit Karlsruhe als Kulminationsknoten) handelt es sich im Falle des Rhein-Neckar-Raumes um eine **polyzentrische Region.** Gleichwohl hebt auch sie sich von ihrem Umland dadurch ab, dass das Zentrum-Peripherie-Gefälle zu den Regionsrändern hin wesentlich stärker ist, als zwischen den innerregionalen Systemknoten, die sich von ihrem intraregionalen Umraum als Zentren wirtschaftlicher Aktivitäten wiederum deutlich abheben[120].

---

[119] Und dies gilt erst recht für die Beziehungen zum Ostteil der Region Unterer Neckar (Mosbacher Raum), die bereit eine deutliche Affinität zum Oberzentrum Heilbronn besitzt.

[120] Dies soll nach Auffassung des Raumordnungsplanes Rhein-Neckar auch so bleiben, indem es dort heißt (ROV [Raumordnungsplan 1992], S. 9): *„Ein überregionales Zusammenwachsen der großen Verdichtungsräume Rhein-Main, Rhein-Neckar und des Karlsruher Raumes ist aus Sicht der Raumordnung negativ zu bewerten."* (→ Raumkorridore für bevorzugte Freiflächengestaltung).

6. Der Raum als Grundlage menschlichen Wirtschaftens

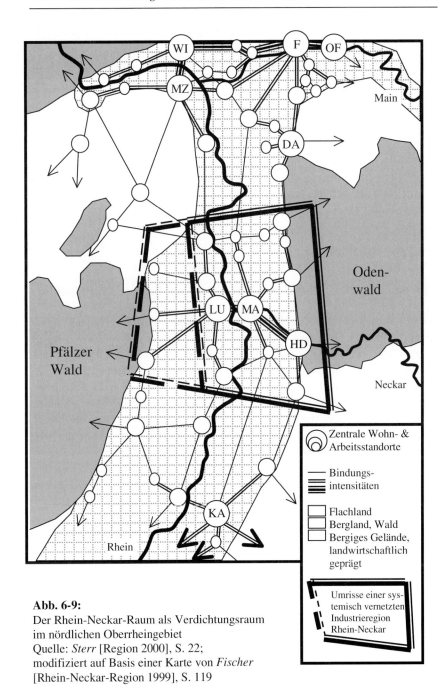

Abb. 6-9:
Der Rhein-Neckar-Raum als Verdichtungsraum
im nördlichen Oberrheingebiet
Quelle: *Sterr* [Region 2000], S. 22;
modifiziert auf Basis einer Karte von *Fischer*
[Rhein-Neckar-Region 1999], S. 119

Wie bereits ausgeführt, ist diese systemisch geprägte Auffassung vom Rhein-Neckar-Raum mit dem Hoheitsgebiet des Raumordnungsverbandes Rhein-Neckar dennoch nicht kongruent. Dies allerdings schon allein deshalb nicht, weil die konzeptionelle Grundlage eine ganz andere ist[121]. Und doch ist die räumliche Deckung einer administrativ-institutionellen und einer ökonomisch-akteurssystemisch konstituierten Auffassung über den Rhein-Neckar-Raum gegenwärtig noch relativ hoch, inkorporiert sie doch die wesentlichen Industrie-, Dienstleistungs- und Wohnstandorte, die hier in einem größeren Umfeld auftreten[122]. Der Grad der Überlappung von administrativer und akteurssystemisch beschriebener Region würde in dem Moment allerdings deutlich abnehmen, wo mit dem Neckar-Odenwald-Kreis größere Teile des wirtschaftlich wesentlich unbedeutenderen und dünner besiedelten Odenwaldes in die durch den ROV repräsentierte politische Idee der Rhein-Neckar-Region aufgenommen würden[123].

6.6 Vorschlag einer Methodik zur schrittweisen Regionsspezifikation

Wie der vorangegangene Abschnitt auch am konkreten Beispiel nochmals unterstrich, besitzt das Phänomen Region also mehrere Dimensionen, denen je nach Fragestellung ein unterschiedliches Gewicht zukommt. Das in den Unterkapiteln 6.3 und 6.4 vorgeschlagene Klassifikationsmuster von territorialer und akteurssystemisch bestimmter Region erlaubt aber zumindest einmal die Spezifizierung zentraler Strukturcharakteristika einer solchen und bietet so eine wertvolle Grundlage für einen wissenschaftlichen Umgang mit dem Regionsbegriff. Trotz der Unterschiedlichkeit ihres jeweiligen raumtheoretischen Basismodells stehen die verschiedenartigen Regionsvorstellungen jedoch nicht unversöhnlich nebeneinander, sondern stehen in enger Beziehung zueinander. Dabei bedingen sie sich zwar bis zum einem gewissen Grade gegenseitig, können aber, ähnlich dem physischen Raum, der im Laufe der Menschheitsgeschichte anthropogen überformt worden ist, auch als aufeinander aufsitzend gedacht werden. Eine solche Grundvorstellung lässt sich bei der Charakterisierung bestimmter Regionen trefflich nutzen, indem sie eine schrittweise Regionsspezifizierung erlaubt.

---

[121] Siehe Kapitel 6.3.

[122] Siehe hierzu auch die Untergliederung des Raumordnungsplanes Rhein-Neckar in einen „engeren" und „weiteren Verdichtungsraum", der an den Rändern von Fragmenten „Ländlichen Raumes" umgeben ist. (ROV [Raumordnungsplan 1992], S. 12, bzw. 16 ff.).

[123] Hieraus lässt sich selbstverständlich keine Aussage darüber ableiten, ob ein solcher Schritt wirtschaftspolitisch sinnhaft ist oder nicht.

6. Der Raum als Grundlage menschlichen Wirtschaftens

Im Falle der Rhein-Neckar-Region würde eine derartige Vorgehensweise bei der Regionsspezifikation folgendermaßen vonstatten gehen:

1.) Bestimmung der **naturräumlichen Region**
Wie der Name bereits zum Ausdruck bringt, liegt die Rhein-Neckar-Region am Zusammenfluss von Rhein und Neckar. Ihr Zentrum wird von einem Nord-Süd verlaufenden Ausschnitt aus dem Oberrheingraben bestimmt, der hier nach Osten durch den Odenwald und nach Westen durch den Pfälzer Wald begrenzt wird.

2.) Bestimmung der Rhein-Neckar-Region als **Verwaltungsregion**, wie sie beispielsweise über die länderübergreifenden Grenzen der Raumordnungsregion Rhein-Neckar eingegrenzt werden könnte

3.) Bestimmung der Rhein-Neckar-Region als **Verflechtungsregion**, die die für einen bestimmten Untersuchungsgegenstand relevanten Interaktionsmuster widerspiegelt und sich in diesem Zusammenhang als Knoten-Kanten-System beschreiben lässt.

4.) Bestimmung der Region als **kognitive Region**, d.h. als mental gewachsene und konturierte Vorstellung vom persönlichen Lebensumfeld, als Abbild eines kontinuierlich erfahrenen und gesellschaftlich vernetzten Umraums, als Identitätsregion und lokal-regional dimensioniertes Milieu, als kognitives Konstrukt, im Rahmen dessen eine relativ große Dichte verschiedenartiger persönlicher Erfahrungspunkte zu persönlichen Umraumempfindungen weiterentwickelt wurden und damit emotionale Nähevorstellungen hervorrufen.

Der Vorschlag beschränkt sich ganz bewusst auf ein Minimum von nicht mehr als vier Schritten und ist als Spezifizierungsmethodik sicherlich nicht mehr als eine Anregung zur Entzerrung regionaler Multidimensionalität, gleichwohl bietet er jedoch ein erstes analytisches Werkzeug, um der in den meisten Fällen zunächst einmal recht schwierig erscheinenden Aufgabe einer Regionsbestimmung schrittweise näher zu kommen.

Auch die folgende Abbildung 6-10 ist im Sinne einer solchen ersten Hilfestellung zu verstehen, indem sie die oben aufgeführte schrittweise Regionsspezifikation nochmals schlagwortartig unter Zuhilfenahme graphischer Mittel skizziert. Sie macht damit unter größtmöglicher Minimierung von Komplexität auf zentrale Konturen zur Regionsspezifikation aufmerksam und ermöglicht so dem „regional Interessierten", die ersten zentralen Fragen an seinen zunächst einmal recht nebulös und unspezifisch erscheinenden Untersuchungsgegenstand zu stellen.

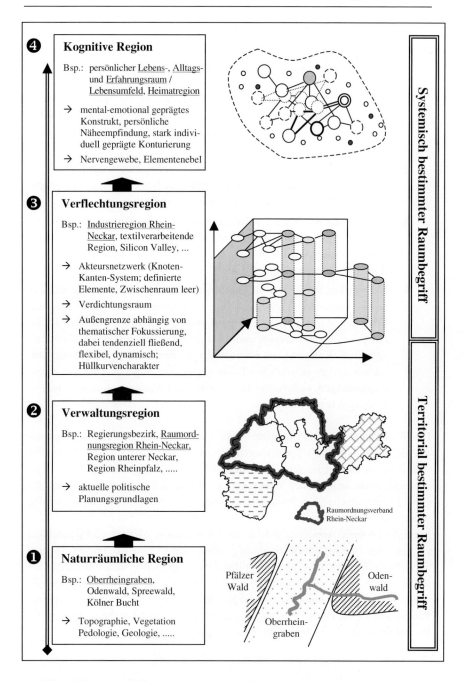

Abb. 6-10: Spezifizierungsansatz zur Annäherung an die Region als multidimensionalem Phänomen

7. Industrielle Stoffkreislaufwirtschaft und ihr räumlicher Bezug

Die Ausführungen des 6. Kapitels haben zuletzt auch exemplarisch verdeutlicht, dass der Begriff der Region, so schwammig er zunächst erscheinen mag, dennoch einer wissenschaftlichen Handhabung zugänglich gemacht werden kann. Hierfür war zunächst einmal in einen territorialen und einen systemischen Raum- bzw. Regionsbegriff differenziert worden, die in ihren jeweiligen Charakteristika typisiert wurden. Das aus diesem analytischen Prozess heraus abgeleitete Wissen bildete wiederum die Bausteine zur schrittweisen Beschreibung der Industrieregion Rhein-Neckar, die damit auch für die Praxistauglichkeit der in Abb. 6-10 nochmals zusammengefassten Vorgehensweise Pate stand.

Bevor jedoch im 8. Kapitel wiederum auf den Rhein-Neckar-Raum Bezug genommen wird, soll es in diesem siebten Kapitel zunächst einmal darum gehen, die Bedeutung eines solchen regionalen Bezugsraumes im Hinblick auf besondere Möglichkeiten und Grenzen der Förderung einer regionalen Schließung industrieller Stoffströme zunächst einmal ganz allgemein zu diskutieren.

7.1 Zentrale Entscheidungsparameter und deren Verhältnis zum Raum

7.1.1 Ökonomisch bestimmte Verhaltensgrundmuster

Von einem legitimatorischen Standpunkt aus betrachtet, ist an dieser Stelle natürlich zunächst einmal zu fragen, ob ein regionaler Rahmen für die Ausgestaltung einer industriellen Stoffkreislaufwirtschaft überhaupt Relevanz besitzt?

Nun wird niemand ernsthaft bestreiten, dass ein materieller Transfer von Stoffen von einem Ort A zu einem anderen Ort B mit Transportaufwendungen verbunden ist, die sich gewöhnlich auch in monetären Kosten niederschlagen. Aber geht es dabei nicht einfach um Raumüberwindung, die man über einen bestimmten **Transportkostenansatz** von bspw. 5 je Tonne Abfall pro 100 km Entfernung unschwer modellieren könnte[1]? Zumindest geht es auch darum ganz sicherlich. Die praktische Relevanz einer solche Faustregel scheint sich vor allem dann zu bestätigen, wenn es um Massentransporte über große Distanzen geht, da in einem solchen Falle auch fernab liegende Großsenken angesteuert werden können, die eine wesentlich günstigere Kostenstruktur aufweisen oder keine bzw. kaum wirksame Annahmebedingungen stellen.

---

[1] *Lahl / Weiter / Zeschmar-Lahl* [Gewerbeabfallentsorgung 1998], S. 37; (im Einklang mit einem raumwirtschaftlichen Ansatz).

So vermuten *Lahl / Weiter / Zeschmar-Lahl* im „Recycling-Wunder Baden-Württemberg" zunächst einmal das Resultat eines **Deponierungspreisgefälles** v.a. zu den Neuen Bundesländern hin und exemplifizieren dies am Beispiel von Thüringen.[2] Gewichtige Anhaltspunkte für die Bestätigung einer solchen These glauben sie in den entsprechenden Länderbilanzen für die Entsorgungsmengen an Gewerbeabfällen pro Kopf und Jahr gefunden zu haben, die sich im Falle von Baden-Württemberg von 1993 nach 1996 mehr als halbierten, während sie in Thüringen im gleichen Zeitraum um etwa 7% stiegen[3]. In absoluten Verhältnissen ausgedrückt, hätten die in diesem Aufsatz erwähnten 97er-Prognosen erwarten lassen, dass die Pro-Kopf-Tonnagen für Baden-Württemberg nurmehr bei knapp 50% derer des vergleichsweise wenig industrialisierten Thüringen[4] zum Liegen gekommen sein würden. Dass die o.g. Autorengruppe hierin im Wesentlichen die faktische Wirkung eines in der Tat ausgeprägten Deponierungspreisgradienten zwischen entsprechenden Anlagen in beiden Bundesländern[5] vermutet, ist nachvollziehbar. Auch die in dieser Beziehung sehr schwammigen Aussagen privatwirtschaftlich tätiger Entsorger deuten in diese Richtung. Dies untermauert zunächst einmal die These, dass

1. die Entwicklung von Abfallstofftransfers innerhalb der BRD zunächst einmal von den Unterschieden in den Annahmepreisen (Δp_a) entsprechend zugelassener Entsorgungsanlagen abhängen, die an verschiedenen Punkten im Raum verortet sind und von dieser Position aus zunächst einmal rein preislich determinierte Pull-Effekte ausüben und dass

2. dieses Δp_a um so stärker raumwirksam wird, je kostengünstiger der Zwischenraum Δr überwunden werden kann, wobei sich das Δr unter Zuhilfenahme eines konkreten Transportkostenansatzes auch als räumlich bestimmter Preisvektor Δp_r darstellen lässt.

Die folgende Abbildung 7-1 illustriert einen solchen Zusammenhang, wobei die Annahmepreise der beiden Entsorgungsanlagen B und T auf der Ordinate abgetra-

---

[2] *Lahl / Weiter / Zeschmar-Lahl* [Gewerbeabfallentsorgung 1998].

[3] In absoluten Zahlen ausgedrückt bedeutete dies, dass die Gewerbeabfallmengen pro Kopf von 1993 nach 1996 für Baden-Württemberg von ca. 140 auf ca. 45 Tonnen fielen, während sie in Thüringen im gleichen Zeitraum von 89 auf 95 Tonnen zunahmen.

[4] Wobei Baustellenabfälle, die im Zusammenhang mit dem Aufbau Ost in Thüringen evt. stärker zu Buche schlagen könnten, in diesen Werten noch nicht einmal enthalten sind.

[5] *Lahl / Weiter / Zeschmar-Lahl* [Gewerbeabfallentsorgung 1998] nennen dabei einen mittleren Entsorgungspreis für Gewerbeabfälle von umgerechnet 120 bis 230 € in Baden-Württemberg gegenüber einem Deponiepreis von 35-50 € in den räumlich am nächsten gelegenen südlichen Abschnitten von Thüringen. (Die Zahlen beziehen sich dabei auf das Jahr 1996).
An diesen Gradienten hat sich bis heute wenig geändert. So bewegen sich die Deponierungskosten für hausmüllähnlichem Gewerbemüll nach eigenen Recherchen in Baden-Württemberg gegenwärtig bei umgerechnet ca. 70-100 €, während im Südwesten der neuen Bundesländer bereits Deponiepreise von umgerechnet 25 € / Tonne gängig sind.

7. Industrielle Stoffkreislaufwirtschaft und ihr räumlicher Bezug

gen sind (bspw. $P_{A(T)}$ als Annahmepreis für einen Deponiestandort in Thüringen, bzw. $P_{A(BW)}$ als charakteristischen Annahmepreis für einen solchen in Baden-Württemberg), während die Abszisse die durch Raumüberwindung gegenüber der Thüringer Anlage entstehenden Kosten aufspannt. D.h. mit zunehmender Entfernung vom Deponiestandort in Thüringen erhöhen sich die Gesamtkosten der Abfallentsorgung für eine Abfallanfallstelle durch Kosten für Raumüberwindung[6]. Die Isopreisgerade (45°-Linie) markiert schließlich diejenigen Szenarien, auf denen die beiden Preisvektoren Δp_a und Δp_r gleich lang sind, so dass ein höherer Annahmepreis einer Deponie am Ort des Abfallanfalls gerade die Raumüberwindungskosten zur Thüringer Anlage T kompensiert. Damit erweisen sich alle diejenigen Deponiestandorte als vergleichsweise kostenintensiver, die sich innerhalb des durch T aufgespannten Isokostentrichters befinden. Unter den in Abb 7-1 skizzierten Bedingungen müsste also die Anlage B ihren Annahmepreis mindestens auf das Niveau des Isokostentrichters absenken ($P_{a'(BW)}$), damit ein am gleichen Ort befindlicher Entsorgungsinteressent nicht nach T fährt, sondern vor Ort entsorgt[7].

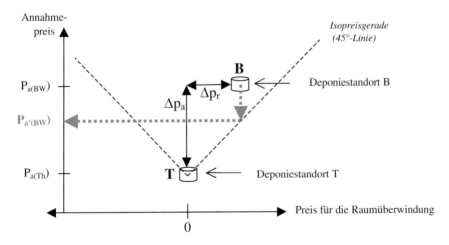

Abb.7-1: Abfallverbringung im Raum
als Ergebnis eines zweidimensionalen Preisvektors

---

[6] Deren Entwicklung hier vereinfachend als linear angenommen wird.
[7] Oder anders interpretiert: konkurrenzfähig wären damit nur diejenigen zu einem Annahmepreis von $P_{a\ (BW)}$ entsorgenden Deponiestandorte, die rechts bzw. links des durch T aufgespannten Isokostentrichters und damit in hinreichend weiter Entfernung von T liegen.

Nun geht es in dieser Darstellung nicht darum, gegenwärtige Realitäten hinreichend genau zu beschreiben, sondern lediglich um tendenzielle Anziehungseffekte vergleichsweise kostengünstiger Deponierungsanlagen im Raum. Tatsächlich entspricht die in Abb. 7-1 abgebildete Struktur jedoch dem im Prinzip einfachstmöglichen räumlichen Produktionssystem, in welchem es auf der Basis zwischenörtlicher Produktionskostenunterschiede zu räumlichen Transfers kommt. Unterstellt man nun einen perfekt funktionierenden Marktmechanismus in seiner einfachsten Form und damit eine Situation bei vollständiger Markttransparenz, vollständiger Konkurrenz und Abwesenheit von Restriktionen[8], so lassen sich diese Verhältnisse wie folgt skizzieren:

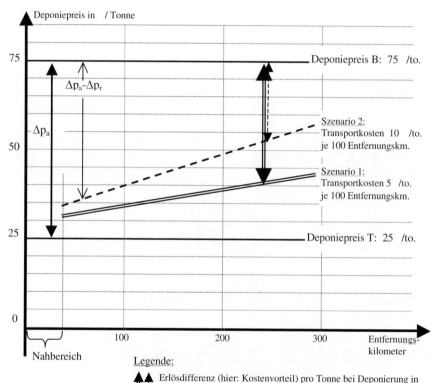

Abb.7-2: Potenzielle Raumwirkung des Deponiepreisgefälles für die Einlagerung von Gewerbeabfällen zwischen Baden-Württemberg und Thüringen bei Berücksichtigung gängiger Transportkostenansätze.[9]

---

[8] D.h. also die in der Neoklassik typischen Ceteris-paribus-Bedingungen.
[9] Siehe folgende Seite.

7. Industrielle Stoffkreislaufwirtschaft und ihr räumlicher Bezug 229

Die in die Abb. 7-2 eingegangenen Informationen spiegeln dabei ganz konkret folgendes Szenario wider:
1. Es treten keinerlei Kapazitätsrestriktionen auf
   (was für die Abfallsenken gegenwärtig ganz sicher gilt).
2. Es handelt sich um voll ausgelastete Gewerbeabfalltransporte
   (Transportgewicht ca. 20-30 to. netto pro Frachtvorgang - worauf nach Möglichkeit auch stets hingearbeitet wird).
3. Die Betrachtungen fokussieren auf einen „mittleren Entfernungsbereich", für den Transportkostenlinearität angenommen werden kann[10].

Die dabei dargestellten Kostenfunktionen (Abb. 7-2) beschreiben das mathematisch ermittelte Ergebnis eines ökonomisch rationalen Kalküls, das auf den in Abb. 7-1 dargestellten zentralen Kostenparametern Annahmepreis (und dessen Unterschiede im Raum) und Transportpreis (zur Ausnutzung dieser zwischenörtlichen Differenzen) basiert, unter Verwendung realistischer Werte[11].

Rein mathematisch gesehen führen diese Konstellationen zum Ergebnis, dass zumindest in weiten Teilen Baden-Württembergs keine derartigen Gewerbeabfälle zur Ablagerung kommen dürften, weil der für Baden-Württemberg angesetzte Deponiepreis[12] selbst für Entfernungen von 300-400 km noch prohibitiv hoch wäre. Ein solches Ergebnis gibt Abb. 7-2 auch in graphischer Form wieder (Szenario 1). Und dabei wäre eine derartige Absorptionswirkung gemäß Abb. 7-2 für weite Teile Baden-Württembergs selbst dann noch stabil, wenn die Kosten pro Transportkilometer Gewerbeabfallexport doppelt so hoch wären (Szenario 2 bzw. gestrichelte Linie in Abb. 7-2). Denn selbst in diesem Fall könnte der Abfallexporteur gegenüber einer transportfreien Vor-Ort-Entsorgung[13] noch einen ganz erheblichen Mehrgewinn pro Tonne einstreichen[14].

---

[10] Unter Bezugnahme auf die bei *Lahl / Weiter / Zeschmar-Lahl* [Gewerbeabfallentsorgung 1998] genannte Faustregel wurde hier mit einer linearen Transportkostenfunktion gerechnet, was für den interregionalen Transport durchaus realistisch ist. Entsprechendes gilt jedoch nicht für Transporte in einem Nahbereich (siehe geschweifte Klammer in Abb. 7-2) von deutlich unter 100 km, wo ein vglw. hoher Fixkostenanteil zu Buche schlägt, dem auch einfachste Kostenansätze im Entsorgungsgeschäft Rechnung tragen.

[11] Annahmepreis Deponie Thüringen 25 €/to.; Annahmepreis Deponierung Baden-Württemberg 75 €/to.; Transportkostenansatz: 5 €/to. je 100 Entfernungskilometer.

[12] Um „auf der sicheren Seite" zu rechnen, wurde hier absichtlich nicht ein für Baden-Württemberg durchschnittlicher Deponiepreis herangezogen, sondern ein Minimalpreis, der auch die preisgünstigsten Gegenden dieses Bundeslandes noch mit inkorporiert.

[13] Eine solche transportfreie Vorortentsorgung ist natürlich rein hypothetisch zu betrachten. Verzichtet man jedoch auf diese Annahme, so weist das ökonomische Kalkül sogar noch deutlicher in Richtung Ferntransport, weil dann für ein baden-württembergisches Vor-Ort-Szenario noch eine weitere Kostenkomponente hinzukäme („75 €/to. + x").

[14] Wie in der Graphik angezeigt, wären dies selbst bei einem Szenario von 300:0 Entfernungskilometern noch 20 € Mehrerlös / to. Abfall (bzw. 400 – 500 € / Fahrt, wenn man von einem Ladegewicht von 20-25 to. ausgeht).

Demgegenüber zeigt die gegenwärtige Realität allerdings, dass auch bei einer ökonomisch eindeutig ungünstiger erscheinenden Lage lediglich Teilmengen dieser Abfallfraktion von Baden-Württemberg nach Thüringen exportiert werden. Und dies, obwohl es sich bei „hausmüllähnlichen Gewerbeabfällen" um nicht näher spezifizierte Mischabfälle handelt, wie sie praktisch in jedem Betrieb „massenhaft" anfallen, wobei zudem auch die Relevanz spezifikationsbedingter Zusatzkosten vergleichsweise gering ist. Wie sich diese realen Unterschiede auf rechtliche, politische, systemische oder subjektiv-individuelle oder andere Ursachenkomplexe verteilen, kann hier allerdings nicht geprüft werden. Sie ändern allerdings auch nichts an der Tatsache, dass Differenzen bei Abfallannahmepreisen im Raum (siehe das Bsp. Baden-Württemberg – Thüringen) einen recht deutlichen Einfluss auf die Steuerung von Abfallströmen ausüben und die Wirkung einer hierfür verantwortlichen Preisdifferenz um so weiter in den Raum hinein greift, je geringer die Transportkosten pro Einheit Wegstrecke sind.

Die folgende Abb. 7-3 visualisiert einen solchen Sachverhalt, bei dem um eine Abfallsenke (hier: Deponie) herum sogenannte Isotimen[15], d.h. Linien gleicher Transportkosten eines bestimmten Materials (hier: hausmüllähnliche Gewerbeabfälle) entstehen, die umso dichter übereinander liegen, je geringer die Transportkosten pro Wegstrecke sind[16].

Sinken in diesem Grundmodell die Transportkosten pro Entfernungskilometer, so rücken die Isotimen in der Vertikalen näher zusammen, d.h. die bei einer solchen Anschauung in der Vertikalen entstehenden Kegelformen werden flacher. Verknüpft man diese Kegelformen mit einem über die Annahmekosten der Anlage beschriebenen Zylinder, so entsteht für jeden potenziellen Deponiestandort ein **Attraktivitätstrichter**, dessen Höhe und Neigung über eben diesen beiden Parameter beschrieben wird und in den alle innerhalb liegenden Entsorgungsgegenstände, die den Annahmekriterien entsprechen, „hineinfallen". Je geringer die Transportkosten c.p. sind, desto flacher sind diese Attraktivitätstrichter, so dass auch der Standort C der Anlage B anheim fallen könnte. Versteilen sich die Trichterkanäle aufgrund eines Transportkostenanstiegs, so könnte auch A ein eigenes Einzugsgebiet zu bekommen.

---

[15] *Schätzl* [Wirtschaftsgeographie 1996], S.40 unter Bezugnahme auf *Alfred Webers* Standardwerk zur Industriestandorttheorie von *1909*.

[16] Siehe in diesem Zusammenhang auch die Erklärung der Radien der sog. „Thünen'schen Ringe" (Johann *Heinrich von Thünen*, 1826 / 1875 (Hamburg), (bzw. 1963, Stuttgart): *„Der isolierte Staat in Beziehung auf Landwirtschaft und Nationalökonomie"* (zitiert bspw. in *Schätzl* [Wirtschaftsgeographie 1996], S. 65 ff. oder in nahezu jedem anderen theoretisch fundierten Fachbuch der Wirtschaftsgeographie).

7. Industrielle Stoffkreislaufwirtschaft und ihr räumlicher Bezug

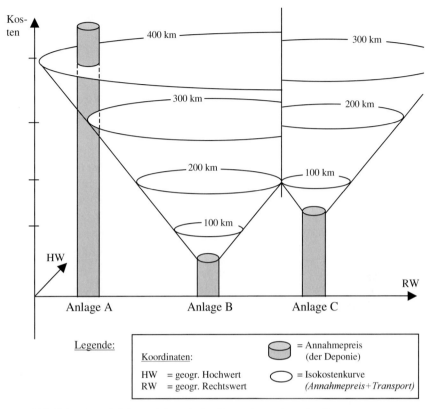

Abb.7-3: Attraktivitätstrichter dreier Deponiestandorte im Raum unter Berücksichtigung der Parameter Annahmepreise (Trichterkanäle) und Transportkosten (Trichterradien bzw. Isotimen[17])

Reflektiert man die hier fokussierten Parameter und die aus dem oben dargestellten Modell ableitbaren Aussagen nochmals vor dem Hintergrund der realen Kostenentwicklungen, so bleiben für Deutschland gegenwärtig zumindest zwei Punkte festzuhalten:

- Die Konkurrenzsituation unter den Deponieraumanbietern hat sich in den Jahren nach der Wiedervereinigung insbesondere vor dem Hintergrund der TASi[18] zunehmend verschärft, wodurch die Annahmekosten gerade

---

[17] Die (hier idealisierte) Kreisform dieser Isotimen wird allerdings nur dann erreicht, wenn die reale örtliche und zeitliche Erreichbarkeit jeder Anlage in einem jeweils gleichen Verhältnis zur Luftlinie steht.

[18] **TASi** = Technische Anleitung Siedlungsabfall

in den neuen Bundesländer inzwischen teilweise bereits unter 25 / Tonne erreicht haben (→ kürzer werdende Trichterkanäle).

- Die Transportkosten haben sich sowohl aufgrund organisatorisch-technischer Verbesserungen im Bereich der Logistik wie auch aufgrund der verbesserten Verkehrsinfrastruktur (→ kürzere Wegezeiten, verbesserte Erreichbarkeit) mehr oder weniger stetig verringert (→ flacher werdende Trichteröffnungen). So sehr die Benzinpreisentwicklung diese Auswirkungsrichtung zeitweise auch zu konterkarieren scheint, so sehr handelt es sich auch in einem solchen Fall um einen nur kurzfristig wirksamen Schock, der zwar einen Kostensprung zur Folge hat (→ kurzfristige Versteilung der Trichteröffnungen), jedoch von o.g. Effizienzsteigerungen zumindest mittel- und langfristig überkompensiert werden dürfte (→ flacher werdende Trichteröffnungen, d.h. also Verringerung der Isotimenabstände und damit c.p. größere Einzugsgebiete für die Anlage mit dem kürzesten Trichterkanal, d.h. dem günstigsten Deponiepreis).

Deponiestandorte mit vergleichsweise hohen Fixkosten oder hohen Investitionskostenbelastungen, wie sie für technisch hochwertige, umweltbelastungsarme Anlagenausstattung vielfach typisch sind (bspw. Anlage A in Abb. 7-3) können in diesem Preiskampf nicht mehr bestehen und scheiden unter den oben skizzierten Modellannahmen als Verbringungsstandorte aus[19]. Ein derartiges Ergebnis gilt nicht nur für das etwas überspitzt dargestellte fiktive Szenario der Abb. 7-3, sondern resultiert gleichwohl auch aus den gegenwärtig recht realistischen Annahmepreisen und Transportkostenansätzen, die in Abb. 7-2 explizit abgetragen sind. Nun wird sich die Deponieraumkapazität mit dem Ablauf einer mehr als 10-jährigen Übergangsfrist[20] gerade in den Neuen Bundesländern zwar deutlich verkleinern, inwieweit dies allerdings ausreicht, um raumschonende Lenkungseffekte zu erzielen, bleibt abzuwarten[21].

Gemäß dieser Verwaltungsvorschrift vom 1.6.1993 (Tag der Inkraftsetzung) müssen Abfälle vor einer Ablagerung weitgehend schadstoffentfrachtet, homogenisiert und mineralisiert sein, was de facto einer Vorbehandlungspflicht entspricht. (detailliertere Angaben hierzu siehe bspw. *Wagner* [TASi 1996]).

[19] Selbst unter der Annahme, dass Produzent (Abfallquelle) und Transporteur sich beide am Standort A befinden, ergäbe sich im fiktiven Szenario der Abb. 7-3 c.p. noch eine 40%ige Kostenersparnis für den Fall, dass statt der Abfallsenke A die Abfallsenke B angesteuert wird. Diese Marge werden sich Produzent und Transporteur in vielen Fällen teilen und damit entsprechende Kostenreduktionen bzw. Mehreinnahmen erzielen, so dass für beide eine ökonomische Win-Situation entsteht.

[20] Die Infrastruktur der Deponien sowie Reststoffbehandlungsanlagen muss bis spätestens 31.5.2002 den Vorschriften der TASi entsprechen, für die Einlagerung von Hausmüll, hausmüllähnlichen Gewerbeabfällen, Klärschlamm und anderen organischen Abfällen kann die zuständige Behörde „Ausnahmen von der Zuordnung bei Deponien" für einen Zeitraum bis 1. Juni 2005 zulassen. (Bundesanzeiger [TASi 1993], Kap. 12: „Übergangsvorschriften").

[21] So wird bspw. bereits davon gesprochen, dass bestimmte Anlagen bereits Sondergenehmigungen für einen Weiterbetrieb über das Jahr 2005 hinaus erhalten hätten. Zudem bleibt abzuwarten, ob

7.1.2 Ökologisch ausgerichtete Verhaltensgrundmuster

Ökologisch ausgerichtete Verhaltensmuster zielen bei der Gestaltung von Produktionsprozessen[22] ganz allgemein darauf ab, die Umweltauswirkungen dieser Vorgänge so gering wie möglich zu halten. Die Palette der Umsetzungsmöglichkeiten eines solchen Anspruchs weist dabei eine ganze Reihe potenzieller Ansatzpunkte auf. Schlagworte hierfür sind Dematerialisierung, die Verminderung der MIPS[23], Öko-Effizienz[24], Öko-Effektivität[25] oder die Verminderung von Öko-Toxizität bis hin zur vollständigen und schadlosen biologischen Abbaubarkeit aller bei Produktion, Konsumtion und Reduktion entstehenden erwünschten wie unerwünschten Outputs. Zentrale Ansatzpunkte zur Verminderung des (umweltkonsumierenden) Ressourcenverzehrs im Rahmen unseres Wirtschaftens bzw. zu einer Erhöhung der Ressourceneffizienz sind eine möglichst abfallarme, ressourcenschonende Produktion in Kombination mit einer möglichst hochwertigen und umweltschonenden Schließung von Stoffkreislaufprozessen.

- Eine **abfallarme Produktion** mindert dabei zum einen den gesamtgesellschaftlichen Bedarf an Ressourcen, zum anderen aber auch die im Zusammenhang mit „unvollkommener Produktion" anfallenden Reststoffkosten, die nicht nur „end-of-the-pipe" entstehen, sondern größtenteils bereits „through-the-pipe" mitgeschleppt und aufgehäuft werden[26].

- Eine **hochwertige und umweltschonende Stoffkreislaufschließung** impliziert das Ziel einer Minderung der Distanz zwischen Reduzendum und wiedereingesetztem Sekundärstoff, und dies sowohl in entropischer, räumlicher als auch organisationaler / funktionaler Hinsicht.

---

die mit Ablauf der o.g. TASi-Übergangsfristen drastisch zurückgehenden Deponierungsmengen nicht einen neuerlichen Preiskampf unter den verbleibenden (und in aller Regel in kommunaler Hand befindlichen) Deponien auslösen werden.

[22] Die erstrangige Strategie des Konsumverzichts (siehe hierzu auch die „Suffizienz"-bezogene Fußnoten zu Beginn des Kap. 6 bzw. in Kap. 7.7) ist der im Rahmen dieser Arbeit thematisierten „Stoffkreislaufwirtschaft" vorgelagert und wird deshalb hier nicht näher thematisiert. D.h. die Arbeit setzt dort an, wo Konsumverzicht nicht mehr möglich erscheint.

[23] Siehe Kap. 4.2.1.

[24] Wobei sich eine Steigerung der **Öko-Effizienz** gewöhnlich als Verringerung der Materialintensität unserer Bedürfnisbefriedigung (Siehe die Ausführungen zum MIPS-Konzept, Kap. 4.2.2), bzw. im Sinne einer Steigerung der Ressourceneffizienz übersetzen lässt. Siehe hierzu bspw. *Weizsäcker / Lovins / Lovins* [Faktor Vier 1995]

[25] Siehe bspw. *Braungart / McDonough* [Öko-Effektivität 1999]

[26] *Assmann / Aßfalg* [Umweltkostenrechnung 1999], S. 34 ff. weisen in diesem Zusammenhang auf der Basis empirischer Erfahrungen darauf hin, dass die den Produktionsprozess begleitende Herstellung späterer Abfälle die Kosten einer späteren Entsorgung zumeist um ein Mehrfaches übersteigen, was jedoch durch die noch weithin dominierenden Gemeinkostenansätze in den Betrieben kaum transparent wird.

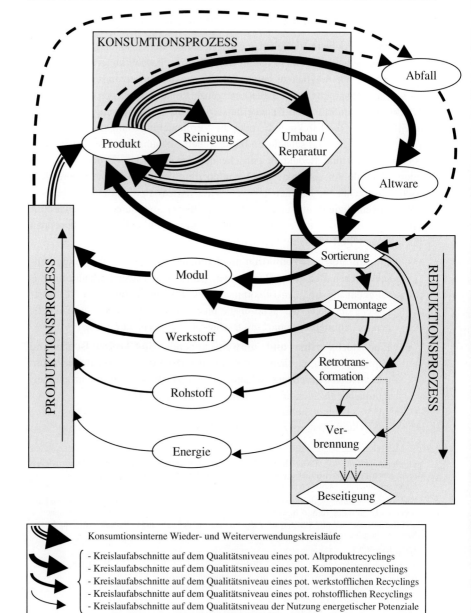

Abb.7-4: Entropisch bestimmte Umlaufbahnen einer technosphäreninternen Stoffkreislaufwirtschaft

7. Industrielle Stoffkreislaufwirtschaft und ihr räumlicher Bezug

Im Zusammenhang mit der in dieser Arbeit fokussierten industriellen Kreislaufwirtschaft, die an der Stelle erstrangig wird, wo Abfallvermeidungsmaßnahmen ausgeschöpft sind, ist v.a. die o.g. „hochwertige und umweltschonende Stoffkreislaufführung" von besonderer Relevanz. Konzentriert man sich hierbei zunächst einmal auf die Zielsetzung einer Minimierung der **entropischen Distanz**[27], so gilt es (siehe die Abbildung 7-4 auf der vorangegangenen Seite), die Umlaufbahnen der Materialien zwischen Produktionsoutput und Wiedereinsatz in der Produktion auf möglichst hohem Niveau wieder zu schließen, d.h. ein möglichst hohes Nutzbarkeitspotenzial aufrechtzuerhalten.

Die in dieser Abbildung dargestellten Kreislaufprozesse vollziehen sich allerdings nicht an einem einzigen Punkt, sondern als eine schlussendlich geschlossene Kette aneinandergereihter Verrichtungen im Raum. So wird ein bestimmter Abfall bspw. von einem Sortierbetrieb abgeholt, sortiert, gebündelt und anschließend zu einem Recycler gefahren, der ihn regranuliert und wiederum an einen Produzenten verkauft (vglw. hochwertige Stoffkreislaufschließung). Ein andersartiger Abfall wird bspw. vom Sortierbetrieb abgeholt, fraktioniert, einzelne Teile werden evt. auch noch demontiert, gebündelt, (bestmöglich) verkauft und / oder in ein Zwischenlager einstellt. Und erst nachrangig wird der Entsorger mit den auf diesem Niveau noch nicht rückführbaren Chargen auf eine chemisch-physikalische Behandlungsanlage oder auch eine Verbrennungsanlage fahren, die aus ökonomisch-technischen Gründen[28] ein wesentlich größeres Einzugsgebiet besitzt, als seine Sortieranlage. Diese gerade für die privatwirtschaftliche Entsorgungspraxis sehr typischen Beispiele machen deutlich, dass die in Abb. 7-4 dargestellten Stoff- (und Energie-)Kreisläufe nicht nur mit markanten Entropiesprüngen verbunden sein können, sondern gleichzeitig auch im realen Raum sehr unterschiedliche Kreisbahnen ziehen. Ausgehend vom (unrealistischen, zur Darstellung grundsätzlicher Tendenzen jedoch hilfreichen) Fall idealräumlicher Verhältnisse[29] erhielte man hierdurch hexagonale Einzugsgebiete *Christaller*'schen Typs[30] mit anlagenspezifisch differierendem Raumumfang[31], wie sie in der folgenden Abbildung 7-5 skizziert werden:

---

[27] Im Sinne der Differenz der Materialentropie zwischen Output und Wiedereinsatz..
[28] Bspw. Rentabilitätsschwellen in Verbindung mit relativ wenigen, grob gestaffelten Anlagengrößen.
[29] Vollkommen homogener Raum mit Gleichverteilung der Systemelemente.
[30] Diese **hexagonale Gestalt** resultiert aus der Modellvorstellung einer flächendeckenden Entsorgung über gleichartige Sortieranlagen, deren (homogen ausgestaltetes) Einzugsgebiet genau so groß ist, dass die vom Sechseck umschlossene Nachfragemenge über die hierdurch erzielbaren Verkaufserlöse die Produktionskosten gerade deckt. (Siehe hierzu ausführlich: *Walter Christaller* (1933): *„Die zentralen Orte in Süddeutschland.. Eine ökonomisch-geographische Untersuchung........"*) (insbes. für die Entwicklung der deutschen Raumordnung bedeutendes und vielfach zitiertes Standardwerk).
[31] Entsprechende Muster gelten deshalb natürlich auch für die Einzugsgebiete bestimmter Abfallstoffe.

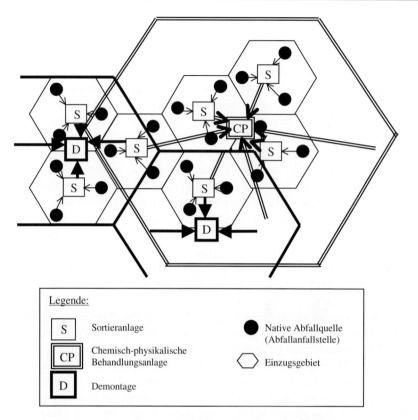

Abb. 7-5: Idealtypische Einzugsgebiete von Entsorgungsanlagen unterschiedlicher Funktionalität und Mindestinputbedürfnisse

Sortieranlagen seien dabei gleichmäßig über den Raum verteilt und in ihrer Dichte so angelegt, dass der für die Wirtschaftlichkeit ihres Betriebes erforderliche Mindestmengenbedarf erreicht werden kann. Sie seien Teil einer innerhalb jedes Hexagons vorgehaltenen Basisinfrastruktur, deren Attraktivitätstrichter es jedem Abfallproduzenten als ökonomisch rational erscheinen lässt, die nächstliegende Sortieranlage (S) in Anspruch zu nehmen. Da in einem solchen „**hexagonalen Modellfall**" auch die Transportkosten ihr Minimum erreichen, könnte man hier angesichts des mit jeder Raumüberwindung zwangsläufig einhergehenden Umweltverbrauchs c.p. auch von einem parameterspezifischen ökologischen Optimum sprechen. Übergeordnet könnte man sich ein Netz regionalmaßstäblich angesiedelter Demontageanlagen (D) vorstellen. Einen noch größeren Abfallinputbedarf hätten bspw. chemisch-physikalische (CP) oder biologische Behandlungsanlagen, usw.

7. Industrielle Stoffkreislaufwirtschaft und ihr räumlicher Bezug

Dass und wie man das Modell unter schrittweiser Aufhebung der in Abb. 7-5 unterstellten idealräumlichen Verhältnisse deutlich realitätsnaher gestalten könnte, wie das bspw. *Lösch* in den 40er- und *Isard* in den 50er-Jahren bereits getan haben, kann hier nicht mehr Gegenstand sein[32]. Explizit festgehalten werden soll allerdings, dass die unterschiedlichen Glieder einer Stoffkreislaufkette mit unterschiedlich großen Markteinzugsradien verbunden sind und die Schließung qualitativ hochwertiger Stoffkreisläufe oftmals nur unter Inkaufnahme einer höheren Zahl an Entfernungskilometern gelingt. Die Vermeidung massiver Downcyclingprozesse (bspw. durch Nutzung einer Verbrennungsanlage in räumlicher Nähe) geht also vielfach mit einem deutlichen Mehr an umweltrelevanten Transporten einher und übt damit eine zumindest partielle Kompensation der (bspw. durch die Nutzung einer weiter entfernten CP-Anlage) „eingesparten Entropiezunahme" aus.

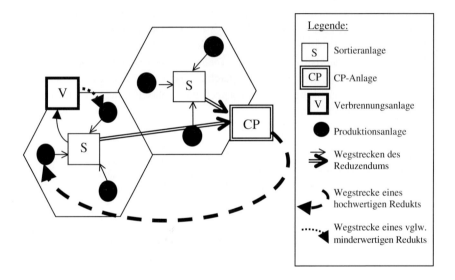

Abb. 7-6: Kurze Wege versus Hochwertigkeit – potenzielle Zielkonflikte einer ökologisch orientierten Stoffkreislaufwirtschaft

---

[32] Zu Erweiterungen / Abänderungen der in Abb. 7-5 aufgenommenen *Christaller*'schen Grundidee im Sinne sich überlagernder Marktnetze unterschiedlicher Betriebsgrößen oder mit Einbeziehung zentraler Verkehrsachsen in das Marktnetzmodell siehe bspw. *Lösch* (1944: „Die räumliche Ordnung der Wirtschaft") oder *Isard* (1958: „Location and Space-Economy").

7.1.3 Systemisch bedingte Verhaltensgrundmuster

Ein zentrales Grundcharakteristikum von Räumen ist die räumliche Ausfächerung der sie konstituierenden Inhalte. Gleichwohl eignet sich das Arbeiten mit einem räumlichen Kontinuum wie dem *Thünen*'schen Stadt-Land-Gefälle oder den Darstellungen in den Abbildungen 7-1 und 7-2 vielfach nur für die Beschreibung distanzabhängiger Grundtendenzen. Je mehr man in die Wesenszüge bestimmter Räume vordringt, desto eher wird man gewahr, dass sie aus einzelnen Systemen und Subsystemen bestehen und damit aus einer begrenzten Anzahl von Systemelementen, die miteinander in Beziehung stehen[33]. Stoffliche Inputs und Outputs, wie sie im Rahmen dieser Arbeit thematisiert werden, sind Ergebnisse solcher Beziehungen und gründen sich auf Entscheidungen, die (unter Respektierung der rechtlichen Rahmenordnung) auf einzelbetrieblicher Ebene getroffen werden. Kreislaufwirtschaft ist damit eine Zielsetzung, die unter dem Dach einer makro- und mesoskalierten Rahmenordnung und Lenkung auf der Mikroebene entwickelt, ausgestaltet, feingesteuert und faktisch umgesetzt wird. Je länger und vielschichtiger die aus Einzelwirtschaften zusammengesetzten Akteursketten sind, die die Wanderung eines Stoffstroms durch die Technosphäre bestimmen, und je größer die Autonomie (bzw. der Grad der Undurchlässigkeit der Außengrenze) der einzelnen Kettenglieder, desto größer ist jedoch die Wahrscheinlichkeit einer unter Umständen recht deutlichen Abweichung von einem rein über Raumdistanzen bestimmten Szenario, wie es in Abschnitt 7.1.1. dargestellt wurde.

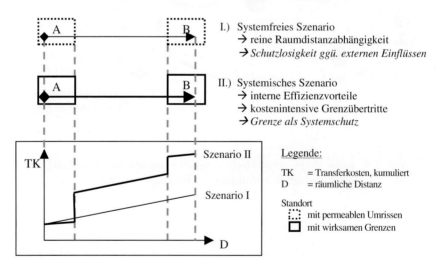

Abb.7-7: Kosten von Stofftransfers mit und ohne die Existenz von Systemgrenzen.

---

[33] Siehe insbes. die Ausführungen zum systemischen Raum bzw. Regionsbegriff in Kap. 6.3.2 bzw. 6.4.

7. Industrielle Stoffkreislaufwirtschaft und ihr räumlicher Bezug

Wie die Abb. 7-7 verdeutlicht, kann die Abweichung der Transferkosten zwischen zwei systemisch begrenzten Standorten von einem vollkommen permeablen Standortszenario (systemfreies Szenario I) grundsätzlich in beide Richtungen erfolgen. So werden sich im Inneren eines bestimmten (Sub-)systems eher hocheffiziente Abweichungen zeigen (flacherer Kurvenverlauf), weil es im Systeminneren gewöhnlich zu effizienzsteigernder Arbeitsteilung und umfassenden Synergieeffekten kommt. Die Überwindung von **(Sub-)systemgrenzen** ist hingegen mit hohen Grenzüberwindungskosten verbunden, die nicht nur organisational bedingt sind, sondern in besonderem Maße von Versicherungs- und Verhandlungskosten konstituiert werden und damit auch sicherheitstechnische Aspekte beinhalten, die die Funktionsfähigkeit des Systems vor externen Störungen schützen sollen. Auch emotionale Bewertungen von Unkenntnis, Unsicherheit, Vertrauensdefiziten und ähnlichem mehr spielen an Systemgrenzen eine fallspezifisch unter Umständen ziemlich große Rolle.

Tatsächlich werden in praxi gerade bei sensiblen Fragestellungen eine ganze Fülle von Transaktionskosten[34] in ein Entscheidungskalkül miteinbezogen, die nur zum Teil buchhalterisch erfasst werden (können). Gerade rechtlich dimensionierte Entscheidungsdeterminanten entfalten ihre Wirkung v.a. an **Systemgrenzen** (bspw. des Industriebetriebs) und erschweren den intersystemaren Transfer durch die im öffentlichen Interesse ergangenen Auflagen[35] und Verbote in vielen Detailfragen wesentlich stärker, als er durch vertrauensschaffende Spezifizierungen eines gesetzlich abgesicherten Verhaltensrahmens erleichtert wird. Auch organisatorisch bestimmte Systemgrenzen ermöglichen zwar einerseits eine höhere Ordnung und kompetenzspezifische Aufgabenteilung, schotten das System nach außen hin gleichzeitig aber auch ab und erschweren so den Austausch mit Elementen des Systemumraums. Systemgrenzen wirken darum in summa restriktiv.

Die folgende Abb. 7-8 veranschaulicht zunächst einmal einzelne Stellen (Schauplätze im Sinne *Ritters*[36]), die im Rahmen der Wertschöpfungskette hintereinandergeschaltet sind (dicke Pfeile) und verortet sie sodann in ihrem jeweiligen Systemkontext, wobei die Bezeichnung „**Mikrokosmos**" für ein kleinstes „lebensfähiges" System stehen soll – bspw. also für einen Industriebetrieb. Die Systemdarstellung wird sodann mit einem Balkendiagramm in Beziehung gesetzt, das die Kosten der einzelnen Transfervorgänge aufzeigen und zu einander ins Verhältnis setzen soll.

---

[34] Zum Begriff der Transaktionskosten bzw. dem Transaktionskostenansatz siehe die Ausführungen im Rahmen von Kap. 7.8.4.

[35] Siehe bspw. die verschiedenen Gefahrgutverordnungen zum Transport gefährlicher Güter über öffentliche Verkehrsadern.

[36] Siehe hierzu die Ausführungen in Kap. 6.3.2

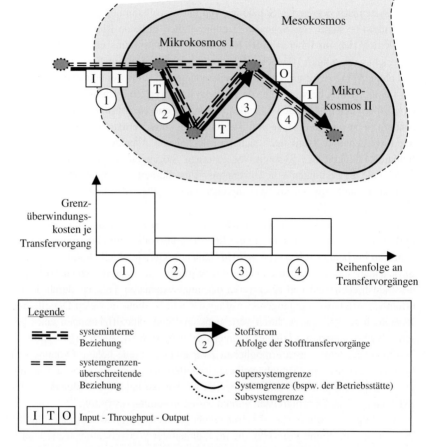

Abb. 7-8: Grenzüberwindungsbedingte Kosten von Stofftransfers bei systemischer Betrachtung.

Die obige Darstellung soll zum Ausdruck bringen, dass das Passieren von Systemgrenzen, ob diese nun akteurssystemisch oder territorial konstituiert sind, mit Kosten verbunden ist, die sich den Stoffströmen als Hindernisse in den Weg stellen. Die kostentreibende Wirkung von Systemgrenzen entfaltet sich dabei umso mehr, je schärfer sich deren organisatorische, rechtliche, sicherheitstechnische oder anderweitige Bestimmungsfaktoren gegenüber ihrem Umraum abheben. Ganz allgemein gilt es deshalb, Stoffkreisläufe möglichst intrasystemar und wo dies nicht sinnhaft ist, im Rahmen möglichst intensiv miteinander vernetzter Systemeinheiten zu schließen.

7. Industrielle Stoffkreislaufwirtschaft und ihr räumlicher Bezug

Die systemische Komponente einer industriellen Kreislaufwirtschaft liefert damit eine **hierarchische Struktur**, die eine anlageninterne vor eine betriebsinterne und diese wiederum vor eine zwischenbetriebliche und eine über Transporteure und Entsorger laufende Stoffkreislaufführung stellt. Eine solche Abfolge lässt sich auch in Pyramidenform verdeutlichen, wie sie in der folgenden Abb. 7-9 wiedergegeben ist. Über den randlich eingezeichneten und beschrifteten Pfeil wird dabei darauf hingewiesen, dass nicht nur die an ein konkretes Hindernis gebundenen Grenzüberwindungskosten, sondern auch die in irgendeiner Form entfernungsabhängigen Raumüberwindungskosten mit jeder zusätzlichen Systemgrenzenüberschreitung streng zunehmen.

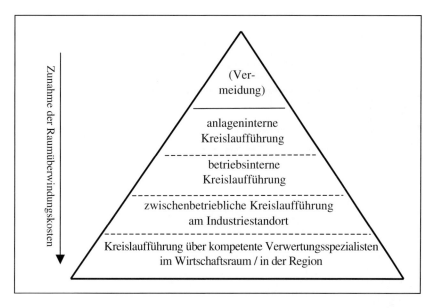

Abb. 7-9: Systemorientierte Zielpyramide industrieller Stoffkreislaufführung (Quelle: leicht verändert nach *Sterr* [Pfaffengrund 1998], S. 18)

Unter dem systemischen Aspekt gilt es deshalb, Stoff- und Energiekreisläufe im Rahmen dabei möglichst eng ineinander verschachtelter oder zumindest miteinander verzahnter Subsysteme und Systeme zu schließen. Hierdurch würde im obigen Falle gleichzeitig auch die Raumüberwindung minimiert – was für die überwiegende Anzahl der Stoffstransfers sicherlich auch realiter zutrifft.

Die umseitige Abb. 7-10 visualisiert diese Schrittfolge noch etwas deutlicher, indem sie die einzelnen in eine Stoffkreislaufbahn involvierten Akteure nacheinander aufführt und gleichzeitig noch mit einer Leiste abfallrechtlich tangierter Vorgänge versieht.

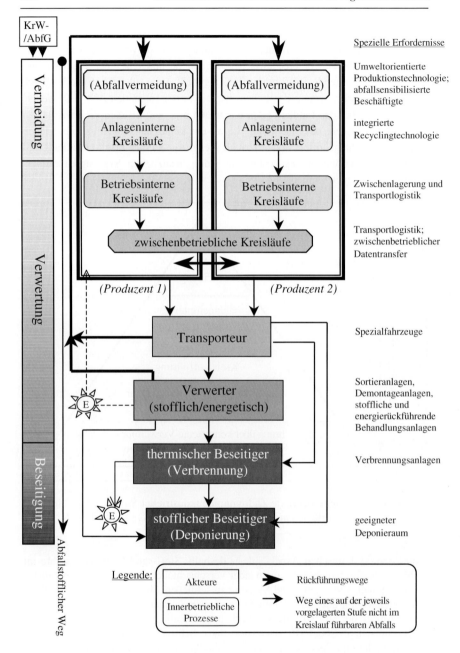

Abb. 7-10: Akteure/Systeme und Distanzen beim Umgang mit unerwünschten Outputs industrieller Produzenten im Rahmen einer industriellen Kreislaufwirtschaft. (Quelle: leicht verändert nach *Sterr* [Pfaffengrund 1998], bzw. *Sterr* [Stoffkreislaufwirtschaft 1997])

7. Industrielle Stoffkreislaufwirtschaft und ihr räumlicher Bezug

Abbildung 7-10 verbindet also die potenziellen Kettenglieder einer industriellen Stoffkreislaufwirtschaft, ausgehend von der Entstehung unerwünschter Outputs bis hin zum stofflichen Beseitiger, bei dem es nur noch Inputpfeile, aber keine Outputpfeile mehr gibt, d.h. bei dem alle stofflich und energetisch nicht mehr im Kreis geführten Abfälle auflaufen. Im Zentrum der Abbildung steht dabei die Systemebene der kleinsten rechtlich selbständigen Einheiten, deren scharfe Außengrenzen über Rechtecke dargestellt sind. Die darunter liegende Ebene rechtlich nicht mehr selbständiger Subsysteme der beiden abfallerzeugenden Produzenten P_1 und P_2 wurde über die in abgerundeten Kästchen eingetragene Benennung der daraus erwachsenden Kreislaufschließungsmöglichkeiten dargestellt.

Auch an dieser Abbildung wird deutlich, dass Stoffkreislaufwirtschaft lediglich die zweitbeste Lösung darstellt, die erst dann zur besten Wahl wird, wenn die Möglichkeiten materieller Abfallvermeidung (von Umstellungen in der Produktionstechnologie bis hin zu Schulungsmaßnahmen für die Mitarbeiter der Firma) ausgeschöpft sind. An die erste Stelle treten dann Überlegungen zur **anlageninternen Stoffkreislaufführung**, wie sie beispielsweise über eine anlageninterne Rückführung von Anspritzmaterial bei der Fertigung von Kunststoffteilen ermöglicht werden könnte. Findet eine solche anlageninterne Rückführung statt, fällt der hierbei unerwünscht entstehende PE-Anspritz nicht unter die Vorschriften des gegenwärtigen Abfallrechts, d.h. nach KrW-/AbfG handelt es sich hier noch nicht um entstandenen Abfall, sondern um vermiedenen Abfall[37].

Verlässt der gleiche Anspritz aber die spezielle Maschine, aus der er hervorgegangen ist, um in einer anderen Maschine an einer anderen Stelle des Betriebes wieder rückgeführt zu werden (**betriebsinterne Stoffkreislaufführung**), so handelt es sich juristisch gesehen bereits um „Abfall zur Verwertung". D.h. mit der juristischen Fallunterscheidung an der Außengrenze einer maschinellen Anlage hat also bereits die erste relevante Systemgrenzenüberschreitung stattgefunden, und dies, obwohl man sich noch immer innerhalb des betrieblichen Rechtsrahmens befindet und auch das Bedienungspersonal der Maschinenhalle oder die verfügbare Informationsqualität noch identisch sein mag.

Zu einem deutlichen Informationsverlust bzgl. des zu betrachtenden Abfallstoffstroms kommt es allerdings dann, wenn er die Grenzen des Betriebsgeländes überschreitet, da das genaue Wissen um die Umstände seiner Entstehung die Außenhaut des Betriebes nur noch in einer stark formalisierten und dadurch gleich-

---

[37] Siehe KrW-/AbfG §4 Abs.2. ;
Wie *Dyckhoff* [Kuppelproduktion 1996], S.179 f. betont, ist damit allerdings nicht garantiert, dass damit die anlageninterne Rückführung einer Verwertungsmaßnahme prinzipiell überlegen ist. Dies gilt insbesondere dann, wenn die anlageninterne Rückführung unter vglw. hohen Entropieverlusten vonstatten geht.

zeitig auch rudimentierten Form durchdringt[38]. Dies erschwert die Aufarbeitung des in Firma P_1 angefallenen PE-Anspritzes in einer anderen Firma P_2 (**zwischenbetriebliche Stoffkreislaufführung**) unter sonst gleichen Bedingungen wesentlich[39]. Während nämlich informationelle Auskünfte und Verifizierungen durch die subsystemaren Zellmembranen des Einzelbetriebs hindurch meist reibungsfrei möglich sind, ist dies zwischen verschiedenen Betrieben weit weniger der Fall, so dass bspw. auch störfallbedingte Verunreinigungen eines Abfalls wesentlich „erfolgreicher" verschleiert werden können. Dies führt zu einem verhältnismäßig niedrigen Vertrauensniveau gerade aufseiten des Abfallannehmers, das durch ein Mehr an Kontrolle substituiert werden muss. Je sensibler die Inputstelle auf Spezifikationsänderungen reagiert, desto höher und teurer ist auch der Kontrollaufwand, der mit einer solchen zwischenbetrieblichen Stoffkreislaufschließung verbunden ist. **Direkte Output-Input-Beziehungen** zwischen industriellen Produzenten bieten so einerseits zwar höchst interessante Potenziale für eine hochwertige Stoffkreislaufschließung, gleichwohl ist ein solcher Fall jedoch in aller Regel mit hohen Kontrollkosten beim Sekundärinput verbunden, die bei einem substitutiv einsetzbaren Primärinput nicht in dem Maße anfallen, weil ihn dessen Hersteller kraft Norm oder Beipackzettel hinsichtlich der relevanten Eigenschaften bereits als Teil der mit dem Produkt verbundenen Leistung spezifizieren kann[40].

Für den Abfallabgeber stellt der Abfall eben nicht das nachfragegerecht perfektionierte Unternehmensziel dar und schon allein aus diesem Grunde sind seine Bemühungen um die Gewährleistung garantierter Eigenschaften dieser unerwünschten Objekte recht begrenzt. Dies gilt zumindest so lange, wie die preislichen Differenzen zwischen verschiedenen potenziell möglichen Kreislaufqualitäten das Unternehmensergebnis nicht merklich beeinflussen oder zu anderen Unternehmenszielen in hinreichend scharfem Widerspruch stehen. Vor dem Hintergrund, dass auch die Angebotsseite zumeist attraktive Inputalternativen in Form (fast unbegrenzt) verfügbarer Primärstoffe besitzt, wird es zu Stoffkreislaufschließungen zwischen zwei produzierenden Systemen trotz „nachbarschaftlicher Verhältnisse" am ehesten dann kommen, wenn bedeutende regelmäßige Stofftransfers eines spezifizierten Materials und nicht überwachungsbedürftigen Materials[41] unter dem Dach eines größtmöglichen Vertrauensverhältnisses einer möglichst toleranzbreiten Inputstelle zufließen.

---

[38] Neben ganz bewusst vorgenommenen Einschränkungen bleibt dabei gerade auch das nicht kodifizierte Wissen (sog. „tacit knowledge") außen vor. (Siehe hierzu auch die Ausführungen im Rahmen von Kap. 7.8.3.

[39] Und dies selbst dann, wenn dort in einer absolut baugleichen Anlage der gleiche Herstellungsprozess durchgeführt wird.

[40] Zum Problem begrenzter Spezifizierbarkeit von Sekundärstoffen siehe bereits Kap. 5.2.1.2.

[41] Siehe auch die dem entsprechenden und in Kap. 8.1.5.2 dargestellten empirischen Ergebnisse aus dem Heidelberger Industriegebiet Pfaffengrund bzw. deren graphische Wiedergabe über die Abb. 8-4

7. Industrielle Stoffkreislaufwirtschaft und ihr räumlicher Bezug

Handelt es sich nun bei den potenziell möglichen und wirtschaftlich interessanten Output-Input-Kombinationen um den Transfer von Abfällen, die gemäß §3a ChemG gefährliche Stoffe darstellen und damit der Gefahrstoffverordnung (GefStoffV) unterliegen, so kann der Transport über das öffentliche Verkehrsnetz zumeist schon aus diesem Grunde nicht mehr von einem der beiden Produzenten durchgeführt werden[42]. Erfordert der Abfall gar eine bestimmte Selektion, Sortierung, Demontage oder darüber hinausgehende Behandlung im Sinne einer Retrotransformation[43], ehe er einem technosphäreninternen Wiedereinsatz im Produktionssektor zugeführt werden kann, so wird die **Zwischenschaltung eines stofflichen Verwertungsspezialisten** zwingend. Rechtlich gleichbehandelt, wenngleich unter Inkaufnahme eines hohen Maßes an Materialentropie kommt nun auch eine energetische Form der Entsorgung ins Spiel.

Auch bei der hierbei angesprochenen **Verfeuerung** von Abfällen kommt wiederum eine oftmals bereits systemintern angesiedelte juristische Grenze ins Spiel: diejenige zwischen energetischer Verwertung und thermischer Behandlung. Die energetischen Abgrenzungskriterien scheinen hier mit einem Heizwert von mindestens 11000 kJ/kg[44] zunächst einmal wohldefiniert. Ob ein bestimmter Abfall, der dieses Kriterium erfüllt, jedoch tatsächlich „**energetisch verwertet**" (und damit abfallrechtlich verwertet) oder „**thermisch beseitigt**" (und damit abfallrechtlich beseitigt) wird[45], hängt unter sonst gleichen Bedingungen[46] davon ab, ob die Anlage, in der er entsorgt wird, als Verwertungs- oder als Beseitigungsanlage zugelassen ist[47]. Nun könnte man zwar zunächst einmal argumentieren, dass diese Frage die entropische Qualität des Kreislaufprozesses ja nicht tangierte, sondern rein juristischer Natur sei. Da mit der Einstufung eines Abfalls als Beseitigungsabfall jedoch hoheitliche Andienungspflichten einhergehen, ist diese Unterscheidung nicht nur hinsichtlich der damit verbundenen Rechtsvorschriften, sondern auch hinsichtlich der mit dem Entsorgungsvorgang verbundenen Transportkilometerleistungen realiter sehr wesentlich. So führt die Deklaration eines Abfalls aus Baden-Württemberg als „*besonders überwachungsbedürftiger Abfall zur Beseitigung*" (bübB-Abfall) gegenwärtig dazu, dass er ,juristisch ausgedrückt, zunächst einmal

---

[42] Für einen solchen Transport müsste zumindest einer der Produzenten über geeignete Spezialfahrzeuge und GGVS-geschulte Fahrer verfügen, was nur in Ausnahmefällen vorkommt.
[43] Siehe die Ausführungen in Kap. 5.3.2.
[44] §6, Abs. 2, Satz 1, KrW-/AbfG.
[45] Zur Unterscheidung von energetischer Verwertung und thermischer Beseitigung vor dem Hintergrund des „Hauptzwecks der Maßnahme" siehe bereits die Ausführungen in Kap. 3.3.2.
[46] Bspw. Einspeisung der dabei freiwerdenden Energie in ein Fernwärmenetz und gleichzeitiger Erfüllung der in §7, Abs. 2 KrW-/AbfG genannten 3 weiteren Kriterien.
[47] Mit einem derartigen Problem hatte bspw. auch die Mannheimer Müllverbrennungsanlage (MVA) über etliche Jahre hinweg zu kämpfen, da sie als Beseitigungsanlage gebaut und genehmigt worden war, obwohl sie die Kriterien für eine Anlage zur energetischen Verwertung zweifelsfrei erfüllt hatte.

der SAA[48] vorgestellt werden muss, die ihn dann gemäß ihrer vertraglichen Bindung an die Sonderabfallverbrennungsanlage Hamburg zuweist[49]. D.h. von einzelnen Ausnahmen abgesehen[50], wird dieser Abfall fast der vollen Länge nach durch Deutschland gefahren.

Auch an dieser Stelle zeigt sich also, dass eine industrielle Stoff- und Energiekreislaufwirtschaft zumindest in dem Sinne raumabhängig ist, als die für die verschiedenartigen Kreislaufführungsmöglichkeiten erforderlichen Systemelemente nur im Ausnahmefall „ortsgleich" verfügbar sind. Und dies wird auch dauerhaft so bleiben, da die Kreislaufführung von Abfällen in aller Regel gewisser räumlicher Einzugsgebiete bedarf, deren Radius sich im Wesentlichen nach stofflichen Spezifitäten, kumulierten Mengen, Verwertungstechnologien und Wiedereinsetzbarkeit richtet. Und schließlich wird der Raumfaktor bei einer industriellen Stoff- (und Energie-)kreislaufwirtschaft drittens auch dahingehend wirksam, als im Abfallrecht gerade bei Beseitigungsfragen sowohl Länderhoheiten[51] als auch kommunale Eingriffsmöglichkeiten[52] bestehen, die dem Stoffverwertungsraum nicht nur eine marktliche sondern auch eine administrativ-territorial bestimmte Dimension verleihen.

Dies weist einmal mehr darauf hin, dass der **Stoffverwertungsraum** sowohl territoriale als auch systemisch bestimmte Grundzüge trägt, wie sie in der folgenden Tabelle 7-1 nochmals zusammenfassend gegenübergestellt werden:

---

[48] SAA = Sonderabfallagentur Baden-Württemberg.

[49] Tatsächlich war man vielerorts noch bis in die 90er-Jahre hinein vom Problem eines drohenden Entsorgungsengpasses ausgegangen, der sich schon bald als negativer Industriestandortfaktor erweisen können würde. Nachdem in Baden-Württemberg über Jahre hinweg kein Standort für eine Sonderabfallverbrennungsanlage gefunden werden konnte und die Verbringung ins Ausland aus bereits in Kap. 3.3 geschilderten Gründen baldigst eingestellt werden musste, fühlte sich die damalige große Koalition am Rande des Müllnotstandes und war schließlich überglücklich, mit dem sog. „**Hamburg-Vertrag**" einen Ausweg gefunden zu haben, dessen Immissionsauswirkungen keinen Ort im „Ländle" in einer auch parteipolitisch gefährlichen Art und Weise zu beeinträchtigen drohten. Über den sog. „Hamburg-Vertrag" hatte sich das Land Baden-Württemberg mittelfristig mit einem Kontingent von 20.000 Jahrestonnen in die Hamburger Sonderabfallverbrennungsanlage eingekauft, so dass sich der damalige Umweltminister zunächst einmal aller Sorgen befreit fühlte. Seit Inkrafttreten des KrW-/AbfG wurde dieses Kontingent jedoch noch in keinem Jahr ausgeschöpft (jährl. Schätzungen belaufen sich auf 15.000 – 16.000 Jahrestonnen), so dass Baden-Württemberg auf Basis der diesem Vertrag zugrundeliegenden Fehlprognosen über die zukünftige Entwicklung des Sonderabfallaufkommens die Fehlmengen bis heute mit eigenem Geld kompensieren muss. Alle Anstrengungen vonseiten des Landes, aus diesem Vertrag auszusteigen bzw. zumindest die vereinbarten Jahreskontingent gegenüberstehende Transfersumme herabzusetzen, schlugen bislang fehl, da Hamburg den kostenintensiven Kapazitätsausbau seiner Anlage in besonderem Maße auf die baden-württembergische Mittelfrist-Entscheidung zurückführt.

[50] In Baden-Württemberg selbst gibt es lediglich eine Anlage, die büb-Abfälle (natürlich auch nur auf Basis einer entsprechenden Zuweisung) annehmen darf; darüber hinaus dürfen Entsorger die „Hamburg-Lösung" dann umgehen, wenn Hamburg nachgewiesenermaßen gerade nicht annehmen kann.

[51] So bspw. bei der Zuordnung bestimmter Abfallstoffe zum (überwiegend privatwirtschaftlich organisierten) Verwertungsregime oder dem (ggü. dem jeweiligen Bundesland andienungspflichtigen) Beseitigungsregime.

[52] So bspw. im Rahmen kommunaler Selbstverwaltungshoheiten gemäß §28 GG.

7. Industrielle Stoffkreislaufwirtschaft und ihr räumlicher Bezug

	Territoriale Dimension des Stoffverwertungsraumes	**Systemisch bestimmte Dimension des Stoffverwertungsraumes**
Allgemeiner Charakter	Raum, der mit bestimmten Verhaltensregeln belegt ist (flächiger Charakter) [53]	Beziehungsgeflecht zwischen einer begrenzten Anzahl von Einzelbetrieben im Raum (Knoten-Kanten-System) [54]
Zentraler Niederschlag	• Stoffverwertungsraum als Rechtsraum: – Europäisches Abfallrecht → EU-Raum – Kreislaufwirtschafts- und Abfallgesetz → BRD – Verwaltungsvorschriften & Verwaltungspraxis → Bundesland – Kommunale Selbstverwaltungshoheit → Stadt, Kreis, Region • Stoffverwertungsraum als physischer Raum mit physischer Infrastrukturausstattung (Verkehrsnetz, Standortverteilung der Kettenglieder, ...)	• Stoffverwertungsraum als stoffspezifisch geschlossenes Output-Input-System in seiner räumlichen Verortung → jeder Abfallstoff besitzt damit seinen eigenen Stoffverwertungsraum → systemisch bestimmte Stoffverwertungsregion • Stoffverwertungsraum als Interaktionsraum (Informations- und Kommunikationsnetzwerke, ...) bis hin zum Stoffverwertungsraum als kreatives Milieu
Damit verbundene Hemmnisse	• Rechtliche Restriktionen (Gebote, Verbote, Auflagen, ...), die auf diesen Rechtsräumen liegen • Transportkosten und andere Kosten zur physischen Raumüberwindung	• Restriktionen, die von der Mikroebene ausgehen (individuelle oder einzelbetriebliche Abneigungen / Präferenzen) • Kosten von Kontrolle und Vertrauen
Distanz bestimmende Faktoren	• Streng realräumlich	• Entscheidende Bedeutung funktionaler und organisationaler Nähe sowie mentaler Interaktionsabstände
Stabilität & Optimierungsmöglichkeiten	• Stabilität und Entscheidungssicherheit sind generell äußerst hoch • Fest verankerte Gegebenheiten bestimmen das Bild	• Stabilität ist in hohem Maße abhängig von Effizienzvorteilen • hohe Flexibilität, Dynamik und Anpassungsfähigkeit

Tab. 7-1: Territoriale und systemische Dimensionen von Stoffverwertungsräumen.

---

[53] Strenggenommen dreidimensionaler Charakter (3D); zweidimensionale Abstraktion in aller Regel jedoch hinreichend.
[54] Siehe Ausführungen in Kap. 6.3.2.

Der **Stoffverwertungsraum** oder **Stoffkreislaufraum** als Raum, innerhalb dessen ein bestimmter Stoffkreislauf geschlossen wird, wird also sowohl aus territorialen als auch netzwerktechnischen Bestimmungsfaktoren heraus konstituiert, wobei die territorial dimensionierten Raumparameter das Substrat stellen, auf dem die interaktionsgesteuerten Beziehungssysteme aufsitzen[55].

Abb. 7-11: Territoriale und systemische Dimensionen von Stoffverwertungsräumen

Damit **Interaktionen** zwischen den einzelnen Akteuren aber tatsächlich auch stattfinden, eine gewisse Regelmäßigkeit aufweisen und damit ein System konstituieren, genügt es allerdings nicht, wenn beispielsweise rechtlicher Rahmen, ökonomische Kostenvorteile, funktionale Passgenauigkeit und organisatorische Kompatibilität vorliegen. Sie alle gehören zum Set der notwendigen Bedingungen für stoffkreislaufinduzierende Interaktionen, hinreichend sind sie allerdings nicht. Hierzu bedarf es zunächst einmal des Aufbaus eines hinlänglich großen **Vertrauens** zwischen den potenziellen Systemelementen, und dies nicht zuletzt auch deshalb, weil die auf der Produktionsseite (d.h. im Hinblick auf das unternehmerische Produktionsziel) gegebene Informationsdichte, auf der Reduktionsseite (d.h. im Bereich der technosphäreninternen Rückführung) mitnichten erreicht wird. Tatsächlich zeigen die Erfolge und Misserfolge beim Aufbau und Betrieb „*industrieller Symbiosen*"[56] oder „*zwischenbetrieblicher Verwertungsnetze*"[57], dass die Herstellung und Bestätigung eines solchen Vertrauens den zentralen Impfstoff bilden, mit dem Systemgrenzen selektiv permeabel gemacht und permeabel gehalten werden können[58]. Der Faktor Vertrauen ist damit in der Lage, ein soziales Interaktionsfeld zu kreieren und damit ein Milieu[59] zu schaffen, im Rahmen dessen der Kooperationswille nicht nur einen rational, sondern darüber hinaus auch emotional

---

[55] Siehe hierzu auch die entsprechenden Ausführungen in Kap. 6.6, bzw. die auf Basis einer derartigen Spezifizierungsmethodik erstellte Abb. 6-10.

[56] Begriff, der v.a. von Akteuren aus dem Kalundborger Netzwerk verwendet wird (siehe bspw. *Christensen* [Kalundborg 1997], [Kalundborg 1998]); siehe hierzu auch die Ausführungen in Kapitel 7.5.4.1.

[57] Begriff, der v.a. von den Grazer Wissenschaftlern um *Prof. Strebel* im Zusammenhang mit der Untersuchung von Verwertungsbeziehungen in der Obersteiermark u.a. Projektgebieten etabliert wurde (Arbeiten von *Strebel, Schwarz, Hildebrandt, Hasler* u.a.); siehe hierzu auch die Ausführungen in Kapitel 7.6.3.1.

[58] Siehe hierzu auch die Erfahrungen im Zusammenhang mit der Industriellen Symbiose von Kalundborg (Kap. 7.5.4.1) bzw. dem „Pfaffengrundprojekt" (Kap. 8.1).

[59] Zum Milieubegriff siehe insbes. die Ausführungen in Kap. 7.8.3.

bestimmten Schwung erhält, der zumindest sehr hilfreich, wenn nicht notwendig ist, um neue Kombinationen zu entwickeln und auch unter erhöhter Unsicherheit praktisch zu testen.

7.2 Technosphärische Stoffkreislaufräume

Betrachtet man die Schließung technosphärischer Stoffkreisläufe aus einer ökologischen Perspektive heraus, so lassen sich verschiedene Qualitätsniveaus unterscheiden, wie sie bereits in Abb. 7-4 graphisch dargestellt worden sind. Welcher Weg nun aber tatsächlich eingeschlagen wird, hängt nicht nur von den Stoffen selbst ab, sondern ganz zentral auch davon, wo die jeweils benötigten Systemelemente verfügbar sind. Wie bereits im vorangegangenen Unterkapitel zum Ausdruck gebracht wurde, geht es hierbei jedoch nicht nur um Entfernungskilometerabstände oder um politisch-administrative Grenzen, sondern insbesondere auch um die Qualität von Beziehungsmustern zwischen einzelnen Systemelementen. Denn **Stoffverwertungsräume** haben (siehe Tab. 7-1) sowohl eine territoriale wie auch eine systemische Dimension.

Gerade für die mathematische Abbildbarkeit der Vorgänge in Stoffverwertungsräumen hat dies ernsthafte Konsequenzen. So ist das hinter den Abb. 7-1 bis 7-3 stehende und auf klassisch-ökonomischer Grundlage basierende Raummodell, welches eine entfernungsräumliche (und damit territoriale) Raumvorstellung zugrunde legt, rechentechnisch hervorragend handhabbar, weil der die Distanzüberwindung beschreibende Raumfaktor „Entfernungskilometer" sich unschwer als (metrisch skalierter) Preisvektor darstellen lässt (siehe Abb. 7-1).

Nun wird die Homogenität des Raumes realiter zwar zunächst einmal dadurch eingeschränkt, dass er in einzelne Verwaltungseinheiten gegliedert ist, die ihn mit spezifischen Ansprüchen belegen (Auflagen, Abgaben, Steuern, Gebote, Verbote), doch können auch Auswirkungen dieser Faktoren numerisch in aller Regel klar spezifiziert werden. Überschreitet ein Stofffluss eine Verwaltungsgrenze, so führt dies zwar zu einer Diskontinuität, für die mathematische Funktion resultiert hieraus jedoch nicht mehr als ein einzelner Sprung.

Dies ändert sich allerdings grundlegend, wenn man die Aufmerksamkeit weg von den territorialen hin zu den systemischen Bestimmungsgründen technosphärischer Stoffkreislaufprozesse richtet. Grenzen und damit verbundene Diskontinuitäten sind hier nicht die Ausnahme, sondern die Regel. Ihre Formen reichen von komplexen EDV-technisch basierten Informationsfiltern bis hin zur hochgradig entscheidungsrelevanten, gleichzeitig jedoch sehr vernetzungs- bzw. vertrauensgesteuerten Informationsweitergabe zwischen den am Geschehen beteiligten Personen. Stoffkreislaufräume sind darum nicht nur das Resultat von Marktpreisen, sondern ebenso von mikropolitischen Systemen und deren Elementen.

	Stoffkreislaufräume		
	territoriale Betrachtung		systemische Betrachtung
	staatlich	stoffökonomisch[60]	systemisch / informationsökonomisch
Raumcharakter und dessen Visualisierung	Fläche (2D)	Relief eines Standortgunstraumes	Netz (der dazwischen liegende Raum ist leer) bzw. mehrdimensionale Sphären oder Systemschalen
Kostenabbild im Raum	verschiedene Preisplateaus → Treppenfunktion[61] in Teilen auch als Kontinuum[62]	Kostenberge und Kostensenken[63] im räumlichen Kontinuum	Durch vielerlei Grenzüberwindungskosten geprägte Kostenberge & Kostensenken Unstetigkeitsstellen (durch Vernetzungscharakter) und Bandbreiten (durch unvollständige Information, individuelle Bewertungen etc.) bestimmen das Bild
Charakter von Grenzen	Gültigkeitsgrenze (→ ja/nein)	mathematisch errechenbare Rentabilitätsschwellen	Filtermembran (→ graduell, selektiv)
Charakterist. Entscheidungsdeterminante	Gesetz	Marktpreis	Beziehungsmuster, Vertrauensverhältnis
Zentrales stoffkreislaufrelevantes Transfergut	Stoff	Stoff	Information

Tab. 7-2: Territoriale und systemische Betrachtung von Stoffkreislaufräumen

---

[60] Mit dem Begriff „**stoffökonomisch**" soll der Teil der Ökonomie spezifiziert werden, der an den Umgang mit Stoffen gebunden ist (Stoffökonomie). Der Austausch von Stoffen ist in aller Regel mit physischer Raumüberwindung und damit auch mit Raumüberwindungskosten verbunden, die (siehe Kap. 7.1.1) durchaus als Preisvektor abgebildet werden können und damit Kostenberge und Kostensenken erzeugen.

[61] Bei territorial bestimmten Auflagen oder bei fixen Abgaben innerhalb bestimmter Verwaltungseinheiten (bspw. kommunale Abfallsatzungen).

[62] Im Falle bestimmter Steuern (So sind Steuern auf Benzin direkt proportional zur realräumlichen Entfernung zwischen Output- und Inputstelle).

[63] Siehe bspw. die in Abb. 7-3 als „Attraktivitätstrichter" skizzierten Kostensenken.

7. Industrielle Stoffkreislaufwirtschaft und ihr räumlicher Bezug

Die Tab. 7-2 verbindet die im Kapitel 6 vorgeschlagene Differenzierung in territorial und systemisch geprägte Raumvorstellungen mit den zentralen Aktionsparametern einer industriellen Stoffkreislaufwirtschaft. Sie macht dabei deutlich, dass es offenbar der Entlehnung von Bausteinen aus beiden Raumkonzepten bedarf, um einen Stoffkreislaufraum in seinem Gesamtbild zu erklären. Dies rührt insbesondere daher, dass die stoffliche Seite unseres Wirtschaftens (**Stoffökonomie**) aufgrund ihrer Bindung an realräumliche Stofftransfers zwangsläufig auch in Zukunft einer wesentlichen territorialen Prägung unterworfen sein wird, während die informationelle Seite (**Informationsökonomie**) bereits heute eindeutig systemisch konstituiert ist. Das Verhältnis von industrieller Stoffkreislaufwirtschaft zu ihrer räumlichen Verankerung lässt sich demnach wie folgt abstrahieren:

- Corpus delicti einer **industriellen Stoffkreislaufwirtschaft** ist der Stoff, d.h. physische Materie, die von einer Lokalität zu einer anderen hin transportiert werden muss. Im Zentrum dieses physischen Geschehens stehen deshalb territorial bestimmte Räume und deren politisch-administrative Unterteilung.

- Damit diese Stoffe jedoch tatsächlich auch in der gewünschten Weise fließen und es so de facto zur Stoffkreislaufwirtschaft kommt, bedarf es aber auch eines geeigneten Informationstransfers zwischen den hierbei involvierten Akteuren. Diese agieren im Rahmen eines organisatorisch und/oder technisch definierten sowie persönlich bestimmten Beziehungsgeflechts, dessen Beschreibung die Zugrundelegung einer systemischen Raumvorstellung nahe legt.

Die Verbindung zwischen stofflicher und informationeller Ebene könnte beispielsweise über ein Flussmanagement erfolgen[64], im Rahmen dessen die Materialflüsse mit objektiv definierbaren Informationsbausteinen versehen werden, die wenigstens einen Teil des kommunikationstechnisch Notwendigen automatisierbar festhalten und so die Hürden zum faktischen Stoffaustausch erheblich absenken.

Eine rückstandsbezogene Betrachtung industrieller Stoffkreislaufwirtschaft (materiell + informationell) und ihrer räumlichen Grundlage (territorial + systemisch) könnte also wie folgt aussehen:

---

[64] Siehe hierzu die Ausführungen in Kap. 7.3.

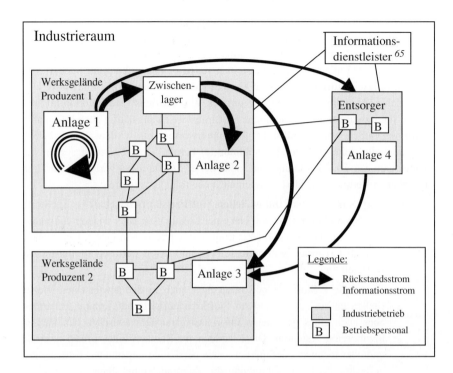

Abb. 7-12: Rückstands- und Informationsströme im Rahmen einer innerbetrieblichen und zwischenbetrieblichen Stoffkreislaufwirtschaft

Während die Schließung industrieller Stoffkreisläufe in Abb. 7-4 noch unter rein qualitativen Aspekten betrachtet wurde, und Abb. 7-10 versuchte, qualitative und systemische Aspekte miteinander zu verbinden, fokussiert die obige Abb. 7-12 in besonderem Maße auf die Darstellung eines inner- und zwischenbetrieblichen Stoffkreislaufsystems. Dabei sind nicht nur die materiellen, sondern auch die informationellen Flüsse exemplarisch eingezeichnet – und zwar auch solche, die nicht direkt an den (physischen) Stofffluss gebunden sind.

Als kleinstes am Stoffstrom beteiligtes Subsystem ist die maschinelle Anlage dargestellt, in deren Grenzen möglicherweise ein anlageninterner Stoffkreislauf realisiert werden kann. Auf einer nächstliegenden Umlaufbahn könnten Stoffkreisläufe eventuell innerbetrieblich geschlossen werden[66]. Damit das **„betriebliche**

---

[65] Transporteure sind bereits implizit über die Rückstandsströme dargestellt.

[66] In Abb. 7-12 ist ein solcher Fall für das Betriebsgelände des Produzenten 1 zwischen Anlage 1, Zwischenlager und Anlage 2 eingezeichnet.

7. Industrielle Stoffkreislaufwirtschaft und ihr räumlicher Bezug 253

System" jedoch funktioniert, bedarf es nicht nur verschiedener Maschinen und Zwischenlager, sondern auch einer Vielzahl von Fachkräften, die dieses System Betrieb als Informationsträger und Koordinatoren funktionstüchtig erhalten. In diesem Sinne ist der Betrieb mit seinen Mitarbeitern und Produktionsmitteln die kleinste zur Selbsterhaltung fähige Systemeinheit einer industriellen Stoffkreislaufwirtschaft.

Auf der nächstfolgenden Systemebene sind bereits rechtlich selbständige vor- und nachgelagerte Produzenten sowie Reduzenten direkt an den Umwandlungsprozessen entlang der Stoffkette beteiligt. Sie werden verbunden über Transporteure, die in Abb. 7-12 (aus Visualisierungsgründen lediglich implizit) über die zwischenbetrieblichen Rückstandsflüsse abgebildet sind. Produzenten, Reduzenten und Transporteure sind damit die zentralen Akteure der direkt an den Stofffluss gebundenen gewerblich-industriellen Systemebene. Sie werden jedoch vielfach noch ergänzt von Informationsdienstleistern, die neben einer projektbezogenen oder permanenten Informationsversorgung auch wichtige zwischenbetriebliche Koordinationsaufgaben übernehmen können.

Gleichwohl haben diese Stoffströme jedoch auch deutliche Auswirkungen auf andere Gruppen, die an der über den materiellen Stoffstrom determinierten Akteurskette nicht direkt beteiligt sind, mit ihnen jedoch einen bestimmten Raum teilen. Hieraus erwächst eine Nutzungskonkurrenz, die gerade in dicht besiedelten Industrieräumen große Probleme bereiten kann, denen jedoch bereits auf einer regionalmaßstäblichen Ebene auch ein hohes Maß an Problemlösungskapazitäten gegenübersteht[67]. Gerade vor diesem Hintergrund wird im Folgenden nicht nur zwischen einer inner- und einer zwischenbetriebliche Systemebene unterschieden, sondern gerade der Fall der Betriebsgrenzenüberschreitung im Rahmen einer lokalen, regionalen und globalen Maßstabsebene nach räumlichen Kriterien weiter differenziert[68].

---

[67] Siehe hierzu insbesondere Kap. 7.8.4.
[68] Kap. 7.4.2 bzw. die dortige Abb. 7-18.

Als Klassifizierungsmuster für eine industrielle Stoffkreislaufwirtschaft wird daher folgende Unterteilung weiterverfolgt:

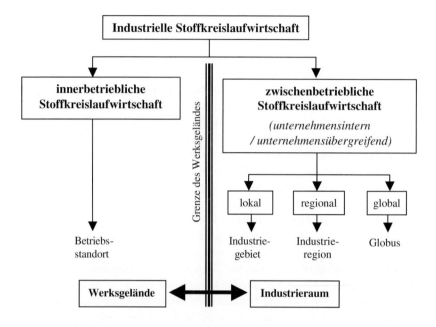

Abb. 7-13: Klassifizierungsmuster für eine industrielle Stoffkreislaufwirtschaft

7.3 Innerbetriebliche Stoffkreislaufwirtschaft

7.3.1 Abgrenzung

7.3.1.1 Territoriale Abgrenzung

Den Ausgangspunkt einer industriellen Stoffkreislaufwirtschaft bilden zunächst einmal physische Objekte (Stoffe, Produkte), die zur Erhöhung der Ressourceneffizienz in aller Regel über physische Raumdistanzen transportiert werden müssen. Diese Distanzen reichen von außerordentlich kurzen Wegen, bspw. im Rahmen einer anlageninternen Stoffkreislaufführung, über den werksintern zurückzulegenden Weg eines Objekts zwischen Eingangspforte, Produktion und Versand, bis hin zu globalen Entfernungen, wie bspw. im Falle des Wiedereinsatzes aufgearbeiteten deutschen Metallschrotts in der Schwermetallindustrie Ostasiens. Mit diesen unterschiedlichen Entfernungen sind jedoch auch sehr verschiedenartige

7. Industrielle Stoffkreislaufwirtschaft und ihr räumlicher Bezug

Logistikanforderungen und -konzepte verbunden, die von der vollautomatischen, exakt dosierten und konditionierten Einzelstoffrückführung im Falle der anlageninternen Stoffkreislaufführung bis hin zum Massentransport teilweise stark vermischter Materialien reichen, die in großen Frachtschiffen über die Weltmeere transportiert werden.

Die im Rahmen der industriellen Stoffkreislaufwirtschaft zur Anwendung kommenden Logistikkonzepte sind jedoch nicht nur Ausdruck qualitativer, quantitativer oder entfernungsräumlicher Parameter, sondern auch Antworten auf die in den einzelnen Fällen relevanten rechtlichen Rahmenbedingungen. Auch hier setzen die Umrisse des Betriebsstandortes eine entscheidende Grenze. So unterliegt jeder Stoff, der die Grenze eines solchen räumlich geschlossenen betrieblichen Territoriums verlässt, hierzulande bestimmten Transportvorschriften für den öffentlichen Verkehr und verteuert sich dadurch entscheidend. Dies gilt insbesondere für Abfälle mit einem hohen Gefährdungspotenzial (sog. „gefährliche Güter"), die im Falle einer Betriebsgrenzenüberschreitung dem Gefahrgutbeförderungsgesetz unterliegen[69] und über verkehrsmittelspezifische Vorschriften zu transportieren sind. Die anteilsmäßig größte Bedeutung erlangt dabei die Gefahrgutverordnung Straße (GGVS)[70].

Auch die behördlich geforderte Begleitscheinpflicht für bestimmte Abfälle wird mit dem Überschreiten der Außengrenze des Werksgeländes relevant, während innerbetriebliche Dokumentationen auf freiwilliger Basis erfolgen und entsprechend frei gestaltbar sind.[71] Nun gibt es für den Fall eines Stofftransportes zwischen räumlich voneinander getrennten Betriebsstätten desselben Unternehmens zwar noch Möglichkeiten im Rahmen eines „firmeninternen Transports", doch gehen damit lediglich einzelne Erleichterungen in den Deklarationspflichten einher. Da gerade das Abfallrecht jedoch ganz merklich von bundesländerspezifischen Konkretisierungen und Interpretationen ausgestaltet wird[72], kann dieser Umstand allerdings gerade beim Transfer unerwünschter Produktionsrückstände fallspezifisch durchaus von erheblicher Bedeutung sein.

---

[69] §1, Abschnitt 1, Satz 1 GGBefG.

[70] Die Vorschriften zum Transport gefährlicher Güter außerhalb von Betrieben umfassen dabei nicht nur Vorkehrungsmaßnahmen im Bereich materieller Infrastruktur, sondern darüber hinaus bspw. auch besondere Schulungen für die mit Gefahrguttransporten betrauten Fahrer (sog. „GGVS-geschulte Fahrer").
Zum Umgang mit Gefahrstoffen unter besonderer Berücksichtigung einer Beförderung über das öffentliche Straßennetz siehe umfassend und detailliert *Ridder* [GGVS/ADR 2000].

[71] Zur Minderung von Betriebsrisiken – oder allgemeiner: zur Stärkung der innerbetrieblichen Informationstransparenz – besitzen heute jedoch bereits viele Betriebe auch für Transfers innerhalb eines Werksgeländes ein sog. „innerbetriebliches Abfallbegleitscheinwesen".

[72] Siehe die bereits geschilderte, verhältnismäßig restriktive Handhabung der Einstufungsmöglichkeit von Abfällen als (überlassungspflichtige) „Beseitigungsabfälle aus anderen Herkunftsbereichen" (gemäß KrW-/AbfG §13, Abs. 1, Satz 2) von der gerade Baden-Württemberg rege Gebrauch macht.

7.3.1.2 Systemische Abgrenzung

Wie bereits an früherer Stelle betont, ist der **Betrieb** als wohlorganisierte Symbiose zwischen Mitarbeitern und Produktionsmitteln die kleinste zur Selbsterhaltung fähige Systemeinheit einer industriellen Stoffkreislaufwirtschaft. Als industrieller Produzent inkorporiert er dabei die Elemente der Beschaffung – Produktion – Absatz[73]. Materialflüsse fließen über verfahrens- und organisationstechnisch ausgeklügelte Subsysteme von den Input- zu den Outputstellen des Betriebs. Gleichzeitig besitzt die Systemeinheit Betrieb eine eigenständige Rechtspersönlichkeit und weist nach außen hin auch auf der informationellen Ebene scharfe Systemgrenzen auf, die vom Standort des betrieblichen Systems aus gesehen in beide Richtungen hin wirken:

a.) nach innen: im Sinne eines hohen Maßes an Verflechtung und Vertrauen zwischen den Mitarbeitern, eines hohen Maßes an persönlicher, schriftlicher und EDV-gestützter Informationstransparenz sowie einer erheblichen Kommunikation von nicht kodifiziertem Fachwissen

b.) nach außen: im Sinne von Schweigepflichten der Systemelemente über Firmeninterna gegenüber externen Akteuren sowie einer wohlgefilterten und kanalisierten Informationsweitergabe an externe Dritte.

Nun gibt es einerseits Unternehmen, bei denen ein solcher Betrieb nur aus einer **einzelnen Produktionsstätte** besteht und dadurch mit einem territorial bestimmten Standort[74] identisch ist. Die Außengrenzen des Werksgeländes begrenzen hier gleichzeitig das räumliche Territorium der Firma, wie auch das rechtliche Territorium des Unternehmens als Rechtsperson. Darüber hinaus gibt es jedoch auch eine wachsende Anzahl v.a. mittelständischer und größerer **Mehrbetriebsunternehmen**, die sich aus mehreren räumlich auseinanderliegenden Betriebsstandorten zusammensetzen und erst im Rahmen eines solchen Standortbündels[75] eine juristische Person bilden.

Während der Fall des auf ein bestimmtes Werksgelände beschränkten Einzelbetriebes hier eventuell noch als raumfreier Punktmarkt abstrahiert werden könnte[76], gilt dies für den Fall eines Mehrbetriebsunternehmens nicht mehr. Denn, wie bereits an früherer Stelle betont, besitzt die zwischenbetriebliche Stoffkreislaufwirtschaft sowohl materielle und immaterielle Komponenten und zumindest die materiellen Transfers berühren den extrabetrieblichen, i.e. systemexternen Raum. Und

---
[73] Siehe hierzu bereits die produktionstheoretischen Ausführungen im 5. Kapitel.
[74] Zum territorial bestimmten Standortbegriff siehe Kap. 6.3.1 bzw. Tab. 6-5.
[75] Systemisch bestimmter Standortbegriff (siehe Tab 6-5).
[76] Bei entsprechend hohem Aggregationsniveau und Ausblendung logistischer Fragen.

7. Industrielle Stoffkreislaufwirtschaft und ihr räumlicher Bezug

wie steht es mit den immateriellen Komponenten? Hier geht es v.a. um Fragen der Organisation, der Kommunikation, Information oder Kooperation.

Nun hat gerade die Entwicklung der EDV-Technik entscheidend dazu beigetragen, dass Mehrbetriebsunternehmen die zur autonomen Lebensfähigkeit von Betriebsstandorten notwendigen Grundfunktionen längst nicht mehr an allen Lokalitäten bevorraten müssen. Erhebliche Effizienzsteigerungen waren und sind die Folge – und dies nicht nur im ökonomischen, sondern auch im ökologischen Sinne. Die einzelne Produktionsstätte mutiert hierdurch mehr und mehr vom Einzelwesen zum Organ eines größeren Ganzen. Und mit der zunehmenden Ausbreitung unternehmensweiter **Intranetlösungen** scheint dieses neue Ganze nun auch noch ein revolutionär schnelles und kapazitätsstarkes Nervensystem zu bekommen. Tatsächlich ermöglichen diese unternehmensinternen und dabei gleichzeitig oftmals weltweit verknoteten Intranetze einen quasi raumfreien und zeitgleichen Zugriff auf riesige Datenbanken, die an einer bestimmten Systemstelle auf einem Server abgelegt sind. Kombiniert mit der sekundenschnellen Transferierbarkeit riesiger Datenmengen schaffen sie eine innerbetriebliche Informationsverfügbarkeit, wie sie noch vor wenigen Jahren undenkbar schien. Dennoch sind sicherlich auch weiterhin nicht alle Informationswünsche für ein „optimales" Management von Stofftransfers über Intranet oder andere standardisierte Informationsplattformen erfüllbar. Sie bereichern die Palette der Möglichkeiten jedoch sowohl bei der Informationsbeschaffung als auch im Bereich der Kommunikation ganz wesentlich[77].

Belegt dies nicht ganz eindeutig, dass sich die Umrisse des einzelnen Betriebsstandorts mehr und mehr auflösen und deshalb über eine innerbetriebliche Kreislaufwirtschaft auf Unternehmensebene und nicht auf Standortebene nachgedacht werden sollte? Ersteres ist ganz sicher richtig, doch wie weit die informationelle Überbrückungsleistung zwischen verschiedenen Raumpunkten auch immer fortschreiten wird, ein materielles Pendant hierzu wird es schon aus rein physikalischen Gründen auch in Zukunft nicht geben. Und auch juristische Vorschriften für den Betriebsgrenzen überschreitenden Stofftransport werden sich eher verschärfen als abgebaut werden. Darüber hinaus darf aber auch in puncto Informationstransfer bezweifelt werden, dass es beim Management von Abfallstoffströmen in absehbarer Zeit gelingen wird, das gerade auf diesem Gebiet außerordentlich wichtige persönlichen Vertrauen so weit voranzutreiben, dass persönliche Begegnungen gänzlich obsolet werden. Denn die Tatsache, dass es nunmehr möglich ist, in Sekundenschnelle Myriaden von Daten über einen bestimmten Stoff verfügbar zu machen, um ihn damit „vollständig" zu beschreiben, löst das bei der Kommunikation mit einem persönlich nicht bekannten Kooperationspartner empfundene Ver-

---

[77] Information: Daten fließen nur in eine Richtung (bspw. Zugriff auf Informationsdatenbanken) Kommunikation: Daten fließen wechselweise hin und her (aktives Einstellen und Abrufen von Daten).

trauensproblem nur begrenzt – und dies schon allein deshalb, weil die Aufnahmefähigkeit des menschlichen Gehirns pro Zeiteinheit an diesem Punkt um Dimensionen geringer ist als die des Computers. Erforderlich sind deshalb Selektionskriterien, mit denen sich die fragenspezifisch relevanten Informationen „kapazitätsgerecht" filtern lassen. Damit legt der Anfrager jedoch mehr oder weniger problemadäquate Abschneidekriterien fest, so dass der Informationsoutput selbst unter der Annahme, dass die angezapfte Datenbezugsquelle 100%ige Information bietet, diese Informationsqualität nicht mehr bieten kann und damit eine Sicherheitslücke belässt. Diese Lücke basiert nun zwar nicht mehr auf kollektivem Unwissen, sondern auf individueller Unkenntnis des Anfragers und ist damit prinzipiell abbaubar, da die Fülle von Entscheidungen, die von jedem Mitarbeiter eines Betriebes tagtäglich getroffen werden müssen, für jede Einzelentscheidung jedoch nur eine sehr begrenzte Zeitspanne belässt, wird der Entscheider aber auch in Zukunft nur auf der Basis relativ begrenzter Information entscheiden können, während er die verbleibende Sicherheitslücke mit Vertrauen auffüllen muss.

Gerade in diesem Zusammenhang sollte nicht übersehen werden, dass die systemische Einheit einer Betriebsstätte gerade deshalb so gut funktioniert, weil sich die einzelnen Mitarbeiter aus einem außerordentlich vielschichtigen und in seinen ganzen Wechselwirkungen auch kaum vollständig beschreibbaren Kontextmilieu heraus kennen und einzuschätzen wissen. Sie sind darum fähig, ihre Aufmerksamkeit unter Rückgriff auf ihren individuell angehäuften, von ihrem Gehirn aggregierten und selektierten Erfahrungsschatz auf fallspezifisch wichtige Einzelpunkte zu fokussieren, um so letztlich eine gesamtbetriebliche Effizienz zu ermöglichen, die bei vollständiger Systembeschreibung mitnichten erreichbar wäre.

7.3.1.3 Außengrenzen einer innerbetrieblichen Stoffkreislaufwirtschaft

Für die Abgrenzung einer **innerbetrieblichen Stoffkreislaufwirtschaft** über die Außengrenze eines Betriebsstandorts (d.h. „am Werkstor" und nicht an der Grenze des innerbetrieblichen Systems, das ja durchaus auch mehrere Zweigwerke inkorporieren kann[78]) können damit also zumindest folgende Argumente angeführt werden:

---

[78] Siehe die Ausführungen zum Thema „Mehrbetriebsunternehmen" im vorangegangenen Unterabschnitt (7.3.1.2), bzw. in Kap. 7.4.1.1.

7. Industrielle Stoffkreislaufwirtschaft und ihr räumlicher Bezug

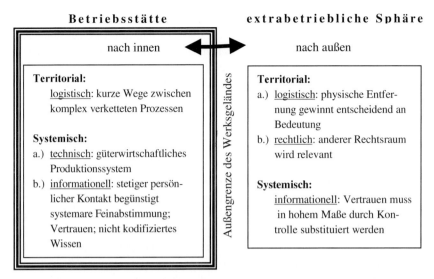

Abb. 7-14: Charakteristika innerbetrieblicher Stoffkreislaufwirtschaft in ihrer Spezifizierung auf die einzelne Betriebsstätte

7.3.2 Chancenpotenziale einer innerbetrieblichen Stoffkreislaufwirtschaft

Auch wenn die neu entwickelten EDV-technischen Möglichkeiten prinzipiell eine enorme Intensivierung des Informationsaustausches erlauben, so haben sich Ansätze zur Steigerung der Ressourceneffizienz über die Schließung von Stoffkreisläufen bislang hauptsächlich in einem innerbetrieblichen Kontext durchgesetzt. Gerade in Betrieben der Grundstoffindustrie, allen voran in solchen der Chemischen Industrie, bildete die Identifikation von Stoffkreislaufpotenzialen zur Erhöhung der Ressourceneffizienz schon von jeher einen wesentlichen Erfolgsbaustein[79]. Ähnliches gilt für die Eisen- und Stahlindustrie, wo werksintern nicht nur der Eisen- und Stahlschrott zum Wiedereinsatz gelangt, sondern darüber hinaus bspw. auch die werksinterne Rückführung eisenhaltiger Abfälle, die schlamm- oder staubförmig auftreten, zur gängigen Praxis gehört[80].

---

[79] Siehe hierzu bspw. *Faber / Jöst / Manstetten / Müller-Fürstenberger* [chemische Industrie 1994], die am Beispiel der Entwicklungsgeschichte der Chlor-Alkali-Industrie verdeutlichen, wie die Entstehung problematischer Abfälle durch kreislauforientierte Verfahrensänderungen in großem Stil eliminiert werden konnte. Ein Kurzabriss weiterer Studien dieser Forschergruppe zur Verminderung oder Vermeidung unerwünschter Nebenprodukte aus dem Bereich der Chemischen Industrie findet sich *Faber / Jöst / Manstetten / Müller-Fürstenberger* [chemische Industrie 1995].

[80] Zur innerbetrieblichen Vermeidung und Verwertung von Abfällen in der Eisen- und Stahlindustrie siehe bspw. *Spengler* [industrielles Stoffstrommanagement 1998], Kap. 2.1.3; S. 18 ff. (und hierbei insbes. die Tab. 2.1. (S. 19)) sowie eine darauf aufbauende Modellierung (Kap. 4.4).

Neu ist, dass die Suche nach stoffkreislaufwirtschaftlichen Potenzialen in den letzten Jahren zunehmend auch bei Vertretern anderer Industriebranchen Konjunktur hat. Als Gründe hierfür sind sicherlich zunächst einmal die im Laufe der letzten 20 Jahre eingetretenen gesetzlichen Verschärfungen zum Umgang mit industriellen Abfällen anzuführen. Diese werden zunehmend kostenrelevant und fördern dadurch zumindest die Suche nach Kostenvermeidungsstrategien. Auch die Suche nach und die Implementierung von Innovationen mit dem Ziel der Stoffkreislaufschließung erfahren so einen wesentlichen Motivationsschub. Unsicherheiten bezüglich zukünftiger Materialbedarfsdeckung dürften sich demgegenüber allenfalls in stoffspezifischen Sonderfällen als Auslöser stoffkreislauforientierter Modifikationen des Produktionsprozesses erweisen[81]. Deutliche Impulse zugunsten einer industriellen Stoffkreislauffführung liefert hingegen die zunehmend umweltbewusste Bevölkerung, die sich der unerwünschten Folgen unserer Wirtschaftsweise auf unsere Umwelt zunehmend bewusst wird und deshalb nicht nur als umweltorientierter Konsument, sondern über ihre politischen Mandatsträger auch als ursächlicher Auslöser entsprechender Gesetzesvorstöße auftritt. Wachsende Verletzlichkeit, Umweltsensitivität, aber auch umweltbezogener Prävention und Verantwortungsübernahme der Unternehmen gehören zu den Folgen.

Damit unerwünscht entstandene oder gewordene Outputs aber tatsächlich erst gar nicht in die Öffentlichkeit gelangen, sondern werksintern rückgeführt werden können, bedarf es einer oftmals extrem präzisen stofflichen Spezifizierung, sowie eines gewaltigen Informationstransfers pro Zeiteinheit. Diesen Anforderungen konnte die sich rasant entwickelnde EDV-Technik mit einem geradezu exponentiellen Anstieg an Informationssystematisierungs-, -speicherungs- und -vernetzungsmöglichkeiten in immer stärkerem Maße gerecht werden. Sie erlaubt heute eine noch vor wenigen Jahrzehnten unvorstellbare Informationsdichte, die den Weg zu einer ganz neuen Qualität verfahrenstechnischer Innovationen ebnete (bspw. in Form

---

[81] Die vom *Club of Rome* zu Beginn der 70er-Jahre prognostizierten Ressourcenengpässe bei nichtregenerierbaren Stoffen (*Meadows* et al. [Wachstum 1972]) sind bislang nicht eingetreten und werden dies aller Voraussicht nach so schnell auch nicht tun. Eine derartige Hypothese stützt sich dabei nicht nur auf die stetige Entdeckung neuer Lagerstätten oder der Erschließung bereits bekannter, niedrigprozentigerer Rohstoffvorkommen mit Hilfe neuer Technologien, sondern auch auf den bspw. von *Rodenburg* (U.S. Geological Survey) thematisierten Aspekt, dass die „*Limits of Supply*", gerade durch eine selektive Ressourcenextraktion aus der Technosphäre selbst noch deutlich gestreckt werden können. So weist er darauf hin, dass selbst bei Mineralien, deren Nachfrage bis heute stark ansteigt, in absehbarer Zeit keine Ressourcenknappheit zu erwarten ist: „*Depletion of the natural resource of copper, however, will not come any time soon. Whenever it does come, another resource is already in place for copper supply, for after extraction, copper does not simply disappear. Much of it – certainly over 50 percent – remains contained in goods and other stock-in-use and is available for reuse.*" (*Rodenburg* [Limits of Supply 2000], S. 224 f.). Allein der New Yorker Untergrund, so *Rodenburg* im persönlichen Gespräch, berge inzwischen immense Mengen an Kupferkabel, die längst nicht mehr in Benutzung seien und bei zunehmender Verknappung unter Einsatz technologischer Maßnahmen im Sinne eines Remining zu großen Teilen extrahiert werden könnten.

7. Industrielle Stoffkreislaufwirtschaft und ihr räumlicher Bezug

von PPS-Systemen[82]) und auch dem kaufmännischen Management Informationssysteme zur Verfügung stellt, die von einer einfachen Buchhaltungssoftware bis hin zu sogenannten Enterprise – Resource – Planning (ERP)-Systemen reichen, welche das kosten- und mengenbezogene Geschehen im Betrieb als Ganzem abbilden. Dies alles sind begünstigende Bedingungen für die Weiterentwicklung einer innerbetrieblichen Stoffkreislaufführung, deren zumindest informationell bedingte Voraussetzungen noch nie so gut waren wie sie es heute sind.

In der Tat bieten die sich ausweitenden Potenziale für eine industrielle Stoffkreislaufwirtschaft den Unternehmen eine höchst willkommene Wirkungskonstellation, da sich über diese materielle Verschlankung Kosteneffizienz und Umweltverträglichkeit zu einer Win-win-Situation verbinden lassen[83].

7.3.3 Zur Entwicklung problemadäquater Instrumente

Tatsächlich stellen Materialkosten in produzierenden Unternehmen mit ca. 50-80% den mit Abstand größten Kostenblock[84] des produzierenden Gewerbes. Dies darf vor dem Hintergrund des unternehmerischen Produktionsziels aber auch nicht verwundern. Da es sich beim Bereich Beschaffung / Einkauf / Materialwirtschaft allerdings um ein zentrales Element industrieller Produktion handelt, darf im Allgemeinen davon ausgegangen werden, dass die mit ihrer ganzen Arbeitskraft im Bereich des Materialeinkaufs beschäftigten Spezialisten den Beschaffungsmarkt kennen und darum auch Angebote der Zulieferindustrie mit attraktiveren Beschaffungskonditionen relativ schnell identifizieren und ausnutzen.

Gleichwohl beschränken sich die Überlegungen des Einkaufs gewöhnlich aber auch rein auf die hochspezifizierten Materialbeschaffungswünsche von F&E, bzw. der Produktion im engeren Sinne. Nicht gelistete Sekundärmaterialien haben darum kaum eine Chance, bei einem Einkäufer hinreichend Aufmerksamkeit zu erlangen. Und Ähnliches gilt auch für die mit einer späteren Entsorgung dieser Materialien verbundenen Folgen. So betreibt vielfach auch heute noch jedes Rädchen im Betrieb seine aufgabenspezifische Teiloptimierung, im Rahmen derer es sich dabei auf einen bestimmten Abschnitt des materiellen Throughputs beschränkt.

---

[82] PPS-Systeme = Produktions-Planungs- und Steuerungs-Systeme.

[83] Begünstigend für diese stoffwirtschaftliche Fokussierung mit dem Ziel einer Erhöhung der Materialeffizienz wirkt derzeit sicherlich auch die Tatsache, dass die in den letzten Jahren immer weiter vorangetriebene personelle Verschlankung an Grenzen gekommen ist, indem sie sich ohne eine überproportionale Zunahme von Risikopotenzialen gegenwärtig kaum noch fortführen lässt. Die Suche nach weiteren Effizienzsteigerungsmöglichkeiten (bspw. zur Stützung notwendiger Gewinnmargen) musste sich also zwangsläufig wieder einmal anderen Potenzialfeldern zuwenden. Und hier schien eines zu sein, das nicht zuletzt auch der Staat durch eine entsprechende Lenkungspolitik zu vergrößern schien.

[84] Zahlen aus *Strobel / Wagner* [Flusskostenrechnung 1999].

Ganz am Ende der Produktionskette steht schließlich der Umwelt-, Abfall- und Gefahrstoffbeauftragte, dem die rechtssichere und kostengünstige Entsorgung der unerwünschten Outputs anvertraut wurde. Eigentlich agiert er im Auftrage aller, allerdings ohne dass seine Anregungen an den verschiedenen Stellen immer das nötige Gehör finden. Dies gilt insbesondere dann, wenn bspw. ein von ihm bemängelter Anstieg quellen- oder stoffspezifischer Entsorgungsmengen und die damit verbundenen Entsorgungskosten über Gemeinkostenblöcke abgerechnet und damit dem Unternehmenssystem als Ganzem aufgebürdet wird.

Ein derartiges stellenbezogenes Optimierungsdenken passt sicherlich nicht mehr zu den informationellen Vernetzungsmöglichkeiten im Rahmen eines modernen Industrieunternehmens, und dennoch sind die Informationskanäle entlang der Materialströme auch heute noch stark fragmentiert und gehen an vielen Stellen immer noch wenig über die direkt vor- und nachgelagerte Wertschöpfungsstufe hinaus. Die einzelnen Kettenglieder agieren demzufolge ganz zwangläufig im Rahmen der für sie direkt erschließbaren Teilabschnittsoptimierung. Ob sie damit jedoch gleichzeitig auch den Gesamtfluss optimieren, bleibt ungewiss. Will man jedoch den materiellen Throughput durch das Unternehmen im Sinne eines werksumfassenden Stoffstrommanagements optimieren, so ist die alleinige Konzentration auf den Bereich der Materialbeschaffung genauso wenig zielführend, wie die auf den Bereich der Herstellung oder eine reine Fokussierung auf die Minimierung von Entsorgungskosten. Vielmehr bedarf es hierzu eines Instrumentariums, das in der Lage ist, einen Überblick über das gesamte Stoffflusssystem einer Betriebsstätte zu verschaffen. Im Gegensatz zum gewöhnlichen Einsatzspektrum von PPS muss sich der Bilanzraum eines solchen Systems allerdings über den ganzen Throughput eines Produktionsstandorts erstrecken und zusätzlich zu den Mengenflüssen auch die Kostenflüsse abbilden.

Mit den **Stoffstrommanagementinstrumenten** Umberto[85] und Audit[86] sollen an dieser Stelle wenigstens zwei Softwaretools angesprochen werden, die in der Lage sind, eine derartige Aufgabe zu bewältigen. Ihre besondere Qualität erhalten diese Instrumente dabei nicht nur aus der Tatsache, dass sich die einzelnen Mengen- und Kostenflüsse mit ihrer Hilfe problemlos vor- und zurückrechnen lassen, sondern auch daraus, dass sich einzelne Prozesselemente selektiv durch andere ersetzen lassen und somit auch die potenziellen Auswirkungen des Einsatzes einer effizienter arbeitenden Maschine auf den gesamten Materialstrom quasi per Knopf-

---

[85] Resultat einer zunächst mit öffentlichen Mittel geförderten Entwicklung des Hamburger Instituts für Umweltinformatik (heute eine GmbH) und des Heidelberger Instituts für Energie- und Umweltforschung (ifeu) GmbH; nähere Angaben hierzu bspw. in: *Schmidt / Schorb* [Stoffstromanalysen 1995], *Schmidt / Häuslein* [Ökobilanzierung 1997], *Schmidt* [Stoffstromnetze 1997], *Schmidt* [betriebliches Stoffstrommanagement 1998] oder *Möller* [BUIS 2000].

[86] Entwicklung der Firma Audit Software GmbH; Einführende Angaben mit Anwendungsbeispiel hierzu bspw. in *Seidler* [Audit 1998].

7. Industrielle Stoffkreislaufwirtschaft und ihr räumlicher Bezug

druck über die gesamte Materialflusskette hinweg sichtbar gemacht werden können[87]. Gleichwohl muss allerdings darauf hingewiesen werden, dass der Informationsbedarf, aber auch die Handlingkosten derartiger Instrumente enorm sind[88], so dass das System Unternehmen im Allgemeinen nur auf einem sehr hohen Aggregationsniveau abgebildet werden kann, während sich die Abbildung hochgradig disaggregierter Subsysteme auf bestimmte stoffwirtschaftlich und kostenrelevante Prozessketten beschränken muss.

Hier allerdings ist das über derartige Instrumente zu erreichbare Nutzen-Kosten-Verhältnis für viele Entscheidungsträger unerwartet positiv. Wie bspw. *Assmann / Aßfalg* oder *Bullinger / Jürgens* anhand praktischer Erfahrungen in Industrieunternehmen belegen, repräsentieren die „end-of-the-pipe" erscheinenden **Entsorgungskosten** nur einen Bruchteil der im Verlauf des Produktionsprozesses im Zusammenhang mit unerwünschten Outputs für das Unternehmen entstehenden Kosten[89]. Denn schließlich macht es einen großen Unterschied, ob ein unerwünschter Abfall bereits im Zusammenhang mit dem ersten Verrichtungsprozess anfällt, oder erst nachdem umfassende Veredelungsschritte vorgenommen worden sind. D.h. jedes Stück Produktionsausschuss steht nicht nur für Kosten, die für die betriebsexterne Entsorgung aufzubringen sind, sondern trägt einen in der Regel wesentlich größeren Rucksack an **Systemkosten**[90] mit sich herum, die zumindest in Teilen vermeidbar gewesen wären, wenn die für die Ausschussproduktion verantwortlichen technischen, materialbedingten oder sonstigen Defizite nicht aufgetreten wären. Aber nicht nur defekte Fertigprodukte, selbst Stanzabfälle stellen im Prinzip hochwertige Objekte dar, die teuer eingekauft und/oder veredelt wurden und die, produktionsbedingt, in dem Maße zu Abfällen werden, wie die Stanzformen Lücken lassen. Zwar werden hier vonseiten des Abfallbeauftragten in der Regel Erlöse erzielt, doch bezahlt der Entsorger allenfalls den Materialwert, während sämtliche wertschöpfungssteigernde Verrichtungen, die beispielsweise zur Herstellung eines Bimetallbandes vorgenommen worden sind, ein wesentlich höheres

---

[87] Die einzelnen Prozesselemente werden dabei abgebildet als „**Transitionen**" (siehe *Häuslein* [Prozessmodellierung 1997]), die rechentechnisch mit Input-Output-Verhältnissen oder auch komplexeren Formeln ausgestattet werden. (Siehe hierzu bspw. *Häuslein / Möller / Schmidt* [Umberto 1995]) bzw. *Schmidt / Häuslein* [Ökobilanzierung 1997].

[88] Dies gilt auch aufgrund der Tatsache, dass sie weitestgehend außerhalb der gängigen betrieblichen Datenerfassungssysteme stehen, so dass sie (trotz evt. vorhandener Schnittstellen bspw. zu SAP R/3) einer besonderen Pflege bedürfen.

[89] *Assmann / Aßfalg* [Umweltkostenrechnung 1999]; *Bullinger / Jürgens* [BUIS 1999].

[90] *Enzler* [Flussmanagement 2000], S. 67 fasst unter dem Begriff der **Systemkosten** alle betrieblichen Kosten zusammen, „*die innerhalb des Unternehmens zum Zwecke der Aufrechterhaltung und Unterstützung des Materialdurchflusses anfallen*". Sie setzen sich zusammen aus **physischen Bearbeitungskosten** (hierunter verstehen *Strobel / Wagner / Gnam* [Flusskostenrechnung 1999], S. 141, explizit materialunabhängige Kosten, die sich im Wesentlichen aus (direkt mit der Produktion verbundenen) Personalkosten und Abschreibungen zusammensetzen) und **Prozesskosten** (im Sinne der Prozesskostenrechnung), d.h. Kosten für Verwaltungsprozesse (deren Gliederung dann aber eine eindeutige Materialflusszuordnung erlauben muss).

Ausmaß an Kosten verursacht haben, dem nunmehr keine Erlöse gegenüberstehen. All diese Zusammenhänge können mit Hilfe von Stoffstrommanagementinstrumenten in Zahlen und Mengen transparent gemacht werden und begründen deren besonderen Wert.

Die Einsatzpraxis derartiger Instrumente steht heute allerdings noch ziemlich am Anfang und so darf es nicht verwundern, dass die monetären Effekte unerwünschter Outputs auf das Betriebsergebnis vonseiten der Unternehmensführung vielfach noch immer mit den „verhältnismäßig niedrigen Entsorgungskosten" gleichgesetzt werden. Reststoffkosten stehen in diesem Falle synonym für Entsorgungskosten, während die Kosten für die (unbeabsichtigte) Herstellung späterer Reststoffe nur selten im Bewusstsein der Entscheidungsträger ihren Niederschlag finden[91]. Dies liegt nun sicherlich nicht an etwaig wissentlicher Ignoranz eines Firmenmanagements gegenüber einem unliebsamen Abfallproblem. Viel wahrscheinlicher ist, dass die Buchhaltung die betrieblichen Prozesse schlicht mit Hilfe eines Kostenrechnungssystems durchführt, welches **Reststoffkosten**, d.h. Kosten für die Herstellung von Reststoffen + Kosten für die Entsorgung von Reststoffen[92] nur im Sinne des Letzteren ausweist. Wichtige Informationen über die Zusammensetzung von Prozesskosten werden dem Management so erst gar nicht transparent.

Vor dem Hintergrund des Informationsdefizits im Bereich der „Herstellung von Reststoffen" entwickelte *Strobel* und andere Mitglieder des Instituts für Management und Umwelt (IMU) Ansätze zu einer **Flusskostenrechnung**[93], die die gesamten Material- und Energieflüsse im Unternehmen ins Zentrum einer den gesamten Materialfluss widerspiegelnden Kostenbetrachtung stellt, die Bedeutung dieser Flüsse transparent macht und hierdurch eine außerordentlich scharfe Identifikation mengenbedingter Kostentreiber erlaubt. Um eine durchgängige Materialflusstransparenz im Unternehmen zu gewährleisten, werden die Mengendaten auf jeder Bearbeitungsstufe zum Materialpreis in ein Materialflussmodell eingespeist, das erst in einem zweiten Schritt um die „Physischen Bearbeitungskosten"[94] er-

---

[91] Rechnet man tatsächlich einmal alle Kosten des Reststoffhandlings, einschließlich der Kosten zum Auftrennen und Zerkleinern von Verpackungen und innerbetrieblichen Transport zusammen, wie das Fraunhofer-IAO dies für ein mittelständisches Maschinenbauunternehmen tat (siehe *Bullinger / Jürgens* [BUIS 1999], S. 12) so lassen sich hierdurch Kostenblöcke errechnen, die die Kosten für betriebsexterne Entsorgung von Reststoffen um weit mehr als das 10fache übersteigen.
Die tatsächliche Bedeutung solcher Reststoffkosten ist damit auch im Verhältnis zu den Gesamtkosten unternehmerischer Produktion erheblich. So nennt *Enzler* [Flussmanagement 2000], S. 57 in einem anderen Zusammenhang Werte von „*oftmals 10 – 20% der Gesamtkosten*"; Maximalwerte können sich bis auf 40% belaufen (*Lied* [Umweltcontrolling 1999], S. 213.

[92] Siehe hierzu bspw. *Assmann / Aßfalg* [Umweltkostenrechnung 1999], S. 35 unter Bezugnahme auf *Fischer* [Reststoffkostenrechnung 1998].

[93] Siehe hierzu bspw. *Strobel / Wagner* [Flusskostenrechnung 1999], S. 26ff sowie *Strobel / Wagner / Gnam* [Flusskostenrechnung 1999], S. 135 ff.

[94] Zum Begriff der „**physischen Bearbeitungskosten**" siehe die entsprechende Fußnote auf der vorhergehenden Seite.

gänzt wird[95]. Nach einer Zuordnung von Prozesskosten wird das Materialflussmodell mit einem strukturell darauf abgestimmten Informationsmodell verbunden und hierdurch ein sogenanntes „Flussmodell" erzeugt. In einem weiteren Schritt lassen sich die im Flussmodell spezifizierten Stellen schließlich noch zu Organisationseinheiten zusammenfassen[96], so dass sich schließlich ein materialflussbezogenes Gesamtsystem abbilden lässt, wie es in der folgenden Abb. 7-15 dargestellt ist:

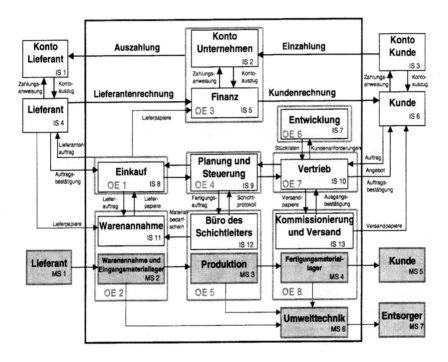

Abb. 7-15: Flussmodell als Kombination von Material- und Informationsflussmodell unter Abstimmung auf die organisationalen Einheiten des Unternehmens (Quelle: *Enzler* [Flussmanagement 2000], S. 69)

Nun befindet sich der mit Hilfe obiger Abb. 7-15 auch graphisch skizzierte, konsequent am (innerbetrieblichen) Materialfluss orientierte Managementansatz derzeit zwar noch voll in seiner Entwicklungs- und Testphase, es ist jedoch damit zu

---

[95] Siehe *Strobel / Wagner / Gnam* [Flusskostenrechnung 1999], S. 140 ff.
[96] Siehe hierzu ausführlich *Enzler* [Flussmanagement 2000], S. 58 ff.

rechnen, dass sich zumindest die einmalige, aber auch die im Rahmen bestimmter Investitionszyklen wiederholte Anwendung die damit verbundenen Erstellungskosten mehr als nur rechtfertigt[97]. Der Ansatz einer Flusskostenrechnung oder auch anderer Elemente des oben beschriebenen Flussmanagements versprechen damit ebenfalls wertvolle Instrumente für die Optimierung eines innerbetrieblichen Stoffstrommanagements zu werden. Gleichwohl gilt es allerdings zu berücksichtigen, dass auch die Flusskostenrechnung gegenwärtig nur im Rahmen einer Sonderrechnung geführt werden kann[98], deren datentechnische Bedürfnisse sich grundsätzlich zwar aus den gängigen Datenerfassungssystemen eines Betriebes extrahieren lassen – allerdings nicht ohne in einem unter Umständen recht aufwändigen Zwischenschritt noch wesentliche Aufbereitungsprozesse durchlaufen zu müssen[99].

7.3.4 Innerbetriebliche Stoffkreislaufwirtschaft als Stoffstrommanagementbaustein

Während ein **innerbetriebliches Stoffstrommanagement** die Gesamtoptimierung des innerbetrieblichen Materialflusses zum Gegenstand hat, konzentriert sich eine **innerbetriebliche Stoffkreislaufwirtschaft** auf das Ziel, die nicht vermeidbaren, unerwünscht entstandenen Outputs auf möglichst hoher Wertschöpfungsstufe schadlos in eine wiederum zielorientierte Produktionsprozesskette im Unternehmen einzugliedern. Innerbetriebliche Stoffkreislaufwirtschaft ist damit ein Teilziel eines innerbetrieblichen Stoffstrommanagements. Sie beschränkt sich dabei auf denjenigen Teilaspekt des innerbetrieblichen Materialflussmanagements, der mit der innerbetrieblichen Rückführung unerwünschter Materialien, Halbzeuge und Fertigprodukte verbunden ist. In dem Maße, wie eine solche innerbetriebliche Rückführung gelingt, kann das Unternehmen den Bedarf an externen Inputs reduzieren und spart damit im Idealfall nicht nur Materialbeschaffungskosten, sondern darüber hinaus auch die durch eine hochwertige Wiedereingliederung verminderten bzw. nicht mehr anfallenden Systemkosten.

---

[97] Zum derzeitigen Einsatz einzelner Bausteine des Flussmanagements siehe *Enzler* [Flussmanagement 2000], S. 73.

[98] So auch dargestellt von *Strobel/Wagner* [Flusskostenrechnung 1999], S. 27, die an der Entwicklung der Flusskostenrechnung wesentlichen Anteil haben.

[99] Siehe zu dieser Problematik auch *Gminder / Frehe* [Waste Costing 2000] im Zusammenhang mit Versuchen zur Integration der Flusskostenrechnung in SAP R/3.

7. Industrielle Stoffkreislaufwirtschaft und ihr räumlicher Bezug

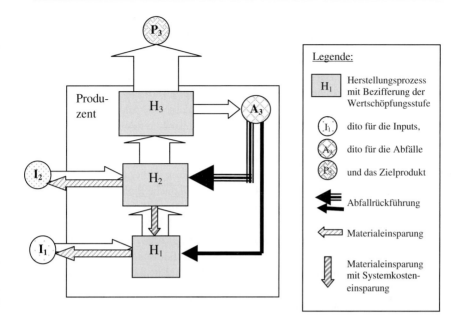

Abb. 7-16: Zentrale Einspareffekte (an Mengen und dadurch c.p. auch an Kosten) durch die innerbetriebliche Rückführung eines fehlerhaften Produktes

In obiger Abb. 7-16 sind zunächst einmal verschiedene Wertschöpfungsstufen des Produktionsprozesses eines Betriebsstandorts eingetragen. Zwischen diesen Verrichtungsprozessen fließen die Stoffströme in Richtung des Produktionsziels. Auf der dritten Wertschöpfungsstufe, d.h. in H_3, kommt es in diesem Beispiel jedoch nicht nur zur erwünschten Produktion des am Markt absetzbaren Produktes P_3, sondern auch zur Produktion des ebenso komplexen, aber fehlerhaften Outputs A_3. Kann dieser unerwünscht entstandene Output nun wenigstens auf der untersten Wertschöpfungsstufe (d.h. in H_1) wieder in den Produktionsprozess eingegliedert werden, so spart der Produzent entsprechende Mengen an I_1 – und ebenso die mit deren Erwerb verbundenen Kosten. Gelingt es dem Produzenten jedoch, bereits auf der mittleren Wertschöpfungsstufe, d.h. in H_2, eine Rückführung von A_3 zu realisieren, so spart er dabei entweder eine gewisse Menge an relativ hochwertigen Inputs I_2 (wenn er die rückgeführten Komponenten von externer Seite bezieht), oder er vermindert seine Systemkosten, weil der Verrichtungsprozess H_1 im Rahmen dieser Rückführung nicht noch einmal durchlaufen werden muss[100].

---

[100] Um jedoch keinen falschen Eindruck zu hinterlassen, soll abschließend nochmals ausdrücklich darauf hingewiesen werden, dass sich die hier dargestellte Betrachtung lediglich auf die Materialkostenkomponente und die damit im Rahmen des Herstellungsprozesses anfallenden Kosten konzentriert. D.h. es ist

7.3.5 Fallbeispiele für die Umsetzung innerbetrieblicher Stoffkreislaufprozesse

Auf die traditionell hochentwickelten kreislauftechnischen Verfahrensabstimmungen innerhalb von Betrieben der Chemischen Industrie wurde bereits hingewiesen. Die zunehmende Bedeutung unternehmerischer Systemgrenzen durch abfallrechtliche Restriktionen und andere Externalitäten veranlassen jedoch zunehmend auch Vertreter anderer Branchen der Verarbeitenden Industrie, systematisch nach Möglichkeiten zur Vermeidung betriebsexterner Entsorgungsvorgänge zu fahnden.

Die im vorangegangenen Unterkapitel in aller Kürze skizzierten EDV-technischen Instrumente und Kostenrechnungssysteme sind in vorher nie da gewesenem Maße in der Lage, die hierfür notwendige innerbetriebliche Stoffstromtransparenz herzustellen. Gerade die Bereiche der F&E könnten diese Transparenz zu nutzen wissen und sich bspw. unter Beanspruchung des in 7.3.3 skizzierten Instrumentariums auch der innerbetrieblichen Rückführbarkeit ganz gezielt widmen. Gleichwohl gilt es allerdings zu berücksichtigen, dass stoffkreislauforientierte Umstellungen oft recht umfangreiche Investitionen nach sich ziehen, die vorzugsweise im Rhythmus prozesstechnischer Modernisierungsintervalle getätigt werden. Bietet sich ein derartiges **Zeitfenster** vorläufig nicht, weil ein neuer Investitionszyklus erst unlängst wieder eingeleitet worden ist, so bleiben auch eindeutig positive Modifikationsvorschläge vorerst in der Schublade. Es ist also nicht zu erwarten, dass bspw. die über das innerbetriebliche Vorschlagswesen oder auch einen unternehmensexternen Berater ermittelten Verbesserungsmöglichkeiten stets unmittelbar nach ihrer Entdeckung oder Innovierung umgesetzt werden. Wird eine kreislaufwirtschaftlich relevante Verfahrensumstellung nicht aus rechtlichen oder sonstigen vorwiegend extern bedingten Zwängen heraus als notwendig erachtet, oder rechnet sie sich unter Zugrundelegung klassischer Methoden der Investitionsrechnung nicht innerhalb von maximal 1 ½ - 2 Jahren[101], so wird sie vielfach erst im Rahmen wesentlich längerer Investitionszyklen angegangen. Damit werden dann allerdings auch längerfristig gültige Produktionsbedingungen geschaffen, weshalb eine frühzeitige Vorbereitung auf diese wichtigen Zeitmarken Not tut.

Trotz des hier beschriebenen Zeitfaktors, der bei einer verfahrenstechnisch basierten Umstellung zugunsten der Kreislaufwirtschaft einzukalkulieren ist, hat jedoch die anlageninterne Rückführung von Kunststoffanspritz, die betriebsinterne

---

durchaus möglich, dass die Kosten einer händischen Demontage oder andere im Zusammenhang mit der innerbetrieblichen Kreislaufschließung anfallende Rückführungskosten die monetären Einspareffekte dieser Materialeffizienzsteigerung überkompensieren. Da darüber hinaus auch der Rückfuhrstrom selbst wiederum Inputs benötigt, tritt auch in puncto Materialeffizienzsteigerung ein (wahrscheinlich) partieller Kompensationseffekt ein.

[101] Diese Zeitspanne wurde von Unternehmerseite im Rahmen des unter 8.1 behandelten „Pfaffengrundprojektes" regelmäßig als zeitliche Obergrenze für die Amortisation effizienzorientierter Investitionen angegeben.

7. Industrielle Stoffkreislaufwirtschaft und ihr räumlicher Bezug

Rückführung von Altfluxen oder die betriebsinterne Spaltung von Öl-Wasser-Emulsionen auch bei eigentlich „fachfremden" Industriebetrieben längst Einzug gehalten und eine betriebsinterne Rückführung von Prozesswasser ist längst Standard. Zieht man die Downcyclingspanne noch weiter bis hin zur Energiegewinnung aus unerwünschten Outputs, so fällt auf, dass immer mehr Betriebe dazu übergehen, bspw. unbelastetes Altholz und Kartonage in eigenen Anlagen zu verfeuern, um damit einen Teil der Werkshallen zu beheizen und auf diese Art und Weise den Zukauf beträchtlicher Mengen an Öl, Gas oder anderen Primärenergieträgern zu substituieren[102].

7.4 Zwischenbetriebliche Stoffkreislaufwirtschaft

In Kapitel 7.3 wurde die Außengrenze innerbetrieblicher Stoffkreislaufwirtschaft am Werkstor gezogen und dies nicht nur für den Fall eines Einzelunternehmens, sondern auch für den eines Mehrbetriebsunternehmens, bei dem sich innerbetriebliche Stoffkreislaufwirtschaft somit lediglich auf einen einzelnes Werk der Firma bezieht. Eine derartige Abgrenzung soll anhand der folgenden Tab. 7-3a noch etwas deutlicher gemacht werden:

	Potenzielles Stoffkreislaufsystem	
	innerbetrieblich	zwischenbetrieblich
Akteurs-systemische Aspekte	Unternehmen als juristische Person	Unternehmensnetzwerk mit informellen Absprachen / formellen Beziehungen unter den Akteuren
Territoriale Aspekte	Territoriale Einheit ↓ Werksgelände von • Einzelunternehmen • Betriebsstätte eines Mehrbetriebsuntern.	Territoriale Trennung ↓ Werksgelände der Betriebsstandorte des Mehrbetriebsunternehmens in ihrer real-räumlichen Lage zueinander	Territorialer Abstand (auch direkte territoriale Nachbarschaft ist möglich) ↓ Mosaik verschiedenartiger Unternehmen in ihrer räumlichen Lage zueinander

Tab. 7-3a: Akteursorientierte und territoriale Abgrenzung inner- und zwischenbetrieblicher Stoffkreislaufwirtschaft

---

[102] Hinter all diesen Beispielen stehen konkrete Firmen aus dem Rhein-Neckar-Raum, die der Autor aus eigener Anschauung kennt.

| | Potenzielles Stoffkreislaufsystem |||
	innerbetrieblich		zwischenbetrieblich
Akteurstyp	Einzelunternehmen	Mehrbetriebsunternehmen	Unternehmensnetzwerk
Charakteristika stofflicher Transfers	Transfers zw. komplex aufeinander abgestimmten Output-Input-Systemen	Transfers über räumlich getrennte Unternehmensstandorte; Penetration unternehmensexterner Räume	Transfers zwischen räumlich und rechtlich separaten Akteuren
Verkehrstechnische Einordnung	Werksinterner Verkehr → Freiheitsgrade beim Gefahrguttransport etc.	Öffentlicher Verkehr → Transportvorschriften[103] → Deklarationspflichten[104]	Öffentlicher Verkehr → Transportvorschriften → umfassende Deklarationspflichten[105]
Charakt. informationeller Transfers	Innerbetriebliche Informationstransparenz; Weitergabe v. kodifiziertem & nicht kodifiziertem Wissen		Fallspezifisch begrenzter Informationsfluss
a.) Datentransfer	Innerbetriebliche Informationssysteme (Intranet, ERP[106], BUIS[107] und andere BIS[108])		Datentransfer birgt erhebliche Schnittstellenprobleme (Inkompatibilitäten)
	Produktionsprozessspezifische PPS[109]		
b.) Kommunikation	Persönliche Kommunikation und Telekommunikation	Überwiegend Telekommunikation (einschließlich Videokonferenzen etc.)	Weitestgehend Telekommunikation und Schriftverkehr
c.) Vertrauen	Zentrale Bedeutung vielschichtiger und stetiger persönlicher Begegnungen	Corporate-Identity-Bewusstsein als partielles Vertrauenssubstitut	Pot. Partner begegnen sich als Unternehmensexterne → Vertrauen muss in hohem Maße durch Kontrolle ersetzt werden

Tab. 7-3b: Stoffliche und informationelle Bedingungen inner- bzw. zwischenbetrieblicher Stoffkreislaufwirtschaft[110]

---

[103] GGVS-Relevanz etc.

[104] Die Deklarationspflichten sind bei Stofftransporten zwischen Standorten desselben Unternehmens in Teilen eingeschränkt, was für Mehrbetriebsunternehmen bspw. dann von Vorteil sein kann, wenn eine länderrechtlich unterschiedliche Behandlung entsprechender Stoffe vorliegt.

[105] Deklarationspflichten gemäß gesetzlichem Normalfall, d.h. ohne die o.g. Einschränkungen.

[106] **ERP** = Enterprise Resource Planning Systeme sind EDV-technische Systeme, die das gesamte Unternehmensgeschehen erfassen und hieraus generierte Daten vernetzen sollen (bspw. SAP R/3).

[107] **BUIS** = Betriebliche Umweltinformationssysteme (haben die Aufgabe, umweltrelevante Daten im Betrieb auf EDV-technischer Basis miteinander zu vernetzen) (hierunter fallen bspw. auch Stoffstrommanagementinstrumente wie Umberto oder Audit; siehe Kap. 7.3.3).

[108] **BIS** = Betriebliche Informationssysteme (Sammelbegriff für EDV-technische Informationsinstrumente /-datenbanken aller Art).

[109] **PPS** = Produktionsplanungs- und -steuerungssysteme (haben die Aufgabe, ganz speziell die Produktionsprozesse zu modellieren und zu steuern).

[110] Die hinterlegten Schattierungen weisen auf das Ausmaß an Reibungsverlusten hin, das dabei zwischen den am Transfer beteiligten Akteuren gemeinhin überwunden werden muss.

7. Industrielle Stoffkreislaufwirtschaft und ihr räumlicher Bezug

Die Tabellen 7-3a und 7-3b auf den beiden vorangegangenen Seiten präzisieren eine Abgrenzung inner- gegenüber zwischenbetrieblicher Stoffkreislaufwirtschaft, die sich sowohl auf territorialräumliche, wie rechtliche, informationelle und mentale Distanzen stützt. Wie die Unterschiede in den Hintergrundfarben einzelner Felder in Tabelle 7-3b zum Ausdruck bringen sollen, weisen die an den einzelnen Systemgrenzen vorhandenen Membranen recht unterschiedliche Durchlässigkeiten auf. Sie verursachen dadurch in den jeweils außerhalb befindlichen Bereichen entsprechende Reibungsverluste. Als besonders markant tritt dabei die Grenze zwischen Mehrbetriebsunternehmen und Unternehmensnetzwerk im Bereich informationellen Charakteristika in Erscheinung. Die Überwindung der darin zum Ausdruck kommenden Distanz ist mit entsprechenden Reibungswiderständen verbunden, die zusätzlicher Ressourcen bedürfen und sich in aller Regel auch im Betriebsergebnis als zusätzliche Kosten niederschlagen. Eine distanzminimierende intrasystemare Lösung wird daher einer faktisch gleichartigen, aber systemübergreifend angelegten Lösung streng vorgezogen[111].

7.4.1 Zwischenbetriebliche Stoffkreislaufwirtschaft aus einem unternehmenssystemischen Blickwinkel

7.4.1.1 Unternehmensinterne Stoffkreislaufwirtschaft

Wie in Tabelle 7-3b betont, ist der Faktor **Information** im Hinblick auf eine tatsächliche Realisierung von Stoffkreisläufen von entscheidender Bedeutung. So verlangt die Sensibilität moderner Produktionsprozesse ganz allgemein eine immer größer werdende Fülle von Informationen, die im Zusammenhang mit einem physischen Stofftransport mitgeliefert werden müssen. Diese stoffspezifischen Informationen reichen von den genauen Umständen seiner Entstehung, über seinen chemischen Aufbau und den mit seinem Umgang verbundenen Gefährdungspotenzialen bis hin zur Spezifikation späterer Rückführungsmöglichkeiten, und sie inkorporieren Mengenangaben genauso wie die mit Einkauf, innerbetrieblichem Umgang und Veräußerung verbundenen Kosten und Einnahmen. Gerade die mit der modernen EDV-Technik möglich gewordene Präzisierung, Systematisierung, Speicherung und Vernetzung einzelner Informationsbausteine schafft eine noch vor wenigen Jahrzehnten unvorstellbar erschienene Informationsdichte, die heute beispielsweise im Rahmen innerbetrieblicher ERP-Systeme kombiniert und verfügbar gemacht werden kann. Problemspezifisch erstellte PPS- oder BUIS-Instrumente fokussieren auf die Abbildung, Planung und Steuerung bestimmter Systembausteine und tragen so das Ihrige zur Optimierung innerbetrieblicher Abläufe bei.

---

[111] Entsprechendes wurde auch bereits in den Ausführungen des Kap. 7.1.3. zum Ausdruck gebracht.

Gerade ERP-, aber auch BUIS-Instrumente machen jedoch an den Grenzen einer einzelnen Betriebsstätte nicht grundsätzlich halt. Vielmehr ist ihre Anlage geradezu dafür prädestiniert, durch eine intranetbasierte Vernetzung verschiedener Betriebsstätten einer Firma bedeutende Synergieeffekte zu schaffen und damit das Unternehmensgebilde auch über verschiedene Standorte hinweg zu einem immer hochgradiger integrierten System zu verschmelzen. Ein gewisser Teil der informationellen Grenzflächen des einzelnen Industriestandorts löst sich daher auf, bzw. präziser ausgedrückt: er wird von der Außengrenze der Betriebsstätte zur Außengrenze des Unternehmens hin verlagert. Werden beispielsweise Betriebliche Umweltinformationssysteme (BUIS) auch in **Mehrbetriebsunternehmen** unternehmensweit standardisiert und über Intranet an territorialräumlich getrennten Orten verfügbar gemacht, so wird sich die hierdurch wesentlich vereinfachte Informationserschließung gerade auch für den Umgang mit Abfällen sehr positiv auswirken. Entsprechende Folgen sind auch mit Blick auf die Erschließung neuer Stoffkreislaufprozesse zu erwarten. Denn zum einen werden betriebsstättenspezifische Erfahrungen zum unternehmensinternen (gleichzeitig aber betriebsstättenübergreifenden) „Gemeingut", wodurch die Kosten werksbezogener Suchprozesse herabgesetzt werden, und zum zweiten verbessern sich auch die Entscheidungsgrundlagen für die mit der Optimierung des Gesamtsystems Unternehmen befassten Schlüsselakteure wesentlich, weil sich stoffkreislauftechnische Szenarien nun auf Basis einer unternehmensweit homogenisierten Datenaggregation quasi per Knopfdruck durchrechnen lassen. Dies sind nur einige der Synergieeffekte, die sich von Mehrbetriebsunternehmen im Zusammenhang mit abfallinformationstechnischer Koordinierung erzielen lassen.

Wie bereits angedeutet, führt die Einführung neuer EDV-technischer Systeme in Wirklichkeit jedoch nicht zu einer Auflösung, sondern lediglich zu einer Verlagerung informationeller Grenzen. Denn so wie sich der unternehmensinterne Informationsdatenfluss pro Zeiteinheit vervielfacht und über die verschiedenen Produktionsstätten hinweg auch enträumlicht, müssen gegenüber der Unternehmensaußenwelt zusätzliche Datenschutzwände hochgezogen werden, die einen unerwünschten und unkontrollierten Zugang Externer zu einem softwaretechnisch vereinheitlichten und informationell hochdurchlässigen Systeminneren, das sich nunmehr über einen ganzen Konzern hinweg erstrecken kann, sicher vermeiden. Das Thema des Informationsschutzes, insbesondere das des EDV-technischen Datenschutzes, wird deshalb an Bedeutung deutlich zunehmen und damit die Bedeutung der Unternehmensgrenze sowie die mit ihrer Überwindung verbundenen Kosten wesentlich markanter in Erscheinung treten lassen.

Trotz all dieser Perspektiven muss jedoch darauf hingewiesen werden, dass die Unternehmen mit der Geschwindigkeit, in der sich neue EDV-technische Möglichkeiten auftun, gegenwärtig kaum Schritt halten können und damit zunächst einmal nicht mehr als ein neuer Potenzialraum entstanden ist, der erst im Laufe

7. Industrielle Stoffkreislaufwirtschaft und ihr räumlicher Bezug

von Jahren ausgenutzt werden wird. Dies liegt ganz sicher nicht nur an Mittelknappheiten beispielsweise mittelständischer Mehrbetriebsunternehmen, sondern ganz wesentlich auch an der individuellen und durch ein hohes Maß an Autonomie geprägten Geschichte einzelner Produktionsstätten, die nun „relativ plötzlich" miteinander vernetzt werden sollen. Auch wenn die unternehmensweite EDV-technische Systemintegration in erheblichem Maße Redundanzen abzubauen vermag – für die einzelne **Betriebsstätte** bedeutet sie in aller Regel die Verabschiedung von historisch Gewachsenem, Liebgewonnenem und Bewährtem, zugunsten einer unternehmensweiten Homogenisierung im Rahmen einer Um- oder gar Entspezifizierung von Informationsbausteinen. Man begegnet ihr deshalb vielfach mit großem Vorbehalt.

Tatsächlich sind die mit Hilfe modernster EDV-Technik nunmehr gemeinsam behandelbaren Fragestellungen ja nicht neu, und jeder der einzelnen Betriebsstandorte hat auch in der Vergangenheit schon versucht, entsprechende Probleme mit Hilfe von EDV-Instrumenten besser in den Griff zu bekommen. Diese waren in aller Regel ganz speziell auf die Bedürfnisse der einzelnen Betriebsstätte zugeschnitten und sind im Laufe von Jahren und Jahrzehnten ständig nachoptimiert worden. Ihre Kinderkrankheiten haben sie vielfach bereits weit hinter sich gelassen, erledigen die ihnen einstmals zugeschriebenen Aufgaben in aller Regel sehr zuverlässig und sie haben Expertenwissen hervorgebracht, das sich im Betrieb mehr und mehr ausbreiten konnte. Der tägliche Umgang mit diesen maßgeschneiderten Hilfsinstrumenten ist beim Betriebspersonal längst in Fleisch und Blut übergegangen und auch mit eventuellen Schwächen weiß man inzwischen sicher umzugehen. Gleichzeitig haben die steten Weiterentwicklungen werksspezifischer Individuallösungen aber auch zu beträchtlichen Pfadabhängigkeiten geführt, die einen Systemwechsel zu einem ziemlich aufwändigen Unterfangen machen können. Eine instrumentelle Umstellung hin zu einer werksübergreifend angelegten und damit zunächst einmal unangepassten Standardlösung, stößt daher oftmals auf sachlich gut begründete Bedenken. Sie stößt aber nicht selten auch auf persönlich bedingte Blockaden derer, für die eine solche Umstellung mit einem Machtverlust verbunden zu sein droht[112]. Zudem verfolgen die einzelnen Betriebsstätten als Strategische Geschäftseinheiten (SGE) des Gesamtunternehmens in hohem Maße industriestandortbezogene Eigeninteressen. Mit einer vonseiten aller Unternehmensstandorte „freiwillig" durchgeführten Umstellung ist deshalb nur dann zu rechnen, wenn sich die Umstellung nicht nur summarisch rechnet, sondern auch

---

[112] Dahinter steckt die vielfach durchaus begründete Angst einzelner Mitarbeitern oder auch Beraterfirmen vor einer Entwertung ihrer bisherigen Arbeit und damit auch ihrer Rolle als „Gatekeeper". Darüber hinaus könnte die Zusammenlegung bestimmter Dokumentations- und Überwachungsaufgaben (bspw. im Umweltmanagementbereich) durchaus auch ganze Arbeitplätze überflüssig machen.

aus der Perspektive jeder einzelnen Betriebsstätte (bzw. ihrer Entscheidungsträger) als vorteilhaft darstellt[113].

Beispiele für die hier angesprochenen Probleme gibt es mehr als genug. Gerade im Bereich der Abfallwirtschaft wurde in der Vergangenheit fast ausnahmslos mit betriebsstättenspezifisch ausgestalteten Instrumenten gearbeitet, sei es in Form der nach wie vor weit verbreiteten EXCEL-Sheets[114], oder auch der sich mehr und mehr durchsetzenden Abfallmanagementdatenbanken, ob sie nun Eigenentwicklungen einer unternehmensinternen Informatikabteilung oder maßgeschneiderte Tools externer Programmierer darstellen. All diesen Instrumenten ist das Problem gemein, dass sie einen betriebsstättenspezifischen Aufbau aufweisen und darum zur **betriebsstättenübergreifenden Kommunikation** nur sehr eingeschränkt tauglich sind. Eine betriebsstättenübergreifende Datenaggregation ist damit in der Regel ein recht zeit- und damit auch kostenintensives Unterfangen. Daran ändert auch der Erwerb bestimmter Standardsoftware oftmals wenig, da Instrumente wie bspw. der WEKA-Abfallmanager[115] oder auch der Abfallmanager der NGS[116] lediglich den Export, nicht aber den Import von Daten zulassen[117]. Doch auch wenn die in verschiedenen Betriebsstätten bislang eingesetzten und dabei gleichzeitig unterschiedlich strukturierten Instrumente die geforderten Netzwerkeigenschaften aufweisen, welche der Betriebsstätten soll sich von ihrem langjährig bewährten und angepassten System verabschieden müssen und auf wessen Kosten? Hier zeigt die betriebliche Realität ganz deutlich, dass eine homogenisierende Umstellung in aller Regel auf die Fälle beschränkt ist, in denen die Unternehmensleitung einen entsprechenden Beschluss durchsetzt. Zur „Chefsache" wird Abfallmanagement zumeist allerdings nur dann, wenn es im Konvoi mit der Einführung eines ERP (wie bspw. SAP R/3) oder eines sehr umfassenden BUIS implementiert wird[118], da das Interesse an abfallwirtschaftlichen Optimierungsmöglichkeiten in vielen Unternehmenszentralen noch wenig entwickelt ist.

Ist die Unternehmensleitung gegenüber Fragen zur Verwertbarkeit von Abfallstoffen jedoch offen, und bereit, auch in die hierfür erforderlichen datentechnischen Voraussetzungen zu investieren, so wird sie sich aus konkret identifiziertem Eigeninteresse heraus mit Sicherheit auch im einen oder anderen Fall für den Auf-

---

[113] Es sei denn, die Zentrale des Gesamtunternehmens erklärt eine solche Entscheidung zur „Chefsache" und fällt eine entsprechend weitreichende Entscheidung u.U. auch gegen die Widerstände und Vorbehalte einzelner Betriebsleiter.

[114] Von einfachen Tabellenblättern bis hin zu ausgeklügelten Pivot-Tabellen.

[115] Vom WEKA-Fachverlag vertriebenes Abfallmanagementinstrument.

[116] NGS = Niedersächsische Gesellschaft zur Endlagerung von Sonderabfall mbH.

[117] Dies führt ganz konkret dazu, dass Stoffdaten zwar nach Mircosoft EXCEL und ACCESS hin exportiert werden können, aber nicht wieder zurück, so dass eine solche Abfalldatenbank nicht als betriebsstättenübergreifend aggregierender Abfalldatenpool (siehe Kap. 8.2.4.2) eingesetzt werden kann, weil sie als Datenimportinstrument untauglich ist.

[118] Bspw. in Form des von SAP angebotenen EH&S (Environment, Health and Safety).

7. Industrielle Stoffkreislaufwirtschaft und ihr räumlicher Bezug

bau unternehmenseigener Wiederaufbereitungskapazitäten entscheiden, wie bspw. für den Bau einer firmeneigenen Emulsionsspaltanlage, Destillationsanlage, Zinkrückgewinnungsanlage u.a.m. Da es hier jedoch nicht mehr nur um den Transfer von Information, sondern auch um den von Stoffen geht, wird es zur Implementierung einer produktionsstättenübergreifenden Entsorgungsschiene zumeist nur dann kommen, wenn eine relativ geringe räumliche Entfernung der verschiedenen Werke dies rechtfertigt[119]. Je nach Interessenlage könnte sich das Unternehmen jedoch auch Gedanken darüber machen, ob es die Pforten einer solchen Verwertungsanlage vor dem Hintergrund einer bestimmten Attraktivität (Senkung der Fixkosten pro innerbetrieblich entstandener Abfalleinheit, Erschließung zusätzlicher Einnahmequellen, Versorgungssicherheit mit Sekundärrohstoffen, ...) nicht auch für unternehmensexterne Inputinteressenten öffnet. Das Unternehmen agiert so nicht nur als produktionstheoretisch beschriebener Reduzent[120], sondern gleichzeitig auch als ein am Markt aktiver privatwirtschaftlicher Recyclingspezialist. Damit befindet sich das Unternehmen jedoch bereits im Kreislaufbogen einer unternehmensübergreifenden Stoffkreislaufwirtschaft, im Rahmen derer die abfallstoffspezifischen Informationen auf ein deutlich niedrigeres Niveau zusammengeschrumpft sind.

7.4.1.2 Unternehmensübergreifende Stoffkreislaufwirtschaft

Bei unternehmensübergreifender Stoffkreislaufwirtschaft überschreiten nicht nur die materiellen Transfers die Außengrenze eines Einzelunternehmens oder einer Betriebsstätte, sondern (im Gegensatz zum Fall des oben dargestellten Mehrbetriebsunternehmens) auch die informationellen. Sowohl Materialien als auch Informationen werden damit an eine Unternehmensaußenwelt weitergegeben. Die bereits im vorangegangenen Abschnitt 7.4.1 erläuterten EDV-technischen Kompatibilitätsprobleme verstärken sich hierdurch erheblich. Hier werden nicht nur unterschiedliche Dialekte gesprochen, hier kommunizieren die unterschiedlichen Unternehmen bereits im Rahmen unterschiedlicher Sprachfamilien. Erhebliche Verständigungsschwierigkeiten gerade bei dem Transfer von Daten sind deshalb im Falle einer Unternehmensgrenzenüberschreitung nicht unbedingt Ausdruck mangelnden Kommunikationswillens, sondern eines vergleichsweise begrenzten Kommunikationsvermögens.

---

[119] Die werksübergreifende Kreislaufschließung zwischen räumlich weit auseinander liegender Betriebsstätten eines Unternehmens ist aufgrund der im Allgemeinen recht geringen Wertigkeit des Materials und der daraus resultierenden relativ hohen Transportkostenkomponente ökonomisch nur selten attraktiv, darüber hinaus aber auch ökologisch zumeist wenig sinnhaft, weil die Umweltkosten des Ferntransports relativ hoch sind und einen materialentropisch bedingten Beitrag zur Umweltschonung rasch überkompensieren.

[120] Siehe die Ausführungen am Ende von Kapitel 5.1.1.1.

Erschwerend tritt hinzu, dass sich die v.a. aus ökonomischen Interessen heraus an einem Stofftransfer interessierten Partner hier als Unternehmensexterne gegenüber stehen, die in erster Linie ihre jeweiligen Firmeninteressen zu vertreten suchen, was sie (positiv ausgedrückt) zur selektiven Vorenthaltung wichtiger Informationsbestandteile veranlassen kann. Die den einzelnen Stoffen anhängenden **Beipackzettel** sind darum entsprechend dünn und lückenhaft. Der Vertrauensabschlag gegenüber einem unternehmensinternen Kooperationspartner ist entsprechend hoch. Treten lückenhafte Beipackzettel und fehlende Kompensationsmöglichkeiten über den Faktor Vertrauen im Verbund auf, so erhöhen sich die mit einem Stoffstransfer verbundenen Kontrollkosten für die Inputseite erheblich und vermindern damit die Attraktivität einer Stoffkreislaufoption.

Nun könnte man einwenden, dass der Erwerb von Materialinputs eine tagtäglich zu bewältigende Aufgabe des betrieblichen Einkaufs sei und damit eine Routineaufgabe. Andererseits beschäftigt sich der Einkauf jedoch in aller Regel mit dem Erwerb normierter Vorprodukte oder Primärrohstoffe, die ihnen eine Fülle von Eigenschaften garantieren, welche von Sekundärrohstoffanbietern mangels oder wegen des eigenen Wissens darüber[121] nicht garantiert werden können. Zudem verbietet eine große Anzahl von Produktnormen den Einsatz von Rezyklaten grundsätzlich[122]. Abgesehen von diesen legislativ wirkenden Nutzungseinschränkungen ist der Primärrohstoff substituierende Erwerb qualitativ geeignet erscheinender Sekundärrohstoffe für den Einkäufer also auch mit gewissen Unsicherheiten verbunden, die er mit monetären Preisabschlägen bewerten muss.

Damit wird insgesamt deutlich, dass die Vorteile einer zwischenbetrieblichen Stoffkreislaufführung umfassend und erheblich sein müssen, um die o.g. Zusatzkosten einer produzentenübergreifenden Stoffkreislaufführung tatsächlich überkompensieren zu können.

Damit sich eine zwischenbetriebliche Stoffkreislaufwirtschaft zumindest dort, wo sie von den reinen Produktionskosten her betrachtet, attraktiv erscheinen würde, tatsächlich entfalten kann, muss aber auch im Bereich der **nichtmonetären Voraussetzungen** für die Realisierung entsprechender Transfers noch Wesentliches geleistet werden.

---

[121] Im Gegensatz zum Primärstoffproduzenten kennt der Sekundärstoffanbieter die genaue Zusammensetzung seiner Ausgangsmaterialien (i.e. Abfälle) nur lückenhaft. Darüber hinaus muss er zudem damit rechnen, dass selbst die vom einzelnen Betrieb gelieferten Chargen deutliche Unterschiede aufweisen.

[122] Siehe hierzu bspw. *Angerer / Marscheider-Weidemann* [Normung 1998], bzw. die Ausführungen in Kap. 5.6.5.

7. Industrielle Stoffkreislaufwirtschaft und ihr räumlicher Bezug

Hierzu zählen insbesondere:
- der Auf- und Ausbau von persönlichem Vertrauen
- das Wecken bzw. die Festigung
  eines entsprechenden unternehmenspolitischen Willens
- die Herstellung bzw. Verbesserung
  zwischenbetrieblicher Datenkompatibilität
- der Abbau sekundärstofflicher Inputrestriktionen für bestimmte Produkte
  und Produktionsprozesse, insbesondere vonseiten der Normung
  sowie industrieller Auftraggeber[123]

Die Hoffnungsträger einer zwischenbetrieblichen Stoffkreislaufwirtschaft aufseiten der Industrie stecken also nicht nur in einer wenigstens teilweise kalkulierbaren Senkung von Transaktionskosten, sie stecken ebenso in akteursspezifischem, unternehmens- bzw. industriepolitischem Willen sowie in der stark vertrauensbasierten Bereitschaft zu einer entsprechenden Entscheidungsfindung bei begrenzter Information bzw. Unsicherheit oder gar Unwissen.

7.4.1.2.1 Vertikale, horizontale und diagonale Beziehungsmuster

Wie bereits in Tabelle 7-3b skizziert, sind die für die Etablierung von Stoffkreisläufen notwendigen informationellen Bedingungen bei zwischenbetrieblichen Stoffkreislaufbeziehungen vergleichsweise wenig erfüllt. Dies gilt in besonderem Maße für Fittings, die zwischen Unternehmen angelegt werden müssten, welche:

- verschiedenen Branchen zugehören
  → keine horizontale Verknüpfung
  und/oder
- entlang der Wertschöpfungskette
  (d.h. im Rahmen traditioneller Lieferanten-Abnehmer-Beziehungen)
  keine Berührungspunkte zueinander aufweisen
  → keine vertikale Verknüpfung
- und damit zunächst einmal
  → diagonale Verbindungen konstituierten[124].

---

[123] Dieser letzte Punkt bezieht sich in erster Linie auf eine vonseiten der Normung zu bewerkstelligende Listingmöglichkeit für Sekundärrohstoffe (bspw. im Sinne eines Listings zweiter Wahl), bzw. der Erlaubnis zum Einsatz von Sekundärrohstoffen seitens der Auftraggeber für bestimmte Produkte. Auch die industriellen Nachfrager könnten hier durchaus einen erheblichen Beitrag zur Ressourcenschonung leisten. Dies gilt gerade auch für die Automobilindustrie, die als Auftraggeber von Vorprodukten / Modulen selbst im Nichtsichtbereich den primärrohstoffsubstituierenden Einsatz gleichwertiger Sekundärrohstoffe vielfach ausdrücklich ausschließt.

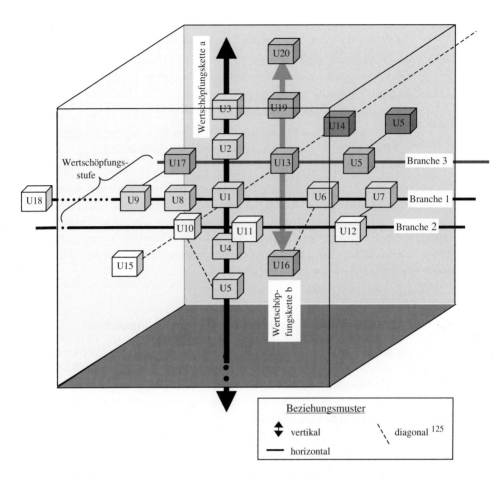

Abb. 7-17: Informationelle und/oder materielle Beziehungsmuster zwischen verschiedenen Unternehmen (in Anlehnung an *Schwarz / Strebel* (1999) [126])

---

[124] Siehe die gestrichelten Linien in Abb. 7-17 (auf der folgenden Seite)

[125] *Schwarz / Strebel* verwenden hier den Begriff der „*lateralen Vernetzung von branchenfremden Unternehmen*" (siehe bspw. *Schwarz / Strebel* [regionale nur Verwertungsnetze 1999]), kennzeichnen diese graphisch aber nur als branchenübergreifende Vernetzung auf der gleichen Wertschöpfungsstufe (**lateral** (lat.) =seitlich, seitwärts gelegen; entspricht in obiger Abb. bspw. den Beziehungen zwischen U_{15}, U_{10} und U_1), während der Begriff „**diagonal**" (grch.-lat. = „durch die Winkel führend") ganz allgemein die Verbindung zweier branchenfremder Knoten beschreibt. Jene könnten zwar diesen „lateralen Charakter" besitzen, darüber hinaus aber gleichzeitig auch auf unterschiedlichen Wertschöpfungsstufen angesiedelt sei n (bspw. U_{10} ggü. U_5 oder U_{16} ggü. U_6).

[126] Modifiziert in Anlehnung an eine Darstellung bei *Schwarz / Strebel* [regionale Verwertungsnetze 1999], S. 208.

7. Industrielle Stoffkreislaufwirtschaft und ihr räumlicher Bezug

Wie in Abb. 7-17 über die Strichstärke kenntlich gemacht, sind die **vertikalen Beziehungsmuster** zwischen verschiedenen Industrieunternehmen in aller Regel die intensivsten. Dies ist darauf zurückzuführen, dass es sich hierbei um (die traditionellen) Lieferanten-Abnehmer-Beziehungen entlang der Wertschöpfungskette handelt, die sich nicht nur in einem regen Informations-, sondern primär im produktionszielorientierten Materialfluss selbst ausdrücken[127]. **Horizontale Beziehungen** hingegen dienen in erster Linie der Informationskommunikation, der Abstimmung oder dem gemeinsamen Handeln unter Akteuren, die auf der gleichen Produktionsstufe[128] oder zumindest in der gleichen Branche[129] tätig sind und damit ähnliche Fragestellungen zu bewältigen haben. Sie markieren eine Kommunikation unter (zumindest potenziellen) Konkurrenten, was den reibungsarmen Informationstransfer zumindest auf die diesbezüglich als unkritisch eingestuften Bereiche einschränkt. **Diagonale Beziehungen** hingegen verknüpfen branchenfremde Unternehmen miteinander, so dass die durch Konkurrenzdenken induzierten Kommunikationshemmnisse wegfallen. Gleichwohl tritt hier allerdings auch die Wahrnehmung eines Kommunikationsgrundes zurück. Diagonale Beziehungen beruhen daher meist auf einer sehr speziellen Interessenskonstellation zwischen zwei branchenfremden Akteuren und sind deshalb eher zufälliger Natur.

Kooperations-richtung: / Kriterium:	**Vertikal** angelegte Unternehmens-beziehungen	**Horizontal** angelegte Unternehmens-beziehungen	**Lateral** angelegte Unternehmens-beziehungen	**Diagonal** angelegte Unternehmens-beziehungen
Wertschöpfungskette	gleich	(unbestimmt)	verschieden	verschieden
Wertschöpfungsstufe	verschieden	gleich	gleich	verschieden
Branche	(unbestimmt)	gleich	verschieden	verschieden
Input-Output-Strukturen	verschieden	gleich	verschieden	verschieden

Tab. 7-4: Beschreibung vertikaler, horizontaler und diagonaler Beziehungsmuster zwischen Unternehmen anhand stoffstrombezogener Kriterien

---

[127] Im Zusammenhang mit **vertikalen recyclingorientierten Kooperationen** differenziert *Schwarz* [recyclingorientierte Unternehmenskooperationen 1994], S. 150 f., weiter in vorwärtsgerichtete vertikale Kooperationen (Bsp.: Mehrere Unternehmen gründen ein Gemeinschaftsunternehmen zur Lösung gleichartiger Rückstandsprobleme) und solche die rückwärtsgerichteten Charakter haben (Bsp.: Rücknahmesysteme für eigene Produkte, bspw. in Form der Annahme von Lackresten, die bei der eigenen Kundschaft angefallen sind).

[128] Siehe bspw. *Gabler* [Wirtschaftslexikon 1998], Stichwort: Unternehmenskonzentration, Unterscheidung nach der Kooperationsrichtung (Bezug nehmend auf die CD-ROM-Version der 14. Auflage).

[129] *Schwarz / Strebel* [regionale Verwertungsnetze 1999], S. 208.

7.4.1.2.2 Stoffkreislauftechnische Relevanz der Kooperationsrichtung

Was bedeutet eine solche Unterscheidung nach der Kooperationsrichtung nun für die Schließung von Stoffkreisläufen?

Wie bereits betont, handelt es sich bei **vertikal vernetzten Unternehmen** um solche, die über die verschiedenen Stufen eines bestimmten Produktionsprozesses miteinander verknüpft und damit in eine bestimmte Wertschöpfungskette eingebettet sind[130]. Damit fließen nicht nur hervorragend aufeinander abgestimmte Materialien und Vorprodukte von einem Unternehmen zum nächsten, auch informationelle Transfers zwischen rechtlich selbständigen Unternehmen erreichen in diesem Zusammenhang ihre größte Dichte. Gerade in der Automobilindustrie gehen diese Informationstransfers heute zumeist bereits so weit, dass die Autobauer von ihren Zulieferern nicht nur unabhängige Zertifizierungen (nach DIN / ISO oder EMAS) verlangen, sondern entsprechende Checks nach eigenen Maßstäben in bestimmten Zeitabständen auch selbst durchführen. Tatsächlich gehen die informationellen Transfers in Richtung Endprodukthersteller inzwischen so weit, dass die Automobilzulieferer sämtliche in ihrem Produkt befindlichen Werkstoffe mengenbezogen in einen als IMDS bezeichneten Materialbaum einpflegen müssen, der dem am Ende der Kette angesiedelten Automobilproduzenten eine lückenlose Bilanzierung aller in das Fahrzeug eingehender Materialien erlaubt[131].

Darüber hinaus findet auch im F&E-Bereich eine bisweilen sehr enge Zusammenarbeit bspw. zwischen dem Motorenbauer und seinen zentralen Teilelieferanten statt[132], die bis hin zu gemeinschaftlich gegründeten und genutzten Forschungseinrichtungen gehen kann. An der Passfähigkeit der einzelnen Materialien wird hier also auch firmengrenzüberschreitend bereits im Zuge der Produktentwicklung intensiv gearbeitet, so dass bei entsprechendem Interesse auch einer vielversprechenden Beschäftigung mit der Schließung von Stoffkreisläufen nichts im Wege steht. Die einzelnen Produktionsprozesse bauen sukzessive aufeinander auf und sind insbesondere im Falle von Fehlchargen zu großen Teilen wieder rückführbar. Dabei begünstigt das netzwerkintern vorhandene Montage-Know-how

---

[130] Begriffe wie **Verknüpfung, Vernetzung** oder **Einbettung** sollen die besondere Intensität einer Beziehung und damit auch die besondere Rolle des einzelnen Systemelements im Gesamtprozess zum Ausdruck bringen. Eine derartige Intensität beinhaltet nicht nur regelmäßige, wenn nicht gar automatisierte Materialtransfers, sondern auch den kommunikativen Austausch zwischen den Akteuren, die über einen solchen Prozess bestimmen. Sie kann von mehr oder weniger stark kodifizierten Bindungen begleitet sein, die allerdings nicht mehr Gegenstand der Arbeit sein können.

[131] Bei **IMDS** (International Material Data System) handelt es sich um eine gemeinsame Entwicklung der Firmen Audi, BMW, DaimlerChrysler, Ford, Opel, Porsche, VW und Volvo, das dem Automobilhersteller (unter anderem) die Einhaltung aller produktspezifischen nationalen und internationalen Normen, Standards, Gesetze und Verordnungen garantieren soll. (IMDS [Materialdatensystem 2001].

[132] Siehe bspw. die enge Zusammenarbeit zwischen Zulieferfirmen wie Bosch auf der einen und Automobilherstellern wie DaimlerChrysler, General Motors oder Volvo auf der anderen Seite.

7. Industrielle Stoffkreislaufwirtschaft und ihr räumlicher Bezug

auch die Entwicklung eines entsprechenden Demontage-Know-hows und erleichtert dadurch die Implementierung entropiearmer Kreislaufschließung (qualitativer Aspekt), bzw. vermeidet die im Zusammenhang mit netzwerkexterner Verbringung entstehenden Analyse- oder Informationskosten (als Beispiele monetärer Vorteile). Die Identifikation stoffkreislauftechnischer Potenziale und Anknüpfungspunkte bedarf hier also weniger der Suche nach neuen Systempartnern als vielmehr der ergänzenden Beschäftigung mit unerwünscht entstandenen Stoffen vonseiten der systemintern bereits vorhandenen Spezialisten. Nun wurden die heute gängigen Stoffstrommanagementinstrumente zwar primär für die Produktionsprozessplanung entwickelt und nicht für die geordnete Rückführung, doch erlauben Instrumente wie bspw. Umberto auch die Modellierung von Schleifen und vermögen so auch systeminterne Stoffkreislaufprozesse präzise abzubilden[133]. Da zumindest im Falle von Umberto und Audit gleichzeitig auch eine firmenübergreifende Modellierung möglich ist[134], sind auch von dieser Seite keine prinzipiellen Probleme zu erwarten.

Die absoluten Potenziale einer industriellen Stoffkreislaufwirtschaft sind also im Falle vertikaler Vernetzung von Industrieunternehmen aus mehreren Gründen besonders hoch:

1. weil die Input-Output-Strukturen der einzelnen Unternehmen verschieden sind und darum potenziell zueinander passen könnten,

2. weil die Output-Input-Strukturen entlang der Produktionsprozesskette bereits hochgradig aufeinander abgestimmt sind und „lediglich" um Überlegungen / Maßnahmen entlang einer Reduktionsprozesskette ergänzt werden müssen[135], was dazu führt, dass

3. die potenziellen Partner eines solchen Produktions-Reduktions-Kreislaufs zunächst einmal den gegenwärtigen entsprechen können.

Die Erschließung von Stoffkreislaufpotenzialen erfolgt hier also zwar auf der Basis Unternehmensgrenzen überschreitender Stoff- und Materialtransfers, jedoch zunächst einmal im Rahmen der traditionellen Wertschöpfungskette und damit im Rahmen eines schon bestehenden und oft bereits über lange Zeiträume hinweg eingespielten und bewährten Beziehungsgeflechts[136].

---

[133] Siehe hierzu bspw. *Schmidt /Schorb* [Stoffstromanalysen 1995] bzw. *Schmidt / Häuslein* [Ökobilanzierung 1997].

[134] Siehe hierzu bspw. *Schmidt* [Stoffstromnetze 1998]; zu einem entsprechenden Vorhaben siehe bspw. auch *Sterr* [regionales Stoffstrommanagement 1999], S. 29.

[135] Der daraus entstehende Umstellungsaufwand ist allerdings nicht zu unterschätzen, denn auch hierdurch entsteht u.U. über die gesamte Prozesskette hinweg zusätzlicher Abstimmungsbedarf.

[136] D.h. der Austausch mit Akteuren, die auf anderen Märkten aktiv und deshalb bislang unbekannt geblieben sind, ist also keine Grundvoraussetzung für die Identifikation neuer Stoffkreislaufpotenziale. Es ist jedoch ein Optimierungsschritt, der das Materialflussmanagement entlang der

Sucht man nach Potenzialen zwischenbetrieblicher Stoffkreislaufschließung, die sich durch den Auf- und Ausbau **horizontal angesiedelter Kooperationen** ergeben könnten, so stößt man zunächst einmal auf das Problem weitgehend übereinstimmender Input- und Outputstrukturen[137]. D.h. firmenübergreifend werden hier nicht nur ähnliche Produkte hergestellt, es entstehen auch ähnliche Abfallprodukte. Die subjektive Einstufung eines Materials als „unerwünscht" und damit als Abfall[138] durch die Produzenten aus einer bestimmten Branche ist also weitestgehend gleich, so dass die Suche nach geeigneten Output-Input-Kombinationen zur Schließung von Stoffkreisläufen (im Gegensatz zur vertikalen Kooperation) hier wenig erfolgversprechend ist. Damit ist allerdings nicht entschieden, dass ein abgestimmtes Handeln unter Vertretern der selben Branche deshalb keinen Beitrag zur Förderung einer ressourcenschonenderen und -effizienzsteigernden industriellen Stoffkreislaufwirtschaft leisten könnte. Im Gegenteil: wo gleichartige Abfälle anfallen, können sie zumindest informationell, wenn nicht gar materiell gepoolt werden[139]. Horizontal angelegte Kooperationen können so beispielsweise die Etablierung von Sammeltransporten oder Ringverkehrssystemen fördern und hierdurch unter Umständen deutlich hochwertigere Verwertungswege auch ökonomisch hinreichend attraktiv machen. So lohnt sich die Wiederaufbereitung von Altpaletten unter Umständen erst im firmenübergreifenden Verbund[140] und Ähnliches mag auch für Leuchtstoffröhren und andere wohldefinierte Abfallstoffe gelten. So wenig horizontale Kooperation zur unmittelbaren Stoffkreislaufschließung beitragen kann, die Potenziale, die aus einem kreislaufvorbereitenden Abfallpooling erwachsen, sind gerade aufgrund des hohen Maßes an Gleichartigkeit der Abfälle und deren Herkunftsbereiche nirgendwo höher.

Wie bereits erwähnt, dominieren in der Wirtschaft die vertikalen Beziehungen, gefolgt von den horizontalen, während **diagonale Kooperationen** mehr oder weniger zufallsbedingte Ausnahmen darstellen. Dies drängt zunächst den Verdacht auf, dass die Beschäftigung mit dieser „Sonderform" eher aus einem Anspruch nach wissenschaftlicher Vollständigkeit, denn aus einem solchen mit unternehmenspraktischer Relevanz heraus abgeleitet werden könne. Dieser Verdacht bestätigt sich allerdings nicht. Denn zum einen haben diagonale Beziehungen mit solchen vertikaler Natur die kreislauftechnisch günstige Eigenschaft gemein, dass die potenziellen Kooperationspartner in hohem Maße unterschiedliche Input-Output-

---

traditionellen Wertschöpfungskette punktuell ergänzen und damit die Entwicklung neuer Wertschöpfungsketten anregen kann.

[137] Siehe hierzu bspw. auch *Schwarz / Strebel* [regionale Verwertungsnetze 1999].
[138] Siehe Kap. 3.3.2.
[139] Zum zwischenbetrieblichen Pooling von Abfällen (bzw. Abfallinformationen) siehe auch die auf dem „Pfaffengrund-Projekt" basierenden Ausführungen in Kap. 8.1.5.2.
[140] Siehe die in Abb. 8-4 dargestellte Kooperationsform C und die hieran anknüpfenden verbalen Ausführungen des Kap. 8.1.5.2

7. Industrielle Stoffkreislaufwirtschaft und ihr räumlicher Bezug

Strukturen besitzen[141] und darum potenziell in der Lage sind, bestimmten Stoffen geeignete Andockstellen zu bieten, zum anderen sind sich die potenziellen Kooperationspartner aber auch viel zu fremd, als dass sie einander zur Eruierung gemeinsamer Vorteile gezielt suchten. Und da entsprechende Foren für einen diagonalen Austausch weitestgehend fehlen, gibt es auch für Kooperationsinitiativen auf der Basis zufälliger Begegnungen wenig Raum. Sieht man einmal von kleinen und überschaubaren Unternehmerkreisen wie bspw. den branchenübergreifend organisierten Wirtschaftsjunioren ab, so beschränken sich die für eine diagonale Kooperationsanbahnung geeigneten Kommunikationsdrehscheiben im Wesentlichen auf die allumfassende IHK-Struktur selbst. Die Geschäftsstellen der IHKs können sich aufgrund ihres breiten Aufgabenspektrums mit einzelnen Sachthemen wie der industriellen Stoffkreislaufwirtschaft aber lediglich in einer allgemein informierenden Form beschäftigen und sind auch im Rahmen von Umweltarbeitskreisen oder ähnlich ausgerichteten Arbeitsgruppen nicht in der Lage, akteursspezifisch tätig zu werden[142]. Auch wenn die absoluten Potenziale zwischenbetrieblicher Stoffkreislaufschließung durch die Vernetzung unter Marktfremden deutlich hinter denen entlang der Produktionsprozesskette zurückbleiben, so sind sie mangels geeigneter Kommunikationsforen bislang doch größtenteils unerkannt geblieben. Sie bergen somit – relativ gesehen – das sicherlich größte Potenzial. Um dieses Potenzial sukzessive zu erschließen und auszuschöpfen, wurden im Laufe des vergangenen Jahrzehnts in verschiedenen Ländern sogenannte Verwertungsnetze eingerichtet, die Industrieräume unterschiedlicher Größenordnung unabhängig von Branchen und Prozessketten systematisch unter die Lupe nehmen und damit auch diagonale Vernetzungspotenziale ausfindig machen[143].

Etabliert sich eine solche diagonal angelegte Beziehung im Rahmen der industriellen Wertschöpfungskette, so nimmt der Charakter des Fremden ab und die diagonale Beziehung wird zu einer vertikalen[144] – mit allen bereits im Zusammenhang mit der Beschreibung vertikaler Beziehungsmuster genannten Vorteilen.

---

141 Siehe hierzu auch die Gegenüberstellung in Tab. 7-4.

142 Dies gilt natürlich nicht nur für die koordinierte Lösung von stoffkreislaufwirtschaftlichen Fragestellungen, es gilt bspw. auch in puncto Energie, wo sich bereits in vielen Städten und Regionen sogenannte „Energietische" gebildet haben. (Im Falle Heidelbergs siehe bspw. *Preisz / Würzner* [Energietisch 1998], für den Ulmer Raum *Majer* [Runde Tische 1998], bzw. *Majer* [Ulmer Netzwerk 1998]; Informationen zur Bildung und zum Ausbau einer „Stromeinkaufsgemeinschaft" siehe bspw. eine entsprechende Initiative vonseiten des Modells Hohenlohe (www.modell-hohenlohe.de). Und auch im in Kap. 8 stoffstromseitig noch näher diskutierten Heidelberger Pfaffengrund haben mehrere Unternehmen zwischenzeitlich einen gemeinsamen Stromeinkauf vereinbart.).

143 Siehe hierzu im Einzelnen auch die beispielhaften Ausführungen in Kap. 7.5.4.2 (nordamerikanische EIPs) bzw. 7.6.3.1 (Verwertungsnetz Obersteiermark) und Kap. 8 (Industriegebiet Pfaffengrund & Rhein-Neckar-Raum).

144 Unter Rückgriff auf Tab. 7-4 bedeutete dies, dass die Wertschöpfungskette um ein Glied erweitert würde und damit auch im Feld C2 ein „gleich" stehen müsste. Die in dieser Tabelle genannten Charakteristika für diagonal angelegte Beziehungen wären damit eine Teilmenge eines vertikalen Beziehungsmusters.

Kriterium \ Kooperationsrichtung	**Vertikal** angelegte Unternehmensbeziehungen	**Horizontal** angelegte Unternehmensbeziehungen	**Diagonal** angelegte Unternehmensbeziehungen
Traditionelle Kommunikationsknoten	Beschaffung Fa.1 und Absatz Fa.2 sowie die entspr. F&E-Bereiche	Branche, Verband / Innung	IHK / Handwerkskammer
Rolle der Industriepartner	aktiv	aktiv / passiv	weitgehend passiv
Kommunikationsfrequenz	stetig	periodisch	sporadisch
Kommunikationsintensität	hoch	mäßig	gering

Tab. 7-5: Beschreibung vertikaler, horizontaler und diagonaler Beziehungsmuster zwischen Unternehmen anhand kommunikationsbezogener Kriterien

7.4.2 Zwischenbetriebliche Stoffkreislaufwirtschaft unter dem Aspekt räumlicher Dimensionierung

Unter Logistikdienstleistern gilt heute vielfach die Überzeugung eines *„transports don't matter"*. Und tatsächlich ist die Globalisierung der Materialströme, der wir heute zweifelsfrei beiwohnen, ein untrüglicher Beweis dafür, dass dieser Satz seine Richtigkeit hat – auch wenn dem Außenstehenden die entsprechenden Kalkulationsdaten gewöhnlich nicht zur Verfügung stehen. Tatsächlich werden heute große Mengen an Industrieschrott bspw. von Europa nach Ostasien verschifft und Ähnliches geschieht auch mit anderen Materialien aus dem Abfallbereich. Die daran beteiligten Akteure sind vielfach weltweit vernetzte, privatwirtschaftlich organisierte Unternehmen, und sie agieren als hochflexible Gewinnmaximierer. Sie verstehen die weltweit unterschiedlichen Standortvorteile trefflich zu nutzen, kalkulieren hierbei aber freilich auch mit umfangreichen Externalisierungsmöglichkeiten wesentlicher durch sie verursachter Kosten, die dem Ökosystem Erde bzw. fallspezifisch betroffenen Teilen der Weltgesellschaft aufgebürdet werden[145]. Die zunehmende Globalisierung von Konditionentransparenz und die damit verbundene Verschärfung der Produktionskostenkonkurrenz steht sicherlich erst an ihrem Anfang. Schon allein vor dem Hintergrund, dass mit global wirksamen Gegenmaßnahmen vorerst nicht zu rechnen ist, werden die mit unserem Wirtschaften verbundenen Tonnenkilometerleistungen in den nächsten Jahren trotz aller Dema-

---

[145] Unter den einzelwirtschaftlich sehr erfolgreich agierenden Akteuren befindet sich immer noch eine Vielzahl von Schiffseignern, die kaum in Kontroll- oder Instandhaltungsmaßnahmen, in Versicherungen und andere Risikovermeidungs- und -verminderungsmaßnahmen investieren und vor diesem Hintergrund vielfach unter der Flagge bestimmter Drittweltstaaten (wie bspw. Liberia) fahren.

7. Industrielle Stoffkreislaufwirtschaft und ihr räumlicher Bezug

terialisierungsfortschritte mit Sicherheit weiter ansteigen. Befinden wir uns derzeit also in einer weltweit wirksamen Umbruchsituation, an deren Ende unter Umständen zwar eine weitestgehende Stoffkreislaufschließung steht, die dann allerdings in erst in einem globalmaßstäblichen Raumrahmen verwirklicht wird oder ihre Stabilität gar aus bestimmten Formen eines Öko-Dumping schöpft?

Wie in den folgenden Unterkapiteln zu zeigen sein wird, ist die industriewirtschaftliche Realität in den aus ihr ableitbaren stoffkreislaufwirtschaftlichen Perspektiven deutlich komplexer. Hierfür wird ganz wesentlich die systemische Struktur ihrer Träger und ihre lokal-regionalen Einbettung verantwortlich gemacht. Das in Kapitel 7.3 thematisierte Einzelunternehmen bzw. die einzelne Betriebsstätte repräsentiert einen solchen lokal verorteten Systembaustein mit einer Außengrenze, die in puncto Information & Vertrauen bzw. rechtlichem Kontextmilieu gerade in Abfallfragen sehr empfindlich ist[146]. Dies wird die Suche nach innerbetrieblichen Kreislaufführungsmöglichkeiten trotz zunehmender Weltmarkttransparenz auch weiterhin fördern. Jenseits dieser Systemgrenzen werden die gleichen Faktoren auch zukünftig einen zunächst einmal raumnahen Austausch begünstigen und damit entsprechende Entwicklungen in Industriegebieten / Gewerbeparks oder Industrieregionen fördern, ehe selektiv und sehr sorgsam zum „großen Sprung" angesetzt wird. Dies bestätigen nicht nur eigene Beobachtungen, sondern auch eine Vielzahl von Studien, die sich mit der Relevanz räumlich verorteter Fühlungsvorteile auseinandersetzen, welche die einzelnen Akteure offensichtlich nach wie vor ausdrücklich suchen[147]. Auf der Ebene einer Industrieregion, so die These des Autors dieser Arbeit, ist schließlich so viel an Problemlösungsvermögen versammelt, dass regionsexterne Akteure zur Stoffkreislaufschließung im Allgemeinen nur noch punktuell herangezogen werden[148].

Eine zwischenbetriebliche Stoff- und Energiekreislaufwirtschaft dürfte einzelne Betriebsstätten deshalb auch zukünftig nicht direkt mit dem globalen Rahmen verschalten, sondern zunächst einmal zur Ausschöpfung von Problemlösungspotenzialen in räumlicher Nähe tendieren. Sie dürfte sich zunächst einmal im Rahmen des wohlbekannten Industriegebiets – und, im Sinne von Subsidiarität direkt nachgelagert, im Rahmen der Industrieregion ausbreiten, deren Akteure ebenfalls beschriebene, bzw. innerhalb kürzester Zeit vielschichtig beschreibbare Blätter darstellen. Zu diesem Schluss kommen zumindest zwei aufeinander aufbauende Forschungsprojekte des Instituts für Umweltwirtschaftsanalysen (IUWA) Heidelberg e.V., deren themenrelevante Darstellung und Ergebnisse die vorliegende Arbeit als 8. Kapitel abschließen.

---

[146] Siehe Tab. 7-3b; bzw. die Ausführungen in Kap. 7.4.1.2 oder 7.1.3.
[147] Siehe hierzu auch die Ausführungen in Kap. 7.8.3 bspw. Arbeiten von *Camagni, GREMI, Sternberg, Arndt, Fromhold-Eisebith* u.v.a.m. zu sog. innovativen oder kreativen Milieus.
[148] Siehe hierzu insbesondere die Ausführungen in Kap. 7.8.5 bzw. Kap. 8.2.

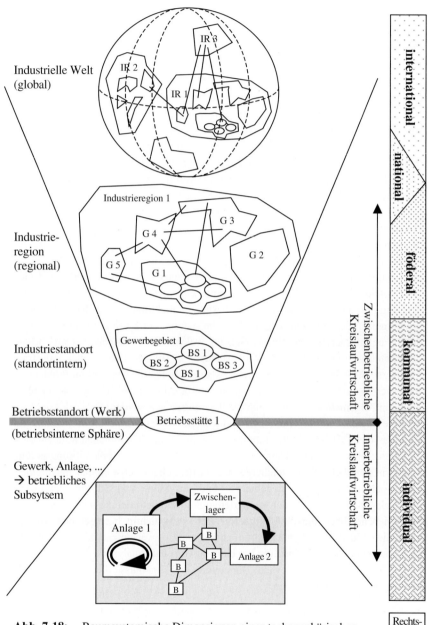

Abb. 7-18: Raumsystemische Dimensionen einer technosphärischen Stoff- und Energiekreislaufwirtschaft unter Einbeziehung territorial bestimmter Rechtsräume

7.5 Zwischenbetriebliche Kreislaufwirtschaft auf lokaler Ebene

7.5.1 Das Industriegebiet als territoriale Einheit

Die räumliche **Zonierung** im Rahmen der Bauleitplanung einer Kommune schafft flächig geschlossene Einheiten, bei denen Art und Maß der baulichen Nutzung rechtsverbindlich festgesetzt sind. Auf dem Flächennutzungsplan erscheinen so im Allgemeinen reine Wohngebiete, gemischt genutzte Gebiete sowie Gewerbegebiete. Mit der Ausweisung von Gewerbegebieten versucht man dabei, speziell den Bedürfnissen der Industrie gerecht zu werden und schafft damit die Grundlagen für einen territorial scharf abgegrenzten Industriestandort, an den man bisweilen auch nur ganz bestimmte Industrievertreter zu attrahieren sucht. Da die Ansiedelung von Industrie Arbeitsplätze schafft, und Industriestandorte für die Kommunen gerade als potenzielle Einnahmequelle von Gewerbesteuern von großer Attraktivität sind, ist das Flächenangebot vielerorts verhältnismäßig groß. Planungsseitig formulierte Vorstellungen, bspw. nur umweltschonend produzierende oder gar produktionstechnisch zueinander passende Unternehmen für eine Ansiedelung zuzulassen[149], lassen sich deshalb allenfalls bei höchster Standortattraktivität umsetzen.

Darüber hinaus stellen gerade Industriegebietsausweisungen einen historisch einmaligen Vorgang dar, der jedoch kein statisches, sondern ein sich dynamisch veränderndes Konglomerat von Betriebsstätten und einzelnen Gewerken schafft. Produktionserweiterungen, aber auch der Umbau oder Abbau von Produktionslinien stellen dabei nicht die Ausnahme, sondern den Normalfall dar – mit unter Umständen weitreichenden Folgen auch für ein ursprünglich einmal optimal mit einander verwobenes und harmonierendes Ganzes[150].

Was auch über die Zeit hinweg am ehesten erhalten bleibt ist das Industriegebiet selbst und damit zumindest die räumliche Nähe der in diesem Industriegebiet verorteten Betriebsstätten.

7.5.2 Das Industriegebiet als systemische Einheit

Sucht man die Systemqualität typischer Industriegebiete zu beschreiben, so tut man gut daran, ein solches Corpus delicti zunächst einmal als nicht mehr als eine territoriale Hülle zu betrachten, die ein Konglomerat industrieller Akteure umschließt, welche lediglich die räumliche Nachbarschaft miteinander teilen. Ein organisatorisch institutionalisierter, ein informeller oder ideeller Rahmen fehlt in aller Regel.

---

[149] Siehe hierzu auch die Ausführungen zu einzelnen „Eco-Industrial Parks" in Kap. 7.5.4.2.
[150] „Zero Emissions Park"-Idee.

Geht man zurück in die Geschichte deutscher **Industriegebietsentwicklung**, so erfolgte die von der Bauleitplanung vorbereitete Ansiedelung von Betriebsstätten fast ausschließlich über den Markt und begünstigte damit ein sich über etliche Jahre hin verdichtendes Kompositums nebeneinanderher wirtschaftender Einheiten, die im Regelfall keine spezifische Branchenzugehörigkeit und auch nur selten besondere Austauschbeziehungen miteinander aufweisen. Und auch nach der Verteilung des Gewerbegebietskuchens änderte sich das Akteursensemble vielfach bereits wieder deutlich.

Ganz allgemein ist die gegenwärtige Zusammensetzung der unternehmerischen Akteure eines Industriegebiets nicht mehr als eine Momentaufnahme aus einem historischen Prozess, der durch eine ganze Reihe industrieller Standortfaktoren aber auch von Zufällen bestimmt wird. Die industriellen Standortfaktoren sind dabei stark ökonomisch bestimmt und vor diesem Hintergrund auch von den permanent stattfindenden Veränderungen des ökonomischen Kontextmilieus abhängig. Produktlinien kommen auf, werden modifiziert, verschwinden wieder und/oder werden durch andere/andersartige ersetzt und Entsprechendes gilt natürlich auch für die im Kontext damit entstehenden unerwünschten Outputs. Die einzelnen Firmen prägen diesen stetigen Veränderungsprozess mit oder werden von ihm geprägt. Unternehmen wachsen, schrumpfen, strukturieren sich um, wandern aus, werden von anderen, darunter auch andersartigen abgelöst, und machen das Industriegebiet spätestens dann zu einem Flickenteppich unterschiedlichster Akteure, die voneinander vielfach kaum mehr wissen, als das, was sich ihnen durch äußere Auffälligkeiten offenbart. Die Wertschöpfungspartner der Unternehmen befinden sich meist zur Gänze außerhalb des Industriegebietes und Ähnliches gilt heute in aller Regel auch für die überwiegende Zahl der unternehmerischen Entscheidungszentren[151].

Wenn das nun aber so ist, gibt es dann überhaupt eine Berechtigung, nicht nur eine Betriebsstätte oder ein Unternehmen, sondern auch ein Industriegebiet als System anzusprechen? Tatsächlich liegt diese Berechtigung zunächst einmal in der Konstatierung eines Systemdefizits, das durch **systemisches Verhalten** abgebaut und den einzelnen Akteuren dadurch deutliche Standortvorteile verschaffen könnte. Tatsächlich scheint sich in einer zunehmenden Anzahl von Handlungsfeldern die Erkenntnis durchzusetzen, dass firmenübergreifende Koordination gerade auf Industriestandortebene umfassende Effizienzsteigerungspotenziale eröffnen kann und damit die einzelbetriebliche Wettbewerbsfähigkeit stärkt. Einen faktischen Niederschlag findet diese Idee in den seit Beginn der 80er-Jahre auch in Deutschland zunehmend entstehenden **Standortgemeinschaften**, die auf der Basis eines gemeinsamen Areals (idR eines Industriegebiets) Synergieeffekte zugunsten der dort ansässigen Betriebe ermöglichen und ausschöpfen sollen. *Richter* präzi-

---

[151] Siehe hierzu auch die Ausführungen in Kap. 8.1.

7. Industrielle Stoffkreislaufwirtschaft und ihr räumlicher Bezug

siert hier sog. **Industrie- und Gewerbeparks** als „*Standortgemeinschaft von bereits am Markt bestehenden, neuangesiedelten oder verlagerten Betriebe bzw. Unternehmen aus dem gewerblichen oder industriellen Bereich*"[152], hinter denen in aller Regel private Investoren stehen. Als Sonderformen derartiger Standortgemeinschaften haben sich in Deutschland verstärkt seit Mitte der 80er Jahre sog. **Technologie- und Gründerzentren** (TGZ) entwickelt, die in aller Regel Ausdruck spezieller lokaler Innovations- und Technologieförderpolitiken sind und deshalb vielfach unter der Trägerschaft kommunaler Wirtschaftsförderung entwickelt werden[153].

Industriestandortgemeinschaften, ob nun ex post entstanden, oder bereits bei der Industriegebietsentwicklung planerisch vorbereitet[154], haben bereits den Grundstein für zwischenbetriebliche Koordination, Austausch oder Infrastruktur-Sharing (bspw. über unternehmensübergreifendes Facility Management) gelegt. Im Allgemeinen ist bereits ein gewisses an sozialer Nähe entstanden, das auch die Implementierung einer nachhaltigkeitsfördernden Stoffstromkoordination wesentlich erleichtern kann – wenn sie nicht bereits im o.g. Koordinationskonzept selbst explizit verankert ist. Letzteres trifft insbesondere für die sogenannten „*Zero Emissions Eco-Industrial Parks*" zu, die v.a. in den USA von sich reden machen und in Kap. 7.5.4.2 noch eingehend und dabei gleichzeitig auch kritisch beleuchtet werden.

Derartige Industrieparkkonzepte können im Hinblick auf ein nachhaltigkeitsorientiertes Management industrieller Stoffströme zwar Vorzeigecharakter annehmen, sind im Vergleich mit den größtenteils bereits sehr viel früher angelegten „traditionelle Industriegebieten" jedoch relativ selten. Nun darf es bei der Förderung von Nachhaltigkeitseffekten aber nicht nur um ein mit besonderen Umständen verbundenes Eyecatch gehen, sondern auch um Übertragbarkeit, um Breitenwirkung und das heißt, um eine möglichst große Zahl an Nachahmern. Nachhaltigkeitsorientierte Umsteuerungsansätze müssen sich deshalb auch intensiv mit der Frage auseinandersetzen, wo und inwieweit sie auch in traditionellen Altindustriegebieten anwendbar sind. Gerade unter diesen Vorzeichen zeigen kommunale Wirtschaftsförderungsgesellschaften und damit verbundene Entwickler (s.o.) derzeit nicht nur in Deutschland ein erhebliches Interesse an gangbaren Wegen für eine zukunftsorientierte Restrukturierung industrieller Problemgebiete. So sind Begriffe wie „*brownfields redevelopment*"[155] zur Zeit in aller Munde und dies nicht zuletzt auch vor dem Hintergrund der Wahrnehmung eines bereits „gefährlich weit" voranschreitenden Arbeitsplatzabbaus an solchen Altindustriestandorten.

---

[152] *Richter* [Wirtschaftsregion 1997], S. 99.
[153] Siehe hierzu bspw. *Richter* [Wirtschaftsregion 1997], S.99 ff.
[154] Letzteres trifft v.a. für die in den 80er und 90er Jahren entstandenen Technologieparks zu.
[155] Siehe hierzu auch dies Ausführungen in Kap. 7.5.4.2, wo entsprechende Entwicklungen in den USA thematisiert werden.

Neben einer breiten Palette von Maßnahmen zur Verbesserung des Standort-Image und zur Verstärkung lokaler Pulleffekte setzen die Entwickler dabei vielfach auch auf die Entwicklung lokaler Koordinationsknoten, mit Hilfe derer sie einer standortbezogene Eigendynamik unter die Arme greifen wollen[156]. In diesem Sinne werden gegenwärtig vielerorts **Arbeitskreise** gegründet, die in der Regel einen zunächst einmal informellen Charakter besitzen und primär dazu dienen,

- die Kommunikation zwischen den Unternehmen zu stärken,
- die Kommunikation zwischen den Unternehmen und der Kommune zu stärken,

um so

- betriebsübergreifend vorhandene Problemstellungen & Defizite zu identifizieren,
- betriebsübergreifende Problemlösungspotenziale erkennbar werden zu lassen,
- diese Problemlösungspotenziale auch mit denen der Kommune zu bündeln,
- darauf aufbauende Verbesserungsprozesse abzustimmen und einzuleiten
- und hierdurch den Industriestandort als Ganzes zu stärken.

Diese Entwicklung steht ganz im Zeichen der sich gegenwärtig in vielfältigster Art und Weise formenden interorganisationalen Umweltmanagementnetzwerke, die dazu beitragen sollen, knappe Ressourcen zu bündeln und gleichzeitig neue, zukunftsweisende Problemlösungsmuster zu erschließen.

Was gerade einzelne Industriegebiete für die Weiterentwicklung von Qualitäten im Sinne einer **Systemeinheit** prädestiniert, sind Faktoren wie:

- die räumliche Nachbarschaft der einzelnen Akteure (→ räumliche Nähe),
- die damit verbundenen Möglichkeiten der persönlichen Kontaktaufnahme zu einem benachbarten Unternehmen, bzw. die über Jahre hinweg kumulierten oder innerhalb kürzester Zeit erschließbaren Informationen über einen solchen Akteur (→ Vertrauen),
- die Wahrnehmung des Industriegebiets als gemeinsamem Produktionsstandort (→ Identifikation),
- das Teilen gemeinsamer Probleme, die bspw. mit der infrastrukturellen Situation im und um das Industriegebiet herum einhergehen (→ gemeinsames Los), oder
- die hohe Wahrscheinlichkeit, diesen Problemen gemeinsam erfolgreicher begegnen zu können, als dies bei unkoordinierter Durchführung autonomer Anstrengungen der Fall sein würde (→ Synergieerwartung).

---

[156] Siehe bspw. auch die über www.heidelberg-pfaffengrund.de erschließbaren Anstrengungen der Stadt Heidelberg, bzw. die Ausführungen in *Sterr* [Pfaffengrund 1998], S. 67 f.

7. Industrielle Stoffkreislaufwirtschaft und ihr räumlicher Bezug

7.5.3 Das Industriegebiet als Baustein einer Kreislaufökonomie

Charakteristikum des Industriestandorts	Kreislauffördernde Chancenpotenziale
a.) strukturell	

• Ansammlung von Unternehmen unterschiedlichster Branchen und Produktionsstufen	• Raum für vertikale, horizontale und diagonale Beziehungen[157] zur Verbesserung der Ressourceneffizienz
	  - koordinierte Entsorgung / Beschaffung
	  - direkte Output-Input-Beziehungen durch Nutzung von Singularitäten[158]
	• Nutzung spezieller Entsorgungs- / Beschaffungskanäle eines Großlieferanten / Großabnehmers

• Ansammlung von Unternehmen unterschiedlicher Größen	• Informationelle und materielle Andockstellen für Kleinunternehmen
b.) räumlich	
• Räumliche Nachbarschaft der Akteure	• Senkung der Transaktionskosten durch koordinierte Entsorgung und / oder Beschaffung (bspw. über Ringverkehrssysteme) • sowie durch Substitution von Kontrolle durch Vertrauen • firmenübergreifende Ausnutzung von Prozesswärme
c.) organisatorisch	
• überschaubare Anzahl potenzieller Netzwerkpartner	• Verhältnismäßig schneller Vertrauensaufbau und Systemübersicht • Verhältnismäßig geringe Transaktionskosten
• Wahrnehmung eines Kommunikationsdefizits	• Aufbau und Etablierung von Netzwerken zur betriebsübergreifenden Diskussion betriebsspezifischen Expertenwissens • Aufbau und Etablierung situationsadäquat zugeschnittener Instrumente zur Systematisierung, Koordinierung und Redistribution relevanter Stoff- und Energiestrominformationen

Tab. 7-6: Chancenpotenziale zwischenbetrieblicher Stoff- und Energiekreislaufwirtschaft auf der Ebene des Industriestandorts

---

[157] Siehe hierzu die Ausführungen in Kap. 7.4.1.2.2.
[158] Die Zusammensetzung der Akteure eines Industriegebiets ist, statistisch betrachtet, weitgehend im Bereich des Zufalls angesiedelt; genauso verhält es sich aber auch mit dem fallspezifisch unterschiedlichen Auftreten stoffkreislauftechnischer „Idealpartner".

Die Tabelle 7-6 (siehe Vorseite) beschreibt wesentliche Charakteristika von Industriegebieten in ihrer potenziellen Bedeutung für die (Weiter-)Entwicklung kreislauffördernder Beziehungen zwischen Betrieben, wobei ausdrücklich betont werden muss, dass die Relevanz einzelner Faktoren aufgrund des hohen Maßes an Singularitäten von Industriegebiet zu Industriegebiet sehr unterschiedlich ausfallen kann.

Wie in dieser Tabelle weiter deutlich wird, können die Potenziale zwischenbetrieblicher Kreislaufwirtschaft innerhalb eines Industriegebiets recht vielfältig bedingt sein. Allesamt sind sie jedoch in höchstem Maße von den Spezifitäten der mehr oder weniger zufällig in einem Industriegebiet versammelten Akteure und deren Beziehungsgeflechten abhängig. Eine Eins-zu-eins-Übertragung von Erfahrungen aus einem Industriegebiet in ein anderes ist darum problematisch, und wird auch im Zusammenhang mit der Darstellung des sogenannten „Pfaffengrund-Projektes" (Kap. 8.1) noch thematisiert werden. Dies ändert allerdings nichts an der von den folgenden Praxisbeispielen explizit untermauerten Tatsache, dass die Stärkung des Industriestandorts als Systemeinheit die Ausschöpfung von Potenzialen einer zwischenbetrieblichen Stoffkreislaufwirtschaft in praxi erheblich begünstigen kann.

Die bereits am Ende des vorangegangenen Abschnitts genannte Synergieerwartung stützt sich bspw. auf eine potenzielle Teilhabe an interessanten Entsorgungsbeziehungen anderer Akteure aus dem Industriegebiet oder auf Skaleneffekte, wie sie aus einer betriebsübergreifenden Bündelung stofflicher und energetischer In- und Outputs resultieren können. Die Ansatzpunkte für die Förderung einer ressourcenschonenden Stoff- und Energiekreislaufökonomie sind darum auch auf der Ebene eines Industriegebietes recht vielfältig, und dies trotz oder wegen der im Allgemeinen äußerst heterogenen Zusammensetzung der darin beheimateten Akteure.

7.5.4 Praxisbeispiele industriestandortinterner Kreislaufwirtschaft

Beschäftigt man sich mit der Förderung industrieller Stoffkreislaufwirtschaft auf der Ebene des Industriestandorts, so richtet sich die erste Frage an die Ausgangsgrundlage:

- Sollen Potenziale zwischenbetrieblicher Stoff- und Energiekreislaufwirtschaft im Rahmen eines bereits existierenden Industriegebiets (nachträglich) eingewoben werden (gewachsenes **Altindustriegebiet**)? (Siehe das folgende Kap. 7.5.4.1),

- oder handelt es sich im Rahmen einer besonders ambitionierten Neuausweisung um eine **Reißbrettkonzeption**[159], die neben Grundstücksgrenzen und Infrastrukturausstattung auch produktionsbezogene Festlegungen trifft und die Bewerber gemäß ihrer standortbezogenen Symbiosepotenziale ansiedeln will? (Siehe verschiedene Vertreter der in 7.5.4.2 skizzierten EIP).

---

[159] Im Amerikanischen gemeinhin als „*single planning effort*" bezeichnet.

7.5.4.1 Die industrielle Symbiose von Kalundborg (Dänemark)

Die heutigen Industriegebiete in Deutschland entwickelten sich im Laufe etlicher Jahre oder gar Jahrzehnte und dabei vielfach noch lange, bevor Bebauungspläne eine entsprechende Nutzung spezifizierten. Ihre heutige Gestalt ist die Momentaufnahme eines historischen Prozesses, der sich zu großen Teilen über eine am Produkt orientierte Industriestandortoptimierung oder über persönliche Standortpräferenzen des „Siedlers" erklären lässt. Kreislaufwirtschaftliche Kombinationsmöglichkeiten spielten dabei allenfalls im Sinne einer speziellen industriellen Ergänzung eine Rolle. Dies war auch bei der sog. *„Industriellen Symbiose von Kalundborg"* nicht anders, die bis heute als Paradebeispiel für solche zwischenbetrieblichen Austauschbeziehungen auf Industriestandortebene gilt, die nicht auf der Grundlage erwünschter, sondern zunächst einmal unerwünschter Outputs entstanden sind.

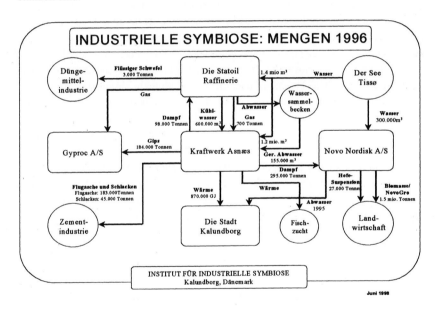

Abb. 7-19: Zwischenbetrieblicher Austausch von Abfall- bzw. Kuppelprodukten im Rahmen der Industriellen Symbiose von Kalundborg (Stand Juni 1998); (Quelle: *Christensen* [Kalundborg 1998b], S. 107)

Wie die obige Abbildung 7-19 zeigt, kooperieren im Rahmen dieses verwertungsorientierten Netzwerks bereits seit Anfang der 80er-Jahre ein Kraftwerk, eine Raffinerie, ein Insulinproduzent, eine Gipsfabrik und die Stadt Kalundborg sowohl im Bereich der Restwärmenutzung, als auch der produktionsorientierten

Aufbereitung von Abfallstoffen (Gips). Diese sog. *„Innere Symbiose"* [160] wurde sukzessive ergänzt um weitere Symbiosepartner *(„Äußere Symbiose"),* die das Netz der Austauschbeziehungen bis 1998 auf insgesamt 18 zwischenbetriebliche Output-Input-Kombinationen ausgeweitet hatten[161].

Tatsächlich ist die Industrielle Symbiose von Kalundborg seit ihrer mehr oder weniger zufälligen Entdeckung durch eine Projektgruppe von Gymnasiasten im Jahre 1989[162] auch von wissenschaftlicher Seite her intensiv beforscht worden, so dass es einer eingehenden Auseinandersetzung mit diesem Fallbeispiel an dieser Stelle nicht mehr bedarf[163]. Zentrale Erkenntnisse aus diesem Fallbeispiel werden jedoch in der folgenden Tabelle 7-7 noch plakativ angerissen.

Gerade die ökonomische Betrachtung des Kalundborger Netzwerks begründet in hohem Maße die Hoffnung, dass es bei entsprechender Kooperationsbereitschaft unter den zentralen Entscheidungsträgern eines Industriegebietes auch anderenorts gelingen müsste, (zusätzliche) zwischenbetriebliche Stoff- und Energiekreislaufmöglichkeiten zu etablieren. Denn schließlich entwickelte sich die Industrielle Symbiose von Kalundborg ja als *„Nicht-Projekt",* wie sich *Christensen* im Allgemeinen auszudrücken pflegt. Sie enthielt dadurch gegenüber vielen anderen derzeitig forcierten Ansätzen einen komparativen Nachteil, weil nicht einmal der Identifikationsprozess für zwischenbetriebliche Potenziale über öffentliche Mittel bezuschusst wurde.

Um so unglaublicher wirkt deshalb die Tatsache, dass dieses Original, obwohl vielkopiert, in seiner qualitativen Intensität, die bis hin zur zwischenbetrieblichen Vernetzung über Rohrleitungssysteme reicht, bis heute trotz öffentlicher Anschubfinanzierungen an keinem anderen Ort der Welt erreicht werden konnte. Über die Gründe hierfür darf trefflich spekuliert werden, gelehrt hat Kalundborg jedoch zumindest eines: Zwischenbetriebliche Stoff- und Energiekreislaufwirtschaft lohnt sich auch ökonomisch an vielen Stellen. Sie ist ein zwischenbetriebliches Beziehungsszenario, das seine finanzielle Tragfähigkeit bereits unter strikt marktwirtschaftlichen Konditionen unter Beweis gestellt hat. Die zentrale Grundvoraussetzung für eine in hohem Maße auf Selbstorganisation basierende, privatwirtschaftlich gesteuerte Wirtschaftsform ist damit gegeben.

---

[160] *Christensen* [Kalundborg 1998a], S. 324.

[161] Näheres hierzu siehe insbes. *Christensen* [Kalundborg 1998b], S. 103 - 106.

[162] *Schwarz* [recyclingorientierte Unternehmensnetzwerke 1994], S. 98, zitiert nach einem dänischsprachigen Aufsatz von *Kragh* (1990).

[163] Stellvertretend für viele andere Arbeiten und Fachbeiträge, die sich zumindest teilweise mit der Industriellen Symbiose von Kalundborg auseinandersetzen, seien insbes. *Schwarz* [recyclingorientierte Unternehmenskooperationen 1994], *Strebel* [Steiermark 1995], *Christensen* [Kalundborg 1998a], *Christensen* [Kalundborg 1998b] genannt. Auch die nordamerikanischen Protagonisten einer *„Industrial Ecology"* lassen kaum eine Gelegenheit aus, auf das Kalundborger Beispiel eines funktionierenden *„Eco-Industrial Parks"* (EIP) zumindest hinzuweisen. Dies gilt für *Lowe* genauso wie bspw. für *Côté, Cohen-Rosenthal, Tibbs, Ehrenfeld, Hawken* oder *Engberg.* Dabei wird der Kalundborger Fall in aller Regel als Lernobjekt und Meßlatte für die Entwicklung ähnlicher *„industrial ecosystems"* in US-amerikanischen oder kanadischen Industriegebieten herangezogen.

7. Industrielle Stoffkreislaufwirtschaft und ihr räumlicher Bezug

1.) strukturelle Betrachtung	• Die industrielle Symbiose von Kalundborg nahm ihren Ausgangspunkt bereits viele Jahre vor ihrer Identifikation als solcher auf der Basis ökonomisch orientierter Überlegungen von Vertretern aus verschiedenartigen Unternehmen. • Das sich Bewusstwerden diagonaler Kombinationspotenziale bei der Verwertung unerwünschter Outputs führte zu einer systematischen Erweiterung der Kooperationsbeziehungen bis hin zum Aufbau neuer Betriebe, die in diesem Techno-Ökosystem eine attraktive Nische finden konnten. • Bei den Industriepartnern der *„Inneren Symbiose"*, die bis heute die Protagonisten des Netzwerks darstellen, handelt es sich um mittelständische / größere Unternehmen.
2.) räumliche Betrachtung	• Die Industrielle Symbiose von Kalundborg nahm ihren Ausgangspunkt in einem Industriegebiet, das auch heute noch die zentralen Promotoren beheimatet[164]. • Aus diesem Kern heraus hat es sich inzwischen auch zum Umland hin weiterentwickelt → zunehmend regionale Dimension.
3.) organisatorische Betrachtung	• Die kooperierenden Akteure der *„inneren Symbiose"* kannten sich bereits geraume Zeit vorher und hatten zumindest im Sinne „beschriebener Blätter" ein persönliches Vertrauensverhältnis untereinander entwickelt. (informelle Beziehungen) • Die ursprünglich voneinander unabhängigen und im Wesentlichen bilateralen Vereinbarungen zwischen ihnen wurden zu Beginn der 90er Jahre systematisch intensiviert und mündeten schließlich in die Gründung eines *„Instituts für Industrielle Symbiose"*[165], das unter dem Dach der örtlichen IHK einen festen Platz hat. (Formalisierung eines Netzwerkknotens)
4.) ökonomische	• Die industrielle Symbiose von Kalundborg ist nicht das Ergebnis ökologischer Ansprüche, sondern vielmehr des Wunsches der unternehmerischen Entscheidungsträger, *„die Betriebe wirtschaftlich zu führen"*[166]. • Nie hat das Verwertungsnetzwerk von Kalundborg für seine weitere Ausgestaltung Subventionen empfangen, weshalb in seiner gesamten Entwicklungsgeschichte stets nur solche Kombinationen realisiert wurden, die sich finanziell rechneten[167].

Tab. 7-7: Zentrale Charakteristika der Industriellen Symbiose von Kalundborg

---

[164] Neben ihrem ungebrochenen Engagement für die Suche nach weiteren Optimierungsmöglichkeiten finanzieren sie gemeinsam das *„Institut für Industrielle Symbiose"*, das von *Jørgen Christensen* im Wesentlichen als Ein-Mann-Unternehmen geleitet wird.

[165] Siehe obige Fußnote.

[166] *Christensen* [Kalundborg 1998b], S. 100.

[167] Nicht gerechnet hatten sich bspw. der Bau einer Fernkühlung, da der zusätzliche Kühlkapazitätsbedarf aufgrund betriebsindividuell bereits getätigter Investitionen zu gering war; auch die Rentabilität einer geplanten Kartoffelmehlfabrik erwies sich nach *Christensen* [Kalundborg 1998b], S. 106, trotz mehrerer Symbioseeffekte als zu gering. Weitere ressourcensparende Vernetzungs- und Kreislaufideen befinden sich derzeit im Versuchsstadium (so bspw. Versuche mit Flugasche und Klärschlamm) (siehe hierzu bspw. *Christensen* [Kalundborg 1998b], S. 109 f.).

7.5.4.2 Die Implementierung von „Eco-Industrial Parks" in Nordamerika

Diese Tatsache, dargestellt am Faktum der Industriellen Symbiose von Kalundborg beflügelte nicht nur amerikanische Wissenschaftler[168], sondern auch Planungs- und Wirtschaftsexperten, den Faden hin zu einer öko-industriellen Entwicklung, der bereits in den 70er und 80er-Jahren gesponnen wurde[169], mit einer wesentlich größeren Rückendeckung wieder aufzunehmen und auch auf nordamerikanischem Boden sogenannte „Eco-Industrial Parks" (EIP) zu entwickeln. Wie *Erkman*[170] vermutet, hat jedoch bereits der Artikel der beiden General-Motors Mitarbeiter *Robert Frosch* und *Nicholas Gallopoulos* mit dem recht profanen Titel „*Strategies for Manufacturing*"[171] ganz entscheidend dazu beigetragen, dass die Vorstellung von einer industriellen Produktion gemäß des Ökosystemgedankens auch vonseiten der Wirtschaft mit Ernsthaftigkeit betrachtet wurde[172].

Seit Anfang der 90er-, verstärkt aber seit Mitte der 90er-Jahre greift nun der Gedanke zur Schaffung von ökologisch orientierten Industriegebieten (*„Eco-Industrial Parks"*) gerade in den USA, aber auch in Kanada weiter um sich und gebar mittlerweile mehr als 20 dieser EIPs. Diese differieren inhaltlich allerdings so stark, dass sie, abgesehen von der Idee eines Industriestandorts, bei dessen Weiterentwicklung wie auch immer geartete Ökofaktoren Berücksichtigung finden sollen, kaum noch Charakteristika aufweisen, die für alle dieser EIP gelten. *Lowe*, der 1996 einen auch von anderen „EIP-Gründern" vielbeachteten und von der US EPA finanzierten Leitfaden für die Entwicklung von EIPs schrieb[173], definiert den **EIP** als *„a community of manufacturing and service businesses seeking enhanced environmental and economic performance through collaboration in managing environmental and resource issues including energy, water, and materials. By working together, the community of businesses seeks a collective benefit that is greater than the sum of the individual benefits of each company would realize if it optimized its individual performance only"*[174].

---

[168] So bspw. *Hawken* vor dem Hintergrund des Kalundborger Netzwerks: *„Imagine what a team of designers could come up with if they were to start from scratch, locating and specifying industries and factories that had potentially synergistic and symbiotic relationships."* (*Hawken* [Ecology of Commerce 1993], S. 63).

[169] Siehe hierzu bspw. *Erkman* [Industrial Ecology 1997], S.1 f.; entsprechend auch *Cohen-Rosenthal / McGalliard* [EIP-Development 1999].

[170] *Erkman* [Industrial Ecology 1997], S. 5.

[171] *Frosch / Gallopoulos* [industrial ecosystem 1989].

[172] Ein interessantes Detail, das den Aufsatz in seinem damaligen Kontextmilieu beschreibt, vermerkt *Erkman* [Industrial Ecology], S. 5, in einem Klammerausdruck. Dort berichtet er, dass die Herausgeber von *Scientific American* den ursprünglichen Titel des Aufsatzes „*Manufacturing – The Industrial Ecosystem View*" nicht akzeptiert hätten.

[173] *Lowe / Moran / Holmes* [EIP-Guidebook 1997]; entspricht textlich voll dem für die EPA erstellten *"Fieldbook for the Development of Eco-Industrial Parks"*.(dto. [EIP-Fieldbook 1997]).

[174] *Lowe / Warren* [Industrial Ecology 1996], S. 7 - 8; oder identisch auch in *Lowe / Moran / Holmes* [EIP-Guidebook 1997] (zitiert in *Lowe* [Regional Resource Recovery 1998], S. 29).

7. Industrielle Stoffkreislaufwirtschaft und ihr räumlicher Bezug

Kennzeichnend für einen EIP ist also:
- die Wahrnehmung eines gemeinsamen Handlungsrahmens,
- innerhalb dessen sich Effizienzsteigerungen
- und Synergieeffekte einstellen oder bewusst erzielt werden sollen,
- die zumindest eine ökologische Komponente aufweisen.

Da jedoch die ersten drei Komponenten sehr wohl auch Kennzeichen traditioneller Industrieparks sein können, heißt dies nicht mehr, als dass bereits jede überbetriebliche Kooperation mit ökologischem Nebeneffekt einen potenziellen EIP darstellt[175], der sich dann faktisch manifestiert, wenn sich die Akteure dieser Situation bewusst werden[176] (und von nun an bewusst an seiner Weiterentwicklung arbeiten) – oder, um es mit *Friend* [EIPs] etwas pointierter auszudrücken: *„It may be more practical to present it as an incremental improvement to business as usual"*[177]. Damit ist der EIP jedoch noch lange kein irrelevantes Phänomen – sogar ganz im Gegenteil. Für einen wissenschaftlichen Umgang mit diesem Begriff bedeutet ein derart weitgesteckter Interpretationsrahmen allerdings, dass mit der Verwendung dieses Begriffes kaum eine qualitative Aussage einhergeht.

So wenig der Begriff des EIP nun materiell auch impliziert, als Ausdruck zur Beschreibung einer anvisierten Zielrichtung ist er von essenzieller Bedeutung. Denn, wer den Begriff des EIP für sich in Anspruch nimmt, der begibt sich damit ausdrücklich auf einen Entwicklungspfad, welcher erstens auf Dauer angelegt ist, und dabei zweitens für sich in Anspruch nimmt, dass Entscheidungsprozesse der Systemelemente zumindest in ihrer Gesamtwirkung zu steten ökologischen Entlastungseffekten führen. Die Akteure unterwerfen sich damit also auf freiwilliger Basis (denn es besteht ja keine Zwangsmitgliedschaft im System) unter anderem auch eindeutig ökologisch dimensionierten Entscheidungskriterien.

Nun gibt es allerdings auch Autoren, die dem Begriff des *„Eco-Industrial Parks"* weit enger fassen, indem sie die dahinterstehende Vision eines *„Zero-Emissions Parks"* gleich zum Selektionskriterium erheben und damit schon fast zwangsläufig zum Schluss kommen, dass es solche *„Eco-Industrial Parks"* heute noch nirgends gibt[178]. Andere billigen zumindest dem Kalundborger Fallbeispiel

---

[175] Siehe auch *Côté* [EIPs], S. 1: *„The distinguishing feature of eco-industrial parks [with respect to standard industrial parks (Anmerkung des Verfassers)] is their use of ecological design to foster collaboration among firms in managing environmental and energy issues."*

[176] Zum EIP bedarf es dann streng genommen nicht mehr als eines Entdeckers dieser Kooperation.

[177] *Friend* [EIP 1995].

[178] So spezifiziert bspw. *Tibbs* (zitiert in *Friend* [EIPs 1995]) als *„core principles for 'industrial ecosystems"*:
 „ - no waste (the output of one process becomes the input of another)
 - concentrated toxins are not stored, but synthesized as needed
 - "elegant cycles" of materials and energy weave among the companies
 - systems are dynamic, and information driven
 - independent participants in coordinated action."

als Maßstab für das unter gegenwärtigen Umständen Machbare den Status eines EIP zu und resümieren dann, dass zumindest in Nordamerika noch kein derartiges Gebilde auch tatsächlich funktioniert[179].

Tatsächlich erscheint die Nachahmung des Kalundborger Vorbilds im Rahmen nordamerikanischer EIPs trotz der bisweilen in sehr umfangreichem Maße zur Verfügung gestellten (und vielfach nicht rückzahlbaren) Anschubfinanzierungen ein schwieriges Unterfangen darzustellen. Dies braucht allerdings auch nicht zu überraschen. Denn Kalundborg entstand im Rahmen privatwirtschaftlicher Selbstorganisationsprozesse „durch Zufall" und nicht als planvoll konzipierter Umsetzungsprozess auf der Basis der Idee einer „Industriellen Symbiose". Man könnte auch sagen: Im Falle Kalundborgs hatte ein zunächst einmal absichtsloses miteinander Spielen verschiedenartiger Akteure mit letztlich komplementären Interessen zu einer gelungenen Kombination geführt. Damit zeigen die Umstände seiner Entstehung aber tatsächlich eine relativ große Nähe zu **natürlichen Ökosystemen**, die nun ja in verstärktem Maße (siehe bereits der 1989er-Aufsatz von *Frosch / Gallopoulos*)[180] zu Vorbildern sogenannter *„industrieller Ökosysteme"* werden sollen. Entsprechend formuliert auch *Friend*: *„In natural systems – the model for industrial ecosystems, after all – design is a trial and error process, not a purposive one."* [181]

Und selbst *Lowe*, der Verfasser des o.g. Planungshandbuchs für die Entwicklung von EIPs, reflektiert die Kalundborger Unternehmenspartnerschaft in seinem CP-Artikel von 1997 dergestalt, dass *„there is still no higher level organisation managing their interaction. This suggests, that parks or regions seeking to recruit companies to form by-product exchanges networks must not over-plan."*[182] Nun verfügte das Kalundborger Netzwerk mit *Christensens* „Symbioseinstitut" damals zwar bereits über eine institutionalisierte Einrichtung, doch erstens hat diese nicht mehr als die Befugnisse einer Koordinationsstelle und zweitens ist *Christensen* selbst ein ehemaliger Novo Nordisk Manager[183] und damit eine Persönlichkeit, die über viele Jahre hinweg in unternehmerischer Verantwortung gestanden hat, d.h. ein in unternehmerischem Denken und Handeln erfahrener Akteur, der zudem noch aus dem Kreise der Systempartner selbst stammt.

---

und beschreibt damit schon fast ein geschlossenes industrielles System, das so allenfalls unter Einschluss von Konsum und globaler Vernetzung eine ferne Realität zu beschreiben vermag.

[179] Siehe bspw. *Cohen-Rosenthal / Mc Galliard / Bell* [EIP-Design 1996]: *„EIP for the most part remain an intriguing prospect on the drawing board. No Community in the United States has an operating interconnection of businesses that can be called a functioning EIP."*

[180] *Frosch / Gallopoulos* [industrial ecosystem 1989].

[181] *Friend* [EIPs 1995], S. 1.

[182] *Lowe* [By-product exchanges 1997], S. 59.

[183] Novo Nordisk (ein führender Produzent von Insulin sowie Hersteller industrieller Enzyme für Industriezwecke) ist auch am Industriestandort Kalundborg der größte Partner der *„Inneren Symbiose"*.

7. Industrielle Stoffkreislaufwirtschaft und ihr räumlicher Bezug

Die Kalundborger Initialzündung war ein singuläres, nicht vorherzusehendes oder vorherzuplanendes Ereignis – eine spontane entstandene und gleichzeitig auch erfolgreiche Systeminnovation. Gleichwohl dürfte es aber auch andernorts von Zeit zu Zeit ähnliche Trial and Error-Prozesse gegeben haben, von denen möglicherweise auch einige noch unentdeckt geblieben sind. Und es ist zu erwarten, dass sich Vergleichbares auch in Zukunft abspielen wird – und auch hier wird im Erfolgsfalle wiederum ein hohes Maß an kontextbezogener Einzigartigkeit zu konstatieren sein. Sind damit aber geplante EIPs nicht bereits ex ante zum Scheitern verurteilt?

Wenn man die Ansprüche nicht zu hoch hängt (siehe obiges *Lowe*-Zitat), wäre eine derartige Schlussfolgerung mit Sicherheit unrichtig, denn zumindest von einem gewissen Erfahrungskurveneffekt kann nunmehr ausgegangen werden. Tatsächlich ist das Wissen um eine bereits langjährig erfolgreiche industrielle Symbiose nun ja öffentlich, einschließlich der Beforschung struktureller Charakteristika und anderer Erfolgsfaktoren. Dies erlaubte ein nunmehr systematisch durchführbares Spielen mit vielversprechenden Kombinationen und Anschubsubventionen tun derzeit das Ihrige, um die Beschäftigung mit möglichen Synergiepotenzialen zu intensivieren und neue stabile Kooperationspfade vorzubereiten und zu stabilisieren. Dass derartige Hoffnungen an eine systematische Suche nach bisher unentdeckt gebliebenen Potenzialen durchaus berechtigt sind, zeigt auch der Verlauf der mit der Entdeckung des Kalundborg-Netzwerks eingeleiteten Phase II. Tatsächlich hat diese ab 1989 einsetzende bewusst geplante Weiterentwicklung inzwischen zu einer ganzen Reihe, zusätzlicher und gleichzeitig auch wesentlicher zwischenbetrieblicher Kombinationen geführt, die eine ähnlich hohe Stabilität aufweisen wie die unbeabsichtigt entstandenen der Phase I[184].

Dennoch sind viele der in der Literatur beschriebenen U.S.-amerikanischen EIPs über das Entwicklungsstadium von *„feasibility studies"* oder gar *„pre-feasibility studies"* noch nicht hinausgekommen und damit – zumindest noch – akademische Gedankenspiele und Szenariensammlungen[185]. Es ist zu vermuten, dass etliche dieser Ansätze dies auch bleiben werden. Gleichwohl haben andere dieser nunmehr als EIPs firmierenden Industriegebiete bereits recht konkrete Formen angenommen, wie beispielsweise solche, bei denen sich kleinere oder größere Akteursgruppen um eine bestimmte Abfallsenke oder Energiequelle gruppieren[186].

---

[184] Siehe bspw. die Abbildungen in *Christensen* [Kalundborg 1998a], S. 334 und 336, sowie die chronologische Beschreibung dieser Entwicklungen in *Christensen* [Kalundborg 1998b].
[185] Hinweise hierfür finden sich bspw. in *Cohen-Rosenthal / McGalliard / Bell* [EIP-Design 1996], S.3 f.
[186] Siehe hierzu auch die Beispiele in der folgenden Tab. 7-8b und die damit verbundenen Literaturquellen.

Es spricht Einiges dafür, dass sich derartige Erfolgsgeschichten bereits in naher Zukunft häufen werden, – und dies nicht zuletzt deshalb, weil sich die Begleitumstände für die Entwicklung von EIPs gegenwärtig recht günstig gestalten und weiter verbessern werden. Gerade in den USA (zunehmend aber auch bei der Beplanung von Industriestandorten in Ländern der Dritten Welt) hat die EIP-Thematik derzeit Konjunktur. Dies gilt nach wie vor für die seit der Mitte der 90er-Jahre stark intensivierte theoretische Beforschung des Phänomens durch die (primär universitäre) Forschungslandschaft[187], die erst jüngst mit der Einrichtung eines *„National Center for Eco-Industrial Development"* [188] eine weitere wertvolle Arbeitsgrundlage bekam. Dies gilt jedoch zunehmend auch für die industriestandortbezogene Umsetzungspraxis, die von einer nunmehr bereits recht erfahrenen Forschung inzwischen wesentlich reifere und realitätsnaher angelegte Umsetzungsanregungen erhält. Hierbei geht es weniger um die zukunftsorientierte Planung industrieller Ökosysteme auf der grünen Wiese (*„greenfield development"*), als vielmehr darum, im Sinne eines sogenannten *„brownfields redevelopment"* eine Wiederbelebung gefährdeter Industriestandorte zu fördern, was im Wesentlichen einer Modifikation bzw. Entwicklung aus dem Bestehenden entspricht.

Ökologische Ansprüche verbanden sich so in den letzten Jahren immer mehr mit klassischen Industriestandortfragen und brachten vor diesem Hintergrund eine inzwischen sehr breite Palette von EIP-Ansätzen hervor, die unter besonderer Berücksichtigung ortsspezifischer Konstellationen mehr und mehr umgesetzt werden. Die folgenden Tabellen 7-8a bis 7-8c stehen für den Versuch, die Vielschichtigkeit dieser Entwicklungen in möglichst knapper und prägnanter Form zu beschreiben und dabei auch einen Eindruck davon zu erzeugen, welche Spannweite die EIP-Entwicklungen in den USA und Kanada in Wesen, Planung und Ausgestaltung inzwischen annehmen.

---

[187] Darunter insbesondere durch die Cornell University (Ithaca, NY, USA) → *Ed Cohen Rosenthal*), Dalhousie University (Halifax, Neu-Schottland, Kanada → *Raimond Côté*) aber auch Indigo Development Corporation (Oakland, Kalifornien, USA → *Ernest A. Lowe*) – um nur die allerwichtigsten (oder zumindest produktivsten) zu nennen.

[188] Forschungszentrum der Cornell University sowie der University of Southern California. Quelle: Mail von *Ed Cohen-Rosenthal* vom 3.10.2000.

7. Industrielle Stoffkreislaufwirtschaft und ihr räumlicher Bezug

Unterscheidungskriterium	Ausprägungen	Typische Vertreter entsprechender Ausprägungen
Zustand des zu beplanenden Territoriums ex ante	Vom existierenden Altindustriegebiet über die Beplanung gemischt genutzter Gebiete bis hin zu industriellen Gebietsausweisungen auf der „grünen Wiese" (*greenfield development*)	Altindustriegebiete: Bsp. Burnside[189], Fairfield[190] u.v.a.m. Gemischt genutzte Gebiete: Bsp.: Civano als *„integrated residential development with an important business component"* [191] Erstbebauungen: Bsp.: Brownsville im Zusammenhang mit der Einrichtung eines *Brownfield Resource Recovery Park*[192]
Räumlicher Umfang	Von Einzelgrundstücken[193], auf denen sich möglicherweise auch innerhalb eines einzigen Gebäudes rechtlich voneinander unabhängige Unternehmen entlang einer bestimmten Wertschöpfungskette gruppieren über territorial zonierte Industriegebiete, bis hin zu EIPs regionaler Größenordnung	Einzelgrundstücke: *Cohen-Rosenthal / McGalliard*[194] nennen hierfür verschiedene Beispiele aus Minnesota, Denver, St. Louis etc. Industriestandorte im Sinne geschlossener Gewerbegebiete: sie repräsentieren gegenwärtig die überwiegende Zahl der EIPs regionale Dimensionierungen: bspw. Brownsville[195]
Raumcharakter	Territoriale Industriestandorte versus systemisch konstituierten Informationsnetzwerken (i.d.R. *„virtual eco-parcs"*)[196]	Die meisten EIPs haben im Sinne von Industriestandorten (teilweise auch von Industrieregionen) territorialen Charakter (s.o.). Nicht so bspw.: Brownsville, Texas, wo ein Computermodell zur Koordinierung der regionalen Material- und Energieflüsse Form und Grenzen des Systems determiniert[197], das damit nicht mehr auf einer einzigen territorialen Standorteinheit verortet sein muss (virtueller EIP)

Tab. 7-8a: Räumliche Charakteristika nordamerikanischer Eco-Industrial Parks (EIPs)

---

[189] *SGN* [(www.smartgrowth.org/casestudies/ecoin_burnside.html) 2000].
[190] *Alvarez / Linett / Ransom* [Fairfield 2000], SGN. [(www.smartgrowth.org/casestudies/ecoin_burnside.html) 2000].
[191] *SGN* [(www.smartgrowth.org/casestudies/ecoin_civano.html) 2000]; hier ist aus einer Initiative für Solarenergie und neue Baustoffe ein innovatives Wohn- und Gewerbegebiet entstanden. (Siehe auch *Cohen-Rosenthal / McGalliard* [EIP Development 1998], S. 4.
[192] *Côté* [EIPs 1999], S. 5.
[193] *„Specific parcels of Land"* (*Cohen-Rosenthal / McGalliard* [EIP-Development 1999]).
[194] *Cohen-Rosenthal / McGalliard* [EIP-Development 1999], S. 4.
[195] www.smartgrowth.org/casestudies/ecoin_brownsville.html
[196] *Cohen-Rosenthal / McGalliard* [EIP-Development 1999], S. 4
[197] (*„simulation of a prototype"; Côté* [EIPs 1999, S.2]); siehe auch: www.smarthgrowth.org/casestudies/ecoin_brownsville.html; sowie *Cohen-Rosenthal / McGalliard* [EIP-Development 1999], S. 4; Ähnliches gilt bspw. auch für Baltimore (Maryland).

Unterscheidungskriterium	Ausprägungen	Typische Vertreter entsprechender Ausprägungen
Einbezogene Akteure	Von einem reinen **Industriebetriebsnetzwerk** bis hin zu landwirtschaftlich bestimmten Netzwerken oder gar solchen, die als **sozial-ökologisch orientierte Netzwerke** insbesondere auf die Einbeziehung der Wohnbevölkerung fokussieren („*New Urbanism Development*"[198])	Industriebetriebsnetzwerk: überwiegende Zahl der Fälle (evt. noch unter Einschluss v. Energietransfers mit der Kommune) Auf die Nutzung örtlicher Ressourcen ausgerichtete Unternehmen im Falle des Raymond Green Eco-Industrial Park[199], Raymond, Washington oder des Riverside Eco-Park, Burlington, Vermont als „*Agricultural-Industrial Park in an urban setting*"[200]; Civano Industrial Eco-Park oder Riverside als ökologisch orientierte Gemeinschaften (Communities) mit aktiver Beteiligung der Bevölkerung am Planungsprozess
Anzahl Teilnehmer & Intensität ihrer Austauschbeziehung	Von wenigen intensiven Zweierbeziehungen bis hin zur losen Gruppierung einer Vielzahl von Netzwerkteilnehmern	Zweierbeziehungen markieren eher den Normalfall; Koordinationen für eine Vielzahl von Akteuren werden über die Dalhousie University (*Côté*) für den EIP-Ansatz des Burnside Industrial Park (pot. ca. 1300 Kleinbetriebe)[201] angeregt
Unternehmensgröße und betriebsübergreifendes Zusammenspiel	Von einem Set an Klein- & Kleinstunternehmen mit atomistischen Netzwerkstrukturen über fokale Unternehmen, bis hin zu einem Netz weniger gleichrangiger und i.d.R. größerer Unternehmen	Kleinunternehmen: Burnside als Musteransatz[202]; (s.o.) fokale Unternehmen: bspw. die für ein umfassendes Tätigkeitsspektrum konzipierte Verwertungsanlage im Zentrum des East Bay Eco-Industrial Park[203] oder des Skagit County Environmental Industrial Park; im Falle von Burlington liegt der Fokus auf einem Biomassekraftwerk
Primäre Promotoren	Von Universitäten und anderen Forschungsinstituten über kommunale Entwickler bis hin zu „*Grassroot*"-Ansätzen auf der Basis von Bürgerinitiativen oder anderen persönlich betroffenen Akteursgruppen	Universitäre oder universitätsnahe Forschung und Engagement spielt bei den meisten amerikanischen EIPs eine große Rolle. Im Bereich wissenschaftlicher Modellbildung kulminiert sie im **Bechtel-Modell** des virtuellen EIP von Brownsville, das über die Vorausberechnung mathematisch errechneter Effizienzoptima zu praktischen Umsetzungen führen will[204]; demgegenüber beruhen Burnside, Baltimore, Trenton, Riverside oder der Green Institute EIP eher auf der Eigeninitiative ihrer örtlichen Mitglieder / Betroffenen[205]

Tab. 8b: Akteursbezogene Charakteristika nordamerikanischer EIPs

---

[198] Siehe hierzu bspw. (*Deppe / Leatherwood / Lowitt / Warner* [EIP Planning 2000], S. 6, bzw. die Ausführungen am Ende des Unterkapitels 7.5.6 (Fußnote).

[199] *SGN* [(www.smartgrowth.org/casestudies/ecoin_raymond.html) 2000]; Projekt steckt noch in einem sehr frühen Stadium.

[200] *SGN* [(www.smartgrowth.org/casestudies/ecoin_riverside.html) 2000].

[201] Siehe hierzu im Wesentlichen die Veröffentlichungen von *Côté* und Mitarbeitern.

[202] Siehe hierzu bspw. *Côté / Smolenaars* [EIP pillars 1997], S. 68 ff.

[203] Bei diesem über Indigo Development (*Lowe*) entwickelten Konzept soll eine „*resource recovery facility encompassing reuse, recycling, remanufacturing, and composting*" im Zentrum des Kreislaufgeschehens stehen. (*SGN* [(www.smartgrowth.org/casestudies/ecoin_east_bay.html) 2000]).

[204] Siehe u.a. *Côté / Cohen-Rosenthal* [EIP Design 1998], S. 185.

[205] Siehe entsprechende Hinweise in den Kurzbeschreibungen auf den Internetseiten des *Smart Growth Network (SGN)* [(www.smartgrowth.org/casestudies, 2000] bzw. *Côté / Cohen-Rosenthal* [EIP Design 1998], S. 185.

7. Industrielle Stoffkreislaufwirtschaft und ihr räumlicher Bezug

Unterscheidungskriterium	Ausprägungen	Typische Vertreter entsprechender Ausprägungen
Primäre Zielsetzung	Von der Restrukturierung von Industriebrachen (***brownfields redevelopment***) und der faktischen Aufwertung notleidender Altindustriegebiete über eine gezielte industrielle Ergänzung entlang der Wertschöpfungskette[206] bis hin zur Reißbrettplanung (beim ***greenfield development***)	Brownfields redevelopment: Port of Cape Charles, Fairfield; ehemalige Army Ammunition Plant in Chattanooga[207] Green field development: Brownfield Resource Recovery Park für den Brownsville EIP
Netzwerkaufbau	Von Produktions- über Verwertungsnetzwerke bis hin zu **sozial-ökologischen Netzwerken**, die auch auf das Verhalten des privaten Konsumenten (*use of biomass fuels, transferable closed loop demonstration projects, increased self-sufficiency*[208]) abstellen	Produktionsnetze: Minnesota[209]; Verwertungsnetze: virtuelle EIP aber auch solche, in denen industrielle Ergänzung im Zentrum steht; „human interaction and environmental responsibility"[210]: Civano EIP; naturnahe Kreislaufwirtschaft (Landwirtschaft & Bioenergienutzung) beim Riverside Eco-Park
Ökologischer Anspruch	Von einer minimalen Verbesserung gegenüber dem „business as usual" über die Umweltzertifizierung des gesamten EIP und zum „*zero emissions industrial park*" bis hin zur Schaffung nachhaltigkeitsorientierter Konsummuster	Während eine stoffkreislauforientierte Ergänzung (industrial clustering) in den Zielkriterien aller EIPs zu finden ist, strebt der Plattsburgh EIP ein industriestandortweites EMS nach ISO 14001 an.[211]; ökosoziale Ansätze inkorporieren das gesamte Lebensumfeld (Civano etc.)
Prioritätenabfolge	Von ökonomisch über ökologisch bis hin zu (ökologisch-)sozial als erstrangigem Entscheidungskriterium	Ökonomisch: Trenton Ökologisch: Riverside (tendenzielle Aussagen) Sozial: Green House
Gegenstand des Austausches	Von Materialien (Zero-Emissions-Zielsetzung) über materialbezogene Informationen bis hin zum Austausch von Wertvorstellungen	Materialien: überwiegende Anzahl der Fälle (EIP als verwertungsorientierte Netzwerke); Information: Burnside, Plattsburgh; Wertvorstellungen: Civano, Burlington (Riverside)
Organisationsgrad und -form	Vom informellen Netzwerk über die EDV-technische Datenbank bis hin zur faktischen Institutionalisierung über ein industriestandortinternes Facility Management-Unternehmen	EDV-technische Datenbank: Bechtel-Modell von Brownsville; Anlaufstellen: von Public Communities bis hin zu privatwirtschaftlich geführten „Park Development Agencies" als Koordinationsstellen

Tab. 8c: Gegenstandsbezogene Charakteristika nordamerikanischer EIPs

---

[206] „*The idea is to fill in the up- and downstream connections for an industry (i.e. suppliers, customers)*", was Deppe / Leatherwood / Lowitt / Warner [EIP Planning 2000], S.6 als **„industrial cluster"** bezeichnen. Intention ist hier also die Schließung von Stoffkreisläufen durch den Aufbau vertikaler Kooperation auf Industriestandortebene. Es handelt sich hier als um Vorhaben im Sinne einer industriellen Ergänzung zur Eröffnung neuer Potenziale für eine industriestandortinterne Zusammenarbeit, die die Ökoeffizienz des Industriestandorts zumindest im Umfange vermiedener Transportkilometer steigern würde.

[207] Im Falle der 1977 stillgelegten Army Ammunition Plant in Chattanooga sollen im Zuge der industriellen Wiederbelegung bis zum Jahr 2020 „*10.000 family income jobs*" geschaffen werden (*Spohn* [Sustainable Base Redevelopment 1998],S. 2; *SGN*. [(www.smartgrowth.org/casestudies/ecoin_chattanooga.html)2000] .

[208] *SGN* [(www.smartgrowth.org/casestudies/ecoin_riverside.html) 2000].

[209] Siehe *Cohen-Rosenthal / McGalliard* [EIP-Development 1999], S. 4.

[210] *SGN* [(www.smartgrowth.org/casestudies/ecoin_civano.html) 2000].

[211] „*ISO 14000 EMS Umbrella Program*" (*SGN* [(www.smartgrowth.org/casedtudies/ecoin_plattsburgh.html) 2000], siehe auch *Spohn* [Sustainable Base Redevelopment 1997].

Gerade notleidende Industriegebiete oder auch ganze Industrieregionen bilden heute eine wesentliche Motivation zur Ausweisung bestimmter Territorien als *„Eco-Industrial Parks"*. Von der mit einer solchen Titulierung verbundenen Positivbewertung, die auch Zugänge zu bedeutenden Fördertöpfen öffnet, erhoffen sich die örtlichen Planer und Wirtschaftsförderungseinrichtungen eine erhöhte öffentliche Aufmerksamkeit und Attraktivitätssteigerungswirkung, die zur Wiederbelebung solcher *„brownfields"*[212] führen und damit nicht nur die ökologische, sondern gerade auch die Arbeitsmarktsituation in bestimmten Gebieten deutlich entspannen soll. Als typisches Beispiel hierfür wurde in obiger Tabelle bereits der *„Port of Cape Charles Sustainable Technologies Industrial Park"*, Virginia, (*[an area where...] „poverty and unemployment have become common"* [213]) als *„part of a broad economic revitalization effort"* [214] genannt. Ähnliches gilt für die *„South Central Business District site"* in Chattanooga, Tennessee, mit ihren *„abandoned and operating foundries, dilapidated and active commercial buildings, worker housing, and vacant lots"*[215], oder für den *"Shady Side Eco-Business Park"*, Maryland[216]. Motivationshintergrund zu Einrichtung eines EIP bilden hier also in erster Linie **Industriebrachen** mit ihren sozialen und ökologischen Begleiterscheinungen. Eine noch größere Rolle bei der Einrichtung eines EIP spielen ökologische Probleme im *„Fairfield Eco-Industrial Park"* in Baltimore, Maryland, einem Industriegebiet, das bekannt ist für seine schlechte Umwelt- und v.a. Luftqualität, die einhergeht mit einer der höchsten Krebsraten der USA[217].

Während bereits existierende Industriegebiete den faszinierenden Gedanken eines *„Zero-Emissions-EIP* [218]*"* aus dem Bestehenden bzw. seiner zielgerichteten Ergänzung heraus entwickeln wollen[219], fokussieren sogenannte *„virtual industrial parks"*[220] bereits vor einer materiellen Manifestation auf diesen faszinierenden Gedanken der Nachbildung biologischer Systeme im Sinne eines solchen **„closed loop manufacturing EIP"**, dessen Ziel die abfallfreie Produktion eines

---

[212] Als *„brownfields"* bezeichnet man in den USA gewöhnlich *„abandoned, usually urban sites with actual or perceived contamination"* (*Cohen-Rosenthal / McGalliard / Bell* [EIP-Design 1996], S.5), was dem deutschen Begriff der **Industriebrache** entspräche.

[213] *Côté* [EIPs 1999], S. 3.

[214] Ebd.

[215] *Côté* [EIPs 1999], S. 3.

[216] *„Renovation of an existing facility in an underemployed and under served community"* (*SGN* [(www.smartgrowth.org/casestudies/ecoin_shadyside.html) 2000]).

[217] *Côté* [EIPs 1999], S. 4 ; auch hier erhofft man sich von einem EIP jedoch insbesondere Arbeitsplatzeffekte.

[218] *„The ultimate goal for cleaner production has to be ZERO waste, or the total use of all biomass and minerals on earth."* – so die entsprechende Formulierung von *Pauli* [zero emissions 1997] S. 109.

[219] So bspw. im Falle von Cape Charles aber auch den meisten anderen EIP.

[220] *„A **virtual EIP** is a network of related regional companies that are not physically located in the same park"* (*Spohn* [Sustainable Base Redevelopment 1997], S. 1).

7. Industrielle Stoffkreislaufwirtschaft und ihr räumlicher Bezug

territorialen oder systemisch verstandenen Industrieraums ist[221]. Entsprechend sieht bspw. der Entwicklungsplan für den auf einer Fläche von 550 acre angestrebten „*Resource Recovery Park*" im Rahmen des virtuellen EIP von Brownsville vor: *„to attract an array of energy production, remediation, recycling, and light manufacturing facilities that work together using industrial ecology principles."* [222] Bei alledem darf allerdings nicht außer Acht gelassen werden, dass der örtliche Interessenshintergrund auch im Falle von Brownsville zunächst einmal im Abbau der entlang der mexikanischen Grenze im Allgemeinen recht hohen Arbeitslosigkeit liegen dürfte. In der EIP-Idee sieht man hier also einen willkommenen Anker zur Steigerung der Standortattraktivität. Gelingt es, das Ganze tatsächlich in der materiellen Realität umzusetzen, so wird sich diese Entwicklung im Falle von Brownsville im Wesentlichen auf der gegenwärtig noch „Grünen Wiese" vollziehen (*greenfield development*).

Die Kombination von „*virtuellem EIP*" und „*Entwicklung auf der Grünen Wiese*" ist jedoch keineswegs zwangsläufig. Vielmehr kann der virtuelle EIP ohne weiteres auch aus dem bereits Bestehenden heraus komponiert werden. Schlüssel hierfür wäre eine ökologisch ausgerichtete Form der Informationskommunikation zwischen bereits bestehenden Firmen bspw. innerhalb eines regionalen Raumrahmens[223]. Dem **virtuellen EIP** kommt darin zunächst einmal die Aufgabe zu, bereits bestehende kreislaufwirtschaftliche Potenziale durch Schaffung überbetrieblicher informationeller Transparenz zu identifizieren und auszuschöpfen[224], um sodann in einer nächsten Phase eine ökologisch wirksame industrielle Ergänzung zu fördern. Dies wären zumindest zentrale Bausteine, um dem ideellen Ziel einer „*Zero-Emissions-Community*" auch materiell näher zu kommen. Die Idee von einer solchen industriewirtschaftlichen Ergänzung findet sich bspw. in den Zielvorstellungen der Promotoren des „Civano Industrial Eco-Park"[225], Tucson, Arizona. Ein bereits wesentlich operationaler erscheinendes Vorhaben wird derzeit im Plattsburgh AFB EIP, NY, in die Tat umgesetzt, wo es weniger um rückstandbezogene Output-Input-Beziehungen zwischen Industriebetrieben geht, als primär darum, die Ökoeffizienz eines (bestehenden) Industriegebiets über die Einrichtung eines „*Total Quality Environmental Managements (TQEM)*" auf der Grundlage

---

[221] Siehe bspw. *Spohn* [Sustainable Base Redevelopment 1997], S. 1.
[222] *Côté* [EIPs 1999], S. 5.
[223] In diese Richtung weisen auch die Ausführungen in Kap. 8.2.6 bzw. die darin enthaltenen Abbildungen 8-14 und 8-15.
[224] Rhein-Neckar-Ansatz (siehe Kap. 8.2).
[225] „*The current aim is to attract companies that fit into the general concept of a sustainable community. At present, the chief measure of success, besides simply being a viable business district, is to succeed in attracting critical "flagship" companies that both set the philosophical tone for the business development thru the use and production of renewable resource technologies and also promote the idea of a business park that is center for sustainable technologies."*
(*SGN* [www.smartgrowth.org/casestudies/ecoin_civano.html]).

eines ISO 14001 Environmental Management Systems (EMS) zu optimieren[226]. Auf diese Art und Weise soll der erste U.S.-amerikanische Industriepark geschaffen werden, der über ein Umweltmanagementsystem verfügt, das einen kompletten Industriestandort umgreift.

Wie bereits an früherer Stelle angedeutet, ist der semantische Zusatz „EIP" hinter einer örtlichen Industriegebietsbezeichnung allein noch kein Qualitätsmerkmal. Er ist lediglich Ausdruck eines bestimmten Selbstverständnisses, dass sich eine bestimmte Akteursgemeinschaft gegeben hat. Die Bezeichnung „EIP" bringt damit zunächst einmal nicht mehr als eine sich selbst auferlegte Verpflichtung gegenüber dem Ökologie- oder dem Nachhaltigkeitsgedanken zum Ausdruck, die als Teil einer gemeinsam geteilten, ethisch-moralisch gegründeten Zukunftsvision verstanden wird. Gleichwohl hilft die offizielle Führung der Bezeichnung „EIP" hierdurch jedoch auch faktisch. Sie hilft Kalundborg bei seiner Weiterentwicklung genauso weiter, wie sie mancher US-amerikanischen EIP-Entwicklung bereits vom Reißbrettstadium weg hilft. Allerdings bedeutet dies nicht, dass die als EIP ausgewiesenen Industriestandorte deshalb zwangsläufig ökologischer wären als andere. Wer bereits langjährig funktionierende industrielle Symbiosen sucht, der wird sie auch außerhalb von Kalundborg finden. Und tatsächlich beschreiben bspw. *Côté / Cohen-Rosenthal* (1998) ein prinzipiell recht ähnliches Kooperationsnetzwerk in Sarnia, Ontario, wo symbiotische Beziehungen zwischen Ölraffinerien, einem Gummihersteller, Vertretern der petrochemischen Industrie und einem Dampfkraftwerk existieren, ohne dass sich die Akteure deshalb bereits als Elemente eines EIP verstehen[227]. Und auch andernorts lassen sich mit hoher Wahrscheinlichkeit etliche industrielle Standortgemeinschaften identifizieren, die der Entwicklung vieler „offizieller EIPs" bereits weit voraus sind.

Ansätze oder Beispiele zu *„Eco-Industrial Parks"* werden inzwischen rund um den Globus nicht nur aus Industrie-, sondern zunehmend auch aus Entwicklungsländern beschrieben, auch wenn sie sich bisweilen (noch) anders nennen oder verstehen[228]. Für das Aufzeigen solcher ökoindustrieller Entwicklungen bot sich hier jedoch eine Fokussierung auf nordamerikanische Vertreter an, da die Formenpalette der Realisationen und Realisationsansätze genauso wie die parallel hierzu stattfindende wissenschaftliche Beforschung derartiger Phänomene gegenwärtig in

---

[226] *Spohn* [Sustainable Base Redevelopment 1997], S. 2.

[227] *Côté / Cohen-Rosenthal* [EIP Design 1998].

[228] Beispiele aus Indien und Indonesien sind bei *Wilderer* [Third world EIP 2000] bzw. *von Hauff / Wilderer* [Third world EIP 2000] dokumentiert, *Chiu* [asiatische EIP 2001] beschreibt zusätzlich noch solche in anderen Staaten Südostasiens (v.a. Philippinen und Thailand); Beispiele aus Japan finden sich in Veröffentlichungen von *Watanabe* (siehe hierzu v.a. die Hinweise in *Erkman* [Industrial Ecology 1997]).

Als ergiebige Informationsquelle bieten sich hier bspw. die *„EIDP Updates"* an, die unter der Internetadresse www.cfe.cornell.edu/wei als PDF-Files aus dem Internet heruntergeladen werden können.

keinem Wirtschaftsraum der Welt höher sein dürfte. Gerade in puncto Anspruch, Technik und gegenwärtigem Umsetzungsstand wären aber sicherlich auch Ansätze aus Japan oder Westeuropa einer expliziten Vorstellung wert gewesen[229].

7.5.5 Ressourcentechnische Probleme industriestandortinterner Kreislaufwirtschaft

"Still the EIP is a compelling idea, intellectually satisfying and biologically resonant"[230]. Dieser Satz, gerade in seinem kritischen Unterton, spiegelt die Geburtsumstände der im vorangegangenen Unterkapitel diskutierten nordamerikanischer EIPs sehr treffend wider. Im Gegensatz zur industriellen Symbiose von Kalundborg wurden sie von der Wissenschaft nicht entdeckt, sie wurden von ihr im Kontext mit der Beforschung des Ökosystemgedankens und Überlegungen zu seiner Übertragbarkeit auf die industrielle Produktion geboren. Dies gilt für die Promotoren an der Universität von Dalhousie (Halifax, Neu-Schottland, Kanada) im Zusammenhang mit dem Burnside Industrial Park genauso, wie das für Baltimore (Maryland, USA) im Zusammenhang mit Cornell gilt. Auch der *"virtual EIP"* von Brownsville (Texas, USA) ist eine hauptsächlich vom Research Triangle Institute (RTI) in Kooperation mit Indigo Development geförderte Entwicklung und manifestiert sich bislang im Wesentlichen in Berechnungen, die mit Hilfe eines Computer Modells der Bechtel Corporation angestellt werden[231]. Vergegenwärtigt man sich noch einmal die Tatsache, dass gerade in der wissenschaftlichen Literatur der USA kaum je ein EIP-Aufsatz auftaucht, der sich nicht genötigt sieht, explizit auf das Erfolgsbeispiel aus dem fernen Kalundborg zu verweisen, so drängt sich sehr ernsthaft die Frage auf, was eigentlich wäre, wenn es Kalundborg nicht gäbe, oder Kalundborg von der Wissenschaft noch nicht entdeckt worden wäre?

Kalundborg war mit Sicherheit ein absoluter Glücksfall öko-industrieller Industriegeschichte und ohne diesen empirischen Beweis für marktwirtschaftlicher Effizienzsteigerung durch industrielle Symbiose hätten viele interessante Ansätze zur EIP-Entwicklung mit Sicherheit nicht die Hoffnungen genährt, nicht die Innovationskraft entwickelt und auch nicht die Publizität und finanzielle Unterstützung erhalten, die ihnen in den letzten Jahren zuteil geworden ist.

---

[229] Siehe hierzu bspw. entsprechende Literaturhinweise in *Erkman* [Industrial Ecology 1997] (v.a. für Japan), aber auch die vielen über das Smart Growth Network (SGN) (www.smartgrowth.org) dokumentierten Praxisbeispiele aus Frankreich, England, Irland, Dänemark, Österreich u.a.m.
[230] *Friend* [EIPs 1995], S. 1.
[231] Zu Letzterem siehe *Cohen-Rosenthal / McGalliard / Bell* [EIP-Design 1996], S. 3.

Worin liegen nun aber die zentralen Probleme einer zwischenbetrieblichen Stoffkreislaufführung auf Industriestandortebene? *„Scepticism about eco-industrial development has centered on the technical and engineering difficulties, coordinating supply and demand needs of participating firms, and regulatory inhibitions"*[232], so *Cohen-Rosenthal / McGalliard*, die damit bereits zentrale Punkte ansprechen:

- Wie bereits an früherer Stelle angedeutet[233], wird die stoffbezogene Umsetzung zwischenbetrieblicher Kreislaufwirtschaft durch **rechtliche Hürden** im Umgang mit Abfall in vielen Fällen erheblich erschwert. Dies gilt für die USA genauso[234], wie für Deutschland oder Österreich[235], wenngleich in unterschiedlicher Spezifikation. Innerhalb des einzelnen Rechtsraumes gilt dies jedoch weitgehend unterschiedslos für die standortbezogene, regionale wie nationale Dimensionierung einer zwischenbetrieblichen Zusammenarbeit[236].

- Zwischenbetriebliche Stoffkreislaufwirtschaft fokussiert auf das Management des Wiedereinsatzes von Outputs, die nicht dem Produktionsziel entsprachen und die für das am Konsum- oder Investitionsgut orientiert denkende Produktionsunternehmen von nachrangiger Bedeutung sind. Gerade vor dem Hintergrund marktwirtschaftlicher Rahmenbedingungen sollte nicht verkannt werden, dass die Ansiedlungspolitik eines solchen Unternehmens zunächst einmal von der Größe des Absatzmarktes und der Wettbewerbssituation für die Produktpalette bestimmt wird. Zwar ist bei derartigen Standortentscheidungen bisweilen auch die lokale Materialbeschaffungssituation von Bedeutung, dies gilt jedoch lediglich für bestimmte Primärrohstoffe[237] oder für technologisch hochspezifizierte Vorprodukte, wie sie bspw. im Smart-Werk von Hambach (Elsass) zusammengefügt werden[238]. Wie die Nutzbarkeit des bei der Rauchgasent-

---

[232] *Cohen-Rosenthal / McGalliard* [EIP-Development 1999], S. 7.

[233] Siehe Kap. 3.2.3; 5.6.5; sowie 7.3.1.1.

[234] Siehe Hinweis auf den U.S.-amerikanischen Resource Conservation and Recovery Act (RCRA) bei *Cohen-Rosenthal / McGalliard* [EIP-Development 1999], S. 8

[235] *Schwarz* [Rechtliche Hürden 1998], textgleich auch in *Schwarz / Strebel et al.* [Verwertungsnetze 1997], S. 93 – 101; s. darüber hinaus auch *Strebel / Schwarz / Schwarz* [externes Recycling 1996].

[236] Für den Fall Deutschland kann es im Zusammenhang mit abfallrechtlichen Hoheiten der Länder oder gar individuellen Einstufungsspielräumen der zuständigen Behörden gemäß §42, Abs.4 KrW-/AbfG in stofflichen Einzelfällen jedoch trotzdem zu deutlichen Unterschieden kommen. So wird bspw. die EAK-Nr. 12 02 99 (Abfälle aus der mechanischen Oberflächenbehandlung (Sandstrahlen, Schleifen, Honen, Läppen, Polieren a.n.g.) von einigen Behörden Baden-Württembergs als überwachungsbedürftig angesehen, von anderen wiederum nicht (Quelle: persönliche Auskünfte durch Vertreter der Entsorgungswirtschaft), wobei generell gilt, dass Baden-Württemberg die Frage der „Verwertung oder Beseitigung" restriktiver handhabt als bspw. Nordrhein-Westfalen und die meisten anderen Bundesländer.

[237] Klassische Beispiele sind Kohle und Eisen (sowie schnell verderbliche Nahrungsmittel).

[238] Siehe hierzu bspw.: *Mosig / Schwerdtle* [Produktionsverbund 1999].

7. Industrielle Stoffkreislaufwirtschaft und ihr räumlicher Bezug

schwefelung von Kraftwerken unerwünscht entstehenden Gipses für die REA-Gips-Produktion eindrucksvoll beweist[239], kann ein regelmäßig und in großen Mengen anfallender Sekundärstoff zwar auch zu einem äußerst interessanten Standortvorteil werden, als determinierende Standortfaktoren für die Ansiedlung eines industriellen Produzenten, der sich nicht ausdrücklich auf die Herstellung bestimmter Rezyklate spezialisiert, sind derartige Output-Input-Kombinationsmöglichkeiten jedoch mit Sicherheit eine große Ausnahme[240].

- Zwischenbetriebliche Stoffstrombeziehungen, die einen Abfallverwertungsprozess beinhalten, sind mit dem ungünstigen Charakteristikum behaftet, dass der Transfergegenstand in Volumen und Qualität ex ante vielfach nicht sicher prognostiziert werden kann. Auf der anderen Seite muss der Einkauf eines Produzenten jedoch zu jedem Zeitpunkt auf eine 100%ige **Versorgungssicherheit** gewährleisten können. Stoffverwertungskooperationen eignen sich deshalb zumeist als lediglich teilmengensubstituierende Inputbeimischung. Dieser Malus betrifft im Prinzip allerdings jede Größenordnung rückstandsorientierter Beziehungsmuster. Gleichwohl ist dieses Problem gerade auf der Industriestandortebene verhältnismäßig groß, weil die Zahl der für eine stoffspezifische Kooperation in Frage kommenden Stoffkreislaufpartner hier in aller Regel recht gering ist. Die Möglichkeiten einer summarischen Kompensation einzelbetriebsspezifischer Abfallmengenschwankungen sind hierdurch extrem begrenzt, so dass bei den Sekundärstoffzuflüssen auch kurzfristig ziemlich große Schwankungsbreiten auftreten können[241].

---

[239] Siehe bspw. die Kalundborger Symbiosebeziehung zwischen der Statoil Raffinerie (Anfall von REA-Gips im Zusammenhang mit der Rauchgasentschwefelung) und der Firma Gyproc A/S (Aufnahme des Kraftwerksgipses zur Gipsplattenproduktion). Nicht nur für Statoil brachte diese neue Stoffstrombeziehung monetäre Vorteile, sondern grade auch für die im Sinne einer Reststoffsenke agierende Gyproc, die so in den Genuss eines hochreinen Gipses kam, dessen Bezugspreis zudem deutlich unter den Marktpreisen für Naturgips lag. Gyproc konnte so gemäß seines primär wirtschaftlichen Interesses zunächst einmal seine Konkurrenzfähigkeit auf dem Markt für Gipsplatten erhöhen. Als ökologisch positive Begleiteffekte dieser Beziehung sind zum einen die Tatsache zu nennen, dass der Import von Naturgips inzwischen vollständig substituiert werden konnte, v.a. aber, dass dadurch der Abbau von Naturgips aus der Ökosphäre im Umfange des Inputs von REA-Gips nunmehr unterbleiben kann. (Siehe hierzu bspw. *Schwarz* [recyclingorientierte Unternehmenskooperationen 1994], S. 103; *Christensen* [Kalundborg 1998b], Symbiose Nr. 16; S. 106).

[240] *Cohen-Rosenthal / Smith* [Creation of value 2000] thematisieren die Möglichkeit eines „*material access could be the predominant driver*" zwar ausdrücklich (ebd., S.3), doch selbst der Kalundborger „Gipstransfer" liefert hierfür nicht den empirischen Beweis, da die späteren Symbiosepartner bereits vorher vor Ort waren.

[241] Besonders kritisch wird die Situation dann, wenn der Anfall eines unerwünschten Outputs jahreszeitlichen (oder anderen produktspezifischen) Schwankungen unterliegt, oder gar arhythmischen Charakter aufweist.

- Dies deutet bereits auf das für eine zwischenbetriebliche Zusammenarbeit auf Industriestandortebene sicherlich größte Hindernis hin: den Mangel an **Redundanz**. Anbieter und Nachfrager sind hier in vielen Fällen nur einfach besetzt, so dass der Ausfall eines Partners bereits den Zusammenbruch der Rückführungsschleife zur Folge haben kann. Die meisten EIPs sind grade aus diesem Grunde extrem verletzliche Systeme bzw. Systemansätze. Und dieser für Industriegebiete im Allgemeinen recht typische Mangel an Redundanz, sowohl bei den Akteuren als auch bei den Stoffströmen, markiert denn auch einen ganz zentralen Unterschied zum Wesen biologischer Systeme[242]. Denn die Ökosysteme der Natur zeichnen sich ganz allgemein dadurch aus, dass jeder Organismus in einem solchen Symbiosegeflecht zumindest zigfach vorhanden ist. Fällt ein Systempartner aus, so gibt es noch eine große Zahl von n-1 anderen Akteuren, die an seine Stelle treten können, die diesen Ausfall kompensieren oder zumindest abpuffern und das System damit stabil halten. Darüber hinaus fällt die äußerst geringe Materialvielfalt auf, mit der selbst verschiedenartige Elemente eines natürlichen Ökosystems umgehen (wenn man diese Materialien einmal auf einem quasi rohstofflichen Niveau betrachtet)[243]. Derartige Redundanzen sind insbesondere auf der Ebene des Industriestandorts verhältnismäßig wenig ausgeprägt, so dass die Verwirklichung und erst recht die Aufrechterhaltung eines industriell bestimmten „Zero-Emissions-Prinzips" nach dem Vorbild der Natur gerade in einem solchen verhältnismäßig kleinen Akteursraum zumindest vorerst recht schwierig bleiben dürfte.

- Der Mangel an **Redundanz** kann einerseits Zweierbeziehungen intensivieren, indem unter Umständen von beiden Seiten verfahrenstechnische Maßnahmen vorgenommen werden, die die Austauschbeziehung qualitativ optimieren. Gleichwohl entstehen hierdurch jedoch auch große gegenseitige Abhängigkeiten. Dies macht sich insbesondere dann bemerkbar, wenn einer der beiden Akteure Mengen-, oder Verfahrensumstellungen vornehmen muss, die sich auch auf die zwischenbetriebliche Verwertungsbeziehung auswirken. Zwischenbetriebliche Kooperationen, die eine Stoffkreislaufschließung beinhalten, haben deshalb insbesondere dann eine Chance, wenn die persönliche Nachbarschaft der Akteure von langfristig stabilen Input-Output-Strukturen begleitet wird. Zu einer industriellen Ergänzung im Sinne der weiteren Annäherung an ein raumnahes Zero-Emissions-System wird es am ehesten dann kommen, wenn die

---

[242] Siehe hierzu bereits die Ausführungen in Kap. 2.1.1.
[243] Siehe hierzu bereits die Ausführungen in Kapitel 2 (Ökosysteme) sowie 3.1 und 5.2.1.1; bzw. *Zwilling* [Stoffkreisläufe 1993], S.26 - 28.

stofflich passende Andockstelle entweder hinreichend attraktiv und über die Zeit hinweg stabil ist, oder wenn mehrere attraktive Stofftransferpartner das Investitionsrisiko absichern. Gerade Letzteres ist aufgrund der eng begrenzten Anzahl der Akteure auf Industriestandortebene aber vielfach nicht der Fall. Aus diesem Grunde wird ein stoffkreislaufwirtschaftlich ins Industriegebiet passender Investor seine Lokalisationsentscheidung wesentlich davon abhängig machen, ob sein Beschaffungs- und Absatzmarkt nur standortintern abgesichert werden könnte, oder ob auch die nähere Standortumgebung hierfür noch gewisse Potenziale bietet. Hinsichtlich der Schließung industrieller Stoffkreisläufe ist die Industriestandortebene also zwar ein wichtiger Nukleus, gleichzeitig aber auch ein extrem offenes System. Überlegungen zur Etablierung stoffkreislaufwirtschaftlich orientierter EIPs, die eine geeignete industrielle Ergänzung avisieren, sollten deshalb stets auch die stoffspezifische Attraktivität des standortexternen Umfeldes berücksichtigen. Die vielfach anzutreffende Beschränkung von Überlegungen zur Schaffung sogenannter „emissionsfreier Industriegebiete" auf den Planungsraum eines einzelnen Industriegebietes ist deshalb für die Etablierung zukunftsweisender Wirtschaftsstrukturen mit Sicherheit nicht hinreichend.

7.5.6 Chancenpotenziale industriestandortinterner Kreislaufwirtschaft

Nun scheint das Kalundborger Netzwerk mit seinen fünf zentralen Symbiosepartnern das genaue Gegenteil des soeben Erläuterten zu bestätigen: Die **Symbiose** funktioniert trotz des Auftretens mehrerer der oben genannten Haupthindernisse.

So ist das Netzwerk gerade auf Industriestandortebene ziemlich redundanzarm und nichtsdestotrotz haben die Symbiosepartner potenzielle Abhängigkeiten nicht gescheut, und haben sich selbst auf der Reduktionsseite über Rohrleitungen miteinander verbunden[244]. Wenn sich gerade die kommunalen Industriestandortplaner Kalundborg zum Maßstab für das heute Mögliche nehmen wollen, so müssen sie sich vergegenwärtigen, dass sich dort alle wesentlichen Symbiosepartner bereits vor Beginn der Symbiose vor Ort angesiedelt hatten und selbst die Visualisierung der in Kalundborg praktizierten firmenübergreifenden Zusammenarbeit bislang kaum neue Industriebetriebe nach Kalundborg holte, wenngleich es immerhin zum Anpassen bestimmter Produktionsprozesse führte. Diese gingen einher mit ganz erheblichen Synergieeffekten und stehen damit ganz zentral für den faktischen Nutzenvorteil der Kalundborger Netzwerkpartner. Sieht man aber einmal

---

[244] *„Die Symbiose besteht meist aus Rohrleitungen. Hier kam noch eine! ..."*
(*Christensen* [Kalundborg 1998b], S. 105).

von den Kalundborger „Kraftwerksforellen" ab, die von der Möglichkeit raumnahen Restwärmenutzung profitieren[245], so fand **industrielle Ergänzung** im Sinne einer industriellen Neuansiedlung auf Basis stoffkreislaufwirtschaftlicher Potenziale auch hier bislang nicht statt. – Was ist dann aber von den Chancenpotenzialen industriestandortinterner Stoff- und Energiekreislaufwirtschaft zu halten?

Wie bereits an früherer Stelle betont, sind **direkte Output-Input-Beziehungen**, die eine Stoffkreislaufschließung auf Industriestandortebene beinhalten, zwar möglich und realistisch, in ihrer Anlage jedoch eher zufällig und daher im Rahmen einer gezielten Industriestandortplanung allenfalls in Ausnahmen prognostizier- und implementierbar. Weit weniger zufallsabhängig ist jedoch eine firmenübergreifende Ausnutzung von Abwärme, wie sie im Falle von Kalundborg ebenfalls eine zentrale Rolle spielt. Überschüssiger Dampf oder andere Formen einer vom Erzeuger nicht mehr benötigten Restenergie eignen sich unter Umständen gleich nebenan zur praktisch kostenfreien Erwärmung eines Fischteiches (s.o.) oder zur Beheizung von Werkshallen – und dies unter oftmals geringsten Energieverlusten. Nicht zuletzt deshalb fokussieren etliche Ansätze zur Förderung industrieller Kreislaufwirtschaft auch ganz speziell auf den Faktor **Energie**[246].

Die besonderen Chancen einer energiebezogenen Kooperation liegen dabei insbesondere darin begründet, dass auch verschiedene Energieformen mit verhältnismäßig geringem Aufwand in den gewünschten Zustand transformiert werden können und darum die mit dem zwischenbetrieblichen Transfer von Stoffströmen gewöhnlich einhergehenden Konvertibilitätsschwierigkeiten wegfallen. Da gerade der Transport von Energie erheblichen Leitungsverlusten unterliegt, die in hohem Maße entfernungsabhängig sind, kommt für einen zwischenbetrieblichen Energieaustausch gerade im Niedrigtemperaturbereich allerdings lediglich eine in nächster Nähe zur Emissionsquelle liegende Energienachfrage in Frage. Die Größenordnung eines Industriegebiets kann als ein solcher Nahwärmebereich aufgefasst werden und ist demnach für eine durch Restwärmenutzung verursachte Erhöhung der Energieeffizienz pro Outputeinheit geradezu prädestiniert[247]. Gleichwohl ist die Investitionsbereitschaft der Unternehmen in neue Rohrleitungssysteme vor dem Hintergrund der sich gegenwärtig vollziehenden Strompreisliberalisierung begrenzt, so dass es hier in vielen Fällen zumindest noch etwas Geduld zu üben

---

[245] In Kalundborg wird ein Teil des marinen Kühlwassers des Kraftwerks Asnæs in eine Fischzucht eingespeist, die dem Betreiber einen jährlichen Ertrag von mehr als 100 Tonnen „Kraftwerksforellen" beschert. (*Christensen* [Kalundborg 1998b], S. 104).

[246] So bspw. ein *„Energie- und Stoffstromnetzwerk Karlsruher Rheinhafen"*, dessen Aufbau gegenwärtig mit Bezuschussung durch das Bundesforschungsministerium aktiv gefördert wird (siehe hierzu *Rentz* [Regionales Energiemanagement], *Fichtner / Frank / Rentz* [Karlsruher Rheinhafen 2000]).

[247] In ähnlich positiver Weise eignet sich die Raumdimension des Industriestandorts auch für die Installation / Nutzung anderer dezentraler Energieversorgungsquellen wie bspw. BHKWs, KWK oder auch Photovoltaik-Anlagen.

gilt.[248] Und selbst wenn diese Faktoren wieder in den Hintergrund treten, wird die Frage im Raum bleiben, ob sich potenziell zueinander passenden Standortnachbarn auf die mit Rohrleitungssystemen verbundenen Rigiditäten, Verpflichtungen oder Abhängigkeiten einzulassen gewillt sind.

Dennoch: Die infrastrukturellen Gegebenheiten am Industriestandort und gerade auch die Tatsache, dass es sich hier um die größte territorial geschlossene Gewerbefläche handelt, vereinfachen ganz allgemein den zwischenbetrieblichen Transfer von Energie aber auch von Materialien. Zum Faktor räumlicher Nähe tritt hier der in Kap. 7.8.4 noch eingehender thematisierte Faktor mentaler Nähe hinzu, wie er sich bspw. in Gestalt der Identifikation mit einem gemeinsam geteilten Territorium und anderen emotionalen und sozialen Faktoren äußern kann. Dies begünstigt auch die Entwicklung nachhaltigkeitsorientierter **Netzwerke**, für die die gemeinsame Eruierung nach stoff- und energiekreislaufwirtschaftlichen Möglichkeiten ein zentrales Handlungsfeld darstellt. Einigen sich die Mitglieder ein derartigen Netzwerks auf die Respektierung bestimmter ökologieorientierter Handlungsgrundsätze, so sind dies beste Voraussetzungen für eine ökologisch angepasste Fortentwicklung.

Eine solche Primärstruktur könnte denn auch einen wichtigen Nukleus für ein ähnlich ausgerichtetes aber wesentlich weiter reichendes System werden, dessen Komplexität bei entsprechendem Erfolg allerdings bald so groß werden kann, dass es eines verbindlicheren Rahmens bedarf, dem dann nach und nach immer mehr Aufgaben übertragen werden könnten. Das Aufgabenset einer solchen Koordinationsstelle mag dabei über die Behandlung von Abfall-, Abwasser- oder Abwärmefragen möglicherweise bald wesentlich hinausgehen und bspw. in ein standortbezogenes Facility-Management münden. Auch die Übernahme koordinierender Funktionen auf der Beschaffungsseite ist denkbar[249]. Wie bereits betont, ist eine Koordinierung auf Industriestandortniveau v.a. im Energiebereich vielversprechend,

---

[248] Auch rechnerisch unstrittigen Effizienzsteigerungspotenzialen einer zwischenbetriebliche Kooperationen im Energiebereich begegnen die Firmen zum gegenwärtigen Zeitpunkt vielfach mit einer zunächst einmal abwartenden Haltung. Sie erwarten kurzfristig weitere Preisreduktionen auf dem Strommarkt in einem noch nicht hinreichend bezifferbaren Ausmaß und fürchten deshalb, dass sich die Amortisationszeiten der für zwischenbetriebliche Koordinationen vielfach einzuleitenden Investitionsmaßnahmen bereits binnen kürzester Zeit drastisch nach oben entwickeln könnten. (Zu der hierbei angesprochenen Problematik technisch determinierter Netzwerke siehe insbesondere: *Fichtner / Frank / Rentz* [Karlsruher Rheinhafen 2000]).

Auch andere Projektansätze, die sich derzeit auf die Ausnutzung energetisch bestimmter Effizienzsteigerungspotenziale durch zwischenbetriebliche Koordination auf Industriestandortebene konzentrieren, weisen derzeit auf solche und andere Umsetzungsschwierigkeiten hin. (so bspw. auch *Großmann / Pirntke / Dittmann et al.* [Hamburger Umland 1999], S. 73 f.).

[249] Eine anregende Übersicht für ein derartiges „*Eco-Industrial Networking*", das teilweise weit über die im Rahmen dieser Arbeit fokussierte industrielle Stoffkreislaufwirtschaft hinausgeht, liefert das Cornell-Paper von *Cohen-Rosenthal / Smith* [creation of value 2000], Tab. 1; (siehe in wesentlichen Grundzügen auch bereits in *Cohen-Rosenthal / McGalliard* [EIP-Development 1999], Fig. 3.).

weil es sich hier um den Transfer von Leistungen handelt, die von jedem der Akteure benötigt werden (Redundanzargument). In Ergänzung zu einer konsequenten inner- und zwischenbetrieblichen Ausnutzung von Überschussenergie könnte ein solcher Koordinator sowohl eine gemeinschaftliche Energiebeschaffung organisieren auch eine dezentrale Energieversorgung betreiben[250].

Wie immer sich die standortinternen Potenziale zur Schließung von Energie- und Materialkreisläufen im Einzelfall auch gestalten mögen, an ihrer Bedeutsamkeit bestehen kaum Zweifel. Ihre Identifikation, v.a. aber ihre Ausnutzung, bedarf jedoch in aller Regel eines systemaren Ansatzes. Die Einrichtung von auf persönlicher Kommunikation basierenden, Vertrauen schaffenden und intensivierenden Netzwerken[251] ist jedoch zumindest sehr hilfreich, wenn nicht gar Grundvoraussetzung für eine symbiotisch herstellbare Steigerung der Ressourceneffizienz.

Nun weisen etliche der gegenwärtig in der Literatur präsentierten EIPs gerade im Bereich der Abfallminimierung bereits beträchtliche Erfolge aus und bestätigen so die ressourcenschonende Wirkung zwischenbetrieblicher Koordination und Kooperation. Dennoch sollten diese Beispiele kritisch danach hinterfragt werden, inwieweit die ökologischen Vorteile tatsächlich auf zwischenbetrieblicher Stoffkreislaufführung basieren, bzw. welchen Anteil die auf betriebsinternen Verbesserungsmaßnahmen beschränkten ökoindustriellen Erfolge einnehmen. In aller Regel dominiert nämlich deutlich das erstere. Gleichwohl basiert aber auch dieses betriebsintern Erreichte vielfach auf Ideen, Tipps, Konzepten und Erfahrungen, die im Rahmen eines zwischenbetrieblichen Austausches kommuniziert wurden, so dass auch vor diesem Hintergrund die systemische Entwicklung eines Industriestandorts gefördert werden müsste. Erfolgversprechende Vorhaben wie bspw. das des Plattsburgh EIP mit seinem vielschichtig nutzbaren UMS-Ansatz[252] wären anders nicht denkbar.

Gleichwohl gilt es bei der Entwicklung solcher Kooperationsansätze Geduld zu üben, denn Industriestandortentscheidungen stehen nicht alle Tage an und sie werden nur selten auf Basis kurzfristiger Überlegungen getroffen. Darüber hinaus sind gerade die mit technisch bestimmten Lösungen verbundenen Kooperationen in hohem Maße investitionsabhängig und daher im Allgemeinen nur im Rahmen bestimmter Investitionszyklen realisierbar[253]. Da die Zeitfenster für Ersatzinvesti-

---

[250] Siehe hierzu auch entsprechende Überlegungen im Zusammenhang mit dem Gewerbegebiet Henstedt-Ulzburg – Kaltenkirchen (*Großmann / Pirntke / Dittmann et al.* [Hamburger Umland 1999].

[251] Siehe „Pfaffengrund-Arbeitskreis", siehe „AGUM" (Kap. 8.2.3).

[252] Siehe entsprechende Ausführungen in Kap. 7.5.4.2.

[253] *Wietschel / Rentz* bezeichnen derartige Beziehungen als *„technologisch determinierte Netzwerke"*, die sie gegenüber marktlich orientierten abgrenzen. Die Realisierung stofflicher oder energetischer Transfers ist hier an technische Lösungen gebunden, die mit hohen Investitionskosten und hoher Bindungsintensität zwischen den Geschäftspartnern einhergehen. (Siehe hierzu bspw. die Tabelle 1 in *Wietschel / Rentz* [Verwertungsnetzwerke 2000], S. 42.).

7. Industrielle Stoffkreislaufwirtschaft und ihr räumlicher Bezug

tionen gerade im Anlagenbereich zumindest mehrere Jahre wenn nicht (siehe Kraftwerksbereich) gar Jahrzehnte auseinander liegen können, bleiben Effizienzsteigerungspotenziale auch nach deren Identifikation unter Umständen noch über längere Zeiträume hinweg ungenutzt.

Blickt man abschließend einmal über die im Rahmen dieser Arbeit fokussierte industrielle Stoffkreislaufwirtschaft hinaus und bezieht als **soziale Dimension** auch gesellschaftliche Akteure in ein EIP-Konzept mit ein[254], so öffnen sich allerdings noch weitere Potenzialfelder. Diese stehen in Verbindung mit „*nachhaltigkeitsorientierten Konsummustern*" [255] oder anderen Verhaltensmustern einer breit gestreuten Palette von Systemmitgliedern, die eine solche Industriestandortlokalität als zukunftsverträgliches gemeinsames Lebensumfeld teilen. In ihrer Betonung einer ökologisch-sozialen Komponente[256] zielen die entsprechenden EIP-Konzepte auf die Förderung eines „*New Urbanism Development*" [257]. Auch in ihren Erwartungen für den lokalen Arbeitsmarkt beschränken sie sich gewöhnlich nicht auf die Schaffung zusätzlicher Arbeitsplätze an sich, sondern spezifizieren diese Forderung bspw. im Sinne einer „*good job creation*"[258]. Wissenschaftler thematisieren in diesem Zusammenhang gerne die „*Human Side of Industrial Ecology*" und reklamieren hierfür die Inanspruchnahme aller verfügbaren Humanressourcen zur Ausgestaltung konkreter Entwicklungen[259].

---

[254] Siehe bspw. Civano EIP (*SGN* [www.smartgrowth.org/casestudies/ecoin_civano.html] 2000) oder auch die im Falle des Riverside EIP von Burlington gepflegten Partizipationsansätze (*SGN* [(www.smartgrowth.org/casestudies/ecoin_riverside.html) 2000] bzw. *Deppe / Leatherwood / Lowitt / Warner* [EIP Planning 2000].

[255] Siehe in diesem Zusammenhang v.a. Arbeiten von *Scherhorn und Mitarbeitern* wie bspw. *Scherhorn /Reisch /Schrödl* [nachhaltiger Konsum 1997], kurz auch in *Scherhorn* [nachhaltiger Konsum 1998].

[256] Zu Ansatzpunkten für eine solche ökologisch-soziale Entwicklung lokaler Gemeinschaften siehe bspw. *Deppe / Leatherwood / Lowitt / Warner* [EIP Planning 2000] oder auch *Cohen-Rosenthal / Smith* [creation of value 2000].

[257] „*New Urbanism promises development that encourages the formation of „community" and environmental conservation through design.*" (*Deppe / Leatherwood / Lowitt / Warner* [EIP Planning 2000], S. 6.
Daran anknüpfende EIP-Definitionen betonen v.a. den „Community"-Gedanken und weisen dabei gerade der Kommune eine Schlüsselrolle zu. Darüber hinaus inkorporieren sie insbesondere die Interessen des Menschen an einem lebenswerten Umraum. So bspw. auch die vom *President's Council on Sustainable Development* (1996) vorgeschlagene EIP-Definition als „*A Community of businesses that cooperate with each other and with the local community to efficiently share resources (information, materials, water, energy, infrastructure and natural habitat), leading to economic gains, gains in environmental quality, and equitable enhancement of human resources for the business and local community.*" (zitiert in: *Deppe / Leatherwood / Lowitt / Warner* [EIP Planning 2000], S. 2.

[258] *Deppe / Leatherwood / Lowitt / Warner* [EIP Planning 2000], S. 5.

[259] Siehe bspw. *Cohen-Rosenthal* [industrial ecology 2000], der in diesem Aufsatz auch die Vorstellung des EIP als lernender Organisation thematisiert und auch auf die dem Menschen innewohnenden Kreativitätspotenziale hinweist.

Die Historie von bereits in der Implementierungsphase befindlicher EIPs öko-sozialen Zuschnitts geht vielfach auf kommunalpolitische Initiativen, teilweise auch auf Bürgerinitiativen zurück, die den Umsetzungsprozess aktiv mitgestalten[260]. Ökologisch orientierter Wille, wie er von breiten Bevölkerungsschichten artikuliert wird, findet auch in ökologisch motivierten Planungsvorgaben für Gewerbebetriebe seinen Niederschlag und drückt sich dabei in bisweilen deutlichen Ansiedlungsrestriktionen für potenzielle Interessenten aus[261]. Tatsächlich sind ökologisch-sozial orientierte Entwicklungsprämissen gerade im Zusammenhang mit der Weiterentwicklung gemischt genutzter Gebiete sowie der industriellen Überformung von Naturraum (*„Greenfield Development"*) von großer Wichtigkeit. Da es jedoch nicht nur darauf ankommt, wer an einem bestimmten Ort was produziert (bzw. entsorgt), sondern gerade auch wie dies geschieht, sollten die Planungsrichtlinien, die sich eine örtlichen „Community" als Implementierungsrahmen eines lokalen EIP-Konzeptes vielfach auferlegt, so gestaltet sein, dass sie auch im Falle der Nichterfüllung bestimmter Ansiedlungskriterien eine Einzelfallprüfung zulassen.

7.6 Zwischenbetriebliche Kreislaufwirtschaft auf regionaler Ebene

7.6.1 Die Stoffverwertungsregion

Nachdem wesentliche Grundzüge zum Verständnis, den Charakteristika und Potenzialen zwischenbetrieblicher Stoffkreislaufwirtschaft bereits in den vorangegangenen Unterkapiteln vorgestellt bzw. erarbeitet wurden, genügt es hier, die besonderen Chancenpotenziale einer regionalen Dimension industrieller Stoffkreislaufwirtschaft zu thematisieren.

Wie bereits im Rahmen des 6. Kapitels[262] herausgestellt, handelt es sich bei der Region um einen mesoskalierten Raum, der im Falle eines industriellen Ballungszentrums durchaus die Potenziale einer **Stoffverwertungsregion** aufweisen könnte. Eine solche könnte kapazitätstechnisch dadurch beschrieben werden, dass ihre Systemelemente eine weitestgehend regionsinterne Rückführung verwertbarer Abfälle durchführen (**faktische Stoffverwertungsregion**) oder aufgrund ihrer synergetisch nutzbaren Problemlösungskapazitäten zumindest die potenzielle Fähigkeit hierzu besäßen (**potenzielle Stoffverwertungsregion**). Damit aus einer potenziellen

---

[260] So bspw. im Falle von Burlington.
[261] Bsp. Riverside EIP, Burlington: *„Operating principles for the park specify 25% local ownership"* als Operationalisierungskriterium einer lokalen „economic self-sufficiency" (*Deppe / Leatherwood / Lowitt / Warner* [EIP Planning], S. 1).
[262] Insbes. Kapitel 6.3.

7. Industrielle Stoffkreislaufwirtschaft und ihr räumlicher Bezug

auch eine faktische Stoffverwertungsregion wird, bedarf es lebhafter Interaktion der dort angesiedelten Akteure, wozu die Bildung von Kompetenznetzwerken einen wesentlichen Beitrag leisten kann[263]. Die Stoffverwertungsregion beschreibt also denjenigen Stoffverwertungsraum[264], der von seinen endogenen Potenzialen her zumindest in der Lage ist, den überwiegenden Teil der darin entstehenden Abfälle mit Hilfe seiner Systemelemente innerhalb seiner territorialen Grenzen technosphärenintern rückzuführen. Von ihren Umrissen her betrachtet besitzt eine solche Stoffverwertungsregion große Ähnlichkeiten mit einer systemisch bestimmten Wirtschaftsregion, wie sie bereits in Kapitel 6.3 beschrieben wurde.

Die notwendigen Bedingungen für die Konstituierung einer Stoffverwertungsregion sind dabei zunächst einmal materieller Art: d.h. innerhalb eines solchen Territoriums regionaler Größenordnung muss eine hinreichend große Menge und Qualität an Abfällen anfallen, um die Schließung von Stoffkreisläufen in diesen Grenzen attraktiv zu gestalten. Die dabei entstehenden Einzugsgebiete besitzen eine im Wesentlichen stoffspezifisch bestimmte und dabei recht unterschiedliche Größe[265]. Eine Stoffverwertungsregion zeichnet sich demzufolge dadurch aus, dass sie für den überwiegenden Teil der dort anfallenden Stoffe einen hinreichend potenzialreiches Aktionsfeld besitzt, um eine intraregionale Verwertung wirtschaftlich gangbar zu gestalten. Ein solcher Raumrahmen besitzt somit zumindest die entsorgungsseitigen Potenziale dafür, eine dem Stand der Technik entsprechende Stoffkreislaufführung mit Hilfe ihrer endogenen Kräfte zu realisieren. Damit aber Stoffe auch fließen, bedarf es zum einen verkehrstechnischer und anderer infrastruktureller Voraussetzungen (was Verdichtungsräume begünstigt), zum anderen jedoch auch eines intensiven Informationstransfers[266]. Und diese Informationen fließen um so besser, je reibungsärmer die Kommunikationskanäle zwischen den für einen Stoffkreislauf in Frage kommenden Akteuren sind. Damit ist eine faktische Stoffverwertungsregion nicht nur Ausdruck bestimmter materieller Potenziale, sondern auch eines sozialer Beziehungsrahmens, der sich innerhalb relativ kurzer räumlicher und mentaler Distanzen[267] besonders gut entwickeln kann.

---

[263] Siehe in diesem Zusammenhang auch die Ausführungen zur Arbeitsgemeinschaft Umweltmanagement (AGUM) in Kap. 8.2.3.2 bzw. die entsprechende Thematisierung in *Sterr* [regionales Stoffstrommanagement 1999], [regionale Stoffstromtransparenz 2000] oder [regionales Stoffstrommanagement 2001].

[264] Zum Begriff des Stoffkreislaufraumes siehe insbesondere die Ausführungen am Ende des Kapitels 7.3 bzw. der dortigen Tabellen 7-1 und 7-2 sowie der Abb. 7-11.

[265] Der für die Rückführung von Holz in den Wirtschaftskreislauf erforderliche Aktionsradius ist dabei weit kleiner wie der von Altglas und auch der ist wiederum weit kleiner als der einer hochwertigen Entsorgung von Leuchtstoffröhren.

[266] Siehe hierzu bspw. Kap. 7.4, Abb. 7-3b.

[267] Siehe hierzu insbesondere die Ausführungen zu Beginn des 6. Kapitels.

7.6.2 Potenziale regionaler Stoffkreislaufschließung

Wie im vorangegangenen Kapitel deutlich geworden ist, stößt eine industrielle Stoffkreislaufwirtschaft auf Industriestandortebene sehr schnell an ihre Grenzen, weil der passende Anbieter oder Interessent an einem bestimmten Stoff in der unmittelbaren räumlichen Nachbarschaft nur selten, bzw. nur zufällig, dort bereits anzutreffen ist. Industrielle Ergänzung gestaltet sich auf dieser Ebene als schwierig, weil das von einem ansiedlungsinteressierten Recycler benötigte Potenzial selbst bei unproblematischen und praktisch bei jedem Produzenten anfallenden Stoffen, wie bspw. unbehandeltem Altholz, allenfalls in Ausnahmefällen ausreichen dürfte, um seinen Lebensunterhalt standortintern zu sichern. Die Systemgrenze Industriestandort ist hierfür zu eng. Ein Recyclingspezialist wird sich an einem bestimmten Industriestandort deshalb nur dann niederlassen, wenn sich neben dem Industriegebiet selbst auch dessen territoriales Umfeld entsprechend attraktiv gestaltet[268]. Tatsächlich stehen einer industriellen Stoffkreislaufwirtschaft auf Industriestandortebene gerade von technisch-ökonomischer Seite massive Restriktionen entgegen, die von den Transaktionskostenvorteilen eines persönlichen Austausches unter mehr oder weniger direkten Standortnachbarn nur teilweise kompensiert werden können.

Überschreitet man deshalb die Außengrenzen der Industriestandortebene und bewegt sich in den Raum einer sie günstigerweise einbettenden Industrieregion hinein, so begibt man sich auf das Niveau regionaler Potenziale, das der Industriestandortebene mit den in Abb. 7-9a skizzierten Kooperationsvor- und -nachteilen gegenübersteht.

Wie die Ausführungen in Abb. 7-9a veranschaulichen, bietet die Systemebene der Industrieregion gerade im materiellen Bereich eine recht umfangreiche Palette von Vorteilen gegenüber dem Industriestandort. Folgt man dieser Gegenüberstellung, so bedeutet dies, dass gerade stoffkreislaufbasierte *„Zero-Emissions-Räume"*, wie Sie von den Protagonisten der EIP-Bewegung[269] an den Himmel der Nachhaltigkeit gemalt werden, weit eher auf der regionalen als auf der Industriestandortebene gesucht und entwickelt werden müssten.

---

[268] Hierbei wird er zunächst einmal die Marktgröße des Bezugsraumes abzuschätzen versuchen. Gleichzeitig wird er die lokal-regionale Konkurrenzsituation und die vor diesem Hintergrund erzielbaren Gewinnmargen ins Visier nehmen. Weitere wesentliche Parameter zur Bestimmung einer solchen Standortentscheidung Standortattraktivität bilden mit Sicherheit der Marktzugang, die gegenwärtige Auslastung bereits installierter Kapazitäten, die räumliche Nähe auf der Angebots- und Nachfrageseite, rechtliche, administrative und soziopolitische Gegebenheiten, kurz-, mittel- und längerfristige Entwicklungsperspektiven u.a.m.

[269] Siehe insbes. die Ausführungen zur Entwicklung von Eco-Industrial Parks in Nordamerika (Kap. 7.5.4.2).

7. Industrielle Stoffkreislaufwirtschaft und ihr räumlicher Bezug

Materielle Transferleistung		Industriestandort		Industrieregion
	--	+/- zufällig gestreute Selektion weniger Branchenvertreter und Produktionsprozesse → geringe Wahrscheinlichkeit, hierunter einen geeigneten Partner für zwischenbetrieblichen Stofftransfer zu finden	++	Lokale Ungleichgewichte gleichen sich auf regionaler Ebene in vielen Geschäftsfeldern aus → vglw. hohe Wahrscheinlichkeit, im regionalen Rahmen auf einen kreislauftechnisch passenden Akteur zu treffen
	-	Weitestgehende Redundanzfreiheit potenzieller Stoffstrombeziehungen → einfach besetzte Prozesskettenglieder (Firmen) → lineare Beziehungen / Beziehungspotenziale → Gefahrenpotenziale für die Systemstabilität	++	Vielfalt an Redundanzen → bei Ausfall eines Prozesskettengliedes stehen alternative Kooperationspartner zur Verfügung → netzwerkartige Beziehungsgeflechte entlang der Wertschöpfungskette → pos. Wirkungen auf die Systemstabilität
	-	Lokale Stoffstrombeziehungen eines Nischenanbieters reichen zu dessen wirtschaftlicher Existenzsicherung im Allgemeinen nicht aus → Ermöglichung hochwertiger Stoffkreislaufschließung vielfach erst im Kontext mit geeignetem Systemumfeld in räumlicher Nachbarschaft → der Industriestandort sollte in ein attraktives Standortumfeld (bspw. eine Industrieregion) eingebettet sein → unabhängig davon jedoch große Bedeutung raumnaher Zufallskonstellationen	++	Vervielfachung von Angebots- und Nachfragemengen ggü. dem Industriestandort → positive Skaleneffekte (Economies of Scale) → Überschreitung kritischer Schwellenwerte für die unternehmerische Existenzsicherung → Überschreitung kritischer Schwellenwerte zur Ermöglichung von Investitionen in hochwertige Verwertungsanlagen / Verwertungslösungen → Auf und Ausbau hochwertiger Verwertungslösungen gestaltet sich bei industrieräumlichem Kontextmilieu als wirtschaftlich interessant
	+	Industriestandortspezifische Stoffstromtransparenz → fördert die Umsetzung firmenübergreifend koordinierter Abfallentsorgung bspw. über Ringverkehrssysteme *(persönliche Bekanntschaften mit dem territorialen Nachbarn wirken hier begünstigend[270])* → punktuelle Einsparungen		Regionale Stoffstromtransparenz → substituiert Ferntransporte und fördert neben gezielter, teilw. hochspezialisiertem Kapazitätsaufbau auch: → Erhöhung des Auslastungsgrades bestehender Verwertungskapazitäten *(und hierbei insbes. solche Verwertungskapazitäten, die einzelne Produzenten firmenintern aufgebaut haben)* → Erhöhung der Ressourceneffizienz
	+	Transporteinsparungen durch lokale Ringverkehrssysteme	+	Transporteinsparungen durch Bildung regionaler Cluster

Tab. 7-9a: Potenziale stoffkreislauftechnischer Koordination im Zusammenhang mit der Ausweitung des Raumbezugs von der Ebene des Industriestandorts auf die der Industrieregion

---

270 Siehe auch die entsprechenden Ausführungen in Tab. 7-8c.

Allerdings beschränken sich die Möglichkeiten zur Steigerungen der Ressourceneffizienz durch Verbesserungen im Bereich technosphäreninterner Nutzungszyklen nicht auf die stoffliche Ebene, wie sie im Zentrum dieser Arbeit steht. Sie eröffnen sich (siehe entsprechende Ausführungen in Kap. 7.5.6) auch im Bereich der Energie (vgl. die folgende Abb. 7-9b). Vergleicht man nun kreislaufbasierte Potenziale zur Steigerung der Energieeffizienz auf Industriestandort- mit solchen auf der regionalen Ebene, so bietet hier gerade die Industriestandortebene herausragende Chancenpotenziale. Diese zeigen sich v.a. dort, wo es um die Nutzung von Überschussenergie geht, die im Zusammenhang mit einem industriellen Produktionsprozess entsteht, innerhalb der eigenen Werksgrenzen aber nicht weitergehend nutzbar erscheint. Hier muss sich die Suche nach externen Symbiosepartnern technologisch bedingt auf den unmittelbaren Nahbereich der Wärmequelle beschränken. Da die nutzbare Restwärme verhältnismäßig gering ist, kommt hier den entfernungs- und technologisch bestimmten Leitungsverlusten eine determinierende Bedeutung zu. Da es sich im Falle betriebsgrenzenüberschreitender Symbiosen zudem in aller Regel um 1:1-Beziehungen handelt, d.h. also um redundanzfreie Output-Input-Kombinationen, deren Einrichtung im Falle dieser leitungsgebundener Transfers mit hohen Investitionskosten verbunden ist[271], sind hier nicht nur gegenseitiges Vertrauen, sondern auch langfristige Planungssicherheit zwingend. Sind derartige Voraussetzungen jedoch gegeben oder zumindest herstellbar, so sind Industriegebiete gerade für die systematische Suche nach Betriebsgrenzen überschreitenden Synergiepotenzialen im energetischen Bereich besonders prädestiniert.

Während die Suche nach stoffkreislaufwirtschaftlichen Potenzialen eindeutig einen regionalen Suchraum favorisiert (siehe Tab. 7-9a), scheinen energetische Effizienzsteigerungspotenziale eher im direkt nachbarschaftlichen Kontext brachzuliegen (Tab. 7-9b). Über die direkt im Anschluss daran abgedruckte Tab. 7-8c wird schließlich noch skizziert, wie es um die kommunikativen Voraussetzung für die Realisierung einer entsprechenden Koordination bestellt ist. Dabei werden in Tab. 7-8c nicht nur Vor-, sondern auch Nachteile regionaler gegenüber industriestandortbezogener Akteurskoordination und -kooperation deutlich, die im Wesentlichen von poolingbedingten Mengen- und Preiseffekten überkompensiert werden müssen[272].

---

[271] Siehe auch die Ausführungen zu „technisch determinierten Verwertungsnetzwerken" in *Fichtner / Frank / Rentz* [Karlsruher Rheinhafen 2000].

[272] Siehe hierzu auch die exemplarischen Ausführungen um die Abb. 8-10.

7. Industrielle Stoffkreislaufwirtschaft und ihr räumlicher Bezug

		Industriestandort		Industrieregion
Energetische Transferleistung	++	• Nutzbarkeit von Restwärmepotenzialen, bspw. zur Beheizung benachbarter Fabrikhallen oder Büroräume • Unmittelbare territoriale Nachbarschaft minimiert energetische Dissipation und damit auch Entropie	- -	• Kilometerlange Transportstrecken zwischen Anbietern von Überschussenergie und interessierten Energienachfragern verursachen hohe Reibungsverluste • Regionaler Transfer von Niedrigenergie ist nur über kapazitätsstarke und ziemlich kostenintensive Fernwärmenetze zu bewerkstelligen
	++	• Energetische Verwertung von Altholz u.ä. in unmittelbarer räumlicher Nachbarschaft vermindert oder vermeidet den Einsatz von Primärenergie für den Niedrigenergiebedarf.	+	• Regionsinterne Energieerzeugungsanlagen auf der Basis anderweitig nicht mehr nutzbarer Abfallfraktionen (insbes. Abfallgemische) bieten grade für industrielle Ballungsräume attraktive Optionen für die Substitution v. Primärenergieträgern. → Einspeisung der insbesondere von MVAs[273] freigesetzten Energie in Nah- und Fernwärmenetze.
	- -	• Rohrleitungen zwischen zwei räumlich benachbarten Akteuren (siehe Kalundborgbsp.[274]) schaffen Abhängigkeiten, denen sich ein Energienachfrager in Zeiten sinkender Energiepreise[275] nur ungern unterwirft → Stabilität verlangt hohe Bindungsintensität und schafft entsprechende Verpflichtungen	+	• Regionsinterne Energieerzeugungseinheiten relativieren die Außenabhängigkeit bei gleichzeitigem Erhalt unternehmerischer Freiheitsgrade → Stabilität ist auch bei Partizipation einer gewissen Teilmenge regionaler Akteure zu erzielen, da Kündigungen oder Bedarfsänderungen Einzelner bis zu einem gewissen Grade abgepuffert werden können
	+	• Persönlicher Austausch am Industriestandort[276] begünstigt die Annahme betriebsfremder Abfälle als Inputs für eine energetische Verwertung (bspw. zur Hallenbeheizung).	+	• Interorganisationale Abstimmung privatwirtschaftlicher, kommunaler und regionalpolitischer Entscheidungsträger begünstigt die regionale Potenzialauslastung und erhöht damit die regionale Ressourcenproduktivität

Tab. 7-9b: Potenziale energetischer Kreislaufschließung auf der Ebene des Industriestandorts respektive derjenigen der Industrieregion

---

[273] MVAs = Müllverbrennungsanlagen.
[274] Kap. 7.5.4.1, bzw. Abb. 7-19.
Was in Kalundborg zwischenbetrieblich implementiert wurde, haben Verbundstandorte wie die BASF Ludwigshafen längst zu einem wesentlichen Faktor ihres finanziellen Erfolgs werden lassen. So sind auf dem 7 qkm großen Firmengelände nach Schätzungen des dortigen Umweltmanagements ca. 2000 km Rohrleitungen installiert, welche die einzelne Produktionsstätten werksintern miteinander verbinden. Zu den rückstandsorientierten Verbindungen gehören dabei in erster Linie Leitungen zur Ausnutzung von Restwärme, darüber hinaus aber auch solche zur standortinternen Weiterverarbeitung unerwünschter Kuppelprodukte. Der Verbundstandort gelangt so zu einer vergleichsweise hohen Energie- bzw. Materialeffizienz, die sich nicht nur ökonomisch, sondern auch ökologisch sehr positiv darstellt.
[275] Bspw. im Zsh. mit der gegenwärtig ablaufenden europäischen Energiemarktliberalisierung.
[276] Siehe hierzu bspw. die Ausführungen in Kapitel 8.1 bzw. die folgende Tab. 7-9c.

Informationelle Transferleistung		Industriestandort		Industrieregion
	+	Die Akteure teilen bereits seit längerem ein best. Industriegebiet → sie wissen genau, wo der Andere sitzt und aus lokalen Medien u.a. Informationskanälen in der Regel auch, wie es um ihn bestellt war und ist → bereits beschriebene Blätter beschleunigen die Entscheidungsfindung	−	Die Akteure teilen lediglich dieselbe Industrieregion → Man könnte den Transferpartner zwar innerhalb von max. 1-2 Stunden persönlich erreichen, besitzt über ihn jedoch kaum Vorwissen; dies trifft insbes. dann zu, wenn es sich bei diesem Akteur um ein branchenfremdes Unternehmen handelt → der Entscheidungsfindung gehen merkliche Informationsbeschaffungskosten voraus
	++	Unmittelbare territorialräumliche Nachbarschaft erleichtert den persönlichen Kontakt → direkte, persönliche Kommunikation → Förderung des raschen Auf- bzw. Ausbaus von Vertrauen	−	Der territorialräumliche Abstand geht einher mit merklichen Raumüberwindungskosten → Kontakte zwischen Akteuren stützen sich in wesentlich stärkerem Maße auf indirekte Kommunikationsmöglichkeiten; → Vertrauensaufbau verläuft i.d.R. verhaltener und bedarf längerer Zeiträume
	++	Überschaubar begrenzte Anzahl von Akteuren erleichtert den Vertrauensbildungsprozess → Vertrauen substituiert in hohem Maße Kontrolle → einfache, pragmatische und vglw. kostengünstige Abstimmungsprozesse	−	Abstimmungsprozesse mit vielen, potenziell stärker wechselnden Partnern aus einem verschiedenartigen lokalen Kontextmilieu[277] können sich als sehr schwierig erweisen → Komplexitätsgrad vglw. hoch → relativ hohe Kontrollkosten → deutlich schwierigere Konsensfindung, vielfach in schriftlicher Form → rel. hohe Reibungsverluste zehren insbes. an den finanziellen Effizienzvorteilen firmenübergreifender Kooperation
	++	→ gegenseitiges Vertrauen lässt informelle Kontakte & Kommunikationsorgane vielfach als hinreichend erscheinen → niedrige Kommunikationsko.	−	→ niedrigere Vertauensbasis macht eine kostenintensive Institutionalisierung[278] von Informationsdrehscheiben oftmals unvermeidbar → Kommunikationskosten liegen vglw. hoch
	− −	Im Bereich des Zufalls liegende Ansammlung von Spezialwissen unterschiedlichster Art → die Wahrscheinlichkeit, hier den gewünschten Erfahrungsschatz bzw. Experten zu finden, ist relativ gering	++	Umfassende Problemlösungskapazität → beträchtliche Effizienzsteigerungspotenziale durch Nutzung von äußerst vielfältigem Erfahrungsschatz & Expertenwissen → deutliche Verringerung von Suchkosten → gemeinsame Erarbeitung innovativer Lösungen, die firmenindividuell wesentlich kostenintensiver gewesen wären → hohes Maß an Synergieeffekten durch regionalen Informationstransfer

Tab. 7-9c: Informationelle Voraussetzungen einer zwischenbetrieblichen Energie- und / oder Stoffkreislaufwirtschaft auf Industriestandort- bzw. regionaler Ebene

---

[277] Bspw. aus verschiedenen Industriegebieten, Infrastruktur-Clustern, Land- oder Stadtkreisen – oder wie im Falle des Rhein-Neckar-Raumes (siehe Kap. 6.5) – sogar verschiedenen Bundesländern, die mit verschiedenartigen Rechtsauffassungen operieren und über die darin verborgenen Handlungsspielräume ihrem jeweiligen Eigeninteresse Geltung zu verschaffen versuchen.

[278] Organisationsstruktur mit schriftlich fixierten Rechten und Pflichten der Mitglieder. (siehe AGUM e.V.; Kap. 8.2.3, aber auch das „Modell Hohenlohe" oder die Ulmer Netzwerkorganisation „unw").

7. Industrielle Stoffkreislaufwirtschaft und ihr räumlicher Bezug

Nicht zuletzt aufgrund des beträchtlichen Kommunikations- und Informationskoordinationsbedarfs, der zur Erschließung regionaler Potenziale einer industriellen Stoff- und Energiekreislaufschließung notwendig ist, haben sich bislang auch nur wenige Ansätze an ein solches regionales und von seinen materiellen Potenzialen her gewiss vielversprechendes Unterfangen gewagt. Allem voran sei hier zunächst ein Ansatz vorgestellt, der v.a. in den Jahren 1993 – 1998 unter der wissenschaftlichen Leitung von *Prof. Dr. Heinz Strebel*[279] und seinem ehemaligen Habilitanden, *Prof. Dr. Erich Schwarz*[280] in der österreichischen Steiermark implementiert worden ist und sich gegenwärtig zumindest punktuell fortentwickelt.

7.6.3 Praxisbeispiele regionaler Stoffkreislaufwirtschaft

7.6.3.1 Das Verwertungsnetzwerk Obersteiermark

Als man beim Institut für Innovationsmanagement an der Universität Graz im Jahre 1993 die Suche nach rückstandsorientierten Unternehmensbeziehungen aufnahm, tat man das nicht ohne ein bereits mehrjähriges und teilweise auch vor Ort erworbenes Vorwissen um die konstituierenden Elemente und Funktionsmechanismen der Industriellen Symbiose von Kalundborg (siehe Kap. 7.5.4.1). Gerade für Wissenschaftler wie *Strebel* und *Schwarz* eröffnete sich in Anbetracht des Kalundborger Präzedenzfalls die Frage, ob es sich hier lediglich um eine historische Singularität handele oder nicht vielmehr um ein Phänomen, dass sich auch anderenorts im Rahmen eines evolutionären und von Selbststeuerungsmechanismen der Industrie getragenen Prozesses entwickelt haben müsste. Man suchte daher auch andernorts, bspw. im Ruhrgebiet[281] oder in Österreich nach unentdeckten Symbiosebeziehungen, die die Einmaligkeit des Kalundborger Geschehens relativieren und gleichzeitig Anknüpfungspunkte für eine bewusst weiter zu entwickelnde öko-industrielle Entwicklung bieten sollten. In der Obersteiermark machte man dabei zunächst zwei sog. „Keimzellen"[282] aus, deren In- und Outputs man systematisch vor und zurück verfolgte. Dieser Vorgang wurde über verschiedene Quellen und Senken hinweg *„solange fortgesetzt, bis ein Rückstandsstrom die Systemgrenze (= Außengrenze der Region [der Verfasser]) erreichte. ..."* [283].

---

[279] Leiter des Instituts für Innovationsmanagement an der Karl-Franzens-Universität Graz, Österreich.
[280] *Schwarz* ist inzwischen Lehrstuhlinhaber für Innovationsforschung und Unternehmensführung an der Universität Klagenfurt, Österreich.
[281] Siehe hierzu bspw. *Schwarz / Bruns / Lopatka* [regionale Verwertung 1996].
[282] *Schwarz* [Verwertungsnetzwerke 1994], S. 115.
[283] *Schwarz* [Verwertungsnetzwerke 1994], S. 115.

Durch diese Vorgehensweise, die auch datentechnisch immer anspruchsvoller wurde, gelang es schließlich, ein Netz verwertungsorientierter Beziehungen zwischen Industrieunternehmen zu identifizieren, das Elemente aus der Baustoffindustrie, dem Bergbau, der Eisenerzeugenden Industrie, der Mineralstoffindustrie, der Stein- und keramischen Industrie, genauso beinhaltete, wie bspw. Energieerzeuger oder agro-industrielle Betriebe[284]. Die quantitativen Ergebnisse dieser Forschungen sind u.a. im Endbericht des Pilotprojekts Verwertungsnetz Obersteiermark enthalten, das im Auftrag des österreichischen Bundesministerium für Umwelt, Jugend und Familie (BMUJF) durchgeführt wurde [285]. Neben den quantitativen Ergebnissen zum bereits ex ante bestehenden Umfang verwertungsorientierter Beziehungen zwischen Betrieben widmete man sich v.a. den in verschiedenen Bereichen visualisierten unausgeschöpften Potenzialen, die auf 329.150 Tonnen aus insgesamt 31 Betrieben beziffert wurden. Bei diesen Volumina handelte es sich insbesondere um Schlackenreste (100.000 to.), Klärschlamm (100.000 to.), Sägerestholz (56.000 to.) aber auch eine sehr breiten Palette anderer Abfälle wie Altpaletten, Altholz, Flugaschen, Kunststofffolien, Granitabfällen, Farbrestpulver u.a.m., die nach *Strebel / Schwarz / Farmer et al.* (bezogen auf das Jahr 1995) in den Stoffkreislauf hätten zurückgeführt werden können, wobei der überwiegende Teil zur Deponieentlastung beigetragen hätte[286]. Verwertungsoptionen für die in o.g. Abfallfraktionen wurden systematisch ermittelt, hinsichtlich ihrer ökonomischen Implikationen durchgerechnet, in den damit verbundenen Hemmnissen analysiert und mit den potenziellen Industriepartnern diskutiert. Dabei wurde auch eine ganze Reihe von Kooperationshemmnissen zutage gefördert, die sich auch auf die nach reinen Kosten- und Erlösüberlegungen zunächst einmal interessant erscheinenden Abfallverbringungsalternativen bezogen[287].

Zentrale Punkte waren dabei:

---

[284] Auf eine graphische Darstellung der in der Region Obersteiermark identifizierten rückstandsbezogenen Unternehmensvernetzung wird an dieser Stelle aus Gründen des Platzbedarfes verzichtet. Dem interessierten Leser wird hier die umfassende Darstellung in *Strebel / Schwarz / Farmer et al.* [Verwertungsnetze 1997] auf den Seiten 26 – 27 anempfohlen, oder alternativ diejenige in *Posch / Schwarz / Steiner et al.* [Verwertungspotenzial 1998], S. 220 - 221; eine etwas vereinfachte Darstellung realer (und potenzieller) Verwertungsbeziehungen findet sich jedoch auch bereits bei *Schwarz* [Verwertungsnetzwerke 1994], S. 117 sowie in *Strebel* [Steiermark 1996], S. 52.

[285] Siehe *Strebel, Schwarz, Farmer et al.* [Verwertungsnetze 1997].

[286] Potenzielle Entlastung von Deponiekapazität: 251.490 to.; höherwertige oder regional nähere Verwertung: 13.460 to.; zusätzliche Rückstandsentlastung bspw. durch Verfahrensumstellung: 64.200 to. (*Schwarz / Strebel / Farmer et al.* [Verwertungsnetze 1997], S.29.)

[287] Siehe hierzu insbes. *Schwarz / Strebel / Farmer* [Verwertungsnetze 1997], S. 33 ff., bzw. die Aufsätze von *Vorbach* [Verwertungsmöglichkeiten 2000] (Altholz, Granitabfälle, Flugasche), *Posch* (Klärschlammverwertung) und *Steiner* (Farbrestpulververwertung) in: *Strebel / Schwarz* [kreislauforientierte Unternehmenskooperationen 1998] sowie Gespräche mit *Arnulf Hasler* und *Stefan Vorbach*.

7. Industrielle Stoffkreislaufwirtschaft und ihr räumlicher Bezug

	Hemmnis für den potenziellen Stoffkreislauf
Zeitliche Aspekte	• Zeitliche Verschiebung zwischen dem Anfallen bestimmter Abfälle und einem dazu passenden Inputbedarf *(Bsp.: Verbrennungsrückstände aus einem Wärmekraftwerk fallen v.a. im Winter an; in dieser Zeit hat aber die potenzielle Senke (Bauindustrie und Baustoffindustrie) kaum Bedarf)* • Der Reststoff ist dabei nur begrenzt lagerbar *(Bsp.: Flugaschen unterliegen der Gefahr der Aushärtung)* • Lieferunsicherheiten: Abfallmengen pro Zeiteinheit können kaum anforderungsgerecht spezifiziert und garantiert werden → *Aufrechterhaltung einer absolut verlässlichen und flexiblen Zweitquelle bleibt notwendig*
Qualitativ-technische Aspekte	• Vorbehandlungserfordernisse für den Wiedereinsatz *(Bsp. Farbrestpulver)* • Keine oder nur bestimmte, graduelle Verunreinigungen sind zulässig und müssen als qualitative Eigenschaften garantiert werden *(Bsp. Holzverwertung)* • Von Charge zu Charge differierende Zusammensetzungen und Stoffanteile eines Mischabfalls können zu verschiedentlichen Qualitätseinbußen im Sekundärstoff führen *(Bsp.: Farbrestpulver für Außen- und Innenbeschichtung)* • Vorhandensein attraktiverer Zuschlagstoffe vermindert das Interesse *(Bsp.: Einsatz von Flugaschen in der Zementindustrie)*
Räumliche Aspekte	• In räumlicher Nähe fehlt eine geeignete Abfallsenke, die anderenorts eine sowohl ökonomisch wie ökologisch sinnvollere Stoffkreislaufführung erlaubt *(Bsp.: auch unbehandeltes Altholz muss verbrannt werden, weil eine geeignete Abfallsenke für die stoffliche Verwertung (bspw. Spanplattenproduzent) in der Region nicht vorhanden ist)* • Räumlich disperse Verteilung kleiner Anbieter *(Bsp.: kleine Steinmetzbetriebe mit relativ kostengünstig deponierbaren Granitabfällen)*
Rechtliche Aspekte	• Kompliziert zu erschießende Bewilligungspflichten und langwierige Bewilligungsverfahren für die Installation größerer Aufbereitungskapazitäten *(Bsp.: Kunststoffverwertungsanlage)* • Aufwändige Genehmigungsverfahren für die Zulassung einer Annahme neuer Abfallstoffarten *(Bsp. Zementindustrie)* • Übergabepflichten an öffentliche Entsorgungsträger verhindern ökologisch (und ökonomisch) sinnvollere Lösungen • Beschränkung auf „normengerecht" hergestellte Produkte lassen nur präzise spezifizierte Inputs zu *(→ wesentl. Markteinschränkung für Sekundärinputs)*
Weitere Aspekte	• Sekundärstoffmärkte befinden sich noch in sehr frühem Entwicklungsstadium • ökologieorientierte Vorbildfunktion staatl. Auftraggeber noch unterentwickelt • Fehlen qualifizierter Rückstands- und Technologiemittler • Fehlen einer moderierten Stoffstromkoordinationsstelle

Tab. 7-10: Empirisch belegte Hemmnisfaktoren im Zusammenhang mit der Unterausnutzung preislich interessant erscheinender rückstandsbezogener Kooperationsmöglichkeiten in der Obersteiermark (Österreich).[288]

---

[288] Zusammenstellung aus verschiedenen Aufsätzen von *Strebel, Schwarz, Posch, Steiner, Vorbach* u.a. (siehe Literaturverzeichnis), wobei hpts. auf den Sammelband von *Strebel / Schwarz* [Verwertungsnetze 1998] zurückgegriffen wurde – unter Einschluss von Informationen aus persönlichen Gesprächen.

Die hier lediglich auf ausgewählte Punkte spezifizierten Erkenntnisse aus der Obersteiermark belegen zumindest Folgendes:

1. Rückstandsbezogene Kooperationsmuster haben sich nicht nur in Kalundborg entwickelt, sondern auch andernorts.
→ Eine systematische Suche hiernach scheint also auch an anderen Lokalitäten erfolgversprechend.

2. Während die Akteure eines Produktionssystems sich ihrer vertikalen und horizontalen Verbindungen durchaus bewusst sind, scheint dies für diagonal angelegte Beziehungen kaum zu gelten.
→ Hier scheint eine Systemidentifikation durch externe Dritte sehr hilfreich.

3. Selbst das Vorhandensein gleichartiger Akteure mit gleichartigen Input-Output-Strukturen an zwei unterschiedlichen Lokalitäten garantiert die Übertragbarkeit eines bestimmten stoffkreislauforientierten Lösungskonzeptes noch nicht. So fällt sowohl im Kalundborger wie auch im Steiermarker Akteursnetzwerk bei einem Kraftwerksbetrieb Flugasche an, die einem Zementwerk als Inputstoff dienen könnte. Während dieser Umstand im Fall Kalundborg eine wesentliche Verwertungsbeziehung hervorbrachte[289], funktioniert ein entsprechender Stofftransfer im Falle der Obersteiermark zumindest vorerst nicht, weil dem Zementwerk gegenwärtig attraktivere Zuschlagstoffe zur Verfügung stehen.
→ Netzwerke beweisen sich an diesem Beispiel einmal mehr als offene Systeme, deren Ausgestaltung nicht nur von ihren systeminternen Potenzialen, sondern wesentlich auch vom jeweiligen Kontextmilieu abhängt.

Ein solches Kontextmilieu unterliegt jedoch ebenso dynamischen Kräften, wie das sich weiterentwickelnde System selbst. Von daher sind auch die in Tabelle 7-10 dargestellten und gegenwärtig als bindende Restriktionen wirksamen Hemmnisfaktoren lediglich Momentaufnahmen. Und tatsächlich förderten die Arbeiten des Projektteams um *Strebel* und *Schwarz* ja auch in der Obersteiermark Rückstandszellen[290] zutage, die die Gangbarkeit und Stabilität rückstandsorientierter Kooperationen auch über längere Zeiträume hinweg belegen. Wie die Ausführungen in Tab. 7-10 skizzieren, stellten sich der Ausnutzung systematisch ermittelter und

---

[289] Im Kalundborger Netzwerk spielt der Transfer von Flugasche (1996: 183.000 to. / Jahr) und Schlacken (1996: 45.000 to. / Jahr) aus dem Kraftwerk Asnæs hin zur Zementindustrie eine bedeutende Rolle (*Christensen* [Kalundborg 1998b], S. 107). Auch in der Steiermark gibt es diese beiden Industrievertreter, beide wissen beide voneinander und beide wurden miteinander in Kontakt gebracht. Doch das „passende" Zementwerk gibt hier gegenwärtig anderen Inputalternativen den Vorzug.

[290] Als sog. „**Rückstandszellen**" bezeichnet *Schwarz* [Verwertungsnetzwerke 1994], S. 139, stoffspezifisch determinierte Subsysteme von Stoffverwertungsnetzen.

7. Industrielle Stoffkreislaufwirtschaft und ihr räumlicher Bezug

fallspezifisch quantifizierter Kreislaufführungspotenziale kurzfristig zwar Hindernisse entgegen, es darf jedoch zu Recht angenommen werden, dass auch die bislang bereits etablierten Stoffstrombeziehungen zeitintensiver Vorbereitungsprozesse bedurften. Eine systematische Visualisierung von Potenzialen (bspw. durch externe Dritte[291]) vermag diesen Prozess zu beschleunigen, oder gar weiter zu diversifizieren. Letzteres trifft insbesondere für die Fälle zu, wo erst die Zusammenführung vieler Akteure mit gleichartigen Interessen die Überwindung von Mindestmengenproblemen zu bewerkstelligen vermag. Ein Beispiel dieser Art bietet der gegenwärtig recht aussichtsreich erscheinende Versuch von *Hasler*[292], die Etablierung einer Rückstandszelle im Bereich Granitabfälle zu bewerkstelligen, in deren Zentrum ein Pflastersteinhersteller steht, der mit dieser Rohstoffalternative ehedem regionsextern beschafften Split unter Einschluss ökonomischer Vorteile substituieren könnte[293].

7.6.3.2 Neuere Entwicklungen regionaler Verwertungsnetze

Wie die Erfahrungen des Steiermark-Ansatzes zum Ausdruck bringen, sind die Bedingungen für die Einrichtung von Verwertungsnetzwerken auf regionaler Ebene zumindest gegenwärtig noch recht schwierig, und dies trotz der Tatsache, dass in einem solchen Falle Abertausende von Tonnen Abfall zum Gegenstand verwertungstechnischer Überlegungen gemacht werden könnten. Diesen Potenzialen steht jedoch ein besonderes Komplexitätsproblem gegenüber, dessen Abbau mit Sicherheit besondere Koordinationsinstrumente verlangt. Entsprechende Ansätze, die sich dieser Herausforderung stellen, sind darum bislang auch noch recht spärlich gesät. Gleichwohl wächst der Wissens- und Erfahrungsschatz auch hier weiter, so dass sich aktuelle und ehemalige Mitarbeiter von *Prof. Strebel* nun auch im ländlichen Niedersachsen an die gegenüber dem Steiermarkprojekt weit schwierigere Aufgabe machen, ein rückstandsorientiertes Stoffverwertungsnetzwerk in einer ländlichen (bzw. agro-industriell bestimmten) Region aufzubauen. So wird im Gebiet der Landkreise Vechta und Cloppenburg (westliches Niedersachsen) seit 1997 an einer „*Ressourcenschonung Oldenburger Münsterland*" (**RIDROM**) gearbeitet[294], die mit einem Mitgliederstamm von 22 Unternehmen nunmehr in einen Verstetigungsprozess überführt werden soll[295]. Ein anderes Beispiel zur För-

---

[291] Wie dem Grazer Institut für Innovationsmanagement (LS *Prof. Strebel*).
[292] Mitarbeiter am LS von *Prof. Dr. Heinz Strebel*, Universität Graz.
[293] Siehe *Hasler* [Granitrecycling 2000].
[294] *Hasler / Hildebrandt / Nüske* [RIDROM 1998], bzw. *Strebel / Hasler / Hildebrandt / Nüske / Blanke* [RIDROM 1999]
[295] Die auf zwei Jahre angelegte Anschubfinanzierung dieses Vorhabens wird nach Aussage des leitenden Projektbearbeiters *Arnulf Hasler* im Frühjahr 2002 beginnen.

derung zwischenbetrieblicher Stoffkreislaufschließung auf regionaler Ebene bildet der gegenwärtig in seiner Implementierungsphase befindliche Ansatz zum *„Aufbau eines regionalen Stoffstrommanagements in der Industrieregion Rhein-Neckar"* [296], der in seinen industriegebietsbezogenen Ursprüngen ebenfalls auf das Jahr 1996 zurückgeht und zentraler Gegenstand des 8. Kapitels dieser Arbeit ist. In den USA steuert der *virtual Eco-Industrial Park* von Brownsville[297] auf einen eindeutig regional dimensionierten Potenzialraum zu.

7.7 Zwischenbetriebliche Kreislaufwirtschaft im nationalen und internationalen Rahmen

Gut zweitausend Jahre nach Aristoteles scheint der Mensch wiederum auf das Bewusstsein gegenüber einem *„oikos"*, d.h. einem Haus hingeführt zu werden, dessen *„maßvolle Führung"* [298] ihm im Sinne einer *„oikonomia"* auferlegt wird[299]. Heute wie damals stehen diese Überlegungen im Zusammenhang mit einer weit fortgeschrittenen Annäherung an maßgebliche Systemgrenzen. Derartige Systemgrenzen wurden damals vom Rande der zivilisierten Welt des antiken Griechenlands (oder gar Athens) markiert, heute hingegen beziehen sie sich auf die Erde als Planeten. Während der Handlungsbedarf damals in einem sehr engen Zusammenhang mit „zivilisatorischen" bzw. ethisch-moralischen Fragen stand[300], stellt sich unsereinem heute zudem auch die Frage nach der physiologischen Selbsterhaltung der Spezies Mensch. Die Frage nach der Haushaltsführung im Rahmen des uns beherbergenden *„oikos"* erhält hierdurch eine zusätzliche Qualität. Und dies trotz der Tatsache, dass wir die Grenzen unseres Lebens- und Wirtschaftsraums seitdem mit großem Erfolg auf ein Zigfaches des antiken Territoriums ausdehnen und unseren Möglichkeitsraum in mannigfaltiger Hinsicht erweitern konnten. Seinen finalen Schub erlebte dieser Grenzverschiebungsprozess mit den großen Entdeckungsfahrten um den Beginn der Neuzeit, und gelangte bereits im Laufe des 16. Jahrhunderts im Wesentlichen zu seinem Abschluss. Zumindest die terrestrische Ökosphäre, die mit unseren potenziellen Lebensräumen weitestgehend identisch

---

[296] *Sterr* [regionales Stoffstrommanagement 1999, bzw. 2001]; *Liesegang / Sterr / Ott* [Stoffstrommanagementnetzwerke 2000].

[297] www.smartgrowth.org/casestudies/ecoin_brownsville.html; siehe hierzu bereits die Ausführungen in Kap. 7.5.4.2.

[298] Zum zentralen Aspekt der Genügsamkeit im Sinne eines rechten Maßes der Bedürfnisse bei Aristoteles siehe *Manstetten* [Philosophie 1993], S. 5 ff.

[299] *„Oeconomia ist nichts anderes als eine weise Vorsicht, eine Hauswirtschaft beglückt anzustellen, zu führen, und zu erhalten."* (*Manstetten* [Philosophie 1993], S.4 (bzw. *Wolf Helmhard von Hohberg*) zitiert nach *Brunner* (1949), S.241). Zur Herleitung des Ökonomiebegriffes aus den Bedeutungsinhalten seiner griechischen Wurzeln siehe ebenfalls *Manstetten* [Philosophie 1993], S. 3 f.

[300] Siehe hierzu bspw. *Manstetten* [Philosophie 1993], Kap. 2: *„Die oikonomia bei Aristoteles"*.

7. Industrielle Stoffkreislaufwirtschaft und ihr räumlicher Bezug

ist, war nun in ihren territorialen Umrissen bekannt und auch die bis dahin nahezu menschenfreien Territorien wurden von ihm schon bald wesentlich überprägt. Nicht zuletzt deshalb markieren historisch orientierte Wissenschaftler auch bereits hier den Beginn des Globalisierungsprozesses, während ihn die meisten anderen an den Beginn des Industriezeitalters und damit ins 19. Jahrhundert legen[301].

Seit dem Ende des 16. Jahrhunderts kennen wir also die territorialen Grenzen unseres potenziellen Lebensraumes, seit dem 19. Jahrhundert „beackern" wir den darin inkorporierten Ressourcenbestand großmaßstäbig und systematisch. Tatsächlich sind wir so inzwischen zu „*global actors*" geworden, deren Produktions- und Konsumverhalten inzwischen sämtliche Teile der Erde erfasst – und dies nicht nur im Sinne einer globalen Ressourcenextraktion und einer globalen Distribution der von uns hergestellten Produkte, sondern auch im Sinne von global verteilten Immissionen in festem, flüssigem und gasförmigem Aggregatszustand. Gerade im Zusammenhang mit den gigantischen Tonnenkilometerleistungen zur Befriedigung unseres wachsenden Ressourcenbedarfs, aber auch den dazwischen liegenden Produktionsprozessen, haben wir die Zusammensetzung der Atmosphäre bereits nachhaltig verändert (globale CO_2- und FCKW-, lokal/regionale NO_x- und SO_2-Anreicherungen) und werden zunehmend gewahr, dass die Wirkungen unseres stofflichen Handelns an den Außenwänden unseres Hauses reflektiert werden und so inzwischen auch auf die menschliche Physiologie zurückfallen[302]. Wollen wir dem erfolgreich begegnen, müssen wir uns auch dem Umgang mit den intrinsischen Beschränkungen unseres nunmehr vollständig zu eigen gemachten Hauses Erde stellen.

Wie ist nun das Problem einzuordnen, dass in einem solchen geschlossenen System die materiellen Ressourcen endlich sind und darum bei zunehmenden Knappheiten mit einem sich verschärfenden Verteilungskampf im Systeminneren zu rechnen ist? Tatsächlich ist die physische Erde inzwischen von einem weitestgehend kapitalistischen Weltwirtschaftssystem überspannt, im Rahmen dessen die Freihandelsidee nahezu jeden Ort und dessen Ressourcenpotenziale zu erschließen vermag und in verstärktem Maße auch erschließt. Die Phase der räumlichen Systemausdehnung neigt sich damit auch im Sinne der Erschließung noch unbesetzter Innenräume unseres Hauses ihrem Ende. Die Erde ist auf die Dimension eines bis unters Dach bewohnten Hauses geschrumpft, das lediglich noch einen intensiv bewirtschafteten Vorgarten besitzt. Fremde Gärten sind zu Raritäten geworden, die in den nächsten Jahren und Jahrzehnten ebenfalls zu Elementen unserer terrestrischen Haushaltführung gemacht werden – günstigstenfalls in Form arten-

---

[301] Siehe hierzu bspw. *Schamp* [Globalisierung 1996], S. 208.
[302] Wie *Meadows / Meadows / Randers* [Wachstum] in ihren 1992 veröffentlichten Modellszenarien errechnen lassen, werden diese Umweltgefahren die zeitlich nächstliegenden sein, die den mit unserem Wirtschaften bezweckten Erhalt und Verbesserung unseres Lebensstandards drohen.

konservierender Nationalparks. Das einst von der griechischen Philosophie geforderte Wirtschaften des „*rechten Maßes*" gewinnt damit wieder zunehmend an Aktualität, die sich tatsächlich in zunehmend kollektiven Abstimmungsprozessen, vereinzelt aber auch bereits in Verzichts- oder in Suffizienzstrategien niederschlägt[303]. Der Nachteil eines von bewusster Selbstbeschränkung und Maßhaltung geprägten Nachhaltigkeitspfades ist allerdings die Tatsache, dass sie dem individuellen Selbstentfaltungsdrang des Menschen, der nicht zuletzt deshalb an einer von freiheitlicher Selbstbestimmung bestimmten Gesellschaftsordnung arbeitet, unangenehm erscheint. Seine Anstrengungen favorisieren daher eher andere Lösungspfade: solche der Dematerialisierung und „Dienstleistisierung", der Förderung einer entropiearmen und schadlosen Stoffkreislaufschließung, einer möglichst kontinuierlichen Steigerung der Ressourceneffizienz oder der MIPS-Steigerung durch eine massive Vergrößerung der Interaktionsdichte.

Notwendige Bedingung für eine solche Interaktionssteigerung ist die Minimierung von Distanz, wobei die Überwindung räumlicher Distanz, insbesondere auf der globalen Maßstabsebene, eine zentrale Rolle spielt. Gerade hier ist der Moderne jedoch ein in der Antike nicht vorstellbarer Quantensprung gelungen: die Entwicklung weitestgehend entfernungsunabhängiger Telekommunikationstechnologien, beginnend mit der massenhaften Verbreitung von Telefon, Radio und Fernsehen und zuletzt fortgesetzt in der Etablierung eines „World-wide-Web", das im Gegensatz zum Radio oder Fernsehen auch die individuelle Informationsdistribution in Ton und Bild eröffnet – und dies in beide Richtungen. Die gegenwärtig erst anlaufenden Investitionen in die Sicherheit dieser neuen Informationskanäle werden dafür sorgen, dass sich der weltweite Informationstransfer in den nächsten Jahren weiter potenzieren und damit auch die weltweite Informationstransparenz weiter stärken wird.

Bereits die dem Internet vorausgehenden Entwicklungen haben ausgereicht, um Finanzmärkte, aber auch andere Formen von Datenmärkten zu funktionsfähigen Punktmärkten werden zu lassen, die heute kreuz und quer über den Globus verteilt sind und der expliziten Berücksichtigung eines Raumfaktors kaum noch zu bedürfen scheinen. Inter- und Intranetlösungen werden diese „Enträumlichung"[304] wei-

---

[303] Im Zusammenhang mit der Forderung nach **Suffizienz** liest und hört man immer wieder Schlagworte wie „Verschwendungssucht", „exzessive Bedürfnisbefriedigung", „Leben im Überfluss", „Materialismus" u.a.m., dem man „Anzeichen für einen postmateriellen Wertewandel" bzw. einer neuen Art von „Lebensqualitätsorientierung" gegenüberstellt, oder Anregungen und Konzepte zur „Entschleunigung", „Genügsamkeit", zur „Selbstbeschränkung" bis hin zum „Konsumverzicht" bzw. zur „bewussten Askese" verdeutlicht. Wie Klemmer [Stoffpolitik 1995], S.161 betont, konnte man sich „*zu einer klaren Vorstellung von den anzustrebenden Soll-Größen .... jedoch noch nicht durchringen*", geschweige denn eindeutige Kriterien zur Beurteilung von Konsumvorgängen entwickeln, weshalb das Konzept auch bis heute trotz seiner unbestritten erheblichen Bedeutung noch recht wage bleibt.

[304] Siehe in diesem Sinne auch die Überlegungen von *Castells* (1994) hinsichtlich der Auflösung von Regionalität im Zuge informationstechnologischer Vernetzung.

7. Industrielle Stoffkreislaufwirtschaft und ihr räumlicher Bezug

ter vorantreiben und auf weitere Interaktionsfelder ausdehnen. In der überwiegenden Zahl der Fälle liegen diesen weitgehend virtuell vollzogenen Handlungsabfolgen letztlich jedoch materielle Gegenstände zugrunde, was heutzutage bisweilen allerdings erst dann deutlich wird, wenn diese physischen Grundlagen (bspw. in Form von Spekulationen auf zukünftige Ernten oder Produktionszahlen) auch mal wegfallen[305]. Tatsächlich wäre es eine Illusion, zu glauben, dass der technische Fortschritt eines Tages in der Lage wäre, menschliches Wirtschaften vollständig zu dematerialisieren und nur noch Dienstleistungen zu transferieren. Zumindest Nahrung, Kleidung, Wohnung wären auch im Extremum von existenzieller Notwendigkeit und selbst diese Grundbedürfnisse sind angesichts der zur Aufrechterhaltung der heutigen Menschenpopulation erforderlichen Produktionseffizienz mit lokal/regional vorhandenen Ressourcen vielerorts bereits nicht mehr zu befriedigen[306]. Hieraus ergibt sich eine Vielzahl materieller Folgen, die für mehr und mehr Bereiche unseres Wirtschaftens in ein „Global Sourcing" münden.

Der damit in Verbindung stehende Globalisierungsprozess der Stoffflüsse beschränkt sich jedoch längst nicht auf technologisch bedingte oder an klimatische Gegebenheiten geknüpfte Spezialgüter, sondern greift bereits tief hinein in die Substitution lokal/regional hergestellter Güter des täglichen Bedarfs durch gleichartige Güter transkontinentaler Herkunft. Wie weit der Globalisierungsprozess unserer terrestrischen „Wohngemeinschaft" hier bereits vorangeschritten ist, verdeutlicht sich beispielsweise an der Tatsache, dass der Wein, den man abends seinen Gästen serviert, immer weniger aus Deutschland, Frankreich oder Italien stammt, sondern zunehmend aus Kalifornien, Chile, Südafrika und Australien[307]. Und die Schnittblumen wurden aus Kolumbien eingeflogen. Es scheint also, als würden materielle Restriktionen auch bei interkontinentalen Transferdistanzen zunehmend an Bedeutung verlieren. Und wie das Schnittblumenbeispiel veranschaulicht, ist auch der Transport schnellverderblicher Waren inzwischen selbst über interkontinentale Distanzen hinweg so kostengünstig geworden, dass der damit verbundene Transportkostenmehraufwand auch den Markteintritt in untere Preissegmente noch erlaubt. *„Transports don't matter"* scheint also nicht nur für Hightech-Produkte mit ihrer vergleichsweise hohen Wertschöpfung pro Gewichtseinheit zu gelten, sondern zunehmend auch für Konsumgüter des täglichen Bedarfs.

Entlang der Wertschöpfungskette zeigt sich die globalmaßstäbliche Stoffwirtschaft zunächst einmal beim **Global Sourcing** von Rohstoffen (wie bspw. Phosphaten von Inseln im Südpazifik). Dennoch entstehen selbst Produkte wie der Air-

---

[305] Denn dann lösen sich auch die darauf zurückgehenden finanz- oder datenverarbeitungstechnischen Überbauten in nichts auf.
[306] Raumbezogene Tragfähigkeitsüberschreitung.
[307] Was freilich nicht gleichbedeutend damit sein muss, dass die Ökobilanz Australischer Weine in deutschen Läden schlechter sein müsste als die von Weinen aus verkehrstechnisch entlegenen Gebieten Spaniens.

bus im Rahmen transnationaler Produktionskettenstränge, ehe sie wiederum weltweit vertrieben werden. Man müsste sich, analog zu *Böges* Arbeiten über die Transportbeziehungen eines Erdbeerjoghurts[308], einmal die Mühe machen, die Anzahl der Transportkilometer der Einzelteile eines Serien-PKW auch nur annähernd abzuschätzen – sie dürfte bei einem Mehrfachen der für das Endprodukt üblichen Fahrkilometerleistung liegen. Nun werden die für den Bau eines PKW notwendigen Bausteine zwar nicht einzeln transportiert, sondern in großen Stückzahlen, was den auf das Einzelfahrzeug fallenden Transportkilometeraufwand wieder deutlich schmälert – trotzdem liegt hinter dem PKW als Endprodukt jedoch ein derart weit gespannter Produktionsprozessablauf.

Auf der Basis telekommunikations- und transporttechnischer, organisatorischer aber auch politischer Verbesserungen[309] ist es der Produktionsseite unserer Technosphäre im Laufe der letzten 100 Jahre zunehmend gelungen, die Grenzen nationalstaatlicher Territorien zu überwinden. Dieser **Globalisierungsprozess**, der zunächst einmal die Produktions- und Konsumtionsseite unseres Wirtschaftens erfasste, inkorporiert mehr und mehr auch das Geschehen im Bereich der technosphärischen Reduktion. So entwickelten sich im Laufe der letzten Jahre mehrere Entsorgungsunternehmen zu „Global Players", und dies nicht nur im Sinne weltweiter Kapitalverflechtungen, sondern auch im Sinne materieller Transfers[310], die ein deutliches Mehr an organisatorischer Reife, insbesondere aber logistischer Kompetenz benötigen. Damit werden nicht mehr nur Produkte, sondern auch Reduzenden und Redukte zu Gegenständen eines zunehmend erdumspannendes Stoffflusssystems. Da die Weltwirtschaft nicht nur von einer unaufhörlich steigenden Informationstransparenz geprägt wird, sondern in der weiter fortschreitenden Liberalisierung des Welthandels eine zusätzliche wesentliche Stütze erhält, ist abzusehen, dass eine komparative Kostenminimierung beim Umgang mit materiellen Ressourcen im Weltmaßstab den Globalisierungsprozess weiter vorantreiben wird. Und dies gilt umso mehr, als eine verursachergerechte Zuordnung der vom Einzelakteur tatsächlich verursachten Transfer-, bzw. Umweltkosten vergleichsweise wenig vorankommt.

Wie bereits weiter oben angedeutet, handelt es sich bei der **Globalisierung** um einen Prozess, der bereits das Leben unserer Väter und Großväter mehr oder we-

---

[308] *Böge* (1992), entspr. dokumentiert auch in: *Hoppe* [Joghurt 1993] oder *Böge* [Erdbeerjoghurt 1993].
[309] * Telekommunikationstechnisch: bspw. Telefon, Telefax
* Transporttechnisch: Transportmittelentwicklung für persönlichen Austausch und Gütertransfer
* Organisatorisch: Entwicklung eines geeigneten Organisationsmanagements zur Steuerung eines Mehrbetriebsunternehmens und seiner Beschaffungs- und Absatz-Beziehungen
* Politisch: Entwicklung des internationalen Rechts, WTO mit ihren Freihandelsbestrebungen.
[310] So bspw. die Firmen Waste Management, BFI, SITA u.a.

7. Industrielle Stoffkreislaufwirtschaft und ihr räumlicher Bezug 333

niger merklich mitbestimmte, in seiner Bedeutung jedoch grade in der Nachkriegszeit rasant zunahm. *Schamp* versteht hierunter einen „*historischen Prozess, ..., in dem mächtige Akteure eine weltweite Integration von Wirtschaftssektoren und Produktionssystemen bewirken, die zuvor territorial getrennt waren*" [311]. Der Globalisierungsprozess folgt dabei zunächst einmal den Wertschöpfungsketten und schafft damit eine physische Verbindung von Produktionsstandorten. Er gewinnt aber auch in horizontaler Richtung zunehmend an Dynamik, so etwa im Zusammenhang mit der Realisierung von Synergieeffekten durch Kooperationen oder gemeinsame F&E-Einrichtungen unter Mitgliedern der selben Branche. Gerade im Softwarebereich erlaubt die weltweite Vernetzung von Innovations- und Produktionskapazitäten eine bessere und beschleunigte Entwicklung von Softwarelösungen[312]. Durch die Verknüpfung und Ausnutzung weltweit verstreuter, materieller wie geistiger Ressourcen ermöglicht der Globalisierungsprozess eine – unternehmensspezifisch wie global gesehen – deutliche Steigerung der Ressourceneffizienz. Mit seinen mengenbedingten Kostendegressionseffekten vermag er neue Geschäftsfelder zu erschießen, für die ein nationales Nachfragepotenzial nicht hinreichend gewesen wäre. Die Globalisierung baut lokale Knappheiten ab und schafft weltweit neue Entwicklungschancen[313]. In seiner dynamisierenden Wirkung auf die Güterproduktion wird der Globalisierungsprozess allerdings von einem zusätzlichen Ressourcenbedarf begleitet, der durch Effizienzsteigerungen in aller Regel nur teilweise kompensiert werden kann.

Darüber hinaus besitzt Globalisierung aber auch eine ganze Reihe von Ausprägungen, die weder vom Verhalten, noch von der Hausordnung unserer Wohngemeinschaft Erde hinreichend reflektiert werden. Angesprochen sind hier beispielsweise Phänomene wie Ökodumping oder Sozialdumping, die das Preisgefüge gezielt verzerren, um so bestimmte Standortentscheidungen zu begünstigen, die bei Internalisierung der damit verbundenen Kosten als suboptimal erscheinen würden. Angesprochen sind aber auch alle anderen Formen von gegenwärtig nicht preislich entgoltenen Begleitscheinungen menschlicher Aktivitäten. Während die industrielle Produktion gerade in Deutschland bereits auf einen beträchtlichen Kosteninternalisierungsdruck bspw. im Abfallbereich reagieren musste, trägt der Transport nicht nur hierzulande, sondern weltweit einen vergleichsweise geringen Anteil an den durch ihn verursachten gesellschaftlichen Kosten. Auch die Umweltrisikokosten sind im Fernverkehr vergleichsweise wenig internalisiert. So sind grade Schiffsfrachten in vielen Fällen nur deshalb so günstig, weil sich die Akteu-

---

[311] *Schamp* [Globalisierung 1996], S. 209; zur Globalisierungsdiskussion siehe darüber hinaus auch *Schamp* [vernetzte Produktion 2000], S. 131 ff.
[312] So werden einzelne Programmierungsaufgaben rund um den Globus an Partnerunternehmen gemailt, um die globalen Tageszeitendifferenzen zur Steigerung der Entwicklungsgeschwindigkeit zu nutzen.
[313] So zumindest die modernisierungstheoretische Auffassung.

re den ökologischen Folgekosten von Leckagen, welche bei doppelwandigem Schiffsrumpf, regelmäßiger Wartung oder Radarausstattung vermeidbar gewesen wären, vielfach immer noch entziehen und sie damit auf andere Gesellschaftsmitglieder, bzw. das natürliche Ökosystem überwälzen können. Ähnliches gilt beispielsweise auch für die indirekte Subventionierung von Flügen über die Nichtbesteuerung von Flugbenzin. Da diese Kostengrößen bei Stoffkreisläufen im räumlichen Nahbereich weit weniger stark auftreten als im Fernverkehr, handelt es sich in diesem Fällen, ökonomisch gesehen, um einen eindeutigen Subventionierungseffekt zugunsten der Globalisierung und nicht um eine Erschließung gesamtökonomisch wirksamer Effizienzsteigerungspotenziale.

Dies ist allerdings keine Allgemeinaussage zu Lasten einer Stoffkreislaufwirtschaft auf globalmaßstäblicher Ebene. Die Frage, ob ein bestimmter Stoffkreislauf tatsächlich auf globaler, regionaler oder lokaler Ebene geschlossen werden sollte, lässt sich für das *oikos* nur unter Einbeziehung der mit diesen Handlungsalternativen verbundenen Externalitäten entscheiden. Erweist sich die Globalisierung eines bestimmten Stoffkreislaufes vor diesem Hintergrund als überlegen, so ist sie kleinräumlicheren Lösungsansätzen auch aus ökologischen Gründen streng vorzuziehen. Nun ist der Weg zu einer solchen Entscheidungsgrundlage gerade in puncto Vergleichbarkeit mit allerlei Unbill gepflastert. Die Schaffung international normierter und mit durchsetzbaren Sanktionsinstrumenten ausgestatteter Umweltstandards sowie die Internalisierung externer Kosten der verschiedenen Transportalternativen (bspw. über einen entsprechenden Besteuerungsansatz) weisen jedoch ganz eindeutig in eine das Gesamtsystem optimierende, i.e. global ressourcenschonende Richtung.

7.8 Regionale Stoffkreislaufwirtschaft als zukunftsweisendes Konzept?

Gerade vor dem Hintergrund, dass die Überwindung räumlicher Distanz stets mit ökonomischen und gleichzeitig auch ökologischen Kosten verbunden ist, wird die Globalisierung von Stoffkreisläufen vielfach bereits ex ante mit einem größtmöglichen Nachhaltigkeitsverlust im Bereich der Kreislaufwirtschaft gleichgesetzt. Dies ist, wie im vorangegangenen Abschnitt verdeutlicht wurde, nur begrenzt gerechtfertigt. Als Alternative wird deshalb gerne das wesentlich kleinräumlicher dimensionierte Modell einer regionalen Stoffkreislaufwirtschaft zur Disposition gestellt, das bei einer bereits recht großen Akteursvielfalt vergleichsweise kurze Transferdistanzen verspricht. Gerade im Zusammenhang mit der Suche nach Ansätzen zur Förderung einer nachhaltigkeitsorientierteren Wirtschaftsweise, die neben ökonomischen auch ökologische und soziale Komponenten inkorporiert, steht die Beschäftigung mit der regionalmaßstäblichen Ebene gegenwärtig in Politik und Forschungslandschaft wieder ganz oben.

Die folgenden Unterabschnitte beleuchten diese Regionalisierungsdiskussion unter besonderer Fokussierung auf deren Potenziale aber auch der Grenzen einer nachhaltigkeitsorientierten industriellen Stoffkreislaufwirtschaft auf dieser Raumebene.

7.8.1 Regionalisierung

Der Begriff der **Regionalisierung** beschreibt ganz allgemein den Prozess einer Verkleinerung oder Ausweitung eines territorial oder systemisch beschriebenen Raumes auf eine mesoskalierte Maßstabsebene. Demnach kann die Zielrichtung je nach Ausgangspunkt sowohl in der Ausweitung lokaler, als auch der Verkleinerung globaler Aktionsräume bestehen. Während es im ersteren Fall beispielsweise darum geht, dass sich Kommunen zur effizienteren Lösung gleichartiger Probleme (wie bspw. in der kommunalen Abfallwirtschaft) zu regional oder zumindest kommunenübergreifend dimensionierten Zweckverbänden[314] zusammenschließen, um hierdurch Synergieeffekte zu erzielen, zielt der letztere Fall bspw. im Rahmen eines *„global denken – lokal handeln"* darauf ab, Umweltprobleme mit globaler Wirkung durch eine lokal-regionale Ursachenbekämpfung abzumildern[315].

Regionalisierung zielt auf den bereits in Kapitel 6 aufgefächerten und spezifizierten Begriff der Region ab und ist damit begleitet von sehr verschiedenartigen Interessen und hieraus abgeleiteten konzeptionellen Vorstellungen. Da schwelgen die einen in den rosigen Szenarien eines *„Global Sourcing"*, im Rahmen dessen die Früchte einer Theorie der komparativen Kostenvorteile zum Wohle der Menschheit endlich ihr volles Reifestadium erreichen können, und bezichtigen die Verfechter von Regionalisierungsüberlegungen des Regionalismus[316] und des Au-

---

[314] Siehe bspw. das Modell des Zweckverbandes Abfallwirtschaft Rhein-Neckar (ZARN) (*Fleischer / Hoffmann* [ZARN 1995], das v.a. aus abfallrechtlichen Gründen jedoch auf den baden-württembergischen Teil des Rhein-Neckar-Raumes beschränkt ist.

[315] Siehe in diesem Sinne auch die Lokale-Agenda-21-Ansätze größerer und zunehmend auch kleinerer Städte im In- und Ausland. Umfassende Übersichten für den europäischen Raum liefert hier das Freiburger ICLEI;
Ansätze für eine „Regionale Agenda 21" sind demgegenüber auch weiterhin recht dünn gesät, was mit Sicherheit nicht auf mangelnde Potenziale eines regionalen Rahmens zurückzuführen ist, sondern v.a. darauf, das Koordinationsmechanismen auf dieser Ebene vglw. wenig entwickelt sind. Dies wirkt sich insbesondere dort aus, wo einzelne Kommunen aus Furcht vor einer Verletzung von Eigeninteressen bisweilen bereits sehr frühzeitig gegensteuern.

[316] **Regionalismus** kennzeichnet eine faktische Begünstigung intraregional angesiedelter Akteure gegenüber solchen aus benachbarten Regionen oder weiter entfernt liegenden Standorten. Eine derartige Begünstigung ist vielfach verbunden mit direkten Subventionen an regionsinterne Akteure, aber auch mit Statuten oder nicht-kodifizierten Regelungen, die bspw. nur regionsinterne Akteure in den Genuss bestimmter Aufträge kommen lassen oder über subtilere, informelle Entscheidungsmechanismen („lokal-regionaler Filz") de facto zum selben Resultat führen. Tatsäch-

tarkiedenkens[317], während die Gegenpartei lautstark vor Entfremdung, Überfremdung, Ohnmacht und Weltuntergang warnt und mit einem *„Small is Beautiful"* die Herzen der Menschen zu gewinnen sucht, bzw. im Sinne eines *„Smart Growth"*[318] konkrete Alternativen skizziert. Geht es um die Regionalisierung politischer Macht, dann sehen sich bspw. die Protagonisten von Regionalparlamenten gleich von zwei Seiten angefeindet. Da stehen auf der einen Seite Kommunen, die eine Hochzonung[319] von Zuständigkeiten fürchten, während auf der anderen Seite auch die Bundesländer oder Nationalstaaten wenig Interesse haben, ihre Machtbefugnisse im Sinne von Subsidiarität herunterzuzonen. Dies sind nur wenige Schlaglichter einer äußerst vielschichtigen, emotional und (pseudo-/)wissenschaftlich sehr kontrovers diskutierten Regionalisierungsdebatte, die immer wieder neu auflebt.

7.8.2 Regionalisierungsprozesse im politisch-administrativen Kontext

Lässt man die Geschichte der Regionalisierung im Rahmen des deutschen Nationalstaates einmal in maximaler Kürze Revue passieren, so bekam das Land nach der Auflösung des kleinstaatlichen Flickenteppichs zunächst einmal eine zentralstaatliche Ordnung, im Rahmen derer regionale Besonderheiten mehr und mehr nivelliert wurden. Schließlich ging es dem Deutschen Reich ja zunächst einmal um die Schaffung nationalstaatlicher Identifikation, die den Bürgern das Gefühl geben sollte, zunächst einmal Deutsche zu sein und nicht etwa Württemberger, Sachsen oder Bayern. Aber auch die zunehmende Entfaltung industrieller Produktion mit ihrem prosperierenden Wachstumszentrum im Ruhrgebiet trug das Ihrige zum Abbau älterer **Regionalismen** bei, indem ihre überregionale Anziehungskraft für eine erhebliche kulturelle Durchmischung sorgte. Nun wurde Deutschland nach dem Zweiten Weltkrieg zwar ein föderaler Staat, die damit verbundene Schaffung von Bundesländergrenzen vollzog sich aber nicht unbedingt entlang al-

---

lich richtet sich die Kritik an der Regionalisierung im Wesentlichen an den Regionalismus, mit dem sie vielfach verwechselt wird.

[317] **Regionale Autarkie** bedeutet, dass eine Region keinen Außenhandel betreibt und sich das Wirtschaften in dieser Region damit auf die Umwälzung und Weiterentwicklung der dort vorhandenen (endogenen) Ressourcen beschränken muss. Als historisches Beispiel passt das kommunistische Albanien am ehesten in dieses Bild.

[318] Unter dem Slogan des *„smart growth"* versuchen v.a. die Protagonisten nordamerikanischer EIPs (siehe Kap. 7.5.4.2) das Interesse der Öffentlichkeit zu gewinnen, um so zu einem zukunftsverträglicheren Umdenken anzuregen; Siehe hierzu bspw. die Veröffentlichungen des *Smart Growth Network* (SGN) (www.smartgrowth.org) oder des *Eco-Industrial Development Programs* (EIDP) (www.cfe.cornell.edu/wei).

[319] **Hochzonung** kennzeichnet im Allgemeinen die Abtretung bestimmter Zuständigkeiten an eine übergeordnete Instanz (siehe bspw. *Richter* [Regionalisierung 1997, S. 79].

7. Industrielle Stoffkreislaufwirtschaft und ihr räumlicher Bezug

ter Kulturregionen, sondern an vielen Stellen im Gefolge „*eilfertig in die Praxis umgesetzte(r) Militärbezirke*"[320].

Vor dem Hintergrund entwicklungspolitischer Überlegungen wurden die einzelnen Bundesländer nach dem zweiten Weltkrieg ausgestaltet mit einem Planungssystem zentraler Orte *Christaller*'scher Prägung. Hintergrund war der Wille der Politik, seinen Bürger landesweit gleiche Lebensbedingungen zu gewährleisten, weshalb die in ihrer raumordnerischen Handhabung bis heute fortbestehenden Ober-, Mittel- und Unterzentren eine recht präzise definierte Infrastrukturausstattung aufweisen sollten und vor diesem Hintergrund teilweise erheblich „nachgerüstet" werden mussten.

Die regionale Ebene im Sinne von **Planungsregionen** wurde (nach ursprünglich selektiven Initiativen von unten[321]) ab dem Ende der 60er Jahre vonseiten der Länder eingezogen[322]. So setzte sich letztlich auch hier wiederum nicht die Clusterung zueinander passender und kooperationswilliger Planungseinheiten durch, die bspw. gemeinsame wirtschaftsräumliche Interessen verfolgten, sondern vielmehr das Länderinteresse an einer vollständigen und gleichzeitig möglichst ausgewogenen Aufteilung des Territoriums in wenige Großeinheiten. Raumordungspolitische Handlungsmaxime blieb weiterhin ein Entwicklungskonzept der Chancengleichheit, dem über die Schaffung zusätzlicher Entwicklungschancen für rückständige Gebiete nachgeholfen werden sollte. Wirtschaftstheoretische Begründungen lieferten hierbei Ableitungen aus der **Exportbasis-Theorie**, die in der export- (bzw. zumindest überregional) orientierten Produktion die zentralen Chancenpotenziale sieht, um den regionalen Beschränkungen zu entkommen und damit auf eine überregional ausgerichtete Industrie als entwicklungsfördernden Basis-Sektor setzt. Das Exportbasis-Theorie begründet diese Prognose ganz zentral mit der hierdurch möglichen außerregionalen Nachfrageexpansion, die über einen keynesianischen Multiplikatoransatz eine deutlichere Steigerung des Regionaleinkommens erwarten ließe, als dies über Investitionen in eine binnenorientierte Wirtschaft (Handwerk, Kleinbetriebe, Dienstleistungen) zu erreichen wäre[323]. Unterstützende Maßnahmen für die rückständischen, i.e. vorwiegend ländlichen Regionen, flossen

---

[320] *Becker-Marx* [Region 1999], S. 178, obwohl, wie *Becker-Marx* formuliert, gemäß Art. 29 GG „die landsmannschaftliche Verbundenheit, die geschichtlichen und kulturellen Zusammenhänge, die wirtschaftliche Zweckmäßigkeit, sowie die Erfordernisse der Raumordnung und Landesplanung", d.h. eine klassische Fassung des regionalen Prinzips die föderale Neugliederung bestimmen sollten.

[321] D.h. von Gemeinden, Landkreisen und Städten; (siehe hierzu bspw. *Becker-Marx* [Region 1999], S. 177).

[322] *Becker-Marx* bezeichnet sie deshalb auch als „staatlich verordnete Planungsgemeinschaften" (siehe bspw. *Becker-Marx* [Region 1999], S. 177.)

[323] Siehe hierzu bspw. *Klee / Kirchmann* [regionale Wirtschaftspotenziale 1998], S. 27; *Schätzl* [Wirtschaftsgeographie, Theorie 1996^6], S. 142 ff. oder auch *Brauweiler* [regionalökonomische Theorie 1998], S. 561.

demzufolge in die laut Katalog förderfähigen Industriezweige, ohne dass deren regions- bzw. akteursspezifischen Entwicklungsbeiträge ernsthaft hinterfragt worden wären. Tatsächlich erwies sich diese Strategie als nur bedingt erfolgreich, indem sie eher verlängerte Werkbänke schuf, die in Krisenzeiten schnell wieder abgebaut werden konnten (erhöhte Konjunkturanfälligkeit) bzw. solche Unternehmen anzog, die sich auch ohne Investitionshilfen dort angesiedelt hätten[324]. Auch zeigte sich, dass der Abbau regionaler Disparitäten durch eine breitgestreute Förderung von Industrialisierungsansätzen offenbar nicht zu beseitigen war.

Die Förderpolitik wurde dann v.a. in den 80er Jahren zunehmend selektiver und stützte sich, wissenschaftstheoretisch betrachtet, eher auf Ableitungen aus **polarisationstheoretischen Ansätzen**, die die prosperierende Entwicklung von Industrieregionen mit einer Clusterung ganz bestimmter Branchen und Betriebe zu erklären versuchen und hierbei auch auf einen bestimmten historischen Kontext rekurrieren. Damit wurde nun auch die Idee von einer besonderen Bedeutung **endogener Potenziale**[325] relevant, deren Ausnutzung und Entwicklung die staatliche Entwicklungssteuerung, welche sich bislang auf den Import von Industrialisierungsansätzen konzentrierte, mehr und mehr ablösen sollte.

Gefördert wurde zwar auch weiterhin im Sinne eines verstärkt interregionalen Ausgleichs innerhalb einzelner Bundesländer, jedoch gleichzeitig im Sinne einer an spezifische Standortvorteile angepassten Form im Sinne regionaler Spezialisierung und mit einer besonderen Fokussierung auf innovations- und weniger auf industrialisierungsfördernde Impulse. Es kam zu einer *„Regionalisierung in der Regionalpolitik"*[326]. Diese Politik stützte sich primär auf die Weiterentwicklung regionsspezifischer endogener Potenziale, wobei sie sich, wirtschaftstheoretisch

---

[324] Zu den Folgen dieser „traditionellen Wirtschaftsförderung" siehe bspw. *Sedlacek* [Wirtschaftsgeographie 1988], S.114 f.

[325] Das **endogene Entwicklungspotenzial** steht für die *„Gesamtheit der Entwicklungsmöglichkeiten einer Region im zeitlich und räumlich abgegrenzten Wirkungsbereich"*. (*Hahne* [Regionalentwicklung 1985] S. 52. Diese Potenziale inkorporieren dabei unter anderem: das regionale Anlagevermögen, das Marktpotenzial, Infrastrukturpotenzial, Flächenpotenzial, Arbeitskräftepotenzial und Entscheidungspotenzial aber auch das soziokulturelle Potenzial und Umweltpotenzial. (Eine entsprechend Aufzählung findet sich bei *Hahne* [Regionalentwicklung 1985] S. 60.).
Der Begriff des **Potenzials** markiert dabei den Grad der Unterauslastung oder des suboptimalen Ressourceneinsatzes, d.h. des Ausmaßes von Defiziten gegenüber einer unter Zugrundelegung gegebener Ressourcen möglichen Leistungskraft. Es zeigt damit aber auch gleichzeitig Obergrenzen auf, die die Exportbasis-Theorie durch ihre Fokussierung auf eine regionsextern mögliche Nachfragsteigerung überwinden will. Dabei übersieht die Exportbasis-Theorie freilich, dass auch die endogenen Potenziale keine statischen Größen sind, sondern Größen, die bei entsprechender Motivierung oder Kombination eine außerordentliche Dynamik entfalten können und so die Obergrenze des Potenzialraums deutlich nach oben zu verschieben vermögen.
Sedlacek [Wirtschaftsgeographie 1988], S. 136, hält einer regional eigenständigen Entwicklung, die sich auf ihre endogenen Potenziale stützt, zugute, dass sie sich an einer von der Bevölkerung dieses Raumes selbst artikulierten Bedürfnisbefriedigung ausrichtet und vor diesem Hintergrund auch der Gefahr einer Übernutzung von Potenzialen entscheidend entgegenwirkt.

[326] *Havighorst* [Regionalisierung 1997].

7. Industrielle Stoffkreislaufwirtschaft und ihr räumlicher Bezug

betrachtet, an Ableitungen aus der **Theorie der komparativen Kostenvorteile** anlehnt. Diese Rekurrierung auf regionseigene „Begabungen" sollte sich verwaltungsseitig in der Erarbeitung regionaler Profile niederschlagen, im Rahmen derer an die lokalen Bedürfnisse und Interessen angepasste Entwicklungsschwerpunkte gesetzt werden sollten. Die intraregionale Koordination von Entwicklungsansätzen sollte dabei zu vielfältigen Synergieeffekten führen[327]. Die Weiterentwicklung intraregionaler Potenziale erfolgte damit jedoch nach wie vor auf der Basis von Planungsregionen als unterstaatlichen Planungseinheiten, welche von evolutorisch gewachsenen Kultur- oder Industrieregionen, von Produktions-, Dienstleistungs- und Innovationsclustern vielfach deutlich abweichen. In diesem Sinne war bspw. auch das Reißbrettgebilde einer Region Dortmund / Unna / Hamm mit einem „autonomen" Regionalentwicklungskonzept ausgestattet worden, und dennoch identifiziert sich mit dessen territorialer Grundlage bis heute kaum ein Bewohner dieses Gebietes[328]. Trotz des Umstandes, dass es sich hier weder um ein Abbild soziokultureller noch wirtschaftlicher Verflechtungen handelt, sollten hier *„strukturpolitische Projekte der Region ihre Auswirkungen auch in der Region zeitigen, und nicht im Rahmen von Spill-over Effekten den Nachbarregionen dienen"* [329]. Diese vonseiten der Regionalplanung artikulierte Position vermittelt eine Ahnung darüber, warum staatlich, gesellschaftlich und privatwirtschaftlich gesteuerte Regionalentwicklung vielfach auch heute noch stark divergieren und damit Friktionen verursachen. Das Beispiel vermittelt insbesondere einen Eindruck davon, wogegen sich insbesondere Unternehmer, Wirtschaftswissenschaftler aber auch einzelne Politiker wenden, wenn sie Regionalisierung in einer regionalistisch geprägten Konnotation verstehen[330]. Denn eine derart verstandene Regionalisierung, die künstlich eingrenzend und damit gleichzeitig auch ausschließend und trennend wirkt, stellt keinen Beitrag zur Optimierung des Einsatzes knapper Mittel dar.

---

[327] **Kooperationssynergien** durch Abstimmung strukturpolitischer Vorhaben zwischen Verwaltungseinheiten Gewerkschaften, Hochschulen, Umweltverbänden etc. innerhalb der Region; **Integrationssynergien** durch Bündelung fachpolitischer Vorhaben zu gemeinsamen Projekten; **Poolingsynergien** durch Zusammenfassung bspw. kommunaler Aufgaben und Funktionen innerhalb der Region (siehe hierzu v.a. *Havighorst* [Regionalisierung 1997], S. 159 ff.).
Gerade die letzten beiden Synergieformen wären jedoch nur über eine Umverteilung von Verwaltungsmacht zu erzielen und deshalb überrascht die empirisch begründete Feststellung von *Havighorst* [Regionalisierung 1997], S. 160 nicht, wo er als Teilergebnis einer Fallstudie subsummiert: „*Die Nutzung dieser Synergieeffekte lässt sich in der untersuchten Region Dortmund / Unna / Hamm über den Bereich Kooperationssynergien hinaus kaum feststellen.*" Und wenig später (ebd. S. 261): „*Im Kreis Torgau-Oschatz ist eine Nutzung der beschriebenen Synergiepotenziale nicht zu erkennen.*"

[328] Siehe hierzu die Studie von *Havighorst* [Regionalisierung 1997].

[329] *Havighorst* [Regionalisierung 1997], S. 109.

[330] Als **regionalistisch** soll ein Regionalisierungsprozess auch im Folgenden dann bezeichnet werden, wenn die dahinter stehende Regionalisierungsvorstellung eingrenzenden, abschottenden und damit auch ausschließenden Charakter besitzt, was zumeist mit der Notwendigkeit eines gewissen Gebietsschutzes zugunsten einer territorialen Wohlstandssicherung begründet wird.

Ganz im Gegenteil: gerade die Tatsache, dass ihre Ausgestaltung eine Ausbreitung von Entwicklungsimpulsen auf benachbarte Regionen möglichst weitgehend vermeiden soll (siehe obiges Zitat), impliziert anhaltende Ressourcenverschwendung und ist damit den Forderungen nach einer nachhaltigen Regionalentwicklung, zumindest ökonomisch gesehen, gegenläufig.

7.8.3 Regionalisierungsprozesse in einer sich globalisierenden Welt

Vor dem Hintergrund einer zunehmenden Enträumlichung unseres Wirtschaftens im Zuge wachsender Globalisierung könnte man zunächst einmal vermuten, dass es damit zwangsläufig auch zu einer **Ent-Regionalisierung** kommen müsste. Denn schließlich globalisieren sich ja nicht nur Finanzmärkte und Informationstechnologien, sondern auch organisationale Strukturen (bspw. in Form transnationaler Konzerne), Arbeitsmärkte (Bsp. Internet- und Software-Entwicklung) sowie Produktionsprozesse und damit auch Stoffströme[331].

Tatsächlich sind innerhalb der EU inzwischen sämtliche tarifären Handelshemmnisse beseitigt und damit der Rahmen für den weltweit größten Binnenmarkt geschaffen. Die damit mögliche Internationalisierung (bzw. Kontinentalisierung oder Europäisierung)[332] hat ab dem 1.1.2002 mit der Einführung des Euro als nationenübergreifendem Zahlungsmittel noch eine weitere wesentliche Stütze erfahren, weil sie die internationalen Faktorkostendifferenzen innerhalb der Mitgliedsländer weiter transparentisiert. Unter Zugrundelegung des neoklassischen Grundmodells müssten daher die Faktorpreisdifferenzen von Arbeit, Kapital und Boden ausgeglichen werden.

Tatsächlich sind v.a. mittelständische Unternehmenseinheiten in einer Region zunehmend Teil internationaler Konzerne und Produktionsverbünde und damit einer regionsexternen Kontrolle[333] unterworfen. Ist die Furcht des Individuums da nicht berechtigt, dass regionale Belange hierbei vollständig auf der Strecke bleiben könnten und deshalb zugunsten persönlicher Lebensqualität in einem regionalistisch abschottenden Sinne gegengesteuert werden müsste?

Nun lassen sich zwar tatsächlich Erscheinungsformen einer *„Casino-Ökonomie"* feststellen, *„welche die metropolitanen Zentren Europas als relativ abgeho-*

---

[331] *Castells* (1994), zitiert in *Danielzyk/Oßenbrügge* [lokale Handlungsspielräume 1996] formuliert in diesem Zusammenhang seine These von der Transformation eines *„space of places"* zu einem *„space of flows"*, deren Knotenpunkte nicht mehr lokal, sondern im Rahmen globaler Interaktionsprozesse gesteuert werden.

[332] *Schleicher-Tappeser / Hey* [räumlicher Handlungsrahmen 1997], S. 74 ff. weisen in ihren empirisch gestützten Ausführungen ausdrücklich darauf hin, dass sich die vielbeschworene Internationalisierung und Globalisierung für die EU-Mitgliedsländer im Wesentlichen in einer Kontinentalisierung oder Europäisierung manifestiert.

[333] Zu den Verhältnissen im Heidelberger Industriegebiet Pfaffengrund siehe Tab. 8-1

7. Industrielle Stoffkreislaufwirtschaft und ihr räumlicher Bezug

ben von ihren Produktionskapazitäten prosperieren lässt" [334], es wäre jedoch übertrieben, hieraus eine Marginalisierung ihrer Außenwelt abzuleiten. Denn tatsächlich prosperieren auch die Produktionszentren selbst. Auch sie entwickeln sich im Zusammenhang mit der Globalisierung an den verschiedensten Lokalitäten weiter und bilden dabei industriell bestimmte **Wachstumspole**[335]. Derartige Wachstumspole wurden im Laufe der Industriegeschichte stetig entwickelt, umgestaltet, und sie werden (siehe bspw. das elsässische Smartville[336]) auch weiterhin durch völlige Neuentwicklungen ergänzt. Da jede neue Phase stoffwirtschaftlicher Produktion mit neuen Anforderungsprofilen nach Lokalisierungsoptima sucht, ist ein Ende der Entwicklung neuer Wachstumspole nicht abzusehen. Die Anzahl der Produktionsknoten – und damit auch die Zahl der ins globale Netzwerk integrierten lokal-regionalen Knotenpunkte wird damit also auch weiterhin kontinuierlich zunehmen. Auch Fortschritte in der Miniaturisierung und Telekommunikation werden hierzu ihren Teil beitragen, indem sie eine verstärkte Entflechtung ehemals zentralisierter Strukturen zulassen[337]. Auf der anderen Seite scheint sich allerdings die Prosperität der zahlreicher werdenden Industriezentren immer mehr auseinander zu entwickeln, und dies, ohne dass die mit der Veralterung ihres Industriebesatzes zurückfallenden Gebiete und Regionen vor dem Hintergrund der anhaltenden Weltmarktöffnung zukünftig mit anhaltenden Schutzmaßnahmen durch Nationalstaaten rechnen könnten[338].

Je mehr nationalstaatliche Protektion und die Bedeutung administrativer Steuerung wirtschaftlicher Entwicklungsprozesse in den Hintergrund treten, desto stärker scheinen intrinsische Kräfte wirtschaftlich bestimmter Akteursgeflechte die

---

[334] *Krätke* [Regionalisierung 1995], S. 215.

[335] Unter diesem Begriff versteht *Streit* [Wachstumspolkonzept 1971], S. 22. „.... *jede Art räumlich konzentrierter, stark expandierender Komplexe wirtschaftlicher Aktivitäten, die sich direkt oder indirekt auf räumlich nahe Wirtschaftseinheiten auswirken.*"
Das im Wesentlichen auf *Perroux* zurückgehende Konzept wird dabei bis heute hauptsächlich im Zusammenhang mit Fragen zu industrieräumlichen Sachverhalten angewandt. (Siehe hierzu bspw. *Towara* [Regionalpolitik 1986], S. 20ff; aber auch *Brauweiler* [regionalökonomische Theorie 1997], S. 316, die die Anwendung des **Wachstumspolkonzept** deshalb auch auf den industriellen Sektor fixiert.)
Zum Konzept industrieller regionaler Wachstumspole und seiner regionalpolitischen Anwendung siehe darüber hinaus insbes. *Towara* [Regionalpolitik 1986].

[336] Smartville bezeichnet den im Sommer 1997 auf einer Fläche von 68 ha neu entstandenen integrierten Produktionsstandort zum Bau des „Smart" im elsässischen Hambach, wo 14 rechtlich selbständige Unternehmen im Rahmen eines lokalen Produktionsverbundes JIT zusammenarbeiten. Siehe hierzu bspw. *Mosig / Schwerdtle* [Produktionsverbund 1999].

[337] *Liesegang* [Reproduktionswirtschaft 1999], S. 183.

[338] In diesem Zusammenhang ist tatsächlich mit Peripherisierungen zu rechnen. So etwa, wenn Industriestandorte bspw. in den neuen Bundesländern oder auch in primär ländlichen Gebieten der alten Bundesländer zunehmend zu sog. „**verlängerten Werkbänken**" werden, an denen das lokal vorhandene Arbeitskräftepotenzial lediglich für Routineaufgaben im Bereich industrieller Fertigung herangezogen wird, ohne dass dort gleichzeitig auch in den Produktionsfaktor Arbeit investiert würde.

ihnen eigene Systemwirkung zu entfalten. *Myrdal* erwartet hierdurch eine wirtschaftlich gesteuerte **regionale Polarisation**, im Rahmen derer zentripetale Entzugseffekte (backwash effects) wirtschaftliche Wachstumspole stärken und damit gleichzeitig auch die wirtschaftlichen Entwicklungsmöglichkeiten rückständigerer Regionen verkleinern. Im Sinne modernisierungstheoretischer Vorstellungen stünden dem zentrifugale Ausbreitungseffekte (*spread effects*) gegenüber, die Wissen, Güter, Bedürfnisse und Lebensformen in den peripherisierten Raum hinaus tragen, um auch dort Entwicklung voranzutreiben[339]. Es hat zumindest gegenwärtig den Anschein, als wäre ein Platz in der ersten Reihe trotz Internet und anderen Formen der Virtualisierung auch weiterhin nur für solche Räume zu erreichen, denen es gelingt, über die vergleichsweise wertschöpfungsarme Primärgüterproduktion hinaus, linkagereiche Erholungsfunktionen für wirtschaftlich prosperierende Verdichtungsräume zu übernehmen und hierdurch eine entsprechende Kaufkraft für die ortsansässige Bevölkerung aufzubauen. Das Ergebnis eines solchen Regionalisierungsprozesses wäre damit eine interregionale Spezialisierung, die durchaus Weltmaßstab annehmen könnte.

Idealerweise liegen industrielle Wachstumspole und Touristikregionen in nicht allzu großer Entfernung zu einander. Über eine spezielle Nahversorgungsfunktion hinaus kann so ein internationales Standortmarketing betrieben werden, das aus einem ganzes Bündel verschiedenartigster Standortfaktoren zu schöpfen vermag, die nicht nur wirtschaftlichen, sondern auch privaten Interessen von Innovatoren und dynamischen Unternehmerpersönlichkeiten gerecht werden.

Das Ergebnis von Globalisierungsprozessen ist also nicht nur die Verschärfung von Konkurrenz zwischen Einzelunternehmen von der nationalen hin zur internationalen Ebene. Auch die Industrieregion wird sich sowohl der Notwendigkeit wie der potenziellen Kraft einer systemischen Agitation zunehmend bewusst, was sie veranlasst, ein regionsspezifisches Gesamtprofil zu schärfen. Die Fähigkeit, sich in diesem globalen Standortwettbewerb behaupten zu können, hängt dabei entscheidend davon ab, inwieweit das Kompositum ihrer **endogenen Potenziale** eine hierfür hinreichende Kreativität und Dynamik entwickelt. Auf der innerbetrieblichen Ebene zählen hierzu sicherlich unternehmerische Erfahrung sowie das Ausbildungsniveau der Systemelemente und deren Zugang zu neuestem technologischem Wissen, aber auch das technische Know-how, um dieses Wissen in Produkte und Dienstleistungen umzusetzen. Darüber hinaus werden auch die mit der Akteursdichte wachsenden Möglichkeiten zum betriebsgrenzenübergreifenden Austausch von Information und Erfahrung, die vielfach wechselseitige Erreichbarkeit erfordern, zu einem zentralen Wettbewerbsfaktor. Wo es im Laufe der industriellen Entwicklungsgeschichte zu einer Clusterung ganz bestimmter Industrien

---

[339] Siehe hierzu bspw. *Schätzl* [Wirtschaftsgeographie, Politik 1996^6], S. 155 f.

7. Industrielle Stoffkreislaufwirtschaft und ihr räumlicher Bezug 343

gekommen ist[340], vermochten sich neu entwickelte Finessen in Forschung und Entwicklung, Fertigung oder Marketing bestimmter Produkte vielfach zu einer Art regionalem Wissenspool zu verbinden, der nur in Teilen kodifiziert ist. Gerade das sogenannte nicht kodifizierte Wissen (*„tacit knowledge"*) kann durch einen unternehmensübergreifenden Fachkräftetransfer in erheblichem Maße angehäuft werden und ist für die Entwicklung und Implementierung von Innovationen von erheblicher Bedeutung. Wie bspw. *Arndt* unter Bezugnahme auf *Malecki* (1997) und *Tödtling* (1994) betont, sind jedoch nicht kodifiziertes Wissen ebenso wie hochqualifizierte Arbeitskräfte verhältnismäßig immobile Produktionsfaktoren[341] und begünstigen deshalb eine dynamische Weiterentwicklung der sie beheimatenden wirtschaftlichen bzw. industriellen Wachstumsregionen.

Das Konzept der **industriellen Distrikte** (*industrial districts*) beschreibt in diesem Sinne „dynamische, kreative Regionen, in denen Betriebe der gleichen und/ oder miteinander verflochtener Branchen räumlich konzentriert auftreten"[342]. Diese Leistungskraft wird dabei insbesondere auf Lokalisationsvorteile zurückgeführt, wie sie sich bspw. durch die intraregionale Verfügbarkeit spezialisierter Zuliefer- und Vertriebsnetzwerke, durch die Möglichkeit zur Nutzung branchenspezifischer Einrichtungen und einem spezialisierten Arbeitskräftereservoir ergeben und damit die Kosten pro Outputeinheit c.p. vergleichsweise niedrig halten. Die in der Literatur genannten Beispiele solcher Industriedistrikte[343] beschreiben darüber hinaus in der Regel Geflechte zwischen kleineren Betrieben, die sich durch hohe Flexibilität und Spezialisierung ihrer Produktion auszeichnen und in einem kulturellen Milieu verwurzelt sind, das den formalen und informellen Austausch mit allen wesentlichen Entscheidungsträgern der Region (Lieferanten, Kunden, Forscher, Politiker) einer Region begünstigt.[344]

Hier klingt bereits ein Netzwerkgedanke an, der im Konzept der *„innovativen regionalen Milieus und Netzwerke"* die zentrale Rolle spielt. *Maillat* und *Lecoq* definieren ein solches **innovatives / kreatives Milieu** als *„ein komplexes territoriales System von formalen und informellen Netzwerken, die wechselseitige wirtschaftliche und technologische Abhängigkeiten ausweisen und fähig sind, synergetische und innovative Prozesse zu initiieren"* [345]. Dahinter verbirgt sich ein Regions-

---

[340] Phase 2 des Modells *„langfristiger industrieller Wachstumspfade"* mit dem *Storper* und *Walker* ihre These eines *„industries produce regions"* stützen.
[341] *Arndt* [embeddedness 1999], S. 4.
[342] *Schätzl* [Wirtschaftsgeographie, Politik 1996⁶], S. 210.
[343] Sie werden in aller Regel angeführt durch Beispiele zum sogenannten *„Dritte Italien"* (v.a. in der Emilia Romagna, aber auch der Toskana oder Veneto).
(Siehe hierzu v.a. Arbeiten von *Camagni* oder der GREMI)
[344] Siehe hierzu bspw. *Schätzl* [Wirtschaftsgeographie, Politik 1996⁶], S. 210 f.
[345] *Maillat / Lecoq* (1992), S.1; zitiert nach einer Übersetzung von *Schätzl* [Wirtschaftsgeographie, Politik 1996⁶], S. 211; ähnlich bspw. auch in *Camagni* (1991), zitiert nach *Fritsch / Koschatzky / Schätzl / Sternberg* [innovative Netzwerke 1998], S. 246, wo von einem *„set or the complex network*

begriff, der nicht mehr über eine Parzellierung eines staatlichen Territoriums von oben konstituiert wird (siehe Kap. 7.8.2), sondern als Beziehungsgeflecht von unten evoluiert. *„Region"*, so *Krätke, „wird hier nicht als passiver räumlicher „Behälter", sondern als relationaler Raum betrachtet, als ein sozioökonomisches Interaktionsfeld von begrenzter geographischer Ausdehnung."* [346] Die formalen, informellen und sozialen Kontakte zwischen den unterschiedlichsten regionalen Akteuren (Unternehmen, politischen Entscheidungsträgern, Institutionen und Arbeitskräften, ...) ermöglichen dabei vernetztes Handeln, fördern kollektives Lernen und verringern Unsicherheiten während des technologischen Wandels[347]. Vielfältige Synergieeffekte und eine substanzielle Senkung von Transaktionskosten begünstigen einen kooperativen Austausch und erhöhen die Systemstabilität. Auf der Ebene eines einzelnen Industriegebiets lässt sich eine derartige Akteursvielfalt und Entscheidungsmacht kaum finden, so dass zumindest eine regionale Dimensionierung erforderlich ist. Diese regionale Dimension markiert jedoch in aller Regel gleichzeitig die Obergrenze räumlicher Systemexpansion derartiger Interaktionsfelder, weil wesentliche Innovationsimpulse des Konzepts durch die räumliche Nähe der Entscheidungsträger bedingt sind. Hiezu zählen bspw. die gerade für den informellen Austausch zentralen Face-to-face-Kontakte (auch im Umgang mit Behördenvertretern), eine gewisse Vertrauensbasis zwischen raumnah angesiedelten kleinen und mittelständischen Industriebetrieben (KMU), die über wenig geschultes Personal verfügen, welches in der Lage wäre, den firmenübergreifenden Informationstransfer selektiv zu filtern und zu steuern, das hohe Maß an Planungssicherheit, das durch ein persönlich bekanntes Entscheidungsumfeld bestimmt wird, aber auch der Umstand, dass mit einer zunehmenden Ausdehnung eines Akteursnetzwerks auch eine operativ wirksame Entscheidungsfindung immer schwieriger wird. Unter spezieller Fokussierung auf die kulturell-historische Dimension der Regionalisierung wird auch der **Identifikation** der Akteure mit ihrer Region eine entscheidende Bedeutung beigemessen[348]. Sie ließ ein Gemeinschaftsgefühl entstehen, das gerade auch soziale Kräfte mobilisiert und in seiner Kraft hierdurch weit über einen marktökonomisch-rationalen Handlungsrahmen hinausreicht. Gerade Letzteres erleichtert die Präsentation einer Region nach außen entscheidend und fördert so eine regionale Imagebildung.

---

of mainly informal social relationships on a limited geographical area, often determining a specific external „image" and specific internal „representation" and sense of belonging, which enhance the local innovative capability through synergetic and collective learning processes" gesprochen wird.

[346] *Krätke* [Regulationstheorie 1996], S. 16.

[347] Entsprechend siehe bspw. auch *Schätzl* [Wirtschaftsgeographie, Politik 1996⁶], S. 210; bzw. *Fritsch / Koschatzky / Schätzl / Sternberg* [innovative Netzwerke 1998], S. 245.

[348] Entsprechend siehe bspw. *Briesen / Reulecke* [regionale Identität 1996], S. 78f, die in der Region im Wesentlichen ein mentales Konstrukt sehen, das sich aus einem historischen Kontext heraus konstituiert und über eine Basis gemeinsamer Symbole verfügt, die seine regionale Identität schärfen.

7. Industrielle Stoffkreislaufwirtschaft und ihr räumlicher Bezug

All dies ist jedoch kein Produkt einer im einengenden Sinne regionalistischen Politik[349], sondern weit eher ein Produkt aktiver **Weltmarktintegration**. Die oben genannten Faktoren ermöglichen es dem international vernetzten Unternehmen, mit seinem regional verwurzelten Produktionsstandort weltmarktfähig zu bleiben, bzw. seine Weltmarktfähigkeit weiter zu steigern, und dies gerade auch deshalb, weil seine hochspezialisierten Produktions- und Dienstleistungsstätten in einem räumlich begrenzten innovativen Kontextmilieu verortet sind. Oder anders herum formuliert: Sieht man einmal vom Einsatz von Subventionen und anderen Arten staatlicher Steuerungsinstrumente ab, so wird ein weltmarktorientiertes Unternehmen mit einem hochkomplexen und wertschöpfungsintensiven Produktionsprogramm seine Standortwahl sicherlich nur partiell an den Vergleichspreisen für Boden, Arbeit, Kapital ausrichten, sondern weit mehr an einer sehr viel umfassenderen und vielschichtigeren Kontextmilieu, bei dem die regionale Problemlösungskompetenz eine zentrale Rolle spielen dürfte.

Wie die Realität vorlebt, führt Globalisierung also selbst bei zunehmend freiem Spiel der Kräfte nicht zur Auflösung des Regionalen, sondern fordert in vielen Feldern einen Regionalisierungsprozess geradezu heraus[350]. Globalisierungserfolge und Regionalisierungsprozesse bedingen sich hier also gegenseitig. Vor dem Hintergrund einer zunehmenden Liberalisierung des Welthandels und eines breiten gesellschaftlichen Konsenses zugunsten eines zusammenwachsenden Europas dürfte es zumindest in summa also weniger zur Ent-Regionalisierung kommen, als vielmehr zu einer verstärkten **Re-Regionalisierung** auf der Basis selektiver Weltmarktintegration[351]. *Scott / Storper* sehen in der Weltwirtschaft deshalb auch ein *„global mosaic of regional economies"* [352], von denen jedes seinen spezifischen Markt besitzt, aber auch über Zugang zum weltumspannenden Netz interregionaler Verflechtungen verfügt". Zu erwarten ist demnach eine Wiederverstärkung von Regionalisierungsprozessen, die sich jedoch nicht im regionalistischen Sinne als Abschottungstendenzen gebärden, sondern im Sinne offensiver Marketingstrategien, mit denen sich jetzt nicht nur Firmen, sondern auch die Regionen selbst einem **interregionalen Standortwettbewerb** stellen. Gleichwohl gelingt es nicht allen Regionen gleichermaßen, diese globale Herausforderung in zusätzliche Entwicklungschancen umzumünzen. Vielmehr wird deutlich, dass diese Entwicklungsprozesse in starker Abhängigkeit von endogenen Potenzialen, insbesondere jedoch deren Weiterentwicklung im Sinne dynamischer, kreativ und flexibel ope-

---

[349] Zum Begriff des Regionalismus siehe die entsprechend gekennzeichnete Fußnote in Abschnitt 7.8.1.
[350] Zum Verhältnis von Globalisierung und Regionalisierung siehe auch den Überblicksartikel von *Gebhardt* [Globalisierung 1998b], S.25 f. bzw. *Krätke* [Regionalisierung 1995] oder *Danielzyk / Oßenbrügge* 1996 [lokale Handlungsspielräume 1996].
[351] Zu entsprechenden Vermutungen siehe bereits *Amin / Thrift* (1994); bzw. in der dt. Literatur *Fritsch / Koschatzky / Schätzl / Sternberg* [innovative Netzwerke 1998].
[352] *Scott / Storper* [regional development 1992], S. 11.

rierender Systeme vonstatten gehen. Denn endogene Potenziale an sich zeigen zunächst einmal nur Entwicklungsmöglichkeiten auf, machen aber noch keine Aussage über deren Ausschöpfbarkeit[353]. Hierzu bedarf es einer umfassenden Aktivierung und Motivierung regionaler Selbststeuerungskräfte und zwar sowohl der territorial orientierten (v.a. aus dem Feld der Regional- und Kommunalpolitik) als auch der systemisch konstituierten (Produktionsnetzwerke etc.). Für eine effektivitätssteigernde Durchsetzung eines gemeinsamen Interesses sollten kollektive Anstrengungen unternommen werden, die an verschiedenen Stellen auch einer Entwicklung neuer problemadäquater Instrumentarien bedürfen[354].

Aufseiten der Politik ist in diesem Sinne ganz sicherlich auch der bundesländerübergreifende Raumordnungsplan des ROV Rhein-Neckar zu werten, der die raumordnungspolitische Planungskoordination in der von drei Bundesländergrenzen durchzogenen **Wirtschaftsregion Rhein-Neckar** erleichtern soll. Ähnlich verhält es sich mit dem Verein Rhein-Neckar-Dreieck e.V., der als **interorganisationales Netzwerk** zur Kommunikation zwischen Vertretern von Wirtschaft, Wissenschaft und Staat aus allen drei davon tangierten Bundesländern[355] angelegt wurde und damit neben der Intensivierung informeller Kontakte zwischen zentralen Entscheidungsträgern der Region auch eine gemeinsame Außendarstellung fördert[356]. Unter der Leitung von Herrn *Prof. Dr. Dietfried G. Liesegang* (Universität Heidelberg[357]) und Herrn *Prof. Dr. Peter M. Kunz* (Fachhochschule Mannheim[358]) hat

---

[353] So ist „*das Innovations- und Entwicklungspotential einer Region nicht allein von ihrer materiellen Ausstattung mit Betriebsstätten, adäquaten Infrastrukturen, Forschungs- und Entwicklungseinrichtungen abhängig, ... sondern in hohem Maße von den wirtschafts-kulturellen Eigenschaften der regionalen Akteure, ihren gesellschaftlichen Organisationsformen und Kooperationsbeziehungen.*" (*Krätke* [Regulationstheorie 1996], S. 17.

Zur genaueren Spezifikation der hierbei entscheidenden kreativen Kräfte eines regionalen Milieus differenziert *Fromhold-Eisebith* [kreatives Milieu 1999] hier weiter, indem sie die in einer Region in größerem Umfang bestehenden persönlichen Netze des Kontakts und Zusammenhalts zunächst einmal als „**örtliches Milieu**" bezeichnet, das sehr wohl auch bereits gealtert und verkrustet sein kann (siehe entsprechende Hinweise bei *Fritsch / Koschatzky et al.* [innovative Netzwerke 1998], S. 247), das im **kreativen Milieu** seinen aktiven / innovativen Teil besitzt. D.h. das kreative Milieu zeigt sich erst in dem Rahmen, wie die faktisch/statistisch feststellbaren Potenziale auch ausgeschöpft werden.

[354] Siehe in diesem Sinne bspw. auch die Ausführungen von *Minsch / Enquete-Kommission Schutz des Menschen und der Umwelt* [Nachhaltigkeit 1998] zum Erfordernis neuartiger Institutionen für die Aushandlung und Umsetzung nachhaltigkeitsorientierter Schritte.

[355] Baden-Württemberg, Rheinland-Pfalz und Hessen (siehe Abb. 6-6).

[356] Siehe hierzu bspw. *Lang* [Kommunikationsnetzwerk RND 1998] bzw. *Bremme* [Rhein-Neckar-Dreieck 1998]; Gründungsmitglieder (1989) waren dabei die Städte Ludwigshafen, Heidelberg und Mannheim, die IHK für die Pfalz, die IHK Rhein-Neckar, der ROV Rhein-Neckar und die BASF; im Herbst 1998 zählte das Netzwerk bereits 150 Mitglieder, darunter 28 Kommunen, 17 Institutionen und Verbände, 103 Unternehmen und 2 Privatpersonen (*Bremme* [Rhein-Neckar-Dreieck 1998], S. 58 f.); aktuelle Informationen zum Rhein-Neckar-Dreieck e.V. können über die vereinseigene Internethomepage www.rhein-neckar-dreieck.de bzw. www.rnd.de abgefragt werden.

[357] LS für BWL I (Produktionswirtschaft / Planung / Absatz / betriebliche Umweltwirtschaft) am Alfred-Weber-Institut für Wirtschaftswissenschaften der Universität Heidelberg).

[358] Institut für Biologische Verfahrenstechnik an der Hochschule für Technik und Gestaltung der Fachhochschule Mannheim.

7. Industrielle Stoffkreislaufwirtschaft und ihr räumlicher Bezug

sich hier unter anderen auch ein **Arbeitskreis „Umwelt und Wirtschaft im Rhein-Neckar-Dreieck"** entwickelt, der sich in einer interorganisationalen Zusammensetzung mit aktuellen Umweltmanagementfragen beschäftigt und in diesem Zusammenhang zwei mal jährlich bei Industriebetrieben in der Region zu Gast ist[359].

Vor dem Hintergrund derartiger Netzwerkvorstellungen definiert Krätke den Begriff der **Regionalisierung** bereits vorneweg als „einen Prozess der relativ kleinräumigen territorialen Integration und Vernetzung, der häufig mit einer Wiederaufwertung besonderer regionaler Qualitäten und Beziehungsgefüge verbunden ist"[360]. Eine derartige Definition ist gegenüber dem Vorschlag zu Beginn des Kapitels 7.8 sicherlich einschränkend, beinhaltet aber zumindest die gegenwärtig zentralen Elemente dieses Prozesses. Von besonderer Bedeutung dabei ist, dass diese Entwicklungen eben nicht als Ergebnisse einer Steuerung von oben[361] oder gar eines „kulturellen Fundamentalismus"[362] herstellbar sind, sondern ganz wesentlich im Rahmen regionaler Selbststeuerungsmechanismen vonstatten gehen, deren Verantwortliche den Weltmarkt als Sachzwang anerkennen.

Als Beispiele für die offensive Annahme der Herausforderungen einer sich globalisierenden Welt zeigen sich die wirtschaftlich prosperierenden **Industrieregionen** insbesondere der westlichen Welt, die damit zu „*nodes in a global network*"[363] wurden, deren Eigendynamik und innere Weiterentwicklung ganz entscheidend von ihrer jeweiligen Rolle als transnationale Netzwerkknoten abhängt. Doch auch dieses Szenario führt nicht zur Auflösung des Regionalen, sondern lediglich zu einer neuen Form seiner Einbettung („*global regions*"-These[364]), im Rahmen derer der Regionalisierungsprozess selbst auch für die Globalisierung von existenzieller Bedeutung ist.

---

[359] So bspw. im Frühjahr 2001 zum Thema „Umwelt-Technik-Technologie-Transfer" bei John Deere in Mannheim oder zur Herbsttagung bei der BASF in Ludwigshafen mit besonderer Fokussierung auf die dort erst jüngst entwickelte „Ökoeffizienz-Analyse".

[360] *Krätke* [Regionalisierung 1995], S.207; ähnlich verstehen auch *Klee / Kirchmann* [regionale Wirtschaftspotenziale 1998], S. 13, den Begriff der Regionalisierung als den „*Versuch, unterschiedliche Akteure zu regionalen Kooperationen und Projekten zu motivieren.*"

[361] Bspw. im Sinne einer länderspezifischen Regionalpolitik, die als Strukturpolitik „*so gut wie immer interventionistische und dirigistische Elemente enthalten wird*". Kloten [Regionalentwicklung 1995], S. 337.

[362] *Danielzyk / Oßenbrügge* [lokale Handlungsspielräume 1996], S. 107.

[363] *Amin / Thrift* (1992).

[364] Siehe hierzu bspw. *Huggins* (1995), S. 3 zitiert in *Fritsch / Koschatzky / Schätzl / Sternberg*, [innovative Netzwerke 1998], S. 247, der die zunehmende Entwicklung von „global regions" sieht „*which are able to integrate geographilcally-restricted economies into the global web of industry and commerce*", bzw. die bereits *von Amin / Thrift* (1992) gelieferten Erläuterungen zu den o.g. „*nodes in a global network*".

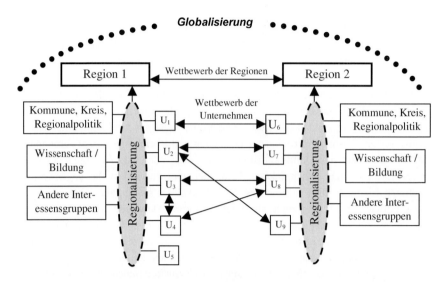

Abb. 7-20: Standortwettbewerb der Regionen als neue Dimension im globalen Wettbewerb

„Da der Globalisierungstrend weder aufgehalten werden kann, noch soll" [365], kommt es insbesondere für die davon mehr oder weniger unmittelbar betroffenen Industrieregionen darauf an, sich dieser Herausforderung offensiv zu stellen, indem sie ihre regionalen Kräfte entsprechend bündeln und spezifizierend weiterentwickeln. Von zentraler Bedeutung sind hierbei die in der folgenden Tabelle 7-11 erläuterten Elemente. Regionen, die in der Lage sind, sich damit dem globalen Wettbewerb als Ansprechpartner mit eigenen umfassenden Problemlösungskapazitäten, mit wettbewerbs- und innovationsfördernden Redundanzen[366], aber auch mit dem Prädikat besonderer Lebensqualität zu präsentieren und damit letztlich ein unverwechselbares Persönlichkeitsprofil entwickeln, schärfen und offenbaren, werden ihre Einbettung als **Knotenpunkte** im globalen Netz in aktive Gestaltungsmacht ummünzen können.

---

[365] *Klee / Kirchmann* [regionale Wirtschaftspotenziale 1998], S. 1.

[366] So weist bspw. *Porter* in seinem vielbeachteten Buch über *„Nationale Wettbewerbsvorteile"* immer wieder darauf hin, dass ein Land in den Branchen Erfolg haben wird, in denen ein Wettbewerb unter gleichartigen Akteuren die stetige Suche nach Verbesserungen und Innovationen fördert – und damit eine langfristige Konkurrenzfähigkeit bzw. Systemführerschaft begünstigt. (Siehe bspw. *Porter* [Wettbewerbsvorteile 1991], S. 90 f.; der größte Teil der darin aufgeführten Beziehungen zwischen länderspezifischen Verhältnissen und damit verknüpften Wettbewerbserfolgen lässt sich ohne weiteres auch auf die regionale Ebene übertragen, die dann jedoch primär als systemisches und erst nachrangig als territorial bestimmtes Gebilde zu behandeln wäre. (Siehe hierzu auch die Abschnitte 6.3.2 und 6.4 ff.)

7. Industrielle Stoffkreislaufwirtschaft und ihr räumlicher Bezug

Element	Begünstigende Umstände	Erwartete Wirkung
Räumliche Nähe	Vielfältige, dichte und zeitlich effizient funktionierende intraregionale Verkehrsinfrastruktur	Senkung intraregionaler Raumüberwindungskosten (ökonomisch, ökologisch, sozial), hohe Intensität wirtschaftlicher Austauschbeziehungen
Persönliche Identifikation & mentale Nähe	Regionalbewusstsein (regionale Identität), kollektiv gestützte Einsichten (Kulturregion als regionale Basis)	Kulturell-soziale Einbettung, soziale Verbundenheit, Aufbau von Vertrauenskapital, ehrenamtliches Engagement (für Soziales, Umwelt etc.), Mobilisierung von Eigeninitiative
Hohe Intensität und große Vielfalt an wirtschaftlichen Aktivitäten	Industrieregion / *industrial district*; Produktionscluster oder Clusterung andersartiger wirtschaftlicher Aktivitäten; kaufkräftiger „Binnenmarkt"	Economies of Scale; vielfältige Backward- und Forward-Linkages; technologie-, erfahrungs- und wissensbasierte Problemlösungspotenziale erleichtern die Umsetzung von Innovationsansätzen und schaffen Produktionssicherheit; Anziehung hochqualifizierter Fachkräfte; intraregionale Konkurrenz (Redundanz) wirkt wettbewerbs-, effizienz- und innovationationsfördernd (*coopetition*)
Dezentralisierung politischer Macht	hinreichend ausgestaltete und effizient arbeitende Organisationsinfrastruktur; Entscheidungsstrukturen gemäß Subsidiaritätsprinzip; regionale Entscheidungsautonomien, Regionalparlamente	Präziseres Bild von regionalen Stärken & Schwächen; Ausbau einer regionalen „*leadership capacity*"; regional angepasste Strategien auf der Basis endogener Potenziale → Flexibilität, Potenzialausschöpfung; Politik der kurzen Wege; dezentrale Koordination & Kontrolle; Reduktion der vor dem Hintergrund weltwirtschaftlicher Dynamisierung zunehmenden Überforderung des Staates
Selbststeuerungsfähigkeit	Hochrangige Einrichtungen in Bildung, Forschung, Wirtschaft und Politik; politische und institutionelle Arrangements; hohes Maß an Entscheidungs- und Kontrollkompetenz im regionalen Raum	Vielschichtige Trickle-down-Effekte für die Region; Dynamisierung wirtschaftlicher, ökologischer und sozialer Prozesse auf der Basis regionseigener Begabung / endogener Kräfte; *regional governance* zur Wahrung soziokultureller, wirtschaftlicher und ökologischer Eigeninteressen der Einwohnerschaft
Netzwerkbildung	Ausgeprägter Wille zu interorganisationalem Dialog und Kooperation (Vernetzungs-Mentalität); positive Erfahrungen mit politischen und institutionellen Arrangements; runde Tische; innovative Milieus; Kartellrechtliche Erleichterungen zur Kooperation zwischen KMU gemäß §5b GWB; Produktions-, Dienstleistungs- und Forschungsnetzwerke; / Wissens- und Informationsnetzwerke Möglichst weitgehende Überlappung zwischen regionaler Planungseinheit, Kulturregion und wirtschaftlich bestimmtem Ballungsraum ; gemeinsamer Interessensraum	Förderung des persönlichen Austausches, persönliches Vertrauen, soziale Interaktion (Beziehungshandeln), transparenzfördernder und kostensenkender Informationstransfer; Förderung von Hilfe zur Selbsthilfe, dichtes und sich dynamisierendes Innovationsklima, informelle Lernprozesse; Austausch nicht kodifizierter Kenntnisse; *collective learning* → kooperatives Lernen zur Reduktion von Unsicherheiten im Innovationsprozess Senkung der intraregionalen Transaktionskosten → Stärkung der interregionalen Wettbewerbsfähigkeit; regionale Vermarktung & Imagebildung; Früherkennung akteursspezifischer Chancen und Risiken, positive Erfahrung hinsichtlich eigener Gestaltungsmacht gegenüber seinem unmittelbaren Lebensumfeld wirkt motivierend, innovierend und dynamisierend

Tab. 7-11: Potenzialfaktoren zugunsten erfolgreicher Regionalisierung vor dem Hintergrund wirtschaftlicher Globalisierungstendenzen [367]

---

[367] Quellen: *Klee / Kirchmann* [regionale Wirtschaftspotenziale 1998], *Hahne* [Regionalentwicklung 1985], *Krätke* [Regionalisierung 1995], *Bade* [regionale Strukturpolitik 1998], *Danielzyk / Oßenbrügge* [lokale Handlungsspielräume 1996], *Fritsch / Koschatzky / Schätzl / Sternberg* [innovative Netzwerke], *Arndt* [embeddedness 1999], *Dörsam / Icks* [KMU-Netzwerke 1997] u.a. sowie eigene Überlegungen.

Die im globalen Netz eingebundenen Regionen werden so, neben einzelnen Unternehmen selbst, zu einer neuen Art von Gestaltungselementen des Globalisierungsprozesses, wobei sie die darin verorteten Unternehmen in umfassender Weise zu fördern vermögen. Hierfür dürfen Regionen allerdings nicht in der Statik einer territorial abgegrenzten Planungseinheit stecken bleiben, sondern müssen die regionale Dimension vielmehr als raumnahes Transaktionsforum im Rahmen eines vielschichtigen und dynamisch agierenden, offenen Systems annehmen und ausfüllen.

7.8.4 Regionalisierung von Stoffkreislaufprozessen

Tatsache ist, dass die Globalisierung den Finanz-, aber auch den Informations- und Telekommunikationssektor nicht nur erfasst hat, sondern bereits weitgehend bestimmt. Demgegenüber ist der Anteil der Umsätze aus (industrieller) Produktion auf den Weltdevisenmärkten mit grade mal 2-3% bis heute recht niedrig[368]. Vor allem den Neoklassiker muss dies überraschen, denn gemäß ihres Grundmodells müssten die weltweit erheblichen Faktorpreisdifferenzen zumindest vor dem Hintergrund zunehmender Handelsliberalisierung und weiter sinkenden Transportkosten zu massiven internationalen Ausgleichsbewegungen führen, die so von der wirtschaftlichen Realität allerdings kaum reflektiert werden. Dies belegt einmal mehr, dass räumliche begrenzte Mobilitäten, Beziehungsgeflechte, Milieus, ... bis hin zum „lokal-regionalen Filz" die Gestaltung der globalen Stoffwirtschaft nach wie vor entscheidend mitbestimmen und damit als Determinanten zur Erklärung und Prognose von Wirklichkeit ernst genommen werden müssen.

Einen ersten wichtigen Erklärungsbaustein zur vertiefenden Abbildung dieser Wirklichkeit vermag sicherlich der **Transaktionskostenansatz**[369] zu liefern, der sich insbesondere mit organisatorischen Fragen zum Austausch von Leistungen beschäftigt und dabei den Finger auf die gleiche Stelle legt wie die Neue Institutionentheorie: *„Würde die Art der Koordination ökonomischer Aktivitäten keine Kostenkonsequenzen zur Folge haben, gäbe es auch kein Organisationsproblem, sie wäre irrelevant"*[370]. Tatsächlich gibt es ein immer komplexeres Geflecht institutionalisierter Organisationen, deren Inanspruchnahme insbesondere für den hier fokussierten Güteraustausch in hohem Maße erforderlich ist. Wäre dies nicht so, so würden die an einem Gütertransfer unmittelbar interessierten Geschäftspartner (Anbieter + Nachfrager) die damit zusammenhängenden Kosten umgehen.

---

[368] *Bade* [regionale Strukturpolitik 1998], S. 3, unter Bezug auf Schätzungen der OECD.

[369] Die Entwicklung des Transaktionskostenansatzes geht bereits auf *Coase* (1937) zurück, rückte jedoch erst im Zusammenhang mit intensiven Beschäftigungen der Wirtschaftswissenschaften mit dem Wesen von Institutionen (*Williamson* / Neue Institutionentheorie) ab den 80er-Jahren wieder ins Zentrum wissenschaftlicher Diskussion. (Einleitend für die deutschsprachige Literatur siehe bspw. *Picot* [Transaktionskostenansatz 1982]).

[370] *Klaas / Fischer* [Transaktionskostenansatz 1993], S. 686.

7. Industrielle Stoffkreislaufwirtschaft und ihr räumlicher Bezug

Zentrale Ursache für das Auftreten bzw. die Inkaufnahme von Transaktionskosten sind Informationsprobleme in einem sehr umfassenden Sinne, die zum einen auf eine gegenwartsbezogen unvollständige Markttransparenz zurückzuführen sind, zum zweiten aber auch Unsicherheiten bezüglich des zukünftigen Verhaltens von Geschäftspartnern widerspiegeln. Ihren konkreten Niederschlag finden Transaktionskosten deshalb sowohl in Suchkosten (Verbesserung der Markttransparenz, Finden geeigneter Input-Output- oder auch strategischer Partner) als auch in Vertragskosten (Kosten der Vertragsvorbereitung, der Vertragsausgestaltung und -abwicklung) sowie als Kontroll- und Durchsetzungskosten[371]. *Picot* beschreibt Transaktionskosten als *„Kosten des Produktionsfaktors Organisation"* [372], welche in einer am Herstellungsprozess orientierten Kostenrechnung zumeist keine explizite Berücksichtigung finden. Je größer die Sensibilität der Akteure gegenüber einem bestimmten Handlungsgegenstand ist, desto größer wird allerdings auch deren Bereitschaft sein, seine Veräußerung bzw. seine Annahme abzusichern. Aus der Perspektive des Produzenten bedeutet dies, dass zusätzlich zur den klassischen güterwirtschaftlichen Grundfunktionen (Beschaffung, Produktion, Absatz) noch zusätzliche Leistungskomponenten erstellt bzw. entgolten werden müssen, die den Stofftransfer gegenüber einem „funktionierenden Marktmechanismus" bisweilen wesentlich verteuern.

Gerade vor dem Hintergrund der sich mehr und mehr verschärfenden gesetzlichen Rahmenbedingungen und Sanktionsinstrumente im Bereich der industriellen Abfallwirtschaft wird der Umgang mit den unter das KrW-/AbfG fallenden Abfällen zunehmend zu einem sensiblen Handlungsgegenstand, dem einiges an Aufmerksamkeit und Vorkehrungsmaßnahmen entgegengebracht werden muss. Viele der betrieblichen Umwelt- und Abfallbeauftragten werden sich dieser neuen Verantwortung erst allmählich bewusst und versuchen, sich über die Inkaufnahme zusätzlicher Transaktionskosten abzusichern. Die Bedeutung von Transaktionskosten nimmt damit tendenziell zu. Ähnliches gilt allerdings auch für die Visualisierung von Transaktionskostenkomponenten, die im Zusammenhang mit der sich in den letzten Jahren zunehmenden Auflösung von Gemeinkostenblöcken mehr und mehr den produktspezifischen Produktionskosten zugeschlagen werden. Und doch bleibt vieles, darunter beispielsweise auch ein beträchtlicher Umfang an Ent-

---

[371] *Picot* [Transaktionskostenansatz 1982], S. 270, bezeichnet diese 4 Kostenarten als:
- **Anbahnungskosten** (z.B. Informationssuche und -beschaffung über potenzielle Transaktionspartner und deren Konditionen)
- **Vereinbarungskosten** (z.B. Intensität und zeitliche Ausdehnung von Verhandlungen, Vertragsformulierung und Einigung)
- **Kontrollkosten** (z.B. Sicherstellung der Einhaltung von Termin-, Qualitäts-, Mengen-, Preis- und evt. Geheimhaltungsvereinbarungen)
- **Anpassungskosten** (z.B. Durchsetzung von Termin-, Qualitäts-, Mengen- und Preisänderungen aufgrund veränderter Bedingungen während der Laufzeit der Vereinbarung).

[372] *Picot* [Transaktionskostenansatz 1982].

sorgungssicherheitsaspekten, dem betrieblichen Kostencontrolling weiterhin verborgen.

Nachdem Transaktionskosten in vielen Fällen fast unmerklich zu bedeutenden Kostenkomponenten angewachsen sind, muss das Unternehmen seine Aufmerksamkeit auf diesem Gebiet systematisch ausdehnen und versuchen, die oben genannten organisatorischen Zusatzleistungen möglichst kostengünstig zu erstellen, bzw. auf möglichst viele dieser zusätzlichen Kostentreiber zu verzichten, ohne dabei jedoch unverhältnismäßig risikoreiche Abstriche bspw. bei der Transfersicherheit machen zu müssen.

Einen zentralen Ansatzpunkt für eine derartige Transaktionskostenreduktion bildet die Substitution von Kontrolle durch Vertrauen, wie es die bereits weiter oben diskutierten innovativen Netzwerke und Milieus erlauben und fördern[373]. Unternehmensübergreifende Beziehungsgeflechte, Netzwerke, Milieus können so gerade im Bereich der Kreislaufwirtschaft zu einem zentralen Instrument für die Senkung von Transaktionskosten werden, indem sie bspw.:

	Wirkungen auf die Transaktionskostenkomponente
• die Kommunikation zwischen verschiedenen und verschiedenartigen Akteuren erleichtern	• vglw. einfacher Erwerb von betriebsexternen Informationen und von komplementärem Wissen → Reduktion von Suchkosten
• enge und persönliche Beziehungen zwischen Geschäftspartnern begünstigen	• partielle Substitution von Kontrolle durch Vertrauen → Reduktion von Kontrollkosten • part. Substitution formeller durch informelle Verfahren → Reduktion von Vertragskosten
• systemisches Verhalten ihrer Mitglieder fördern (Reziprozitätsvorstellung)	• Vermeidung von opportunistischem Verhalten (Free-rider-Problematik) → Reduktion der Vertragskosten
• Redundanzen beinhalten	• vglw. einfache Substitution des Ausfalls eines Geschäftspartners → Reduktion von Such-, Vertrags- und Kontrollkosten • Synergieeffekte durch gleichartige Problemlösungserfordernisse bei verschiedenen Akteuren → Reduktion von Such- und Vertragskosten

Tab. 7-12: Transaktionskostenspezifische Wirkung unternehmensübergreifender Beziehungsgeflechte

---

[373] Siehe Kap. 7.8.3.

7. Industrielle Stoffkreislaufwirtschaft und ihr räumlicher Bezug

Wie bereits aus den vorangegangenen Unterkapitel deutlich geworden ist, erfahren interorganisationale Netzwerke auf der regionalen Ebene im Allgemeinen optimale Entfaltungsmöglichkeiten, weil hier räumliche und mentale Nähe mit vielschichtigen Problemlösungskompetenzen zusammenfallen. Ein relativ hoher Anteil wirtschaftlicher Transaktionen kann bereits innerhalb eines regionalen Rahmens bewerkstelligt werden, und führt vor allem dann zu einer Minimierung von Transaktionskosten, wenn sich die regionalen Akteure als regionale Systemglieder verstehen und einen entsprechend intensiven vertrauensvollen Austausch pflegen.

Industrielle Stoffkreislaufwirtschaft, die zur Schließung von Kreisläufen vor allem auf Reduzenden, Reduktion und Redukte fokussieren muss, erfährt ihre optimale Ausdehnung für die meisten Stoffe auf der Ebene der Industrieregion, die hier durch die Kombination folgender zentraler Charaktereigenschaften glänzt:

- durch eine Vielzahl von Akteuren mit gleichartigen Abfallstoffen
    - → wirtschaftliche Tragfähigkeit ist für die meisten Abfallstoffe bereits bei Einzugsgebieten von maximal regionaler Ausdehnung gegeben
    - → Economies of Scale erleichtern die Gangbarkeit hochwertiger Stoffrückführung
- durch eine verhältnismäßig hohe Vielfalt an Produzenten mit unterschiedlichen Input-Output-Strukturen sowie eine gewisse Auswahl unterschiedlich spezialisierter Entsorger
    - → relativ hohe Wahrscheinlichkeit, den passenden (und im Falle eines Produzenten i.d.R. diagonal angesiedelten) Stoffstrompartner bereits innerhalb der Region zu finden (falls es ihn tatsächlich gibt)
- durch eine beträchtliche Anzahl nicht nur von Anbietern an Abfällen, sondern auch an Nachfragern nach bestimmten Sekundärstoffen
    - → Senkung von Ausfallrisiken und Transaktionskosten durch intraregionale Substitutionsmöglichkeiten (Redundanzen)
    - → Förderung von Systemstabilität bei effizienzförderndem Wettbewerb
- durch räumliche und mentale Nähe
    - → Begünstigung der Herausbildung kreativer Milieus und innovativer Netzwerke
    - → Transaktionskostensenkung als Folge von Netzwerkbildung
    - → Förderung von Systemstabilität und systemisch bedingter Dynamik
    - → persönliche Betroffenheit, die zu umweltverträglichem Umgang mit Stoffen mahnt
- durch die Ausstattung der regionalen Ebene mit umfassenden Kompetenzen (Wirtschaft, Wissenschaft, Politik) und Entscheidungsvollmachten
    - → Förderung regionaler Entscheidungsautonomie zugunsten einer regional angepassten Stoffpolitik.

kreislauf-orientierter Prozess ↓	räumliche Dimension der Stoffkreislaufschließung					
	innerbetrieblich	industrie-standort-intern	kreis-intern	regions-intern	zwischen benachbar-ten Regionen	zwischen ferneren Regionen
Kompostierung		zufalls-bedingt	typisch	in manchen Fällen		
Bauschutt-recycling		zufalls-bedingt	typisch	in manchen Fällen		
Altpaletten-aufbereitung		zufalls-bedingt	typisch	typisch		
Kunststoff-regranulierung / -wiederauf-schmelzung	bei Kunststoff-verarbeitern bisweilen anlagen-/ betriebsintern	zufalls-bedingt	vielfach	typisch (v.a. PE)	in manchen Fällen (bspw. PP)	
Altöl-aufbereitung	in manchen Großbetrieben (Emulsions-spaltanlagen)	zufalls-bedingt	in manchen Fällen	typisch	in manchen Fällen	
Elektronik-schrott-recycling			in manchen Fällen	typisch	in manchen Fällen	
Papier-recycling			zufalls-bedingt	typisch	typisch	
Metall-schlamm-aufbereitung				branchen-bedingt	branchen-bedingt	in manchen Fällen
Metall-recycling[374]	bspw. in Gießereien	zufalls-bedingt	typisch (schred-dern)	vielfach (schred-dern)		typisch (metall-erzeugende Industrie)

Tab. 7-13: Räumliche Dimensionierung von Stoffkreisläufen bei Abfällen aus industrieller Produktion in der Industrieregion Rhein-Neckar

---

[374] Da nicht nur der Rhein-Neckar-Raum, sondern darüber hinaus auch Baden-Württemberg praktisch keine Metall erzeugende Industrie besitzt, wird der Metallkreislauf in aller Regel über Anlagen in Nordrhein-Westfalen (v.a. Eisen- und Stahl) geschlossen; im Falle von Buntmetallen schließt sich der Kreis jedoch auch über andere Bundesländer (zur Rolle der Norddeutschen Affinerie als Senke für kupferhaltiges Sekundärmaterial siehe auch *Brahmer-Lohss / Gottschick / von Gleich et al.* [nachhaltige Metallwirtschaft 2000], S. 69 ff).

7. Industrielle Stoffkreislaufwirtschaft und ihr räumlicher Bezug

Konzentriert man sich einmal nur auf die entsorgungstechnischen Potenziale einer Industrieregion, so sind die abfall- und sekundärstofflichen Quantitäten und Qualitäten in aller Regel groß genug, um eine Schließung von Stoffkreisläufen bereits innerhalb eines regionalen Rahmens zu erreichen. Dies belegen zumindest die auf der Vorseite skizzierten, empirisch basierten Befunde der Tab. 7-13, die aus den Ergebnissen der in Kap. 8 beschriebenen Forschungsarbeiten für den Rhein-Neckar-Raum abgeleitet worden sind.

Wie das in Tab. 7-13 visualisierte Muster räumlicher Dimensionierung abfallstoffspezifischer Kreisläufe weiter veranschaulicht, ist die regionale Ebene in aller Regel potent genug, um wirtschaftlich stabile Einzugsgebiete für hochwertige Abfallbehandlungsverfahren zu kreieren. Ähnliches gilt, wenngleich mit gewissen Abstrichen, auch für die Redistribution[375]. Sieht man einmal vom Metallbereich ab, für den die baden-württembergische Industrie nicht die notwendigen Senken besitzt, so haben die meisten aus gewerblichen Tätigkeiten entstandenen Abfallstoffe ihre regional tragfähige Kreislaufführbarkeit bereits unter Beweis gestellt. Reflektiert man zusätzlich noch einmal die Tatsache, dass im Rahmen einer Industrieregion kreislauftechnische Problemlösungskompetenz mit einem hohen Maß an persönlicher Betroffenheit der Akteure gepaart ist[376], so prädestiniert sie dies einmal mehr als ideale Raumgröße für eine industrielle Stoffkreislaufwirtschaft. Die räumlich-systemische Bedeutung dieser beiden letztgenannten Faktoren soll anhand der folgenden Abbildung 7-21 nochmals graphisch zum Ausdruck gebracht werden.

Im linken Teil dieser Graphik soll zum Ausdruck gebracht werden , dass die persönliche Betroffenheit eines Entscheidungsträgers innerhalb der Betriebsgrenzen zwar relativ hoch ist, dass sich das innerhalb dieser organisationalen Einheit versammelte Know-how für den Umgang mit Abfällen aber gleichzeitig auf nur wenige für das einzelne Unternehmen typische Abfälle beschränkt. Persönliche Betroffenheit und allgemeine abfallwirtschaftliche Problemlösungskompetenz fallen hier also ziemlich weit auseinander. Dies gilt mit Sicherheit erst recht für die Schließung von Stoffkreisläufen, die neben der Output- auch noch die Inputseite unseres Wirtschaftens inkorporieren[377]. Ganz ähnlich gestalten sich die Dinge im transnationalen, vielfach aber auch bereits in einem nationalen Raumrahmen, wo sich auf der einen Seite höchste Problemlösungskompetenz und monetäre Gewinnmargen akkumulieren, während andererseits der einzelne Entscheidungsträger selbst einen allenfalls geringen Anteil der Umweltkonsequenzen seines eigenen Handelns zu spüren bekommt. Er kann die negativen Folgen seines Handelns

---

[375] Recyclingprodukte sind bisweilen hochgradig spezifiziert und von hoher Wertigkeit. Sie sind deshalb bisweilen in der Lage, sich wesentlich größere Absatzgebiete zu schaffen.
[376] Siehe bspw. auch *Sterr* [Öko-industrielle Symbiosen 1999], S. 62.
[377] Siehe hierzu insbes. die Ausführungen in Kap. 5.4 ff.

vielfach relativ unbehelligt externalisieren (bzw. unberücksichtigt lassen) und sieht daher wenig Veranlassung für eine finanziell nicht eindeutig vorteilhafte Umsteuerung in Richtung Kreislaufwirtschaft.

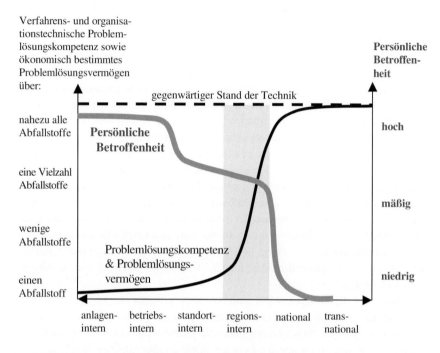

Abb. 7-21: Abfallstoffliche Problemlösungskompetenz und persönliche Betroffenheit im Raum

Damit industrielle Stoffkreislaufwirtschaft tatsächlich auch in praxi weiter an Boden gewinnt, bedarf es also nicht nur eines geeigneten wirtschaftsrechtlichen Handlungsrahmens, sondern auch eines möglichst weitgehenden Zusammenfallens kreislauftechnischer Problemlösungskompetenz und persönlicher Betroffenheit. Während das Erstere im Wesentlichen eine Staatsaufgabe darstellt, kann für das Zweite gerade der regionale Rahmen einen äußerst attraktiven Nährboden für ein zukunftsorientiertes Handeln bilden, das seine gestalterische Kraft ganz wesentlich aus Selbststeuerung und Selbstverantwortung seiner Wirtschaftssubjekte schöpft.

7.8.5 Regionalisierung von Stoffkreislaufprozessen als Beitrag zur Förderung von Nachhaltigkeit?

7.8.5.1 Grundbausteine zum Nachhaltigkeitsbegriff

Kaum mehr als 10 Jahre nach seiner Wiederentdeckung gehört der Nachhaltigkeitsbegriff heute zum schillerndsten, was Politik, Wirtschaft und Wissenschaft zu bieten haben. Dies liegt zunächst einmal daran, dass **Nachhaltigkeit** zum Inbegriff für Zukunftsorientierung geworden ist, die jeder gerne als Leitlinie seines Handelns versteht. Der fast beispiellosen Karriere des Nachhaltigkeitsbegriffs kam dabei besonders zugute, dass er nicht nur einen ungefährdet positiv besetzten Begriff darstellt, sondern gleichzeitig ein hohes Maß an Interpretationsspielräumen offen hält. Tatsächlich scheint es so, als habe man mit dem Nachhaltigkeitsbegriff eine Worthülse gefunden, in der jeder die eigene Interpretation von der „frohe Botschaft" an die Anderen sicher unterbringen kann. Und da der Nachhaltigkeitsbegriff nach 10 Jahren kunterbunter Nachhaltigkeitsdebatte bereits im Allgemeinwortschatz Einzug gehalten hat, muss auch kaum ein „Anwender" mehr riskieren, nach den dahinter stehenden Inhalten gefragt zu werden. Und wird er's doch, so sind Begriffe „Zukunftsverträglichkeit", „Zukunftsorientierung", „Zukunftssicherheit", „Langfristigkeit", „Dauerhaftigkeit" oder „Sustainability" schnell bei der Hand – oder der Fragesteller muss sich damit begnügen, dass die Frage viel zu komplex sei, als dass man darauf in der Kürze der hier gebotenen Zeit eingehen könne. Zumindest Letzteres ist in Anbetracht von inzwischen weit mehr als 300 Nachhaltigkeitsdefinitionen[378] allerdings durchaus nachvollziehbar. Angesichts der Bedeutung, die die Nachhaltigkeitsforderung im Zusammenhang mit Fragen zur Regionalisierung in der Stoffkreislaufwirtschaft hat, soll der Nachhaltigkeitsbegriff zumindest in einigen zentralen Bausteinen und Problemstellungen angerissen werden.

Aus dem hier zugrunde liegenden historischen Prozess heraus betrachtet, begann die Diskussion um das Thema Nachhaltigkeit gerade in Deutschland nicht in einem industriellen Kontext, sondern bereits zu einem wesentlich früheren Zeitpunkt in Anbetracht der Tatsache, dass bspw. der Erzbergbau im Harz, aber auch in anderen Bergbauregionen über Jahrzehnte und Jahrhunderte hinweg mit einem derart großen Holzverbrauch verbunden war[379], dass sie schließlich vollkommen entwaldet waren. Im Harzbeispiel griff dieser anhaltende Rodungsbedarf zunehmend auf das Harzvorland über und damit nicht zuletzt auch auf das Eichsfeld, das der regierenden Aristokratie gerade als Jagdgebiet ans Herz gewachsen war[380].

---

[378] Persönliches Gespräch mit Frau *Prof. Dr. Busch-Lüty*.

[379] Holz zur Holzkohleerzeugung für die Schmelzprozesse; Stützholz für die Absicherung immer ausgedehnterer Stollensysteme.

[380] Nach Aussagen eines Geologieprofessors an der Universität Clausthal-Zellerfeld erstreckte sich die Entwaldung im Flachland südlich der Harzscholle schlussendlich bis in die Gegend von Göttingen.

Wirtschaftliche Interessen (Einnahmen aus dem Silberbergbau sowie dem Abbau anderer Metalle wie Blei, Quecksilber, Eisen u.a.m.) und individuelle Freizeitinteressen prallten damit selbst in der Person eines einzelnen (aristokratischen) Entscheidungsträgers immer stärker aufeinander[381]. Als hier nicht weiter nachprüfbare Hypothese bleibt zumindest das Verdachtsmoment, dass die Implementierung restriktiver Waldbewirtschaftungsgesetze von einem direkten Zusammenhang zwischen wirtschaftlichem Handeln und persönlicher Betroffenheit der zentralen Entscheidungsträger beeinflusst wurde. Ein besonderes Charakteristikum des Regionalen (nämlich ein lebensräumlich bestimmter Interessenabgleich[382]) ist hier nicht von der Hand zu weisen.

Im Konkreten schrieben die sich mehr und mehr durchsetzenden Waldbewirtschaftungsgesetze fest, dass von nun an nur noch in dem Maße Holz eingeschlagen werden durfte, wie neues gepflanzt wurde. Eine in diesem Sinne **nachhaltige Forstwirtschaft** leistete damit zunächst einmal Bestandssicherung bei natürlichen Ressourcen, führte in praxi jedoch über zusätzliche Aufforstungsmaßnahmen sowie eine gezielte Förderung zusätzlicher Humusbildung stellenweise bereits weit über den reinen Substanzerhalt hinaus. Gerade im Zusammenhang mit der Förderung zusätzlicher Humusbildung könnte also durchaus von einem qualitativen Wachstum (bei konstanten Waldbeständen) gesprochen werden.

Gleichwohl darf allerdings nicht verschwiegen werden, dass auch eine „nachhaltige Forstwirtschaft" des 18. und 19. Jahrhunderts den dem aktuellen Klimaxstadium entsprechenden Laub-Mischwald des Harzes nicht wiederherstellte. Vielmehr gaben wirtschaftliche Überlegungen den Ausschlag dafür, dass der Harz nunmehr mit Nadelhölzern aufgeforstet wurde, die ehedem nur für seine absoluten Hochlagen typisch waren. Entscheidend hierbei waren die gegenüber Laubhölzern wesentlich schnellere Reproduktionszeit (als Holzproduktion pro Zeiteinheit) sowie der gerade Wuchs eines Nadelbaumstammes, wie er für den späteren Einsatz als Stützholz im Erzbergbau günstig war. Weite Flächen wurden so mit Fichten-Monokulturen überzogen, die auf einen bestimmten Schädlingsbefall oder andere externe Schocks als Vollbestand reagieren und schon von daher als Ökosystem Wald wesentlich anfälliger und instabiler sind, als dies für den vormals existierenden und relativ artenreichen Laub-Mischwald der Fall war. Nachhaltige Forstwirtschaft bedeutete also nicht ein „Zurück zur Natur" im Sinne einer Wiederherstellung eines vom Menschen unbeeinflussten Urzustandes, sondern die Etablierung einer zielgerichtet geplanten Waldnutzungsform als einer Wirtschaftsform, die auf der Basis einer langfristigen Aufrechterhaltung des Naturkapitals operierte.

---

[381] Auch eine zunehmende Bodenerosion und eine damit einhergehende Abnahme der Ertragskraft landwirtschaftlicher Produktion (mit entsprechenden „Steuereinbußen" für die Aristokratie) dürfte dabei eine Rolle gespielt haben.

[382] Bereitschaft zum Kompromiss / zur Mehrzieloptimierung, vor dem Hintergrund einer Rückspiegelung negativer Folgen dienstlicher Entscheidungen auf das private Lebensumfeld.

7. Industrielle Stoffkreislaufwirtschaft und ihr räumlicher Bezug

Der Begriff der **Nachhaltigkeit** hat also im deutschen Sprachraum als Ausdruck dafür, dass die Abbaurate erneuerbarer Ressourcen ihre Regenerationsrate nicht überschreiten darf[383], eine bereits jahrhundertelange Tradition, blieb jedoch bis in die jüngste Zeit hinein auf einen forstwirtschaftlichen Kontext beschränkt. Ähnlich wie im Falle des spätmittelalterlichen Harzes reifte jedoch auch in unserer modernen Industrie- und Wohlstandsgesellschaft zunehmend die Erkenntnis, dass eine bestimmte materialwirtschaftliche Expansionsstrategie so dauerhaft nicht aufrechtzuerhalten sei. Die nun auch im Zusammenhang mit der Industrialisierung immer offensichtlicher werdenden *„Grenzen des Wachstums"* drangen v.a. über die mit diesem Titel überschriebene *„Meadows*-Studie" des Club of Rome an eine breite Öffentlichkeit und gaben der Suche nach Umsteuerungsmöglichkeiten hin zu einer „nachhaltigeren Wirtschaftsweise" entscheidenden Auftrieb. Im *„Brundtlandt*-Bericht" von 1987 spezifizierte schließlich auch die *„World Commission on Environment and Development"* (WCED) der Vereinten Nationen zentrale Grundbausteine einer nachhaltigen Entwicklung, indem sie formulierte: *„Sustainable Development seeks to meet the needs and aspirations of the present without compromising the ability to meet those of the future."* [384] *„Sustainable Development"*, im Deutschen allgemein formuliert als *„nachhaltige Entwicklung"*, zeigt sich hier zunächst einmal als normatives Leitbild[385], das von ganz bestimmten Wertvorstellungen, nämlich denen einer intra- und intergenerativer Verteilungsgerechtigkeit unter Menschen bestimmt wird[386], für die es darüber hinaus auch noch globalen Konsens unterstellt[387].

---

[383] Zu einer präziseren Darstellung der Zusammenhänge s. bspw. *Gans* [erneuerbare Ressourcen 1988].

[384] *WCED* [Sustainable Development 1987], S. 40;
bzw. in der deutschen Übersetzung durch *von Hauff*: *„Dauerhafte Entwicklung ist eine Entwicklung, die die Bedürfnisse der Gegenwart befriedigt, ohne zu riskieren, dass zukünftige Generationen ihre eigenen Bedürfnisse nicht befriedigen können."* (*von Hauff* [nachhaltige Entwicklung 1987], S. 43); oder, in der Formulierung von *Pasche* [evolutorische Ökonomik 1994], S. 101 f.:
„... die den Bedürfnissen der heutigen Generation entspricht, ohne die Möglichkeiten zukünftiger zu gefährden, ihre eigenen Bedürfnisse zu befriedigen und ihren Lebensstil zu wählen."

[385] *Klauer* [Nachhaltigkeit 1998], S. 3, begreift die Formulierung des *Brundlandt*-Berichtes deshalb auch zunächst einmal als politische Forderung.

[386] **Intragenerative Gerechtigkeit** verlangt dabei, dass die vorhandenen Ressourcen allen Gesellschaftsmitgliedern in Industrie- und Entwicklungsländern relativ gleichmäßig zur Verfügung stehen (sie wird vielfach (siehe auch *Schmidt* [nachhaltiges Heidelberg 1997], S. 19), mit *„sozialer Gerechtigkeit"* gleichgesetzt, während über das Prinzip der **intergenerativen Gerechtigkeit** (*Schmidt* ebd.: *„Zukunftsfähigkeit"*) sichergestellt werden soll, dass nachfolgende Generationen nicht schlechter gestellt werden als die heute lebenden. (Zu diesen beiden Komponenten des „Verantwortungsprinzips" siehe bspw. *Neher* [Kreislaufwirtschaft 1998], S. 62.)
Gerade das zeitliche Auseinanderfallen zwischen Ursache und Wirkung, lässt nachhaltigkeitsorientiertes Wirtschaften zu einer anspruchsvollen Herausforderung werden, da die durch heutiges Handeln geschädigten Betroffenen unter Umständen noch gar nicht geboren sind (*Manstetten / Faber* [Mensch-Natur-Verhältnis 1999], S. 10.

[387] Wie anders könnte ein solcher normativer Ansatz sonst unterstellen, dass die im Rahmen abendländischer Entwicklungsvorstellungen formulierten Nachhaltigkeitspfade auch den sozialen Bedürfnissen einzelner Entwicklungsländer und ihrer Gesellschaftsmitglieder entsprechen.

Das Leitbild nachhaltiger Entwicklung ist also zunächst einmal anthropozentrisch[388], wird hierbei jedoch von der Einsicht geprägt, „ ... *dass das Individuum seine Interessen nicht nur dadurch befriedigen kann, dass es für sich sorgt, sondern wegen seiner Eingebundenheit in den Naturzusammenhang sicherstellen muss, dass das Ganze lebensfähig bleibt, wenn seine Teile überleben wollen.*" [389] Zumindest in diesem Sinne erhält also auch die Natur ihren Anwalt[390].

Vor diesem Hintergrund formulierte die *Enquete-Kommission „Schutz des Menschen und der Umwelt"* des Deutschen Bundestages die vier inzwischen schon fast zum Allgemeinwissen aufgestiegenen „*Management-Regeln*" zum nachhaltigen Umgang mit Stoff- und Materialströmen[391]:

1. Die Abbaurate natürlicher Ressourcen soll ihre Regenerationsrate nicht überschreiten[392]. (Aufrechterhaltung des ökologischen Realkapitals)

2. Nicht erneuerbare Ressourcen sollen nur in dem Umfang genutzt werden, in dem ein physisch und funktionell gleichwertiger Ersatz in Form erneuerbarer Ressourcen oder höherer Produktivität der erneuerbaren Ressourcen sowie der nicht-erneuerbaren Ressourcen geschaffen wird[393].

3. Stoffeinträge in Wasser, Luft und Boden dürfen die Belastbarkeit der als Senken dienenden Umweltmedien nicht überschreiten, wobei auch „stille" und empfindliche Regelungsfunktionen zu berücksichtigen sind.

4. Das Zeitmaß anthropogener Eingriffe in die Umwelt muss in einem ausgewogenen Verhältnis zum Reaktionsvermögen der Natur stehen.

---

[388] Siehe auch eine entspr. Betonung bei *Manstetten / Faber* [Mensch-Natur-Verhältnis 1999], S.21 f., wo es heißt: „*Die Norm der Nachhaltigkeit bezieht sich ausschließlich auf das Leben der Gattung Mensch. .....*", um jedoch gleich im Anschluss explizit zu betonen: „*Die Norm der „Würde der Natur" aber ist weitergehend und schließt ein eigenes Daseins- und Entfaltungsrecht der Natur ein, unabhängig davon, wie Menschen subjektiv die Natur bewerten.*"

[389] *Immler* [Wert der Natur 1989], S. 320

[390] Einen dezidierten Stellenwert erhält die außermenschliche Natur nach Auffassung von *Manstetten / Faber* [Mensch-Natur-Verhältnis 1999], S.3 f. erst in der ökologischen Ökonomie, was die Nachhaltigkeitsökonomie (bzw. nachhaltige Wirtschaftsweise) bereits auf der Theorieebene von wesentlichen Schwierigkeiten entlastet und damit eine zwar mit Schwachstellen behaftete, gleichwohl aber zügige Implementierung befördert.

[391] Stark verkürzte Wiedergabe entsprechender Ausführungen aus: *Enquete-Kommission* [Industriegesellschaft 1994], S. 42 - 54; in Ansätzen auch bereits in *Enquete-Kommission* [Stoffströme 1993], S. 25 f.; wobei die Formulierung der drei erstgenannten Bedingungen bereits auf *Herman Daly* (1991) zurückgeht.

[392] Diese Regel greift insbesondere die weiter oben genannte Managementregel für eine nachhaltige Forstwirtschaft und damit die ursprüngliche Fokussierung des Nachhaltigkeitsbegriffes auf.

[393] Hinter dieser Formulierung verbirgt sich eine sehr intensiv und kontrovers geführte Diskussion zwischen Substitutionsoptimisten und solchen, die eine solche Substituierbarkeit für sehr fraglich halten (Substitutionspessimisten) und deshalb eher für ein „*hartes Sustainability-Konzept*" (*strong sustainability*) plädieren. (Zu dieser Diskussion siehe bspw. *Radke* [Sustainable Development 1995]).

7. Industrielle Stoffkreislaufwirtschaft und ihr räumlicher Bezug

Diese Managementregeln rekurrieren vor allem auf ökologische Zusammenhänge zwischen Mensch und Natur und damit auf die physischen Grundlagen für eine langfristige Überlebensfähigkeit des Mensch-Umwelt-Systems. Während die erstgenannte Managementregel hierbei noch vergleichsweise einfach zu respektieren sein dürfte, indem sich ihre Aussage auf den Umgang mit regenerierbaren Ressourcen beschränkt[394], ist dies mit der zweiten zumindest extrem schwierig, impliziert sie doch realiter einen weitestgehenden Nutzungsverzicht auf nicht erneuerbare Ressourcen, was die Anhänger eines *„weichen Sustainability-Ansatzes"* (**weak sustainability**) zum Kunstkniff greifen lässt, dass konsumierte oder zerstörte Umweltressourcen durch den Aufbau von menschengemachten Werten wie Straßen, Gebäuden oder Maschinen kompensiert werden könnten[395]. Dabei wird insbesondere Wert auf die Feststellung gelegt, dass weder das natürliche Ökosystem, noch die menschliche Technosphäre als statisches System aufgefasst werden dürften, sondern als ein sich dynamisch veränderndes, und dass gerade Letzteres (gespeist durch einen vielschichtigen Fortschrittsoptimismus) auch in Zukunft stets in der Lage sei, innovativ auf Knappheitssignale zu reagieren. Innovationen würden dabei so gesteuert, dass nachfolgende Generationen zur Befriedigung ihrer Bedürfnisse anderer Rohmaterialien bedürften als dies heute der Fall ist und damit heute hoch bewertete Güter ihren Güterstatus sogar verlieren könnten[396].

Dennoch müssen aber auch die Protagonisten einer *„weak sustainability"* anerkennen, dass der gegenwärtige CO_2-Anstieg weitestgehend anthropogen bedingt ist (und in seiner zeitlichen Schärfe nach heutigem Wissensstand ein erdgeschichtliches Novum darstellt), dass auch/bereits heute Rohstoffkriege geführt werden (siehe Irak, siehe Ruanda) und dass die sowohl inhaltlich als auch temporal immer mehr verengten Entscheidungsparameter zu einem nie zuvor da gewesenen Ausmaß an Irreversibilität führten, dessen verlustreiche Folgen wir auch in einer strikten Beschränkung auf anthropozentrische Interessen kaum ermessen können.

---

[394] Siehe „nachhaltige Forstwirtschaft", „nachhaltige Fischereiwirtschaft" oder auch „nachhaltige Landbewirtschaftung", die diesem Anspruch zumindest recht nahe kommen.

[395] Siehe eine entsprechende Formulierung in *Neher* [Kreislaufwirtschaft 1998], S. 60.
Kapitalvernichtung aufseiten des *„natural capital"* stünde somit Kapitalschaffung aufseiten des *„man-made capital"* gegenüber, so dass man es hier lediglich mit zwei unterschiedlichen Kapitalformen zu tun hätte, die im neoklassischen Sinne beliebig substituierbar sind. (Siehe hierzu auch *Busch-Lüty* [Nachhaltigkeit 1992], S. 8, oder *Hediger* [nachhaltige Entwicklung 1997], S. 24, unter Rekurrierung auf die *„Hartwick-Regel"* oder *„Solow-sustainability"*, die besagt, „... *dass unter gewissen Annahmen wie konstante Bevölkerung und Technologie, eine Gesellschaft die Möglichkeit hat, ein konstantes Konsumniveau aufrechtzuerhalten, wenn sie die gesamte Rente aus der Ausbeutung erschöpfbarer Ressourcen in die Vergrößerung ihres reproduzierbaren Kapitalstocks investiert."*). (Zu dem hierin zum Ausdruck kommenden **Weak sustainability-Ansatz**", der eine vollständige Substituierbarkeit von Ressourcen annimmt und damit ein nachhaltiges Konsumniveau als Verzinsung des Kapitalstocks interpretiert siehe auch *Hediger* ebd. S. 24 ff.).

[396] Zwischen den Protagonisten einer schwachen und einer starken Nachhaltigkeit sind diejenigen einer sog. *„kritischen Nachhaltigkeit"* angesiedelt, die für einen bestimmten Teil der Ressourcen fordern, über sog. „safe minimum standards" Bestandsgarantie zu gewährleisten, jenseits dieser Schwelle aber durchaus Substitutionen im Sinne einer schwachen Nachhaltigkeit zuzulassen.

Angesichts der zunehmend offenbar werdenden Expansionsgrenzen für In- und Outputs der menschlichen Technosphäre ist eine Umsteuerung in Richtung Nachhaltigkeit[397] als Garant einer langfristigen Aufrechterhaltung menschlicher Lebens- und Wohlstandsgrundlagen dringender denn je notwendig und muss deshalb mit allen verfügbaren Kräften und Handlungsansätzen gefördert werden. Notwendig hierfür ist jedoch eine Herangehensweise, die ökologische, soziale und wirtschaftliche Problemstellungen bereits auf der konzeptionellen Ebene miteinander in Verbindung bringt, um hieraus operative Handlungsansätze zu entwickeln, die dem übergeordneten mehrdimensionalen Leitbild von Nachhaltigkeit Rechnung tragen.

7.8.5.2 Nachhaltigkeit als mehrdimensionales Konzept

7.8.5.2.1 Nachhaltigkeitsorientierte Grundprinzipien

Mit dem Begriff des Sustainable Development (SD) bzw. der Nachhaltigen Entwicklung werden gewöhnlich vier Grundprinzipien verbunden, die von *Meffert / Kirchgeorg*[398] als Verantwortungsprinzip, Kooperationsprinzip und Kreislaufprinzip sowie einem Prinzip der Nutzen- und Funktionsorientierung bezeichnet werden.

Das **Verantwortungsprinzip** thematisiert dabei die bereits im vorangegangenen Unterkapitel erläuterte inter- und intragenerative Gerechtigkeit, wie sie v.a. im oben zitierten SD-Leitsatz der Brundtland-Kommission zum Ausdruck kommt. Es manifestiert sich jedoch auch auf der Ebene des einzelnen Betriebes in einer umfassenden Produktverantwortung von der Wiege bis zur Bahre, die gerade auch ökologische Aspekte mit einschließt.

Das **Kreislaufprinzip** beinhaltet unter anderem die o.g. Regenerierbarkeitsforderungen und verlangt allgemein eine möglichst weitgehende, hochwertige und engmaschige Kreislaufführung von Stoff- und Energieströmen, wie sie im Zentrum dieser Arbeit steht und daher bereits eingehend erläutert wurde.

Vor dem Hintergrund der bisweilen globalen Auswirkungen lokalen Handelns verlangt das **Kooperationsprinzip** die Zusammenarbeit aller Akteure, die eine nachhaltigkeitsbeeinträchtigende Entscheidung treffen, von ihr betroffen werden oder zur Abhilfe beitragen können. Aus der Perspektive des Einzelunternehmens gilt es hier zum einen, mit passenden Unternehmen zusammenzuarbeiten, um auf diese Weise zukunftsverträglichere Konzepte und Strategien zu entwickeln, attraktiver bzw. überhaupt erst gangbar zu machen, zum anderen geht es aber auch darum,

---

[397] **Nachhaltigkeit** bezeichnet dabei den Wunschzustand, **nachhaltige Entwicklung** einen Prozess, der in diese Richtung führen soll (siehe entsprechend auch in *Hediger* [nachhaltige Entwicklung 1997], S. 17).

[398] *Meffert / Kirchgeorg* [Sustainable Development 1993].

auf dem Weg zu einer nachhaltigeren Wirtschaftsweise durch interorganisationalen Austausch mit Vertretern aus Wissenschaft, Politik und Gesellschaft, aus wirtschaftlichen Dachverbänden u.a.m. möglichst zügig und richtungssicher voranzukommen.

Mit dem **Prinzip der Nutzen- und Funktionsorientierung** soll das Augenmerk des Akteurs weg vom funktional hochspezifizierten Einwegprodukt hin zu Multifunktionalität und möglichst langfristiger Nutzbarkeit von Produkten gelenkt werden[399], wodurch nicht nur Nutzungsdauer, sondern auch Nutzungsintensität steigen und damit insgesamt die Ressourceneffizienz steigt. Hierzu bedarf es jedoch eines *„Wandels von der bislang vorherrschenden objektbezogenen Produkt- zu einer Funktionsorientierung, bei der die eigentliche Produktverfügbarkeit und der Produktnutzen zur Bedürfnisbefriedigung angeboten und nachgefragt werden"* [400]. Vom Konsumenten verlangt dies die Abkehr von der Wegwerf- hin zu einer Wertschätzungsmentalität[401], vom produzierenden Unternehmen eine neue strategische Ausrichtung als Produkt- *und* Produktnutzenanbieter, mit der wirtschaftlich vielfach recht attraktiven Folge einer Verbreiterung der Wertschöpfungsbasis.[402]

7.8.5.2.2 Ökologische, ökonomische und soziale Nachhaltigkeitsdimension

Analysiert man die Nachhaltigkeitsdiskussion vor dem Hintergrund ihrer historisch-wissenschaftlichen Entwicklung, so liegt ihr neuzeitlicher Auslöser eindeutig im ökologischen Bereich. Es darf daher nicht verwundern, dass der Nachhaltigkeitsbegriff zunächst einmal mit ökologischen Ansprüchen befüllt worden ist. Auch die oben zitierten Managementregeln der Nachhaltigkeit konzentrieren sich auf diese **ökologische Nachhaltigkeitsdimension**. Die unmittelbare Folge dieser Herauspräparierung ökologischer Defizite war einerseits die Diskussion um Suffizienz und postmaterielle Wertvorstellungen, andererseits die Suche nach technischen Lösungen bspw. im Sinne von Dematerialisierungsanstrengungen oder der Schließung von Stoff- und Energiekreisläufen, bzw. von qualitativem Wachstum[403]. Gerade die letzten drei Punkte verlangen jedoch umfassende Innovations-

---

[399] Siehe hierzu auch das umfangreiche Oeuvre von *Stahel*.
[400] *Schmid* [nachhaltiges Produzieren 1997], S. 27.
[401] *Schmid* [nachhaltiges Produzieren 1997], S. 24.
[402] Zum Prinzip der Nutzen- bzw. Funktionsorientierung siehe bspw. *Schmid* [nachhaltiges Produzieren 1997], S.23 ff.
[403] Aus dem „Steady state-Konzept" von *Daly* heraus argumentiert bedeutet **qualitatives Wachstum** ein Wachstum, das sich unter Konstanthalten physischer ökonomischer Größen vollzieht und deshalb aus nicht-physischen Einflussgrößen wie Bedürfnissen, Wissen und Technologie heraus genährt werden muss. (Siehe hierzu bspw. *Strassert / Hinterberger / Luks / Messner u.a.* [Stoffströ-

potenziale, die sich insbesondere dann entwickeln, wenn die Akteure eigenverantwortlich und selbstorganisierend tätig werden dürfen. Eine freiheitlich demokratisch kodifizierte, marktwirtschaftlich bestimmte Gesellschaftsordnung wie die der Bundesrepublik Deutschland, gibt der Entwicklung solcher Experimentierfelder zwar ein gehöriges Maß an Raum, gleichwohl vermag sich eine Innovation in einem Geflecht privatwirtschaftlich organisierter Marktbeziehungen aber nur dann durchzusetzen, wenn die Zahlungsbereitschaft der Kunden hinreichend hoch ist, um dem Innovator zumindest ein wirtschaftliches Auskommen zu erlauben. Abstrahiert man einmal vom Einsatz regulativer Instrumentarien, die im Wesentlichen auf einen selektiven Einsatz beschränkt bleiben müssen, so wird sich eine ökologisch verträglichere Lösung insbesondere dann durchsetzen und weiterentwickeln, wenn sie sich im Kalkulationssystem des Anbieters ökonomisch rechnet.

Das Vorhandensein ökologischer Potenziale ist also nicht mehr als eine Grundvoraussetzung für die Realisierung eines Mehr an Nachhaltigkeit. Faktisch stellt sich ein Nachhaltigkeitspfad unter den genannten Rahmenbedingungen erst dann ein, wenn er aus unternehmerischem Eigeninteresse heraus dauerhaft aufrechterhalten wird. Oder um es mit *Hafkesbrink* einmal überspitzt auszudrücken: *„Die Ökonomie ist das Pferd, auf dem die Ökologie durchs Ziel reitet"*.[404] Da der Umgang mit industriellen Stoffströmen in Deutschland weitestgehend in privater und privatwirtschaftlicher Hand liegt, ist **ökonomische Nachhaltigkeit**[405] als Stabilisator und Garant für die dauerhafte Umsetzung eines ökologisch nachhaltigkeitsfördernden Kreislaufwirtschaft von zentraler Bedeutung. Dies gilt gerade auch vor dem Hintergrund, dass die Implementierung ökologisch verträglicherer Pfade vielfach mit kostspieligen Investitionsmaßnahmen verbunden ist, die sich für das privatwirtschaftlich operierende Unternehmen rechnen müssen[406]. Ökologische Vorteile müssen demnach einhergehen mit technologischer Machbarkeit und ökonomischer Stabilität der entsprechenden Lösungsmuster, damit ein solcher Nachhaltigkeitsprozess tatsächlich zum Selbstläufer wird. Dies wird aber selbst in den gemeinhin als besonders umweltsensibel geltenden sozialen Marktwirtschaften

---

me 1997], S. 3., aber auch viele andere Veröffentlichungen insbesondere von Vertretern aus der Ökologischen Ökonomie, die sich mit seinen *„Steady State Economics"* (1991) in besonderem Maße auseinandersetzen.

[404] *Dr. Joachim Hafkesbrink* im Rahmen des Statusseminars zur Förderinitiative „Modellprojekte für nachhaltiges Wirtschaften" des BMBF am 5./6. März 2001 in Bad Lauterberg.

[405] Der Begriff der ökonomischen Nachhaltigkeit wird hier zunächst einmal im Sinne wirtschaftlicher Stabilität eines ökologisch und / oder sozial nachhaltigkeitsfördernden Weges verstanden. Zielgröße bleibt allerdings auch hier ein Nachhaltigkeitsbegriff, der zumindest den Erhalt des Sach- und Humankapitals einfordert. (Zu den hiermit verbundenen Problemen siehe bspw. *Klemmer* [ökonomische Nachhaltigkeit 1994], S. 17 ff.).

[406] Hierbei ist zu berücksichtigen, dass Umstellungen bei einem einzelnen Wertschöpfungskettenglied im Zusammenhang mit forward und backward linkages oftmals bedeutende weitere Folgekosten nach sich ziehen, die einen zunächst einmal punktuell erscheinenden Eingriff wesentlich verteuern können.

7. Industrielle Stoffkreislaufwirtschaft und ihr räumlicher Bezug

Westeuropas allenfalls dann zu einer neuen Realität führen, wenn sie die sozialen Bedürfnisse der Individuen nicht konterkariert.

Gerade in den westlichen Industriegesellschaften verschaffen sich die einzelnen Gesellschaftsmitglieder und sozialen Gruppen immer mehr Raum, Gehör und Einfluss, so dass die vielzitierte Formel eines *„Ecological Sustainability + Economic Development = Sustainable Development"* [407] zumindest um die Komponente einer **sozialen Nachhaltigkeit** erweitert werden muss[408]. Eine solche soziale Nachhaltigkeit verbindet sich insbesondere mit der Vorstellung von einer *„Sustainable Society"*, die sich dadurch auszeichnet, *„dass über unterschiedliche Lebensentwürfe, über die Auswahl von Zukunft, in einem Dialog zu entscheiden ist."* [409] Dahinter steht in erster Linie der Gedanke einer aktiven **Partizipation** von Individuen und Vertretern unterschiedlichster Gruppen an der konzeptionellen Gestaltung des Nachhaltigkeitspfades, was einen Bottom-up-Ansatz impliziert. *Heins*[410] bezeichnet diese Partizipation auch als *„der neue Name für Gerechtigkeit"*, die ja auch die o.g. *Brundtlandt*-Interpretation von *„Sustainable Development"* bestimmt. Der Partizipationsansatz macht Mitverantwortliche und Mitbetroffene zu Mitwirkenden an einem zukunftsverträglichen Konsens und nimmt sie so gleichermaßen in die Pflicht. Gleichzeitig schafft er jedoch auch neue Gestaltungsspielräume, die die Kreativität und Innovationskraft des Einzelnen anregen und vorantreiben, wodurch sowohl die Befriedigung individueller Interessen als auch die Entwicklung gesamtsystemisch tragfähiger Lösungen befördert wird. Für eine nachhaltigkeitsorientierte Wirtschaftsform ist gerade der letzte Aspekt einer Schaffung von Freiräumen zur persönlichen Entfaltung von absolut zentraler Bedeutung, denn eine Ökodiktatur ist in keiner der oben genannten Nachhaltigkeitsdimensionen zielführend, oder wie *Heins* es ausdrückt: *„ ...wer den Egoismus ausschaltet, ohne die Energien, die ihn beseelen, auf einer höheren Ebene bewahren zu können, verdammt die Menschheit*

---

[407] So bspw. auch in *Schmid* [nachhaltiges Produzieren 1997], S. 23.

[408] Autoren wie bspw. *Jüdes* versuchen darüber hinaus, auch das *„Verbindungsglied Kultur"* stark zu machen und proklamieren vor diesem Hintergrund eine *„**kulturelle Nachhaltigkeit**"*, die grade von *Jüdes* jedoch lediglich als ein Überbegriff für soziale und ökonomische Nachhaltigkeit eingeführt wird, der dann lediglich noch einer ökologische Nachhaltigkeit gegenübersteht. (Siehe hierzu bspw. Abb. 2 in *Jüdes* [Sustainable Development], S. 28.

Andere Autoren sehen eine **vierte Säule der Nachhaltigkeit** in der „politisch-institutionellen Dimension", die das Erfordernis neuartiger Kommunikations- und Kooperationsformen wie Runde Tische, Zukunftswerkstätten, Umweltallianzen usw. zum Ausdruck bringen soll, welche für das abgestimmte Aushandeln und Verwirklichen nachhaltigkeitsfördernder Prozesse von zentraler Bedeutung sein können. (Siehe in diesem Sinne bspw. auch das Buch von *Minsch / Enquete-Kommission Schutz des Menschen und der Umwelt* [Nachhaltigkeit 1998]). Mit *Luley / Schramm* [regionale Nachhaltigkeit 2000], S. 13, wird hier jedoch die Auffassung vertreten, dass sich die oben beschriebenen Inhalte relativ unschwer in den Rahmen einer sozialen Dimension von Nachhaltigkeit integrieren lassen. Es wird deshalb die von verschiedenen Seiten vertretene Ansicht geteilt, dass ihr zur Konstituierung einer vierten Dimension von Nachhaltigkeit der Eigenständigkeitscharakter fehlt.

[409] *Heins* [soziale Nachhaltigkeit 1994], S. 20.

[410] *Heins* [soziale Nachhaltigkeit 1994], S. 23.

zu einer Apathie und Gleichgültigkeit, die noch schlimmer sein wird als der vorangegangene Zustand." [411] Das bedeutet aber auch, dass eine nachhaltigkeitsorientierte Entwicklung die von den Gesellschaftsmitgliedern artikulierten Interessen ernst nehmen muss – und dies auch dann, wenn die Wissenschaft die technisch-ökologische Optimalkonstellation für Nachhaltigkeit an einer anderen Stelle lokalisiert als dies eine bestimmte Wirtschafts- und Sozialgemeinschaft tut. In diesem Zusammenhang ist insbesondere auf Kompatibilität mit langfristig dominanten Wertvorstellungen zu achten, die von Nachhaltigkeitsprotagonisten vielfach als wesentlich beweglicher eingestuft werden als sie es tatsächlich sind.

Da die Mitglieder einer Wirtschafts- und Sozialgemeinschaft in vieler Hinsicht gegenläufige Interessen aufweisen, ist nicht nur im Sinne eines umfassenden Poolings von Kompetenzen Koordination notwendig, sondern auch vor dem Hintergrund der Notwendigkeit einer konsensualen Umsetzungsvorbereitung. Dies gilt insbesondere für regionale Ballungsgebiete, in denen Nutzungsüberlagerung und damit auch Nutzungskonkurrenz ein relatives Hoch erzeugen. Genau dieser gemeinsame Problemdruck dürfte sich jedoch andererseits als besonders günstige Ausgangsbedingung dafür erweisen, dass sich die verschiedenartigen Akteure der regionalen Wirtschafts- und Sozialgemeinschaft tatsächlich an einen Tisch setzen, um nicht nur zu beraten oder zu informieren, sondern auf der Basis gemeinsamer Konsensfindung auch zu handeln. Auf dem Weg hin zu einer „sustainable society" kommt damit der regionalen Ebene auch als spezifitätengerechte und subsidiär handelnde Verantwortungsgemeinschaft besondere Bedeutung zu[412].

Dies bedeutet allerdings nicht, dass der Staat vor dem Hintergrund der soeben skizzierten Bottom-up-Leitlinie an Bedeutung verliert – ganz im Gegenteil: Er hat die Aufgabe, Wissenschaft und Forschung auf dem Gebiet der Nachhaltigkeitsforschung massiv voranzutreiben, um hierdurch Grundlagen für eine umfassende Aufklärung zu liefern, die bei den Individuen nachhaltigkeitsfördernde Lenkungswirkung entfalten können. Er hat die Aufgabe, einen an diesen Erkenntnissen orientierten Rechts- und Steuerrahmen aufzubauen und sozialverträglich zu gestalten, um hierdurch nachhaltigkeitsfördernde Verhaltensweisen zu belohnen, aber auch Rechtssicherheit und Stabilität nachhaltigkeitsfördernder Lösungsansätze zu gewährleisten bzw. zu befördern. Er muss insbesondere umweltschädigendes Verhalten über Steuern, Auflagen, Verbote, ... gezielt sanktionieren Er ist der Garant für einen Rahmen, in dem sich nachhaltigkeitsorientierte Wirtschaftsformen auf der Basis von Subsidiarität, Selbstverantwortung, Selbstorganisation und netzwerkartiger Kooperation entfalten können.

---

[411] *Heins* [soziale Nachhaltigkeit 1994], S. 21 f.
[412] Siehe die bereits an früherer Stelle formulierte These von einem lebensräumlich bestimmten Interessenabgleich, der einem regionalmaßstäblichen Ensemble besondere Chancenpotenziale in puncto Nachhaltigkeitsorientierung zuweist.

Nachhaltigkeit konstituiert sich darum erst im Rahmen einer ganzheitlichen Betrachtung einer Triade von Ökologie, Ökonomie und Sozialem, die sich in einem bestimmten räumlich-systemischen Kontext miteinander verbinden. Im Zusammenhang mit dieser **Nachhaltigkeitstriade** wird gerne von sogenannten **Win-Win-Win-Situationen** (bzw. **Triple-Win-Situationen**) gesprochen, doch stellen solche Konstellationen in praxi eher die Ausnahme, denn die Regel dar. Günstiger wird das Bild erst dann, wenn man Verbesserungen im Bereich einer der drei Nachhaltigkeitsdimensionen auch bei partieller Nichtverschlechterung aufseiten der anderen als Nachhaltigkeitsbeitrag akzeptiert. Dies bedeutete dann zunächst einmal die Zulassung von „**Win-Null**"-**Konstellationen**[413], die zumindest dann unkritisch sein dürfte, wenn die Ökologiekomponente noch ein „win" ausweist. Gestattet man hingegen auch dieser Dimension die Ausprägung einer Nullwirkung, so bezeichnet man damit bereits eine Maßnahme als nachhaltigkeitsfördernd, die lediglich ökonomische und/oder soziale Verbesserungen mit sich bringt, die hinter der Nachhaltigkeitsforderung ursächlich stehenden ökologischen Probleme aber nicht vermindert. Hängt man die Kriterien für die Vergabe eines „Nachhaltigkeitssiegels" sogar noch etwas tiefer und erlaubt Kompensationskonstellationen, so öffnet sich die Frage nach der Zulässigkeit von Substitution zwischen den verschiedenen Nachhaltigkeitsdimensionen. Kann bspw. ein positiver Beitrag zur ökologischen Komponente der Nachhaltigkeit durch eine Verschlechterung bei der sozialen Dimension erkauft werden? Können dimensionsbezogene Nachhaltigkeitseinbußen also überkompensiert werden? Gilt also der Satz, dass ein positiver Nachhaltigkeitsbeitrag bereits dann gegeben ist, wenn die Resultierende der Triadevektoren einen Nachhaltigkeitsfortschritt anzeigt? Auch das könnte man ja unter Umständen bejahen, wenn man sich im Rahmen eines interessenübergreifenden Dialogs bspw. auf ein Maßnahmenbündel verständigt, das ökologisch und sozial erhebliche Verbesserungen mit sich bringt, die unter einem gewissen ökonomischen Zusatzaufwand erkauft werden müssen. Doch wie können die Beiträge zu den einzelnen Nachhaltigkeitsdimensionen tatsächlich gegeneinander aufgerechnet werden? Und wie sieht es mit einer „Nachhaltigkeits-Absolution" für andere Kompensationskonstellationen aus? In der Tat zeigt sich beim Durchspielen anderer Vektorkombinationen ziemlich schnell, dass der Nachhaltigkeitsbegriff spätestens hier auf äußerst kritisches Terrain trifft. Gleichwohl gilt es allerdings zu bedenken, dass die Nichteinbeziehung einer ganzen Nachhaltigkeitsdimension durch das erhöhte Risiko von Fehlinterpretation und Fehlsteuerung unter Umständen nicht minder kritisch sein kann.

---

[413] Im Rahmen einer Triade von Ökologie, Ökonomie und Sozialem wären das dann Win-Win-Null-, Win-Null-Win- ,Win-Null-Null-, Null-Win-Win- und Null-Null-Win-Situationen, wobei die letzten beiden Szenarien bereits wieder wegfallen, dass eine ökologische Nichtverbesserung vor dem Hintergrund der Ökologiedefizite als Problemverursacher keine nachhaltigkeitsfördernde Lösung sein kann.

Konstellation	Ökologie	Ökonomie	Soziales
Win-Win-Win-Konstellation	Win -	Win -	Win
Win-Null-Konstellationen	Win -	Win -	Null
	Win -	Null -	Win
	Win -	Null -	Null
Kompensationskonstellationen	Win -	Loose -	Win
	Win -	Win -	Loose
	...	...	...
	Loose	Win -	Loose

Tab. 7-14: Potenzielle Wirkungskonstellationen von Maßnahmen als Grundlage für ihre Rasterbildung zum Erwerb eines „Nachhaltigkeitssiegels"

7.8.5.2.3 Nachhaltigkeit im räumlichen Kontext

Wie zu Beginn des vorangegangenen Abschnitt erläutert wurde, lag der Auslöser für die Forderung nach einer nachhaltigkeitsorientierten Umsteuerung unserer Wirtschaftweise in den immer offensichtlicher werdenden Defiziten unserer umweltverbrauchsintensiven Stoffdurchflusswirtschaft. Nachhaltigkeitsorientiertes Wirtschaften bedeutet also zunächst einmal umweltschonenderes, die Tragfähigkeitsgrenzen eines bestimmten Raumes respektierendes Wirtschaften. Wie die umfangreichen Abholzungen und Desertifikationsprobleme in Teilen Schwarzafrikas oder in Madagaskar eindrucksvoll bezeugen, ist Armut der größte Feind einer solchen mittel- und langfristig zukunftsverträglichen Wirtschaftsweise. Und auch die Entwicklungsprozesse in der westlichen Welt lassen vermuten, dass die Nachhaltigkeitsforderung eher in der Spitze der *Maslow*'schen Bedürfnispyramide angesiedelt ist als an ihrer grundbedürfnisbestimmten Basis. Lässt die ökonomische Ausstattung von Individuen, Wirtschaft und Staat gewisse Freiheitsgrade zu, so kann dies eine umfassende ökologieorientierte Umsteuerung wesentlich beflügeln. Damit für ökologisch orientiertes Verhalten aber auch tatsächlich Geld ausgegeben wird, bedarf es allerdings nicht nur entsprechender Verhaltensnormen (s.o.), sondern auch umfassender Aufklärung über ökologische Schäden, Ursache-Wirkungs-Zusammenhänge und Ideen, wie man diese circuli vitiosi durchbrechen könnte. Nach der umfassenden und langjährigen Erarbeitung entsprechender Wissens- und Informationsgrundlagen durch Wissenschaft und Forschung hat die UN-

7. Industrielle Stoffkreislaufwirtschaft und ihr räumlicher Bezug 369

Konferenz für Umwelt und Entwicklung (UNCED) von Rio im Jahre 1992 entscheidend dazu beigetragen, dass weltweit Umsetzungskonzepte zur Entschärfung von Umweltproblemen erarbeitet werden und deren Operationalisierung nicht nur auf staatlicher, sondern auch auf lokaler Ebene (siehe die über das ICLEI koordinierten **Lokale-Agenda 21-Ansätze** der Städte) bereits deutlich vorangekommen ist. Das Erfolgsrezept sieht man also auch hier ganz bewusst in einem partizipativen Ansatz auf einer im Weltmaßstab relativ kleinräumlichen Ebene, im Rahmen deren die ökologisch sensibilisierten Wirtschaftssubjekte Ermunterung und Bestätigung erfahren, dass sie etwas in die gewünschte Richtung bewegen können.

Vor diesem Hintergrund entwickelten sich vielerorts Arbeitskreise, Runde Tische[414] sowie andere informelle und formelle Kommunikationsdrehscheiben, die auf der Basis von persönlichem Austausch und Konsensfindung sowie unter Wahrung ihrer eigenen Interessen an der Umsetzung nachhaltigkeitsfördernder Ansätze arbeiten. Notwendige Voraussetzung für den Erfolg derartiger Foren ist dabei allerdings, dass die für eine Problemlösung erforderlichen Problemlösungskompetenzen auch tatsächlich lokal verfügbar sind und am gemeinsamen Tisch versammelt werden können[415].

Während Letzteres bis zu einem gewissen Grade auch vom Geschick der Netzwerkpromotoren abhängt, ist Ersteres unter Umständen ein viel grundsätzlicheres Problem, das einem auf den Austausch unter Nachbarn beschränkten Ansatz schnell Grenzen setzt. Fokussiert man nämlich auf Zielsetzungen wir der Kreislaufführung industrieller Stoffströme, so wird man schnell gewahr, dass sich wesentliche Passglieder innerhalb des lokalen Rahmens gar nicht vertreten sind, so dass hier schon früh auf eine überkommunale, wenn nicht regionale Dimensionierung entsprechender Netzwerke ausgewichen werden muss. Tatsächlich stößt man im Allgemeinen erst auf dieser Raumebene auf die systemisch notwendigen, verketteten (oder verkettbaren) Produzenten, Konsumenten und Reduzenten, die in der Lage wären, einen bestimmten Stoffkreislauf zu schließen und das damit verbundene Technosystem aus seiner Dreigliedrigkeit heraus in eine ökologisch verträglichere Richtung umzugestalten. Gleichwohl ist die Expansion des Akteursraumes von der Kommune zur Region aber vielfach auch bereits hinreichend, weil es für wesentliche Teile der Industrieabfälle bereits innerhalb des regionalen Rahmens geeignete Entsorger gibt[416]. Systemstabilität wird dabei zusätzlich dadurch gefördert, dass

---

[414] Zum Konzept der Runden Tische siehe bspw. *Majer* [Runde Tische 1998], bzw. *Majer / Bauer / Lison / Weinmüller* [Runde Tische 1999].

[415] Letzteres gilt insbesondere für die Zusammensetzung der Teilnehmer an „Wirtschaftsarbeitskreisen" oder Ähnlichem.

[416] Eine entsprechende Aussage bestätigt auch *Adam* [Regionalisierung 1997] unter Zuhilfenahme von Daten des statistischen Jahrbuchs von 1995, die sowohl die abfallstofflichen Ströme als auch die von Wasser, Abwasser und Emissionen einer überwiegend regionalen Maßstabsebene zuweisen. (Siehe hierzu insbesondere die dortige Abb. 1, S. 138).

sowohl auf Produzenten-, Konsumenten- als auch Reduzentenseite in teilweise beträchtlichem Umfang Redundanzen vorliegen, die das Akteursnetzwerk auch beim Ausscheiden eines Systemelements stabil halten[417].

Eine solche Systemstabilität garantiert dabei allerdings noch nicht, dass hierdurch gleichzeitig auch ein kontinuierlicher Nachhaltigkeitszuwachs entsteht. Denn schließlich basieren auch Netzwerke, die sich besonderen umweltwirtschaftlichen Aufgaben verschreiben, in einem sehr umfassenden Maße auf dem Grundsatz der Freiwilligkeit. Allerdings besitzt gerade ein regionaler Systemrahmen herausragende Potenziale, tatsächlich auch Nachhaltigkeitsziele zu befördern:

a.) weil sich hier berufliche Arbeitswelt und private Lebensumwelt von Entscheidungsträgern vielschichtig überlappen und die Auswirkungen wirtschaftlichen Handelns in hohem Maße auf den Entscheidungsträger selbst (und dessen privaten Familienkreis) zurückfallen[418], was die Externalisierung der negativen Folgen des eigenen Handelns deutlich erschwert und eine lebensräumlich bestimmte Konsensfindung befördert und

b.) weil die in einer solchen Region versammelte Problemlösungskompetenz hinreichend hoch (siehe endogene Potenziale) und umfassend (Technosystem, das Vertreter aller drei Grundbausteine enthält) ist, um durch neue und neuartige Kombinationen einen nachhaltigeren Umgang mit Stoffströmen zu ermöglichen.

Nun ist das Vorhandensein bestimmter Effizienzsteigerungsmöglichkeiten und anderer nachhaltigkeitsfördernder Potenziale an sich noch nichts Besonderes, doch wird die Ausnutzungswahrscheinlichkeit und der Ausnutzungsgrad derartiger Potenziale hier gestützt durch das historisch gewachsene Bewusstsein um einen gemeinsamen Identifikationsraum, der als Ausdruck räumlicher und mentaler Nähe bereits ein hohes Maß an gegenseitigem Vertrauen anlegen konnte. Darüber hinaus sind auch die Möglichkeiten gegenseitiger Kontrolle äußerst vielschichtig und gestalten die Identifikation und Brandmarkung der Verursacher von Umweltschäden im Vergleich zu größeren Systemeinheiten relativ einfach. *Sauerborn* sieht gerade in der *„Kleinräumigkeit von Lebens- und Wirtschaftszusammenhängen, gekoppelt mit möglichst dezentralen Entscheidungskompetenzen nach dem Subsidiaritätsprinzip"* sowie in der damit einhergehenden räumlichen Überschaubar-

---

Für die Problemlösungskompetenz der regionalen Maßstabsebene bei der Entsorgung von Feststoffen siehe auch die vom Autor empirisch abgeleiteten Aussagen der Tab. 7-13.

[417] Siehe hierzu auch die Ausführungen in Kapitel 7.5.5, aber auch 7.8.3 f. (mit den Tab. 7-11 und 7-12) bzw. Kap. 2.1.1.

[418] Damit erhöht sich auch die Wahrscheinlichkeit, dass nicht nur Symptome kuriert, sondern auch Ursachen angegangen werden, weil hier die Problemwahrnehmung scharf und die Betroffenheit groß ist und weil die Akteure auch von Positivwirkungen ihres Handelns unmittelbar selbst profitieren. (Siehe hierzu bspw. auch *Adam* [Regionalentwicklung 1997], S. 137, im Zusammenhang mit den Grenzen kommunaler Handlungsspielräume).

keit, sachlichen Transparenz, Gestaltbarkeit und direkter Erfahrbarkeit der Folgen des eigenen Handelns äußerst günstige Bedingungen für die Herausbildung eines regionsbezogenen Verantwortungsbewusstseins[419], das der einer nachhaltigkeitsorientierten Entwicklung potenziell in die Hände spielt. Nachhaltigkeit hat also gerade in einem regionalen Rahmen beste Chancen, die in dieser Hinsicht möglichen Ergebnisse tatsächlich auch zu zeitigen[420].

Regionale Nachhaltigkeit ist darum kein Nachhaltigkeitsbegriff, der etwa aus akademisch motivierten Gründen quasi im Sinne eines Auffangbeckens "*inbetween*" einer Nachhaltigkeit auf globaler und einer solchen auf lokaler Ebene einzusetzen wäre, sondern einer, der als sozialer und materieller Reproduktionsraum auch im Zeitalter der Globalisierung von zentraler Bedeutung zu bleiben scheint. Die besondere Bedeutung entsprechender Wirtschaftsräume als vielschichtige und vielversprechende Potenzialräume für die Schließung von Stoffkreisläufen wird allerdings erst dann transparent, wenn man als raumtheoretische Grundlage weniger auf ein regional dimensioniertes Territorium als vielmehr auf den Systemraum einer Industrieregion rekurriert, deren intensive Stoffstromverflechtungen nicht zuletzt auch die mit einer Stoffkreislaufschließung verbundenen Transportkosten und deren preislich nicht entgoltene Umweltkosten minimieren.

Besondere Chancen regionaler Nachhaltigkeit gründen sich auf der Anwendbarkeit des Subsidiaritätsprinzips, nachdem in größerem Maßstab nicht behandelt zu werden soll, was auch in kleinerem behandelt werden kann[421], als auch dem der Äquivalenz, indem umweltrelevante Schwachstellen unter Bündelung der regional vorhandenen Problemlösungskapazitäten bereits in nächster Nähe zu ihrem Auftreten aktiv angegangen werden können. Wie bspw. über Tab. 7-13 visualisiert, stellt die Industrieregion gerade im Umgang mit der Kreislaufführung von Stoff- (aber auch von Energie-)strömen hier einen besonderen Chancenraum dar. Gleichwohl ergibt sich die Ausnutzung damit verbundener Verbesserungspotenziale nicht quasi von selbst, sondern bedarf geeigneter Informations- und Kommunikationsinstrumente oder wird durch sie zumindest erheblich gefördert. Wie die vielfältigen Ausführungen dieses Kapitels unterstrichen, ist ein regionalmaßstäbliches Ensemble jedoch in besonderem Maße geeignet, derartige Instrumente auszubilden.

---

[419] *Sauerborn* [Regionalisierung 1996], S. 149.
Siehe in diesem Zusammenhang auch Ausführungen zum sog. „Self-reliance-Konzept" auf der Basis enger Verkoppelung von Kompetenz und Verantwortung, in *Schleicher-Tappeser* [regionale Umweltpolitik 1992], S. 186.

[420] Siehe auch die entsprechenden Ausführungen in *Sterr* [regionales Stoffstrommanagement Rhein-Neckar 2001]). Zu den besonderen Chancenpotenzialen stoff- und informationsbasierter Netzwerke in einem regionalen Systemrahmen siehe insbes. *Malinsky* [regionales Systemmanagement 1999], S. 194 ff.

[421] *Nell-Breuning* [Subsidiaritätsprinzip 1962], S. 826; zitiert in: *Bade* [regionale Strukturpolitik 1998], S. 4.

Im Sinne nachhaltiger Entwicklung als Ausdruck eines dauerhaft gangbaren Pfades kommt es allerdings auch darauf an, dass das Interesse der Akteursgemeinschaft groß genug ist, um deren Pflege auch ökonomisch dauerhaft abzusichern. Für den nachhaltigkeitsorientierten Umgang mit Stoff- und Energieströmen sind dabei solche Netzwerke vielversprechend, die sich ganz zentral auf die diesbezüglichen Hauptakteure aus dem Produzierenden Gewerbe stützen können. Im Sinne interorganisationaler Netzwerke sollten sie darüber hinaus aber auch Wissenschaft, Staat, Dienstleister und andere Akteursgruppen involvieren (siehe Abb. 7-22), um mit deren Hilfe Ausgewogenheit, Stabilität, Effizienz und Richtungssicherheit zu befördern.

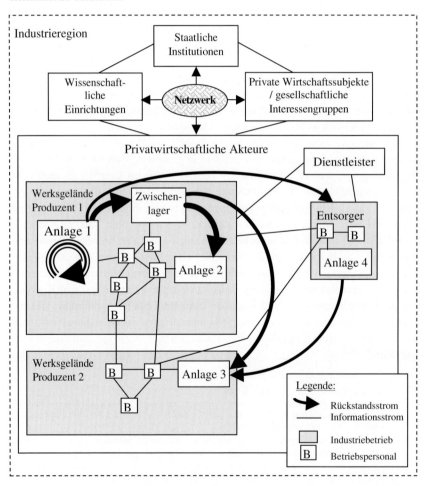

Abb. 7-22: Akteure, Rückstands- und Informationsströme im regionalen Rahmen

7. Industrielle Stoffkreislaufwirtschaft und ihr räumlicher Bezug

Indem es der Industrieregion technisch, wirtschaftlich und sozial gelingen kann, Reduzenden mit Hilfe der in Abb. 7-22 skizzierten Problemlösungskapazitäten kleinräumig und gleichzeitig qualitativ hochwertig in den Produktionsbereich rückzuführen, ist sie in der Lage, einen wesentlichen Nachhaltigkeitsbeitrag zu leisten. Ökologisch kommt ihr dabei insbesondere zugute, dass emissionsintensive Ferntransporte im Wesentlichen auf den Sondermüllbereich beschränkt bleiben[422] und regionsinterne Transporte vor dem Hintergrund einer hinreichend hohen Dichte an stoffspezifischen Abfallquellen gebündelt werden können. Ökonomisch wirken die innerhalb eines solchen Verdichtungsraumes erzielbaren Skaleneffekte stabilisierend. Da die stoffspezifischen Abfallhäufungen die ökonomische Tragfähigkeit entropiearmer Rückführungsverfahren innerhalb der Industrieregion erlauben, erhält die Ökologie auch von dieser Seite her Unterstützung. Soziale Nähe und interorganisational aufgebaute lokal-regionale Kompetenznetzwerke bewirken das Ihre, um vorhandene Kreislaufführungspotenziale auch tatsächlich auszuschöpfen. Es ist zu erwarten, dass entropische und räumlich-systemische Distanz der Kreislaufschließung ein Umweltverbrauchsmuster erzeugen, das dem in Abb. 7-23 skizzierten ähnelt und damit der Industrieregion in puncto Produktions-Reduktions-Kreisläufe ein herausragenden Stellenwert beimisst.

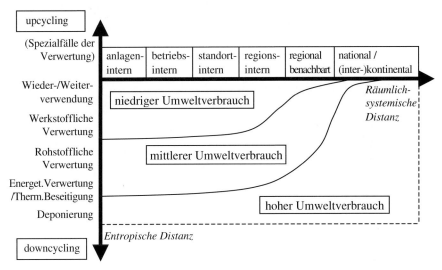

Abb. 7-23: Skizzierung des Umweltverbrauchs in Abhängigkeit von Recyclingqualität und Raumsystem.

---

[422] Ausnahmen hiervon bilden für viele deutsche Industrieregionen die quantitativ recht bedeutsamen Metallschrottfraktionen, die an nur wenigen räumlich konzentriert lokalisierten Öfen (v.a. der Industrieregion Rhein-Ruhr) aufgeschmolzen werden. Tatsächlich zieht die Binnennachfrage heute aber nur noch einen Teil des Metallschrotts an sich, während große Schrottmengen bereits von einem hafennahen Zwischenlager aus auf einen Ferntransport über die Weltmeere vorbereitet werden.

8. Zwischenbetriebliche Stoffkreislaufwirtschaft in der Industrieregion Rhein-Neckar – Konzeptionelle Ansätze und Anwendungserfahrungen

Wie in den vorangegangenen Abschnitten umfassend begründet wurde, stellt die regionale Ebene für einen nachhaltigkeitsorientierten Umgang mit industriellen Abfallstoffströmen einen herausragenden **Handlungsraum** dar, der wesentliche Vorteile größerer und kleinerer Aktionsräume inkorporiert, während er viele ihrer spezifischen Nachteile minimiert[1]. Dies gilt zumindest für die im Rahmen dieser Arbeit fokussierten **Industrieregionen**, in denen einerseits große Mengen an Stoffen zu Abfall werden, während gleichzeitig auch die Nachfrage ein hohes Maß an Vielfalt und Absorptionsvermögen aufweist:

- So ist das stoffspezifische Abfallaufkommen hier in weiten Teilen attraktiv genug, um verschiedenartigen Entsorgungsspezialisten innerhalb dieses Raumes ein hinreichendes Auskommen gewährleisten zu können[2],
- Angebote und Nachfragen weisen Redundanzen auf und leisten damit einen wesentlichen Beitrag zur Systemstabilität[3],
- und die regionale Problemlösungskompetenz ist sowohl aufseiten der Industrie wie auch der von Behörden und Wissenschaft groß genug, um zumindest den überwiegenden Teil der gegenwärtig lösbaren Probleme auch intraregional lösen zu können[4].
- Zu diesen Faktoren gesellen sich räumliche und mentale Nähe, hohe unternehmerische und privatpersonenbezogene Verflechtungsintensität, kulturhistorisch verwurzelte Gemeinsamkeiten, persönliche Identifikation mit einem begrenzten räumlichen Lebensumfeld und andere Milieufaktoren[5].

Sie alle untermauern das Bild von der Industrieregion als einem herausragenden Potenzialraum, der wesentlich größere Chancenpotenziale hinsichtlich des Umgangs mit Abfallstoffen bergen müsste, als es firmenspezifische Abfalldaten aus dem Rhein-Neckar-Raum gegenwärtig dokumentieren. Diese Vermutung nähren zumindest die bereits in vorangegangenen Unterkapiteln dieser Arbeit dargestellten Praxiserfahrungen, die in Kalundborg[6] und der Obersteiermark[7] gesammelt

---

[1] Siehe hierzu bspw. Kap. 7.8.4, Abb. 7-21.
[2] Siehe Kap. 7, Tab. 7-13.
[3] Siehe Kap. 7.5.5.
[4] Siehe Kap. 7.6.
[5] Siehe v.a. Kap. 7.8.3 und 7.8.4.
[6] Siehe hierzu Kap. 7.5.4.1.

wurden, wo umfangreiche rückstandsorientierte Vernetzungspotenziale konkretisiert, wenn nicht bereits in Wert gesetzt werden konnten.

Nun repräsentiert die Industrielle Symbiose von **Kalundborg** sicherlich einen stoffkreislaufwirtschaftlichen Glücksfall, der wenig Aussicht hat, in dieser hohen Qualität verallgemeinert werden zu können. Gleichwohl bildet er allerdings eine wertvolle Markierung dessen, was bei konsequenter Ausnutzung von Standortspezifitäten möglich gemacht werden kann. Das Verwertungsnetzwerk **Obersteiermark** wiederum repräsentiert eine untere Grenze dessen, was auf einer regionalen Maßstabsebene in puncto kreislauforientiertem Handeln möglich sein müsste, da es sich hier um einen polyzentrisch strukturierten Untersuchungsraum handelt, der zudem nicht funktional, sondern als administrative Verwaltungseinheit definiert ist. Darüber hinaus kann die Obersteiermark im Gegensatz zur Kalundborger Singularität getrost als ein wenig auffälliger Untersuchungsraum aus der Klasse der Verwaltungsregionen gewertet werden, was ihn in seinem Kooperationspotenzial zwar zurückstellt, hinsichtlich Repräsentativität und Übertragbarkeit aber entscheidend aufwertet.

Beschäftigt man sich nun mit der Frage, wie eine industrielle Stoffkreislaufwirtschaft innerhalb eines regionalen Rahmens möglichst entropiearm verwirklicht werden könnte, so bietet sich die Ablösung der o.g. administrativ definierten Bezugsgrundlage durch eine systemisch definierte an, die sich an der Dichte von Akteuren und industriell erzeugten Stoffflüssen ausrichtet.

In diesem Sinne fokussiert der hier vorgestellte empirische Teil der Arbeit auf den **Rhein-Neckar-Raum** als industriell geprägtem **Verdichtungsraum**, dessen Umrisse nicht über eine regionale Verwaltungseinheit, sondern über eine funktional determinierte Industrieregion beschrieben werden[8]. Das besondere Kennzeichen einer solchen Industrieregion Rhein-Neckar, nämlich ein weit überdurchschnittlicher Industriebesatz pro Flächeneinheit, ist jedoch nicht gleichmäßig über die hierin inkorporierte Fläche verteilt, sondern konzentriert sich in einzelnen räumlich getrennten Industriestandorten, die als solche auf der gleichen Ebene stehen wie die industrielle Symbiose von Kalundborg.

Redet man dort mit einzelnen Akteuren, so gewinnt man schnell den Eindruck, dass man sich hier nicht nur in einer territorialen Einheit, sondern gleichzeitig auch in einem örtlichen Milieu befindet, das sich grade im Hinblick auf einen zwischenbetrieblichen Austausch von Kuppelprodukten zu einem äußerst innovativen Milieu entwickelt hat[9]. Dieses Milieu ist geprägt von einem umfangreichen Vertrauen zwischen einer eng begrenzten Anzahl von Akteuren, die das Verwertungs-

---

[7] Siehe hierzu Kap. 7.6.1.
[8] Siehe hierzu auch die Ausführungen in Kap. 6.3 bis 6.5.
[9] Zum Begriff des örtlichen bzw. innovativen Milieus siehe *Fromhold-Eisebith* [kreatives Milieu 1999] bzw. die Ausführungen zum Milieuansatz in Abschnitt 7.8.3.

8. Zwischenbetriebliche Stoffkreislaufwirtschaft im Anwendungskontext

netzwerk Schritt für Schritt auf- und ausgebaut haben und dabei ein System errichteten, das in jeder Phase seines Entstehungsprozesses Stabilität aufweisen musste. Im Gegensatz zum Obersteiermarkansatz, der als ein von exogenen Kräften initiierter, zentral geplanter **Top-down-Ansatz** versuchte, regionale Stoffstromtransparenz zu schaffen und hierdurch zu großmaßstäbiger Potenzialausnutzung anzuregen, ging Kalundborg seinen Weg ohne Voranstellung einer umweltorientierten Vision **bottom up** und gewährleistete hierbei die autonome Systemstabilität step by step bereits auf der Basis endogener Ressourcen. In der Terminologie der Nachhaltigkeitsbegriffe ausgedrückt bedeutete dies nicht weniger, als dass die durch rückstandsorientierte Kooperationen erreichten ökologischen Nachhaltigkeitsfortschritte im Falle Kalundborgs stets vor dem Hintergrund ökonomischer Nachhaltigkeit erreicht wurden, wobei Aspekte sozialer Nachhaltigkeit im Sinne von Milieubeziehungen wesentliche Grundvoraussetzungen lieferten[10].

Vielversprechend erschien daher auch für die Rhein-Neckar-Region ein Arbeitsansatz, der auf der Ebene des Industriestandorts seinen Ausgangspunkt nehmen sollte, um in seiner nächsten Stufe verschiedene Industriestandorte miteinander zu verbinden und so dem Ziel einer regionalen Stoffstromtransparenz sukzessive näher zu kommen.

Vor dem Hintergrund besonderer Interessen der Stadt Heidelberg sowie der räumlichen Nähe zur Universität Heidelberg fiel die Wahl des Untersuchungsgegenstandes auf den Heidelberger Industriestandort **Pfaffengrund-Nord**[11], dessen stoffkreislauforientierte Potenziale unter Leitung des betriebswirtschaftlich-ökologisch ausgerichteten Instituts für Umweltwirtschaftsanalysen (IUWA) Heidelberg e.V. im Auftrag der Deutschen Bundesstiftung Umwelt (DBU) untersucht wurden. Über dieses Pilotprojekt, das zwischen August 1996 und Januar 1998 implementiert wurde[12], konnte zunächst einmal ein industriestandortbezogener Kristallisationskern (**Nukleus**) angelegt werden, der dann ab Januar 1999 sukzessive in den regionalen Raum hinein ausstrahlen und damit weitere Kooperationspotenziale zugunsten eines umweltschonenderen Umgangs mit industriellen Abfallstoffströmen erschließen sollte.

---

[10] Zu den verschiedenen Nachhaltigkeitsbegriffen siehe Kap. 7.8.5.2.2.

[11] Die Bezeichnung Pfaffengrund-Nord spezifiziert den nördlichen Teil des Heidelberger Stadtteils Pfaffengrund, der vom südlich daran anschließenden Arbeiterwohngebiet durch die zentrale Transversale der Eppelheimer Straße getrennt wird. Da dieses Wohngebiet jedoch an keiner Stelle der Arbeit eine Rolle spielt, kann das Pfaffengrunder Gewerbegebiet im folgenden verkürzt als „Pfaffengrund" bezeichnet werden.

[12] Siehe hierzu insbes. *Sterr* [Pfaffengrund 1998] bzw. [Stoffkreislaufwirtschaft 1997].

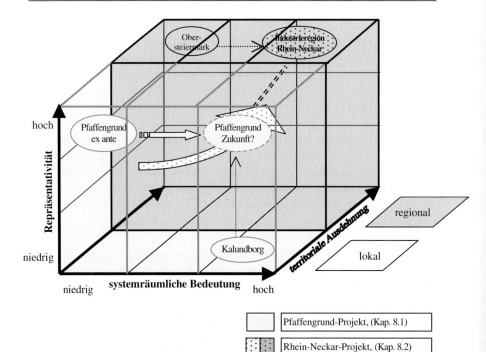

Abb. 8-1: Die Entwicklung von Pfaffengrund- und Rhein-Neckar-Projekt vor dem Hintergrund der Erfahrungen mit rückstandsorientierten Kooperationen in Kalundborg und der Obersteiermark

Diese evolutorisch angelegte Systemerweiterung mit der Zielsetzung des Aufbaus eines nachhaltigkeitsorientierten Stoffstrommanagements in der **Industrieregion Rhein-Neckar**[13] wurde vom IUWA Heidelberg e.V. als dreijähriges Forschungsvorhaben[14] im Auftrag des Bundesministerium für Bildung und Forschung (bmb+f) sowohl wissenschaftlich als auch umsetzungspraktisch bearbeitet[15] und ist Gegenstand des abschließenden Praxiskapitels 8.2.

---

[13] Arbeitstitel: „*Aufbau eines nachhaltigkeitsorientierten Stoffstrommanagements in der Industrieregion Rhein-Neckar – und Etablierung der hierfür notwendigen intermediären Kommunikationsnetzwerke*".

[14] Projektlaufzeit: 1.1. 1999 – 31.12. 2001.

[15] Siehe hierzu insbes. *Liesegang / Sterr / Ott* [Stoffstrommanagementnetzwerke 2000], bzw. *Sterr* [regionales Stoffstrommanagement 1999].

8. Zwischenbetriebliche Stoffkreislaufwirtschaft im Anwendungskontext

8.1 Das Industriegebiet Heidelberg-Pfaffengrund als Nukleus für die praktische Umsetzung zwischenbetrieblicher Stoffkreislaufwirtschaft

8.1.1 Kurzbeschreibung des Industriestandorts Heidelberg-Pfaffengrund (Nord)

Das Gewerbegebiet im nördlichen Teil des Heidelberger Stadtteils Pfaffengrund inkorporiert eine Fläche von insgesamt 93 ha. und ist damit (nach Rohrbach-Süd) das zweitgrößte geschlossene Gewerbegebiet auf Heidelberger Gemarkung. Während in Heidelberg-Rohrbach-Süd der großflächige Einzelhandel eine zentrale Stellung einnimmt, handelt es sich beim Standort Pfaffengrund um ein traditionelles Industriegebiet, das eine bereits jahrzehntelange Entwicklung hinter sich hat, die bis heute im Wesentlichen vom Produzierenden Gewerbe bestimmt wird[16]. Hier waren 1995 7100 von insgesamt 8500 Beschäftigten (= 83,5%) tätig[17]. 1998 bezifferten sich die beiden Größen gar auf 7000 von 7500 Beschäftigten[18], was einer Quote von 93,3% entspricht.

Wie an diesen Zahlen sichtbar wird, setzte die Gesamtbeschäftigung im Heidelberger Pfaffengrund ihren bereits seit 1970 eingeleiteten Abwärtstrend weiter fort, stabilisierte sich jedoch zumindest im Bereich der hier interessierenden Industriearbeitsplätze. Einzelne vielversprechende Geschäftsentwicklungen aus den Jahren 2000/2001 geben jedoch zumindest Anlass zur Hoffnung, dass der Abwärtstrend in der Beschäftigungsentwicklung des Heidelberger Pfaffengrundes zumindest kurzfristig gebrochen werden kann. Damit gestalten sich die aktuellen Entwicklungsperspektiven des Gewerbestandortes gegenwärtig deutlich günstiger, als dies zu Beginn des hier vorgestellten „Pfaffengrundprojektes" der Fall war, wo binnen kürzester Zeit mehrere Hundert Industriearbeitsplätze weggefallen waren[19].

---

[16] Der großflächige Einzelhandel hat sich lediglich am Südrand etabliert und soll laut Stadtteilrahmenplan von 1999 auch hierauf beschränkt bleiben (*Stadt Heidelberg* [Pfaffengrund 1999], S. 40.

[17] *Stadt Heidelberg* [Pfaffengrund 1995], S.35 ff.

[18] *Stadt Heidelberg* [Pfaffengrund 1995], Anhang S. 3.

[19] Darunter die Geschäftsaufgaben / Aufgaben des Betriebsstandortes der Firmen Hein, Eltro, Grace Dearborn bzw. Heidelberger Kraftanlagen, (um nur die Vertreter der in Tab.8-1 aufgeführten größeren Firmen zu nennen); darüber hinaus war es bei mehreren Produzenten zu Entlassungswellen gekommen.
Die Firma Haldex wird das Pfaffengrunder Betriebsgelände wegen zusätzlichen Platzbedarfs demnächst zwar räumen, jedoch lediglich nach Heidelberg-Wieblingen umziehen, so dass es für Heidelberg selbst hierdurch zu keinen Arbeitsplatzverlusten kommt.

Firma	Branche	Tätigkeitsfeld	Hauptsitz	Arbeitsplätze in 2000 (Größenklassen)
ABB Stotz-Kontakt GmbH	Elektro	Sicherheitsautomaten, FI-Schutzschalter	*Schweden*	1250-1500
Henkel-Teroson GmbH	Chemie	Dichten, Kleben, Beschichtungstechnik für den Automobilbereich	Düsseldorf	700-800
V-Dia	Chemie	Großentwicklungslabor für Dias / Bildabzüge	Heidelberg	600-700
TI Group Automotive GmbH[20]	Metall	Bremsleitungen u.a. (Automobilzulieferer)	*Großbritannien*	300-400
Haldex GmbH[21]	Metall	Bremssysteme	*Schweden*	300-400
Borg-Warner Automotive GmbH	Metall	Automatikgetriebe (Automobilzulieferer)	*USA*	300-400
Schmitthelm GmbH & Co. KG	Metall	Technische Federn (Fahrzeugzulieferer)	Neunkirchen (ehem. HD)	200-300
Mecano Rapid GmbH	Metall / Kunststoff	Schließanlagen u.a. (Automobilzulieferer)	*Frankreich*	100-200
Collins & Aikman[22]	Chemie	Innenverkleidung (Automobilzulieferer)	*USA*	100-200
Gaster Wellpappe GmbH	Papier	Wellpappehersteller	Heidelberg / Augsburg	100-200

(alle Angaben ohne Gewähr)

Tab. 8-1: Die industriellen Produzenten des Heidelberger Industriegebietes Pfaffengrund mit mehr als 100 Beschäftigten[23]
(Quelle: eigene Recherchen)

---

[20] 1996 noch: Bundy GmbH.
[21] 1996 noch: Grau Bremsen GmbH.
[22] 1996 noch: Perstorp Components GmbH.
[23] Siehe hierzu auch *Sterr* [Pfaffengrund 1998], S.6 f.
Seit Beginn des sog. „Pfaffengrund-Projektes" im August 1996 sind folgende Firmen ausgeschieden:
1.) Betz-Dearborn (ca. 100 Beschäftigte); Aufkauf durch Grace und Stillegung des Geschäftsbetriebes in den ersten Monaten des Jahres 1996;
2.) Heidelberger Kraftanlagen (ca. 100 Beschäftigte); sukzessiver Rückbau und Aufgabe der Produktion im Pfaffengrund während der Projektlaufzeit.

Über die oben genannten Betriebe hinaus haben lediglich die Baufirmen Altenbach und Grimmig, die Heidelberger Verlagsanstalt (Druckerei) sowie die jüngst auf dem ehemaligen Gelände der Heidelberger Kraftanlagen neu errichtete Betriebsstätte der Heidelberger Schlossquellbrauerei mehr als 100 Beschäftigte.

8.1.2 Die besondere Eignung des Pfaffengrunder Industriegebietes für eine zwischenbetriebliche Kooperation im Umgang mit Gewerbeabfällen

Wie die obige Tabelle 8-1 verdeutlicht, schienen die Aussichten für die Bildung einer „*Corporate Identity*" auf Industriestandortbasis als Voraussetzung (oder zumindest stark förderlicher Umstand) für zwischenbetriebliche Koordinationen im Abfallbereich alles andere als günstig. So befinden sich die höchstrangigen Entscheidungsorgane der einzelnen Firmen lediglich in 2 von 10 Fällen am Industriestandort und in der absoluten Mehrzahl der Fälle sogar außerhalb Deutschlands, wo, dem Faktor „*Umwelt nicht der Stellenwert beigemessen wird, den sie in Deutschland hat*" [24].

Konzentriert man sich bei der Beschreibung von Charakteristika des **Pfaffengrunder Gewerbegebietes** auf solche, die im Zusammenhang mit der betriebsübergreifenden Schließung von Stoffkreislaufprozessen von Bedeutung sind, so sind zumindest die folgenden von besonderer Relevanz:

- Beim „Pfaffengrund (Nord)" handelt es sich um ein Gewerbegebiet, das sich im Laufe eines historischen Prozesses über mehrere Jahrzehnte hinweg entwickelt und umgestaltet hat. In diesem Zusammenhang hat sich nicht nur die Zusammensetzung der Akteure, sondern auch die Zusammensetzung bzw. Gewichtung der darin vertretenen Branchen verschoben. Da ein Großteil der wirtschaftlichen Abläufe im Heidelberger Pfaffengrund von unterschiedlichen externen Kräften gesteuert wird und praktisch keine formalen Ansiedlungsrestriktionen vorliegen, ist die Komposition örtlicher Produktionsrückstände und Wiedereinsatzmöglichkeiten als im Wesentlichen zufallsbedingt einzustufen.

    → Stoffkreislaufwirtschaftliche Idealkombinationen, wie sie im Rahmen von „Zero-Emission EIPs" vielfach bereits ex ante geplant werden sollten[25], sind hier auch im Rahmen entwicklungsbegleitender Hilfestellungen kaum realisierbar[26].

---

[24] So zumindest die mündliche Stellungnahme eines Unternehmers zum Thema Umweltmanagementzertifizierung.

[25] Siehe die Ausführungen zu entsprechenden Forschungs- und Umsetzungsansätzen amerikanischer Wissenschaftler bei der Entwicklung von EIPs in den USA (Kap. 7.5.4.2).

[26] Zudem ist darauf hinzuweisen, dass sich auch EIPs im Laufe ihrer Entwicklungsgeschichte nur einmal im Stadium eines „greenfield development" (siehe Kap. 7.5.4.2) befinden, im Rahmen dessen fast unbeschränkte Freiheitsgrade vorliegen. Früher oder später gelangen jedoch auch sie in ein von Umstrukturierungen geprägtes „Reifestadium", wie es für das Pfaffengrunder Industriegebiet oben beschrieben wurde. Aufgrund ihrer hochgradig synergetischen Ausgangsposition sind „Zero-Emissions-EIPs" dann allerdings mehr als alle anderen Industriestandorte der Gefahr ausgesetzt, einen zumindest vorübergehenden Verlust an Systemqualität erleiden, wenn bspw. ein Systempartner ausfällt oder auch nur zu prozesstechnischen Umstellungsmaßnahmen greift, die sich auf einen bestimmten Kreislaufpfad negativ auswirken.

- Das Pfaffengrunder Gewerbegebiet besitzt derzeit 45 Gewerbebetriebe[27], unter denen lediglich ein einziges Unternehmen (die Fa. ABB Stotz-Kontakt) mehr als 1000 Beschäftigte aufweist. Sieht man einmal von der Firma V-Dia ab, deren hohe Mitarbeiterzahl im Zusammenhang mit einem arbeitsintensiven Produktionsprozess steht[28], so überschreitet lediglich noch die Fa. Henkel-Teroson die 500 Mitarbeiter-Marke. Ausgesprochene Großunternehmen fehlen ganz.

    → Beim Heidelberger Pfaffengrund handelt es sich somit um einen eindeutig durch kleinere und mittelständische Unternehmen (KMU) charakterisierten Industriestandort.

    → Ein fokales Unternehmen, d.h. ein Unternehmen, das aus einem in diesem Falle industriestandortbezogenen Führungsanspruch heraus bspw. auch die Entsorgungssituation gestalterisch dominieren könnte, fehlt genauso, wie es keinen Entsorger gibt, der im Heidelberger Pfaffengrund angesiedelt ist und hierdurch eine Schlüsselposition als zentrale Abfallsenke einnehmen könnte.

- Wie in Tabelle 8-1 dargestellt, handelt es sich bei den Pfaffengrunder Unternehmen um Vertreter unterschiedlichster Branchen. Klassische Zuliefer-Abnehmer-Beziehungen, d.h. vertikal angelegte Beziehungsmuster[29] sind nicht darunter. Es ist demnach nicht verwunderlich, dass sich die einzelnen Unternehmen in der Vergangenheit im Wesentlichen als Fremde gegenüberstanden, die sämtliche Entscheidungen unabhängig voneinander trafen und lediglich den physisch lokalisierten Industriestandort miteinander teilten. Wie sich im Verlaufe des „Pfaffengrundprojektes" bestätigte, hatte sich der firmenübergreifende Informationsaustausch in der Vergangenheit denn auch tatsächlich auf einzelne persönliche Beziehungen zwischen Mitarbeitern unterschiedlicher Firmen beschränkt, die in den meisten Fällen erst im Zusammenhang mit der eigentumsrechtlichen Aufspaltung verschiedener Firmen zu Angehörigen verschiedener Unternehmen wurden[30].

    → Von Industrieseite gab es also keine Initiative für einen firmenübergreifenden Informationsaustausch auf Industriestandortebene und auch das „gemeinsame Los" führte allenfalls zu historisch bedingten Zweierkombinationen gegenüber Dritten, erreichte jedoch nie Netzwerkcharakter.

---

[27] *Stadt Heidelberg* [Pfaffengrund 1999], Anhang, S. 3.

[28] Filmentwicklungs-Großlabor, das zudem stark mit Teilzeitkräften arbeitet.

[29] Siehe Kap. 7.4.1.2.1.

[30] Hierzu kam es im Falle der Aufsplittung von Teroson in die heutige Firmen Henkel-Teroson, Collins & Aikman und (der vom amerikanischen Letztbesitzer Betz stillgelegten) Grace Dearborn sowie bei der Aufsplittung von Mecano Simmonds in die heutigen Firmen TI und Mecano Rapid.

8. Zwischenbetriebliche Stoffkreislaufwirtschaft im Anwendungskontext

- Bei den Pfaffengrunder Industriebetrieben handelt es sich größtenteils um **Vorproduktproduzenten**, deren Outputs der ökologisch sensibilisierte Konsument im Allgemeinen nicht kennt – sei es, weil sie für ihn im Nichtsichtbereich liegen, sei es, weil sie praktisch nur von Fachkräften gekauft und einbaut werden, oder weil sie in ihrer Herkunft kaum zu erkennen sind. Die entsprechenden Firmen weisen daher von dieser Seite her zumeist keine oder eine nur geringe Öffentlichkeitsexposition auf.
- → Eine nicht von direkt monetären Vorteilen begleitete Ökologisierung der Abfallwirtschaft (bspw. aus Imagegründen etc.) war allenfalls in Einzelfällen zu erwarten.

Da auch umweltproaktive Entscheidungsträger, wie sie bspw. in Kalundborg auftraten[31], im Industriegebiet Pfaffengrund zunächst einmal nicht auszumachen waren, traten auch von dieser Seite her keine Determinanten auf, die den Heidelberger Pfaffengrund zu etwas Besonderem gemacht hätten. So unerfreulich diese Tatsachen zunächst auch erscheinen mochten, aus wissenschaftlicher Perspektive verknüpft sich gerade damit eine besondere Qualität dieses Heidelberger Industriegebietes: es hebt sich eben nicht ab von der breiten Masse, sondern ist von seinen strukturellen Ausgangsbedingungen her typisch für die meisten **„gewachsenen" Industriegebiete** mittlerer und größerer Städte in Deutschland. Ergebnisse, die aus Arbeiten an einem derartigen Untersuchungsgegenstand resultieren, sollten denn auch ein hohes Maß an **Übertragbarkeit** auf eine Vielzahl anderer Industriestandorte erwarten lassen. Dies galt insbesondere vor dem Hintergrund, dass der Erfolg des Pfaffengrundprojektes schon allein wegen seiner verhältnismäßig kurzen Laufzeit nicht von produktionsprozesstechnischen Umstellungen in einzelnen Firmen abhängig gemacht werden konnte[32]. So war bereits zu Beginn des Projektes davon auszugehen, dass Umstellungsmaßnahmen mit allenfalls geringfügigen Investitionsmaßnahmen verbunden sein durften, über deren Bewilligung auch untergeordnete Entscheidungsebenen entscheiden konnten.

---

[31] Siehe insbes. die Ausführungen im Rahmen von Kap. 7.5.4.1, bzw. *Christensen* [Kalundborg 1998a/b].

[32] Sofern derartige Umstellungen nicht durch marktliche, rechtliche oder sicherheitstechnische Maßnahmen kurzfristig erzwungen werden, sind sie gewöhnlich relativ eng an **Investitionszyklen** gekoppelt und fallen daher lediglich per Zufall in einen nur 16-monatigen Umsetzungszeitraum.

8.1.3 Eruierung des Kontextmilieus

Vergegenwärtigt man sich die Tatsache, dass rückstandsorientierte Kooperationen auf Standortebene nicht nur am Heidelberger Industriestandort Pfaffengrund, sondern auch an nahezu allen anderen Industriestandorten Deutschlands bis in die 90er Jahre weitestgehend unterblieben, so ist zunächst einmal zu fragen, woran dies liegt? Und dies umso mehr, als gerade Kalundborg auch zu diesem Zeitpunkt bereits sehr eindrucksvoll unter Beweis gestellt hatte, was bei konsequenter Ausnutzung von Standortspezifitäten auch im Abfallbereich an Win-win-Konstellationen entwickelt und umgesetzt werden kann[33].

Bevor also an praktische Taten zu denken ist, gilt es zunächst einmal zu eruieren, welche Ursachen für die Ausbreitungsschwierigkeiten rückstandsorientierter Kooperationen verantwortlich sind und ob die dabei identifizierten Hemmnisfaktoren im Rahmen eines avisierten Umsetzungszeitraums grundsätzlich abbaubar sind. Hierfür können sogenannte **Machbarkeitsstudien** (*feasibility studies*) dienen, wie sie bspw. auch im Rahmen der „Zielorientierten Projektplanung" (**ZOPP**) durchgeführt werden[34]. Dieses Verfahren hat sich nicht nur in der deutschen Entwicklungszusammenarbeit über lange Jahre hinweg bewährt[35], es ist auch für Projekte innerhalb der Industrieländer beispielsweise dort hilfreich, wo die Abmilderung einer bestimmten Problematik[36] von einer Konsensfindung zwischen verschiedenen Akteuren mit möglicherweise unterschiedlichen Interessen abhängig ist. In der ZOPP-Phase der **Beteiligtenanalyse** gilt es dabei, die an einer Problementstehung und seiner potenziellen Lösung beteiligten Schlüsselakteure herauszufiltern, deren Interessen und Vorbehalte auszuloten (Skizzierung der relevanten **Interessenskonstellationen**) und auf Basis dieser Grundinformationen Lösungspfade zu skizzieren, bzw. sich gegebenenfalls auch einem als unüberbrückbar identifizierten Veto oder Widerspruch zu beugen.

Nachdem sowohl die Stadt Heidelberg (Imageinteresse) als auch Vertreter der Universität Heidelberg (wissenschaftliches Interesse) reges Interesse an einer Projektumsetzung gezeigt hatten, trat das IUWA im Dezember 1995 zunächst einmal an die Heidelberger „Wirtschaftskonferenz" unter Leitung von Herrn *Dr. Plate*[37] heran, in der u.a. auch die IHK, die Kreishandwerkerschaft, der Arbeitgeberver-

---

[33] Spätestens seit der Umweltkonferenz von Rio 1992 erschließt sich die Kalundborger Symbiose dem entsprechend Interessierten vergleichsweise einfach, da nicht nur die amerikanische Fachliteratur dieses Fallbeispiel seit nunmehr einem Jahrzehnt fast gebetsmühlenhaft thematisiert, sondern weil die in- und ausländischen Vortragsaktivitäten von *Jørgen Christensen* auch ein unternehmerisches Fachpublikum über Wesen und Gestalt des Kalundborger Netzwerks direkt aus dem Munde eines ehemaligen Firmenmanagers informiert wird.

[34] Aktuelle Leitfäden zum ZOPP-Verfahren können über die GTZ bezogen werden.

[35] Auch wenn es inzwischen an etlichen Punkten modifiziert worden ist.

[36] Sie wird im Rahmen einer sog. Problemanalyse in ihren Ursachen- und Wirkungsketten spezifiziert.

[37] Direktor des Amtes für Wirtschaft und Beschäftigung der Stadt Heidelberg.

8. Zwischenbetriebliche Stoffkreislaufwirtschaft im Anwendungskontext

band, der DGB und andere Institutionen zu aktuellen Anlässen zusammentreten (strategisches Interesse). Deren positiver Resonanz folgte im März 1996 eine Veranstaltung in den Räumlichkeiten der im Pfaffengrund angesiedelten Bauunternehmung Grimmig, zu der die Stadt Heidelberg die Pfaffengrunder Unternehmen eingeladen hatte[38]. Denn während die bislang in die Projektidee eingeweihten Akteure eine gewichtige Rolle als gut informierte Diskutanten, Informationsdistributoren und Türöffner gespielt hatten (und auch weiterhin spielen sollten), galt es nun, die im operativen Bereich entscheidenden Schlüsselakteure zur Umsetzung einer zwischenbetrieblichen Stoffkreislaufwirtschaft zu gewinnen. Bei diesen Schlüsselakteuren handelte es sich zunächst einmal um die privatwirtschaftlich organisierten Produzenten des Industriegebietes, ohne deren konkretes Umsetzungsinteresse an eine erfolgversprechende Projektimplementierung nicht zu denken war. Denn genau sie sind für die im Industriegebiet Pfaffengrund entstehenden Abfallstoffströme zum überwiegenden Teil nicht nur direkt verantwortlich, sie können auch deren Weiterweg vorherbestimmen und kontrollieren, wenn sie hierzu nicht sogar gesetzlich verpflichtet sind[39]. Die im Rahmen zahlreicher Einzel- und Gruppengespräche mit Vertretern von Firmen aus dem Pfaffengrund und dem Rhein-Neckar-Raum erhaltenen Stellungnahmen konkretisierten dabei ein Bild, das sich unter Einbeziehung vergleichbarer Erfahrungen an anderen Orten wie folgt verallgemeinern lässt[40]:

- Allem voran steht zunächst einmal die Tatsache, dass das Abfallthema beim klassischen Produzenten auch gegenwärtig nicht im Zentrum des unternehmerischen Produktionsziels liegt und deshalb gerade auf der obersten Entscheidungsebene nach wie vor kaum thematisiert wird.

- Zudem gilt Abfall bis heute noch vielfach als eine notgedrungen zu akzeptierende Begleiterscheinung industrieller Produktion, als unvermeidbarer Umstand, den man hinnehmen muss bzw. getrost hinnehmen kann, so lange er das Erreichen der erstrangigen Unternehmensziele nicht gefährdet oder zumindest nicht spürbar konterkariert.

- Abfallwirtschaft galt daher zumindest lange Zeit als schlichte Aufgabenerfüllung in einem wenig thematisierten Arbeitsgebiet. Bis heute ist sie gerade in KMU stark reaktiv ausgerichtet und muss mit einer äußerst knapp bemessenen Anzahl von Mannstunden bewältigt werden.

- Tatsächlich war die Abfallwirtschaft seit den 70er-Jahren zwar zunehmend reglementiert worden, was sich bis zu einem gewissen Grade auch aufmerksamkeitsfördernd ausgewirkt hat, dies geschah jedoch im Rah-

---

[38] Näheres hierzu siehe *Sterr* [Pfaffengrund 1998], S. 22.
[39] (Abfallwirtschafts-)konzeptpflichtige Unternehmen gemäß §19 KrW-/AbfG.
[40] *Sterr* [regionale Stoffstromtransparenz 2000], S.56 f.

men zunehmend spezifizierter Andienungspflichten gegenüber staatlichen Institutionen, und öffnete den Industrieunternehmen dadurch keine konstruktiv nutzbare Gestaltungsfreiheit. Vielmehr förderte es eher die Suche nach teilweise recht erfinderischen Umgehungsstrategien, die nicht ohne Grund schon bald in einem ziemlich kritischen Licht erschienen.[41] Grundlegend änderte sich dies erst mit der Ablösung des AbfG durch das KrW-/AbfG im Jahre 1996, das den Umgang mit Verwertungsabfällen faktisch privatisierte[42].

- Weiterhin stehen hinter der großen Masse an Industrieabfällen vergleichsweise niedrige Tonnenpreise, so dass eine regelmäßige und systematische Suche nach Entsorgungsalternativen vielfach als unverhältnismäßig gilt. Darüber hinaus ist es durchaus gängige Praxis, dass der **betriebliche Umwelt- und Abfallbeauftragte** zwar die Erzielung von Kostenreduktionen als Erfolge seiner Kostenstelle feiern kann, nicht aber die Erzielung von Erlösen, die der betrieblichen „Allgemeinheit" zugute kommen, von der sie nicht honoriert werden. Der Umwelt- und Abfallbeauftragte eines KMU, der diese Funktion nur nebenberuflich wahrnehmen kann und demzufolge chronisch überbelastet ist, wird sich im Rahmen seiner Möglichkeiten daher zwar anstrengen, die Entsorgungskosten zu minimieren, ein Anreiz, einzelne Stoffe darüber hinaus auch „auf die Erlösseite zu bekommen", wird bei derartigen Spielregeln jedoch nicht geschaffen[43].

- Allgemein kommen Mitglieder verschiedener Firmen hauptsächlich im Zusammenhang mit Branchentreffen oder entlang von Wertschöpfungsketten miteinander in Kontakt. Bestehende Netzwerke weisen deshalb eine zumeist horizontale oder vertikale Ausrichtung auf. Demgegenüber stehen passende Angebots- oder Nachfragepartner für Abfälle bzw. Sekundärinputs, wie sie bei Verwertungsnetzwerken angestrebt werden, vielfach in einem diagonalen Beziehungsverhältnis[44]. Passende Partner entdecken sich daher zumeist nur durch Zufall.

- Engagiert sich eine Einzelfirma im Bereich eines abfallbezogenen Informationsaustausches in besonderem Maße, so ist aufseiten der Adressen-

---

[41] Siehe bspw. die Deklaration immer vielfältigerer nicht im Sinne des Produktionsziels entstandener Outputs als sog. „*Wirtschaftsgüter*" (Siehe hierzu auch die Ausführungen in Kap. 3.3.1).

[42] Siehe hierzu auch Kap. 3.3.2 (KrW-/AbfG), bzw. nachfolgende Ausführungen im Rahmen dieses Unterkapitels.

[43] Gerade im Rahmen des Rhein-Neckar-Projektes (siehe Kap. 8.2) brachten mehrere Umwelt- und Abfallbeauftragte explizit zum Ausdruck, dass für sie der Optimalfall deshalb darin bestehe, „*alles, einschließlich Transport, zu null wegzubekommen, wobei durchaus auch Kompensationsgeschäfte mit eingeschlossen sein könnten*".

[44] Siehe Ausführungen in Kap. 7.4.1.2.1., bzw. die dortige Abb. 7-17

ten auch nicht unbedingt mit Gegenliebe zu rechnen. Denn schließlich könnte eine derartige Initiative ja durchaus von versteckten Sekundärinteressen begleitet sein, deren auch nur vage vermutete Existenz die Auskunftsbereitschaft der Befragten stark einschränken und damit die Erschließbarkeit bestimmter Potenziale vereiteln würde. Auch wird bisweilen befürchtet, dass ein fokales Unternehmen im Zentrum eines Verwertungsnetzwerks gravitative Eigenschaften entwickeln könnte, indem es viel Information von anderen in sich aufnimmt, systematisiert und weiterverarbeitet, während es verhältnismäßig wenig wieder an die „Außenposten" des Netzwerks zurückfließen lässt.

Alle diese **Hemmfaktoren** sind prinzipiell in der Lage, die Entwicklung zwischenbetrieblicher Informationstransparenz als Voraussetzung für eine betriebsübergreifende Koordination in Abfallfragen zu vereiteln. Sie müssen deshalb möglichst weitgehend abgebaut werden, um einer zwischenbetrieblich koordinierten Stoffkreislaufwirtschaft tatsächlich den Weg bereiten zu können. Die dabei freigelegten Potenziale müssen dann allerdings groß genug sein, um die zusätzlichen Koordinationskosten überzukompensieren, die eine solche Produzenten-Produzenten-Beziehung gewöhnlich mit sich bringt. Da hierfür ex ante in aller Regel keine Prognosen erstellt werden können, bedarf es hier gewöhnlich eines beträchtlichen Maßes an Einfühlungsvermögen, Verständnis und Überzeugungsarbeit, damit die Unternehmensführung die Teilnahme an einem solchen „Versuch" befürwortet.

Einer solchen Befürwortung kommt allerdings entgegen, dass sich das **Interesse der Unternehmen** am Erwerb abfallwirtschaftlicher Informationen in den letzten Jahren deutlich verstärkt hat, und dies aus folgenden Gründen:

- Neue Pflichten:
  Das seit dem 7. Oktober 1996 in Kraft befindliche **KrW-/AbfG** hat den Zugriff des Abfallrechts auf unerwünscht entstandene Outputs entscheidend erweitert[45]. Es nimmt die Industrie wesentlich stärker in die Pflicht als seine Vorgänger und reicht hierbei von umfassenden Dokumentationspflichten über Abfallstoffarten, Entsorgungswege und ökologisch wirksame Verbesserungsmaßnahmen im Umgang mit Abfällen gemäß §19 KrW-/AbfG[46] bis hin zu einer wesentlich erweiterten Produktverantwortung des Produzenten gemäß §22 KrW-/AbfG. Zusammen mit

---

[45] Siehe Kap. 3.3.2.
[46] Gemäß § 19 KrW-/AbfG sind Firmen, bei denen mehr als 2000 Tonnen überwachungsbedürftige Abfälle oder mehr als 2 Tonnen besonders überwachungsbedürftige Abfälle pro EAK-Schlüsselnummer anfallen dazu verpflichtet, (erstmalig zum 31. Dezember 1999) ein **Abfallwirtschaftskonzept** zu erstellen, im Rahmen dessen die zumindest überwachungsbedürftigen Abfallarten über Abfallanfallstellen, Abfallwege und Abfallverbleib dokumentiert und mit Fünfjahresprognosen versehen werden müssen. Beseitigungsmaßnahmen sind zu begründen und Vorhaben hinsichtlich einer ökologisch verträglicheren Abfallentsorgung bzw. Abfallvermeidung sind aufzuzeigen.

dem Chemikaliengesetz (ChemG) und anderen abfallrelevanten Gesetzesgrundlagen hat das KrW-/AbfG den Umgang mit Industrieabfällen zu einem hochkomplexen und mit vielschichtigen Risiken behafteten Unterfangen werden lassen, dem gerade KMU vielfach recht unsicher gegenüberstehen. Dies gilt nicht zuletzt auch deshalb, weil Gefahrstoffrecht und Abfallrecht bis heute nur bedingt harmonisiert sind. Nicht selten hört man deshalb gerade von den „nebenberuflich tätigen" Umwelt- und Abfallbeauftragten den Satz, dass sie sich schon allein aus den autonom für sie kaum abbaubar erscheinenden Wissenslücken heraus bereits *„mit einem Bein im Gefängnis"* fühlen.

→ Eine überbetriebliche Netzwerkbildung vermag hier einen wesentlichen Beitrag zum zeitlich und finanziell effizienzsteigernden Erwerb stoffspezifischer Information und damit gleichzeitig auch zur Risikominimierung beim Umgang mit Abfallstoffen zu leisten.

- <u>Neue Chancen</u>:
Andererseits eröffnet das KrW-/AbfG den Privatunternehmen aber auch neue Handlungsspielräume, indem die Andienungspflichten an öffentliche Entsorgungsträger realiter auf bestimmte Beseitigungsabfälle beschränkt wurden[47]. Hieraus ergeben sich für die einzelnen Firmen äußerst interessante Möglichkeiten, Entsorgungsspezialisten nach eigener Wahl zu verpflichten und dadurch wertvolle ökonomische und ökologische Verbesserungen zu realisieren.

→ Für KMU lassen sich diese Vorteile insbesondere dann ausschöpfen, wenn sie sich zwischenbetrieblich koordinieren, d.h. entsprechend spezifizierte Netzwerke bilden.

- <u>Neue Ansprüche</u>:
Das wachsende **Umweltbewusstsein**, das immer größere Teile der deutschen Bevölkerung zu erfassen scheint, erhebt in direkter und indirekter Form immer deutlichere Ansprüche an Unternehmen und deren Produkt- bzw. Produktionsprozessgestaltung. Gerade Endproduktunternehmen, aber auch Unternehmen mit umweltsensiblen Abnehmern (wie bspw. der Automobilindustrie) können sich dem nur schwer entziehen und nehmen diese neue Herausforderung bisweilen auch proaktiv an, indem sie sich beispielsweise nach ISO 14001 oder EMAS zertifizieren lassen.

→ Der persönliche Austausch mit Mitgliedern anderer Firmen, aber auch anderer Anspruchsgruppen vermag Handlungsstrategien anzuregen und auszuformen, die in hohem Maße konsensbasiert sind und darum

---

[47] Siehe hierzu insbesondere die Ausführungen in §13, Abs. 2 sowie §16 KrW-/AbfG.

auch eine besondere Aussicht auf die intertemporale Stabilität nachhaltigkeitsfördernder Lösungsmuster gewähren. Für das einzelne Unternehmen erwächst hieraus ein Stück Zukunftssicherheit.

Sicherlich könnte man diese Liste noch um etliche Begründungen erweitern. Entscheidend ist jedoch das all diesen Punkten gemeinsame Charakteristikum, dass die einzelnen Produzenten hier vor einerseits recht umfangreiche, gleichzeitig aber auch recht ähnliche Probleme gestellt werden, denen mit ebenfalls recht ähnlich gestrickten Problemlösungsmustern begegnet werden könnte. Hieraus erwachsen sowohl juristisch als auch monetär bestimmte **Synergiepotenziale**, die einem überbetrieblichen Austausch bis hin zur Netzwerkbildung sehr förderlich sind.

Damit jedoch die mit entsprechenden Umstellungen verbundenen Transaktionskosten[48] möglichst gering gehalten werden können, ist der Einbettung des Neuen in bereits bestehende und bewährte Systemkonfigurationen zunächst einmal höchste Priorität beizumessen.

8.1.4 Umsetzungsziele

Zentrales Oberziel des „Pfaffengrundprojektes" war die Förderung industrieller Stoffkreislaufwirtschaft durch zwischenbetriebliche Kooperation auf Industriestandortebene. In diesem Sinne sollten die Abfallströme aller wesentlichen Produzenten des Industriegebietes stoffspezifisch bilanziert und so erstmals eine **industriestandortweite Informationstransparenz** über die Industrieabfälle eines in hohem Maße repräsentativen Industriegebietes gewonnen werden. Sollte die Hypothese tatsächlich richtig sein, dass es nicht nur in Kalundborg, sondern auch in bislang unauffällig gebliebenen, „ganz gewöhnlichen" Industriegebieten stoffkreislaufwirtschaftliche Potenziale gibt, die lediglich mangels Informationstransparenz brachliegen, so mussten sich diese nun beziffern und – als Endziel dieses anwendungsorientierten Forschungsprojektes – auch ausschöpfen lassen.

Eine weitere Hypothese, die im Heidelberger Pfaffengrund getestet werden sollte, war die, dass gerade Großunternehmen die Vorteile einer industriellen Stoffkreislaufwirtschaft auf der Basis des Kreislaufwirtschafts- und Abfallgesetzes von 1996 wesentlich stärker ausnutzen können, als dies für **Klein- und Mittelbetriebe** möglich ist, deren firmenspezifische Problemlösungspotenziale hier aus den in der folgenden Tab. 8-2 wiedergegebenen Gründen vergleichsweise beschränkt bleiben müssen:

---

[48] Siehe hierzu insbesondere die Ausführungen in Kap. 7.8.4.

Kleine & mittelständische Unternehmen (KMU)	Großunternehmen / große Verbundstandorte
• Kostenexplosion im Abfallwirtschaftsschlug in aller Regel ohne wesentliche Abfederungsmöglichkeiten durch	• Kostenexplosion im Abfallwirtschaftsbereich konnte durch vielfältige Handlungsalternativen wesentlich abgepuffert werden; bei rechtlich bedingten Kostensteigerungen gelang die Antizipation vielfach bereits durch ein (umwelt-)proaktives Management
• Umwelt- und Abfallbeauftragte sind oft lediglich zu solchen bestellt, haben jedoch primär andere Aufgaben zu bewältigen → umfassende Informationsdefizite, die sich aufgrund mangelnder Weiterbildungskapazitäten tendenziell verschärfen → Kapazitätsengpässe, die den Aufbau qualifizierter UMS oft nicht ermöglichen → Fortführen überholter Entsorgungspraktiken	• vollberuflich tätige Umwelt- und Abfallbeauftragte, die Ihre Kenntnisse ständig vertiefen und weiterentwickeln können → stetiges Informiertwerden sowie aktive Weiterentwicklung ökologisch-ökonomisch interessanter Spezialkenntnisse → systematischer Aufbau integrierter UMS → systematische und sukzessive Ausnutzung neu entstehender und attraktiver Kreislaufführungspotenziale
• rel. geringe Produktionstiefe & -vielfalt (wenige Produktlinien; hpts. Varianten) • zumeist recht geringe stoffspezifische Abfallmengen (v.a. durch Einzel- / Kleinserienfertigung) in rel. großer Vielfalt → Skaleneffekte bleiben aus • meist sehr begrenzter Investitionsspielraum (der sich insbesondere auf Bereiche außerhalb des „Kerngeschäftes" auswirkt)	• große Produktionstiefe & Produktvielfalt, → innerbetriebliches Recycling begünstigt • vglw. große stoffspezifische Abfallmengen (durch eindeutige Dominanz der Massenfertigung) → Realisierung von economies of scale • bedeutende finanzielle Ressourcen in Kombination mit umfassendem technologischem Anpassungs-Know-how
• Potenziale für die Erschließung neuer Geschäftsfelder im Sekundärrohstoffbereich sind aufgrund der Mindestmengenproblematik, des begrenzten Investitionsbudgets u.a.m. i.d.R. allenfalls sehr eingeschränkt vorhanden	• Vor dem Hintergrund unterausgelasteter innerbetrieblicher Wiederaufbereitungs- und Wiedereinsatzmöglichkeiten von zunächst unerwünschten Outputs kann selbst die gezielte Aufarbeitung betriebsfremder Rückstände zu einem potenziellen Geschäftsfeld werden

Tab. 8-2: Komparative Nachteile kleinerer und mittelständischer Unternehmen (KMU) beim Einstieg in die Kreislaufwirtschaft (Quelle: *Sterr* [Pfaffengrund 1998], S.15)

8. Zwischenbetriebliche Stoffkreislaufwirtschaft im Anwendungskontext

In dem Maße wie es den KMU jedoch gelingt, die abfallwirtschaftlichen Bedingungen größerer Unternehmen zu simulieren, indem sie ihre abfallwirtschaftlichen Aktivitäten im Sinne eines virtuellen Unternehmens koordinieren (siehe hierzu auch die Skizze der Abb. 8-2), müssten auch sie in der Lage sein, die aufseiten der Großunternehmen auftretenden **Verbundeffekte** wenigstens graduell zu realisieren[49].

Sollte auch diese Hypothese richtig sein, so müssten gerade die typischen Mittelständler im Heidelberger Pfaffengrund mit ihren lediglich nebenberuflich als Umwelt- und Abfallbeauftragte tätigen Fachkräften von einer industriestandortweiten Informationstransparenz im Umgang mit Industrieabfällen in besonderem Maße profitieren.

Wie die folgende Abb. 8-2 zeigt, wird eine betriebsübergreifende Koordination zwischen den Einzelbetrieben $U_1 - U_7$ am Industriestandort schon allein deshalb allerdings nie die Qualität der Beziehungsgeflechte zwischen den Geschäftseinheiten eines größeren Verbundunternehmens erreichen, weil die Qualität der Systemgrenze des rechtlich selbständigen Unternehmens nach wie vor dominiert.

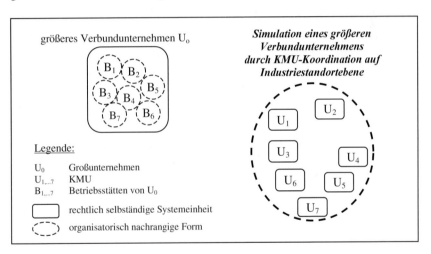

Abb. 8-2: Simulation innerbetrieblicher Verbundeffekte größerer Unternehmen durch Koordination rechtlich voneinander unabhängiger KMU auf Industriestandortebene (Quelle: nach *Sterr* [Pfaffengrund 1998], S.17)

---

[49] Zwischenbetriebliche Kooperationen von KMU, die einen solchen partiellen **Nachteilsausgleich** anstreben, sind gemäß §5b, Abs. 1, GWB, selbst in kartellähnlichen Ausprägung zugelassen, „*wenn dadurch der Wettbewerb auf dem Markt nicht wesentlich beeinträchtigt wird und der Vertrag oder Beschluss dazu dient, die Leistungsfähigkeit kleiner und mittlerer Unternehmen zu fördern*", so dass auch von dieser Seite keinerlei Probleme zu erwarten sind.
(Zu den verschiedenen Ausnahmen von Kartellverbot, die sich insbesondere für mittelständische Unternehmen innerhalb eines regionalen Netzwerks nutzen lassen, siehe auch *Dörsam / Icks* [KMU-Netzwerke 1997], S. 61 ff.)
(Siehe hierzu auch im Detail: Bundeskartellamt [Kooperationserleichterungen, o.J.]).

Und tatsächlich dürfte die Ausschöpfung stoffkreislaufwirtschaftlicher Potenziale am **Industriestandort** nur gelingen, wenn man nicht nur für den Industriestandort selbst Oberziele formuliert (die von den darin versammelten Teilelementen dann ausgestaltet werden könnten), sondern wenn man zunächst einmal den Einzelbetrieb selbst als Oberzielebene anerkennt. Stehen die umweltwirtschaftlich geprägten Oberziele für den Industriestandort damit nicht im Einklang, so wird deren Verfolgung durch wirtschaftlich selbständige Akteure auch nicht erfolgen. Die Umsetzbarkeit einer stoffkreislauforientierten Industriestandortvision muss daher zunächst einmal mit den akteursspezifischen Interessen potenzieller Systemmitglieder abgeglichen werden. Nur auf diesem Fundament gewinnt sie die notwendige Solidität.

Im Rahmen des hier vorgestellten Pfaffengrundprojektes wurden deshalb zwei Oberzielebenen formuliert, die folgende Einzelziele und damit verbundene Unterziele beinhalteten:[50]

Oberziele Industriestandort ...	... gehen einher mit folgenden Unterzielen
• Schaffung einer industriestandortbezogenen Informationstransparenz im Bereich unerwünschter Outputs (Abfälle) sowie Sekundärrohstoffinputs	• Visualisierung der wesentlichen Rohstoffquellen und -senken am Industriestandort • Optimierung bestehender bzw. Erschließung neuer Verwertungswege • Minimierung der zur Entsorgung notwendigen Transportkilometerleistungen
• Förderung kreislaufwirtschaftlicher Austauschprozesse	• Visualisierung von Möglichkeiten zwischenbetrieblicher Output-Input-Beziehungen im Bereich Entsorgung und Wiedereinsatz • Suche nach möglichst raumnahen & hochwertigen Verwertungswegen f. nicht vermeidbare Abfallstoffe
• Erhöhung der standortspezifischen Entsorgungssicherheit	• Risikominimierung für gegenwärtig ansässige Unternehmen und potenzielle Interessenten
• Positive Imageeffekte für den Industriestandort	• Positive Schlagzeilen für den Industriestandort durch die öffentlichkeitswirksame Darstellung des Gesamtprojekts in Fachvorträgen und Medien • Erhöhung der Standortattraktivität und Anziehung potenzieller Investoren

Tab. 8-3: Projektziele auf der Ebene des Industriestandorts

---

[50] Quelle: *Sterr* [Pfaffengrund 1998], S. 12 f.

8. Zwischenbetriebliche Stoffkreislaufwirtschaft im Anwendungskontext

Oberziele Einzelbetriebe ...	... gehen einher mit folgenden Unterzielen
• Schaffung einer innerbetrieblichen Informationstransparenz im Abfallwirtschaftsbereich	• Identifikation innerbetrieblicher Schwachstellen • Konzeption einer ökologisch-ökonomisch sinnhaften Abfalltrennung im Betrieb • Optimierung innerbetrieblicher Abfall-Logistik
• Förderung kreislaufwirtschaftsorientierter Verhaltensweisen im Betrieb	• Suche nach Möglichkeiten zur Verbesserung von Stoffrückführungs- und Verwertungsmöglichkeiten • Förderung von Abfalltrennung und Sortenreinheit der zu entsorgenden Abfallfraktionen
• Erhöhung der betrieblichen Entsorgungssicherheit	• Risikominimierung für das einzelne Unternehmen • Schaffung / Gewährleistung stabiler Entsorgungsverhältnisse mit verlässlichen Partnern
• Synergieeffekte bei der Bewältigung weiterer von Firmenseite artikulierter Handlungsbedürfnisse	• Erstellung betrieblicher Abfallbilanzen, bedarfs- oder geplante Umweltzertifizierungen etc.
• positive Imageeffekte für den Einzelbetrieb	• Schaffung wertvoller Datengrundlagen für die Kommunikation nach außen (d.h. für Umweltberichte etc.) • öffentlichkeitswirksame Darstellung von ökonomisch-ökologisch orientierten Anstrengungen des Einzelunternehmens durch das Pilotprojekt

Tab. 8-4: Projektziele auf der Ebene des einzelnen KMU

Wie aus den Tabellen 8-3 und 8-4 unschwer geschlossen werden kann, ist der für eine erfolgreiche Projektumsetzung erforderliche Informationsbedarf ziemlich groß, vielschichtig und umfasst darüber hinaus in etlichen Fällen Daten, die, ob nun zu Recht oder nicht, vom Unternehmen als sensibel eingestuft werden. Damit diese Daten also tatsächlich auch in der erforderlichen Qualität und Vollständigkeit über Betriebsgrenzen hinweg fließen können, ist der Aufbau einer zwischenbetrieblichen Vertrauensbasis sowohl auf der Geschäftsführungsebene als auch auf der Ebene der ausführenden Organe zwingend. Diesem Umstand sollte durch folgende kommunikationsgerichtete Projektziele Rechnung getragen werden:

Oberziele Kommunikationsebene ...	... gehen einher mit folgenden Unterzielen
• Förderung der zwischenbetrieblichen Kommunikation zu Fragen der Abfallwirtschaft	• Förderung des Austauschs von Informationen zu innerbetrieblichen Problemlösungsmustern • Schaffung von gegenseitigem Vertrauen der Akteure zur faktischen Umsetzung von bereits als gangbar identifizierten zwischenbetrieblichen Problemlösungsmustern • Diskussionen, gemeinsame Überlegungen und Anregungen zur Identifikation weiterer zwischenbetrieblicher Optimierungsmöglichkeiten
• Förderung eines standortbezogenen Wir-Gefühls (*Corporate Identity* auf Industriestandortebene)	• Förderung und Dynamisierung systemischer Prozesse; Formulierung gemeinsamer Zielvorstellungen

Tab. 8-5: Projektziele auf der Ebene der zwischenbetrieblichen Kommunikation

8.1.5 Umsetzung und Ergebnisse

Wie bereits an früherer Stelle betont, bedarf die Herantastung an eine zwischenbetriebliche Stoffkreislaufwirtschaft zunächst einmal umfassender Informationen über die abfallstofflichen Handlungsgegenstände. Da entsprechende Informationen aber nur dann fließen, wenn Kontrolle und/oder Vertrauen dies zulassen, wurde gerade diesen Aspekten gleich zu Beginn der Projektumsetzung größte Bedeutung beigemessen. Zwischen dem Institut für Umweltwirtschaftsanalysen (IUWA) als Projektkoordinator und Datenpoolingstelle und jedem einzelnen Unternehmen wurde deshalb ein auf Geschäftsführungsebene verankertes, mehrseitiges Vertragspapier unterzeichnet, das neben konkreten Projektleistungen[51] auch eine Geheimhaltungsklausel bzgl. des Umgangs mit Firmendaten enthielt. Darüber hinaus wurde vonseiten des IUWA ein projektbezogener **"Pfaffengrund-Arbeitskreis"** eingerichtet, der zunächst einmal der Artikulierung firmenindividueller Positionen, Wünsche und Ziele sowie der zwischenbetrieblichen Vertrauensschaffung und Informationsdistribution diente, mit fortschreitendem Projektverlauf aber auch unmittelbar umsetzungsvorbereitenden Charakter entwickelte.

---

[51] Unternehmensseitige Leistungen: monetäre + nichtmonetäre Projektleistungsbeiträge
+ Verfügbarmachung sämtlicher stoffspezifischer Abfalldaten

Forschungsseitige Leistungen: in Tab. 8-5 wiedergegebene Projektziele und daran geknüpfte Leistungen seitens des IUWA, Finanzierungsbeiträge der DBU sowie etliche weitere Details

8. Zwischenbetriebliche Stoffkreislaufwirtschaft im Anwendungskontext

Auf der Stoffebene gestaltete sich die Projektumsetzung folgendermaßen:

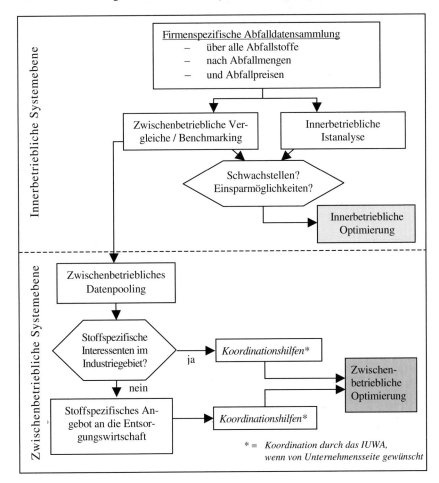

Abb. 8-3: Grobskizze der Vorgehensweise im Heidelberger Pfaffengrund zur Förderung stoffkreislaufwirtschaftlicher Optimierung auf der Ebene des Industriestandorts[52]

---

[52] Eine inhaltlich identische englischsprachige Darstellung findet sich in *Sterr*[materials flow management 2000], S. 286.

8.1.5.1 Umsetzung & Ergebnisse auf der innerbetrieblichen Systemebene

Wie in Abbildung 8-3 dargestellt, begann die Projektumsetzung mit der Aufnahme der betrieblichen Abfalldaten, wobei nach Entsorgerrechnungen vorgegangen wurde. Auf diese Art und Weise konnte eine über alle Firmen hinweg homogene Datengrundlage vorbereitet werden, die (nach LAGA-Schlüsselnummern sortiert[53]) nicht nur Abholmengen, sondern auch einzelne Preiskomponenten enthielt. Gerade die Aufsplittung der Kostenseite in Entsorgungskosten i.e.S., Transportkosten, Containermieten sowie der expliziten Spezifizierung zusätzlicher Nebenkostenkomponenten erwies sich für das anschließend durchgeführte Benchmarking als außerordentlich wertvoll und wurde von Firmenseite entsprechend gedankt.[54]

Der innerbetrieblichen Istanalyse folgte eine Schwachstellenanalyse[55], die bereits eine ganze Reihe solcher ökonomisch-ökologisch dimensionierter Win-Win-, oder zumindest Win-Null-Potenziale eröffnete[56], deren Ausnutzung keiner zwischenbetrieblichen Koordination bedurfte[57]. Die genannten Analyseschritte wurden in firmenspezifischen Zwischenberichten ausführlich thematisiert und um konkrete Umsetzungsvorschläge ergänzt, deren Einzelwirkung möglichst genau spezifiziert und prognostiziert wurde.

Zur Förderung einer möglichst autonomen Fortsetzung des eingeschlagenen Weges wurden die Pfaffengrunder Unternehmen schließlich noch mit einer Checkliste ausgestattet, die Teilergebnisse der betriebsstättenbezogenen Schwachstellenanalysen standortweit zusammenfasst und sich dabei auf solche Handlungsansätze konzentriert, bei denen sich Ökologie und Ökonomie in ihrer nachhaltigkeitsorientierten Zielrichtung zumindest nicht widersprechen (siehe Tab. 8-6 auf der folgenden Seite).

---

[53] Während der Implementierungsphase des „Pfaffengrund-Projektes" gingen sämtliche Unternehmen bei der Einordnung ihrer Abfälle noch nach dem Abfallartenkatalog der Länderarbeitsgemeinschaft Abfall (**LAGA**) vor, die im Zuge der EU-weiten Harmonisierung der Abfallklassifikation zum 1.1.1999 vom herkunftsbezogen aufgebauten Europäischen Abfall-Katalog (**EAK**) abgelöst wurde. (Siehe hierzu bspw. *Landesumweltamt NRW* [Umschlüsselung 1997]).

[54] Siehe hierzu ausführlich *Sterr* [Pfaffengrund 1998], S. 30 ff.

[55] Siehe hierzu im Einzelnen *Sterr* [Pfaffengrund 1998].

[56] „Win-Null-" hieß in diesem Falle dann allerdings: ökonomische Verbesserungen bei gleichbleibender ökologischer Situation, was auf die bereits unter 7.8.5.2.2 erörterte Frage zurückführt, ob eine solche ökologisch nicht störende Veränderung bereits als Nachhaltigkeitsbeitrag gewertet werden sollte.

[57] Bei ihrer Identifikation kam dem betriebsexternen Koordinator (IUWA) sicherlich auch zugute, dass er jede einzelne Pfaffengrunder Firma nicht nur von außen, sondern auch vor Ort betreute und durch das in aller Regel äußerst kooperative Verhalten betrieblicher Fachkräfte auch ein firmenübergreifendes Erfahrungswissen über firmenindividuelle Problemlösungsmuster entwickeln konnte.

8. Zwischenbetriebliche Stoffkreislaufwirtschaft im Anwendungskontext

10-Punkte-Katalog zur Identifikation versteckter Einsparpotenziale im Abfallwirtschaftsbereich			
	Prüfpunkt	Ausgewählte Maßnahmenvorschläge	Wirkungs-dimension
			ökonom. / ökolog.
1.	• Rechnungs-vergleich	Vergleich verschiedener Entsorgungsrechnungen mit besonderer Berücksichtigung der - Berechnung von Entsorgungsnebenkosten - Veränderungen von Abrechnungsmodi	++ / 0
2.	• Leistungs-kontrolle	- Vergleich abgerechneter und aufgestellter Containervolumina & Abholfrequenzen - Eigenverwiegung, wenn möglich - Insistieren auf die Transparenzmachung von (Nebenkosten-)Bestandteilen	++ / 0
3.	• Gebraucht-gütereinsatz	- bspw. Prüfung des Kaufs von Gebrauchtcontainern	+ / +
4.	• Bedarfs-prüfung	- Prüfung des Containervolumenbedarfs - Prüfung der Entsorgungsperiodizität	++ / +
5.	• Tarifliche Optimierung	- Weitestgehende Umstellung weg von Volumen-tarifen hin zu Gewichtstarifen (→ Vermeidung von Leermengenentsorgung) - Prüfung variabler gegenüber fixer Preisgestaltung	++ / 0
6.	• Verwertungs-optimierung	- Prüfung einer verstärkten Abfalltrennung - Maßnahmen. z. Vermeidung v. Abfallvermischung - Maßnahmen zur Vermeidung von Fehlwurf	++ / ++
7.	• Logistik-optimierung	- Aufbau problemadäquater Farbleitsysteme[58] - Aufbau + Kennzeichnung entspr. Sammelstellen	+ / ++
8.	• Marktanalyse	- Regelmäßiges Einholen von Vergleichsangeboten - Beobachtung von Börsenpreisen - Eruierung von Nachverhandlungsspielräumen bei Vertragsverlängerungen	++ / 0
9.	• Abfallbilan-zen & Abfall-wirtschafts-konzepte	- Aufbau bzw. verstärkte Nutzung von Abfallbilanzen - Aufbau bzw. Fortschreibung von Abfallkonzepten - Beobachtung der Entwicklung d. Mengenverhält-nisse zw. best. EAK-Nummern über die Zeit[59]	++ / +
10.	• Allgemeine Abfall-informations-sammlung	- Sammlung von Informationen über neue Abfall-verwendungs- und -verwertungsmöglichkeiten, über Beseitigungsverfahren sowie - Entsprechende Nachfragen bei den jeweiligen Entsorgungspartnern	+ / ++

Tab. 8-6: Checkliste zur Schwachstellenidentifikation und -eliminierung in der betrieblichen Abfallwirtschaft (Q.: *Sterr* [Pfaffengrund 1998], S. 34)

---

[58] Unter besonderer Berücksichtigung derer der umgebenden Landkreise und Kommunen.
[59] Bspw. weg von unbehandeltem, hin zum behandeltem Altholz (und vergleichbare Szenarien).

Der in dieser Tabelle dargestellte 10-Punkte-Katalog und die damit verbundenen Maßnahmenvorschläge erheben keinesfalls Anspruch auf Vollständigkeit, sondern beruhen auf ganz konkreten Pfaffengrunder Erfahrungen, die jedoch aus Datenschutzgründen nicht weiter spezifiziert werden können. Im Falle der Pfaffengrunder Unternehmen schlug sich die Einleitung entsprechender Umstellungsmaßnahmen rasch in monetären Einspareffekten nieder, die Größenordnungen von teilweise weit über 10.000 DM/Jahr annahmen, ohne dass ihre Erschließung von technischen Investitionen hätte begleitet werden müssen.

Derartig erfreuliche Entwicklungen überzeugten schließlich auch die letzten noch „außenstehenden" Pfaffengrunder Produzenten von der wirtschaftlichen Vorteilhaftigkeit einer Projektpartizipation, wobei finanzielle Fragen nicht zuletzt deshalb im Zentrum des Entscheidungsprozesses standen, weil die Firmen auf der Gegenseite erhebliche monetäre Eigenleistungsbeiträge zu verbuchen hatten. Im Frühjahr 1997 war schließlich das Ziel erreicht, die anvisierten 10 wichtigsten Produzenten des Pfaffengrunder Industriegebietes trotz des geforderten Eigenfinanzierungsanteils in einer Akteursgemeinschaft zu versammeln und so eine koordinierte Behandlung abfallwirtschaftlicher Fragestellungen einzuleiten[60].

8.1.5.2 Umsetzung und Ergebnisse auf der zwischenbetrieblichen Systemebene

Gerade die in Tabelle 8-6 angedeuteten innerbetrieblichen Schwachstellen belegen ganz eindeutig, dass es wenig zielführend gewesen wäre, sich von den einzelnen Firmen lediglich hochaggregierte Abfallbilanzen geben zu lassen (die zudem nur teilweise in EDV-technischer Form vorlagen), um auf dieser Basis sogleich mit einem zwischenbetrieblichen Datenpooling zu starten. Große Einsparpotenziale nicht nur im ökonomischen, sondern auch im ökologischen Bereich wären unerkannt geblieben und die zwischenbetriebliche Optimierung hätte auf einem suboptimalen Fundament aufgebaut, das auch die zwischenbetriebliche Koordination auf relativ wacklige Beine gestellt hätte. So hätte durchaus die Gefahr bestanden, dass die Überlegenheit einer zwischenbetrieblichen Koordination wieder in sich zusammenfiele, sobald ein bislang suboptimal arbeitender Akteur feststellte, dass er bspw. bei verstärkter Getrenntsammlung einen noch wesentlich günstigeren Weg gehen kann.

---

[60] Zu diesen 10 Unternehmen siehe Tab. 8-1; mit dem Leuchtstoffwerk (LSW), der Fa. Bran + Luebbe (Elektrobranche) und der Präzisionsteilefertigung Heidelberg (PTH) (Metallverarbeitung) hatten sich darüber hinaus noch drei kleinere Firmen mit weniger als 100 Beschäftigten beteiligt; die Stadtwerke Heidelberg mit ihrem (inzwischen weitestgehend zurückgebauten) Zweigbetrieb im Heidelberger Pfaffengrund rundeten das Bild ab. (Zu weiteren Details bzw. firmenspezifischen Zwischenberichten siehe *Sterr* [Pfaffengrund 1998]).

8. Zwischenbetriebliche Stoffkreislaufwirtschaft im Anwendungskontext

Nachdem die Abfalldaten für die Jahre 1995 und 1996 für alle Firmen vorlagen, wurden sie über LAGA-Nummern[61] und Zusatzspezifikationen[62] sortiert und zu insgesamt 102 verschiedenen Abfallarten aggregiert. Diese wurden dann der Pfaffengrunder Akteursgemeinschaft vorgelegt mit der Bitte, zunächst einmal zu eruieren, welche dieser Abfälle für sie als Inputstoffe interessant wären, bzw. bei welchen sie über bestimmte Vorbehandlungsmöglichkeiten oder Sonderwege verfügten. Alle Abfälle, bei denen dies nicht der Fall war, wurden sodann im Rahmen eines dreiteiligen Fragebogens der Entsorgungswirtschaft angeboten. Diese hatte bei hinreichend hoher Auskunftsbereitschaft nunmehr die Möglichkeit, sich mit stoffspezifischen Abfallpreisen als firmenübergreifend tätiger Entsorger des Heidelberger Pfaffengrundes zu bewerben[63].

Da diese Auskunftsbereitschaft bei Entsorgern insbesondere dort nicht selbstverständlich ist, wo es um Fragen zum weiteren Entsorgungsweg oder um Entsorgungssicherheitsaspekte geht, wurde gerade deren Beantwortung untrennbar mit der Berücksichtigung der stoffspezifisch abgegebenen Angebotspreise verbunden. Auf diese Art und Weise wurden auch diejenigen Informationsbedürfnisse der betrieblichen Umwelt- und Abfallbeauftragten bedient, die jenseits nackter Abfallentsorgungspreise lagen. Die am Pfaffengrundprojekt beteiligten Unternehmen erhielten so einen ökonomisch, qualitativ, logistisch und rechtlich bestimmten Gesamteindruck über die einzelnen Entsorgungsvorgänge, der über eine stoffspezifischen ABC-Analyse verdichtet wurde[64].

Die Fragebogenaktion und die hieraus abgeleitete ABC-Analyse bezog sich dabei auf folgende Punkte:

---

[61] Vorgänger der heutigen Entsorgungsschlüsselnummern nach EAK.
[62] So wurde bspw. die LAGA-Schlüsselnummer 17201 („*Verpackungsmaterial aus Holz*") vor dem Hintergrund unterschiedlicher Verwertbarkeit und Verwertungspreise weiter differenziert in 17201a: „*unbehandeltes Altholz unspezifiziert*"; 17201b: „*Einwegpaletten*" und 17201c: „*EURO-Paletten*".
[63] Siehe hierzu im Detail: *Sterr* [Pfaffengrund 1998], S. 48 ff.
[64] Siehe hierzu insbesondere *Sterr* [Pfaffengrund 1998], S. 48, bzw. ebd. Anhang I (Fragebögen) (S. 85 ff.).

Ziel	Die Abfrage erfolgte über ...
Hochwertige Kreisläufe	• Beschreibung eigener Recyclinganlagen mit deren Inputanforderungen im Zusammenhang mit daraus entstehenden Redukten
Engräumige Kreisläufe	• Räumliche Nähe dieser Anlagen • Beschreibung der Entsorgungswege (im Falle von Beseitigungsabfällen bis hin zum Endverbleib) • Fragen zur Entsorgungslogistik
Erhöhung von Entsorgungssicherheit	• Zertifizierung als Entsorgungsfachbetrieb (Efb) oder ISO • Rechtliche Genehmigungen (für Anlagen, Stoffe, Transporte) • Lagerkapazitäten und Fuhrpark • Regionale Referenzen
Befriedigung von Auskunftspflichten der Produzenten gegenüber Behörden	• Vorlage rechtlicher Genehmigungen (für Anlagen, Stoffe, Transporte) • Dokumentation der Entsorgungswege[65]

Tab. 8-7: Über Fragebogen ermittelte Bewertungskriterien von Entsorgungsvorgängen im Rahmen des Pfaffengrund-Projektes

Die Ergebnisse der Befragung wurden im Rahmen einer Arbeitskreissitzung intensiv diskutiert und sodann eine Auswahl der Entsorgungsspezialisten getroffen, deren Anlagen man gemeinsam besichtigen wollte. Daraufhin erfolgten Besichtigungstermine verschiedener Einrichtungen der Firmen GAS/GVS/Zorell, Indra/Edelhoff, Buster, Hutt, Allsan/Kleiner/R&T sowie Wiegand, wobei die an diesen Veranstaltungen teilnehmenden Abfallbeauftragten der Pfaffengrunder Produzenten wiederum im Rahmen eines möglichst knapp gehaltenen Fragebogens ihren vor Ort gewonnenen Eindruck bewerten konnten.

Die Ergebnisse all dieser Datenauswertungen bildeten die Grundlage für verschiedenartige Entsorgungsumstellungen und Koordinationen zwischen einzelnen Pfaffengrunder Betrieben, die sich grob in vier Gruppen (A-D) aufteilten:

---

[65] Zentrales Element von Abfallwirtschaftskonzepten.

8. Zwischenbetriebliche Stoffkreislaufwirtschaft im Anwendungskontext

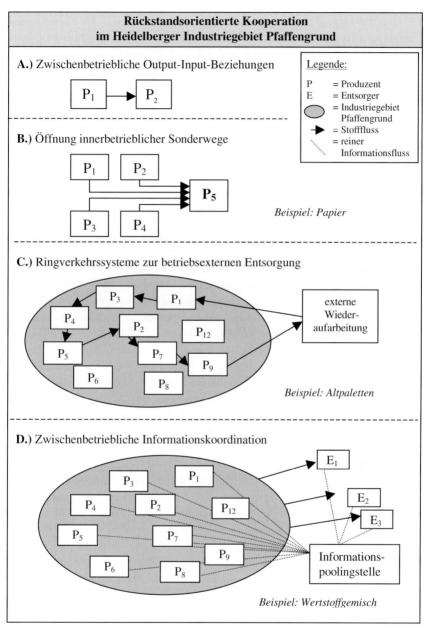

Abb. 8-4: Projektintern initiierte rückstandsorientierte Kooperationsformen zwischen Produzenten des Heidelberger Industriegebiets Pfaffengrund (modifiziert nach *Sterr* [Stoffkreislaufwirtschaft 1997], S.71)

Wie in den vorangegangenen Ausführungen dargestellt, wurde der Kooperationsgegenstand für den Umgang mit Industrieabfällen nicht nur auf stoffliche Inhalte beschränkt, vielmehr wurden auch ausschließlich informationelle Beziehungen in das Optimierungsgeschehen mit einbezogen. Gerade für die Kooperation am Industriestandort mit ihren erwartungsgemäß geringen Möglichkeiten zur standortinternen Stoffkreislaufschließung[66] war dies von zentraler Bedeutung.

Für die am Pilotprojekt partizipierenden Pfaffengrunder Produzenten entstand so eine entsorgungsstrategische Perspektive, die sich eben nicht auf stoffliche Output-Input-Kombinationen zwischen einzelnen Betriebsstätten beschränkt, sondern das Entsorgungsproblem in seiner Gesamtheit zu lösen versucht. Die in diesem Rahmen realisierten **Kooperationsformen** zwischen den Pfaffengrunder Betrieben gestalteten sich dabei wie folgt:

A.) Zwischenbetriebliche Output-Input-Beziehungen auf Produzentenebene

Wie bereits geschildert, dienten die nunmehr betriebsübergreifend vorliegenden qualitativen und quantitativen Abfalldaten zunächst einmal dazu, Interessenten innerhalb des Pfaffengrunder Akteursnetzwerks zu finden. Gelingt eine solche Kombination, so geht damit zumindest eine mehr oder weniger große Transportkostenersparnis einher, die sich nicht nur monetär, sondern gerade auch ökologisch sehr positiv auswirkt. Da die an einer entsprechenden Output-Input-Kombination beteiligten Akteure Elemente desselben Standortmilieus sind, sind auch die Güter Vertrauen und Kontrolle relativ kostengünstig zu bekommen, was die zwischenbetriebliche Kooperationswahrscheinlichkeit begünstigt. Dies kommt insbesondere hochwertigen Rückführungsprozessen zugute, die von Qualitätsgarantien abhängig sind, und die im Rahmen direkt nachbarschaftlicher Beziehungen weit weniger stark kodifiziert zu werden brauchen als bei indirekter Kommunikation. Da die Zahl industrieller Produzenten auf Industriestandortebene jedoch recht niedrig ist, sind auch potenzielle Produzenten-Produzenten-Beziehungen in diesem Systemrahmen lediglich im Bereich des Zufalls angesiedelt[67]. Dass es solche Gelegenheiten gibt, ist nicht unwahrscheinlich, wo man sie jedoch suchen muss, ist nicht prognostizierbar.

Im Falle des Pfaffengrunder Industriegebietes stießen große Mengen an Filmdöschen aus sortenreinem PE auf das Interesse eines Kunststoffverarbeiters, der daraufhin eine Charge davon regranulieren ließ. Die anschließenden Praxisversuche bestätigten tatsächlich die uneingeschränkte Eignung des Regranulats für den in Frage kommenden Produktionsprozess, so dass der Kunststoffverarbeiter mit der neuen Situation zunächst

---

[66] Siehe hierzu auch die Ausführungen in Kap. 7.5.5 und 7.5.6.
[67] Siehe hierzu auch die Ausführungen in Kap. 7.5.3.

einmal sehr zufrieden zu sein schien. – und dies auch deshalb, weil ihm die in der unmittelbaren Nachbarschaft anfallenden Filmdöschen kostenfrei überlassen werden sollten. Wie sich inzwischen zeigte, konnte sich hieraus dennoch keine dauerhafte Kooperation entwickeln, weil der Rückstandserzeuger nicht bereit war, Maßnahmen zur Freihaltung der betroffenen Abfallbehältnisse von störenden Polystyrol-Teilen zu ergreifen. Der primäre Grund hierfür lag darin, dass sowohl PE-Filmdöschen als auch PS-Schalen von Einwegkameras, juristisch betrachtet, Verpackungsmaterialien darstellen, die (ob nun vermischt oder nicht) kostenlos über das DSD[68] entsorgt werden können. Eine Getrennthaltung der beiden Fraktionen zu Ermöglichung einer höherwertigen Stoffkreislaufführung schied aufgrund des hierdurch erzeugten Gesamtkostenlimits von Null DM aus.

Abgesehen von der nicht vorhandenen Zahlungsbereitschaft zugunsten einer ökologisch verträglicheren Stoffkreislaufführung aufseiten des Rückstandsannehmers und des bleiben festzuhalten, dass die Verpackungsverordnung bisweilen auch das Gegenteil dessen bewirkt, was der Gesetzgeber mit ihrer Ausgestaltung beabsichtigt hatte. Denn die Aufrechterhaltung des Status quo (Filmdöschenentsorgung über eine DSD-Mischfraktion; keine freiwilligen Umweltbeiträge bei Auftreten zusätzlicher Kosten) führt in diesem Falle sowohl zur Aufrechterhaltung vermeidbarer Transportkosten[69] (→ Verhinderung engräumiger Kreislaufführung), als auch zu vermeidbarem Downcycling (→ Verhinderung hochwertiger Stoffkreislaufführung). Dass es über nachträgliche Sortierprozesse beim DSD selbst zu einer Selektionierung und Regranulierung der Filmdöschen kommt, ist nämlich höchst unwahrscheinlich. Ein prinzipiell offenstehender Weg zur substanziellen Minderung der Entropiezunahme erwies sich unter oben genannten Rahmenbedingungen somit als vorerst nicht gangbar[70].

B.) Öffnung innerbetrieblicher Sonderwege

Wo ein Wiedereinsatz von Abfällen mit oder ohne vorherige Konditionierung beim Anbieter oder Nachfrager nicht möglich ist, erlaubt die Informationstransparenz von Rückstandsströmen am Industriestandort den Blick auf abfallwirtschaftliche Sonderwege, wie sie bspw. von stoffspezifischen Großanfallstellen aus gegangen werden können.

---

[68] DSD = Duales System Deutschland.

[69] Gerade aufgrund seiner niedrigen Dichte, verbunden mit einer nur geringen monetären Bewertung ist der Anteil der Transportkosten an den Gesamtkosten einer PE-Kreislaufführung verhältnismäßig hoch, so dass sich gerade auf Industriestandortebene eine besondere Chance geboten hätte.

[70] Nachdem von staatlicher Seite hier derzeit wenig Veränderung zu erwarten ist, könnte allerdings der im Zusammenhang mit der Ölpreisentwicklung stehende Preis für Neu-PE wieder Bewegung in das aktuelle Geschehen bringen.

Im Falle des Heidelberger Pfaffengrundes zeigten sich derartige Entsorgungskanäle bei einem Wellpappehersteller, der über eine verhältnismäßig große Altpapiersenke verfügt (deren Volumina ihm vonseiten seines Zellstofflieferanten vergütet werden) und die er deshalb für bestimmte Nachbarfirmen zu vereinbarten Anlieferungszeiten zum Nulltarif zugänglich machte. Ein anderer Fall betraf einen Leuchtstoffröhrenhersteller, der ein sehr hochwertiges Rückführungsverfahren zu verhältnismäßig geringen Kosten garantieren kann, wenngleich damit verhältnismäßig hohe Raumüberwindungskosten (Zweigwerk in Thüringen) verbunden sind.

Im Gegensatz zum weiter oben geschilderten PE-Fall erwiesen sich diese Kooperationsmöglichkeiten bislang jedoch als stabil[71].

C.) Ringverkehrssystem zur betriebsexternen Entsorgung

Ringverkehrssysteme bilden vor allem dort eine attraktive Option, wo einzelne Abfallfraktionen in relativ kleinem Umfang bei relativ vielen Firmen anfallen, so dass die Ladekapazität des entsorgenden LKW erst über das Anfahren mehrerer Betriebsstätten ausgeschöpft wird. Voraussetzung hierfür ist dabei selbstverständlich, dass sich mehrere Produzenten sowohl auf die Inanspruchnahme eines bestimmten Entsorgers als auch die Festlegung eines bestimmten Abholturnusses verständigen können.

Im Heidelberger Pfaffengrund wurde ein solches Ringverkehrssystem im Bereich der Altpalettenentsorgung angeregt, wobei mit zwei Altpalettenaufarbeitern verhandelt wurde, die nicht nur Interesse an der Annahme dieser Objekte hatten, sondern gleichzeitig auch nach Redistributionsmöglichkeiten für aufgearbeitete Euro-Paletten suchten[72].

D.) Zwischenbetriebliche Informationskoordination

Für alle die Stoffe, die im Rahmen von Kooperationen im Bereich der Stoffströme selbst keine Koordinationsmöglichkeiten aufwiesen, blieb die Pfaffengrunder Informationstransparenz ein wirksames Instrument zur Verbesserung der Verhandlungsposition gegenüber der Entsorgungswirtschaft. Dies zeigte sich vor allem im Bereich nicht überwachungsbedürftiger Abfälle, die sich aufgrund ihres breit gestreuten Auftretens zu

---

[71] Wobei einschränkend betont werden muss, dass auch die Altpapiersenke nicht uneingeschränkt attraktiv ist, denn:
1.) ist sie kostenneutral und wird deshalb v.a. in Zeiten der Zuzahlung beansprucht, die auf dem Altpapiermarkt relativ kurzfristig eintreten, bzw. auch wieder zu Ende sind und
2.) vermag die Abfallsenke nur ungepresstes Altpapier anzunehmen, so dass sie für die größeren Pfaffengrunder Unternehmen, die ihre verhältnismäßig großen Altpapiervolumina über Presscontainer vorverdichten, unattraktiv ist. (Siehe hierzu auch *Sterr* [Pfaffengrund 1998], S. 46).

[72] Während es für EURO-Paletten noch deutliche Zuzahlungen gab, bewegte sich die sich Konditionen für die Entsorgung anderen Palettenarten im Wesentlichen um das Niveau der Kostenneutralität, die jedoch gegenüber einer Entsorgung als „unbelastetes Altholz" auch monetär deutliche Vorteile aufwies.

verhältnismäßig großen Gesamtmengen poolen ließen. Während hierdurch in nahezu allen Abfallfraktionen substanzielle Kosteneinsparungen realisiert werden konnten, zeichnete sich die firmenübergreifende Koordination im Bereich der „Wertstoffgemische" zusätzlich dadurch aus, dass durch ihre Abtrennung von beseitigungspflichtigem „Restmüll" auch ökologisch positive Effekte erreicht werden konnten[73].

Alle diese Kooperationsformen sind der vor Beginn des Pfaffengrund-Projekts unternehmensautark erfolgten Entsorgung ökonomisch überlegen und leisten so zumindest einen **ökonomisch motivierten Nachhaltigkeitsbeitrag**, der für die Stabilität des Verwertungsnetzwerks von entscheidender Bedeutung ist. Die Überlegenheit einer solchen überbetrieblichen Koordination im Umgang mit industriellen Abfallstoffen zeigte sich jedoch nicht nur im Bereich monetärer Kosteneinsparungen und/oder Erlössteigerungen, sondern darüber hinaus auch in folgenden **ökologischen Nachhaltigkeitsbeträgen**:

- **Reduktion der erforderlichen Transportkilometerleistungen**
  Gerade die Realisierung der Kooperationsmuster A, B und C ist im Allgemeinen mit einer deutlichen Reduktion der für die Entsorgung notwendigen Transportkilometerleistungen verbunden. Der hieraus erwachsende ökologische Vorteil erstreckt sich dabei von der Einsparung nicht regenerierbarer Treibstoffressourcen über die fahrleistungsbedingter Emissionen, bis hin zur Vermeidung von Verkehrsverstopfungen, wovon wiederum ähnlich geartete Einsparungseffekte abgeleitet werden können.

- **Minimierung von Downcyclingeffekten**
  Direkte Output-Input-Beziehungen zwischen verschiedenen Produzenten maximieren die Wahrscheinlichkeit einer hochwertigen Stoffkreislaufschließung, weil das damit einhergehende Informationsgeflecht relativ dicht ist und darum an den transferierten Stoffen relativ aussagekräftige Informationspakete haften. Dies gilt insbesondere innerhalb eines Industriestandorts, der durch die räumliche Nähe zwischen den einzelnen Akteuren die Entwicklung eines kreativen Milieus begünstigt. Auch die Kooperationsformen B und C bedingen eine deutliche Vorsortierung der Abfallstoffe und schaffen dadurch wertvolle Voraussetzungen für eine qualitativ hochwertige Stoffkreislaufschließung. Im Koordinationsfall D sind ähnlich gerichtete Effekte im Zusammenhang mit einer von Mengenschwellen abhängigen Erschließung hochwertiger Verwertungsschienen denkbar.

---

[73] Gleichwohl muss allerdings darauf hingewiesen werden, dass aus der Umdeklarierung eines „Abfalls zur Beseitigung" zu einem „Abfall zur Verwertung" noch keine ökologische Verbesserungen resultieren. Dies gilt insbesondere dann, wenn auch für die sog. „energetische Verwertung" thermische Verfahren zur Anwendung kommen, die mit solchen zur „thermischen Beseitigung" technologisch identisch sind.

- **positive Impulse auf die Entwicklung von Sekundärrohstoffmärkten**
  Die über derartige Kooperationsmuster entstehenden Bündelungseffekte lenken das Interesse von Sekundärrohstoffnachfragern verstärkt auf sich, bzw. treiben Überlegungen zur Prüfung von Sekundärrohstoffeinsatzmöglichkeiten oder zum Aufbau von Sekundärrohstoffaufbereitungskapazitäten im Zusammenhang mit der eigenen Produktion voran. Dies fördert wiederum das Entstehen neuer (primär) zwischenbetrieblicher Output-Input-Beziehungen und damit die Erhöhung der Ressourceneffizienz des Wirtschaftens insgesamt.

Die im Rahmen des Pfaffengrundprojektes entwickelte Vorgehensweise verbindet damit explizit nachgewiesene betriebswirtschaftlich-ökonomische Vorteile mit einem höheren Maß an Ökologieverträglichkeit industrieller Regimes und beschreibt so ein nachhaltigkeitsförderndes Konzept, das kreislaufwirtschaftliche Zielvorstellungen mit wirtschaftlicher Stabilität verbindet und damit Nachhaltigkeitskriterien auch im Sinne dauerhafter Aufrechterhaltung der vorgeschlagenen Handlungsmuster erfüllt.

8.1.5.3 Zusammenfassung empirischer Ergebnisse aus der Perspektive einzelner Unternehmen

Wie die folgenden Schaubilder (Abb. 8-5 a/b) sowie Abb. 8-6a/b) nahe legen, war die rückstandsorientierte Kooperation der Pfaffengrunder Produzenten insbesondere aus ökonomischer Perspektive äußerst zufriedenstellend.

Diese Zufriedenstellung der projektbeteiligten Unternehmen manifestierte sich allerdings nicht nur in einzelwirtschaftlichen Kostenkurvenverläufen wie bspw. jenen der Abb. 8-6, sondern auch in ex post ermittelten Amortisationszeiten der monetären Eigenfinanzierungsbeiträge, die die Firmen für eine Teilnahme am Netzwerkaufbau und anderer mit dem Projekt verbundener firmenbezogener Leistungen aufzubringen hatten[74]. Darüber hinaus erwiesen sich die in Aussicht gestellten Kurvenverläufe (Abb. 8-6a) auch im Nachhinein als realistisch[75].

---

[74] Bei über der Hälfte der am Pfaffengrundprojekt partizipierenden Unternehmen lagen die **Amortisationszeiten** der von Firmenseite zu tragenden Eigenleistungen bei weniger als ½ Jahr. (Siehe hierzu auch das Kuchendiagramm in *Sterr* [regionale Stoffstromtransparenz 2000], S. 55).

[75] Der gegenüber dem in Abb. 8-6a prognostizierten Kurvenverlauf aufgetretene Ausreißer im 2. Halbjahr 1997 ist auf eine kurz vor Jahreswende durchgeführte Generalreinigung der Galvanisierungsanlagen zurückzuführen und stellt damit einen außerordentlichen Kostenblock dar, der nur in mehrjährigen Abständen auftritt (und daher auch nicht im Zusammenhang mit Koordinationsüberlegungen stehen kann).

8. Zwischenbetriebliche Stoffkreislaufwirtschaft im Anwendungskontext

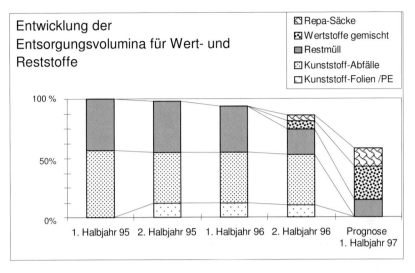

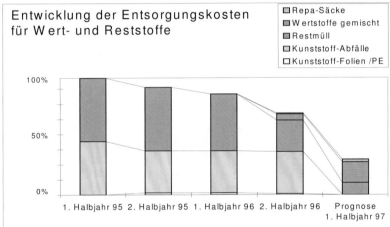

Abb. 8-5a/b: Entwicklung der Entsorgungskosten und Entsorgungsvolumina für Wert- und Reststoffe am Beispiel eines Pfaffengrunder Produzenten (Quelle: *Sterr* [Pfaffengrund 1998], S. 41)[76]

---

[76] Die Ursachen für die hier wiedergegebenen Kosten- und Mengenentwicklungen gründeten sich in diesem Fallbeispiel v.a. auf zwei Faktoren: Erstens auf die von unserem Pfaffengrund-Projektmitarbeiter Rüdiger Thier erkannte systematische Fehlabrechnung einer größeren Abfallfraktion (die schließlich auch zu deutlichen Rückerstattungen für die Firma führte) und zweitens auf das Ende bedeutender **Leermengenentsorgungen**, wie sie über ehedem fixe Abholturnusse bei gleichzeitig volumenbezogener Abrechnung stattgefunden hatten. Die faktischen Mengenreduktionen blieben marginal – was ohne kurzfristige Eingriffe in die Prozesstechnologie auch zu erwarten war.

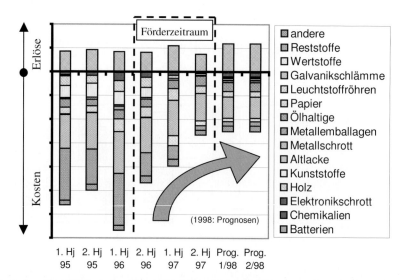

Abb. 8-6a: Entwicklung der Entsorgungskosten vor und während der Implementierung des „Pfaffengrund-Projekts" am Beispiel eines Pfaffengrunder Produzenten; mit Prognosen für deren Weiterentwicklung auf Basis der über Firmen übergreifende Koordination erzielten Konditionen

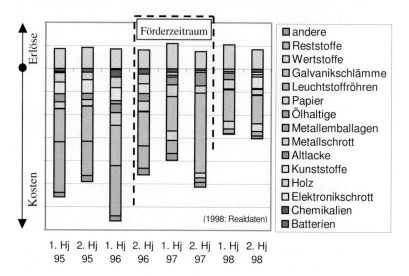

Abb. 8-6b: Entwicklung der Entsorgungskosten vor, innerhalb und nach der Implementierung des „Pfaffengrund-Projekts" am Beispiel des in Abb. 8-6a dargestellten Produzenten

8. Zwischenbetriebliche Stoffkreislaufwirtschaft im Anwendungskontext

Alle diese Effekte konnten jedoch nur dort eintreten, wo entsprechende Umsetzungsvorschläge auch zur Ausführung kamen – was durchaus nicht selbstverständlich war[77].

Damit wurde die Hypothese eindeutig bestätigt, dass eine überbetriebliche Transparenz von Rückstandsströmen am Industriestandort nicht nur im Kalundborger EIP Wirkung zeigte, sondern auch bei einem wegen seiner „gewöhnlichen" Eigenschaften hochgradig repräsentativen Industriegebiet[78] beträchtliche Einsparpotenziale offen zu legen und auszuschöpfen vermag. Ebenso bestätigt wurde im Übrigen auch die in Kap. 8.1.4 bzw. Abb. 8-2 erläuterte Hypothese, dass diese Einsparpotenziale im Bereich der „Mittelständler" besonders ausgeprägt und vielfältig sein müssten. Bei Ihnen lagen die Amortisationszeiten der monetären Eigenfinanzierungsbeiträge zumeist unter einem Jahr. Der faktische Nutzen des datentechnischen Poolingprozesses war also gerade auf der ökonomischen Seite beträchtlich, wofür im Wesentlichen die folgenden Effekte verantwortlich gemacht werden können:

Effekt	Kurze Erläuterungen
• Transparenzeffekt	Die an die verschiedenen Entsorgungsunternehmen versandten Unterlagen veranschaulichten jenen glaubhaft, dass im Heidelberger Pfaffengrund auf Standortebene Informationstransparenz besteht, die auch im Falle der bei KMU vielfach „nebenberuflich tätigen" Entsorgungsverhandlungspartner keine firmen- oder personenspezifischen Sonderaufschläge mehr zuließ.
• Skaleneffekt	Die stoffspezifischen Abfallmengen des Heidelberger Pfaffengrundes wurden zwar nur virtuell gepoolt und nicht etwa über die Einrichtung gemeinschaftlich genutzter Abfallzwischenlager, dennoch führte die Aussicht der Entsorger auf die Akquisition vergleichsweise großer Abfallmengen offensichtlich zur Gewährleistung deutlicher Preisnachlässe / Mengenrabatte.
• Privatisierungseffekt	Es darf allerdings nicht verschwiegen werden, dass vor dem Hintergrund der Inkraftsetzung des neuen KrW-/AbfG im Bereich „hausmüllähnlicher Gewerbeabfällen zur Verwertung" ein ausgeprägter Preisrutsch stattfand, der zwar projektintern kommuniziert wurde, jedoch eindeutig projektexterne Wurzeln besitzt[79].

Tab. 8-8: Zwischenbetriebliche Poolingeffekte des Pfaffengrund-Projekts

---

[77] So wies ein Teil der Firmen besondere Verflechtungsbeziehungen zu einem bestimmten Entsorger auf, andere Firmen waren mit Entsorgern längere vertragliche Bindungen eingegangen und schließlich gab es auch Fälle, in denen klar bezifferbare Einsparpotenziale aus nicht näher erläuterten Gründen unausgeschöpft belassen wurden.

[78] Siehe die in Kap. 8.1.2 aufgezählten Standortcharakteristika des Heidelberger Pfaffengrundes.

Wirft man einen Blick auf die Stoffe, bei denen die höchsten **Einsparungen** erzielt worden sind, so handelt es sich, von wenigen Ausnahmen abgesehen, in erster Linie um solche

- die bei einem Großteil der Firmen zu finden sind,
- hierbei in großer Regelmäßigkeit anfallen
- und gleichzeitig nicht überwachungsbedürftig sind.

Im Einzelnen handelt es sich dabei insbesondere um unbehandeltes Altholz, um Altpaletten, um nicht überwachungsbedürftige Kunststofffolien und andere Thermoplaste sowie um Wertstoffgemische. Doch auch in den Fällen, wo nur die ersten beiden der oben genannten Charakteristika gegeben waren (bspw. bei ölverschmutzten Betriebsmitteln oder Altöl) [80], konnten zum Teil noch erhebliche Kosteneinsparungen erzielt werden. Im Fall der Fa. TI Automotive GmbH gelang es auch dem Umwelt- und Abfallbeauftragten selbst, eine neue Verwertungsschiene für seine überwachungsbedürftigen Metallschlämme zu öffnen, so dass hier die stoffspezifische Datentransparenz eines firmeninternen Zwischenberichts genügte, um einer unternehmensseitigen Eigeninitiative hinreichende Impulse für eine verwertungsorientierte Umsteuerung zu liefern.

Die folgenden Abbildungen 7a/b vergleichen die abfallwirtschaftliche Situation eines Pfaffengrunder Produzenten aus dem 1. Halbjahr 1996, (d.h. vor Beginn des „Pfaffengrund-Projekts") bzw. dem 2. Halbjahr 1998 (d.h. unmittelbar nach Projektende) mit den im Rahmen der Entsorgerausschreibungen erhaltenen Angeboten an die Pfaffengrunder Produzentengemeinschaft.

Wie das erste der beiden Schaubilder anzeigt, lagen die vor Beginn des Pfaffengrundprojektes gegebenen Preiskonditionen teilweise noch deutlich unterhalb des schlechtesten Koordinationsangebots, während diejenigen aus dem ersten Halbjahr 1998 (Abb. 8-7b) dokumentieren, dass tatsächlich große Teile der über das vereinte Abfallangebot an die Entsorgungswirtschaft eröffneten Potenziale auch ausgeschöpft werden konnten. Im Falle der Altholzentsorgung konnte sogar das beste der vorliegenden Angebote realisiert werden, so dass die Differenz zwischen bestem Kooperationsangebot und den aktuellen Entsorgungskonditionen für Altholz null beträgt[81].

---

[79] Während nach dem AbfG praktisch noch sämtliche gemischt anfallenden Industrieabfälle im Rahmen eines öffentlichen Beseitigungsregime angedient werden mussten, gelang es der privatwirtschaftlich organisierten Entsorgungswirtschaft auf der Grundlage des KrW-/AbfG recht zügig, gemischt anfallende „Abfälle zur Verwertung" als sog. **„Wertstoffgemische"** oder **„hausmüllähnliche Gewerbeabfälle zur Verwertung"** aus der öffentlichen Andienungspflicht herauszuschneiden. Damit konnten die Unternehmen ihre **„Restmüllmengen"** die gemäß einer öffentlichen Gebührensatzung zu vergleichsweise hohen Kosten angedient werden mussten, maßgeblich verkleinern, indem sie eine Trennung in verwertbare und nichtverwertbare Mischabfallfraktionen vornahmen. Im Regime der öffentlichen Abfallentsorgung blieb damit zumeist nicht viel mehr als ein tatsächlich nicht mehr verwertbarer „Rest".

[80] Sie fallen bei einem Großteil der Firmen regelmäßig an, sind jedoch überwachungsbedürftig.

[81] Kein gepunkteter Balken.

8. Zwischenbetriebliche Stoffkreislaufwirtschaft im Anwendungskontext

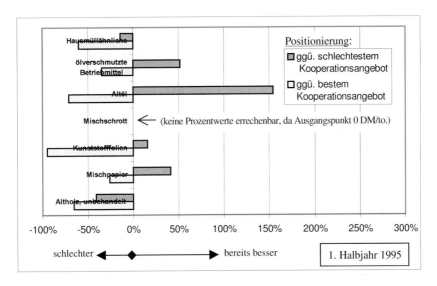

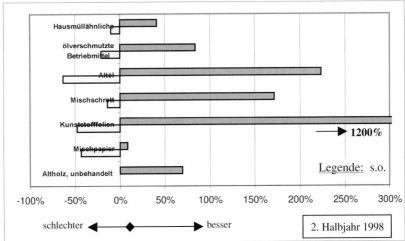

Abb. 8-7a/b Vergleich ausgewählter stoffspezifischer Abfallentsorgungskonditionen vom 1. Hj. 1995[82] (Abb. 8-7a) bzw. vom 1. Halbjahr 1998[83] (Abb. 8-7b) mit dem billigsten bzw. teuersten Entsorgerangebot an das Pfaffengrunder Produzentennetzwerk von November 1997 – dargestellt am Beispiel eines Pfaffengrunder Produzenten

---

[82] D.h. also unmittelbar vor Beginn der firmenübergreifenden Abfallstoffstromtransparenz und Koordination im Rahmen des Pfaffengrundprojekts.

[83] D.h. also unmittelbar nach Projektende.

Auch bei den hausmüllähnlichen Abfällen zur Verwertung[84] lag die beim Produzenten letztlich verwirklichte Entsorgungslösung lediglich 10% oberhalb des besten Angebotes, war aber gleichzeitig aber um 40% günstiger als das Szenario vor der Umstellung – und dies unter Einschluss sämtlicher Entsorgungsnebenkosten.

In ihrer Gesamtaussage veranschaulicht die in Abb. 8-7b eingeschlossene **Ex-post-Betrachtung** klar, dass sich die vonseiten der Entsorgungswirtschaft offerierten Angebotspreise tatsächlich in weiten Teilen auch faktisch manifestieren konnten. Dass dies nicht zu 100% geschehen konnte, lag an starken Spotmarktschwankungen bspw. im Bereich von Altpapier oder bei verschiedenen Metallarten, es lag an einzelnen Lockangeboten, die sich im Nachhinein als unseriös herausstellten, es lag aber in erster Linie daran, dass die einzelnen Firmen ein ihren Bedürfnissen entsprechendes Entsorgungsmix zusammenstellten, welches sich eben nicht nur am aktuell kostengünstigsten oder erlösträchtigsten Entsorgungsangebot orientierte, sondern auch an den qualitativen Ergebnissen der Entsorgerbefragung sowie an persönlichen Beziehungen.

Zwar wird aus Geheimhaltungsgründen von einer Veröffentlichung firmeninterner Preisdaten abgesehen, doch kann der einschneidend positive Gesamteffekt des „Pfaffengrundprojektes" ja durchaus auch anhand von Prozentwerten veranschaulicht werden. Diesem Zweck dient die Abb. 8-8 (siehe rechte Seite), welche die Kostenverläufe einzelner Abfallarten und Abfallgruppen vor, während und nach Abschluss des Pfaffengrundprojektes am Beispiel eines mittelständischen Pfaffengrunder Produzenten aufzeigt.

Auffallend sind auch hier die enormen Tonnenpreisreduktionen, die gerade im Bereich der Kunststofffolien und der Wertstoffgemische erzielt werden konnten. Es muss jedoch auch hier darauf hingewiesen werden, dass das Ausmaß dieser Einspareffekte nicht nur auf reale Preisnachlässe zurückzuführen ist, sondern zu erheblichen Teilen auch auf Umstellungen bei Sortentrennung, Logistik und Abrechnungsmodi[85]. Hinter den in Abb. 8-8 ausgewiesenen Kostensteigerungen im Bereich ölhaltiger Abfälle stehen Sonderabholungen[86]. Hinter der Zunahme beim Tonnenpreis für Papier und Metalle stehen die in diesen beiden Fällen sehr engen Beziehungen zu den Börsenpreisen für entsprechende Rohstoffe, die sich während des Betrachtungszeitraums nach oben entwickelt hatten[87].

---

[84] In den beiden Abbildungen 8-7a/b abgekürzt als „Hausmüllähnliche".
[85] Eliminierung der Leermengenberechnung durch Umstellung von Volumen- auf Tonnenbasis.
[86] In den Jahren 1997 und 1998 wurden Sonderabholungen durchgeführt, die in den beiden vorangegangenen Jahren nicht stattfanden. Die Kostenentwicklung der Hauptfraktionen dieser Abfallgruppe (i.e. Altöle und ölverschmutzte Betriebsmittel) verlief bei dieser Firma deutlich unter der 100%-Marke bei einem monetären Einsparungseffekt von 12 bzw. 17%.
[87] Ein Privatisierungseffekt machte sich hier nicht bemerkbar, da beide Stofffraktionen zumindest Jahre, im Falle von Metallen auch schon Jahrzehnte über privatwirtschaftlich tätige Akteure eingesammelt und wieder aufbereitet werden.

8. Zwischenbetriebliche Stoffkreislaufwirtschaft im Anwendungskontext

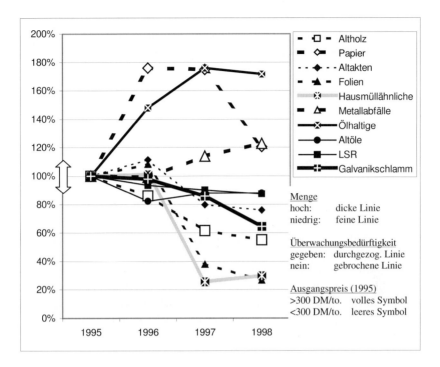

Abb. 8-8: Entsorgungskostenverlauf typischer Abfallarten und Abfallgruppen über den Zeitraum des „Pfaffengrund-Projektes" einschließlich der Ex-post-Daten für 1998
– dargestellt am Beispiel eines Pfaffengrunder Produzenten.

Die vorangegangenen Abbildungen zeigten firmenspezifische Ausprägungen tatsächlich ausgeschöpfter Kosteneinsparpotenziale, deren Muster akteursspezifisch zwar differierten, gerade im Bereich weitverbreiteter und nicht überwachungsbedürftiger Abfälle aber deutliche Ähnlichkeiten aufwiesen.

Auch in puncto Förderung der Hochwertigkeit von Stoffkreislaufprozessen eröffnete die firmenübergreifende Abfallstoffstromtransparenz und -koordinierung im Pfaffengrund eine ganze Reihe neuer Wege, die wiederum zukunftsweisende Perspektiven bieten können, darunter:

- die separate Entsorgung von Altpaletten zur Reparatur für den Wiedereinsatz im Materialtransport oder bei der Materiallagerung
- verbesserte Verwertungsmöglichkeiten für Polystyrol (PS)
- das Ausfindigmachen genehmigter Verwertungsverfahren für ölverschmutzte Hilfs- und Betriebsmittel und weitere 3 Abfallarten sowie

- einen Umstieg auf die Verwertungsschiene für die Entsorgung von Galvanikschlämmen (was speziell auf die Aktivitäten eines Firmenangehörigen zurückzuführen war).

Weitere ökologische Vorteile wurden bereits an früherer Stelle dieses Kapitels angeschnitten[88] und brauchen deshalb an dieser Stelle nicht noch einmal thematisiert zu werden.

8.1.6 Kritische Reflektion und Perspektiven

Ein Resultat dieses zwischenbetrieblich angelegten Koordinationsprozesses ist also die Erkenntnis, dass Ökonomie und Ökologie auch im relativ eng begrenzten Raum eines Industriegebietes, das gewöhnlich durch ein allenfalls loses Konglomerat von KMU gekennzeichnet ist, auf einer breiten Palette von Handlungsalternativen Hand in Hand gehen. Die Tatsache, dass die oben beschriebenen Vorteile ohne investive Maßnahmen erzielt werden konnten, bestärkt die Vermutung, dass ein wesentlicher **Schlüssel des Erfolgs** bereits in der Schaffung innerbetrieblicher Stoffstromtransparenz liegt, die im Rahmen eines schrittweisen Vorgehens um eine zwischenbetrieblicher Stoffstromtransparenz erweitert wurde. Beide Ausprägungen waren im Rahmen des Pfaffengrund-Ansatzes eng aneinander gekoppelt, was allerdings nicht nur zu zwischenbetrieblicher Stoffstromkoordination führte, sondern allem voran zu koordinationsunabhängig umsetzbaren Verbesserungsvorschlägen, die firmenübergreifend zusammengetragen werden konnten[89] und im Allgemeinen relativ zügig eingeleitet wurden.

So zeigte das „Pfaffengrundprojekt" ganz allgemein, dass sich die Formierung einer Akteursgemeinschaft am Industriestandort einzelbetrieblich selbst dort auszahlt, wo verschiedene Firmen weder über die Wertschöpfungskette noch über die Branchenzugehörigkeit in Beziehung zueinander stehen[90]. Dabei leistet ein solches Unternehmensnetzwerk nicht nur im Sinne einer Steigerung von Anbietermacht Wesentliches, sondern darüber hinaus auch bei der Förderung einer immer schwieriger herzustellenden Rechtssicherheit sowie bei der Systematisierung und damit auch Erfolgswahrscheinlichkeit von Suchprozessen.

Rekapituliert man die für den Erfolg des Pfaffengrund-Projektes wichtigen Kommunikationsstrukturen, so müssen zumindest drei wesentliche Bausteine genannt werden:

---

[88] Siehe bspw. Kap. 8.1.5.1 bzw. die entsprechende Kennzeichnung in Tab. 8-6.
[89] Siehe hierzu bspw. auch die in Tab. 8-6 aufgelisteten Punkte.
[90] Zur Erläuterung horizontaler, vertikaler und diagonaler Beziehungsmuster siehe Kap. 7.1.4.1. bzw. Abb. 7-17.

8. Zwischenbetriebliche Stoffkreislaufwirtschaft im Anwendungskontext

- Der unter Leitung des IUWA e.V. entlang der abfallwirtschaftlichen Koordinationsbedürfnisse der Projektmitglieder entwickelte **Pfaffengrund-Arbeitskreis** [91], der sich im Rahmen der 15-monatigen Projektlaufzeit zu insgesamt 5 Sitzungen traf.
  → Pfaffengrund-extern moderiertes und projektspezifisch ausgestaltetes Instrument zur strategischen, taktischen und operativen Problembehandlung zwischen rechtlich selbständigen Akteuren[92] mit inhaltlicher Konzentration auf Fragen zur industriellen Abfallwirtschaft im Heidelberger Industriegebiet Pfaffengrund.
- Der unter Leitung der Stadt Heidelberg zeitgleich mit der Präsentation des „Pfaffengrundprojekts" ins Leben gerufene **„Arbeitskreis Industrie- und Gewerbegebiet Pfaffengrund"** [93], dem ganz allgemein an der Förderung des Industriestandorts Pfaffengrund gelegen ist.
  → Pfaffengrund-extern moderiertes Instrument zur Förderung von Standortidentität und Standort-Image.
- Die vereinzelt vorhandenen **persönliche Bekanntschaften** zwischen Entscheidungsträgern verschiedener Unternehmen waren insbesondere dort hilfreich, wo es um die Projektpartizipation selbst oder die Bereitschaft zur netzwerkinternen Datenpreisgabe ging.
  → Nicht moderiertes und gänzlich informelles Beziehungsgeflecht, das firmenübergreifende Prozesse wesentlich zu beschleunigen (aber auch auszubremsen) vermag.

Ein zentraler Erfolgsbaustein war mit Sicherheit die Handlungsleitlinie, dass der bewusst vollzogene Aufbruch zu einem ökologisch verträglicheren Abfallmanagement nicht nur langfristige Perspektiven öffnen durfte, sondern bereits am Anfang des gemeinsamen Weges (und damit ziemlich kurzfristig) unumstrittene Erfolge zeitigen musste, die nach Möglichkeit auch bei einem Scheitern weitergehender Schritte erhalten bleiben sollten. In diesem Zusammenhang musste das projektleitende IUWA e.V. frühzeitig anerkennen, dass auch unumstrittene ökologische Chancen in aller Regel eines ökonomisches „Win" bedürfen, um Aussicht auf die faktisch entscheidende Umsetzung und dauerhafte Aufrechterhaltung zu

---

[91] Aufbau und Moderation: Herr Sterr (Projektleiter Pfaffengrundprojekt).
[92] Damit sind bereits strukturelle Anlagen eines **Umweltmanagement-Netzwerkes** angedeutet, die jedoch den Umfang dieser Arbeit um weitere 40-50 Seiten vergrößert hätten und deshalb netzwerktheoretisch nicht mehr vorbereitet werden konnten. Stellvertretend hierfür sei jedoch insbesondere auf die Habilitationsschrift von *Sydow* [Strategische Netzwerke 1992], auf den Sammelband von *Bellmann / Hippe* [Unternehmensnetzwerke1996], auf *Kaluza / Blecker* [Entsorgungsnetzwerke 1996], [Umweltmanagementnetzwerke 1998], auf *Malinsky* [regionales Systemmanagement 1999] und *Dörsam / Icks* [KMU-Netzwerke 1997] sowie auf die Dissertationsschrift von *Krcal* [Umweltschutzkooperationen 1999] hingewiesen.
[93] Aufbau und Moderation: Stadtdirektor Dr. Klaus Plate.

haben. Tatsächlich stellte sich im Zuge der Projektlaufzeit sehr deutlich heraus, dass dies auch für solche Fälle gilt, in denen als primäre Motivation für die Projektpartizipation eine nachhaltigkeitsorientierte Firmenphilosophie bzw. ein dem entsprechendes Umweltimage angegeben worden war.

Was im Sinne eines mancherorts etwas vermissten „ökologischen Geistes" zunächst als Problemzone empfunden worden war, hatte sich schließlich zunehmend zu einer tatsächlichen Stärke des Pfaffengrunder Projektansatzes entwickelt. Denn auf diese Weise erhielten direkt messbare monetäre Kosteneinsparungen pro Zeiteinheit bereits in einem sehr frühzeitigen Umsetzungsstadium die Ihnen im unternehmerischen Geschehen zukommende zentrale Bedeutung und ebneten so den Weg zur Vollerhebung trotz Eigenbeteiligung, die ansonsten gerade im KMU-Bereich mit Sicherheit nicht möglich gewesen wäre.

Bei kritischer Betrachtung hat das Pfaffengrundprojekt somit zumindest den Nachweis dafür erbracht, dass firmenübergreifende Koordination im Abfallwirtschaftsbereich räumlich benachbarter KMU mit umsetzbaren ökonomischen Vorteilen einhergeht, die in vielen Punkten mit ökologisch positiven Wirkungen gepaart sind[94]. Ein derartiges Ergebnis mag einem überzeugten Ökologen zunächst einmal als recht bescheiden erscheinen. Die Tatsache, dass der Einstieg in die industrielle Stoffkreislaufwirtschaft das Durchschlagen einer ökologisch geprägten Firmenphilosophie oder ökologisch motivierten Mitarbeiterschaft aber offensichtlich nicht zwingend voraussetzt, weil sich viele ökologisch sinnhafte Maßnahmen auch aus der Perspektive des Betriebsbuchhalters rechnen, gibt jedoch berechtigten Anlass zur Hoffnung, dass das Pfaffengrundbeispiel aufgrund seiner „typischen Eigenschaften" [95] auch anderenorts genügend Nachahmer findet. Kommt es tatsächlich zu einer Diffusion und Potentialausschöpfung derartiger Standortkonzepte, so dürfte deren Gesamtwirkung deutlich höher sein, als die vielfach zu beobachtende Beschränkung des Forschungsinteresses auf die Planung von „Zero-Emissions-EIPs" auf der grünen Wiese, dessen Erkenntnisse praktisch nur auf den (einmaligen) Geburtsvorgang ausgewählter Industriestandorte angewandt werden können. Auch die planvolle Umwandlung eines traditionellen Altindustriegebiets in einen „Zero-Emissions-EIP" [96] dürfte sich an vielen Stellen als allzu ambitioniert erweisen. Dem EIP-Konzept selbst soll damit jedoch weder seine Berechtigung, noch sein Demonstrationswirkung abgesprochen werden. Ganz im Gegenteil: Studien über „durchschnittliche" und außergewöhnlich zukunftsverträgliche Akteurscluster benötigen einander, indem sie (siehe die Abb. 8-9 auf der rechten Seite) den Möglichkeitsraum des Machbaren aufspannen:

---

[94] Siehe hierzu auch die Ausführungen in Kap. 8.1.5.1, bzw. die dortige Tab. 8-6.
[95] Siehe die Ausführungen in Kap. 8.1.2.
[96] Siehe hierzu auch die Ausführungen zu Eco-Industrial Parks in Nordamerika (Kap. 7.5.4.2).

8. Zwischenbetriebliche Stoffkreislaufwirtschaft im Anwendungskontext

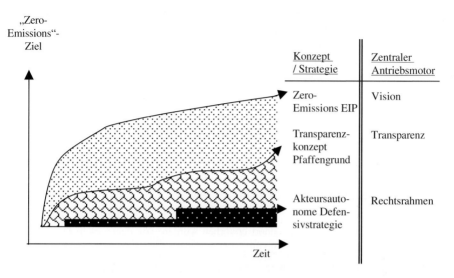

Abb. 8-9: Möglichkeitsräume eines ökologisch orientierten Wirtschaftens am Industriestandort

Sowohl die zentrale Bedeutung der **Vision** im Falle des „Zero-Emissions Eco-Industrial Park", als auch die der **Transparenz** im Falle des Pfaffengrunder Transparenzkonzepts sind allerdings nicht mehr als notwendige Bedingungen für die Förderung von Abfallvermeidung sowie einer möglichst entropiearmen Stoff- und Energiekreislaufwirtschaft. Hinreichend sind sie nur in Übereinstimmung mit dem viel zitierten *„human factor"*, der ein solches Unterfangen jederzeit vereiteln kann. Tut er dies nicht, so bildet er ein zentrales Gestaltungselement. Je nachdem, in welcher Weise die von akteursspezifischen Eigenschaften, Bedürfnissen und Interessen geprägten Entscheidungsträger tatsächlich über Betriebsgrenzen hinweg zusammenarbeiten, werden sich jedoch recht unterschiedliche Formen von Beziehungen entwickeln.

Dafür, dass sich die Verabschiedung von einer unternehmensindividuellen Defensivstrategie selbst im Rahmen eines rein buchhalterisch berechneten Zahlenspiels lohnt, lieferte der am Beispiel des Pfaffengrundes entwickelte Stufenplan[97] allemal den empirischen Beweis, was dem Pfaffengrunder Transparenzkonzept etliches an Raum für seine Ausbreitung geben sollte.

Das hohe Maß an **Stabilität und Übertragbarkeit** der ökonomisch und ökologisch vorteilhaften Projektergebnisse leitet sich insbesondere daraus ab,

---

[97] Siehe Kap. 8.1.5 sowie die dortige Abb. 8-3.

- dass ökonomisch-ökologische Vorteile auf allen Implementierungsstufen des Pfaffengrundkonzepts auftraten, d.h. dass nicht nur die angestrebten finalen Ziele des Projektes, sondern auch die einzelnen Aufbauphasen mehr oder weniger stabile Niveaus darstellen, auf die man sich wieder zurückziehen könnte, wenn eine weitergehende Konsensfindung sich als nicht möglich erweist bzw. zerbricht, ohne damit zu riskieren, dass die bereits geleisteten Arbeitsschritte hierdurch ihre Vorteile einbüßten und den Entwicklungspfad als Ganzes gefährdeten (Systemtod),

- dass das Pfaffengrundprojekt auf einer Vollerhebung beruhte, deren „Probanden" sich eben nicht aus umweltproaktiven Pionierunternehmen zusammensetzen, sondern in dem ökologisch wenig exponierte und diesbezüglich eher reaktiv tätige Entscheidungsträger eindeutig dominieren,

- dass die hier dargestellten Erkenntnisse an einem streng mittelständisch bestimmten Industriestandort erworben wurden, von denen es in Deutschland außerordentlich viele gibt,

- dass die vorgeschlagene Strategie zur Förderung zukunftsgerichteten, kreislauforientierten Wirtschaftens eine marktlich bestimmte ist, die Ökologiebeiträgen bisweilen auch nur im Rahmen „kostenloser" Synergieeffekte nachgeht,

- dass die über das Pfaffengrundprojekt eröffneten Kostenvorteile in aller Regel ohne technische Änderungen realisiert werden konnten und damit dem begrenzten finanziellen Handlungsspielraum insbesondere kleinerer und mittelgroßer Unternehmen in jedem Falle voll gerecht wird,

- dass auch die Etablierung einer (Pfaffengrunder) Interessengemeinschaft zur Koordinierung abfallwirtschaftlicher Außenbeziehungen die Entscheidungsfreiheit der unternehmerischen Entscheidungsträger nicht tangiert, indem die von der Interessengemeinschaft abfallgruppenspezifisch vorgeschlagenen entsorgungswirtschaftlichen Kooperationspartner lediglich Empfehlungen darstellen und keine Sanktionsinstrumente für nicht-kooperatives Verhalten existieren.

Wie bereits im Zusammenhang mit der Diskussion von EIPs thematisiert, stößt die Problemlösungskompetenz einer industriestandortbezogenen Akteursgemeinschaft recht schnell an ihre Grenzen. Dies gilt sowohl für die Lösung technischer und rechtlicher Fragen, wie auch für die in Abhängigkeit von abfallstoffspezifischen Entsorgungsmengen erzielbaren Skaleneffekte. Darüber hinaus sind rückstandsorientierte Kooperationen bei Beschränkung auf den Industriestandort auch wegen ihres Mangels an Redundanz im Allgemeinen recht fragil[98]. Dies gilt insbesondere

---

[98] Siehe in diesem Sinne auch die Ausführungen zur Redundanzproblematik in Kap. 7.5.5.

… für hochwertige Output-Input-Kombinationen, wie sie in Kap. 8.1.5.2 bzw. der dortigen Abb. 8-4 (Fälle A und B) beschrieben wurden. Darüber hinaus bedarf die Aufrechterhaltung zwischenbetrieblicher Informationstransparenz einer steten Systempflege, die angesichts der Sensitivität der im Zentrum stehenden Unternehmensdaten von einer sowohl wettbewerbs-, als auch politisch neutralen, unternehmensexternen Stelle aus erfolgen sollte. Da eine derartige Informations- und Kommunikationsleistung aufgrund der empfohlenen Abwesenheit wirtschaftlicher oder politischer Interessen Dritter auf Dauer nur kostendeckend möglich ist, bedarf es hier eines steten Mittelzuflusses. Wie aber könnte dieser gedeckt werden?

Lässt man gerade den monetären Erfolg des Pfaffengrundprojektes noch einmal Revue passieren, so waren die firmenspezifischen Einsparungen in mehreren Firmen so hoch, dass dort auch ein privatwirtschaftlich organisierter Contractor mit marktüblichen Contracting-Sätzen zum angestrebten finanziellen Erfolg gekommen wäre[99]. Grund hierfür waren die in den Tabellen 8-6 und 8-8 beschriebenen und stark kostenwirksamen Transparenz-, Pooling- und Privatisierungseffekte, die in maximal zwei großen Schritten (inner- und zwischenbetriebliche Optimierung) eingemünzt wurden. Damit waren die kurzfristig größten Einsparpotenziale realisiert und der Handlungsbedarf für etliche der am Projekt beteiligten Akteure befriedigt. Dies traf zum einen für kleinere Firmen zu, die bspw. an die *Gaster*'sche Papierlösung andocken konnten[100] und dadurch in der Lage waren, ihre Entsorgungskosten auf einen kaum noch weiter reduzierbaren Rest zu minimieren, es galt aber auch für solche größere Firmen, deren Partizipationsinteresse ausschließlich den kurzfristig erzielbaren monetären Einsparinteressen gegolten hatte[101].

Gleichwohl formierte sich bereits auf der vorletzten Sitzung des Pfaffengrunder Projektarbeitskreises eine größere Gruppe solcher Unternehmen, die

a.) dauerhaft an aktuellen abfallwirtschaftlichen Informationen (auch im Zusammenhang mit abfallrechtlichen Fragen) interessiert waren,

b.) eine schleichende Erosion der Datentransparenz und damit auch ihrer eigenen Entsorgungskonditionen befürchteten und / oder

c.) sich aus diesem Informationsnetz ganz allgemein dauerhafte Synergieeffekte für ihr betriebliches Umweltmanagement versprachen

---

[99] Dies bewies ein Pfaffengrunder Fallbeispiel, bei dem es mangels monetärer Risikobereitschaft zum Abschluss eines (projektexternen) Contracting-Vertrages mit dem IUWA gekommen war. Nachdem dessen Erfüllung schlussendlich allerdings einen deutlich höheren Eigenfinanzierungsbeitrag zur Folge gehabt hätte, als der ursprünglich vorgesehene, erfolgsunabhängig angelegte Projektvertrag, einigte man sich schließlich auf die Erfüllung des Ersteren (und damit auf die Reintegration des Falles in das Forschungsprojekt – denn die Finanzierungsbedingungen des öffentlichen Auftraggebers hatten die Anwendung von Contracting-Modellen ausdrücklich ausgeschlossen).

[100] Siehe die in Abschnitt 8.1.5.2 skizzierte Koordinationsform B.

[101] Ziel der Eliminierung von im Laufe der Zeit unbemerkt angehäuften und nunmehr durch Koordinationseffekte zusätzlich vergrößerten Kosteneinsparpotenzialen zur Neujustierung einer kosteneffizienten Ausgangsposition für die nächsten Jahre.

Vor diesem Hintergrund wurde deshalb von verschiedener Seite angeregt, die Pfaffengrunder Informationstransparenz auch nach Ablauf der öffentlichen Finanzierungsbeihilfen zu verstetigen und weiterzuentwickeln. Da diese Aufgabe unternehmensseitig nicht übernommen werden konnte[102], mussten ganz zwangsläufig Überlegungen angestellt werden, wie und wo die Schaffung einer unternehmensexternen, einzelwirtschaftlich tragfähigen Finanzierungsgrundlage vonstatten gehen könnte.

Nun hatten zwar etliche Firmen gerade auch finanziell vom Pfaffengrund-Projekt in hohem Maße profitiert, doch erstens waren die entsprechenden Vorschläge bereits umgesetzt und „gedankt" [103], und zweitens versprachen die immer wieder neu entstehenden Nachoptimierungsmöglichkeiten für eine auf den Pfaffengrund beschränkte Contracting-Lösung auf Dauer nicht mehr genügend Einsparpotenziale bieten zu können.

Es stellte also sich rasch heraus, dass die Aufrechterhaltung des überbetrieblichen Kommunikations- und Informationsnetzwerks für den Bereich der industriellen Abfallwirtschaft auf Industriestandortbasis privatwirtschaftlich nicht finanzierbar war,

a.) weil der jenseits ökonomisch wirksamer Skaleneffekte liegende Wert rückstandsorientierter Netzwerke bspw. im Bereich der Entsorgungssicherheit oder des firmenübergreifenden Erfahrungsaustausches nur schwierig zu quantifizieren ist und damit die finanzielle Belastung für den einzelnen Akteur als zu groß erschienen wäre und

b.) weil Mittelbewilligungen, die auf Dauer angelegt sind, gegenüber der Geschäftsführung stets aufs Neue gerechtfertigt werden müssen. Sie haben deshalb zumeist lediglich dann Aussicht auf Genehmigung, wenn die Firmenleitung dies als dauerhaft wichtige und firmenintern allenfalls teurer herstellbare Leistung einstuft. Da das Abfallthema in vielen Fällen aber nur sporadisch aufflammt, hätte dies bedeutet, dass regelmäßige Beitragszahlungen in einem „nichtmerklichen Bereich" hätten liegen müssen, der gerade bei KMUs bereits recht früh seine Obergrenze erreicht. D.h. für die Schaffung einer soliden Informationsaustauschbasis und Informationsaufarbeitung war die Grundgesamtheit der potenziellen Netzwerkteilnehmer im Pfaffengrund zu gering.

Es wurde daher eine **Finanzierungslücke** prognostiziert, die pfaffengrundintern nicht hätte geschlossen werden können. Nun war der Gesamterfolg des Projekts damit zwar dennoch unstritig, weil es die Pfaffengrunder Betriebe tatsächlich auf

---

[102] Siehe hierzu auch die Ausführungen in Kap. 8.1.3.
[103] Zitat eines Unternehmensvertreters: „*Keiner bezahlt für eine Leistung zweimal – und dies ist unabhängig davon, wie vorteilhaft sie war*".

ein kostengünstigeres und an vielen Punkten auch ökologisch verträglicheres Niveau geführt hatte, als unbefriedigend galt aber dennoch die Tatsache, dass eine Verstetigung des gemeinsam Erreichten so nicht mehr aufrechterhalten werden konnte. Das IUWA wurde deshalb von mehreren Unternehmensvertretern angeregt, nach zusätzlichen Mitteln und Wegen suchen, mit Hilfe derer man hier einer finanziellen Tragfähigkeit näher kommen könnte.

Eine Reihe von Pfaffengrunder Unternehmen (darunter auch die abfallwirtschaftlich bedeutendsten) unterstützte deshalb zusammen mit solchen aus der näheren Umgebung einen Forschungsantrag an das BMBF zur Ausdehnung des Pfaffengrundansatzes auf den Rhein-Neckar-Raum, wie er im folgenden (abschließenden) Unterkapitel dieser Arbeit beschrieben wird.

8.2 Die Industrieregion Rhein-Neckar als regionaler Stoffverwertungsraum

8.2.1 Kurzbeschreibung der Industrieregion Rhein-Neckar

Ziel des im Auftrag des Bundesforschungsministeriums durchgeführten „nachhaltigkeitsorientierten Stoffstrommanagements Rhein-Neckar" war es, den Rhein-Neckar-Raum für die Förderung betriebsstättenübergreifender Stoffkreislaufwirtschaft sukzessive zu erschließen, um ihn so auch als Stoffverwertungsraum transparent zu machen. Im Zentrum des Interesses standen also Transfers industrieller Abfallstoffströme, die zur Minimierung von Umweltkosten in möglichst kleinräumigen, gleichzeitig aber auch hochwertigen Kreisläufen geführt werden sollten. Der räumliche Handlungsgegenstand wurde gemäß Kap. 6.6, bzw. Abb. 6-10, spezifiziert als die **Industrieregion Rhein-Neckar**, welche als stark systemisch geprägte Region in die Raumordnungsregion Rhein-Neckar, die Kulturregion der Kurpfalz und den sie beheimatenden physischen Raum eingebettet ist. Unter dem Aspekt der Betrachtung industrieller Stoffströme gestaltet sie sich im Wesentlichen als Knoten-Kanten-System, im Rahmen dessen in dieser Arbeit v.a. Rückführungskanten betrachtet werden.

Die Industrieregion Rhein-Neckar besitzt (ganz im Gegensatz bspw. zu Industrieregionen wie München oder Paris) eine polyzentrische Struktur, wobei Mannheim (ABB, DaimlerChrysler, John Deere, Pepperl + Fuchs, Roche Diagnostics, SCA, ...) und Ludwigshafen (BASF, G+H, Giulini, ...) die beiden wichtigsten industriellen Produktionsknotenpunkte darstellen. Daneben beherbergen jedoch auch Heidelberg (ABB Stotz-Kontakt, Henkel-Teroson, ...)[104], Eppelheim (Wild-

---

[104] Zu weiteren bedeutenderer Heidelberger Produzenten siehe bereits im Kapitel 8.1. bzw. Tab. 8-1.

Werke), Walldorf (Produktion Heidelberger Druckmaschinen[105]), Leimen (Produktion Heidelberger Zement[106]), Weinheim (Freudenberg), Frankenthal (Koenig & Bauer, KSB) oder Worms (Procter & Gamble, Renolit) Global Players aus der Industrie, deren zentrale Produktionsstätten in der Industrieregion Rhein-Neckar lokalisiert sind.

Auch die strategische Lage dieses polyzentrischen Knotens im weltweiten Netz industrieller Verdichtungsräume wird allgemein als außerordentlich günstig beschrieben. So befindet sich die Rhein-Neckar-Region in der geographischen Mitte der sog. „**Blauen Banane**" die sich als Zentralbereich wirtschaftlicher Prosperität in Europa von London, Belgien/Holland (Randstad), über das Ruhrgebiet und das Rhein-Main-Gebiet zu eben diesem Wachstumspol hinzieht, um dann über Basel und das Schweizer Mittelland Oberitalien zu erreichen[107]. Auch im Rahmen der zunehmend wichtiger werdenden West-Ost-Achse zwischen Frankreich (Paris) und den Gebieten jenseits des ehemaligen Eisernen Vorhangs (Sachsen, Oberschlesien, Berlin, Warschau) ist der Rhein-Neckar-Raum hervorragend positioniert[108]. Wie auch immer man zu diesem Raumbildern stehen will[109], der Rhein-Neckar-Raum liegt sicherlich innerhalb eines industriellen Gunstraumes, dessen Bedeutung auch in den kommenden Jahrzehnten zumindest erhalten bleiben dürfte.

Die Industrieregion Rhein-Neckar ist damit ein insgesamt hervorragend in das internationale Standortnetz eingebetteter Raum, der nicht zuletzt deshalb gleichzeitig auch ein hochgradig offenes System darstellt. Wenn also im Folgenden wiederum von einer „Stoffverwertungsregion Rhein-Neckar" die Rede sein wird, dann gilt das in einer ebenso marktwirtschaftlich determinierten Form, wie das für den Bereich der klassisch-industrieller Produktion gilt[110].

---

[105] Die Zentrale befindet sich in Heidelberg.

[106] Auch hier befindet sich die Firmenzentrale in Heidelberg.

[107] *„Die Blaue Banane" ist eine geographische Metapher für den europäischen Raum mit dem größten Wirtschaftspotential, der als gekrümmtes Agglomerationsband von London über die Holländische Randstad, Rhein-Ruhr, Rhein-Main bis nach Mailand reicht."* (Rase / Sinz [Blaue Banane 1993], S. 139). Eine entsprechende Graphik findet sich bspw. in *Sinz* [Blaue Banane 1992], S. 687 oder auch in *Krätke* [europäische Raumstrukturen 1997], S. 19; Als Zentrenbereiche, die sich in Abschwächung bzw. Dynamisierung befinden, werden bisweilen auch noch das englische Industrierevier um Birmingham bzw. die Landstriche zwischen Genua und Rom in die „Banane" miteinbezogen. (siehe bspw. *Sinz* [Blaue Banane 1992], S. 687).

[108] Siehe auch das Bild von der „Kreuzbanane des Wohlstandes" (*Wienen* [Blaue Banane 1994], S. 40 f.).

[109] *Kunzmann / Wegener* [urbanisation pattern 1991])skizzieren hier auch das Bild einer von einzelnen Subzentren (Beeren) bestimmten Traube, die sich in ihrem nördlichen Ansatz von Südengland über Südschweden bis in die Region um Helsinki ausdehnt und mit ihrer Spitze über Südfrankreich zur Spanischen Mittelmeerküste abbiegt – eine Clusterbildung, die sich vor dem Hintergrund der zunehmenden Auflösung mitteleuropäischer Ost-West-Gegensätze auch hinsichtlich der Einbeziehung Polens und der baltischen Küsten durchaus verstärken könnte.

[110] Siehe hierzu bereits die Ausführungen in Kap. 7.8.3.

8.2.2 Vom Industriestandort zur Industrieregion - Theoretische Überlegungen zur Ausgestaltung eines Stoffverwertungsraumes Rhein-Neckar

Nachdem das im vorangegangenen Unterkapitel skizzierte „Pfaffengrundprojekt" einen empirischen Beweis dafür erbrachte, dass die Schaffung firmenübergreifender Transparenz von Abfallstoffströmen zu deutlichen Fortschritten aufseiten von Ökonomie und Ökologie führt, sollte die auf Standortebene erreichte Vernetzung sukzessive auf das darüber liegende regionale Systemgeflecht übertragen werden, im Rahmen dessen der Pfaffengrund ein **Subsystem** darstellt. Gerade in puncto industrielle Stoffkreislaufschließung ist dieses Subsystem hochgradig außenabhängig und konstituiert deshalb nicht mehr als ein Organ des regionalen Systemgeflechts, zu dessen Prosperität es beiträgt. Eine besondere Qualität erhält dieses Organ allerdings dadurch, dass es gerade im Bereich der Abfallwirtschaft inzwischen einen besonderen Organisationsgrad aufweist. Mit Hilfe dieser Systemqualität ist es ihm gelungen, der Ausschöpfung seiner standortinternen Potenziale bereits ziemlich nahe zu kommen, was ihm gegenüber anderen Netzknoten des Rhein-Neckar-Raumes einen relativen Problemlösungsvorsprung einräumt.

Wie bereits im 7. Kapitel in vielfältiger Art und Weise dargestellt, besitzt eine Industrieregion – und in diesem Falle die Rhein-Neckar-Region – die zur „relativen Stoffkreislaufautonomie" erforderliche **Problemlösungskapazität** (die primär einer Frage der Marktgröße darstellt[111]) und **Problemlösungskompetenz**.

- Die materiell-technischen Seite dieses regionalen Kompetenzpools wird dabei repräsentiert durch den nicht nur großen sondern gleichzeitig auch sehr vielfältigen Industriebesatz, der wesentliche Output-Input-Potenziale verspricht. Unterstützung von außerhalb des Produzierenden Gewerbes kommt dabei durch die geraume Anzahl von Entsorgungsspezialisten, die in diesem Raum mit teilweise hochspezialisierten Behandlungsanlagen vertreten sind und hierdurch die regionale Problemlösungskapazität entscheidend mitbestimmen.

- Die Seite persönlicher Fähigkeiten und Erfahrung sowie des systematisierten Wissens wird zum einen abgebildet durch die Vielzahl hervorragend ausgebildeter Fachkräfte in den einzelnen Unternehmen, zum anderen aber auch durch eine ganze Reihe von „Bildungs-Oberzentren" wie Universitäten, Fachhochschulen aber auch außeruniversitären Forschungseinrichtungen, auf deren Spezialkompetenz auch über persönlichen Austausch relativ zügig zurückgegriffen werden kann.

---

[111] Die Installation hochwertiger Verwertungslösungen verlangt eine stoffspezifische „Anschlussdichte" bzw. ein entsprechendes „Mindestanschlussvolumen", das vielfach nur in industriellen Verdichtungsräumen erreicht wird.

- Und schließlich darf auch die institutionelle und politisch-administrative Kompetenz eines solchen Raumes nicht außer Acht gelassen werden, (IHKs, Kreise, Kommunen, Behörden, ...) mit deren Hilfe regionale Rahmenbedingungen wesentlich gestaltet werden können. Da die regionale Ebene jedoch auch hier Strukturelemente mit teilweise konkurrenziellen Interessen inkorporiert, ist es wichtig, dass sich auch diese im Sinne gemeinsam zu erreichender Synergien öffnen. Dass die administrativen Kräfte in der Rhein-Neckar-Region hierzu in der Lage sind, haben sie nicht nur durch einen ländergrenzenübergreifenden Regionalplan[112] unter Beweis gestellt, sondern auch beim Aufbau eines regionalen Zweckverbandes, der wesentliche Synergiepotenziale in der öffentlich-rechtlichen Abfallwirtschaft auszuschöpfen sucht (ZARN[113]).

Dass das Pfaffengrunder Forum seine abfallwirtschaftliche Informationstransparenz in diesen Raum hinein weiterentwickeln musste, um sein autonom nicht tragfähiges Abfallinformationsnetzwerk zu stabilisieren und gerade in puncto Stoffkreislaufwirtschaft weitere wichtige Kombinationsmöglichkeiten zu erschließen, war konsequent. Aber braucht die Region auch den Pfaffengrunder Nukleus?

Tatsächlich gibt es in der Industrieregion Rhein-Neckar Unternehmen, die schon für sich allein genommen ein x-faches des Abfallaufkommens aufweisen, das sich am Pfaffengrunder Industriestandort aufsummieren ließ[114]. Und auch abseits dieses 7 qkm großen Verbundstandorts der BASF in Ludwigshafen gibt es mehrere Unternehmen, die schon für sich alleine genommen, das Abfallaufkommen des gesamten Pfaffengrunder Industriegebiets aufweisen. Gleichwohl gibt es im Rhein-Neckar-Raum allerdings eine ganze Reihe industriell geprägter Gewerbegebiete, die mit den Pfaffengrunder Charakteristika durchaus vergleichbar sind und damit dem in Kap. 8.1 skizzierten Pfaffengrund-Beispiel durchaus folgen könnten. Die einzelnen Industriestandortpotenziale wiederum mögen auch für größere Akteure im Rhein-Neckar-Raum hinreichend interessant sein, um mit Ihnen in einen qualitativ höherwertigen Austausch zu treten.

Grundsätzliche Überlegungen auf dem Weg von der standortinternen zur Anvisierung einer regionalen Stoffstromtransparenz sollten dabei jedoch zumindest folgende, in Abb. 8-10 dargestellte Punkte berücksichtigen und dabei auch gegeneinander abwägen:

---

[112] „Raumordnungsplan Rhein-Neckar" (siehe Kap. 6.5).
[113] Zweckverband Abfallwirtschaft Rhein-Neckar (siehe Kap. 6.5).
[114] Jahresgesamtmenge: ca. 8000 to. (Näheres hierzu siehe *Sterr* [abfallwirtschaftliche Koordination 1998], Abb. 4, S. 173).

8. Zwischenbetriebliche Stoffkreislaufwirtschaft im Anwendungskontext

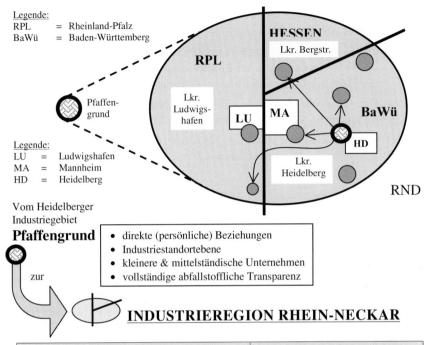

zusätzliche Vorteile ggü. Pfaffengrund-Projekt	negative Effekte ggü. Pfaffengrund-Pj.
• **größere Anzahl und Vielfalt der Akteure** → Vervielfachung von Angebot & Nachfrage → Vervielfachung direkter O-I-Beziehungen • **größere Mengeneffekte** → umfangreiche Preiseffekte → Erschließung neuer Verwertungswege • **umfassende Stoffstromtransparenz** → stärkere Auslastung bestehender Verwertungskapazitäten → Planungssicherheit für Kapazitäts- auf- und -ausbau steigt → einfachere Sekundärrohstoffbeschaffung → Standortfaktor Entsorgungssicherheit → Nischen für neue Akteure	• **größere Distanz der Akteure** → Raumüberwindungskosten steigen → Interessenvielfalt steigt → logistische Aufgabe wird komplexer • **vielfach indirekte Beziehungen** → Kommunikation wird komplexer → zentrale Koordination wird notwendig → Kommunikation wird teurer

Abb. 8-10: Vom Pfaffengrund zum Rhein-Neckar-Dreieck
– Grundsätzliche Überlegungen zu den wesentlichen strukturellen Unterschieden zwischen einem rückstandsorientierten Industriestandortkonzept und einem entsprechenden Regionskonzept.
(Q.: *Sterr* [Pfaffengrund 1998], S. 77, darstellungstechnisch modifiziert)

Auf dem Weg zur **regionalen Stoffstromtransparenz** bieten sich demzufolge v.a. die folgenden in Abb. 8-10 skizzierten Strategien an:

1.) Die Suche nach weiteren mittelständisch strukturierten Industriegebieten im Rhein-Neckar-Raum, im Rahmen derer das Pfaffengrunder Transparenzkonzept erfolgversprechend verwirklicht werden könnte,

2.) Die sukzessive Ausdehnung des Pfaffengrunder Akteursnetzwerks auf die räumliche Nachbarschaft in und um Heidelberg,

3.) Die zunehmende Einbeziehung einzelner Großunternehmen, denen eine sich ausbreitende Informationstransparenz zunehmend interessant erscheinen müsste.

Wie sich aus den Textpassagen der Abb. 8-10 erschließt, können die Erkenntnisse aus dem industriestandortbezogenen Pfaffengrundkonzept keinesfalls 1:1 auf einen regionalen Maßstab übertragen werden. Gerade hinsichtlich eines problemadäquaten Informationsnetzwerks für den Umgang mit Industrieabfällen vermögen sie lediglich eine, wenngleich sehr wertvolle Ausgangsposition für ein regionales Konzept bilden, im Rahmen dessen es eine sehr viel breitere und vielschichtigere Palette von Interessensgruppen zu berücksichtigen gilt, die in einem vergleichsweise heterogen strukturierten Raum auch in ihren Eigeninteressen sehr viel stärker divergieren.

Unter den relativen Vorteilen eines regionalen Ansatzes befinden sich v.a. **Skalenerträge**, die in einer Vervielfachung der innerhalb eines solchen Netzwerks zur Disposition stehenden Stoffmengen begründet liegen. Für die Pfaffengrunder Akteure könnte demzufolge eine weitere Nachverhandlungsrunde interessant werden, von der diesmal v.a. die größeren Unternehmen profitieren müssten, weil sie nun nicht mehr diejenigen sind, die beim einen oder anderen Stoff überproportional große Abfallteilmengen besitzen, und hierdurch die mit einer stoffspezifischen Abfallgesamtmenge verbundenen Preissetzungsspielräume bereits unternehmensautonom ausschöpfen konnten.

Mit der Vervielfachung der Anzahl potenzieller Netzwerkmitglieder erweitert sich gleichzeitig auch die Akteursvielfalt wesentlich, wodurch die Wahrscheinlichkeit steigt, dass sich auch ein Vertreter der gegenwärtig als ideal erscheinende **Stoffkreislaufpartner** in der (regionalen) Grundgesamtheit befindet – und schließlich auch gefunden wird. Dies müsste sich v.a. zugunsten hochwertiger Stoffkreislaufführungen auswirken, so dass der durch Downcycling hervorgerufene Entropieverlust deutlich verringert und so ein substanzieller Beitrag zu einem ökologiefreundlicheren Wirtschaften geleistet werden könnte.

Ähnlich positive Effekte zugunsten der Ökologie sind auch daraus zu erwarten, dass bestehende **Verwertungskapazitäten** stärker ausgelastet werden und die Planungssicherheit für einen oft nur in relativ großen Leistungseinheiten durchführ-

8. Zwischenbetriebliche Stoffkreislaufwirtschaft im Anwendungskontext

baren Kapazitätsaufbau steigt. Strebt bspw. ein Produzent aufgrund eines auch mittelfristig hohen Anfalls von Öl-Wasser-Gemischen den Bau einer Emulsionsspaltanlage an, so wird er diese Entscheidung zunächst einmal an seiner eigenen betriebsstättenbezogenen Amortisationszeit ausrichten. Die Entscheidung zugunsten einer solchen Anlage wird ihm aber u.U. deutlich erleichtert, wenn er ihren Auslastungsgrad dadurch steigern kann, dass er die Anlage auch für andere, ihm nunmehr bekannte Akteure aus der näheren Umgebung öffnet und bei entsprechender Planungssicherheit u.U. gar ein größeres Modul anschafft.

Der systematische Ausbau des *„common knowledge"* bzgl. der Verwertbarkeit bestimmter Abfallfraktionen müsste ferner auch die Trennung und Kanalisierung einzelner Abfallstoffe verbessern lassen, wodurch Recyclingspezialisten einen besseren Zugang zu qualitativ hochwertigen Reduzenden erhalten und damit auch die Vermarktungschancen ihrer Redukte erhöhen können. Vor allem in Verbindung mit einem Stofftransfer zwischen persönlich bekannten Akteuren erleichtert dies den Sekundärrohstoffeinsatz in der betrieblichen Produktion unter Umständen wesentlich und impliziert damit eine zumindest partielle Primärrohstoffsubstitution. Schließlich könnten die in großer Vielfalt und Qualität vorhandenen Stoffdaten auch dazu führen, dass bekannte Akteure neue Geschäftsfelder für sich entdecken, oder neue Akteure einen nunmehr präziser beschriebenen Markt betreten.

Ganz wesentlich dürfte schließlich honoriert werden, dass im Bereich der **Entsorgungssicherheit** mit fundamentalen Verbesserungen zu rechnen ist, weil ein großer Teil der Entsorgungsbeziehungen im regionalen Raum angesiedelt ist [115] und damit zwangsläufig auch ein Großteil der relevanten Entsorgungspraktiken visualisiert, bewertet und kontinuierlich aktualisiert werden könnte.

Gerade Letzteres ist jedoch mit einem dauerhaften und substanziellen **Arbeitsaufwand** verbunden, den die Akteursgemeinschaft auch im Falle der über bmb+f-Mittel unterstützten Anschubfinanzierung zumindest mittelfristig abdecken muss. Auch die größere räumliche und mentale Distanz der regional verstreut lokalisierten Akteure stellt gegenüber einem Industriestandortnetz einen deutlichen Malus dar, der vielfältige und spürbare Konsequenzen haben kann. So steigen nicht nur Raumüberwindungskosten und logistische **Komplexität** gegenüber einem Austausch auf Industriestandortebene rapide an, auch die Interessenvielfalt steigt und kann weit schwieriger abgebaut werden, weil die gemeinsamen Bezugspunkte nicht mehr so ausgeprägt sind. Während am Industriestandort noch direkte persönliche Beziehungen zwischen räumlich benachbarten Akteuren die Kommunikation im Netzwerk bestimmen, müssen nun zunehmend indirekte Kommunikationskanäle in Anspruch genommen werden, was den Vertrauensaufbau verlangsamt und die Kommunikation insgesamt komplizierter und teurer gestaltet.

---

[115] Zur besonderen Bedeutung der regionalen Ebene für die Entsorgung von Industrieabfällen siehe bereits Abb. 7-13.

Damit wird insgesamt deutlich, dass die gewünschte Ausdehnung einer industriestandortbezogenen Informationstransparenz auf einen regionalen Bezugsraum nicht einfach als eine „Pfaffengrunder Großform" interpretiert werden kann, sondern mit einer umfassenden Veränderung von Systemqualitäten verbunden ist. Vor dem Hintergrund der Transaktionskostenminimierung bzw. der Minimierung von Veränderungswiderstand gilt es auch hier, möglichst weitgehend aus dem Bestehenden heraus zu operieren. Im Falle der Industrieregion Rhein-Neckar mussten jedoch sowohl im Bereich des Informationstransfers als auch dem der Kommunikation neue Instrumente geschaffen werden, um einer systematischen und kontinuierlichen Identifikation wirtschaftlich interessant erscheinender und entropiearmer Rückstandsbeziehungen gerecht werden zu können.

8.2.3 Die Einrichtung eines regionalen Akteursnetzwerks

Das Organisationsmuster des Pfaffengrunder Projektarbeitskreises hatte sich auf das projekt- und aufgabenspezifisch Notwendige beschränkt[116] und die Mitgliedsliste umfasste demzufolge nicht mehr als die 14 projektbeteiligten Pfaffengrunder Unternehmen, deren Vertreter die anstehenden Tagesordnungspunkte zusammen mit den IUWA-Mitarbeitern abarbeiteten[117]. Dennoch – vielleicht aber auch gerade deswegen – erwies sich der **Pfaffengrunder Projektarbeitskreis** als ein sehr wirkungsvolles Instrument und zwar nicht nur im Sinne seiner operativen Kraft nach innen, sondern auch wegen seiner deutlich spürbaren Außenwirkung gegenüber der Entsorgungswirtschaft[118].

Hinter dem unternehmensseitigen Wunsch nach Aufrechterhaltung des Leistungsspektrums des Pfaffengrunder Projektarbeitskreises[119] stand also zunächst einmal die faktisch untermauerte Bestätigung, dass sich gemeinsam tatsächlich mehr, bzw. Gleiches effizienter erreichen lässt als autonom. Diese Überzeugung war gepaart mit der Befürchtung, dass die hierfür verantwortliche überbetriebliche Informationstransparenz im Abfallwirtschaftssektor nach Projektende wieder erodieren könnte. Darüber hinaus stand am Ende des Pfaffengrundprojektes aber auch ein deutlich angewachsenes Bewusstsein, dass umweltwirtschaftliche Problemstel-

---

[116] Informelles Netzwerk zur zwischenbetrieblichen Abstimmung unter rechtlich selbständigen Akteuren ohne kodifizierten Strukturrahmen (geringer Institutionalisierungsgrad) mit bedarfsorientiert (und damit in unregelmäßigen Zeitabständen) anberaumten Treffen.

[117] Vor dem Hintergrund „traditionell guter Beziehungen" und der in Kap. 8.1.6 genannten netzwerktechnischen Querverbindung zum Pfaffengrunder Arbeitskreis der Stadt Heidelberg, war auch der dortige Arbeitskreismoderator und Direktor des Amtes für Wirtschaft und Beschäftigung, Herr Dr. Plate, eingeladen.

[118] Hierzu trugen neben einem gemeinsam aufgesetzten Schreiben auch die gemeinsamen Entsorgerbesichtigungen sowie eine in Zusammenarbeit mit der Stadt Heidelberg öffentlichkeitswirksam durchgeführte Projektabschlussveranstaltung bei.

[119] I.e. der „Arbeitskreis Stoffverwertungsnetzwerk Pfaffengrund".

lungen auch bei einander branchenfremd gegenüberstehenden Unternehmen große Überschneidungen aufweisen und infolgedessen der Erhalt und weitere Ausbau des Pfaffengrunder Projektarbeitskreises weitere Synergiepotenziale eröffnen könnte – dies allerdings in einem zunehmend regionalen Rahmen, der in der Lage sein würde, ein solches Netzwerk mittelfristig auch dauerhaft zu finanzieren.

Konnte der Pfaffengrundarbeitskreis dieser nunmehr regionalen Herausforderung gerecht werden? Als Instrument zur zwischenbetrieblichen Koordinierung auf Industriestandortebene hatte er sich als optimal erwiesen,

- weil er in seiner primär taktisch-operativen Ausrichtung Koordinationen auf der Fachebene vorbereitete und konkrete Umsetzungsvorschläge entwickelte,
- weil er sich als informelles und auf die Projektlaufzeit beschränkt angelegtes Instrument auf das projektbezogen Notwendige beschränkte und so nicht der Gefahr unterlag, auch um seiner selbst Willen weiterexistieren zu sollen,
- weil er ein relativ enges Spektrum von Interessenvertretern inkorporierte, die nicht nur eine örtliche Nachbargemeinschaft bildeten, sondern auch in ihren individuellen Vorstellungen in wesentlichen Punkten übereinstimmten, so dass gemeinsame Entscheidungen relativ zügig und ohne besondere Formalitäten getroffen werden konnten.

Damit ist implizit bereits zum Ausdruck gebracht, dass eine Weiterentwicklung des Pfaffengrundarbeitskreises zum regionalen Netzwerk wesentlicher Veränderungen bedurfte, die die Einführung einer inneren Organisationsstruktur anempfahlen.

Welchem Aufgabenspektrum sollte ein solches regionales Netzwerk gerecht werden? Wer war demzufolge als Teilnehmer wichtig? Und wie sollte eine diesen Fragestellungen und Teilnehmern gerecht werdende Organisationsstruktur aussehen? Wo gab es zumindest Module, die für die Behandlung bestimmter Teilaspekte in die Überlegungen einzuschließen wären? – Dies waren zentrale Fragen, über die bereits in der Vorbereitungsphase des ab Januar 1999 implementierten Projekts zum *„Aufbau eines nachhaltigkeitsorientierten Stoffstrommanagements in der Industrieregion Rhein-Neckar"* [120] intensiv diskutiert wurde. Denn schließlich sollte mit dem im Auftrag des bmb+f durchgeführten Dreijahresprojekt wesentlich mehr geleistet werden, als der Ausbau einer ökologisch verträglicheren Abfallwirtschaft. Vielmehr sollten ökologische Aspekte zu Nachhaltigkeitsaspekten[121] wei-

---

[120] Eine Kurzfassung dieses umsetzungsorientierten Forschungsvorhabens findet sich in *Sterr* [regionales Stoffstrommanagement 1999].
[121] Siehe die Ausführungen zur Triade der Nachhaltigkeit in Kap. 7.8.5.2.2

terentwickelt werden und Abfallmanagement zu Stoffstrommanagement[122], wobei es angesichts der mit diesen Begriffen verbundenen Ansprüche lediglich um eine möglichst breit abgesicherte Vorbereitung und Einschlagung einer entsprechenden Bewegungsrichtung gehen konnte.

8.2.3.1 Eruierung des Kontextmilieus

Analog zum Pfaffengrundprojekt galten die ersten Umsetzungsüberlegungen auch hier zunächst einmal der Frage, wer die zentralen Akteure sind, die an einem industriellen Stoffstrom direkt und indirekt beteiligt sind und deshalb in ein regionales Netzwerk zur Förderung eines nachhaltigkeitsorientierten Stoffstrommanagements einbezogen werden müssten. Die gegenüber dem Pfaffengrundprojekt wesentlich vergrößerte Breite der Aufgabenstellung, aber auch die anvisierte Bedeutung des zu schaffenden Netzwerks ließ einen interorganisational angelegten Ansatz als ratsam erscheinen, der folgende **Akteure** mit einschließen sollte:

1.) die industriellen Produzenten als die den Abfallstoffströmen in Qualität und Menge wesentlich bestimmenden Akteure (analog zum Pfaffengrunder Standortnetzwerk),

2.) die IHK als fest etabliertem und führendem Interessenverband der Industrie, dessen Problemlösungspotenziale im Bereich typischer Verbandsaktivitäten liegen, der jedoch auf der operativen Ebene nicht mehr tätig sein kann,

3.) Vertreter wissenschaftlicher Einrichtungen, mit deren Hilfe bestimmte Fragestellungen vertieft, systematisiert und in praxistaugliche Konzepte überführt werden sollten,

4.) Vertreter staatlicher Behörden, die nicht nur im Zusammenhang mit Andienungspflichten für Beseitigungsabfälle von Bedeutung sind, sondern auch im Zusammenhang mit der Genehmigung von industriellen Anlagen, Verwertungswegen und Rechenschaftspflichten sowie als kommunal- und regionalpolitischer Faktor,

5.) Vertreter aus dem Dienstleistungsbereich, die bspw. im Bereich des Abfallrechts wichtige Problemlösungskompetenzen beisteuern sollten.

---

[122] Zum Begriff des Stoffstrommanagements siehe Kap. 7.3.4, aber auch bereits eine entsprechend herausgehobene Fußnote zu Beginn des 6. Kapitels.

Diese Akteursgruppen sollten zunächst einmal Sorge dafür tragen, dass das aus drei Säulen (Wirtschaft – Wissenschaft – Staat) aufgebaute Konstrukt[123] einerseits das Potenzial besitzt, den kreislaufwirtschaftlichen Zielsetzungen voll gerecht zu werden, andererseits aber auch von Elementen bestimmt wird, deren Zusammenspiel eine zügige Einigung auf nachhaltigkeitsfördernde Maßnahmen und deren Implementierung nicht behindert[124], sondern fördert. Auf der Basis von Problemlösungskompetenz und Vertrauen sollte damit ein **kreatives Milieu** für den Aufgabenbereich des nachhaltigkeitsfördernden Umgangs mit industriellen Stoffströmen geschaffen werden, das nicht nur theoretische Potenziale erschließen, sondern auch praktische Schlagkraft gewährleisten sollte. Über eine Erweiterung im Sinne der Einbeziehung von Vertretern weiterer Anspruchsgruppen sollte aus taktischen Gründen erst dann entschieden werden, wenn die bereits in diesem Stadium recht anspruchsvolle Interessenabstimmung erste Praxistests bestanden hat. Beim schrittweisen Ausbau der Akteursvielfalt sollte zunächst einmal auf eine komplementäre Ergänzung gesetzt werden, die aus den im „Praxisbetrieb" konstatierten Problemlösungsdefiziten heraus abgeleitet werden sollte.

Die Ansiedelung des Forums als „eingetragener Verein" im Status der Gemeinnützigkeit sollte gerade auch den mit einem solchen Instrument bezweckten *„Dienst an der Gesellschaft"* [125] unterstreichen.

8.2.3.2 Implementierung einer „Arbeitsgemeinschaft Umweltmanagement" (AGUM)

Was entstand, war eine regional ausgerichtete Informations- und Kommunikationsdrehscheibe zur Förderung einer nachhaltigkeitsorientierten Stoffkreislaufwirtschaft, die sukzessive zu einem nachhaltigkeitsorientierten Stoffstrommanagement erweitert werden soll. Bei ihrer organisationalen Entwicklung, die vom damals zweiten Vorstand des IUWA, Herrn *Dr. Wetzchewald*, maßgeblich zurechtgeschnitten wurde[126], ging es jedoch nicht nur darum, ein für die Behandlung industrieller Stoffstrommanagementfragen geeignetes Instrument zu schaffen, sondern eine *„Arbeitsgemeinschaft Umweltmanagement (AGUM)"*, deren Grundstrukturen eine reibungslose modulare Erweiterung auf weitere umweltwirtschaftliche Themenfelder erlauben sollten. Strukturell unterschied sich das nunmehr regionale Umweltmanagement-Netzwerk der AGUM von dem bereits in Kapitel 8.1 thematisierten Industriestandortnetzwerk in folgenden zentralen Punkten:

---

[123] Siehe hierzu auch *Sterr* [Umweltmanagement-Netzwerke 1998], S.3.
[124] Gefahr einer überproportionalen Komplexitätszunahme.
[125] *Wetzchewald* [AGUM 2000], S. 95.
[126] Siehe hierzu insbes. den Aufsatz von *Wetzchewald* [AGUM 2000].

Kriterium	Pfaffengrunder Projektarbeitskreis	Arbeitsgemeinschaft Umweltmanagement (AGUM)
räumlicher Bezug	industriestandortspezifisch	regional (Verdichtungsraum)
Mitglieder	ausschließlich die am „Pfaffengrund-Projekt" beteiligten Produzenten	am „Rhein-Neckar-Projekt" beteiligte Produzenten; plus andere Vertreter der Wirtschaft sowie von Wissenschaft und Gesellschaft
Kommunikationsgeflecht	• zwischenbetrieblich • industriell	• zwischenbetrieblich • interorganisational
Zentrale Aufgabe	• koordinierte Abfallwirtschaft am Industriestandort	• regionales Stoffstrommanagement
Anspruch	• ökologisch orientiertes Wirtschaften	• nachhaltigkeitsorientiertes Wirtschaften
zeitlicher Rahmen	• zunächst einmal begrenzt auf die Projektlaufzeit (15 Monate) (letzte Sitzung im Januar 1998)	• prinzipiell keine zeitliche Begrenzung; Einleitung der Verstetigung im Zuge der zunächst einmal auf 3 Jahre begrenzten finanziellen Unterstützung durch das bmb+f
Organisation	• informell	• institutionalisiert

Tab. 8-9: Vom Pfaffengrunder Projektarbeitskreis zur Arbeitsgemeinschaft Umweltmanagement - Gemeinsamkeiten und Unterschiede

Sicherlich enthält die am Beispiel des „Pfaffengrundarbeitskreises" und der „Arbeitsgemeinschaft Umweltmanagement" (AGUM e.V.) exemplifizierte Gegenüberstellung einer industriestandortbezogenen und einer regionalen Netzwerkstruktur für die Behandlung rückstandsorientierter Aufgabenstellungen Besonderheiten, die sich aus der zeitlichen Hintereinanderschaltung der beiden Austauschforen ableiteten. So war es sicherlich ein Vorteil, dass die mit der interorganisationale Verstärkung und regionalen Ausweitung des Pfaffengrundansatzes erfolgte Netzwerk-Institutionalisierung bereits auf einem industriestandortbezogenen Produzenten-Nukleus aufsetzen konnte, in dem die für ein nachhaltigkeitsorientiertes Stoffstrommanagement zentrale Akteursgruppe der Industrievertreter[127] bereits in der

---

[127] Sie haben nicht nur die Schlüssel zur materiellen Produktion von erwünschten und unerwünschten Outputs in der Hand, sie sind auch hinsichtlich der faktischen Umsetzung von Rückstandvermeidungsmaßnahmen und solchen zur Förderung kreislauforientierter Prozessketten die zentralen Entscheidungs- und Kompetenzträger. Für den nachhaltigkeitsorientierten Umgang mit Stoff- und Energieströmen sind dabei solche Netzwerke vielversprechend, die sich ganz zentral auf die diesbezüglichen Hauptakteure aus dem Produzierenden Gewerbe stützen können. (Siehe in diesem Sinne bereits die Ausführungen in Kap. 7.8.5.2.3)

Ausgangskonstellation die zentrale Position einnahm. Zudem hatte hier eine im Sinne von Rückstandsverursachern „homogene" Interessensgruppe durch das „Pfaffengrundprojekt" bereits ein hohes Maß an gegenseitigen Vertrauen aufgebaut, das sich nicht nur auf den industriellen Netzwerkpartner bezog, sondern auch auf das IUWA als Netzwerkmoderator und ausführungsorientiert arbeitenden Dienstleister.

So sinnvoll die **Institutionalisierung** eines Stoffstrommanagementnetzwerks auf regionaler Ebene vor dem Hintergrund der damit verbundenen Komplexitätsbewältigungsansprüche erscheint, als Stütze für die Beförderung eines industriestandortbezogenen Ansatzes sollte sie zunächst einmal zurückgestellt werden, da sich aus dem damit verbundenen Korsett Flexibilitätseinschnitte, Verkrustungsgefahren und Organisationskosten ergeben, denen kaum Sicherheitsvorteile gegenüberstehen[128], [129]. Gerade vor dem Hintergrund, dass eine erste praktische Einsichtnahme in die akteursspezifischen Interessenlagen und Interaktionsmuster noch von großen Unsicherheiten begleitet ist, sollte zunächst einmal eine große Palette von Freiheitsgraden hinsichtlich struktureller Optionen offen gehalten werden. D.h. es sollte der milieuabhängigen Entwicklung örtlicher Verhaltensweisen und Prozesse erst einmal Raum gegeben werden, ehe eine mit mehr oder weniger einschneidenden Grenzziehungen verbundene Absicherung über verbindlichere Strukturen erfolgen sollte. Eine derartige Adaptionsstrategie ist allerdings nur in dem Maße angemessen, wie die Zielkorridore des Netzwerks dies zulassen. Soll bspw. die besonders ambitionierte Form einer ökologisch orientierten Sozialgemeinschaft oder gar einer „Zero emissions community" [130] implementiert werden, an deren initialer Einrichtung und Ausgestaltung auch gesellschaftliche Gruppen außerhalb der Industrie wesentlich mitwirken sollen, so kann der damit verbundene Planungsprozess kaum ohne eine deutlich sichtbar kodifizierte Stütze auskommen. Generell gilt, dass zunächst einmal die Transaktionskosten sparenden Vorzüge räumlicher, mentaler und sozialer Nähe genutzt werden sollten, ehe eine mit der *„weakness of strong ties"* [131]verbundene Institutionalisierung oder zumindest Strukturierung unumgänglich wird.

---

[128] Zum Für und Wider einer Institutionalisierung derartiger Netzwerkstrukturen siehe auch *Gunn* [Umweltmanagementnetzwerke 2000], S. 105 bzw. eingehender auch *Gunn* [Umweltmanagementnetzwerke 1999], die ihre theoretischen Ausführungen konkret mit dem Praxisbeispiel AGUM verknüpft. Kritische Stellungnahmen zu (öffentlichen) Förderung des umweltwirtschaftlichen Umbaus von Altindustrieregionen siehe insbes. *Schönert* [Altindustrieregionen 1996], S. 349 ff.

[129] Zu den Chancenpotenzialen und Stabilitätsgefahren insbesondere regionaler Umweltmanagement-Netzwerke siehe bspw. *Kaluza / Blecker* [Umweltmanagementnetzwerke] oder *Kreikebaum* [Netzwerkorganisation 1998]. In seiner Spezifizierung auf die gegenwärtige Struktur der Arbeitsgemeinschaft Umweltmanagement (AGUM) siehe insbes. die Diplomarbeit von *Gunn* [Umweltmanagementnetzwerke 1999] oder deren Fachbeitrag in *Liesegang / Sterr / Ott* [Stoffstrommanagementnetzwerke 2000]: *Gunn* [Umweltmanagementnetzwerke 2000].

[130] Siehe die in Kap. 7.5.4.2 (Eco-Industrial Parks in Nordamerika) erwähnten Fallbeispiele Civano Industrial Eco-Park oder auch Riverside.

[131] Titel eines Aufsatzes von *Grabher* [weakness 1993].

Gerade im regionalen Kontext mit seiner äußerst vielschichtigen Interessensüberlagerung und den aus zunehmender räumlicher und mentaler Distanz resultierenden Kommunikationserschwernisse und Vertrauenseinbußen erwächst die Notwendigkeit zur Schaffung institutionalisierter Strukturen unter Umständen jedoch sehr rasch. Und dies gilt insbesondere dann, wenn das Aufgabenspektrum des Netzwerk wie im Beispiel von AGUM auf vielfältige weitere umweltwirtschaftliche Aufgabenbereiche ausgeweitet werden soll. Vor diesem bereits heute vorhandenen Anspruch wurde denn auch ein organisatorischer Aufbau entwickelt, wie er in der folgenden Abbildung 8-11 abgebildet ist[132]:

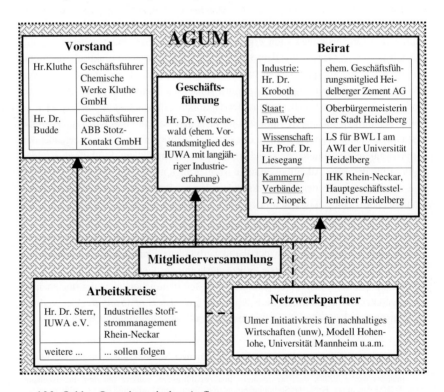

Abb. 8-11: Organisatorischer Aufbau der Arbeitsgemeinschaft Umweltmanagement (AGUM) e.V.[133]

---

[132] Zu weiteren Gründen bzw. Detailinformationen zum AGUM-Aufbau siehe insbes. *Wetzchewald* [AGUM 2000] und *Sterr* [regionale Stoffstromtransparenz 2000] sowie *Gunn* [Umweltmanagementnetzwerke 2000].

[133] Stand: Mai 2002.

8. Zwischenbetriebliche Stoffkreislaufwirtschaft im Anwendungskontext

Die Abb. 8-11 macht deutlich, dass der primär regional ausgerichtete Netzwerkknoten der AGUM in seinen konstituierenden Elementen auf der jeweilig obersten Entscheidungsebene der darin vertretenen Mitglieder verankert ist, wodurch er einen Entscheidungsrahmen der kurzen Wege bilden soll.

Gerade das Kalundborg-Beispiel[134], das den bis heute einzigen Fall darstellt, bei dem die Initiative zur Schaffung eines solchen Netzwerks von Entscheidungsträgern des produzierenden Gewerbes ausging, machte deutlich, dass persönliche Kontakte und Vertrauen, aber auch das Engagement allgemein anerkannter **Moderatoren** nicht nur die Installation, sondern die schlussendlich entscheidende **Funktionstüchtigkeit** eines solchen Instrumentes deutlich begünstigen[135]. Da sich der Aufgabenkatalog einer solchen Akteursgemeinschaft nicht in strategisch ausgerichteten Abstimmungsprozessen erschöpfen darf, sondern seine eigentliche Qualität durch die faktische Operationalisierung zielgerichtet entwickelter Strategien und Konzepte erhält, werden auch in AGUM taktisch-operativ ausgerichtete Arbeitskreise von besonderer Bedeutung sein.

Sie werden dafür Sorge tragen müssen, dass die Akteursgemeinschaft auch faktisch vorankommt und damit die dauerhafte Existenz des hierfür geschaffenen organisatorischen Überbaus rechtfertigt. Für die AGUM e.V. bedeutet dies zunächst einmal Operationalisierungsanstrengungen im Bereich der industriellen Stoffkreislaufwirtschaft, die auf der informationstechnischen Seite dazu führen sollen, dass die bei den AGUM-Mitgliedern „versammelten" Daten über firmenspezifische Rückstandsströme geeignet gebündelt und ausgewertet werden können. Die im Pfaffengrundprojekt für die Industriestandortebene entwickelten Instrumente erwiesen sich hierfür als nicht mehr problemadäquat (s.u.), so dass zunächst einmal zwei neue EDV-technische Instrumente (AGUM-Abfallmanager und Abfallanalyzer) entwickelt werden mussten, die auch eine datentechnische Komplexitätserhöhung mühelos verkraften, weshalb ihnen beim Aufbau einer regionalen Stoffstromtransparenz im Rhein-Neckar-Raum schnell eine informationstechnische Schlüsselfunktion zukam.

---

[134] Siehe Kap. 7.5.4.1.

[135] Dies gilt im Falle Kalundborgs für *Jørgen Christensen* genauso wie es im Falle des Modell Hohenlohe für *Heinz Wieland* oder im Falle des unw für *Prof. Dr. Helge Majer* gilt. In allen drei Fällen ist gegenwärtig eine Übergabe des Staffelstabs vom langjährig aktiven und strukturformenden Netzwerkmotor der ersten Stunde" zur zweiten Generation im Gange, und es dürfte auch wissenschaftlich von erheblichem Belang sein, welche Prägung *Noel Brings Jacobsen, Susanne Henkel* bzw. *Prof. Dr. Frank Stehling* den unter ihrer Ägide weiterzuentwickelnden Netzwerken verleihen.

8.2.4. Instrumente zur effizienten Bündelung stoffkreislaufrelevanter Informationen

8.2.4.1 Der AGUM-Abfallmanager

Zwischenbetriebliche Stoffkreislaufwirtschaft bedarf nicht nur eines geeigneten Akteursnetzwerks, es bedarf auch einer adäquaten Datenbasis. Gerade vor dem Hintergrund, dass es hier um den Transfer relativ gering bewerteter Materialien geht, spielt die Effizienz bei der Erstellung der hierfür notwendigen Datengrundlagen eine zentrale Rolle. Gerade die EDV-Technik führte in den letzten Jahren zu einer bis dato nie da gewesenen Steigerung der informationstechnischen Möglichkeiten, war aber andererseits wiederum auch Auslöser massiver Schnittstellenprobleme, weil Daten in einer immer größeren Vielfalt von Formaten und anderen Spezifikationen abgelegt wurden.

Um derartigen Problemen so weit als möglich zu entgehen, hatte man sich deshalb im Pfaffengrundprojekt an das bei der innerbetrieblichen **Abfalldatenaufnahme** am weitesten verbreitete Microsoft **EXCEL** gehalten. Darüber hinaus bietet diese Tabellenkalkulationssoftware auch den Vorteil höchster Kompatibilität mit anderen Datenformaten bis hin zu SAP R/3. Der Einsatz von EXCEL garantierte so minimale Umstellungs- oder Einlernprobleme aufseiten der Daten eingebenden Firmenangehörigen bei gleichzeitiger Minimierung potenzieller Schnittstellenprobleme. Für ein firmenübergreifendes Datenpooling auf Industriestandortebene war dieses Instrument damit adäquat, zumal es nicht nur automatische Verknüpfungen zwischen verschiedenen Dateien und Tabellenblätter erlaubt, sondern über kurze und auch dem EDV-technischen Laien leichtverständliche Menüführungen eine Umwandlung großer Datenmengen in aussagekräftige und ansprechende Graphiken ermöglicht. Letzteres erwies sich als ein Vorzug, der gerade auch von der Geschäftsführungsebene honoriert wurde, die einen spezifischen Handlungsbedarf so in Sekundenschnelle selbst erkennen und entsprechende Maßnahmen anregen oder anordnen konnte.

Mit zunehmender Anzahl regelmäßig zu poolender Abfalldatentabellen wird EXCEL selbst unter Zuhilfenahme von Pivot-Tabellen jedoch schnell unhandlich. Zudem werden Eingabefehler aufgrund der hohen Flexibilität der Eingabemöglichkeiten relativ schwach geahndet und begünstigen so das sich Einschleichen unerkannt bleibender Bezugs- oder Eingabefehler. Als instrumentelle Grundlage für einen nunmehr wesentlich elemente- und facettenreicheren regionalen Datentransfer erschien die Datenverwaltung über Microsoft EXCEL also bereits aus diesen Gründen nicht mehr problemlösungsadäquat. Darüber hinaus stellt das Ziel einer hochwertigen Stoffkreislaufführung aber auch zusätzliche Anforderungen an die qualitative Bestimmung der Abfälle, die die Einführung einer echten **Datenbanksoftware** unumgänglich werden ließen.

8. Zwischenbetriebliche Stoffkreislaufwirtschaft im Anwendungskontext

Im Sinne einer möglichst weitgehenden Nutzung von bereits Bestehendem, versuchte man auch hier zunächst einmal zu recherchieren, ob es am Markt nicht bereits Werkzeuge gäbe, mit deren Hilfe nicht nur eine innerbetriebliche, sondern auch eine überbetriebliche Abfalldatenverwaltung bewerkstelligt werden könnte. Alle Softwaretests, die in dieser Richtung vorgenommen wurden, schlugen jedoch fehl[136], so dass sich das IUWA in Zusammenarbeit mit dem Geographischen Institut der Universität Mannheim schließlich entschloss, eine neue Software zu programmieren, deren Struktur den informationstechnischen Voraussetzungen für eine inner- und zwischenbetriebliche Stoffkreislaufwirtschaft in vollem Umfang gerecht werden konnte.

Produktinnovationen sind jedoch stets mit Umstellungskosten verbunden, die nur dann eingegangen werden, wenn sich die Überlegenheit des Neuen gegenüber dem Alten klar festmachen lässt und eine möglichst reibungslose Integration in bestehende Strukturen und Betriebsabläufe möglich ist. Um so größer waren deshalb die Anstrengungen, mit dem sogenannten „**AGUM-Abfallmanager**" ein Instrument zu entwickeln, das die bereits durchgeführten Handlungsabläufe effizienzsteigernd ersetzen konnte und darüber hinaus Funktionalitäten bot, die in den Augen von Anwendern und Entscheidungsträgern einen zusätzlichen Nutzengewinn versprechen. Hierfür musste es

- zunächst einmal die Ansprüche des innerbetrieblichen Abfallmanagements in seiner bisherigen Form komplett abdecken,
- zusätzliche Anhaltspunkte für eine Identifizierung innerbetrieblicher Schwachstellen liefern,
- durch logischen Aufbau und leichte Verständlichkeit bestechen,
- eine einfache, gleichzeitig aber auch flexible und autonome Bedienbarkeit gewährleisten,
- Eingabefehlerquellen minimieren,
- eines geringstmöglichen Pflegeaufwandes bedürfen
- und einen über die Informationsbedürfnisse des Abfallbeauftragten selbst deutlich hinausgehenden Zusatznutzen für die anwendende Firma generieren.

---

[136] Die Gründe hierfür lagen zum einen in der relativ großen Abschirmung der käuflich zu erwerbenden Datenbanken gegenüber einem Import größerer Datenmengen, der aus Effizienzgründen nicht über Einzelfeldeingaben erfolgen konnte. Ein firmenübergreifendes Datenpooling, das eine direkte Vergleichbarkeit firmenspezifischer Daten erlaubt hätte, wäre durch diese Anwendungseinschränkung leider nicht mehr möglich gewesen, so dass die Nutzung einer derartigen Datenbank als Datenpooling-Instrument wider Erwarten ausschied. Darüber hinaus war ein Teil der getesteten Software zu unübersichtlich strukturiert, ein anderer beschränkte sich wiederum auf die rein buchhalterisch wichtigen Elemente und ließ damit ökologisch relevante Aspekte weitestgehend außen vor. Kreislaufwirtschaft hätte so kaum gefördert werden können.

Hierdurch sollte nicht nur eine deutliche Effizienzsteigerung gegenüber bisherig gepflegten Dateneingabe- und -verarbeitungsmodi erreicht werden, sondern gleichzeitig Synergieeffekte für Zertifizierungen, Umweltberichte geschaffen und bspw. auch spontane Anfragen vonseiten der Geschäftsführung quasi „per Knopfdruck" erfüllt werden. Dies sollte die Einsatzwahrscheinlichkeit eines solchen Instruments im Betrieb maximieren und damit die EDV-technischen Grundlagen für ein betriebsübergreifendes Datenpooling bereitstellen.

Die einzelnen Funktionsbereiche des AGUM-Abfallmanagers wurden seit Herbst vergangenen Jahres in enger Kooperation mit Projektpartnern aus der betrieblichen Praxis konzipiert, programmiert und stetig weiter verbessert. Die Programmierung erfolgte nicht zuletzt wegen des hohen Verbreitungsgrades des Microsoft Office Paktes auf ACCESS-Basis. Die Ergebnisse dieses Instrumentenbaus wurden wiederum in AGUM vorgestellt und diskutiert, ehe die Praxistauglichkeit abschließend über eine Betatestversion in der betrieblichen Praxis überprüft wurde. Im Frühsommer 2000 wurde der AGUM-Abfallmanager schließlich erstmals EDV-technisch in das betriebliche Umweltinformationssystem (BUIS) einer am „Stoffstrommanagement Rhein-Neckar" beteiligten Firma integriert, und nach einer entsprechenden Mitarbeiterschulung im Frühjahr 2001 auch an anderen Betriebsstätten zum dezentralen, akteursautonomen Praxiseinsatz eingerichtet.

Als außerordentlich günstig wird von Unternehmerseite gegenwärtig die Tatsache bewertet, dass der AGUM-Abfallmanager in unmittelbarer AGUM-Nachbarschaft[137] strukturell weiterentwickelt und programmiert wird[138] und den AGUM-Netzwerkmitgliedern hierdurch eine bedürfnisgerechte Einflussnahme auf die informationelle Schwerpunktsetzung einräumt. Die Optimierung der Software erfolgt dabei zum einen über Vier-Augen-Gespräche im Betrieb und zum anderen über AGUM-Mitgliederversammlungen, im Rahmen derer weitreichendere Entscheidungen abgestimmt werden könnten.

Optimale Anpassung darf hierbei jedoch nicht verwechselt werden mit maximaler Ausstattung, denn Letzteres würde die Handhabbarkeit der Software spürbar negativ beeinflussen und damit die Wahrscheinlichkeit der für den Systemerhalt notwendigen regelmäßigen Datenpflege herabsetzen.

Der AGUM-Abfallmanager erhält damit (zumindest gegenwärtig) folgende zentrale Komponenten[139]:

---

[137] D.h. beim AGUM-Mitglied IUWA (inhaltlich) und am Geographischen Institut der Universität Mannheim (programmierungstechnisch).
[138] Siehe hierzu insbes. den Artikel von *Ott* [EDV-technische. Systembausteine 2000], S. 81 ff.
[139] Siehe hierzu auch die verbalen Beschreibungen und Screenshots in *Ott* [EDV-technische Systembausteine 2000], S. 81 ff.

8. Zwischenbetriebliche Stoffkreislaufwirtschaft im Anwendungskontext

Maske	Grundsätzliche Bedeutung	Kreislaufwirtschaftlich bedeutsame Besonderheiten
Adressen	• Verwaltung aller abfallwirtschaftlich relevanten Akteure von Behörden bis hin zu Transporteuren und Entsorgungsspezialisten	• (keine)
Entsorgungswege	• Verwaltung der abfallwirtschaftlich relevanten Orte von der innerbetrieblichen Abfallanfallstelle über das innerbetriebliche Sammellager bis hin zu extra betrieblichen Verwertungs- bzw. Beseitigungsanlage • → Förderung von Transparenz und Rechtssicherheit	• Schaffung der Voraussetzungen für die Dokumentation des Abfalls über den gesamten reduktionswirtschaftlichen Bereich hinweg (d.h. vom Reduzendum bis zum Verlassen des Reduktionssektors in Richtung Produktion oder technosphärischer Ausschleusung • → Modul zur Erstellung eines betriebl. Abfallwirtschaftskonzepts[140]
Abfallstoffe	• Verwaltung aller im Betrieb anfallenden Abfallstoffarten auf Basis der 6-stelligen EAK-Schlüsselnummern, einschließlich Fragen zur Überwachungsbedürftigkeit, zu Auffangbehältnissen u.a.m.	• Qualitative Spezifikationsmöglichkeiten der Stoffe zur Förderung möglichst hochwertiger Rückführungsmöglichkeiten (mit Kodierungsmöglichkeiten im Rahmen sog. „interner EAKs"[141])
Abfallbuchungen	• Maske zur EDV-technischen Erfassung aller Entsorgungsvorgänge auf der Basis der in Entsorgerrechnungen verzeichneten Daten (EAK-Nr., Stoffbezeichnung, Menge, Preiskomponenten) und gleichzeitig einziges Blatt, das einer steten Pflege bedarf • → Schaffung umfassender Konditionentransparenz und Bilanzierungsgrundlagen	• Strukturell homogene Erfassung sämtlicher Entsorgungsvorgänge und damit informationelle Grundvoraussetzung für alle Arten entsorgungs- bzw. recyclingtechnischer Umstellungen; gleichzeitig aber auch Grundvoraussetzung für ein zwischenbetriebliches Datenpooling bzw. eine zwischenbetriebliche Stoffkreislaufwirtschaft
Auswertungen	• Ermöglichung einer selektiven Filterung bestimmter Datensätze in verschiedenen Aggrgationsstufen zur zielgerichteten Beantwortung von Datenfragen aller Art • Befriedigung betriebsinterner und externer Dokumentationspflichten (Abfallbilanzen, und -konzepte, Spezialauswertungen)	• Umfassende Indikatorenliste unter besonderer Berücksichtigung ökologisch bedeutsamer Kennzahlen zum betrieblichen Abfallmanagement • → Ansatzpunkte für die Formulierung kreislauforientierter Zielsetzungen des Betriebes

Tab. 8-10: Ausgewählte Funktionalitäten des AGUM-Abfallmanagers unter besonderer Berücksichtigung seines Zusatznutzens für die Förderung industrieller Stoffkreislaufwirtschaft

---

[140] Fußnote über die Konzeptpflicht rein.

[141] Eine fakultative Ergänzung der 6 EAK-Stellen um weitere 3 Ziffern ist möglich, um Abfallstoffe weiter spezifizierend zu kategorisieren (analog zu der in Kap. 8.1.5.2 zitierten Altholzkategorisierung nach LAGA).

Die in Tab. 8-10 genannte Indikatorenliste umfasst dabei folgende Kennzahlen, die hier beispielhaft exemplifiziert sind:

1.	Abfälle zur Entsorgung	50,94 t	
1.1	Abfälle zur Verwertung	38,24 t	
1.1.1	davon nicht überwachungsbedürftig	25,64 t	(nübV)
1.1.2	davon überwachungsbedürftig	11,43 t	(übV)
1.1.3	davon besonders überwachungsbedürftig	1,17 t	(bübV)
1.2	Abfälle zur Beseitigung	12,70 t	
1.2.1	davon (einfach) überwachungsbedürftig	12,17 t	(übB)
1.2.2	davon besonders überwachungsbedürftig	0,53 t	(bübB)
2.	Verwertungsquote	75,1 %	
3.	Beseitigungsquote	24,9 %	
4.	Sonderabfallquote („büb-Abfälle"; separat)	3,3 %	
5.	Saldo Gesamtkosten Abfallentsorgung	-39.926,00 €	
5.1	davon Entsorgungskosten	44.565,30 €	
5.2	davon Entsorgungserlöse	4.639,30 €	
6.	Verwertungskosten absolut	21.643,20 €	
7.	Beseitigungskosten absolut	22.922,10 €	
8.	Sonderabfallkosten		
8.1	absolut	15.763,20 €	
8.2	Quote	35,4 %	
9.	Entsorgungsnebenkosten	12.275,30 €	
9.1	davon Transportkosten	8.765,70 €	
9.2	davon Containermieten	3.213,20 €	
9.3	davon andere Entsorgungsnebenkosten	296,40 €	
9.4	Entsorgungsnebenkostenquote	27,5 %	
10.	Entsorgungskosten pro Mengeneinheit		
10.1	saldierte Entsorgungskosten pro ME	-78,40 €/t	
10.2	reine Entsorgungskosten pro ME	-63,40 €/t	

Tab. 8-11: Abfallwirtschaftliches Kennzahlenset des AGUM-Abfallmanagers

Alle diese **Abfallkennzahlen** werden bei Ausnutzung sämtlicher Eingabemöglichkeiten vom Abfallmanager automatisch und en bloc zur Verfügung gestellt und vermögen so ohne zusätzlichen Zeitaufwand wertvolle Hinweise zur Kosten- und Mengenstruktur sowie zur Ökologieverträglichkeit des innerbetrieblichen Abfallmanagements zu geben. Alle drei erfahren hierdurch eine besondere Aufmerksamkeit und erhöhen so die Wahrscheinlichkeit, dass die Entscheidungsträger über diese Größen diskutieren und sie zur Formulierung ökonomischer und ökologischer Zielsetzungen nutzen. Der AGUM-Abfallmanager ist damit ein Instrument, das nicht die Aufgaben einer „traditionellen" Entsorgungsdokumentation erfüllt und firmenseitige Erweiterungsvorschläge aufnehmen kann, sondern eines, das darüber hinaus gleichzeitig auch eine ganze Palette von Anhaltspunkten und Anreizen schafft, um die betriebliche Abfallwirtschaft zu einem nachhaltigkeitsorientierten Stoffstrommanagement weiterzuentwickeln.

Vor dem Zielhintergrund einer Förderung regionaler Stoffkreislaufwirtschaft ist der AGUM-Abfallmanager nicht nur ein Instrument zur Schaffung innerbetrieblicher Abfalldatentransparenz, sondern darüber hinaus insbesondere zur Gewährleistung einer homogenen Datenaufnahmestruktur. Er schafft damit die bestmöglichen Voraussetzungen für eine kostenminimale überbetriebliche Datenaggregation und -analyse, die im „Rhein-Neckar-Projekt" mit Hilfe eines zentralen Abfallanalyzers erfolgt.

8.2.4.2 Der Abfallanalyzer

Dieses Instrument ist im Kern nichts anderes, als ein *„um Aggregations- und weitere Bilanzierungsfunktionen erweiterter Abfallmanager"* [142]. Mit seiner Hilfe lassen sich unschwer zwischenbetriebliche Datenvergleiche aller Art anstellen, die den einzelnen Firmen als wertvolle Benchmarks dienen können. Er erfüllt damit den im Rahmen des Pfaffengrundprojektes erkannten Bedarf nach einem Datenaggregations- und Auswertungsinstrument, das sowohl dem zwischenbetrieblichen Datenaustausch als auch der Datenkommunikation gegenüber der Entsorgungswirtschaft dienen sollte[143]. Als erweiterter Abfallmanager ist der Abfallanalyzer in der Lage, mit einer prinzipiell unbeschränkten Anzahl von Firmendatensätzen in einer Übersichtlichkeit wahrenden Form umzugehen und erfüllt auch von dieser Seite her die Erwartungen an ein nicht nur am Industriestandort, sondern auch im regionalen Raum einsetzbares Datenverwaltungsinstrument.

Zur Abrundung der Fördermöglichkeiten für eine industrielle Stoffkreislaufwirtschaft empfiehlt sich jedoch darüber hinaus die problemspezifische Zuschaltung weiterer EDV-technischer Instrumente, die im Rahmen des folgenden Unterkapitels explizit thematisiert werden sollen.

---

[142] *Ott* [EDV-technische Systembausteine 2000], S. 87.
[143] Siehe hierzu bereits die Ausführungen in Kap. 8.1.5.2.

8.2.5 Das gegenwärtige Instrumentenset zur Förderung industrieller Stoffkreislaufwirtschaft im Rhein-Neckar-Raum

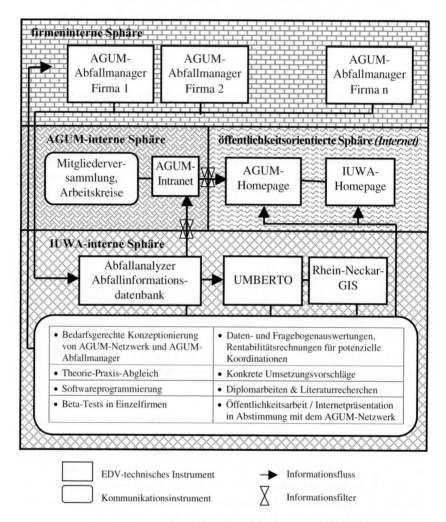

Abb. 8-12: Kommunikations- und Informationsinstrumente zur Förderung industrieller Stoffkreislaufwirtschaft in der Rhein-Neckar-Region

Wie in den vorangegangenen Abschnitten deutlich geworden ist, benötigt eine zwischenbetriebliche Stoffkreislaufwirtschaft insbesondere dann, wenn sie sich über die Industriestandortebene hinaus im regionalen Raum manifestieren soll, ein zieladäquates Mix verschiedenartiger Instrumentarien sowohl zur persönlichen

8. Zwischenbetriebliche Stoffkreislaufwirtschaft im Anwendungskontext 443

Kommunikation als auch zur möglichst weitgehend automatisierten Information. Für das erstere steht im „Rhein-Neckar-Projekt" die Arbeitsgemeinschaft Umweltmanagement (AGUM) e.V., für das Letztere der AGUM-Abfallmanager sowie der Abfallanalyzer. Diese und andere Werkzeuge sind zentrale Bausteine eines aufeinander abgestimmten Instrumentensets, das in Abb. 8-12 zunächst einmal graphisch skizziert wurde. Wie darin zum Ausdruck gebracht, lässt sich das Instrumentenset zur Förderung eines „nachhaltigkeitsorientierten Stoffstrommanagements in der Industrieregion Rhein-Neckar" grob in vier Sphären untergliedern, die verschiedenartige Systemglieder beherbergen.

An oberster Stelle steht dabei die firmeninterne Sphäre der Industriebetriebe, die die in AGUM organisierten Produzenten industrieller Abfälle versammelt. Sie arbeiten in zunehmendem Maße mit dem dezentral an den einzelnen Betriebsstandorten installierten AGUM-Abfallmanager und schaffen so, quasi als Nebeneffekt, auch die Voraussetzungen für ein reibungsfreies Datenpooling an dem an neutraler Stelle verorteten Abfallanalyzer.

Gemäß des hier skizzierten Konzepts werden die Abfallmanagerdaten gegenwärtig am IUWA in verschiedensten Formen und Zielsetzungen analysiert und aufbereitet, um dann in einer gefilterten Form den AGUM-Mitgliedsfirmen via AGUM-Intranet zur Verfügung gestellt zu werden. Ein solcher **Informationsfilter** an der Grenze zwischen IUWA und AGUM-Intranet erwies sich deshalb als notwendig, weil die Firmen teilweise nur dann zum vollständigen Transfer ihrer Abfalldaten an das IUWA bereit sind, wenn sie gegenüber einer Weitergabe an Dritte selektive Vorbehalte geltend machen können. Nicht zuletzt aus diesem Grunde wurde der Abfalldatentransfer zwischen jeder am Projekt beteiligten AGUM-Mitgliedsfirma und dem IUWA über einen schriftlichen Vertrag abgesichert, der eine entsprechende Geheimhaltungsklausel enthält[144]. Mit den in AGUM versammelten Firmenvertretern stehen die Mitarbeiter des IUWA in einer sehr engen Verbindung und gewährleisten so eine bedürfnisgerechte Datenanalyse. Welche Daten in welcher Form von den IUWA-Mitarbeitern ins AGUM-**Intranet** gestellt werden, soll die AGUM-Mitgliederversammlung bzw. der daran gekoppelte Stoffstrommanagementarbeitskreis bestimmen. Dies gilt auch für die Gestaltung des Informationsfilters gegenüber einer Kommunikation an Dritte, die im Wesentlichen über Internet erfolgen soll. Im Rahmen eines solchen Internetauftritts sollen AGUM-Abfalldaten künftig einem interessierten Kreis von Nachfragern offen zugänglich gemacht werden. Das gemäß AGUM-interner Absprache gepoolte Abfallangebot richtet sich dabei insbesondere an qualifizierte Recycler[145] und Ent-

---

[144] Entsprechende Verträge bildeten aber auch bereits die Grundlage für die Zusammenarbeit der Firmen mit dem IUWA im Rahmen des „Pfaffengrund-Projekts".

[145] Hochwertige Recycler verstehen sich selbst zu Recht als Produzenten (siehe auch die entsprechende Ansiedlung des Recyclingbegriffs in Kap. 5.4.2) und würden sich als „Entsorger" ungerechtfertigt gebrandmarkt fühlen.

sorger, deren steter Kontakt mit der Akteursgemeinschaft die Stetigkeit der Optimierungsprozesse fördern sollen.

Das gegenwärtig im Einsatz befindliche Instrumentarium zur Förderung zwischenbetrieblicher Stoffkreislaufwirtschaft im Rhein-Neckar-Raum wird komplettiert durch die Stoffstrommanagementsoftware **Umberto®** [146], die hier zunächst einmal überbetrieblich eingesetzt wird sowie ein **regionales GIS** (Rhein-Neckar-GIS)[147]. Die Ziel-Mittel-Verknüpfungen zur Umsetzung des „Rhein-Neckar-Projektes lassen sich somit folgendermaßen skizzieren:

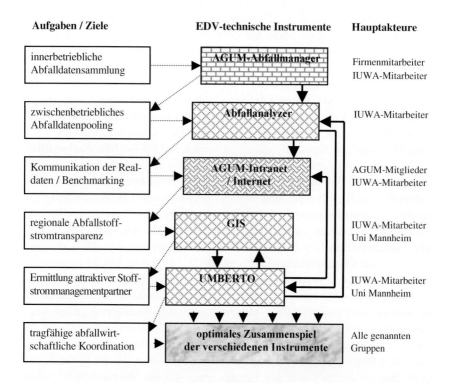

Abb. 8-13: Ziel-Mittel-Verknüpfungen im „Regionalen Stoffstrommanagement Rhein-Neckar"

---

[146] Siehe hierzu bereits die Ausführungen in Kap. 7.3.3.
[147] Siehe hierzu insbes. *Ott* [EDV-technische Systembausteine 2000], bzw. *Ott / Sterr* [GIS-basierte Optimierung 2000].

8. Zwischenbetriebliche Stoffkreislaufwirtschaft im Anwendungskontext

Umberto dient in diesem Projektkontext der Untersuchung und Abbildung der *zwischen* den einzelnen Unternehmen fließenden Stoffströme und soll in seiner Verknüpfung mit dem vektoriell basierten regionalen GIS zukünftig auch den mit verschiedenen Transferaktivitäten verbundenen Umweltverbrauch bilanzieren lassen. Auf diese Art und Weise sollen konkrete Auswirkungen über den ökologischen bzw. entropischen Niederschlag von Entsorgungs- bzw. Stoffkreislaufführungsalternativen errechnet und hiernach nicht nur abstrakt, sondern auch in ihrem realräumlichen Kontext visualisiert werden können.

8.2.6 Konzeptionelle Ansätze zum weiteren Instrumentenausbau hinsichtlich der Förderung industrieller Stoffkreislaufwirtschaft im Rhein-Neckar Raum und Überlegungen zu deren Übertragbarkeit auf andere regionale Kontextmilieus

Das vom Heidelberger Institut für Umweltwirtschaftsanalysen (IUWA) sowie dem Lehrstuhl für Anthropogeographie des Geographischen Instituts der Universität Mannheim und dem Lehrstuhl für Betriebswirtschaftslehre an der Universität Heidelberg in enger Kooperation mit vorwiegend mittelständischen Unternehmen des Rhein-Neckar-Raums entwickelte Instrumentarium hat seine Praxistauglichkeit bereits deutlich unter Beweis gestellt. Es steht jedoch in einem dynamischen Prozess, der Wissenschaftler und Praktiker zur weiteren Suche nach Synergien und nutzbringenden Innovationen anregt. Geeignete Erweiterungen und instrumentelle Ergänzungen wurden mit der Unternehmensseite bereits intensiv diskutiert und dem Bundesforschungsministerium hiernach als Entwicklungsansatz zur Förderung eines nachhaltigkeitsorientierten Wirtschaftens im regionalen Kontext vorgeschlagen.

Baut man dieses Forschungs- und Entwicklungs- bzw. Umsetzungsvorhaben darstellungstechnisch auf der Abb. 8-12 auf, so lassen sich die Grundzusammenhänge zunächst einmal gemäß der folgenden Abb. 8-14 visualisieren. D.h., das prospektierte Netz von Instrumenten baut zunächst einmal konsequent auf den bereits zunächst in Kap. 8.2.5 vorgestellten und bereits verwirklichten Modulen zur betriebsübergreifend normierten Abfalldatenaufnahme (AGUM-Abfallmanager) und dem hierdurch möglichen betriebsübergreifenden Abfallpooling (Abfallanalyzer) auf und soll über die in Abb. 8-14 gräulich hinterlegten Module bedarfsgerecht auszugestaltende Neuentwicklungen, Erweiterungen und Ergänzung erfahren.

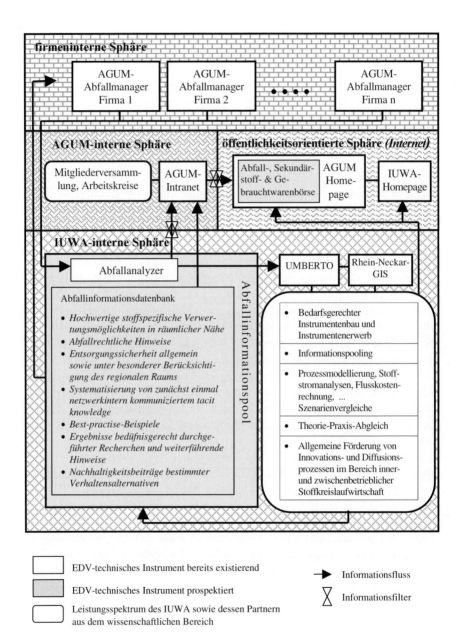

Abb. 8-14: Existentes und prospektiertes Instrumentenset zur Förderung industrieller Stoffkreislaufwirtschaft in der Rhein-Neckar-Region

8. Zwischenbetriebliche Stoffkreislaufwirtschaft im Anwendungskontext 447

In die Kategorie der gräulich hinterlegten Erweiterungsoptionen fällt zunächst einmal die Einrichtung einer regionale Abfallbörse, über die die mittels Abfallanalyzer aggregierten Stoffe auch interessierten Dritten außerhalb des Netzwerks angeboten werden könnten. Diese sollte sodann in Richtung auf eine unternehmensautonome Handhabung erweitert und gerade unter stoffkreislaufwirtschaftlichen Gesichtspunkten um eine **Altstoffbörse**[148] sowie eine **Sekundärstoff- und Gebrauchtwarenbörse** ergänzt werden. Gerade von Letzterer ist eine außerordentlich hohe Entropievermeidung zu erwarten, da sie auf die Realisierung von Wiederverwendungskreisläufen abzielt und damit die Produktnutzungsdauer verlängert, um in diesem Rahmen auch die umweltintensive Produktion entsprechender Neuprodukte zu substituieren.

Über die Entwicklung dieser quantitativ bestimmten Instrumente hinaus artikulierten gerade mittelgroße, aber auch kleinere Unternehmen des AGUM-Netzwerks ein starkes Interesse an quantitativ bestimmten Informationen zum Umgang mit Industrieabfällen. Diese könnten sich in einer weitgehend stoffspezifisch anzulegenden Abfallinformationsdatenbank wiederfinden, die die in Abb.8-14 skizzierten Elemente enthält und regelmäßig gepflegt wird. Auch eine vergleichende Bewertung der im regionalen Raum zur Verfügung stehenden Entsorgungsalternativen sollte in einer solchen Datenbank enthalten sein. Hintergrund für das starke Interesse an einer solchen systematisierten, mit regionalen Spezifika ausgestatteten und vom lokalen PC aus abrufbaren **Abfallinformationsdatenbank** ist v.a. die Tatsache, dass gerade die Abfallverantwortlichen von KMU vielfach andere Haupttätigkeiten ausführen und darum neue Entsorgungssicherheitsaspekte, Veränderungen im Abfallrecht oder die Entwicklung neuer Verwertungsmöglichkeiten nur am Rande verfolgen können. Da die einzelnen Unternehmen jedoch unabhängig von ihrer Branchenzugehörigkeit mit sehr ähnlichen Fragestellungen zum Umgang mit Industrieabfällen konfrontiert werden, versprechen sie sich von einer solchen Abfallinformationsdatenbank nicht nur einen zeitlich effizienten Informationszugang, sondern auch deutliche Synergieeffekte. Gleichwohl ist ein solcher Instrumentenaufbau mit erheblichen Kosten und Aufwendungen verbunden, so dass die einzelnen ökologisch, ökonomisch, technisch und rechtlich relevanten Bauelemente lediglich sukzessive eingepflegt werden könnten. Da eine solche Abfall- und Sekundärstoff-Informationsdatenbank ihren besonderen Wert jedoch wesentlich aus der steten Aktualisierung der darin enthaltenen Informationen schöpft, bedarf jede Entscheidung über ihre Erweiterung darüber hinaus eingehender Kommunikation

---

[148] Beispiele hierfür sind nicht nur die gezielte Verbindung von Anbietern und Interessenten für Gebrauchtmaschinen, sondern auch solcher Materialvorräte / Rohstoffchargen, die noch fest verpackt sind, im Betrieb jedoch bspw. aufgrund von Produktionsprozessumstellungen nicht mehr benötigt werden und deshalb trotz unveränderter qualitativer Eigenschaften entsorgt werden müssten.

mit den in AGUM organisierten Unternehmen, aus deren Reihen die Unterhaltskosten zumindest mittelfristig übernommen werden müssten.

Nachdem die in Kap. 8.2.5 in ihrem konkreten Anwendungskontext vorgestellten Instrumente AGUM-Abfallmanager und Abfallanalyzer ihre Praxistauglichkeit zumindest kurzfristig bereits unter Beweis stellen konnten und die oben skizzierten Elemente (Börsentools sowie die einzelnen Module eines Abfallinformationspools) konkrete Erweiterungsinteressen der am Prozess beteiligten Unternehmensvertreter abbilden, erhebt sich für den Wissenschaftler natürlich die Frage, ob der hier vorgestellte Werkzeugkasten auch für den Umgang mit anderen Kontextmilieus geeignet ist, oder letztlich nicht mehr als eine an lokale Spezifitäten angepasste Singularität darstellt. Hier können die im Rahmen dieser Arbeit vorgestellten Theorieelemente zwar einen umfassenden Hypothesenvorrat generieren, der Beweis selbst kann jedoch nur über einen empirisch geführten Vergleich auf Basis der Anwendung in einer anderen Region[149] erbracht werden.

Kombiniert man lokal-regionale Weiterentwicklung mit interregionaler Übertragung und Koordination im Sinne eines sich wechselseitig befruchtenden Prozesses, so könnte die Ausdehnung des bereits implementierten Konzepts (siehe Abb. 8-12) die in der folgenden Abb. 8-15 skizzierte Gestalt annehmen.

Wie in dieser Abbildung eingezeichnet, bildet der AGUM-Abfallmanager sämtliche das Betriebsgelände verlassende Abfälle ab und kann vor diesem Hintergrund auch als Instrument zu innerbetrieblichen Schwachstellenidentifikation dienen, an die sich dann selektive Stoffstromanalysen oder Stoffflussrechnungen anschließen könnten[150]. Inner- und zwischenbetriebliches Stoffstrommanagement könnten so eine hoch interessante instrumentelle Verknüpfung erfahren.

Da der AGUM-Abfallmanager netzwerkfähig ist und sich darum auch eignet, in räumlich voneinander abgetrennten Betriebsstätten eines sogenannten Mehrbetriebsunternehmens[151] eingesetzt zu werden, ist zu erwarten, dass die über dieses Instrumentenset erreichbare Informationstransparenz auch an den Grenzen der in Abb. 8-15 skizzierten Regionen A und B nicht halt machen wird, sondern punktuell weit darüber hinaus reichen kann.

---

[149] Region B in Abb. 8-15.
[150] Siehe hierzu bereits die Ausführungen in Kap. 7.3.3.
[151] Siehe hierzu insbes. die Ausführungen in Kap. 7.3.1.2 sowie 7.4.1.1.

8. Zwischenbetriebliche Stoffkreislaufwirtschaft im Anwendungskontext

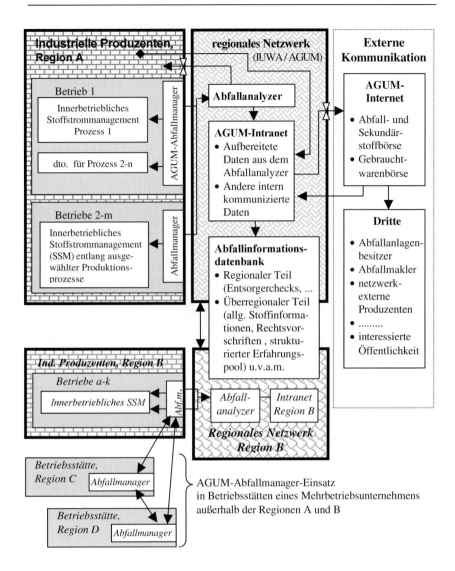

Abb. 8-15: Skizzierung einer zukünftig auch interregionalen Ausdehnungsoption für den im Zuge von *„Pfaffengrundprojekt"* und *„Stoffstrommanagement Rhein-Neckar"-Projekt* entwickelten Instrumentenbaukasten zur Förderung industrieller Stoffkreislaufwirtschaft

8.2.7 Abschließende Betrachtungen des Instrumentensets unter Nachhaltigkeitsaspekten

Gerade vor dem Anspruch eines ganzheitlichen Ansatzes nicht nur auf dem Felde der Theorie, sondern auch in der Empirie, sollte schlussendlich noch die Frage gestellt werden, welche Nachhaltigkeitsbeiträge von der Umsetzung des im 8. Kapitel skizzierten Informations- und Kommunikationsinstrumentariums ausgehen könnten. Vergegenwärtigt man sich das im fruchtbaren Austausch zwischen universitärer Wissenschaft und unternehmerischer Umsetzungspraxis sowie zwischen normativen Ansprüchen und nackter Zahlenmathematik entstandene Instrumentenset also auch „ex post" nochmals vor dem Hintergrund seiner ökologischen, ökonomischen und sozialen Nachhaltigkeitspotenziale, so lassen sich eine ganze Reihe konkreter Zielbeiträge benennen, die an den bereits weiter oben beschriebenen Werkzeugen festgemacht werden können. Hiervon sollen die folgenden Tabellen 8-12a – c einen groben Eindruck vermitteln:

a.) Elemente zur Förderung ökologischer Nachhaltigkeit (**Tab. 8-12a**)

Instrument	Maßnahme	Intendierte Wirkung
• AGUM-Netzwerk	• Fachvorträge und Arbeitskreissitzungen zu ökologisch relevanten Fragestellungen	Offene Diskussion umwelt- und besonders stoffkreislaufwirtschaftlicher Belange im konkreten Zusammenhang mit der in AGUM repräsentierten Industrieproduktion
• AGUM-Abfallmanager	• Einarbeitung ökologisch wichtiger Eingabefelder bspw. über die Einrichtung einer Stoffemaske mit umfassenden stofflichen Charakterisierungsmöglichkeiten	Hochwertigkeit potenzieller Stoffkreislaufschließung durch ein weit über die Botschaft von EAK-Nummern hinausgehendes Informationsniveau[152] → Identifizierung zusätzlicher bzw. hochwertigerer Kreislaufführungspotenziale
	• Visualisierung abfallwirtschaftlicher Kenngrößen wie der Verwertungsquote oder dem Anteil stoffspezifischer Mengen unterschiedlicher Überwachungsbedürftigkeit	Automatische Generierung ökologisch bzw. kreislaufwirtschaftlich relevanter Signale → zur raschen Identifikation entsprechender Schwachstellen und damit auch → zur Förderung betriebsspezifisch zu erarbeitender Abhilfemaßnahmen

---

[152] Der AGUM-Abfallmanager stellt vor diesem Hintergrund zur 6-stelligen EAK-Nummer drei weitere Spezifizierungsziffern zur Verfügung, die mit individuell titulierbaren Stoffbezeichnungen gekoppelt werden können.

8. Zwischenbetriebliche Stoffkreislaufwirtschaft im Anwendungskontext

(Fortsetzung Tab. 8-12a)

• Abfall-analyzer	• Einspielung und Pooling der Abfallarten, die in betrieblichen Abfallmanager eingepflegt werden	Systematisierung der Suche nach umweltschonenden Output-Input-Kombinationen → hochwertige Kreisläufe (s.o.) → kleinräumige Kreisläufe (Beitrag zur Minimierung des Güterverkehrs und der damit verbundenen Umweltkosten)
• Abfall-informationsdatenbank	• Dokumentenanforderung bei Entsorgern und Transporteuren bzw. Besitzern von Abfallentsorgungsanlagen sowie andere abfallspezifische Leistungen • Aufzeigen von Verfahren und Partnern sowie von begünstigenden Faktoren und Hemmnissen für eine hochwertige Stoffkreislaufführung	Entsorgung über Entsorgungsfachbetriebe oder anderweitig zertifizierte Spezialisten → Entsorgungssicherheit → Umfassende Informationen über gangbare Wege im Rahmen eines ökologischen Zielkorridors
• Abfall-, Sekundärstoff- & Gebrauchtwarenbörse	• Aktive Förderung der Nutzung dieses Instruments durch aktive Betreuung vonseiten der Koordinationsstelle	• Verstärkung eines vergleichsweise umweltschonenden Stoffaustausches durch Verbesserung der Transparenz eines Stoffverwertungsraums gegenüber externen Dritten und hierdurch auch: • Verlängerungen der Produktnutzungsdauer bzw. Minimierung von Downcyclingprozessen durch Auffinden von Alt-- stoff- und Gebrauchtwareninteressenten
• Umberto	• Anfertigung von Stoffstromanalysen, Ökobilanzen und anderen quantitativ bestimmten Verfahren	Rechnerische Ermittlung und graphische Visualisierung von Daten (Sankey-Diagramme) zur Identifikation und Spezifizierung von Schwachstellen bzw. zur Dokumentation der ökologischen Relevanz von Produktionsprozessen oder Entsorgungsalternativen → intersubjektiv nachprüfbare Grundlagen für ökologisch relevante Entscheidungen
• GIS	• Vektorielle Ermittlung von Transportkilometerleistungen, die bei verschiedenen Stoffkreislaufszenarien anfallen	Datengrundlage für die mit Hilfe des Transportmoduls von Umberto ermittelbaren Umweltkosten eines Transportvorgangs

b.) Elemente zur Förderung ökonomischer Nachhaltigkeit (**Tab. 8-12b**)

Instrument	Maßnahme	Intendierte Wirkung
• AGUM-Abfallmanager	• Ausgestaltung des Instruments in einer Kosten und Nutzen optimierenden Form	• Ökonomische Effizienzsteigerung als Anreiz zur Umstellung auf ein auch mit ökologischem Zusatznutzen verbundenes Instrument • Zeit- (und dadurch auch Kosten-)ersparnis durch systematische, einfache und fehlersichere Datenaufnahmevorgaben
	• Anpassung an veränderte Rahmenbedingungen	Minimierung akteursspezifischer Informationserosion bzw. Senkung firmenspezifischer Such- / Informationskosten
	• Visualisierung stoffspezifischer Kostenkomponenten	Identifikation von Kostentreibern zur gezielten Schaffung von Abhilfe
	• Möglichkeit zur Generierung von Abfallbilanzen, Abfallwirtschaftskonzept-Modulen, Entsorgungsdatenblättern und anderen Listen per Knopfdruck	Gewährleistung umfassender Synergieeffekte (Gewährleistung von Dokumentationspflichten gegenüber Behörden, Auditoren oder der eigenen Geschäftsführung)
	• Datenextraktion nach EXCEL zur Berechnung monetärer Einsparungseffekte und Amortisationszeiten bestimmter Szenarien für den betriebs- und stoffspezifischen Einzelfall	Respektierung unternehmerischer Zielhierarchien; faktische Belegung der Behauptung, dass sich mehr Umwelt rechnet → Bereitstellung finanzieller Datengrundlagen für umweltrelevante Entscheidungen
• Abfallanalyzer	• Aufzeigen firmenspezifischer Nachverhandlungsspielräume durch Benchmarking	Verbesserung des unternehmerischen Gewinnziels zur Förderung des Firmeninteresses an der Netzwerkkommunikation
	• Datenextraktion zur Clusterbildung und Kostenkalkulation	Spezifizierung von Koordinationsszenarien und Nachweis ökonomischer Vorteile ökologisch sinnhafter Entsorgungsalternativen
• AGUM	• Fachvorträge, Arbeitskreissitzungen zur Herauspräparierung (zumindest) ökonomisch-ökologisch dimensionierter Win-Win-Situationen	Kommunikation realisierter Erfolge, Austausch von Best-practice-Strategien und Erarbeitung konkreter Ansatzpunkte aus dem Kreis der Netzwerkmitglieder
	• Anregung stoffspezifischer Kooperationen	Kostensenkung durch zwischenbetriebliche Kooperation

8. Zwischenbetriebliche Stoffkreislaufwirtschaft im Anwendungskontext

(Fortsetzung Tab. 8-12b)

• Umberto	• Umweltkostenrechnung und Kostenkalkulation verschiedener Prozessalternativen	Visualisierung bislang unberücksichtigter Kosten der Abfallproduktion durch Berücksichtigung der hierin bis zum Erreichen der Abfalleigenschaft eingeflossenen Produktionsfaktoren[153]
• GIS	• Realräumliche Verortung regionaler Stoffquellen und Stoffsenken mit Hilfe eines vektoriell basierten GIS	Berechnung von Entfernungskilometern und Wegezeiten für den Stofftransport als Grundlage für die Berechnung von Wegekosten verschiedener Kreislaufmuster; Visualisierung als Entscheidungshilfe
• Abfall-, Sekundärstoff- & Gebrauchtwarenbörse	• Aktive Förderung der Nutzung dieses Instruments durch die Koordinationsstelle	Vergrößerung des Interesses Dritter
• Abfallinformationsdatenbank	• Einspeisung und Pflege umfassender qualitativer Informationen	Senkung der Kosten des Informationserwerbs sowie der Risikokosten der Produktion

c.) Elemente zur Förderung sozialer Nachhaltigkeit (**Tab. 8-12c**)

Instrument	Maßnahme	Intendierte Wirkung
• AGUM	• Fachvorträge und Arbeitskreissitzungen als Foren für die Face-to-face-Kommunikation	• Vertrauensschaffung bei Entscheidungsträgern unterschiedlichster Provenienz • Förderung und Schärfung von Nachhaltigkeitsbewusstsein • Herausbildung neuer Schlüsselakteure insbesondere aus dem Bereich der Industrie, die sich auch öffentlich in Wort und Tat zum Leitbild der Nachhaltigkeit bekennen • Erhöhung der Bereitschaft zu Eigenleistungsbeiträgen mit dem Ziel der Verwirklichung eines Mehr an Nachhaltigkeit

---

[153] Siehe hierzu auch die Ausführungen zur Umwelt- bzw. Reststoffkostenrechnung in Kap. 7.3.3.

• AGUM (Fortsetzung)	• Interorganisationale Konzeption	• Erörterung unterschiedlicher Standpunkte in einem gemeinsamen Forum und Erarbeitung zukunftsverträglicherer Lösungen, die auf möglichst breiter Basis konsensfähig sind • Übernahme lokal-regionaler Verantwortung durch die Netzwerkmitglieder • Vorbereitung von Lösungen, die gesellschaftliche Problemlösungskapazitäten zugunsten einer stabilen Weiterentwicklung der Stoffkreislaufwirtschaft in möglichst umfangreichem Maße einbeziehen • Übernahme lokal-regionaler Verantwortung
• AGUM-Abfallmanager	• Erarbeitung und anforderungsgerechte Verbesserung des Instruments durch aktive Einbeziehung von Umwelt- & Abfallbeauftragten verschiedener Firmen in den Ausgestaltungsprozess	• Partizipation als Garant für problemadäquate Konzeption und Akzeptanz durch die Zielgruppe • Einfache Handhabbarkeit als Dateneingabeinstrument für jedermann • Einfache Generierbarkeit gewünschter Auswertungen für jedermann
	• Dezentrale Lokalisierung	Gewährleistung von Entscheidungsautonomie und individueller Handhabbarkeit zur Unterstreichung des Charakters der Freiwilligkeit
• Zentraler Datenpool	• Zentrales Abfalldaten-Pooling	Visualisierung von Nischenmärkten für potenzielle Interessenten
• Abfallinformationsdatenbank	• Systematisierung von nicht-kodifiziertem Wissen zum umwelt- und sozialverträglichen Umgang mit bestimmten Stoffen	Treffen nachhaltigkeitsfördernder Entscheidungen auf der Basis der in diesem Instrument systematisch zusammengefassten positiven Erfahrungen (aber auch Missgriffen) von Kollegen aus anderen Firmen

Tab. 8-12 a-c: Ausgewählte Maßnahmen und intendierte Wirkungen des vorgestellten Instrumentensets vor dem Hintergrund potenzieller Zielbeiträge zugunsten ökologischer, ökonomischer und sozialer Nachhaltigkeit

Nun repräsentieren die in obiger Tabelle 8-12 angeführten Ansatzpunkte zwar nicht mehr als ausgewählte Schlaglichter, sie vermitteln jedoch zumindest einen ersten Eindruck davon, was durch die Nutzung des in den Unterkapiteln 8.2.4 bis 8.2.6 vorgestellten Instrumentensets auf den Weg gebracht werden könnte.

8. Zwischenbetriebliche Stoffkreislaufwirtschaft im Anwendungskontext

Hierbei gilt es allerdings zu berücksichtigen, dass der Einsatz dieser Instrumente die Richtungssicherheit in Richtung Nachhaltigkeit zwar befördert, jedoch keineswegs auch garantiert. Denn ob und wenn ja wann[154] die mit Hilfe dieser Instrumente erschließbaren Informationsgrundlagen tatsächlich zu nachhaltigkeitsfördernden Entscheidungen führen, kann zumindest in einer allgemeinen Form nicht beantwortet werden. Gleichwohl werden die informationellen Voraussetzungen hierfür allerdings eindeutig verbessert. Und die Wahrscheinlichkeit dafür, dass wesentliche Entscheidungen schließlich tatsächlich unter Gewährleistung eines Nachhaltigkeit fördernden Zielkorridors getroffen werden, steigt in dem Maße an, wie der Entscheider die hinter diesem Prinzip stehenden Wertvorstellungen und Präferenzordnungen teilt. Da die Ausprägung von Wertvorstellungen jedoch in hohem Maße Ergebnis eines sozialen Austausches ist, kommt der Entwicklung entsprechend ausgerichteter Kommunikationsnetzwerke, wie bspw. der in Abschnitt 8.2.3.2 vorgestellten *„Arbeitsgemeinschaft Umweltmanagement"* (AGUM), entscheidende Bedeutung zu.

8.3 Die Stoffverwertungsregion als Zwischenstadium zum nächsthöheren Raumrahmen?

Nun sollte man abschließend sicherlich noch die Frage stellen, ob nicht auch diese, auf regionale Kompetenzen und Problemlösungskapazitäten fokussierende Systemebene ähnlich dem in Kap. 8.1 dargestellten Pfaffengrundansatz lediglich ein Zwischenschritt zwischenbetrieblicher Koordination darstellt, die man sich ja prinzipiell auch auf nationaler Ebene vorstellen könnte.

Ganz sicherlich ist auch ein solches **regionales Verwertungsnetzwerk** ein offenes System, doch unterscheidet es sich von einem entsprechenden Industriestandortnetzwerk insbesondere dadurch, dass die systeminterne Problemlösungskapazität auf der regionalen Ebene ist im Allgemeinen groß und vielfältig genug ist, um Lösungen zur Verfügung zu stellen, die sich von den innerhalb eines größeren Raumrahmen erzielbaren auch nicht wesentlich unterscheiden würden und daher weitestgehend unterbleiben. Tatsächlich ist die materielle Reduktion im Gegensatz zur materiellen Produktion nach wie vor durch vergleichsweise kleine Marktgebiete bestimmt. Selbst örtlich getrennte Betriebsstätten ein und desselben Unternehmens in ein und derselben Region nutzen deshalb aus auch ökonomisch nachvollziehbaren Gründen teilweise bereits unterschiedliche Entsorgungskanäle. Bei Mehrbetriebsunternehmen mit Produktionsstätten in verschiedenen Regionen sind standortspezifische und relativ kleinräumig angesiedelte Entsorgungsbeziehungen trotz des gemeinsamen organisationalen Systemrahmens die Regel.

---

[154] Zeitfenster / Investitionszyklen, Auftreten externer Einflüsse, ...

System-raum / Recyclingstufe	anlagen-intern	betriebs-intern	standort-intern[155] (s), bzw. kommunal (k)	regional	national	international
Wiederverwendung	Kunststoff-anspritz	Altpaletten, Plastikkanister		Altpaletten, Miettücher		
Weiterverwendung		Plastikkanister		Repa-Säcke		
Werkstoffliche Verwertung			(s) Speisereste *(Verfütterung)* (k) Grünschnitt u.a. *(Kompostierung)*, unbehandeltes Altholz (→ *Mulch*)	Grünschnitt u.a. *(Kompostierung)*, unbehandeltes Altholz *(Aufbereitung zu Mulch)*		
Rohstoffliche Verwertung			(s,k) unbehandeltes Altholz *(Zerspanung)*	unbehandeltes Altholz *(Zerspanung)*, Thermoplaste *(Regranulierung & Konditionierung)*, Altglas *(Granulierung)*, Altöl *(Aufbereitung)*, Öl-Wasser-Gemische *(Trennung)*, Bauschutt *(Aufbereitung)*, Elektronikschrott *(Demontage)*, Wertstoffgemische, DSD-Abfälle *(Sortierung)*	Nachbarregion: Altpapier, Altlacke *(Aufbereitung)*, Wertstoffgemische *(Sortierung)*; entferntere Reg.: Metallschlamm *(Metallextraktion)*, Metalle *(Konditionierung als Zuschlagsstoffe, Einschmelzung)*	behandeltes Altholz *(Zerspanung)*
Energetische Verwertung		behandeltes + unbehandeltes Altholz *(Verfeuerung)*		gemischtes Altholz	gemischte Kunststoffe	
Thermische Beseitigung				Restmüll *(Verfeuerung)*	(andienungspflichtige) Beseitigungsabfälle[156]	
Stoffliche Beseitigung				Restmüll, Schlackenreste, Schlämme *(Deponierung)*	Bestimmte niedrigkalorige Beseitigungs-, bzw. bübB-Abfälle	

Tab. 8-13: Räumliche Distanz zwischen dem Ort der Abfallentstehung und dem von Verwertung respektive Beseitigung am Beispiel der Entsorgungsbeziehungen der Pfaffengrunder Unternehmen

---

[155] Einschließlich unmittelbarer Standortnachbarschaft.
[156] Siehe hierzu auch die Fußnote zum sog. „Hamburg-Vertrag" in Kap. 7.1.3.

8. Zwischenbetriebliche Stoffkreislaufwirtschaft im Anwendungskontext

Tabelle 8-13 zeigte diese weitgehende **Regionalität** materieller Entsorgungsbeziehungen anhand der Verbringungszielen von Abfällen aus dem Heidelberger Pfaffengrund (Vollerhebung) sehr deutlich. Denn: sieht man einmal vom Transfer metallhaltiger Abfälle ab, die zu großen Teilen in die Eisen- und Stahlindustrie der Industrieregion Rhein-Ruhr abfließen, werden die Regionsgrenzen des Rhein-Neckar-Raums zumeist nur zur benachbarten Industrieregion (Karlsruhe bzw. Rhein-Main) hin überschritten. Die wichtigste Ausnahme hiervon bilden diejenigen Stoffe, die zur Erfüllung des „Hamburg-Vertrags" von einem privatwirtschaftlichen Zugriff ausgeschlossen sind. Damit erweist sich eine Industrieregion von der Größe und Bedeutung des Rhein-Neckar-Raumes tatsächlich als ein zumeist hinreichend potenzialreicher Stoffverwertungsraum.

Von einer zunehmenden Transparenz von Verwertungsmöglichkeiten ist daher zu erwarten, dass sie die besondere Bedeutung der Region als **Stoffverwertungsregion** eher verstärken als abschwächen wird. Ausnahmen hiervon dürften sich im Wesentlichen auf hochwertige Spezialentsorgungsverfahren beschränken, die den Akteuren bislang mangels Kommunikation verborgen geblieben sind oder aufgrund hoher Transportkosten erst über betriebsübergreifende Mengenbündelungen eine hinreichende wirtschaftliche Attraktivität aufweisen.

Während der regionale Raum also gerade für die materielle Seite industrieller Kreislaufwirtschaft eine zentrale Rolle spielt, ist dies für immaterielle Transfers nur bedingt der Fall. Hier beschränkt sich die Relevanz regionaler Raumdimensionen im Wesentlichen auf solche Transfers, die insbesondere vor dem Hintergrund persönlichen Vertrauens ablaufen und damit eines bestimmten Milieus bedürfen, wie es gerade regionalen Räumen eigen ist. Erheben bestimmte Informationen jedoch einerseits Übertragbarkeitsanspruch (allgemeine Regeln zum Umgang mit bestimmten Abfallstoffen) und werden sie gleichzeitig als nicht sensibel eingestuft (bspw. Altpapier), dann fließen sie auch über räumlich-soziale Systemgrenzen ziemlich ungestört hinweg, so dass die Bedeutung der Region hier zumindest zurücktritt.

Vor diesem Hintergrund ist zu erwarten, dass eine aus dem freien Spiel der Marktkräfte heraus bestimmte **industrielle Stoffkreislaufwirtschaft** folgende Züge annehmen wird:

- regionale Dominanz bei der Weiterentwicklung des stofflichen Austausches im Zusammenhang mit Reduktionsvorgängen
- lokal-regionale Dominanz bei der Weiterentwicklung eines milieubasierten bzw. vertrauensabhängigen Informationsaustausches über die entsprechenden Stoffe
- Regionsunabhängigkeit bei der Weiterentwicklung eines Informationsaustausches über allgemeine Stoffeigenschaften und hieran geknüpfte Handlingmöglichkeiten.

9. Zusammenfassung und Perspektiven

Wirtschaften steht für das planvolle und zielgerichtete Handeln des Menschen. Stoffkreislauforientiertes Wirtschaften fokussiert hierbei auf ein Durchlaufen möglichst vieler Nutzungszyklen für ein und dasselbe Material und muss in diesem Sinne auch Sorge dafür tragen, dass sämtliche Komponenten eines Produktionsoutputs den früher oder später eintretenden Abfallzustand lediglich durchlaufen, um hiernach wiederum neuen Interessen dienen zu können. Technosphärische Stoffkreislaufwirtschaft stößt dabei insbesondere dort auf Probleme, wo Ökotoxizität auftritt oder Produktionsprozesse mit dem Auftreten molekularer Neuheit verbunden sind, die die in der Ökosphäre ex ante regierende „Währungskonvertibilität" verletzen. Damit tritt zu den auch in der Natur bekannten quantitativ-temporalen Anpassungsproblemen etwas grundsätzlich Neues hinzu, das den Autor veranlasste, den Begriff der Technosphäre in zwei ineinander geschachtelte Bereiche zu gliedern. Dabei steht der Begriff der Anthroposphäre für eine naturnahe Wirtschaftsform des Menschen, wie sie prinzipiell auch bei anderen biologischen Arten vorkommt und grundsätzlich naturkonform ist, während die Entwicklungsgeschichte einer die Produktion naturferner Substanzen einschließenden Transformatorensphäre im Wesentlichen erst mit der Entwicklung der modernen Chemie einsetzte.

Während sich der Mensch in seiner Wirtschaftsweise bis vor nicht allzu langer Zeit auf die zumindest langfristige Absorptionskapazität der Natur verlassen konnte, indem sie die hierfür notwendigen Destruenten zur Verfügung stellte, ist er nunmehr herausgefordert, die in der Natur vorkommenden Stoffwechselspezialisten aktiv zu unterstützen und zumindest dort zu ergänzen, wo er sie von möglichen Abbauaktivitäten ganz bewusst ausgeschlossen hat.

Hierzu bedarf es der Ausgestaltung einer dreigliedrigen Technosphäre, die neben dem Konsumsektor (im Wesentlichen dem Menschen) und dem zu seiner Bedürfnisbefriedigung errichteten Produktionssektor auch einen Reduktionssektor enthalten muss, im Rahmen dessen eine planvolle und zielgerichtete Entbindung von Abfall technosphärischen Ursprungs vorzunehmen ist. Erst durch eine solche Dreigliedrigkeit gewinnt die für unsere heutigen Bedürfnisse unverzichtbare Technosphäre die Stabilität und Stoffwechselfähigkeit, die sie benötigt, um auch dauerhaft aufrechterhalten werden zu können.

Das Innenleben des vom Autor in diesem Sinne skizzierten „Modells einer dreigliedrigen technosphärischen Stoffkreislaufwirtschaft" sollte dabei so gestaltet werden, dass sich die güterwirtschaftlichen Grundfunktionen von Produktion und Reduktion diametral gegenüberstehen, um so nicht nur über einen vielstufigen

Materialtransport entlang der Wertschöpfungskette aufeinander abgestimmt zu werden, sondern auch über unmittelbare Kontakte zum inhaltlich spiegelbildlichen Produktions-Reduktions-Pendant voneinander zu profitieren. Dies wurde am Beispiel eines entsprechend ausgestalteten Produktions-Reduktions-Rades verdeutlicht, das auf die von *Liesegang* entwickelte Idee einer *„industriellen Reproduktionswirtschaft"* zurückgeht. Schwungrad eines solchen industriellen Metabolismus ist der Konsument, der als solches die Bewegungen im Sinne einer industriellen Stoffkreislaufwirtschaft befördern, aber auch abbremsen kann.

Je tiefer man in das Innenleben einer industriellen Stoffkreislaufwirtschaft hineinforscht, desto stärker wird man gewahr, wie vielfältig die zur Beschreibung von Teilaspekten verwandten Fachtermini sind. Die Arbeit verwendete deshalb große Anstrengungen darauf, ein reproduktionswirtschaftlich orientiertes Begriffssystem zu entwerfen, im Rahmen dessen sich sowohl das Ganze als auch seine Teileelemente beschreiben lassen. Ganz im Sinne einer disziplinenübergreifenden Schau der Dinge wurden dabei insbesondere auch abfallrechtliche und allgemeinsprachliche Termini diskutiert und mit den produktionstheoretischen Fachbegriffen explizit in Beziehung gesetzt. Dabei zeigte sich, dass sich diese bei entsprechender Feingliederung reduktions- und produktionsseitiger Prozesse durchaus miteinander in Einklang bringen lassen und so eine dringend erforderliche Kommunikation zwischen den einzelnen Lagern und Fachdisziplinen befruchten könnten.

Dies könnte sich insbesondere dort als Vorteil erweisen, wo man industrielle Kreislaufwirtschaft nicht nur partialanalytisch ausleuchten, sondern auch umsetzungspraktisch vorbereiten will. Denn die tatsächlichen Potenziale einer solchen zukunftsorientierten Wirtschaftsform erwachsen aus dem Zusammenspiel vielschichtiger Kräfte, die ein bestimmtes Kontextmilieu konstituieren, das in hohem Maße raum- und zeitabhängig ist. Während die zeitliche Dimension Gegenstand aller komparativ-statischer wie dynamischer Betrachtungen ist, wird der räumliche Bezug eines bestimmten Lösungsmusters auch bei Arbeiten zur industriellen Stoffkreislaufwirtschaft vielfach außen vor gelassen. Dabei würde seine Einbeziehung keinesfalls bedeuten, dass man sich damit in einen atomistisch konstituierten Lösungsraum hineinbegäbe, dem jeder Anspruch auf die wissenschaftlich wertvolle Verallgemeinerbarkeit abhanden käme.

Die vorliegende Arbeit hatte sich deshalb explizit zum Ziel gesetzt, die Raumrelevanz der technosphärischen Stoffkreislaufwirtschaft in einer Weise herauszupräparieren, die den o.g. Übertragbarkeitsansprüchen in hohem Maße gerecht wird, gleichzeitig aber auch zum disziplinenübergreifenden Verständnis des Phänomens Raum im Allgemeinen beiträgt. Vor diesem Hintergrund war eine Kategorisierung des Raumes in territorial und akteurssystemisch bestimmte Elemente vorgenommen worden, die bereits zu Beginn der Arbeit über die Gegenüberstellung von Ökosphäre und Ökosystem bzw. Technosphäre und Technosystem vor-

9. Zusammenfassung und Perspektiven

bereitet wird. Sie findet ihren besonderen Ausdruck in den Begriffen der territorial und der systemisch bestimmten Wirtschaftsregion, der eine ausführliche Beschreibung territorialer und kommunikativer (bzw. akteurssystemisch bestimmter) Raumkonzepte vorausgeht. Auch bei der Betrachtung der industriellen Stoffkreislaufwirtschaft und ihres räumlichen Bezuges (Kap. 7 der Arbeit) spielte diese Gegenüberstellung eine ganz zentrale Rolle und war deshalb sowohl in Texten wie auch in Graphiken und Tabellen ein stetig wiederkehrendes Element. Die räumlich relevanten Einheiten einer industriellen Stoffkreislaufwirtschaft können so auf jeder Ebene in ihren charakteristischen territorialen und akteurssystemischen Umrissen präzisiert werden, was nicht zuletzt die Überlegungen zu den damit verbundenen Stoffkreislaufpotenzialen erheblich erleichtert. Ein besonderes Augenmerk der Arbeit galt dabei der Existenz territorialer sowie akteurssystemischer Grenzen, die die Entwicklungschancen industrieller Stoffkreislaufwirtschaft als Hindernisse eines reibungslosen Transfers von Stoff- und Informationsflüssen in erheblichem Maße bestimmen.

Aus all dieser Vielfalt an technisch-ökonomischen, ökologischen und sozialen Faktoren, die für die Bemessung des Leistungsvermögens einer industriellen Stoffkreislaufwirtschaft relevant sind, scheint sich die regionale Ebene als ein Raumrahmen herauszupräparieren, der besonders große Umsetzungspotenziale aufweist. Als Ursache hierfür wird zum einen die Tatsache gesehen, dass zumindest die regionalen Auswirkungen einer umweltrelevanten Entscheidung die verantwortlichen Entscheidungsträger mehrheitlich selbst treffen und damit einer Externalisierung negativer Folgewirkungen Grenzen setzen, dass aber andererseits auch die in einem regionalen Raum vorhandene Problemlösungskompetenz in Wirtschaft, Wissenschaft und Politik groß, vielschichtig, kommunikationsträchtig und hierdurch zumindest potenziell in der Lage ist, den überwiegenden Teil an prinzipiell lösbaren Problemen auch intraregional zu lösen. Dabei leisten insbesondere regionale Milieus, die sich bei Konzertierung der Kräfte rasch zu kreativen Milieus entwickeln können, wesentliche Hilfestellung. Konzentrieren sich diese Kräfte auf eine nicht nur ökonomisch, sondern gerade auch ökologisch und sozial relevante industrielle Stoffkreislaufwirtschaft, so vermag gerade die Ebene der Region hier einen ganz entscheidenden Nachhaltigkeitsbeitrag zu leisten.

Nun hätte man zunächst noch einwenden können, dass ein solches Szenario auf den ersten Blick zwar durchaus schlüssig und stimmig erscheine, gleichwohl aber durch eine sich unaufhörlich verstärkende Globalisierungstendenz konterkariert werde. Eine solche Aussage stimmt jedoch gerade für die zur Kreislaufschließung geeigneten Verwertungsabfälle mit ihrer verhältnismäßig niedrigen ökonomischen Wertigkeit bis heute nicht. Hierauf weisen zumindest die Ergebnisse einer Erhebung aus dem Heidelberger Industriegebiet Pfaffengrund, bzw. dem Rhein-Neckar-Raum hin, wo in beiden Fällen eindeutig zum Ausdruck kommt, dass der technosphärische Reduktionsprozess allenfalls auf Nachbarregionen ausgreifen muss, für die überwiegende Anzahl der von Industrieseite zur Entsorgung anstehenden Stoffe jedoch sogar regionsintern erfolgen kann. Wesentliche Ausnahmen hiervon bilden lediglich Eisen- und Nichteisenmetalle, für die in Baden-Württemberg aus industriegeschichtlichen Gründen kaum Verhüttungskapazitäten zur Verfügung stehen sowie besonders überwachungsbedürftige Beseitigungsabfälle (bübB), die aufgrund langfristiger vertraglicher Bindungen des Landes nach Hamburg verbracht werden.

Nun bezog sich diese Primärdatenerhebung zwar lediglich auf den bspw. im Entsorgungsnachweis angegebenen Verbringungsort, der mitnichten der letzte in der Reduktionskette sein muss und nur in seltenen Fällen auch den Ort der Reintegration in den Produktionsprozess darstellt. Die Tatsache, dass zumindest ein erster Retrotransformationsprozess zumeist im regionalen Raum lokalisiert ist, zeigt jedoch immerhin, dass wesentliche zur Stoffkreislaufführung notwendigen Problemlösungskapazitäten hier vorhanden sind und bei verbesserter Transparenz und ökonomischer Attraktivität angesichts der vielfältigen Vorteile räumlicher Nähe auch verstärkt genutzt werden dürften.

Wenn aber gerade der regionale Rahmen so potenzialreich sein soll, warum fokussieren dann Planer und Wissenschaftler in aller Regel auf Industriegebietslösungen, wenn sie von sogenannten Eco-Industrial Parks (EIPs) sprechen? Dies mag zunächst einmal an der besseren Überschaubarkeit und Abgrenzbarkeit liegen, ist jedoch sicherlich auch mit der Tatsache verbunden, dass der entsprechend motivierte Stadtplaner ein Gewerbegebiet als eine ihm zugewiesene Raumordnungseinheit und damit als seinen eigenen Garten versteht, den er entsprechend beplanen kann. Planungsgegenstände, die die kommunalen Grenzen überschreiten, bedürfen hingegen wesentlich umfangreicherer Abstimmungsprozesse, wobei ein Protagonist die entsprechenden Konzepte und damit verbundene Erfolge zudem auch mit anderen teilen müsste. Darüber hinaus wird grade die wissenschaftliche Auseinandersetzung mit EIPs durch v.a. nordamerikanische Autoren nach wie vor maßgeblich geprägt vom Forschungsgegenstand der „Industriellen Symbiose von Kalundborg", ohne deren beispielgebende Behandlung oder zumindest Erwähnung auch im fernen Amerika bis heute kaum ein Fachbeitrag auskommt.

Dies bedeutet allerdings nicht, dass die Bemühungen um die Förderung industrieller Stoffkreislaufwirtschaft deshalb nicht auf die Industriestandortebene fokussieren sollten. Sie ist die nächstliegende Milieuebene außerhalb betrieblicher Werksgrenzen, auf der sich rechtlich selbstständige Akteure über stoffbezogene Kooperationsmöglichkeiten abstimmen können, um hierdurch nicht zuletzt auch einen Beitrag zugunsten nachhaltigkeitsorientierter Wirtschaftsweisen zu leisten – und sei es auch nur in Form eines willkommenen ökologischen und/oder sozialen Nebeneffekts. Der Autor vertritt hier allerdings die Ansicht, dass eine stoffkreislaufwirtschaftliche Potentialausschöpfung am Industriestandort zum einen innerbetrieblicher Vorarbeiten bedarf (siehe das Unterkapitel zur innerbetrieblichen

9. Zusammenfassung und Perspektiven

Stoffkreislaufwirtschaft) und auf der anderen Seite auch in einen größeren Zusammenhang eingebettet sein muss, um sich auf Dauer als solcher behaupten und weiterentwickeln zu können. Der EIP auf Industriestandortebene kann also den reproduktionswirtschaftlich hinreichenden Zielraum in aller Regel noch nicht abbilden, wohl aber eine ganz entscheidende Stufe zwischen anlageninterner und regionaler Stoffkreislaufführung. Und tatsächlich beschränkt sich selbst die vielgerühmte Kalundborger Symbiose in ihren stoffkreislauforientierten Austauschbeziehungen inzwischen nicht mehr auf ihren Kalundborger Nukleus, sondern greift im Rahmen ihrer „Äußeren Symbiose" bereits weit über die kommunalen Grenzen hinaus. Ein Hinweis auf diese Tatsache erscheint deshalb um so wichtiger, als der die Stadt Kalundborg umgebende Potenzialraum im Wesentlichen aus Agrarlandschaften und Meer besteht und darum nur wenige geeignete Output-Input-Partner zu bieten imstande ist[1].

Der Autor hat sich die oben beschriebenen Überlegungen und Erkenntnisse zu eigen gemacht, um anhand zweier aufeinander aufbauender Forschungsprojekte den empirischen Beweis für seine These von einer aus dem freien Spiel der Kräfte abzuleitenden „*Regionalisierung in der industriellen Stoffkreislaufwirtschaft*" anzutreten. Zur Gewährleistung durchgängiger Systemstabilität beim Aufbau einer regionalen Koordination stellte er dabei einen Stufenplan auf, der seinen Ausgangspunkt bei der innerbetrieblichen Abfalldatenaufnahme nimmt. Der damit bezweckten innerbetrieblichen Stoffstromtransparenz sollte nach Auffassung des Autors eine Schwachstellenanalyse folgen, die sich zunächst einmal der Ausschöpfung innerbetrieblicher Effizienzsteigerungspotenziale annimmt. Erst hiernach sollte die sowohl rechtlich als auch informationell sehr bedeutende Systemgrenze der Betriebsstätte und/oder des Unternehmens überschritten werden, wobei sich die Suche nach geeigneten Output-Input-Partnern aus Gründen räumlicher und mentaler Nähe zunächst einmal auf der Ebene des Industriegebiets verdichten sollte. Der damit verbundene überbetriebliche Transfer sensibler Daten sollte zur Verbesserung des hierfür notwendigen Vertrauens durch ein geeignetes Kommunikationsorgan unterstützt werden, welches seinen informellen Charakter zunächst einmal bewahren könnte. Im Allgemeinen lässt jedoch erst die sukzessive Erweiterung der Informationstransparenz für industrielle Abfallquellen und Sekundärstoffsenken auf den regionalen Raum die mit zusätzlichen Kosten und Aufwendungen verbundene Formalisierung eines entsprechend ausgerichteten Kommunikationsnetzwerks ratsam erscheinen.

Der Auf- und Ausbau einer regionalen Stoffstromtransparenz bedarf allerdings nicht nur einer problemadäquaten Kommunikationsdrehscheibe, die insbesondere

---

[1] Es ist eine freilich nicht verifizierbare Vermutung, dass eine überkommunale Ausdehnung rückstandsorientierter Beziehungen im Falle Kalundborgs bereits wesentlich weiter fortgeschritten wäre, wenn das Industriegebiet in einer größeren Industrieregion eingebettet wäre.

von den Unternehmern als den zentralen Akteuren einer industriellen Stoffkreislaufwirtschaft angenommen werden muss, sie bedarf auch effizienter Instrumente zur Aufnahme, Systematisierung und Normierung von Informationen. Vor diesem Hintergrund wird am Heidelberger Institut für Umweltwirtschaftsanalysen in Kooperation mit dem Lehrstuhl für Anthropogeographie des Geographischen Instituts der Universität Mannheim sowie dem Lehrstuhl für Betriebswirtschaftslehre I an der Universität Heidelberg gegenwärtig intensiv an einem EDV-technisch basierten Instrumentenset gearbeitet, das in der Lage sein soll, den für eine zwischenbetriebliche Koordination notwendigen Datenaustausch möglichst weitgehend zu automatisieren und damit auch zu aktualisieren. In seiner Weiterentwicklung soll das im Rahmen der Kap. 8.2.5 und 8.2.6 vorgestellte Instrumentarium dazu führen, dass die Netzwerkteilnehmer neben den bereits heute verfügbaren Abfalldaten via Intranet jederzeit auch umfassende Informationen zu regionalen Verwertungsmöglichkeiten, Entsorgungssicherheitsaspekten und anderen wichtigen Aspekten zum zukunftsverträglichen Umgang mit unerwünscht entstandenen Outputs abrufen können.

Trotz eines Einsatzes modernster Informationstechnologie werden zumindest größere Industrieregionen wie der Rhein-Neckar-Raum auch ihre Bedeutung als Stoffverwertungsregionen ausbauen. Unter den endogenen Faktoren, die in diese Richtung wirken, wurden im Rahmen dieser Arbeit insbesondere:

- die zunehmende Wahrnehmung der engen Ursache-Wirkungs-Beziehungen durch die daran beteiligten Akteure im Kontext mit regionaler Problemlösungskompetenz,

- die noch stark unterentwickelte Informationstransparenz des Abfall- und Sekundärstoffmarktes,

- das gerade beim Umgang mit sensibel erscheinenden Gütern wichtige persönliche Vertrauen sowie

- ein zusätzliche Kreativitätspotenziale freisetzendes regionales Milieu

verantwortlich gemacht.

An exogenen Einflüssen wird sich demnächst sicherlich der Ablauf der Übergangsfrist für die TASi auswirken, die zu einer Erhöhung der Preise für Abfallbeseitigung beitragen und damit eine die räumliche Nähe bevorzugende Abfallverwertung fördern dürfte. Gegenläufig wirkende Faktoren sind von neuen Einlagerungsmöglichkeiten in Untertagedeponien sowie dem Aufbau großer Verbrennungskapazitäten zu erwarten. Höhere Rohstoffpreise (wie sie derzeit für Erdöl zu beobachten sind) oder normungsseitige Rückendeckung für den Einsatz bestimmter Sekundärrohstoffe im Produktionsprozess, sind Faktoren, die die Attraktivität von Verwertungslösungen und damit auch die Bedeutung zwischenbetrieblich angesiedelter Stoffkreislaufführung verstärken können.

9. Zusammenfassung und Perspektiven

Ganz sicher leistet eine Regionalisierung in der industriellen Stoffkreislaufwirtschaft wesentliche Beiträge zu einem regional nachhaltigeren Wirtschaften. Inwieweit der Nachhaltigkeitsgedanke jedoch selbst zum Motor einer Regionalisierung in der industriellen Stoffkreislaufwirtschaft wird, hängt davon ab, in welchem Maße die relevanten Entscheidungsträger ein solches zunächst einmal ethisch bestimmtes Prinzip tatsächlich auch in seinen operativen Implikationen zur Handlungsleitlinie erheben.

Schenkt man den Umweltleitlinien führender Industrieunternehmen jedoch zumindest ein Stück weit Glauben – und hierfür sprechen nicht nur Worte, sondern zunehmend auch Taten – so scheinen derartige Wertvorstellungen das wirtschaftliche Handeln nicht nur bottom up, sondern zunehmend auch top down zu infiltrieren. Für die Weiterentwicklung einer industriellen Stoffkreislaufwirtschaft bedeutet dies, dass auch Win-Win-Situationen in einem umfassenderen (d.h. ökonomisch, ökologisch *und* sozialen) Sinne verstanden werden und ihr damit gerade in einem lokal-regionalen Kontextmilieu zusätzliche Räume öffnen.

10. Literaturverzeichnis[1]

Adam, Brigitte [Regionalentwicklung 1997]: Wege zu einer nachhaltigen Regionalentwicklung. Regionalplanerische Handlungsspielräume durch regionale Kommunikations- und Kooperationsprozesse. In: Zeitschrift für Raumforschung und Raumordnung (RuR), Bd. 2, 1997; S. 137-141.

Alvarez, Monica / Linett, Bob / Ransom, Patrick [Fairfield 2000]: Environmental Status of Releases in Fairfield. www.buildfairfield.com; 4 S.

Amin, Ash / Thrift, Nigel (1992): Neo-Marshallian nodes in global networks. In: International Journal of Urban and Regional research. Jg. 16, S. 571-587

Amin, Ash / Thrift, Nigel (1994): Globalization, institutions, and regional development in Europe. Oxford University Press, Oxford..

Angerer, Gerhard / Marscheider-Weidemann, Frank [Normung 1998]: Behinderungen der Verwertung durch die Normung. – Teilbericht zum DKR-Forschungsprojekt: Perspektiven der werkstofflichen Verwertung von Sekundärkunststoffen der DKR. Fraunhofer ISI, Karlsruhe.

Ankele, Kathrin [Stoffstrommanagement 1996]: Zeit für neue Wege? – Vom einzelbetrieblichen Umweltmanagement zum Stoffstrommanagement. In: Ökologisches Wirtschaften, Heft 5, 1996; S. 17-18.

Arbeitsgemeinschaft PAMINA (Homepagebesuch von 9.6.2000) auf: www.pamina.de.

Arbeitsgemeinschaft PAMINA / Regionalverband Mittlerer Oberrhein [grenzüberschreitende Kooperation 1999]: Prozesse nachhaltiger Entwicklung im deutsch-französischen Kooperationsraum PAMINA. Beitrag zum Ideenwettbewerb des Bundesamtes für Bauwesen und Raumordnung „Regionen der Zukunft – Regionale Agenden für eine nachhaltige Raum- und Siedlungsentwicklung. Arbeitsgemeinschaft PAMINA Karlsruhe, Landau Lauterbourg et al., Fab. 1999 (12 S.). Über Internet verfügbar unter: www.isl-projekte.uni-karlsruhe.de.

ARL (Akademie für Raumforschung und Landesplanung [Fachbegriffe 1970]: Handwörterbuch der Raumforschung und Raumordnung. Hannover.

Arndt, Olav [Embeddedness 1999]: Sind intraregional vernetzte Unternehmen erfolgreicher? Eine empirische Analyse zur Embeddedness-These auf der Basis von Industriebetrieben in zehn europäischen Regionen. University of Cologne Department of Economic and Social Geography, Working Paper No. 99-05; Köln.

---

[1] Literatur, die nur indirekt (d.h. als Sekundärquelle) zitiert werden konnte (bspw.: Alfred Weber (1909), zitiert in: …) ist dadurch kenntlich gemacht, dass das hinter dem Autor in eckige Klammern gesetzte Identifikationsschlagwort in diesen Fällen fehlt.

Arnold, Klaus [Industrie 1992]: Wirtschaftsgeographie in Stichworten, Kap. 6: Industrie. Verlag Ferdinand Hirt; Berlin, Stuttgart.

Assmann, Oliver / Assfalg, Claudia [Umweltkostenrechnung 1999]: Umweltkostenrechnung in der Praxis. In: UmweltWirtschaftsForum (uwf), Jg. 7, Heft 4, Dez. 1999; S. 34-37. Springer-Verlag Heidelberg, Berlin.

Aufhauser, Elisabeth / Wohlschlägl, Helmut (Hrsg.) [Wirtschaftsgeographie 1997]: Aktuelle Strömungen in der Wirtschaftsgeographie im Rahmen der Humangeographie. Reihe: Beiträge zur Bevölkerungs- und Sozialgeographie, Bd. 6, Institut für Geographie der Universität Wien, Wien.

Aulinger, Andreas [Kooperation 1996]: (Ko-)Operation Ökologie. Kooperationen im Rahmen einer ökologischen Unternehmenspolitik. Metropolis-Verlag, Marburg.

Ayres, Robert U. / Simonis, Udo E. [industrieller Metabolismus 1993] : Industrieller Metabolismus. Konzept und Konsequenzen mit umfassender Bibliographie. Diskussionspapier Nr. 56 am Wissenschaftszentrum Berlin (WZB) für Sozialforschung gGmbH. *(Dt. Kurzfassung des englischsprachigen Buches: "Industrial Metabolism. Restructuring for Sustainable Development". United Nations University Press, Tokyo, New York).*

Baccini, Peter / Bader, Hans-Peter (Hrsg.) [regionaler Stoffhaushalt 1996]: Regionaler Stoffhaushalt: Erfassung, Bewertung und Steuerung. Spektrum Akademischer Verlag, Heidelberg.

Bade, Franz-Josef [regionale Strukturpolitik 1998]: Möglichkeiten und Grenzen der Regionalisierung der regionalen Strukturpolitik. In: RuR, Heft 1, 1998; S.3-8.

Bahadir, Müfit / Parlar, Harun / Spiteller, Michael [Umweltlexikon 1995]: Springer-Umweltlexikon. Springer-Verlag Berlin, Heidelberg.

Baumgärtner, Stefan / Schiller, Johannes [Kuppelproduktion 1999]: Was ist Kuppelproduktion? Reihe: Diskussionsschriften der Wirtschaftswissenschaftlichen Fakultät der Universität Heidelberg, Bd. 285, März 1999.

Becker, Fritz [Regionalforschung 1997]: Konzeptionelle Aspekte der Analyse und Planung lokal-regionaler Räume. In: Aufhauser / Wohlschlägl (Hrsg.): Aktuelle Strömungen der Wirtschaftsgeographie im Rahmen der Humangeographie. Wien.

Becker-Marx, Kurt [ROV 1970]: Raumordnungsverband Rhein-Neckar.
In: ARL (Hrsg.) Handwörterbuch der Raumforschung und Raumordnung. Sp. 2535-2540

Becker-Marx, Kurt [Rhein-Neckar-Region 1999]: Von der Kurpfalz zur Region Rhein-Neckar. Die Entstehung des Raumordnungsverbandes. In: Becker-Marx / Schmitz / Fischer (Hrsg.): Aufbau einer Region: Raumordnung an Rhein und Neckar, Verlag Schimper, Schwetzingen, S. 8-36.

Becker-Marx, Kurt [Region 1999]: Die Region: Versuch und Versuchung. In: RuR, Heft 2/3, 1999; S. 176-181.

Becker-Marx, Kurt / Schmitz, Gottfried / Fischer, Klaus (Hrsg.) [Regionsaufbau 1999]: Aufbau einer Region: Raumordnung an Rhein und Neckar. Verlag Schimper, Schwetzingen.

Behrendt, Siegfried [ökologische Dienstleistungen 2000]: Externes Operatives Umweltmanagement. Teil 11: Ökologische Dienstleistungen in der Unternehmenspraxis. In: Bindel / Kaminski / Lutz / Nehls-Sahabandu (Hrsg.): Betriebliches Umweltmanagement. Folgelieferung Mai 2000, Kap. 04.02, S. 1-23.

Bellmann, Klaus / Hippe, Alan (Hrsg.) (1996): Management von Unternehmensnetzwerken – Interorganisationale Konzepte und praktische Umsetzung. Gabler-Verlag Wiesbaden.

Benkert, Wolfgang [Abfallwirtschaft räumlich 1996]: Räumliche Aspekte der Abfallwirtschaft. In: Schriften der Akademie für Raumforschung und Landesplanung (ARL), Bd. 201, 1996, S. 80-94

Benko, Georges [Regulationstheorie 1996]: Wirtschaftsgeographie und Regulationstheorie – aus französischer Sicht. In: Geographische Zeitschrift (GZ) 1996, Heft 4, S. 187-204.

Bindel, Ralf / Kaminski, Gerhard / Lutz, Ulrich / Nehls-Sahabandu, Martina (Hrsg.) [betriebliches Umweltmanagement 2000]: Betriebliches Umweltmanagement. *(In regelmäßigen Abständen aktualisierte und erweiterte Loseblattsammlung)*; Springer-Verlag Berlin, Heidelberg

Blotevogel, Hans Heinrich [Raumtheorie 1996]: Raum. In: Treuner /Akademie für Raumforschung und Landesplanung (ARL) (Hrsg.): Handwörterbuch der Raumplanung, ARL, Hannover, S. 733-740.

Böge Stefanie (1992): Die Auswirkungen des Straßengüterverkehrs auf den Raum. Die Erfassung und Bewertung von Transportvorgängen in einem Produktlebenszyklus. *(Unveröffentlichte Diplomarbeit am FB Raumplanung der Univ. Dortmund)*. Juni 1992.

Böge Stefanie [Erdbeerjoghurt 1993]: Erfassung und Bewertung von Transportvorgängen: Die produktbezogene Transportkettenanalyse. In: Läpple (Hrsg.): Analysen und Konzepte zum interregionalen und städtischen Verkehr. S. 132-159. *(kostenloser Download des gleichen Titels auch unter: www. stefanie -boege.de/texte/joghurt.pdf)*.

Bökemann, Dieter [Raumplanungstheorie 1982]: Theorie der Raumplanung. – Regionalwissenschaftliche Grundlagen für die Stadt-, Regional- und Landesplanung, Oldenbourg Verlag, München, Wien.

Borts, George H. / Stein, Jerome L. (1964): Economic Growth in a Free Market. New York, London.

Brahmer-Lohss, Martin / Gleich, Arnim von / Gottschick, Manuel / Horn, Helmut / Jepsen, Dirk / Kracht, Silke et al. [nachhaltige Metallwirtschaft 2000]: Nachhaltige Metallwirtschaft Hamburg. Grundlagen und Vorgehensweise. – *(Zwischenbericht eines gleichnamigen bmb+f-Projektes)*. Reihe: Universität Hamburg, FB Informatik, Mitteilung 296, Hamburg.

Brandes, Wilhelm / Recke, Guido / Berger, Thomas [Produktionsökonomik 1997]: Produktions- und Umweltökonomik. Band 1: Traditionelle und moderne Konzepte. UTB-Taschenbuch 2001, Verlag Eugen Ulmer, Stuttgart.

Braungart, Michael R. / McDonough, William R. [Öko-Effektivität 1999]: Die nächste industrielle rEvolution. In: Politische Ökologie, Heft Jg.17, Heft 62; S. 18-22.

Brauweiler, Jana [regionalökonomische Theorie 1997]: Regionalökonomische Theorie: Neoklassisches und Wachstumspolkonzept. In: WISU Heft 4/97, S. 310-317.

Brauweiler, Jana [regionalökonomische Theorie 1998]: Regionalökonomische Theorie: Export-Basis-Konzept und Konzept des endogenen Entwicklungspotenzials. In: WISU Heft 4/97, S. 561-566.

Bremme, Hans Joachim [Rhein-Neckar-Dreieck 1998]: Das Rhein-Neckar-Dreieck – dynamische und lebenswerte Region. In: Media Team / Stadt Ludwigshafen (Hrsg.): Wirtschaftsstandort Ludwigshafen, S. 54-63.

Briesen, Detlef / Reulecke, Jürgen [regionale Identität 1996]: Regionale Identität und Regionalgeschichte: Kognitive Kartographie und die Konstruktion von Regionalbewusstsein durch Geschichte am Beispiel des Ruhrgebietes. In: ARL, Bd. 199, S. 77-96.

Bringezu, Stefan [Umweltstatistik 1995]: Neue Ansätze der Umweltstatistik: ein Wuppertaler Werkstattgespräch. Verlag Birkhäuser, Berlin, Basel, Boston 1995.

Bringezu, Stefan [regionale Stoffstrombilanzen 1996]: Die stoffliche Basis des Wirtschaftsraumes Ruhr. – Ein Vergleich mit Nordrhein-Westfalen und der Bundesrepublik Deutschland. In: RuR, 1996, Heft 6, S. 433-440.

Bringezu, Stefan [Stoffbilanzen 1997]: Jenseits von Deutschland. Die physische Basis unseres Wirtschaftens. Anforderungen und Möglichkeiten einer ökologisch zukunftsfähigen Entwicklung europäischer Regionen. In: Deutschland und Europa. Historische, politische und geographische Aspekte zum 51. Geographentag. Reihe: Colloquium Geographicum, Bd. 24. Bonn, S. 265-285.

Bringezu, Stefan [Stoffstromanalysen 2000]: Ressourcennutzung in Wirtschaftsräumen – Stoffstromanalysen für eine nachhaltige Raumentwicklung.

Bringezu, Stefan / Schütz, Helmut [Stoffstrombilanzierung 1995]: Wie mißt man die ökologische Zukunftsfähigkeit einer Volkswirtschaft? Ein Beitrag der Stoffstrombilanzierung am Beispiel der Bundesrepublik Deutschland. In: Bringezu (Hrsg.): Neue Ansätze der Umweltstatistik, S. 26-54.

Bringezu, Stefan / Schütz, Helmut [regionale Stoffstrombilanzen 1996]: Die stoffliche Basis des Wirtschaftsraumes Ruhr – Ein Vergleich mit Nordrhein-Westfalen und der Bundesrepublik Deutschland. In: RuR, 1996, Heft 6, S. 433-440.

Bringezu, Stefan / Schütz, Helmut [nationale Stoffstrombilanzen 1996]: Die Hauptstoffflüsse in Deutschland. In: MuA, Lfg. 19/96, Ziffer 1408; 20 S.

Bröse, Ulrich (Hrsg.) [umweltpolitische Instrumente 1996]: Räumliche Aspekte umweltpolitischer Instrumente. Reihe: ARL, Bd. 201, Hannover.

Brunner, O. (1949): Adeliges Landleben und europäischer Geist. Leben und Werk Wolf Helmhards von Hohberg. Otto Müller Verlag, Salzburg.

Bruns, Kerstin [Entsorgungslogistik 1997]: Analyse und Beurteilung von Entsorgungslogistiksystemen. Ökonomische, ökologische und gesellschaftliche Aspekte. DeutscherUniversitätsVerlag (DUV) / Gabler-Verlag Wiesbaden.

Bruns, Kerstin / Steven, Marion [Entsorgungslogistiksysteme 1997]: Strukturen von Entsorgungslogistiksystemen. In: ZAU, Jg. 10 (1997), Heft 4, S. 457-471.

Buchert, Matthias / Grieshammer, Rainer [Stoffstrommanagement 1997]: Stoffstrommanagement – Zauberstab oder Handwerkszeug? – Grenzen traditioneller Umweltpolitik und Chancen eines neuen Konzepts. In: Öko-Mitteilungen, Nr. 2-3/97: „Stoffströme". S. 4-5.

Buchhofer, Ekkehard [Industrie und Raum 1988]: Industrie und Raum. Reihe: Handbuch des Geographieunterrichts, Bd. 3. Aulis Verlag Deubner & Co, Köln.

Bullinger, Hans-Jörg / Beucker, Severin (Hrsg.) [Stoffstrommanagement 2000]: Stoffstrommanagement – Erfolgsfaktor für den betrieblichen Umweltschutz. Tagungsband zum 3. Management-Symposium „Produktion und Umwelt" am 29. November 2000 im Institutszentrum der Fraunhofer Gesellschaft. Fraunhofer-IAO, Stuttgart.

Bullinger, Hans-Jörg / Jürgens, Gunnar (Hrsg.) [BUIS 1999]: Betriebliche Umweltinformationssysteme als Grundlage für den integrierten Umweltschutz. In: Bullinger / Jürgens / Rey (Hrsg.): Betriebliche Umweltinformationssysteme in der Praxis. S. 1-20. Fraunhofer-IAO, Stuttgart.

Bullinger, Hans-Jörg / Jürgens, Gunnar / Rey, Uwe [BUIS 1999]: Betriebliche Umweltinformationssysteme in der Praxis. Tagungsband zum 2. Management-Symposium „Produktions und Umwelt" am 28.Juni 1999 im Haus der Wirtschaft. Fraunhofer-IAO, Stuttgart.

Bundesanzeiger [TASi 1993]: Dritte Allgemeine Verwaltungsvorschrift zum Abfallgesetz (TA Siedlungsabfall) Technische Anleitung zur Verwertung, Behandlung und sonstigen Entsorgung von Siedlungsabfällen. Bundesanzeiger Nr. 99a vom 29. Mai 1993

Bundeskartellamt (BKartA) (Hrsg.) [Kooperationserleichterungen, o.J.]: Merkblatt über die Kooperationserleichterungen für kleine und mittlere Unternehmen nach §5b des Kartellgesetzes. (7 S. + Anhang), Bundeskartellamt Berlin.

Busch-Lüty, Christiane [Nachhaltigkeit 1992]: Nachhaltigkeit als Leitbild des Wirtschaftens – Konturenskizze eines naturerhaltenden Entwicklungsmodells: „Sustainable Development". In: Politische Ökologie, Sonderheft 4, Sept. 1992, S. 6-12.

Butzin, Bernhard [Kreative Milieus 1996]: Kreative Milieus als Elemente regionaler Entwicklungsstrategien? Eine kritische Wertung. In: Maier, (Hrsg.): Bedeutung kreativer Milieus für die Regional- und Landesentwicklung. S. 9-37.

Camagni, Roberto (Hrsg.) (1991): Innovation Networks. Spatial Perspectives. Belhaven Verlag London, New York.

Castells, M. (1994): Space of flows – Raum der Ströme. Eine Theorie des Raumes in der Informationsgesellschaft. In: Noller (Hrsg.): Stadt-Welt. Über die Globalisierung des städtischen Milieus. S. 120-134.

Chiu, Anthony S. [asiatische EIP 2001]: Overview of Eco-Industrial Networking in Asia. In: Conference Proceedings of the Eco-Industrial Networking-Asia (EIN-Asia) Conference April 3-6, 2001 in Manila (Philippinen). (13 S.)

Christaller, Walter (1933): Die zentralen Orte in Süddeutschland. Eine ökonomisch-geographische Untersuchung über die Gesetzmäßigkeit der Verbreitung und Entwicklung der Siedlungen mit städtischen Funktionen. Jena.

Christensen, Jørgen [Kalundborg 1998a]: Die industrielle Symbiose von Kalundborg – Ein frühes Beispiel eines Recycling-Netzwerks. In: Strebel / Schwarz (Hrsg.): Kreislauforientierte Unternehmenskooperationen. S. 323-337.

Christensen, Jørgen [Kalundborg 1998b]: Zwischenbetriebliches Stoffstrommanagement in der Praxis - Die Industriesymbiose Kalundborg. In: Liesegang / Sterr / Würzner (Hrsg.): Kostenvorteile durch Umweltmanagement-Netzwerke. S. 99-110.

Cohen-Rosenthal, Edward [EIP-Development 1998]: Eco-Industrial Development: New frontiers for Organizational Success. In: Proceedings of the Fifth International Conference on Environmentally Conscious Design and Manufacturing, June 1998; 11 S.

Cohen-Rosenthal, Edward [industrial ecology 2000]: A Walk on the Human Side of Industrial Ecology. 15 S. *(Paper presented at the APO Workshop, September 2000, Penang Malaysia) (Vorabversion eines Artikels für den American Behavioral Scientist; forthcoming); siehe: www.cfe.cornell. edu/ wei/Walk.html.*

Cohen-Rosenthal, Edward / McGalliard, Tad / Bell, Michelle [EIP-Design 1996]: Designing Eco-Industrial Parks – The U.S. Experience. In: Industry and Environment (UNEP) Vol. 19, No. 4; Oct-Dec 1996; *(siehe auch: www.cfe.cornell.edu/wie/EIDP/design.html; 5 S.).*

Cohen-Rosenthal, Edward / McGalliard, Thomas N. [EIP-Development 1999]: Eco-Industrial Development: The case of the United States. In: IPTS Report, Vol. 27; *(siehe hierzu auch: www.jrc.es/pages/iptsreport/vol27/english/ COH1E276.htm); (deutsche Übersetzung: Ökoindustrielle Entwicklung: Aussichten für die Vereinigten Staaten (www.jrc.es/pages/iptsreport/vol27/ german/COH1D276.htm); 8 S.).*

Cohen-Rosenthal, Edward / Smith, Mark [creation of value, 2000]: Eco-industrial development: the creation of value. *(Paper veröffentlicht über die Cornell University, unter www.cfe.cornell.edu/wei/EIDP/eid.html; Maryland, USA.) 11 S.*

Côté, Raimond P. / Cohen-Rosenthal, Edward [EIP Design 1998]: Designing eco-industrial parks: a synthesis of some experiences. In: Journal of Cleaner Production, Vol. 6; S. 181-188.

Côté, Raimond P. / Smolenaars, Theresa [EIP pillars 1997]: Supporting pillars for industrial ecosystems. In: Journal of Cleaner Production, Vol. 5, No. 1-2; S. 67-74.

Cremers, Armin B. / Greve, Klaus (Hrsg.): [Umweltinformatik 2000]: Umweltinformatik '00 – Umweltinformation für Planung, Politik und Öffentlichkeit. 14. Internationales Symposium „Informatik für den Umweltschutz" der Gesellschaft für Informatik (GI), Bonn; Bd. II. Metropolis-Verlag, Marburg.

Coy, Martin [raumbezogene Nachhaltigkeit 1998]: Sozialgeographische Analyse raumbezogener nachhaltiger Zukunftsplanung. In: Heinritz / Wiessner / Winger (Hrsg.): Nachhaltigkeit als Leitbild der Umwelt- und Raumentwicklung in Europa. S. 58-66.

Daly, Herman E. (1991): Steady-State Economics. 2nd Edition with Essays; Washington D.C.

Danielzyk, Rainer [Regionalentwicklung 1995]: Regionalisierte Entwicklungsstrategien – "modisches" Phänomen oder neuer Politikansatz. Reihe: Materialien zur Angewandten Geographie (MAG), Bd. 30; DVAG, Bonn.

Danielzyk, Rainer / Oßenbrügge, Jürgen [lokale Handlungsspielräume 1996]: Lokale Handlungsspielräume zur Gestaltung internationalisierter Wirtschaftsräume – Raumentwicklung zwischen Globalisierung und Regionalisierung. In: Zeitschrift für Wirtschaftsgeographie, Jg. 40, Heft 1-2; S. 101-112.

Danielzyk, Rainer / Priebs, Axel (Hrsg.) [Städtenetze 1996]: Städtenetze – Raumordnungspolitisches Handlungsinstrument mit Zukunft? Reihe: Materialien zur Angewandten Geographie (MAG), Bd. 32; DVAG, Bonn.

Danielzyk, Rainer / Priebs, Axel [regionale Städtenetze 1996]: Städtenetze als Raumordnungsinstrument – eine Herausforderung für Angewandte Geographie und Raumforschung! In: Danielzyk / Priebs (Hrsg.): Städtenetze – Raumordnungspolitisches Handlungsinstrument mit Zukunft? S. 9-18.

De Man, Reinier / Claus, Frank / Völkler, Elisabeth / Ankele, Kathrin / Fichter, Klaus (Hrsg.) [Stoffstrommanagement 1997]: Aufgaben des betrieblichen und betriebsübergreifenden Stoffstrommanagements. Reihe: Texte des Umweltbundesamtes, Bd. 11/97, Berlin, August 1997.

Deppe, Maile / Leatherwood, Tom / Lowitt, Peter / Warner, Nick [EIP Planning 2000]: A Planner's Overview of Eco-Industrial Development. Paper prepared for the American Planning Association Annual Conference 2000, Eco-Industrial Session, April 16, 2000. *(über Internet abrufbar unter: www.cfe.cornell.edu/wei/papers/APA.htm)*

Dicken, Peter / Lloyd, Peter E. [Raumtheorie 1999]: Standort und Raum – Theoretische Perspektiven in der Wirtschaftsgeographie, Verlag Eugen Ulmer, Stuttgart.

Diefenbacher, Hans / Sangmeister, Hartmut / Stahmer, Carsten / Stadt Heidelberg (Hrsg.) [Heidelberger Raum 1995]: Regionale Umweltberichterstattung. Der Heidelberger Raum und seine Entwicklung 1960-1990. Stadt Heidelberg, November 1995.

Dinkelbach, Werner [Produktionstheorie 1996^2]: Ökologische Aspekte der Produktionstheorie. In: Kern / Schröder / Weber (Hrsg.): Handwörterbuch der Produktionswirtschaft. Sp. 1338-1346.

Dörsam, Pia / Icks, Annette [KMU-Netzwerke 1997]: Vom Einzelunternehmen zum regionalen Netzwerk: Eine Option für mittelständische Unternehmen. Reihe: Schriftenreihe zur Mittelstandsforschung, Nr. 75 NF. Verlag Schäffer-Poeschel, Stuttgart.

Dolde, Klaus-Peter / Vetter, Andrea [Verwertungsabgrenzungsproblematik 1997]: Rechtsgutachten zur Abgrenzung von Abfallverwertung und Abfallbeseitigung nach dem Kreislaufwirtschafts- und Abfallgesetz. Gutachten der RA Oppenländer Dolde Oesterle & Partner im Auftrag des Ministeriums für Umwelt und Verkehr Baden-Württemberg.

Dreyhaupt, Franz Joseph et al. (Hrsg.) [Fachbegriffe 1992]: Umwelt-Handwörterbuch. Umweltmanagement in der Praxis für Führungskräfte in Wirtschaft, Politik und Verwaltung. Walhalla-Fachverlag, Berlin.

DSD [TASi 1997]: Kreislaufwirtschaft vor Abfallbeseitigung Reihe: DS-Dokumente, Ausgabe 1/97 (Kreislaufwirtschaftsgesetz); 8 S.

DSD [TASi 1998]: Deutsche Hausmülldeponien – Gerüstet für die Technische Anleitung Siedlungsabfall? Reihe: DS-Dokumente, Ausgabe 1/98 (Technischen Anleitung Siedlungsabfall); 9 S.

Dutz, Eckart [Produktverwertung 1996]: Die Logistik der Produktverwertung. Reihe: Schriftenreihe der Bundesvereinigung Logistik, Bd. 38; *(zugl. Diss. Univ. Mannheim 1995)* Huss-Verlag, München.

Dürrenberger, Gregor [Territorien 1989]: Menschliche Territorien. Reihe: Zürcher Geographische Schriften, Bd. 33. Zürich.

Dyckhoff, Harald [betriebswirtschaftliche Theorie 1992]: Organisatorische Integration des Umweltschutzes in die Betriebswirtschaftstheorie. In: Seidel (Hrsg.): Betrieblicher Umweltschutz – Landschaftsökologie und Betriebswirtschaftslehre. S. 57-80.

Dyckhoff, Harald [Produktionstheorie 1992[1], 1994[2]]: Betriebliche Produktion. Theoretische Grundlagen einer umweltorientierten Produktionswirtschaft. Springer-Verlag Berlin, Heidelberg.

Dyckhoff, Harald [Produktionstheorie 1993]: Theoretische Grundlagen einer umweltorientierten Produktionswirtschaft. In: Wagner (Hrsg.): Betriebswirtschaft und Umweltschutz. S.81-105.

Dyckhoff, Harald [Reduktion 1996]: Produktion und Reduktion. In: Kern / Schröder / Weber (Hrsg.): Handwörterbuch der Produktionswirtschaft. Sp. 1458-1468.

Dyckhoff, Harald [Kuppelproduktion 1996]: Kuppelproduktion und Umwelt: Zur Bedeutung eines in der Ökonomie vernachlässigten Phänomens für die Kreislaufwirtschaft. In: ZAU, Jg. 9 (1996), Heft 2, S. 173-187.

Eichhorn, Peter [Marktwirtschaft 1996]: Umweltorientierte Marktwirtschaft. Zusammenhänge – Probleme – Konzepte. Gabler Verlag, Wiesbaden.

Eichler, Horst [Ökosystem 1993]: Ökosystem Erde. Reihe: Meyers Forum, Bd. 14. B.I. Taschenbuchverlag, Mannheim, Leipzig.

EIDP (Eco-Industrial Development Program): U.S.-amerikanische Internetzeitschrift mit besonderer Fokussierung auf Eco-Industrial Parks (EIP); mit Kurzbeschreibungen zum aktuellen Entwicklungsstand der einzelnen Projekte *(abrufbar über die Internetadresse der Work and Environment Initiative [Cornell University Center for the Environment] (Ed Cohen-Rosenthal) unter: www.cfe.cornell.edu/wei unter: EIDP Updates).*

ELIS (Economic Local Interactive Service) [Saar-Lor-Lux o.J.]: Die Institutionen und Strukturen der grenzüberschreitenden Zusammenarbeit / Notenwechsel vom 16. Oktober 1980 (und andere Texte) auf: www.elis.de (Homepagebesuch vom 9.6.2000).

Enquete-Kommission „Schutz des Menschen und der Umwelt" des Deutschen Bundestages (Hrsg.) [Stoffströme 1993]: Verantwortung für die Zukunft – Wege zum nachhaltigen Umgang mit Stoff- und Materialströmen. Economica Verlag, Bonn.

Enquete-Kommission „Schutz des Menschen und der Umwelt" des Deutschen Bundestages (Hrsg.) [Stoffströme 1994]: Die Industriegesellschaft gestalten. Economica Verlag, Bonn.

Enzler, Stefan [Flussmanagement 2000]: Kostensenkung und Umweltentlastung durch einen materialflussorientierten Managementansatz. In: Bullinger / Beucker (Hrsg.): Stoffstrommanagement – Erfolgsfaktor für den betrieblichen Umweltschutz. S. 51-73.

Erkman, Suren [Industrial Ecology 1997]: Industrial Ecology: an historical view. In: Journal of Cleaner Production, Vol. 5, No. 1-2; S. 1-10.

Eschenbach, Rolf [Materialwirtschaft 1996^2]: Materialwirtschaft. In: Kern / Schröder / Weber (Hrsg.): Handwörterbuch der Produktionswirtschaft. Sp. 1193-1204.

Faber, Malte / Jöst, Frank Manstetten, Rainer / Müller-Fürstenberger, Georg [chemische Industrie 1994]: Kuppelproduktion und Umweltpolitik: Eine sektorinterne und sektorübergreifende Fallstudie zu der chemischen Industrie. Reihe: Diskussionsschriften der Wirtschaftswissenschaftlichen Fakultät der Universität Heidelberg, Bd. 218 (Dezember 1994).

Faber, Malte / Jöst, Frank Manstetten, Rainer / Müller-Fürstenberger, Georg [chemische Industrie 1994]: Umweltschutz und Effizienz in der chemischen Industrie – Eine empirische Untersuchung mit Fallstudien. In: ZAU, Jg. 8, Heft 2; S. 168-179.

Faber, Malte / Manstetten, Rainer [Philosophie 1992]: Wurzeln des Umweltproblems – ökologische, ökonomische und philosophische Betrachtungen. In: Steger (Hrsg.): Handbuch des Umweltmanagements, S. 15-32. Oldenbourg-Verlag, München, Wien.

Faber, Malte / Manstetten, Rainer [Fonds 1998]: Produktion, Konsum und Dienste in der Natur. Eine Theorie der Fonds. Reihe: Diskussionsschriften der Wirtschaftswissenschaftlichen Fakultät der Universität Heidelberg, Bd. 262 (März 1998).

Faber, Malte / Niemes, Horst / Stephan, Gunter [Entropie 1983]: Entropie, Umweltschutz und Rohstoffverbrauch - Eine naturwissenschaftlich ökonomische Untersuchung.

Faber, Malte / Stephan, Gunter / Michaelis, Peter [Abfallwirtschaft 1989^2]: Umdenken in der Abfallwirtschaft. Vermeiden, Verwerten, Beseitigen. Springer-Verlag. Berlin, Heidelberg.

Faber, Malte / Proops, John L.R. [Evolution 1990]: Evolution, Time, Production and the Environment. Springer-Verlag Berlin, Heidelberg, New York, Tokyo.

Fichter, Heidi / Kujath, Hans-Joachim [regionales Stoffstrommanagement 2000]: Strategie mit Reichweite. Ein neues Analysemodell beschreibt Wege zu einem nachhaltigen Stoffstrommanagement in den Regionen. In: Müllmagazin Jg. 13, H. 2/2000, S. 37-39

Fichtner, Wolf / Frank, Michael / Rentz, Otto [Karlsruher Rheinhafen 2000]: Information und Kommunikation innerhalb von technisch determinierten Verwertungsnetzwerken. In: Liesegang / Sterr / Ott (Hrsg.): Aufbau und Gestaltung regionaler Stoffstrommanagementnetzwerke, S.107-124. IUWA Heidelberg.

Finke, Peter [Transdisziplinarität 1999]: Transdisziplinarität und Methodologie – Ein Diskussionsbeitrag zum Selbstverständnis der Vereinigung für Ökologische Ökonomie. In: Strassert / Dieterich / Messner / Finke (Hrsg.): Ökologische Ökonomie. Ansätze zur Positionsbestimmung der Vereinigung für Ökologische Ökonomie. S. 6-16.

Fischer, Hartmut [Reststoffkostenrechnung 1998]: Reststoffkostenrechnung. *(Dissertation)*, Berlin 1998.

Fischer, Klaus [Rhein-Neckar-Region 1999]: Region Rhein-Neckar – Region der Zukunft. In: Becker-Marx / Schmitz / Fischer (Hrsg.): Aufbau einer Region: Raumordnung an Rhein und Neckar, Verlag Schimper, Schwetzingen, S. 75-122.

Fleischer, Reinhardt / Hoffmann, Bodo-Falk [ZARN 1995]: Kooperation im Abfallbereich: das ZARN-Modell, in: UmweltWirtschaftsForum (uwf), Jg. 3, Heft 4/95, Springer Verlag, Berlin u. a., S. 56-61.

Franck, Egon / Bagschik, Thorsten / Opitz, Christian / Pudack, Torsten [Kreislaufwirtschaftsstrategien 1999]: Strategien der Kreislaufwirtschaft und mikroökonomisches Kalkül, Schäffer-Poeschel Verlag, Stuttgart.

Friege, Henning / Engelhardt, Claudia / Henseling, Karl-Otto (Hrsg.) [Stoffstrommanagement 1998]: Das Management von Stoffströmen. Geteilte Verantwortung – Nutzen für alle. Springer Verlag Berlin, Heidelberg.

Friend, Gil [EIPs 1995]: Industrial Ecology in Motion (3): Eco-Industrial Parks. In: NBL 4.23; November 21, 1995; 2 S.

Fritsch, Michael / Koschatzky, Knut / Schätzl, Ludwig / Sternberg, Rolf [innovative Netzwerke 1998]: Regionale Innovationspotenziale und innovative Netzwerke. In: RuR, Heft 4, 1998; S. 243-252.

Fromhold-Eisebith, Martina [kreatives Milieu 1999]: Das "kreative Milieu" – nur theoretisches Konzept oder Instrument der Regionalentwicklung? In: RuR, Heft 2/3, 1999; S. 168-175.

Frosch, Robert A. / Gallopoulos, Nicholas E. [industrial ecosystem 1989]: Strategien für die Industrieproduktion. *(deutsche Version des englischsprachigen Artikels „Strategies of Manufacturing" aus Scientific American, Vol. 261, No. 3; S. 144-152)* In: Spektrum der Wissenschaft, Heft 11, 1989; S. 126-144

Fuchs, Herbert [Systemtheorie 1976]: Systemtheorie. In: Handbuch der Betriebswirtschaft. Sp. 3820-3832. Verlag Poeschel, Stuttgart / Gabler Verlag, Wiesbaden.

Fürst, Dietrich / Schubert, Herbert [Akteursnetzwerke 1998]: Regionale Akteursnetzwerke. Zur Rolle von Netzwerken im regionalen Umstrukturierungsprozeß. In: RuR, Heft 5/6, 1998; S. 352-361.

Gabler [Wirtschaftslexikon 1988^{12}, 1988^{14}] sowie [Wirtschaftslexikon 1998^{14}] (CD-ROM-Version): Gabler Wirtschaftslexikon, Gabler Verlag, Wiesbaden.

Gaebe, Wolf / Buchhofer, Ekkehard [Industrie und Raum 1988]: Industrie und Raum. Handbuch des Geographie-Unterrichts, Bd. 3. Aulis Verlag, Köln.

Gahlen, Bernhard / Hesse, Helmut / Ramser, Hans-Jürgen (Hrsg.) [Regionalökonomik 1995]: Neue Ansätze zur Regionalökonomik. Reihe: Wirtschaftswissenschaftliches Seminar Ottobeuren, Bd. 24. Verlag J.C.B.Mohr, Tübingen.

Gans, Oskar [erneuerbare Ressourcen 1988]: Erneuerbare Ressourcen: Ökonomisch-naturwissenschaftliches Konzept, entwicklungspolitische Optionen. In: Körner (Hrsg.): Probleme der ländlichen Entwicklung in der Dritten Welt. S. 155-180.

Garbe, Eberhard [Stoffkreislaufwirtschaft 1992]: Aspekte einer Stoffkreislaufökonomie. In: uwf, Jg. 1, Heft 1, Dez. 1992; S. 16-23.

Gebhardt, Hans [Regionalentwicklung 1990]: Industrie im Alpenraum: Alpine Wirtschaftsentwicklung zwischen Außenorientierung und endogenem Potential. Reihe: Erdkundliches Wissen, Bd. 99. Franz Steiner Verlag, Stuttgart.

Gebhardt, Hans [Globalisierung 1998]: Europa im Globalisierungsprozess von Wirtschaft und Gesellschaft. Einführung. In: Gebhardt / Heinritz / Wiessner (Hrsg.): Europa im Globalisierungsprozess von Wirtschaft und Gesellschaft. S. 23-28.

Gebhardt, Hans / Heinritz, Günter / Wiessner, Reinhard (Hrsg.) [Globalisierung 1998]: Europa im Globalisierungsprozess von Wirtschaft und Gesellschaft. 51. Deutscher Geographentag, Bonn 1997; Tagungsband und Wissenschaftliche Abhandlungen, Bd. 1; Franz Steiner Verlag, Stuttgart.

Georgescu-Roegen, Nicholas [Entropie 1971]: The Entropy Law and the Economic Process. Harvard University Press, Cambridge, Massachusetts.

Georgescu-Roegen, Nicholas [Entropie 1974]: Was geschieht mit der Materie im Wirtschaftsprozeß? In: Gottlieb Duttweiler Institut (Hrsg.): Recycling: Lösung der Umweltkrise? Reihe: Brennpunkte, Bd. 5, Nr. 2 1974; S. 17-28

Georgescu-Roegen, Nicholas [Entropie 1987]: The Entropy Law and the Economic Process in Retrospect. – Deutsche Erstübersetzung durch das IÖW. Reihe: Schriftenreihe des IÖW 5/87, Berlin.

Gminder, Carl-Ulrich, Frehe, Stefan [Waste Costing 2000]: Waste Costing: kostenorientiertes Reststoffstrom-Management in SAP. In: Bullinger / Beucker (Hrsg.): Stoffstrommanagement – Erfolgsfaktor für den betrieblichen Umweltschutz. S107-120.

Grabher, Gernot (Hrsg.) [embedded firm 1993]: The embedded firm. On the socioeconomics of industrial networks. Verlag Routledge, London.

Grabher, Gernot [weakness 1993]: The weakness of strong ties: the lock-in of regional development in the Ruhr area. In: Grabher (Hrsg.): The embedded firm. S. 1-31.

Großmann, Dieter / Pirntke, Ulrike / Dittmann, Winfried / Möhring-Hüser, Werner / Sturm, Klaus-Dietrich / Westphal, Klaus / Opitz, Klaus [Hamburger Umland 2000]: Mit vereinten Kräften (Teil 2) – Das Gewerbegebiet Henstedt-Ulzburg / Kaltenkirchen strebt durch überbetriebliche Stoffstrom- und Energievernetzung eine Entwicklung zur Modellregion an. In: Müllmagazin, Jg. 13, Heft 1/2000, S. 22-23.

Großmann, Dieter / Pirntke, Ulrike / Dittmann, Winfried / Möhring-Hüser, Werner / Wieberneit, Stefan / Tuschy, Ilja / Westphal, Klaus [Hamburger Umland 1999]: Analyse und Steuerung regionaler Stoff- und Energieflüsse im Gewerbegebiet Henstedt-Ulzburg / Kaltenkirchen. Kiel, Hamburg, Nov. 1999 (dto. auch im Rahmen der Schriftenreihe der Energiestiftung Schleswig-Holstein, Haft Nr. 3.

Großmann, Dieter / Sander, Knut / Dittmann, Winfried / Sturm, Klaus-Dietrich / Westphal, Klaus [Hamburger Umland 1999]: Mit vereinten Kräften – Das Gewerbegebiet Henstedt-Ulzburg / Kaltenkirchen strebt durch überbetriebliche Stoffstrom- und Energievernetzung eine Entwicklung zur Modellregion an. In: Müllmagazin, Jg. 12, Heft 1/1999, S. 46-50.

GSF (Hrsg.) [regionale Ökonomie 1999]: Innovative Ansätze zur Stärkung der regionalen Ökonomie. – Förderinitiative Modellprojekte für nachhaltiges Wirtschaften 1998-2002. Abstract Band zum Kick-Off-Meeting *(des gleichnamigen bmb+f-Forschungsprogramms)*. GSF, München.

Gunn, Sylvia [Umweltmanagementnetzwerke 1999]: Erfolgsfaktoren regionaler Umweltmanagement-Netzwerke. *(Diplomarbeit am Alfred-Weber-Institut der Universität Heidelberg) (unveröffentlicht)*.

Gunn, Sylvia [Umweltmanagementnetzwerke 2000]: AGUM – Arbeitsgemeinschaft Umweltmanagement e.V. – ein Verein im regionalen Stoffstrommanagementnetzwerk. In: Liesegang / Sterr / Ott (Hrsg.): Aufbau und Gestaltung regionaler Stoffstrommanagementnetzwerke, S.100-106.

Güßefeldt, Jörg [Regionalisierungsmodelle 1997]: Grundsätzliche Überlegungen zu Regionalisierungsmodellen. In: Geographische Zeitschrift (GZ), Jg. 85, Heft 1, S. 1-19

Haasis, Hans-Dietrich [PIUS 1994]: Integrierte Umwelt- und Produktionsstrategien. In: uwf, Jg. 4, Heft 4, Dez. 1996; S. 13-19.

Haasis, Hans-Dietrich / Hilty, Lorenz M. / Hunscheid, Joachim / Kürzl, Hans / Rautenstrauch, Claus (Hrsg.) [Umweltinformationssysteme 1995]: Umweltinformationssysteme in der Produktion – Fachgespräch des Arbeitskreises Betriebliche Umweltinformationssysteme, Berlin 1995. Metropolis-Verlag, Marburg.

Haasis, Hans-Dietrich / Hilty, Lorenz M. / Kürzl, Hans / Rautenstrauch, Claus (Hrsg.) [BUIS 1995]: Betriebliche Umweltinformationssysteme (BUIS) – Projekte und Perspektiven. Metropolis-Verlag, Marburg.

Haber, Wolfgang [Landschaftsökologie 1992]: Landschaftsökologische Erkenntnisse als Grundlage wirtschaftlichen Handelns. In: Seidel (Hrsg.): Betrieblicher Umweltschutz – Landschaftsökologie und Betriebswirtschaftslehre. S. 16-29.

Hahn, Dietger / Laßmann, Gert [Produktionswirtschaft 1986]: Produktionswirtschaft – Controlling industrieller Produktion. Bd. 1. Physica Verlag, Heidelberg.

Hahn, Jürgen [Abfallwirtschaft 1993]: Abfallwirtschaft im Stoff-Kreislauf: Umweltfreundliche Abfallwirtschaft mit vollständiger Abfallverwertung. In: Marx (Hrsg.): Aspekte einer raum- und umwelt- verträglichen Abfallentsorgung, Teil II. S. 230-279.

Hahne, Ulf [Regionalentwicklung 1985] Regionalentwicklung durch Aktivierung intraregionaler Potenziale: zu den Chancen „endogener" Entwicklungsstrategien. Verlag V. Florentz, München.

Halfmann, Monika [Reduktionsmanagement 1996]: Industrielles Reduktionsmanagement. Planungsaufgaben bei der Bewältigung von Produktionsrückständen *(Diss)*. Gabler-Verlag, Wiesbaden.

Halfmann, Monika [Reduktionspotenzialplanung 1996]: Ansatzpunkte einer Reduktionspotentialplanung. In: uwf, Jg. 4, Heft 4, Dez. 1996; S. 40-43.

Hall, Edward Twitchell [Raum 1976]: Die Sprache des Raumes. Verlag Schwann, Düsseldorf.

Hansen, Uwe / Meyer, Peter / Nagel, Carsten [Entsorgungsnetzwerke 1997]: Entsorgungslogistische Netzwerke – Beitrag zur Umsetzung einer industriellen Kreislaufwirtschaft. In: uwf, Jg. 6, Heft 2, Juni 1998; S. 16-20.

Hasler, Arnulf [Granitrecycling 2000]: Entwicklung und Implementierung eines IT-unterstützten Recycling-Informationszentrums (r.i.z.) in der (Ober-)Steiermark. *(Zwischenbericht zu einem gleichnamigen Forschungsprojekt)*; Leoben, Oktober 2000 *(unveröffentlicht)*.

Hasler, Arnulf / Hildebrandt, Thomas / Nüske, Clemens [RIDROM 1998]: Das Projekt Ressourcenschonung im Oldenburger Münsterland. In: Strebel / Schwarz: Kreislauforientierte Unternehmenskooperationen. S. 305-322.

Hauff, Michael von [nachhaltige Entwicklung 1987]: Unsere gemeinsame Zukunft: Der Brundlandt-Bericht der Weltkommission für Umwelt und Entwicklung. Eggenkamp-Verlag, Greven.

Hauff, Michael von / Wilderer, Martin Z. [Third world EIP 2000]: Eco industrial networking: A practicable approach for sustainable development in developing countries. In: University of Jyväskylä (Hrsg.): Proceedings of the Helsinki Symposium on Industrial Ecology and Material Flows, August 30th – Sept 3rd 2000, S. 72-81.

Häuslein, Andreas [Prozessmodellierung 1997]: Möglichkeiten der Prozessmodellierung mit Transitionen. In: Schmidt / Häuslein (Hrsg.): Ökobilanzierung mit Computerunterstützung. S. 51-60.

Häuslein, Andreas / Möller, Andreas / Schmidt, Mario [Umberto 1995]: Umberto – ein Programm zur Modellierung von Stoff- und Energieflusssystemen. In: Haasis / Hilty / Kürzl / Rautenstrauch (Hrsg.): Betriebliche Umweltinformationssysteme (BUIS), S. 121-137

Havighorst, Frank [Regionalisierung 1997]: Regionalisierung in der Regionalpolitik. Reihe: Politikwissenschaft, Bd. 47; Lit-Verlag, Münster.

Hawken, Paul [Sustainability 1993]: Ecology of Commerce: A Declaration of Sustainability. Harper Business, New York.

Hawken, Paul [Kreislaufwirtschaft 1996]: Kollaps oder Kreislaufwirtschaft: Wachstum nach dem Vorbild der Natur. *(Dt. Übersetzung des obigen Buches)*; Siedler Verlag, Berlin 1996.

Hecht, Dieter [Rückstandssteuerung 1991]: Möglichkeiten und Grenzen der Steuerung von Rückstandsmaterialströmen über den Abfallbeseitigungspreis. Reihe: Schriftenreihe des Rheinisch-Westfälischen Instituts für Wirtschaftsforschung (RWI). Neue Folge, Bd. 51. Verlag Duncker & Humblot, Berlin.

Hecht, Dieter [regionale Abfallwirtschaft 1994]: Regionale Gegebenheiten als Bestimmungsfaktor der Abfallwirtschaft und ihrer institutionellen Strukturen. Reihe: RUFIS – Forschungsinstitut für Innovations- und Strukturpolitik. Nr. 1/94. Universitätsverlag Dr. N. Brockmeyer, Bochum

Hediger, Werner [nachhaltige Entwicklung 1997]: Elemente einer ökologischen Ökonomik nachhaltiger Entwicklung. In: Rennings / Hohmeyer (Hrsg.): Nachhaltigkeit. S. 15-37.

Heeg, Franz-Josef [Recycling 1984]: Recycling-Management. In: Management Zeitschrift io, Heft 11/84, S. 506-510.

Heeg, Franz-Josef / Viesmann, Monika / Schnatmeyer, Martin [Recycling 1994]: Recycling- Management. In: uwf, Heft 4, Jan. 1994; S. 23-30.

Heinritz, Günter / Wiessner, Reinhard / Winger, Matthias (Hrsg.) [raumbezogene Nachhaltigkeit 1998]: Nachhaltigkeit als Leitbild der Umwelt- und Raumentwicklung in Europa. In: Europa in einer Welt im Wandel. 51. Deutscher Geographentag Bonn, 6. – 11. Oktober 1997; Band 2. Franz Steiner Verlag, Stuttgart.

Heins, Bernd [soziale Nachhaltigkeit 1994]: Nachhaltige Entwicklung – aus sozialer Sicht. In: Zeitschrift für Angewandte Umweltforschung (ZAU), Jg. 7 (1994), Heft 1; S. 19-23

Hemmelskamp, Jens / Weber, Matthias [innovation systems 2001] (Hrsg.):: Towards Environmental Innovation Systems. International riw:-Conference on Environmental Innovation Systems; 27-29 September 2001 *(im Druck)*.

Henseling, Karl Otto [Stoffstrommanagement 1998]: Grundlagen des Managements von Stoffströmen. In: Friege, / Engelhardt / Henseling (Hrsg.): Das Management von Stoffströmen. Geteilte Verantwortung – Nutzen für alle, Springer Verlag Berlin u. a., S. 18-33.

Henseling, Karl Otto [Stoffstrommanagementorganisation 1998]: Stoffstrommanagement: Organisation des Betrieblichen Umweltschutzes: In: uwf, Jg. 6, Heft 2 /98; S. 6-8.

Hesse, Markus [space of flows 1998]: Raumentwicklung und Logistik. Zwischen „space of flows" und Zielen der Nachhaltigkeit. In: RuR 2/3, 1998, S. 125-135.

Hinterberger, Friedrich [Leitplanken 1998]: Leitplanken, Präferenzen und Wettbewerb – Grundlagen einer ökonomischen Theorie ökologischer Politik. In: Renner / Hinterberger (Hrsg.): Zukunftsfähigkeit und Neoliberalismus, Nomos Verlagsgesellschaft, Baden-Baden; S. 73-92.

Hofmeister, Sabine [Stoffpolitik 1995]: Ökonomie der Stoffpolitik. In: Junkernheinrich / Klemmer / Wagner (Hrsg.): Handbuch zur Umweltökonomie. S. 158-162.

Hofmeister, Sabine [Stoffwirtschaft 1998]: Von der Abfallwirtschaft zur ökologischen Stoffwirtschaft: Wege zu einer Ökonomie der Reproduktion. Westdeutscher Verlag GmbH Opladen / Wiesbaden.

Hofmeister, Sabine [nachhaltiges Stoffstrommanagement 1999]: Über Effizienz und Suffizienz hinaus. Zur methodischen Weiterentwicklung des Stoffstrommanagements mit Bezug auf Nachhaltigkeit. In: Politische Ökologie, 17. Jg., Heft 62, Sept. 99; S. 33-38.

Hoppe, Ralf [Joghurt 1993]: Ein Joghurt kommt in Fahrt. In: ZEITmagazin Nr. 5 (29.1.1993). S. 14-17.

Huggins, R. (1995): Competitiveness and the Global Region. The Role of Networking. In: Scott (Hrsg.): Regional Motors of the Global Economy. Reihe: Futures, Nr. 28 (1996), S. 391-411.

IMDS (International Material Data System / Internationales Materialdatensystem) [Materialdatensystem 2001]: www.mdsystem.com.

Immler, Hans [Wert der Natur 1989]: Natur in der ökonomischen Theorie, Bd. 3: Vom Wert der Natur. Zur ökologischen Reform von Wirtschaft und Gesellschaft. Westdeutscher Verlag, Opladen.

Iwanowitsch, Dirk [Produkthaftung 1997]: Die Umwelt- und Produkthaftung im Rahmen des betrieblichen Risikomanagements. Springer-Verlag, Heidelberg, New York.

Isard, Walter (1956): Location and Space Economy. A general theory relating to industrial location, market areas, land use, trade and urban structure. The Technology Press of Massachusetts Institute, Cambridge, Massachusetts.

Jänicke, Martin [Umweltberichterstattung 1995]: Tragfähige Entwicklung: Anforderungen an die Umweltberichterstattung aus der Sicht der Politikanalyse. In: Bringezu (Hrsg.): Neue Ansätze der Umweltstatistik. S. 9-25.

Jenkis, Helmut W. (Hrsg.) [Raumordnung 1996]: Raumordnung und Raumordnungspolitik. Verlag Oldenbourg, München, Wien.

Jöst, Frank / Manstetten, Reiner [nachhaltige Entwicklung 1996]: Grenzen und Möglichkeiten einer nachhaltigen Entwicklung. In: Eichhorn (Hrsg.): Umweltorientierte Marktwirtschaft. S. 83-93.

Jüdes, Ulrich [Sustainable Development 1997]: Nachhaltige Sprachverwirrung – Auf der Suche nach einer Theorie des Sustainable Development. In: Politische Ökologie, Jg. 15, Heft 52; S. 26-29.

Junkernheinrich, Martin / Klemmer, Paul / Wagner, Gerd Rainer (Hrsg.) [Umweltökonomie 1995]: Handbuch zur Umweltökonomie. Reihe: Handbücher zur angewandten Umweltforschung, Bd. 2. Analytica-Verlag, Berlin.

Kaluza, Bernd (Hrsg.) [Kreislaufwirtschaft 1998]: Kreislaufwirtschaft und Umweltmanagement. Reihe: Duisburger Betriebswirtschaftliche Schriften, Bd. 17. S+W Steuer- und Wirtschaftsverlag, Hamburg.

Kaluza, Bernd / Blecker, Thorsten [Umweltmanagementnetzwerke 1998]: Stabilität und Funktionsmechanismen von Umweltmanagement-Netzwerken. In: Liesegang / Sterr / Würzner: Kostenvorteile durch Umweltmanagement-Netzwerke. Reihe: Betriebswirtschaftlich-ökologische Arbeiten (BÖA), Band 2, Oktober 1998, S. 168-185.

Kern, Werner / Schröder, Hans-Werner / Weber, Jürgen [Fachbegriffe 1996^2]: Handwörterbuch der Produktionswirtschaft. Schäffer-Poeschel Verlag, Stuttgart.

Klaas, Klaus Peter / Fischer, Marc [Transaktionskostenansatz 1993]: Der Transaktionskostenansatz. In: WISU, Heft 8-9/93; S. 686-693.

Klauer, Bernd [Nachhaltigkeit 1998]: Nachhaltigkeit und Naturbewertung: Welchen Beitrag kann das ökonomische Konzept der Preise zur Operationalisierung von Nachhaltigkeit leisten? *(zugleich Dissertation Univ. Heidelberg 1997)*; Reihe: Umwelt und Ökonomie, Bd. 25; Physica Verlag Heidelberg.

Klee, Günther / Kirchmann, Andrea [regionale Wirtschaftspotenziale 1998]: Stärkung regionaler Wirtschaftspotenziale – Bestandsaufnahme und Analyse innovativer Kooperationsprojekte. Reihe: IAW (Institut für Angewandte Wirtschaftsforschung Tübingen, Forschungsberichte Serie B, Nr. 13; Tübingen.

Kleinaltenkamp, Michael [Recyclingstrategien 1985]: Recyclingstrategien – Wege zur wirtschaftlichen Verwertung von Rückständen aus absatz- und beschaffungswirtschaftlicher Sicht. Reihe: Grundlagen und Praxis der Betriebswirtschaft, Bd. 52; Erich Schmidt Verlag, Berlin.

Klemmer, Paul [ökonomische Nachhaltigkeit 1994]: Nachhaltige Entwicklung – aus ökonomischer Sicht. In: ZAU, Jg. 7 (1994), Heft 1; S. 14-19.

Klingbeil, Detlev (1978): Aktionsräume im Verdichtungsraum. Zeitpotentiale und ihre räumliche Nutzung. Kallmünz-Verlag Regensburg.

Kloten, Norbert [Regionalentwicklung 1995]: Koreferat zum Referat Harald Spehls: Nachhaltige Regionalentwicklung – ein neuer Ansatz für das Europa der Regionen. In: Gahlen / Hesse / Ramser (Hrsg.): Neue Ansätze zur Regionalökonomik. S. 335-342.

Köller, Henning von [Entsorgungsträger 1995]: Stellung und Aufgaben der Entsorgungsträger nach dem KrW-/AbfG. In: Thomé-Kozmiensky, Karl J. (Hrsg.): Management der Kreislaufwirtschaft. S. 13-29.

Köller, Henning von [Abfallrecht 1996^2]: Kreislaufwirtschafts- und Abfallgesetz. – Textausgabe mit Erläuterungen. Reihe: Abfallwirtschaft in Forschung und Praxis, Bd. 77, Erich Schmidt Verlag, Stuttgart.

Köller, Henning von [Abfallrecht 1997^5]: Leitfaden Abfallrecht - ein Ratgeber für Betriebsbeauftragte. Reihe: Abfallwirtschaft in Forschung und Praxis, Bd. 34, Erich Schmidt Verlag, Stuttgart.

Körner, Heiko (Hrsg.) [Entwicklungsprobleme 1988]: Probleme der ländlichen Entwicklung in der Dritten Welt. Reihe: Schriften des Vereins für Socialpolitik, Neue Folge, Band 173. Verlag Duncker & Humblot, Berlin.

Kösters, Hermann / Koll, Peter [Sekundärrohstoffe 1998]: Der Markt für Sekundärrohstoffe. In: Kaluza, Bernd (Hrsg.): Kreislaufwirtschaft und Umweltmanagement. S. 55-70

Krätke, Stefan [Regulationstheorie 1996]: Regulationstheoretische Perspektiven der Wirtschaftsgeographie. In: Zeitschrift für Wirtschaftsgeographie, Jg. 40, Heft 1-2, S.6-19, Frankfurt.

Krätke, Stefan [Regionalisierung 1995]: Globalisierung und Regionalisierung. In: Geographische Zeitschrift, Jg.83, S. 207-221

Krätke, Stefan [Regionalentwicklung 1997]: Regionale Entwicklung: Basiskonzepte. In: Krätke / Heeg / Stein (Hrsg.): Regionen im Umbruch: Probleme der Regionalentwicklung an den Grenzen zwischen „Ost" und „West". Campus-Verlag, Frankfurt, S. 13-55.

Krätke, Stefan [europäische Raumstrukturen 1997]: Raumstrukturen und Regionalentwicklung im neuen Europa. In: Krätke / Heeg / Stein (Hrsg.): Regionen im Umbruch: Probleme der Regionalentwicklung an den Grenzen zwischen „Ost" und „West". Campus-Verlag, Frankfurt, S. 56-118.

Krätke, Stefan / Heeg, Susanne / Stein, Rolf [Regionalentwicklung 1997] Regionen im Umbruch: Probleme der Regionalentwicklung an den Grenzen zwischen „Ost" und „West", Campus-Verlag, Frankfurt.

Krcal, Hans-Christian [Umweltschutzkooperationen 1999]: Industrielle Umweltschutzkooperationen – Ein Weg zur Verbesserung der Umweltverträglichkeit von Produkten, Springer-Verlag, Berlin Heidelberg.

Kreibich, Rolf [ökologische Produktgestaltung 1994]: Ökologische Produktgestaltung und Kreislaufwirtschaft. In: uwf, Jg. 2, Heft 5, April 1994; S. 13-22.

Kreibich, Rolf [nachhaltige Entwicklung 1997]: Nachhaltige Entwicklung. In: uwf, Jg. 5, Heft 2, Juni 1997; S. 6-13.

Kreikebaum, Hartmut [Netzwerkorganisation 1998]: Industrial Ecology – Organisatorische Voraussetzungen der Kontinuität eines Netzwerks, in: Strebel / Schwarz (Hrsg.): Kreislauforientierte Unternehmenskooperationen – Stoffstrommanagement durch innovative Verwertungsnetze, Oldenbourg Verlag, München, S. 59-79.

Kunzmann, Klaus R. / Wegener, Michael [urbanisation pattern 1991]: The pattern of urbanisation in Europe 1960-1990. Berichte aus dem Institut für Raumplanung, Bd. 28. Dortmund.

LAGA (Länderarbeitsgemeinschaft Abfall) (Hrsg.) [Abfallabgrenzungsproblematik 1997]: Definition und Abgrenzung von Abfallverwertung und Abfallbeseitigung sowie von Abfall und Produkt nach dem Kreislaufwirtschafts- und Abfallgesetz (KrW-/AbfG) mit Einführungserlaß des Ministeriums für Umwelt und Verkehr Baden-Württemberg. Vorläufiges Arbeitspapier vom 17.03.1997. 52 S.

Lahl, Uwe / Weiter, Christian / Zeschmar-Lahl, Barbara [Gewerbeabfallentsorgung 1998]: Die Zeche zahlt der Bürger – Immer mehr Gewerbeabfälle landen auf Billigdeponien oder als Ersatzbrennstoff in Industrieanlagen. In: Müllmagazin Heft 1, 1998; S. 36-43.

Landesumweltamt Nordrhein-Westfalen [Umschlüsselung 1997]: Vorschlag zur Einordnung der LAGA-Abfallschlüssel in den Europäischen Abfallkatalog. *(erhältlich über die einzelnen Landesumweltämter)*, Hannover.

Lang, Hartmut [Rhein-Neckar-Dreieck 1998]: Was macht und wie funktioniert ein Kommunikations-Netzwerk – Das Beispiel des Rhein-Neckar-Dreiecks, in: Liesegang / Sterr / Würzner (Hrsg.): Kostenvorteile durch Umweltmanagement-Netzwerke. Reihe: BÖA, Bd. 2, Oktober 1998, S. 207-210, IUWA Heidelberg.

Läpple, Dieter [Verkehr 1993]: Güterverkehr, Logistik und Umwelt – Analysen und Konzepte zum interregionalen und städtischen Verkehr. Sigma-Verlag, Berlin.

Lange, Burkhard [nachhaltige Regionalentwicklung 1996]: Nachhaltige Regionalentwicklung: Beispiel Abfallvermeidung und Abfallwirtschaft. In: Bröse (Hrsg.): Räumliche Aspekte umweltpolitischer Instrumente. Reihe: ARL, Bd. 201, S. 95-112.

Leser, Hartmut / Haas, Hans-Dietrich / Mosimann, Thomas / Paesler, Reinhard (Hrsg.) [Fachbegriffe 1987[3]]: DIERCKE Wörterbuch der allgemeinen Geographie, Bd. 1 und 2, dtv Verlag/Westermann.

Lied, Wolfgang [Umweltcontrolling 1999]: Energie- und stoffstromorientiertes Umweltcontrolling als Basis eines betrieblichen (Umwelt-)Informationssystems. In: Bullinger / Jürgens / Rey (Hrsg.): Betriebliche Umweltinformationssysteme in der Praxis. S. 207-217.

Liesegang, Dietfried G. [Reduktion 1992]: Reduktionswirtschaft als Komplement zur Produktionswirtschaft – eine globale Notwendigkeit. Reihe: Diskussionsschriften der Wirtschaftswissenschaftlichen Fakultät der Universität Heidelberg, Bd. 185 (Nov. 1992).

Liesegang, Dietfried G. [Kreislaufwirtschaft 1993]: Entwicklungslinien einer industriellen Kreislaufwirtschaft. In: Hanns-Seidel-Stiftung (Hrsg.): Chancen der Umwelttechnologie. Reihe: Politische Studien, 44. Jg., Sonderheft 7/1993; S. 16-29; Atwerb-Verlag KG, Grünwald.

Liesegang, Dietfried G. [umweltorientierte Steuerung 1993]: Umweltorientierte Steuerungsmaßnahmen in marktwirtschaftlichen Systemen. In: Zwilling / Fritsche (Hrsg.): Ökologie und Umwelt. S. 244-258..

Liesegang, Dietfried G. [PIUS 1994]: PIUS – ein frommer Wunsch zur Weihnachtszeit oder neue Chancen für umweltverträglichere Produktionsverfahren? In: uwf, Jg. 2 Heft 8, Dez. 1994; S. 7-8.

Liesegang, Dietfried G. [Reduktionswirtschaft 1996]: Reduktions- und Produktionswirtschaft – Partner in einer umweltbewussten, auf Nachhaltigkeit bedachten Volkswirtschaft. In: uwf, Jg. 4 Heft 4, Dez. 1996; S. 3-5.

Liesegang, Dietfried G. [Reproduktionswirtschaft 1999]: Das Konzept einer Reproduktionswirtschaft als Herausforderung für das Umweltmanagement. In: Seidel (Hrsg.): Betriebliches Umweltmanagement im 21. Jahrhundert. Aspekte, Aufgaben, Perspektiven. S. 181-191.

Liesegang, Dietfried G. / Pischon, Alexander [Downcycling 1996]: Recycling und Downcycling. In: Kern / Schröder / Weber (Hrsg.): Handwörterbuch der Produktionswirtschaft. Sp. 1788-1798.

Liesegang, Dietfried Günter / Sterr, Thomas / Ott, Thomas (Hrsg.) [Stoffstrommanagementnetzwerke 2000]: Aufbau und Gestaltung regionaler Stoffstrommanagementnetzwerke. Reihe: BÖA, Band 4; Juni 2000; IUWA Heidelberg

Liesegang, Dietfried Günter / Sterr, Thomas / Würzner, Eckart (Hrsg.) [Umweltmanagement-Netzwerke 1998]: Kostenvorteile durch Umweltmanagement-Netzwerke. Reihe: BÖA, Band 2; Oktober 1998; 225 S.

Lowe, Ernest A. [By-product exchanges 1997]: Creating by-product resource exchanges: strategies for eco-industrial parks. In: Journal of Cleaner Production, Vol. 5, No. 1-2; S. 57-65.

Lowe, Ernest A. [Regional Resource Recovery 1998]: Regional Resource Recovery, and Eco-Industrial Parks – An Integrated Strategy. In: Strebel / Schwarz (Hrsg.): Kreislauforientierte Unternehmenskooperationen. S. 27-57.

Lowe, Ernest A. / Moran, Stephen R. / Holmes, D.B. [EIP-Fieldbook 1996]: Fieldbook for the Development of Eco-Industrial Parks. Report prepared for the office of Policy, Planning and Evaluation, by Indigo Development. US Environmental Protection Agency (EPA), Washington, DC.

Lowe, Ernest A. / Moran, Stephen R. / Holmes, D.B. [EIP-Guidebook 1997]: Eco-Industrial Parks: a guidebook for local development teams. Indigo Development, Oakland.

Lowe, Ernest A. / Warren, John L. [Industrial Ecology 1996]: The Source of Value: An Executive Briefing and Sourcebook on Industrial Ecology. Richland, Washington.

Luley, Horst / Schramm, Engelbert [regionale Nachhaltigkeit 2000]: Regionale Ansätze nachhaltigen Wirtschaftens in Deutschland. Inhaltliche Problemfelder der bmb+f-Modellprojekte und Vernetzungsbedarf in der Förderinitiative. Reihe: Materialien Soziale Ökologie (MSÖ), Bd. 15; ISOE, Frankfurt.

Maier, Jörg (Hrsg.) [kreative Milieus 1996]: Bedeutung kreativer Milieus für die Regional- und Landesentwicklung. Reihe: Arbeitsmaterialien zur Raumordnung und Raumplanung, Heft 153, Universität Bayreuth, Bayreuth.

Maillat, D. (1998): Vom „Industrial District" zum innovativen Milieu: Ein Beitrag zur Analyse der lokalisierten Produktionssysteme. In: GZ, Jg. 86, S. 1-15.

Maillat, D. / Lecoq, B. (1992): New technologies and transformation or regional structures in Europe : The role of the milieu. In: Entrepreneurship & Regional Development, Vol. 4; S. 1-20.

Majer, Helge [Ulmer Netzwerk 1998]: Wege zur Nachhaltigkeit: Das Ulmer Netzwerk. In: Liesegang / Sterr / Würzner (Hrsg.): Kostenvorteile durch Umweltmanagement-Netzwerke. S. 197-205.

Majer, Helge [Runde Tische 1998]: Institutionelle Innovationen II: Mediationsbasierte Runde Tische. In: Majer / Seydel (Hrsg.): Pflastersteine. S. 39-47.

Majer, Helge / Bauer, Joa / Lison, Uli / Weinmüller, Kai [Runde Tische 1999]: Kooperative Lösungen mit Runden Tischen. Ein Handbuch. unw, Ulm.

Majer, Helge / Seydel, Friederike (Hrsg.) [Ulmer Wege 1998]: Pflastersteine – Ulmer Wege zur Nachhaltigkeit, Verlag Wissenschaft und Praxis, Sternenfels.

Malinsky, Adolf H. [regionales Systemmanagement 1999]: Regionales Systemmanagement: Stoffstromorientierte Grundzüge. In: Seidel (Hrsg.): Betriebliches Umweltmanagement im 21. Jahrhundert. Aspekte, Aufgaben, Perspektiven. S. 193-204.

Man, Rainier de [Stoffstrommanagement 1996]: Lernprozeß für Staat und Wirtschaft. Zwischenbilanz zum Stoffstrommanagements in Deutschland. In: Ökologisches Wirtschaften, Heft 5 (Stoffstrommanagement) 1996. S. 10-12.

Man, Rainier de / Claus, Frank / Völkle, Elisabeth / Ankele, Kathrin / Fichter, Klaus [Stoffstrommanagement 1997]: Aufgaben des betrieblichen und betriebsübergreifenden Stoffstrommanagements zum Stoffstrommanagements in Deutschland. Reihe, Texte des Umweltbundesamtes Heft 11/97.

Manstetten, Reiner [Philosophie 1993]: Die Einheit und Unvereinbarkeit von Ökonomie und Ökologie. Reihe: Diskussionsschriften der Wirtschaftswissenschaftlichen Fakultät der Universität Heidelberg, Bd. 187; Januar 1993.

Manstetten, Reiner / Faber, Malte [Mensch-Natur-Verhältnis 1999]: Umweltökonomie, Nachhaltigkeitsökonomie und Ökologische Ökonomie. Drei Perspektiven für Mensch und Natur. Department of Economics, Discussion Paper Series, No. 277; Januar 1999; 31 S.

Marx, Detlef [Abfallentsorgung 1993]: Aspekte einer raum- und umweltverträglichen Abfallentsorgung. Teil II. Reihe: Forschungs- und Sitzungsberichte der Akademie für Raumforschung und Landesplanung. Bd. 196. ARL, Hannover.

Matschke, Manfred Jürgen [Umweltwirtschaft 1996]: Betriebliche Umweltwirtschaft: Eine Einführung in die betriebliche Umweltökonomie und in Probleme ihrer Handhabung in der Praxis. Verlag Neue Wirtschafts-Briefe GmbH&Co. Herne / Berlin.

Matschke, Manfred Jürgen / Lemser, Bernd [Entsorgung 1992]: Entsorgung als betriebliche Grundfunktion. In: BFuP 2 (1992); S. 85-102.

Meadows, Dennis L. / Meadows, Donella H. / Zahn, Erich / Milling, Peter [Wachstum 1972]: Die Grenzen des Wachstums – Bericht des Club of Rome zur Lage der Menschheit. Deutsche Verlags-Anstalt (DVA) Stuttgart.

Meadows, Dennis L. / Meadows, Donella H. / Randers, Jørgen [Wachstum 1992]: Die neuen Grenzen des Wachstums – Die Lage der Menschheit: Bedrohung und Zukunftschancen. Deutsche Verlags-Anstalt (DVA) Stuttgart.

MEDIA TEAM / Stadt Ludwigshafen (Hrsg.) [Ludwigshafen 1998]: Wirtschaftsstandort Ludwigshafen. Media Team GmbH, Darmstadt.

Meffert, Heribert / Kirchgeorg Manfred [Sustainable Development 1993]: Das neue Leitbild Sustainable Development – der Weg ist das Ziel. In: Harvard Business manager, Jg. 15, Nr. 2; S. 34-45.

Misch, Jürg / Enquete-Kommission „Schutz des Menschen und der Umwelt" des Deutschen Bundestages – Ziele und Rahmenbedingungen einer Nachhaltig Zukunftsverträglichen Entwicklung" (Hrsg.) [Nachhaltigkeit 1998]: Institutionelle Reformen für eine Politik der Nachhaltigkeit. Konzept Nachhaltigkeit. Springer-Verlag Heidelberg, Berlin.

Modell Hohenlohe [Umweltmanagementnetzwerk o.J.] www.modell-hohenlohe.de

Möller, Andreas [BUIS 2000]: Grundlagen stoffstromorientierter Betrieblicher Umweltinformationssysteme. *(Dissertation Univ. Hamburg)*. Projekt-Verlag, Bochum.

Momm, Achim / Löckener, Ralf / Danielzyk, Rainer / Priebs, Axel [Regionalentwicklung 1995]: Regionalisierte Entwicklungsstrategien. Reihe: Materialien zur Angewandten Geographie, Bd. 30; DVAG, Bonn.

Mosig, Jörg / Schwerdtle, Hartwig [Produktionsverbund 1999]: Industriepark smartville. In: Bindel / Lutz / Nehls-Sahabandu (Hrsg.): Betriebliches Umweltmanagement; Fallreportage: Produktion Teil 15; Lieferung Mai-September 1999; 25. S. Springer Verlag Berlin, Heidelberg.

Müller, K. Robert / Schmitt-Gleser, Gerhard [Abfallhandbuch o.J.]: Handbuch der Abfallentsorgung. Abfallrecht – TA Abfall – Entsorgungs-Technologie – Altlasten – Angrenzende Rechtsbereiche – Management. Loseblatt-Sammlung in 4 Bänden. Ecomed verlagsgesellschaft mbH, Landsberg/Lech.

Myrdal, Gunnar (1957): Economic Theory and Underdeveloped Regions. London.

Neher, Axel [Kreislaufwirtschaft 1998]: Kreislaufwirtschaft für Unternehmen: Ein fließsystemorientierter Ansatz. *(Dissertation)* Dt. Univ.Verlag Wiesbaden 1998.

Nell-Breuning, Oswald von (1962): Subsidiaritätsprinzip. In: Staatslexikon. Verlag Herder, Freiburg; S. 826-833.

Niemes, Horst [Wassergütewirtschaft 1981]: Umwelt als Schadstoffempfänger – Die Wassergütewirtschaft als Beispiel. Reihe: Schriften zur Umwelt- und Ressourcenökonomie, Bd. 4., J.C.B. Mohr, Tübingen.

Noller, P. et al. (Hrsg.) (1994): Stadt-Welt. Über die Globalisierung des städtischen Milieus. Frankfurt/Main.

Ott, Thomas [Transformationsprozess 1997]: Erfurt im Transformationsprozess der Städte in den neuen Bundesländern. Ein regulationstheoretischer Ansatz. Reihe: Erfurter Geographische Studien, Bd. 6; Erfurt.

Ott, Thomas [edv-technische Systembausteine 2000]: Gestaltung und Vernetzung edv-technischer Systembausteine für das zwischenbetriebliche Stoffstrommanagement. In: Liesegang / Sterr / Ott (Hrsg.): Aufbau und Gestaltung regionaler Stoffstrommanagementnetzwerke, S.78-92. IUWA Heidelberg.

Ott, Thomas / Sterr, Thomas [GIS-Optimierung 2000]: GIS-basierte Optimierung zwischenbetrieblicher Stoffströme im Rhein-Neckar-Raum. In: Cremers / Greve (Hrsg.): Umweltinformatik '00 – Umweltinformation für Planung, Politik und Öffentlichkeit. S. 543-554.

PAMINA (→ Siehe Arbeitsgemeinschaft PAMINA)

Pauli, Gunter [zero emissions 1997]: Zero emissions: the ultimate goal of cleaner production. In: Journal of Cleaner Production, 1997, Vol. 5; S. 109-113.

Petersen, Frank / Rid, Urban [KrW-/AbfG 1997]: Das neue Kreislaufwirtschafts- und Abfallgesetz. In: Neue Juristische Wochenschrift (NJW) 1995, Heft 1, S. 7-14.

Pfohl, Hans Christian / Stölzle, Wolfgang [Retrodistribution 1995]. Retrodistribution. In: Tietz / Köhler / Zentes (Hrsg.): Handwörterbuch des Marketing. Sp. 2235-2247

Picot, Arnold [Transaktionskostenansatz 1982] : Transaktionskostenansatz in der Organisationstheorie: Stand der Diskussion und Aussagewert. In: Die Betriebswirtschaft (DBW), Jg. 42, Heft 2, S. 267-284.

Porter, Michael E. [Wettbewerbsvorteile 1991]: Nationale Wettbewerbsvorteile. Erfolgreich konkurrieren auf dem Weltmarkt. *(Deutsche Fassung)*. Wirtschaftsverlag Ueberreuter, Wien 1999.

Posch, Alfred / Schwarz, Erich / Steiner, Gerald / Strebel, Heinz / Vorbach, Stefan [Verwertungspotenzial 1998]: Das Verwertungsnetz Obersteiermark und sein Potenzial. In: Strebel, / Schwarz (Hrsg.): Kreislauforientierte Unternehmenskooperationen – Stoffstrommanagement durch innovative Verwertungsnetze, S. 211-221.

Pred, Allan (1967): Behaviour and Location. Foundations for a Geographic and Dynamic Location Theoriy. Part 1. Reihe: Lund Studies in Geography. Reihe B, Heft 27. Lund (Schweden)

Preisz, Margot / Würzner, Eckart [Energietisch 1998]: Energietisch / KliBA – Erfahrungen eines eineinhalbjährigen Konsultationsprozesses mit Vertretern unterschiedlicher Interessengruppen. In: Liesegang / Sterr / Würzner (Hrsg.): Kostenvorteile durch Umweltmanagement-Netzwerke. S. 187-195.

Rademacher, Walter / Stahmer, Carsten [UGR 1995]: Umweltbezogene Gesamtrechnungen des Statistischen Bundesamtes. In: Bringezu (Hrsg.): Neue Ansätze der Umweltstatistik, S. 26-54.

Radke, Volker [Sustainable Development 1995]: Sustainable Development – eine ökonomische Interpretation. In: ZAU, Jg. 8, Heft 4; S. 532-543.

Rase, Wolf-Dieter / Sinz, Manfred [Blaue Banane 1993]: Kartographische Visualisierung von Planungskonzepten. In: Kartographische Nachrichten, Jg. 43, Heft 3/4]

Reiche, Jochen [Materialflussrechnungen 1998]: Nationale Material- und Energieflussrechnungen. In: Friege / Engelhardt / Henseling (Hrsg.): Das Management von Stoffströmen. S. 54-63. Springer-Verlag, Heidelberg.

Remmert, Hermann [Ökosystem 1990^2]: Naturschutz. Springer Verlag Heidelberg.

Renner, Andreas / Hinterberger, Friedrich (Hrsg.) [Neoliberalismus 1998]: Zukunftsfähigkeit und Neoliberalismus – Zur Vereinbarkeit von Umweltschutz und Wettbewerbswirtschaft. Nomos Verlagsgesellschaft, Baden-Baden.

Rennings, Klaus / Hohmeyer, Olav [Nachhaltigkeit 1997]: Nachhaltigkeit. Reihe: ZEW-Wirtschaftsanalysen, Bd. 8; Nomos Verlagsgesellschaft, Baden-Baden.

Rentz, Otto [regionales Energiemanagement 1998]: Entwicklung eines regionalen Energiemanagement-Konzeptes und Anwendung auf die TechnologieRegion Karlsruhe. In: Innovative Ansätze zur Stärkung der regionalen Ökonomie. – Förderinitiative Modellprojekte für nachhaltiges Wirtschaften 1998-2002. *(Abstract Band zum Kick-Off-Meeting des gleichnamigen bmb+f-Forschungsprogramms)*. S. 35-40.

Rhein-Neckar-Dreieck (→ siehe Verein Rhein-Neckar-Dreieck e.V.)

Richter, Michael [Wirtschaftsregion 1997]: Regionalisierung und interkommunale Zusammenarbeit – Wirtschaftsregionen als Instrumente kommunaler Wirtschaftsförderung. *(Dissertation)* Deutscher Universitäts-Verlag / Gabler Edition Wissenschaft, Wiesbaden.

Riebel, Paul [Kuppelproduktion 1955]: Die Kuppelproduktion. Betriebs- und Marktprobleme. Westdeutscher Verlag, Köln und Opladen.

Ridder, Klaus [GGVS/ADR 2000^{16}]: GGVS / ADR `99 – Gefahrgutverordnung Straße – Anlagen A und B zum ADR – RS 002 – TR Abfälle 002 – CTU – Stoffliste. Ecomed Verlagsgesellschaft, Landsberg / Lech.

Ritter, Wigand [Wirtschaftsgeographie 1998³]: Allgemeine Wirtschaftsgeographie. Eine systemtheoretisch orientierte Einführung, Oldenbourg Verlag München, Wien.

Rodenburg, Eric [Limits of Supply 2000]: Limits of Supply. In: University of Jyväskylä (Hrsg.): Proceedings of the Helsinki Symposium on Industrial Ecology and Material Flows, August 30th – Sept 3rd 2000, S. 223-232.

ROV (Raumordnungsverband Rhein-Neckar). [Raumordnungsplan 1992]: Raumordnungsplan Rhein-Neckar 2000. ROV, Mannheim.

ROV (Raumordnungsverband Rhein-Neckar). [Rhein-Neckar-Raum 1999]: Positionspapier RNI 2/99, Mannheim.

ROV (Raumordnungsverband Rhein-Neckar). [Rhein-Neckar-Raum o.J.]: www.region-rhein-neckar-dreieck.de.

Rutkowsky, Sven [Abfallpolitik 1998]: Abfallpolitik und Kreislaufwirtschaft – Grundzüge einer effizienten und umweltgerechten Abfallwirtschaft und ihrer Regulierung. Reihe: Abfallwirtschaft in Forschung und Praxis, Bd. 106, Erich Schmidt Verlag, Stuttgart *(zugl. Diss. Univ. Münster 1997)*.

Sauerborn, Klaus [Regionalisierung 1996]: Die Regionalisierung der Wirtschaft als Beitrag zu einer nachhaltigen Entwicklung. Ergebnisse aus dem Forschungsprojekt „Nachhaltige Regionalentwicklung Trier". In: RuR Heft 2/3, 1996; S. 148-153.

Schäfer, Thilo [Überkapazitäten 1997]: Von der Realität eingeholt. Baden-Württemberg benötigt keine weiteren Müllverbrennungsanlagen für den Restmüll. In: Müllmagazin 3/97, S. 29-24

Schahn, Joachim [Umweltbewusstsein 1996]: Die Erfassung und Veränderung des Umweltbewusstseins. Eine Untersuchung zu verschiedenen Aspekten des Umweltbewusstseins und zur Wertstofftrennung beim Hausmüll in zwei süddeutschen Kommunen. Reihe: Europäische Hochschulschriften, Reihe 6: Psychologie, Bd. 535 *(Diss. Univ. Heidelberg)*; Verlag Lang, Frankfurt.

Schamp, Eike W. [Globalisierung 1996]: Globalisierung von Produktionsnetzen und Standortsystemen. In: Geographische Zeitschrift (GZ), 1996, Heft 4; S. 205-219.

Schamp, Eike W. [Industriegeographie 1988]: Forschungsansätze in der Industriegeographie. In: Gaebe (Hrsg.): Industrie und Raum. – Handbuch des Geographie-Unterrichts, Bd. 3; S. 3-15.

Schamp, Eike W. [vernetzte Produktion 2000]: Vernetzte Produktion. Industriegeographie aus institutioneller Perspektive. Wissenschaftliche Buchgesellschaft, Darmstadt.

Schamp, Eike W. [Industriegeographie 1998]: Forschungsansätze in der Industriegeographie. In: Gaebe, Wolf (Hrsg.): Handbuch des Geographieunterrichts, Bd. 3: Industrie und Raum, S. 2-12.

Schätzl, Ludwig [Wirtschaftsgeographie, Politik 1991^2]: Wirtschaftsgeographie III: Politik, Verlag Ferdinand Schöningh, Paderborn, München, Wien, Zürich.

Schätzl, Ludwig [Wirtschaftsgeographie, Theorie 1996^6]: Wirtschaftsgeographie I: Theorie, Verlag Ferdinand Schöningh, Paderborn, München, Wien, Zürich.

Schätzl, Ludwig [Raumwirtschaftstheorie 1996^6]: Wirtschaftsgeographie. Schoeningh-Verlag, Paderborn.

Schenkel, Werner / Faulstich, Martin [Abfallwirtschaft 1993]: Strategien und Instrumente zur Abfallvermeidung. In: Marx (Hrsg.): Aspekte einer raum- und umwelt- verträglichen Abfallentsorgung, Teil II. S. 12-50.

Schenkel, Werner / Reiche, Jochen [Stoffflusswirtschaft 1993]: Abfallwirtschaft als Teil der Stoffflusswirtschaft. In: ARL, Bd. 195, S. 70-120.

Scherhorn, Gerhard [nachhaltiger Konsum 1998]: Nachhaltiger Konsum. In: Majer / Seydel (Hrsg.): Pflastersteine. S. 24-28.

Scherhorn, Gerhard / Reisch, Lucia / Schrödl, Sabine [nachhaltiger Konsum 1997]: Wege zu nachhaltigen Konsummustern. Metropolis Verlag, Marburg.

Schleicher-Tappeser, Ruggero [regionale Umweltpolitik 1992]: Regionale Umweltpolitik. In: Dreyhaupt, Franz Joseph et al. (Hrsg.): Umwelt-Handwörterbuch. S. 182-186

Schleicher-Tappeser, Ruggero / Hey, Christian [räumlicher Handlungsrahmen 1997]: Regionalisierung, Europäisierung, Globalisierung – welcher Trend setzt den Handlungsrahmen für die Nachhaltigkeitspolitik? In: Rennings / Hohmeyer (Hrsg.): Nachhaltigkeit. S. 73-108.

Schmid, Uwe [nachhaltiges Produzieren 1997]: Produzieren im Zeichen ökologischer Nachhaltigkeit. In: uwf, Jg. 5, Heft 2 /97; S. 21-28.

Schmidt, Mario [Stoffstromanalysen 1995]: Stoffstromanalysen als Basis für ein Umweltmanagementsystem im produzierenden Gewerbe. In: Haasis / Hilty / Hunscheid et al. (Hrsg.): Umweltinformationssysteme in der Produktion. S. 67-80. Metropolis-Verlag, Marburg

Schmidt, Mario [nachhaltiges Heidelberg 1997]: Nachhaltiges Heidelberg – Für eine lebenswerte UmWelt. – Darstellung und Bewertung bisheriger Aktivitäten der Stadtverwaltung und Vorschläge für eine „Lokale Agenda 21". *(Endbericht einer Studie des ifeu-Instituts für die Stadt Heidelberg)*. Heidelberg.

Schmidt, Mario [betriebliches Stoffstrommanagement 1998]: Betriebliches Stoffstrommanagement zwischen Ökonomie und Ökologie. In: Schmidt/Höpfner (Hrsg.): 20 Jahre ifeu-Institut – Engagement für die Umwelt zwischen Wissenschaft und Politik. Vieweg & Sohn Verlagsgesellschaft mbH Braunschweig/Wiesbaden

Schmidt, Mario [Stoffstromnetze 1997]: Recyclingströme in Stoffstromnetzen. In: Schmidt / Häuslein (Hrsg.): Ökobilanzierung mit Computerunterstützung. S. 131-136.

Schmidt, Mario / Häuslein, Andreas [Ökobilanzierung 1997]: Ökobilanzierung mit Computerunterstützung. Produktbilanzen und betriebliche Bilanzen mit dem Programm Umberto®. Springer-Verlag Berlin, Heidelberg.

Schmidt, Mario / Schorb, Achim [Stoffstromanalysen 1995]: Stoffstromanalysen in Öko-Bilanzen und Öko-Audits. Springer-Verlag Berlin, Heidelberg.

Schmidt-Bleek, Friedrich [MIPS 1994]: Wieviel Umwelt braucht der Mensch? MIPS – das Maß für ökologisches Wirtschaften. Verlag Birkenhäuser, Berlin, Basel, Boston.

Schmitz, Gottfried [Entsorgungsnotstand 1993]: Abfallentsorgungsnotstände in der Bundesrepublik Deutschland. – Abfallwirtschaftliche Prioritäten aus raumordnerischer Sicht. In: ARL, Bd. 195, S. 53-69.

Schneidewind, Uwe [Stoffstrommanagement 1998]: Möglichkeiten und Grenzen für ein Stoffstrommanagement in der Textilen Kette. In: Friege / Engelhardt / Henseling (Hrsg.): Das Management von Stoffströmen. S. 115-124 Springer-Verlag Berlin, Heidelberg.

Schneidewind, Uwe [Kooperationen 1995]: Ökologisch orientierte Kooperationen aus betriebswirtschaftlicher Sicht, in: uwf, 3. Jg., Heft 4/95, S. 16-21.

Scholl, Stefan [Abfallverbringung 1994]: Grenzüberschreitende Verbringung von Abfällen. In: ZAU, Jg. 7, Heft 1, 1994; S. 84-89.

Schön, Karl Peter [Metropolregionen 1996]: Agglomerationsräume, Metropolen und Metropolregionen Deutschlands im statistischen Vergleich. Reihe: ARL, Bd. 199, S. 360-383.

Schönert, Matthias [Altindustrieregionen 1996]: Umweltwirtschaft als Hoffnung für alte Industrieregionen? Chancen und Risiken für die Regionalentwicklung. In: RuR, Heft 5, 1996; S. 345-354.

Schopf, J. William [Evolution 1988]: Evolution der ersten Zellen. In: Evolution. Reihe: Spektrum der Wissenschaft. Verständliche Forschung. Spektrum-Verlag, Heidelberg.

Schurr, Ulrich / Haake, Volker / Henkes Stefan / Klein, Diana / Krekeler, Bea [Reduktionswirtschaft 1996]: Reduktionswirtschaftliche Aspekte biologischer Systeme. In: uwf, Jg. 4 Heft 4, Dez. 1996; S. 52-55.

Schwarz, Erich J. [Verwertungsnetzwerke 1994]: Unternehmensnetzwerke im Recyclingbereich. *(Dissertation)*, Gabler-Verlag Wiesbaden.

Schwarz, Erich J. [regionale Verwertungsnetze 1998]: Ökonomische Aspekte regionaler Verwertungsnetze, In: Strebel / Schwarz (Hrsg.): Kreislauforientierte Unternehmenskooperationen – Stoffstrommanagement durch innovative Verwertungsnetze. Oldenbourg Verlag, München, S. 11-25.

Schwarz, Erich J. / Bruns, Kerstin / Lopatka, Matthias [regionale Verwertung 1996]: Regionale Zusammenarbeit in der Abfallwirtschaft: Die Verwertung von Produktionsrückständen am Fallbeispiel „Ruhrgebiet". In: Umwelt und Energie (UE), Heft 7 vom 12.12.1996; Gruppe 4; S. 297-322.

Schwarz, Erich J. / Strebel, Heinz / Farmer, Karl / Posch, Alfred / Schwarz, Michaela / Steiner Gerald / Vorbach, Stefan [Verwertungsnetze 1997]: Verwertungsnetze im produzierenden Bereich. Institut für Innovationsmanagement der Universität Graz, 1997; *(erschienen auch als Band 25/1998 der Schriftenreihe des Bundesministeriums für Umwelt, Jugend und Familie (BMUJF))*, Wien.

Schwarz, Michaela [Rechtliche Hürden 1998]: Rechtliche Hürden beim zwischenbetrieblichen Recycling. In: Strebel / Schwarz (Hrsg.): Kreislauforientierte Unternehmenskooperationen. S. 199-210.

Scott, Allan J. (Hrsg.) (1995): Regional Motors of the Global Economy. Reihe: Futures, Nr. 28 (1996), Gothenburg.

Scott, Allan J. / Storper, Michael [regional development 1992]: Industrialization and Regional Development. In: Storper / Scott (Hrsg.): Pathways to Industrialization and regional Development. S. 3-17.

Sedlacek, Peter [Wirtschaftsgeographie 1988]: Wirtschaftsgeographie – eine Einführung. Wissenschaftliche Buchgesellschaft, Darmstadt.

Seidel, Eberhard (Hrsg.) [betrieblicher Umweltschutz 1992]: Betrieblicher Umweltschutz – Landschaftsökologie und Betriebswirtschaftslehre. Gabler-Verlag, Wiesbaden.

Seidel, Eberhard (Hrsg.) [betriebliches Umweltmanagement 1999]: Betriebliches Umweltmanagement im 21. Jahrhundert. Aspekte, Aufgaben, Perspektiven. Springer Verlag Berlin, Heidelberg.

Seidel, Eberhard / Liebehenschel, Thorsten [Altpapiermarkt 1996]: Reduktionswirtschaft heute – Sekundärrohstoffmarkt für Altpapier. In: uwf, Jg. 4, Heft 4, Dez. 1996; S. 26-35.

Seidler, Klaus [Audit 1998]: Computergestützte Stoffstromanalyse als Managementunterstützung. In: uwf, Jg. 6, Heft 2 /98; S. 43-45; Springer-Verlag Heidelberg, Berlin.

SGN [EIP]: stetig aktualisierte Homepage des Smart Growth Network (SGN) in Partnerschaft mit dem Sustainable Communities Network (SCN): (www. smartgrowth.org); prägnante und gut strukturierte Kurzvorstellung der wichtigsten Beispiele einer EIP-Entwicklung in den USA und Kanada *(direkt ansteuerbar bspw. unter: www.smartgrowth.org/casestudies/ecoin riverside. html oder www.smartgrowth.org/casestudies/ecoin_riverside.html, burnside. html, ...).*

Siegler, Heinz-Jürgen [Recyclingbewertung 1993]: Ökonomische Bewertung des Recycling im Rahmen der Abfallwirtschaft. Europäische Hochschulschriften, Reihe 5: Volks- und Betriebswirtschaft, Bd. 1438 *(zugl. Diss. Univ. Erlangen-Nürnberg)* Verlag Lang, Frankfurt.

Sinz, Manfred [Blaue Banane 1992], Europäische Integration und Raumentwicklung in Deutschland. In: Geographische Rundschau (GR), Heft 12/92; S. 686-690.

Sinz, Manfred [Regionsbegriff 1996]: Region. In: Treuner / Akademie für Raumforschung und Landesplanung (Hrsg.): Handwörterbuch der Raumplanung, ARL, Hannover, S. 805-808.

Smith, D.M. (1981^2): Industrial Location. An Economic Geographical Analysis. New York.

Souren, Rainer [Reduktionstheorie 1996]: Theorie betrieblicher Reduktion. Grundlagen, Modellierung und Optimierungsansätze stofflicher Entsorgungsprozesse. Physica Verlag, Heidelberg.

Souren, Rainer [Reduktionsprozesssteuerung 1996]: Analyse, Planung und Steuerung stofflicher Reduktionsprozesse bei inhomogener Abfallqualität. In: uwf, Jg. 2, Heft 8, Jan. 1994; S. 21-28.

Spehl, Harald [Regionalentwicklung 1995]: Nachhaltige Regionalentwicklung – ein neuer Ansatz für das Europa der Regionen. In: Gahlen / Hesse / Ramser (Hrsg.): Neue Ansätze zur Regionalökonomik. S.307-333.

Spengler, Thomas [industrielles Stoffstrommanagement 1998] : Industrielles Stoffstrommanagement. – Betriebswirtschaftliche Planung und Steuerung von Stoff- und Energieströmen in Produktionsunternehmen *(zugl. Habilitationsschrift, Univ. Karlsruhe).* Erich Schmidt Verlag, Berlin.

Spohn, Suzanne G. [sustainable base redevelopment 1997]: Eco-Industrial Parks Offer Sustainable Base Redevelopment. *(Reprint aus dem ICMA Base Reuse Consortium Bulletin, vom Mai 1997 siehe auch:* www.smartgrowth.org/ casestudies/ spohn_icma.html*).*

Stadt Heidelberg [Abfallwirtschaftskonzept 1991]: Abfallwirtschaftskonzept. 1. Fortschreibung 1990. Stadt Heidelberg.

Stadt Heidelberg (Hrsg.) [Pfaffengrund 1995] : Stadtteilrahmenplan Pfaffengrund – Bestandsaufnahme, Prognose und Bewertung. Stadt Heidelberg, Februar 1995, Heidelberg.

Stadt Heidelberg (Hrsg.) [Pfaffengrund 1999]: Stadtteilrahmenplan Pfaffengrund, Teil 2: Entwicklungskonzept und Maßnahmenvorschläge. Stadt Heidelberg, Oktober 1999, Heidelberg.

Stahel, Walter R. [Langlebigkeit 1991]: Langlebigkeit und Materialrecycling. Strategien zur Vermeidung von Abfällen im Bereich der Produkte. Vulkan-Verlag Essen.

Stahl, Konrad [Regionalökonomik 1995]: Zu Entwicklung und Stand der regionalökonomischen Forschung. In: Gahlen / Hesse / Ramser (Hrsg.): Neue Ansätze zur Regionalökonomik. S.3-39.

Stantke, Thomas [regionale Abfallbilanzen 1995]: Regionale Abfallbilanzen. In: Diefenbacher / Sangmeister / Stahmer / Stadt Heidelberg (Hrsg.): Regionale Umweltberichterstattung. S. 226-259

Staudt, Erich [Recycling 1977]: Produktion einschließlich Recycling (Wiederverwendung). In: Vogl / Heigl / Schäfer (Hrsg.): Handbuch des Umweltmanagements. Loseblatt-Ausgabe, Teil III-M3.

Steger, Ulrich [Umweltmanagement 1993]: Handbuch des Umweltmanagements. Oldenbourg Verlag, München, Wien.

Steinhilper, Rolf [Produktrecycling 1988]: Produktrecycling im Maschinenbau. Springer Verlag Heidelberg, Berlin *(zugl. Diss., Univ. Stuttgart 1987)*.

Steinhilper, Rolf [Produktrecycling 1994]: Entwicklung eines technisch-logistischen Gesamtkonzepts zum Produktrecycling. In: uwf, Heft 4, Jan. 1994; S. 31-37.

Sternberg, Rolf [Technologiepolitik 1995]: Technologiepolitik und High-Tech-Regionen – ein internationaler Vergleich. Reihe: Wirtschaftsgeographie, Bd. 7, Lit-Verlag, Münster.

Sterr, Thomas [Stoffkreislaufwirtschaft 1997]: Potenziale zwischenbetrieblicher Stoffkreislaufwirtschaft bei kleineren und mittelständischen Unternehmen. In: uwf, Jg. 5, Heft 4 /97; S. 68-72.

Sterr, Thomas [Stoffstrommanagement 1998]: Stoffstrommanagement – Lösungsansätze auf dem Weg zu einer industriellen Kreislaufwirtschaft. In: uwf, Jg. 6, Heft 2 /98; S. 3-5.

Sterr, Thomas [Pfaffengrund 1998]: Aufbau eines zwischenbetrieblichen Stoffverwertungsnetzwerks im Heidelberger Industriegebiet Pfaffengrund. Reihe: Betriebswirtschaftlich-ökologische Arbeiten (BÖA), Bd. 1, Juli 1998; IUWA Heidelberg.

Sterr, Thomas [Umweltmanagement-Netzwerke 1998]: Kostenvorteile durch Umweltmanagement-Netzwerke – Kommunikation zwischen Wirtschaft, Kommunen und Wissenschaft zur Förderung von ökonomisch vorteilhaftem und regional nachhaltigem Wirtschaften. In: Liesegang / Sterr / Würzner (Hrsg.): Kostenvorteile durch Umweltmanagement-Netzwerke. Reihe: BÖA, Bd. 2, Oktober 1998, S. 1-14.

Sterr, Thomas [abfallwirtschaftliche Koordination 1998] Kostenvorteile einer betriebsübergreifend koordinierten Abfallwirtschaft am Industriestandort. – Ergebnisse eines Modellprojekts im Heidelberger Pfaffengrund. In: Liesegang / Sterr / Würzner (Hrsg.): Kostenvorteile durch Umweltmanagement-Netzwerke. Reihe: BÖA, Bd. 2, Oktober 1998, S. 168-185, IUWA Heidelberg.

Sterr, Thomas [regionales Stoffstrommanagement 1999]: Aufbau eines nachhaltigkeitsorientierten Stoffstrommanagements in der Industrieregion Rhein-Neckar. In: GSF (Hrsg.): Innovative Ansätze zur Stärkung der regionalen Ökonomie. – Förderinitiative Modellprojekte für nachhaltiges Wirtschaften 1998-2002. S. 27-30, GSF München.

Sterr, Thomas [Reduktionswirtschaft 1999]: Reduktionswirtschaft im Gebäude einer technosphärischen Stoffkreislaufwirtschaft. University of Heidelberg, Department of Economics, Discussion Paper Series, No. 290; Mai 1999. HD.

Sterr, Thomas [öko-industrielle Symbiosen 1999]: Öko-industrielle Symbiosen – Industrielles Stoffstrommanagement im regionalen Kontext. In: Politische Ökologie, 17. Jg., Heft 62, Sept. 99; S. 61-62.

Sterr, Thomas [Region 2000]: Konzeptionelle Grundlagen für den Umgang mit dem Regionsbegriff vor dem Hintergrund eines regionalen Stoffstrommanagements. In: Liesegang / Sterr / Ott (Hrsg.): Aufbau und Gestaltung regionaler Stoffstrommanagementnetzwerke, S.1-25.

Sterr, Thomas [regionale Stoffstromtransparenz 2000]: Gestaltungsaspekte eines Informations- und kommunikationstechnischen Instrumentariums zur Förderung des „regionalen Stoffstrommanagements Rhein-Neckar" In: Liesegang / Sterr / Ott (Hrsg.): Aufbau und Gestaltung regionaler Stoffstrommanagementnetzwerke, S.49-77.

Sterr, Thomas [materials flow management 2000]: Inter industrial materials flow management – the Rhine-Neckar experience. In: University of Jyväskylä (Hrsg.): Proceedings of the Helsinki Symposium on Industrial Ecology and Material Flows, August 30th – Sept 3rd 2000 *(bzw. www.jyu.fi/helsie/pdf/ sterr.pdf)*, University of Jyväskylä, Finland. S. 285-293.

Sterr, Thomas [regionales Stoffstrommanagement 2001]: Aufbau eines nachhaltigkeitsorientierten Stoffstrommanagements in der Industrieregion Rhein-Neckar- Statusbericht unter besonderer Berücksichtigung von Nachhaltigkeitsaspekten. In: GSF / BMB+F (Hrsg.): Innovative Ansätze zur Stärkung der regionalen Ökonomie. – Förderinitiative Modellprojekte für nachhaltiges Wirtschaften 1998-2002. Statusberichte. *(im Druck).*

Sterr, Thomas [regional networks 2001]: Regional networks for optimizing material flows. In: Hemmelskamp / Weber (Hrsg.): Towards Environmental Innovation Systems. International riw:-Conference on Environmental Innovation Systems; 27-29 September 2001 *(im Druck).*

Steven, Marion [Recyclingbegriffe 1995]: Recycling in betriebswirtschaftlicher Sicht. In: WISU 8-9/95, S. 689-697.

Stölzle, Wolfgang [Entsorgungslogistik 1993]: Umweltschutz und Entsorgungslogistik – Theoretische Grundlagen mit ersten empirischen Ergebnissen zur innerbetrieblichen Entsorgungslogistik. Reihe: Unternehmensführung und Logistik. *(zugl. Diss.)*, Erich Schmidt Verlag, Berlin.

Storper, Michael [region 1995]: The resurgence of regional economies, ten years later: The region as a nexus of untraded interdependencies. Reihe: Urban and Regional Studies, Bd. 2; S. 191-221.

Storper, Michael / Scott, Allan J. [industrialization 1992]: Pathways to Industrialization and Regional Development. Verlag Routledge, London / New York.

Strassert, Günter [erweiterte IO-Rechnung 1999]: Die Produktivität eines regionalen Produktionssystems. Konzeptionelle Überlegungen zum Produktionsbegriff sowie Thesen zur Weiterentwicklung des Produktionssystems. In: Vielfalt und Interaktion sozioökonomischer Kulturen. Modernität und Zukunftsfähigkeit. Workshop des IISO der Univ. Bremen am 26./27. Februar 1999. 22 S.

Strassert, Günter / Dieterich, Martin / Messner, Frank / Finke, Peter (Hrsg.): [Ökologische Ökonomie 1999]: Ökologische Ökonomie. Ansätze zur Positionsbestimmung der Vereinigung für Ökologische Ökonomie. Reihe: VÖÖ – Vereinigung für Ökologische Ökonomie. Beiträge und Berichte. Heft 1/1999. VÖÖ, Karlsruhe.

Strassert, Günter / Hinterberger, Fritz / Luks, Fred / Messner, Frank / Moll, Stephan / Mündl, Andreas / Stahmer, Carsten / Stewen, Marcus [Stoffströme 1997]: Stoffströme: Erkenntnisinteresse, Erfassungsmöglichkeiten und Anwendungsfelder in sozio-ökonomischen Systemen. Positionspapier des AG Stoffströme der Vereinigung für Ökologische Ökonomie (VÖÖ) e.V.

Strebel, Heinz [Umweltwirtschaft 1980]: Umwelt und Betriebswirtschaft - Die natürliche Umwelt als Gegenstand der Unternehmenspolitik. Erich Schmidt Verlag, Berlin.

Strebel, Heinz [Steiermark 1995]: Regionale Stoffverwertungsnetze am Beispiel der Steiermark. In: uwf, Jg. 3, Heft 4 /95; S. 48-55.

Strebel, Heinz [Ökologie 1996^2]: Ökologie und Produktion. In: Kern / Schröder / Weber (Hrsg.): Handwörterbuch der Produktionswirtschaft. Sp. 1303-1313.

Strebel, Heinz / Hasler, Arnulf / Hildebrandt, Thomas / Nüske, Clemens / Blanke, Hermann [RIDROM 1999]: Projekt Ressourcenschonung im Oldenburger Münsterland. Endbericht eines mit Mitteln der DBU geförderten Forschungsprojektes. Vechta, März 2001 (Anfragen zum Bezug über projekt.ridrom@t-online.de).

Strebel, Heinz / Hildebrandt, Thomas [Rückstandszyklen 1989]: Produktlebenszyklen und Rückstandszyklen – Konzept eines erweiterten Lebenszyklusmodells. In: zfo, Heft 2, 1989, S. 101-106.

Strebel, Heinz / Schwarz, Erich J. (Hrsg.) [Verwertungsnetze 1998]: Kreislauforientierte Unternehmenskooperationen – Stoffstrommanagement durch innovative Verwertungsnetze. Reihe: Lehr- und Handbücher zur Ökologischen Unternehmensführung und Umweltökonomie, Oldenbourg Verlag München, Wien.

Strebel, Heinz / Schwarz, Erich J. / Schwarz, Michaela M. [Externes Recycling 1996]: Externes Recycling im Produktionsbetrieb. Rechtliche Aspekte und betriebswirtschaftliche Voraussetzungen. Verlag Manz, Wien.

Strebel, Heinz / Schwarz, Erich J. / Ortner, Christian H.. [Rückstandsströme 1994]: Rückstandsströme in einem Verwertungsnetz der steirischen Grundstoff- und Investitionsgüterindustrie. In: Müll und Abfall, Heft 6/94; S.313-330

Streit, Manfred [Wachstumspolkonzept 1971]: Regionalpolitische Aspekte des Wachstumspolkonzepts. In: Jahrbuch für Sozialwissenschaft, Jg. 22 (1971). Göttingen,

Strobel, Markus [Flussmanagement 2001]: Systemisches Flussmanagement – flussorientierte Kommunikation als Perspektive für eine ökologische und ökonomische Unternehmensentwicklung. (zugl. Diss. Univ. Augsburg), Ziel GmbH, Augsburg

Strobel, Markus / Wagner, Bernd / Gnam, Jürgen [Flusskostenrechnung 1999]: Flusskostenrechnung bei der Firmengruppe Merckle-Ratiopharm. In: Bullinger / Jürgens / Rey (Hrsg.): Betriebliche Umweltinformationssysteme in der Praxis. S. 135-159. Fraunhofer-IAO, Stuttgart.

Strobel, Markus / Wagner, Friederike [Flusskostenrechnung 1999]: Flusskostenrechnung als Instrument des Materialflussmanagements. In: uwf, Jg. 7, Heft 4, Dez. 1999; S. 26-28.

Sutter, Hans / Held, Martin (Hrsg.) [Stoffökologie 1993]: Stoffökologische Perspektiven der Abfallwirtschaft. Grundlagen und Umsetzung. Reihe: Abfallwirtschaft in Forschung und Praxis, Bd. 57; Erich Schmidt Verlag, Berlin.

Sydow, Jörg [strategische Netzwerke 1992]: Strategische Netzwerke. Evolution und Organisation. Gabler Verlag, Wiesbaden.

Technologieregion Karlsruhe [Region Karlsruhe o.J.]: www.trk.de/docs/wir_fr. html, *(Homepagebesuch vom 9.6.2000)*

Thomé-Kozmiensky, Karl J. (Hrsg.) [Kreislaufwirtschaft 1995]: Management der Kreislaufwirtschaft. EF-Verlag für Energie- und Umwelttechnik, Berlin.

Thompson, Michael [Abfalltheorie 1981]: Die Theorie des Abfalls – Über die Schaffung und Vernichtung von Werten. Verlagsgemeinschaft Klett-Cotta, Stuttgart.

Thünen, Johann Heinrich von (1875): Der isolierte Staat in Beziehung auf Landwirtschaft und Nationalökonomie. Berlin.

Tibbs, Hardin B.C. [Industrial Ecology 1993]: Industrial Ecology: An Environmental Agenda for Industry. Global Business Network, California.

Tietz, Bruno / Köhler, Richard / Zentes, Joachim (Hrsg.) [Fachbegriffe 1995^2]: Handwörterbuch des Marketing. Reihe: Enzyklopädie der Betriebswirtschaftslehre, Nr. 4; Verlag Schaeffer-Poeschel, Stuttgart.

Tödtling, Franz (1994): The Uneven Landscape of Innovation Poles: Local Embeddedness and Global Networks. In: Amin / Thrift (Hrsg.): Globalisation, Institutions and Regional Development in Europe., S. 68-90.

Tomášek, W. (1980): Technische Evolution und räumliche Ordnung. Reihe: Stadtbauwelt, Bd. 67, 1980.

Treuner, Peter / Akademie für Raumforschung und Landesplanung (ARL) [Raumplanung 1996] (Hrsg.): Handwörterbuch der Raumplanung, ARL, Hannover.

Ullmann, Albert [Unternehmenspolitik 1976]: Unternehmenspolitik in der Umweltkrise. Elemente einer Strategie des qualitativen Wachstums. Reihe: Europäische Hochschulschriften, Reihe 5, Bd. 125 (*Diss. St. Gallen 1975*) Verlag Lang. Bern, Frankfurt, München.

Ulrich, Hans [System Unternehmung 1970]: Die Unternehmung als produktives soziales System. Bern, Stuttgart.

UBA (Umweltbundesamt) [Abfall 1994]: Was Sie schon immer über Abfall wissen wollten. Verlag Kohlhammer. Stuttgart.

UBA (Umweltbundesamt) (Hrsg.) [nachhaltiges Deutschland 1997]: Nachhaltiges Deutschland: Wege zu einer dauerhaft umweltgerechten Entwicklung. UBA, Berlin.

Vaterrodt, Jan C. [zwischenbetriebliches Recycling 1995]: Recycling zwischen Betrieben: Stand und Perspektiven der zwischenbetrieblichen Rückführung von Produktions- und Konsumtionsrückständen in die Fertigungsprozesse von Unternehmen. Erich Schmidt Verlag, Berlin *(zugl. Diss. Univ. Siegen)*.

Verein Rhein-Neckar-Dreieck e.V.: [RND, o.J.] www.rhein-necker-dreieck.de.

Vorbach, Stefan [Verwertungsmöglichkeiten 1998]: Analyse zwischenbetrieblicher Verwertungsmöglichkeiten, aufgezeigt anhand ausgesuchter Beispiele. In: Strebel / Schwarz (Hrsg.): Kreislauforientierte Unternehmenskooperationen. S. 223-249.

Wagner, Horst-Günter [Wirtschaftsgeographie 1994^2]: Wirtschaftsgeographie. Reihe: Das Geographische Seminar. Westermann Schulbuchverlag, Braunschweig.

Wagner, Gerd Rainer (Hrsg.) [Umweltwirtschaft 1993]: Betriebswirtschaft und Umweltschutz. Schäffer-Poeschel-Verlag Stuttgart.

Wagner, Gerd Rainer [Umweltwirtschaft 1997]: Betriebswirtschaftliche Umweltökonomie. Verlag Lucius & Lucius, Stuttgart.

Wagner, Gerd Rainer / Matten, Dirk [KrW-/AbfG 1995]: Betriebswirtschaftliche Konsequenzen des Kreislaufwirtschafts- und Abfallgesetzes. In: ZAU, Jg. 8, Heft 1, S. 45-57.

Wallner, Hans Peter (1998): Industrielle Ökologie – mit Netzwerken zur nachhaltigen Entwicklung. In: Strebel / Schwarz (Hrsg.): Kreislauforientierte Unternehmenskooperationen – Stoffstrommanagement durch innovative Verwertungsnetze. S. 81-121.

Wagner, Karl [Abfallrecht 1995]: Abfall und Kreislaufwirtschaft. Erläuterungen zu deutschen und europäischen Regelwerken. VDI Verlag, Düsseldorf.

Wagner, Karl [TASi 1996]: Erläuterungen zur TA Siedlungsabfall. In: Müller / Schmitt-Gleser [Abfallhandbuch o.J.]: Handbuch der Abfallentsorgung, Bd. 2, II-3.1, 27. Erg. Lfg. 5/96; 16 S. ecomed verlagsgesellschaft mbH, Landsberg/Lech.

Weber, Alfred (1909): Über den Standort der Industrie. 1. Teil: Reine Theorie des Standorts. Tübingen.

WECD (World Commission on Environment and Development) (Hrsg.) [sustainable Development 1990]: Our Common Future. Oxford University Press, Oxford (*Reprint*).

Weiland, Raimund [Abfallbegriff 1993]: Der Abfallbegriff. Eine vergleichende Analyse rechtswissenschaftlicher und wirtschaftswissenschaftlicher Vorstellungen zum Begriff des Abfalls. In: Zeitschrift für Umweltpolitik und Umweltrecht. 16. Jg. S. 113-136.

Weiland, Raimund [Rücknahmepflichten 1995]: Rücknahme- und Entsorgungspflichten in der Abfallwirtschaft. Eine institutionenökonomische Analyse der Automobilbranche. DeutscherUniversitätsVerlag / Gabler Edition Wissenschaft, Wiesbaden; *(zugl. Diss. Univ. Münster 1994).*

Weizsäcker, Ernst Ulrich von / Lovins, Amory B. / Lovins, L. Hunter [Faktor Vier 1995]: Faktor Vier. Doppelter Wohlstand – halbierter Naturverbrauch. Droemer / Knaur-Verlag, München.

Wetzchewald, Hans-Joachim [AGUM 2000]: AGUM – Arbeitsgemeinschaft Umweltmanagement e.V. – ein Verein im regionalen Stoffstrommanagementnetzwerk. In: Liesegang / Sterr / Ott (Hrsg.): Aufbau und Gestaltung regionaler Stoffstrommanagementnetzwerke, S.93-99.

Wicke, Lutz / Haasis, Hans-Dietrich / Schafthausen, Franzjosef / Schulz, Werner [Betriebliche Umweltökonomie 1992]: Betriebliche Umweltökonomie – eine praxisorientierte Einführung. Reihe: Vahlens Handbücher der Wirtschafts- und Sozialwissenschaften. Verlag Vahlens, München.

Wienen, Horst-Jürgen [Blaue Banane 1994]: Europas städtegeprägte Raumstruktur im Umbruch. Blaue Banane oder Kreuzbanane mit südeuropäischem Sonnengürtel? In: Stadtforschung und Statistik, Heft 2/94, S. 37-43.

Wietschel, Martin / Rentz, Otto [Verwertungsnetzwerke 2000]: Verwertungsnetzwerke im Vergleich zu anderen Unternehmensnetzwerken. In: Liesegang / Sterr / Ott (Hrsg.): Aufbau und Gestaltung regionaler Stoffstrommanagementnetzwerke, S.36-48.

Wildemann, Horst [Entsorgungslogistik 1996]: Entwicklungstendenzen in der Entsorgungslogistik. In: uwf, Jg. 4, Heft 1 /96; S. 58-64.

Wilderer, Martin Z. [Third World EIP 2000]: Eco-Industrial Networks: Development of an Environmental Concept for India and Indonesia. In: University of Jyväskylä (Hrsg.): Proceedings of the Helsinki Symposium on Industrial Ecology and Material Flows, August 30th – Sept 3rd 2000 *(siehe auch: www.jyu.fi/helsie)*; University of Jyväskylä, Finland. S. 72-81.

Wirth, Eugen [Handlungstheorie 1999]: Handlungstheorie als Königsweg einer modernen regionalen Geographie? In: Geographische Rundschau (GR), Heft 1/99; S. 57-64.

Wolf, Klaus [räumliches Verhalten 1996]: Räumliches Verhalten. In: Treuner /Akademie für Raumforschung und Landesplanung (ARL) (Hrsg.): Handwörterbuch der Raumplanung, ARL, Hannover, S. 748-752.

Woratschek, Herbert [Systemtheorie 1995]: Systemtheorie. In: Tietz / Köhler / Zentes (Hrsg.): Handwörterbuch des Marketing. S. 236-241.

Wuppertal-Institut / BUND / Misereor [Zukunftsfähigkeit 1997^4]: Zukunftsfähiges Deutschland: ein Beitrag zu einer global nachhaltigen Entwicklung. Verlag Birkhäuser. Berlin, Basel, Boston.

Zwierlein, Eduard / Isenmann, Ralf [Umweltphilosophie 1996]: Umweltphilosophie. In: Eichhorn (Hrsg.): Umweltorientierte Marktwirtschaft: Zusammenhänge – Probleme – Konzepte. S. 133-151.

Zwilling, Robert [Stoffkreisläufe 1993]: Stoffkreisläufe im Leben. In: Zwilling / Fritsche (Hrsg.): Ökologie und Umwelt. S. 19-31.

Zwilling, Robert / Fritsche, Wolfgang [Ökologie 1993]: Ökologie und Umwelt. Ein interdisziplinärer Ansatz. Heidelberger Verlagsanstalt, Heidelberg.

Anhang

A. Abbildungsverzeichnis iii
B. Tabellenverzeichnis ix
C. Verzeichnis der verwendeten Abkürzungen xii
D. Begriffsindex xvii

Abbildungsverzeichnis

Kapitel 1 (Einführung)

1-1 Visualisierung des inhaltlichen Aufbaus der Arbeit
unter Spezifizierung zentraler konzeptioneller Bausteine 10

Kapitel 2 (Sphären und Systeme)

2-1 Stoffaustausch zwischen Ökosphäre
und ihrem technosphärischen Subsystem 24

2-2 Die Ökosphäre als Dreischalenmodell 32

Kapitel 3 (Das Phänomen Abfall)

3-1 Abfall im Kontext der natürlichen Ökosphäre 34

3-2 Funktionsschema eines natürlichen terrestrischen Ökosystems 35

3-3a Typische Wege der Entstehung von Abfall
im Rahmen anthroposphärischen Wirtschaftens 40

3-3b Abfall im Rahmen der Transformatorensphäre
d.h. unter Einschluss eines potenziellen Auftretens von Neuheit 40

3-4 Zentrale Abfallbegriffe des KrW-/AbfG vom 7.10.96 47

Kapitel 4 (Kreislaufwirtschaft)

4-1 Der perfekte Kreislauf in seiner idealisierten, einfachsten Grundform 57

4-2 Natürlicher Stoffkreislauf mit technosphärischer Aufschaltung 59

4-3 Historische Entwicklungsschritte
hin zu einem dreigliedrigen technosphärischen System 66

4-4 Inländische Stoffstrombilanz für Deutschland 1991 72

4-5 Zentrale und seitliche Zuliefer-Elemente der textilen Kette 79

Kapitel 5 (Stoffkreislaufwirtschaft – betriebswirtschaftliche Perspektiven)

5-1 Modell einer idealtypischen dreigliedrigen
technosphärischen Stoffkreislaufwirtschaft 82

5-2 Modell A: „Perlenschnurmodell" mit dem Element der Entsorgung
als vierter güterwirtschaftlicher Grundfunktion 87

5-3 Der ITO-Trichter in seiner allgemeinen Darstellung 88

5-4 Modell B: Produktions-Reduktions-Modell: Produktion und Reduktion
im Rahmen der drei zentralen güterwirtschaftlichen Grundfunktionen 89

5-5 Produktions-Reduktions-Rad: - graphische Darstellung des Produktions-
Reduktions-Modells im Bilde einer „Reduktionswirtschaft
als Komplement zur Produktionswirtschaft" 92

5-6 Hierarchiestufen absichtsloser „Produktion"
im Rahmen terrestrischer Systeme 93

5-7 Hierarchiestufen absichtsvoller „Produktion"
im Rahmen unserer menschlichen Technosphäre 95

5-8 Aufgaben technosphärischer Reduktionsprozesse im Rahmen einer industriellen Stoffkreislaufwirtschaft unter besonderer Fokussierung auf die
Bedürfnisse und Problemlösungspotentiale der natürlichen Ökosphäre 98

5-9 Der Reduktionssektor (Reduktionsphase) im Produktions-Reduktions-
Modell mit seinen stofflichen Input-Output-Verflechtungen 100

5-10 Sammelbegriffe zentraler Input- und Outputkategorien 103

5-11 Das Produktions-Reduktions-Rad und sein Motor „Konsumtion"
im dreigliedrigen Technosphären-Modell 112

5-12 Sammelbegriffe der Input- und Outputkategorien im Rahmen einer
dreigliedrigen technosphärischen Stoffkreislaufwirtschaft 113

5-13 Kreislaufwirtschaftlich relevante Prüfpunkte
im dreigliedrigen Technosphären-Modell 115

5-14 Zentrale betriebliche Grundfunktionen von Produktion und Reduktion 126

5-15 Güterwirtschaftliche Prozesse und Logistik
im Rahmen eines offenen Knoten-Kanten-Systems 135

5-16 Subsysteme der Unternehmenslogistik 136

5-17a Terminologie der Logistik in der industriellen Stoffkreislaufwirtschaft
unter Zugrundelegung des akteursorientierten Ansatzes
von *Wildemann* 137

5-17b Terminologie der Logistik in der industriellen Stoffkreislaufwirtschaft
unter Zugrundelegung eines prozessorientierten Ansatzes 138

5-18 Logistikprozesse in einer dreigliedrigen kreislauforientierten Wirtschaft .. 142

5-19 Knoten-Kanten-Darstellung einer dreigliedrigen technosphärischen
Kreislaufwirtschaft in ihren elementaren Grundbausteinen
unter Zugrundelegung eines reduktionswirtschaftlichen Ansatzes 143

5-20 Terminologische Abgrenzung des Entsorgungsbegriffes
nach seiner prozessualen Spannweite
im Rahmen des Produktions-Reduktions-Modells 146

5-21 Kriterien für die Kategorisierung von Recyclingvorgängen 149

5-22 Terminologische Abgrenzung von Recycling und Entsorgung
nach seiner prozessualen Spannweite
im Rahmen des Produktions-Reduktions-Modells 152

5-23 Entropische bzw. räumlich-systemische Distanz
als Klassifikationskriterien für Recyclingprozesse 154

5-24 Recyclingtechnische Begriffsabgrenzungen
im Produktions-Reduktions-Modell 157

5-25 Technologisch-produktionswirtschaftlich beschriebenes Begriffsgebäude
zur Charakterisierung technosphärischer Recyclingprozesse 159

5-26 Grenzen des Recycling als Prüfsteine und Leitlinien
für den planerischen Entscheidungsprozess 162

5-27 Marksteine, Leitlinien und Leitplanken
der technosphärischen Navigation unerwünschter Stoffe
vom Abfallproblem zum Recyclingobjekt 175

Kapitel 6 (Raum als Grundlage menschlichen Wirtschaftens)

6-1 Grundstück, Standort und Gebiet im territorialen Raumkonzept 197

6-2 Industrie- und Wirtschaftsregion
vor dem Hintergrund territorialer Raumkonzepte 202

6-3 Interpretationsalternativen eines territorialen Verständnisses von
„Wirtschaftsregion" 203

6-4 Die Wirtschaftsregion als mehrdimensionales Beziehungsgeflecht 205

6-5 Evolutorische Konzepte der Regionalforschung 207

6-6 Die Rhein-Neckar-Region als regionalpolitisches Konstrukt
in den Grenzen der Raumordnungsregion Rhein-Neckar
bzw. denen des über den Verein Rhein-Neckar-Dreieck e.V.
repräsentierten Rhein-Neckar-Dreiecks in den Grenzen von 1997 216

vi Anhang

6-7 Zentrale administrativ-politisch determinierte Regionsbegriffe
     im Rhein-Neckar-Raum 217

6-8 Der Wirtschaftsraum „Region Rhein-Neckar" in den Grenzen der
     Raumordnungsregion Rhein-Neckar bzw. des Rhein-Neckar-Dreiecks
     in den Grenzen von 1997 und die von diesem Territorialgebilde
     tangierten Industrie- und Handelskammer-Bezirke 218

6-9 Der Rhein-Neckar-Raum
     als Verdichtungsraum im nördlichen Oberrheingebiet 221

6-10 Spezifizierungsansatz zur Annäherung an die Region
     als multidimensionalem Phänomen 224

Kapitel 7 (Industrielle Stoffkreislaufwirtschaft und räumlicher Bezug)

7-1 Abfallverbringung im Raum
     als Ergebnis eines zweidimensionalen Preisvektors 227

7-2 Potentielle Raumwirkung des Deponiepreisgefälles für die Einlagerung
     von Gewerbeabfällen zwischen Baden-Württemberg und Thüringen
     bei Berücksichtigung gängiger Transportkostenansätze 228

7-3 Attraktivitätstrichter dreier Deponiestandorte im Raum unter Berück-
     sichtigung der Parameter Annahmepreise und Transportkosten 231

7-4 Entropisch bestimmte Umlaufbahnen
     einer technosphäreninternen Stoffkreislaufwirtschaft 234

7-5 Idealtypische Einzugsgebiete von Entsorgungsanlagen
     unterschiedlicher Funktionalität und Mindestinputbedürfnisse 236

7-6 Kurze Wege versus Hochwertigkeit – potenzielle Zielkonflikte einer
     ökologisch orientierten Stoffkreislaufwirtschaft 237

7-7 Kosten von Stofftransfers
     mit und ohne die Existenz von Systemgrenzen 238

7-8 Grenzüberwindungsbedingte Kosten von Stofftransfers
     bei systemischer Betrachtung 240

7-9 Systemorientierte Zielpyramide industrieller Stoffkreislaufführung 241

7-10 Akteure/Systeme und Distanzen
     beim Umgang mit unerwünschten Outputs industrieller Produzenten
     im Rahmen einer industriellen Kreislaufwirtschaft 242

7-11 Territoriale und systemische Dimensionen von Stoffverwertungsräumen . 248

7-12 Rückstands- und Informationsströme im Rahmen einer
     innerbetrieblichen und zwischenbetrieblichen Stoffkreislaufwirtschaft 252

7-13 Klassifizierungsmuster für eine industrielle Stoffkreislaufwirtschaft 254

7-14 Charakteristika innerbetrieblicher Stoffkreislaufwirtschaft
in ihrer Spezifizierung auf die einzelne Betriebsstätte 259

7-15 Flussmodell als Kombination von Material- und Informationsflussmodell
unter Abstimmung auf die organisationalen Einheiten des Unternehmens. 265

7-16 Zentrale Einspareffekte durch innerbetriebliche Rückführung
eines fehlerhaften Produktes 267

7-17 Informationelle und/oder materielle Beziehungsmuster
zwischen verschiedenen Unternehmen 278

7-18 Raumsystemische Dimensionen einer technosphärischen Stoff- und
Energiekreislaufwirtschaft unter Einbeziehung territorial bestimmter
Rechtsräume 286

7-19 Zwischenbetrieblicher Austausch von Abfall- und Kuppelprodukten
im Rahmen der Industriellen Symbiose von Kalundborg 293

7-20 Standortwettbewerb der Regionen
als neue Dimension im globalen Wettbewerb 348

7-21 Abfallstoffliche Problemlösungskompetenz
und persönliche Betroffenheit im Raum 356

7-22 Akteure, Rückstands- und Informationsströme im regionalen Rahmen 372

7-23 Skizzierung des Umweltverbrauchs
in Abhängigkeit von Recyclingqualität und Raumsystem 373

Kapitel 8 (Exemplifizierungen aus der Industrieregion Rhein-Neckar)

8-1 Die Entwicklung von Pfaffengrund- und Rhein-Neckar-Projekt vor dem
Hintergrund der Erfahrungen mit rückstandorientierten Kooperationen
in Kalundborg und der Obersteiermark 378

8-2 Simulation innerbetrieblicher Verbundeffekte größerer Unternehmen
durch interessensspezifische Koordination rechtlich voneinander
unabhängiger KMU auf der Ebene des Industriestandorts 391

8-3 Grobskizze der Vorgehensweise im Heidelberger Pfaffengrund
zur Förderung stoffkreislaufwirtschaftlicher Optimierung
auf der Ebene des Industriestandorts 395

8-4 Projektintern initiierte rückstandorientierte Kooperationsformen
zwischen Produzenten des Heidelberger Industriegebiets Pfaffengrund 401

8-5a Entwicklung der Entsorgungsvolumina für Wert- und Reststoffe
am Beispiel eines Pfaffengrunder Produzenten 407

Anhang

8-5b Entwicklung der Entsorgungskosten für Wert- und Reststoffe
am Beispiel eines Pfaffengrunder Produzenten 407

8-6a Entwicklung der Entsorgungskosten vor und während der
Implementierung des „Pfaffengrund-Projekts"
am Beispiel eines Pfaffengrunder Produzenten
mit Prognosen für deren Weiterentwicklung auf Basis der
über firmenübergreifende Koordination erzielten Konditionen 408

8-6b Entwicklung der Entsorgungskosten vor, innerhalb und nach
der Implementierung des „Pfaffengrund-Projekts"
am Beispiel des in Abb. 8-6a dargestellten Produzenten 408

8-7a Vergleich ausgewählter stoffspezifischer Abfallentsorgungskonditionen
vom 1. Halbjahr 1995 mit dem billigsten bzw. teuersten Entsorgerangebot
an das Pfaffengrunder Produzentennetzwerk vom November 1997
– dargestellt am Beispiel eines Pfaffengrunder Produzenten 411

8-7b Vergleich ausgewählter stoffspezifischer Abfallentsorgungskonditionen
vom 1. Halbjahr 1998 mit dem billigsten bzw. teuersten Entsorgerangebot
an das Pfaffengrunder Produzentennetzwerk vom November 1997
– dargestellt am Beispiel eines Pfaffengrunder Produzenten 411

8-8 Entsorgungskostenverlauf typischer Abfallarten und Abfallgruppen über den
Zeitraum des „Pfaffengrund-Projektes" einschließlich der Ex-post-Daten
für 1998 – dargestellt am Beispiel eines Pfaffengrunder Produzenten 413

8-9 Möglichkeitsräume eines ökologisch orientierten Wirtschaftens
am Industriestandort 417

8-10 Vom Pfaffengrund zum Rhein-Neckar-Dreieck
– Grundsätzliche Überlegungen zu den wesentlichen strukturellen
Unterschieden zwischen einem rückstandsorientierten Industrie-
standortkonzept und einem entsprechenden Regionskonzept 425

8-11 Organisatorischer Aufbau der Arbeitsgemeinschaft Umwelt-
management (AGUM) e.V. 434

8-12 Kommunikations- und Informationsinstrumente zur Förderung
industrieller Stoffkreislaufwirtschaft in der Rhein-Neckar-Region 442

8-13 Ziel-Mittel-Verknüpfungen
im „Regionalen Stoffstrommanagement Rhein-Neckar 444

8-14 Existentes und prospektiertes Instrumentenset zur Förderung
industrieller Stoffkreislaufwirtschaft in der Rhein-Neckar-Region 446

8-15 Skizzierung einer zukünftig auch interregionalen Ausdehnungsoption
für den im Zuge von „Pfaffengrundprojekt" und „Stoffstrommanagement Rhein-Neckar"-Projekt entwickelten Instrumentenbaukasten
zur Förderung industrieller Stoffkreislaufwirtschaft 449

Tabellenverzeichnis

Kapitel 2 (Sphären und Systeme)

2-1 Grundlegende Anpassungsprobleme der menschlichen Technosphäre gegenüber der natürlichen Ökosphäre 26

2-2 Technosphärisches Wirtschaften im Rahmen von Anthroposphäre und Transformatorensphäre 31

Kapitel 4 (Kreislaufwirtschaft)

4-1 Vom KrW-/AbfG erfasste Abfälle im Rahmen der inländischen Stoffbilanz von Deutschland bezogen auf das Jahr 1991 75

Kapitel 5 (Stoffkreislaufwirtschaft – betriebswirtschaftliche Perspektiven)

5-1 Terminologische Abgrenzung zentraler entsorgungswirtschaftlicher Begrifflichkeiten unter Zuhilfenahme des Produktions-Reduktions-Rasters 178

Kapitel 6 (Raum als Grundlage menschlichen Wirtschaftens)

6-1 Grenzen wirtschaftsräumlicher Wirkungsgefüge auf Basis territorialer bzw. kommunikativer Raumkonzepte 189

6-2 Naturräumlich bzw. anthropogeographisch bestimmte Anwendungen des Regionsbegriffs 191

6-3 Kontrastierende Beschreibung von territorial versus systemisch interpretierter Wirtschaftsregion 208

6-4 Typische Anwendungsfelder und Anhängerschaften territorialer bzw. systemischer Interpretationen des Phänomens der Wirtschaftsregion 209

6-5 Bedeutungsinhalte zentraler Begrifflichkeiten von Wirtschaftsregion entsprechend ihres territorial bzw. systemisch orientierten Anwendungskontextes 210

Kapitel 7 (Industrielle Stoffkreislaufwirtschaft und räumlicher Bezug)

7-1 Territoriale und systemische Dimensionen von Stoffverwertungsräumen . 247

7-2 Territoriale und systemische Betrachtung von Stoffkreislaufräumen 250

x Anhang

7-3a Akteursorientierte und territoriale Abgrenzung
 inner- und zwischenbetrieblicher Stoffkreislaufwirtschaft 269

7-3b Stoffliche und informationelle Bedingungen
 inner- bzw. zwischenbetrieblicher Stoffkreislaufwirtschaft 270

7-4 Beschreibung vertikaler, horizontaler und diagonaler Beziehungsmuster
 zwischen Unternehmen anhand stoffstrombezogener Kriterien 279

7-5 Beschreibung vertikaler, horizontaler und diagonaler Beziehungsmuster
 zwischen Unternehmen anhand kommunikationsbezogener Kriterien 284

7-6 Chancenpotentiale zwischenbetrieblicher Stoff- und Energiekreislaufwirtschaft auf der Ebene des Industriestandorts 291

7-7 Zentrale Charakteristika der Industriellen Symbiose von Kalundborg 295

7-8a Räumliche Charakteristika
 nordamerikanischer Eco-Industrial Parks (EIPs) 301

7-8b Akteursbezogene Charakteristika nordamerikanischer EIPs 302

7-8c Gegenstandsbezogene Charakteristika nordamerikanischer EIPs 303

7-9a Potenziale stoffkreislauftechnischer Koordination im Zusammenhang
 mit der Ausweitung des Raumbezugs
 von der Ebene des Industriestandorts auf die der Industrieregion 319

7-9b Potenziale energetischer Kreislaufschließung auf der Ebene
 des Industriestandorts respektive derjenigen der Industrieregion 321

7-9c Informationelle Voraussetzungen einer zwischenbetrieblichen
 Energie- und / oder Stoffkreislaufwirtschaft auf der Ebene
 des Industriestandorts bzw. der Industrieregion. 322

7-10 Empirisch belegte Hemmnisfaktoren im Zusammenhang mit der Unterausnutzung preislich interessant erscheinender rückstandsbezogener
 Kooperationsmöglichkeiten in der Obersteiermark (Österreich) 325

7-11 Potenzialfaktoren zugunsten erfolgreicher Regionalisierung
 vor dem Hintergrund wirtschaftlicher Globalisierungstendenzen 349

7-12 Transaktionskostentheoretische Wirkung
 unternehmensübergreifender Beziehungsgeflechte 352

7-13 Räumliche Dimensionierung von Stoffkreisläufen bei Abfällen aus
 industrieller Produktion in der Industrieregion Rhein-Neckar 354

7-14 Potenzielle Wirkungskonstellationen von Maßnahmen als Grundlage
 für die Rasterbildung zum Erwerb eines „Nachhaltigkeitssiegels" 368

Kapitel 8 (Exemplifizierungen aus der Industrieregion Rhein-Neckar)

8-1 Die industriellen Produzenten des Heidelberger Industriegebiets Pfaffengrund mit mehr als 100 Beschäftigten 379

8-2 Komparative Nachteile kleinerer und mittelständischer Unternehmen (KMU) beim Einstieg in die Kreislaufwirtschaft 379

8-3 Projektziele auf der Ebene des Industriestandorts 392

8.4 Projektziele auf der Ebene des einzelnen KMU 393

8-5 Projektziele auf der Ebene der zwischenbetrieblichen Kommunikation 394

8-6 Checkliste zur Schwachstellenidentifikation und -eliminierung in der betrieblichen Abfallwirtschaft 397

8-7 Über Fragebogen ermittelte Bewertungskriterien von Entsorgungsvorgängen im Rahmen des Pfaffengrund-Projektes 400

8-8 Zwischenbetriebliche Poolingeffekte des Pfaffengrund-Projekts 409

8-9 Vom Pfaffengrunder Projektarbeitskreis zur Arbeitsgemeinschaft Umweltmanagement – Gemeinsamkeiten und Unterschiede 432

8-10 Ausgewählte Funktionalitäten des AGUM-Abfallmanagers unter besonderer Berücksichtigung seines Zusatznutzens für die Förderung industrieller Stoffkreislaufwirtschaft 439

8-11 Abfallwirtschaftliches Kennzahlenset des AGUM-Abfallmanagers 440

8-12 Ausgewählte Maßnahmen und intendierte Wirkungen des vorgestellten Instrumentensets vor dem Hintergrund potenzieller Zielbeiträge zugunsten ökologischer, ökonomischer und sozialer Nachhaltigkeit .. 450-454

  a.) Förderung ökologischer Nachhaltigkeit 450
  b.) Förderung ökonomischer Nachhaltigkeit 452

  c.) Förderung sozialer Nachhaltigkeit 453

8-13 Räumliche Distanz zwischen dem Ort der Abfallentstehung und dem von Verwertung respektive Beseitigung am Beispiel der Entsorgungsbeziehungen der Pfaffengrunder Unternehmen 456

Verzeichnis der verwendeten Abkürzungen

a.n.g.	anderweitig nicht genannt (nicht weiter spezifizierte Abfälle nach EAK)
Anm. d. Verf.	Anmerkung des Verfassers
Abb.	Abbildung
AbfG	Abfallgesetz (deutsches Abfallgesetz von 1986)
ABL	alte Bundesländer
Absch.	Abschnitt
ADR	Übereinkommen über die internationale Beförderung gefährlicher Güter auf der Straße
AGUM	Arbeitsgemeinschaft Umweltmanagement
ARL	Akademie für Raumforschung und Landesplanung (auch Schriftenreihe)
BaWü	Baden-Württemberg
Bd.	Band
bes.	besonders, besondere(-n, -s)
betriebl.	betrieblich
BFuP	Betriebswirtschaftliche Forschung und Praxis (Fachzeitschrift)
BHKW	Blockheizkraftwerk
BIP	Bruttoinlandsprodukt
BIS	Betriebliches Informationssystem
bmb+f /BMBF	Bundesministerium für Bildung und Forschung
BMUJF	Bundesministerium für Umwelt, Jugend und Familie (Österreich)
BÖA	Betriebswirtschaftlich-ökologische Arbeiten (Schriftenreihe)
BSP	Bruttosozialprodukt
Bsp.	Beispiel
bspw.	beispielsweise
büb-Abfälle	besonders überwachungsbedürftige Abfälle
bübB	besonders überwachungsbedürftiger Abfall zur Beseitigung
bübV	besonders überwachungsbedürftiger Abfall zur Verwertung
BUIS	Betriebliches Umweltinformationssystem
bzw.	beziehungsweise
c.p.	ceteris paribus (unter ansonsten identischen Gegebenheiten)
ChemG	Chemikaliengesetz
CP	Journal of Cleaner Production (Fachzeitschrift)
CP-Anlage	Chemisch-physikalische Behandlungsanlage
DDR	Deutsche Demokratische Republik
d.h.	das heißt
DBU	Deutsche Bundesstiftung Umwelt

DBW	Die Betriebswirtschaft (Fachzeitschrift)
DIN	Deutsches Institut für Normung e.V. /
Diss.	Dissertation
DKR	Deutsche Gesellschaft für Kunststoff-Recycling mbH
DSD	Duales System Deutschland
dt.	deutsch (und Flektionen)
dto.	dito
DUV	DeutscherUniversitätsVerlag
DVA	Deutsche Verlags-Anstalt
DVAG	Deutscher Verband für Angewandte Geographie
EAK	Europäischer Abfallkatalog
ebd.	ebenda
EDV	elektronische Datenverarbeitung
Efb	Entsorgungsfachbetrieb
EH&S	Environment, Health and Safety (SAP-Modul für betrieblichen Arbeits- und Umweltschutz)
EIDP	Eco-Industrial Development Program
EIP	Eco-Industrial Park
EMAS	Eco-Management and Audit Scheme
EMS	Environmental Management System (entspricht dem dt. UMS)
EPA	Environmental Protection Agency (USA)
ERP-Systeme	Enterprise Resource Planning – Systeme
et al.	et alii (lat.: und andere)
EWR	Europäischer Wirtschaftsraum
F&E	Forschung und Entwicklung
Fa.	Firma
FTF	Face-to-face (-Kontakt)
GefStoffV	Gefahrstoffverordnung
GfÖ	Gesellschaft für Ökologie
GG	Grundgesetz
GGBefG	Gefahrgutbeförderungsgesetz
ggü.	gegenüber
GGVS	Gefahrgutverordnung Straße
ggw.	gegenwärtig
GML	Gesellschaft zum Betrieb des Müllheizkraftwerks Ludwigshafen
GR	Geographische Rundschau (Fachzeitschrift)
grch.	griechisch
GREMI	Groupe Recherche Européen sur les Milieux Innovateurs
GTZ	Gesellschaft für Technische Zusammenarbeit
GWB	Gesetz gegen Wettbewerbsbeschränkungen

Anhang

GZ	Geographische Zeitschrift (Fachzeitschrift)
HD	Heidelberg
Hj.	Halbjahr
hpts.	hauptsächlich
Hr.	Herr
i.d.R.	in der Regel
i.e.	id est (präziser ausgedrückt)
i.e.S.	im engeren Sinne
i.w.S.	im weiteren Sinne
i.wst.S.	im weitesten Sinne
ICLEI	International Council for Local Environmental Initiatives
IHK	Industrie- und Handelskammer
IISO	Institut für Institutionelle und Sozial-Ökonomie (der Univ. Bremen)
IMDS	International Material Data System (Internationales Materialdatensystem)
IMU	Institut für Management und Umwelt
insbes.	insbesondere
I-O-	Input-Output-...
ISO	International Organization for Standardization
ITO-	Input-Throughput-Output-
IUWA	Institut für Umweltwirtschaftsanalysen (Heidelberg e.V.)
JIT	Just-In-Time (-Produktion)
JP	Journal of Cleaner Production (Fachzeitschrift)
Kap.	Kapitel
kg	Kilogramm
kJ	Kilojoule
KMU	Kleinere und mittelständische Unternehmen
Krslw. / krslw.	Kreislaufwirtschaft / kreislaufwirtschaftlich
KrW-/AbfG	Kreislaufwirtschafts- und Abfallgesetz (löste am 7.10.1996 das AbfG ab)
KWK	Kraft-Wärme-Kopplung
LAGA	Länderarbeitsgemeinschaft Abfall
lat.	lateinisch
LS	Lehrstuhl
LSR	Leuchtstoffröhren
MAG	Materialien zur Angewandten Geographie (Reihe)
MIPS	Materialintensität pro Serviceeinheit
MSÖ	Materialien Soziale Ökologie (Fachzeitschrift)
MSÖ	Materialien Soziale Ökologie (Fachzeitschrift)

MuA	Müll und Abfall (Fachzeitschrift)
MVA	Müllverbrennungsanlage
NBL	neue Bundesländer
NGS	Niedersächsische Gesellschaft zur Endablagerung von Sonderabfall mbH
NJW	Neue Juristische Wochenschrift (Fachzeitschrift)
NRW	Nordrhein-Westfalen
nüb	nicht überwachungsbedürftig
o.Ä.	oder Ähnliches
o.g.	oben genannten
O-I-	Output-Input-...
o.J.	ohne Jahr
OECD	Organization for Economic Cooperation and Development
p.a.	per annum (lat.: fürs Jahr)
PAMINA	Palatinat, Mittlerer Oberrhein und Nord Alsace
part.	partiell
PE	Polyethylen
PIUS	Produktionsintegrierter Umweltschutz
Pj.	Projekt
pot.	potenziell
PP	Polypropylen
PPS-System	Produktionsplanungs- und -steuerungssystem
PS	Polystyrol
PVC	Polyvinylchlorid
Q.	Quelle
RCRA	Resource Conservation and Recovery Act
resp.	respektive
RIDROM	Ressourcenschonung Oldenburger Münsterland
RND	Rhein-Neckar-Dreieck
RNR	Rhein-Neckar-Region
ROV	Raumordnungsverband Rhein-Neckar
RTI	Research Triangle Institute
RuR	Zeitschrift für Raumforschung und Raumordnung (Fachzeitschrift)
RWI	Rheinisch-Westfälisches Institut für Wirtschaftsforschung
s.	siehe
s.a.	siehe auch
SAA	Sonderabfallagentur Baden-Württemberg
SCN	Sustainable Communities Network
SD	Sustainable Development

SGE	Strategische Geschäftseinheit
SGN	Smart Growth Network
sog.	sogenannte(n)
SRU	Rat der Sachverständigen für Umweltfragen
Tab.	Tabelle
TASi	Technische Anleitung Siedlungsabfall
TGZ	Technologie- und Gründerzentrum
TNK	Transnationale Konzerne
to.	Tonne(n)
TQEM	Total Quality Environmental Management
TQM	Total Quality Management
u.U.	unter Umständen
üb	(einfach) überwachungsbedürftig
übB	(einfach) überwachungsbedürftige Abfälle zur Beseitigung
übV	(einfach) überwachungsbedürftige Abfälle zur Verwertung
UE	Umwelt und Energie (Fachzeitschrift)
UGR	Umweltökonomische Gesamtrechnung
UMS	Umweltmanagementsystem
UNCED	United Nations Conference on Environment and Development
Univ.	Universität
unw	Ulmer Initiativkreis nachhaltige Wirtschaftsentwicklung
uwf	UmweltWirtschaftsForum (Fachzeitschrift)
versch.	verschieden(e, en, es)
vgl.	vergleiche
vglw.	vergleichsweise
VGR	Volkswirtschaftliche Gesamtrechnung
VÖÖ	Vereinigung für Ökologische Ökonomie
VRN	Verkehrsverbund Rhein-Neckar
WCED	World Commission on Environment and Development
WISU	Das Wirtschaftsstudium (Fachzeitschrift)
WTO	World Trade Organisation (Nachfolgeorganisation des GATT)
WWW	World Wide Web
ZARN	Zweckverband Abfallwirtschaft Rhein-Neckar
ZAU	Zeitschrift für Angewandte Umweltforschung (Fachzeitschrift)
ZEW	Zentrum für Europäische Wirtschaftsforschung
zfo	Zeitschrift für Organisation (Fachzeitschrift)
ZOPP	Zielorientierte Projektplanung
Zsh.	Zusammenhang
zugl.	zugleich

Index

LEGENDE

Normalschrift, fett: Begriff ist hier von zentraler Bedeutung bzw. wird hier definiert

Normalschrift, nicht fett: Begriff ist hier im Kontext von Bedeutung, ohne dabei jedoch eine dominierende Rolle zu spielen

__Kursivschrift, fett:__ Begriff nimmt in einer Graphik oder Tabelle eine zentrale Bedeutung ein

Kursivschrift, nicht fett: Begriff wird im Rahmen einer Graphik oder Tabelle behandelt, ohne dass der Fokus jedoch hierauf gerichtet wäre.

Abbaubarkeit   20, 38ff, 62, 63ff, *115*, 120

Abfall   24, **33ff**, *40*, **42ff**, *47*, **49ff**, **51ff**, 65ff, *75*, 194, *234*, 385ff, 395, 397, *407*, *408*, 413, *440*

Abfallabgrenzungsproblematik   255, 405

Abfallakkumulation   22ff, 58, *66*

Abfallanalyzer (Software)   **441**, *442*, 443, *446*

Abfallbegriff, faktischer   45

Abfallbegriff, juristischer   **42ff**, *47*, *75*, *440*

Abfallbegriff, objektiver   **44**

Abfallbegriff, ökosystemischer   **51**

Abfallbegriff, subjektiver   **44**, **51**

Abfallbegriff, volkswirtschaftlicher   *47*, **51**, *72*, *75*, *115*, 154

Abfallbeseitigung   **45**, *47*, *72*, *75*, *115*, **132f**, 137, 138, 154, **167f**, 388, 405, *440*

Abfallbeseitigung, stoffliche   (=Deponierung; Endlagerung)   21, 71, *72*, 76, *98*, 99, **132**, *146, 152*, **167f**, 170, ***225***, ***227***, ***228***, ***231***, *242*, *456*

Abfallbeseitigung, thermische (= Abfallhandlung, thermische)   46, **133**, *234, 237*, 242, 405, 456

Abfallbeseitigungsgesetz   **42**

Abfallbeseitigungskosten   **166**, **226ff**, ***228***, *440*

Abfallbilanz   *393, 397, 452*

Abfallbörse   *446*, **447**, *449, 450ff*

Abfalldatenaufnahme   *395*, 396, **436**, *444*

Abfalldatenauswertung   *395*, 399ff, ***407, 408, 411, 413, 440***, *444*

Abfalldiffusionsstrategie   **132**, *146, 152*

Abfalldissipation   48f, 62, 64, *72*, **132**, *146, 152*, 163

Abfallentsorgung (→ Abfallbeseitigung, Abfallverwertung, Entsorgungsbegriff, Entsorgungskosten u.a.m.)

Abfallentsorgung, unkontrollierte   21, 133, *146*

Abfallentsorgungsverfahren, thermische   **46**   (siehe auch Abfallbeseitigung, thermische; sowie Abfallverwertung, energetische)

Abfallerfassung / Abfallerfassungsquote   *115*, **127**, 129, *146, 152*

Abfallgesetz   **42**, 47

Abfallinformationsdatenbank   274, *446*, **447**, 449, 450ff

Abfallkennzahlen   **440**, ***440***, 450ff

Abfallkollektion   *88*, **89**, *89, 92, 95*, **99**, *100, 126*, **127**, *138, 146, 152*

Anhang

Abfallkonzentrationsstrategie 132

Abfallkonzept
(→ Abfallwirtschaftskonzept)

Abfallmanagementinstrumente
(→ Abfallmanager, Abfallanalyzer)

Abfallmanager (Software) 274, **437ff**, *439*, **440**, **442**, 443, *446*, 449, *450ff*

Abfallmenge 26, 72, 75, 180, 226, 246, 324, 375, *390*, 405, **407**, *409*, *425*, 440, 450ff, 457

Abfallqualität 26, **42**, *115*, 116, 122, 180, 244, 325

Abfallrecht **42ff**, **47**, 150, **170f**, *247*, 255, **308**, *325*, 396, *447*

Abfallsortierung / Sortenreinheit *115*, 122, **127**, 129, *146*, *152*, 167, *178*, *234*, *236*, *242*, 412

Abfallverbrennung 46, 72, 75
(→ s.a. Abfallentsorgungsverfahren, thermische)

Abfallverbringungsverordnung 43

Abfallvermeidung 47, 160, *241*, *242*, 243

Abfallverwertung, allg. juristisch **45ff**, *47*, 72, 75, *115*, **145**, **157f**, 170, *178*, 194, *242*, 243, 245, 386, *440*

Abfallverwertung, energetische **45f**, *47*, *115*, 147f, 160, *234*, *242*, **245**, 405, *456*

Abfallverwertung, reduktionswirtschaftlich *178*

Abfallverwertung, rohstoffliche *115*, *146*, *152*, *157*, *159*, 160

Abfallverwertung, werkstoffliche *115*, **129**, *146*, *152*, 156, *157*, *159*, 160, *456*

Abfallverwertungsbedingungen 167

Abfallverwertungskapazitäten 427

Abfallverwertungskosten **167f**, *440*
(→ s.a. Entsorgungskosten)

Abfallwirtschaftskonzept
(= Abfallkonzept) **336**, 387, *452*

Abfallzweckverband 219, 335

Abprodukt 85, **102**, *103*, **104**, *113*

Absatz *87, 88, 89, 92, 95, 126, 138, 146, 152*

Agenda-21-Ansätze (lokal / regional) 335, **369**

Agglomeration *203*

AGUM (→ Arbeitsgemeinschaft Umweltmanagement)

Ähnlichkeitsprinzip **192**

Akteursnetzwerk, industriestandortbezogenes 302 (→ s.a. Arbeitskreis Pfaffengrund; sowie Arbeitskreis Industrie- und Gewerbegebiet Pfaffengrund)

Akteursnetzwerk, regionales 137, 154, 430ff, 432 (→ s.a. Arbeitsgemeinschaft Umweltmanagement)

Akteursorientierter Ansatz / akteursorientierte Klassifikation **96**, **137**, **269**, **302**

Altholz 321, *325*, *354*, 399, *401*, 404, *411*, *413*, *456*

Altindustriestandort 289, *292*, *301*, **381ff**, 383 (→ s.a. brownfield redevelopment)

Altpapier 61, 91, 123, 148, *354*, *401*, 404, *411*, *456*

Altprodukt / Altstoff **109**, 124, *234*

Amortisationszeit 268

Anbahnungskosten **351**

Andienungspflicht 195, 386, 410

Anpassungskosten **351**

Anpassungsprobleme (quantitative, qualitative, zeitliche) **26**

Anthroposphäre **26**, *31*, *32*

Arbeitsgemeinschaft Umweltmanagement (AGUM)   **431ff**, *432*, *434*, *442*, *444*, *446*, *450ff*

Arbeitskreis Industrie- und Gewerbegebiet Pfaffengrund   **415**

Arbeitskreis Pfaffengrund (Projektarbeitskreis) (= Pfaffengrunder Produzentennetzwerk)   **394**, 398ff, *401*, *409*, **411**, 414, **415**, 419, **428ff**, *432*

Arbeitskreis Umwelt und Wirtschaft im Rhein-Neckar-Dreieck   **347**

Arbeitskreise / Runde Tische allgemein   **290**, 369

Artefakt   **29**

Assimilation   22, *26*, 32

Attraktivitätstrichter   **230ff**, *231*

Aufarbeitung   *146*, *152*, **156**, 157

Aufbereitung   *146*, *152*, **156f**, *157* (→ s.a. Abfallverwertung)

Aufkonzentration   166, **213**

Autopoiese   **13**

Baden-Württemberg   **213ff**, *216*, *217*, **226ff**, 255, *425*

Bauprinzipien, natürliche   14, 28f, 34ff, 38   (→ s.a. Einfachheit, Universalität, Konvertibilität, Kreislauffähigkeit)

Baustruktur, demontagefreundliche   *115*, 116

Bearbeitung   *146*, *152*, *157*, **157**, 263

Behandlung, thermische (→ Abfallbehandlung, thermische)

Beifaktor   103

Beipackzettel   276

Beiprodukt   103

Bekanntschaften, persönliche   416

Benchmarking   **395**, *444*

Beschaffung   *87*, *88*, *89*, *92*, *95*, *115*, **118f**, *126*, *146*, *152*, 261, 276, *291*, 313

Beseitigung (→ Abfallbeseitigung)

Beseitigungslogistik   **138**, *143*

Beteiligtenanalyse   **384f**

Betriebsabfälle   **51**

Betriebsstandort / Betriebsstätte / Werksgelände   127, *154*, **196**, *197*, 239, *240*, *252*, *254*, 255, **256ff**, 269, **273f**, *280*, 285, **393**, **407**, **408**

Betroffenheit, persönliche   353, **356**, 358

Beziehungsgeflecht / Interaktionsmuster   **205**, **277ff**, *278*, *279*, *284*, *291*, *319*, *325*, 326, 347, 375, 386, **398ff**, *401*, 415

Beziehungsmuster, diagonales   **277**, *278*, *279*, *282*, *284*, 386

Beziehungsmuster, horizontales   **277**, *278*, *279*, *279*, *282*, *284*,

Beziehungsmuster, vertikales   **277**, *278*, *279*, **280f**, 283, *284*, 303, 382   (→ s.a. Wertschöpfungskette)

Bilanzgrenzen, technosphärische   **18ff**

Biotop   **14**

Biozönose   **14**

Blaue Banane   **423**

Brownfield / brownfield redevelopment / Industriebrache   289, **300**, *301*, *303*,**304**

BUIS   **270**, *270*, 271f, 274

Chemikaliengesetz   170, 388

Chemische Industrie   30, 259

Community   (→ Netzwerk, sozialökologisch orientiertes)

Contracting   **420f**

corporate identity   *394*

Datenpooling, zwischenbetriebliches 257, *395, 401,* **409**, 438, **441**, *450ff*

Dauerhaftigkeit 419f, 429f

Deklarationspflichten 255, *270*

Dematerialisierung 18, 55, 64, **77**, **183**, 331

Demontage 26, **99**, 109, **121**, **129f**, *146, 152,* **156***, 157, 159, 178, 234, 236,* 280

Deponiepreis / Deponiepreisgefälle 168, 174, **226ff**, *227, 228*

Deponierung (= Abfallbeseitigung, stoffliche)

Deponiestandort **225***, 227, 231*

Destruent 14, *35,* 37*, 66,* 90

Deutschland, Stoffstrombilanz von **70ff***, 72, 75*

Dezentralisierung 349

Dimension, räumliche **186** (→ s.a. Raum)

Dissipation (→ Abfalldissipation)

Dissipativum 64, **108**, 110

Distanz, entropische *154,* 233, ***234***, **235***,* 237*, 242, 243,* ***373***

Distanz, mentale 208*, 223, 224, 247,* 285*, 313, 317, 319, 322, 349, 353, 425*

Distanz, räumliche *154, 183, 186, 208,* **225ff***, 227, 228,* ***231****, 233, 236, 237, 242, 254, 269, 272, 285, 287, 290, 310f, 317, 318, 319, 322, 325,* 330*, 334, 349, 353,* ***354****, 373, 425,* **455**

Distanz, systemische *154, 242,* **270***, 373*

Distribution 135, **141**, *142, 143*

downcycling 61, 62, **158**, 403, 405

downstream connection (→ Kooperation, rückstandsorientierte)

Dreiphasenschema zur Stoffkreislaufwirtschaft 66

Dreischichtenmodell 32

Dreisektorenmodell / Dreigliedrigkeit der technosphäre 35, **65ff**, *66*, **81ff**, *82*, **102ff***, 112, 113,* **114ff**, *115, 126, 143, 234,* 369f, 459

DSD 403

EAK (= Europäischer Abfallkatalog) **396***, 439*

EAK-Nummern, interne *439*, 439

EDV-Technik **259ff**, *270,* **271ff**, 275, *302, 303,* **436ff**

Eco-Industrial Park (→ siehe EIP)

Einfachheit 14, 38, 117

Einzelunternehmen / Einzelbetrieb *270*, 285

Einzugsgebiet *227,* **231**, **236**, **237**, 317

EIP (=Eco-Industrial Park) 289, ***295***, **296ff**, *301, 302, 303,* **307ff**, 311ff, 381, 416, 462

EIP, virtueller *301*, **304**, **305**

EIP, Zero-Emissions- 289, **297**, *303*, **304**, 318, 381, 416f, *417*, 433

Endlagerung (→ Deponierung)

Endlagerungsabfall **105**, 110 (→ s.a. Abfallbeseitigung, stoffliche)

endogenes Potenzial **338f**, **342ff**

Endprodukt **105**

Energie / Energiekreislaufführung / Energietransport / Leitungsverluste / Niedrigenergienutzung / Restwärmenutzung / Fernwärme 59, 76, *115, 159,* 165, **234**, 245, 283, *293*, **312ff**, ***321***

Entbindung (→ Ressourcenfreisetzung)

Entledigungswille 44, 47

Enträumlichung 330

Ent-Regionalisierung 340

Entropie 76, 101, **163ff**
(→ s.a. Distanz, entropische; sowie Materie-Entropie)

Entschädlichung (→ Toxizität)

Entscheidungsträger 171, 344, 353, 432f

Entsorger / Entsorgungsspezialist / Entsorgungswirtschaft 96, *137*, 244, 245, *252*, 318, *372*, 400, *401*, 444, *449*

Entsorgung (→ Abfallentsorgung sowie spezielle Entsorgungsbegriffe)

Entsorgungsbegriff **144ff**, *146*, *152*, *178*

Entsorgungsbegriff, akteursorientierter **143**

Entsorgungsbegriff, gemeinsprachlicher *143*, *146*, *178*

Entsorgungsbegriff, juristischer **143**, *146*, *178*

Entsorgungsbegriff, reduktionswirtschaftlicher *146*, **147**, *178*

Entsorgungskosten 226ff, *228*, **263**, 386, 398, 403, 404f, **406ff**, *407*, *408*, *409*, *411*, *413*, 426, **440**, *452f*

Entsorgungslogistik *136*

Entsorgungssicherheit *392f*, 400, **427**, 439, 446, 449, *451ff*

Entwicklungspfad, technosphärischer *66*, *400*

Erfassung (→ Abfallerfassung)

Erlebnisraum **185**

ERP 261, **270**, *270*, 271f

Erstzweck 149

Erwünschtheit *82*, 102ff, **103**, *142*

Europa der Regionen **190**, 213

Europäisierung 43, 65

Evolution 33ff, 36ff

evolutorische Konzepte der Regionalforschung **207**

Exportbasis-Theorie **337**

F&E / Produkt(-ions)planung *115*, **116ff**, 121

Face-to-face-Kontakte (FTF) / direkte Kommunikation 182, *259*, **290**, 344, 369

Faktor **85**, **102**, *103*, **104**, 113

Fertigung (→ Produktion)

Firmenimage *392f*

Fließgleichgewicht **13**

Flusskostenrechnung **264ff**

Flussmodell *265*

Fühlungsvorteile *285*

Funktionstypen / Funktionsglieder, ökosystemische *35*

Gatekeeper-Funktion *273*

Gebiet **197**, 198, 287

Gebrauchsgut **106**, 109

Gebrauchtgut *82*, **107**, 109, *115*, 129, *142*, 159

Gebrauchtwarenbörse **447**, *451ff*

Gefährdungspotenzial 15, 23, 33

Gefahrstoffe / Gefahrstoffrecht / GGVS 255, 388

Genotyp (→ Materialidentität)

Geographisches Institut der Universität Mannheim 437f, 445

Geosphäre **11**

Gerechtigkeit, intragenerative / intergenerative **359**

Gestaltänderung, phänotypische / Phänotyp **28f**, *146*, *152*

Gewerbeabfälle, hausmüllähnliche zur Verwertung / Wertstoffgemisch 227, **228**, 228, 232, *401*, 405, *407, 409*, **410**, *411, 413, 456*

Gewerbegebiet (→ Industriestandort)

Gewerbepark (→ Industriepark)

Gewichtsreduktion *146, 152*

GIS *442*, **444**, *444, 446, 451*

Globalisierung 284, **331**, 340f, 345, *348*

Globalisierung von Informationsströmen 332ff

Globalisierung von Materialströmen **331f**, 335

Global-Regions-These 347f, 350

Green Field Development / Erstbebauung / Gewerbegebietserschießung **300**, *301, 303*, 305, 381

Grenzen 20f, 30, *82, 125, 126, 137, 138*, 161ff **169f**, *175, 178*, **189**, 201, *202, 208, 210*, **238**, *240*, 249ff, *250*, 255, 328   (→ s.a. Systemgrenzen)

Grenzen des Recycling **161ff**, *175*

Grenzen, natürliche und naturgesetzliche, technische, ökologische, ökonomische, organisatorisch-institutionelle, rechtliche, emotionale **163ff**, *175*

Grenzüberwindungskosten *238*, 239, 240 (→ s.a. Systemkosten)

Großunternehmen 188, *390*

Grundstück **196**, *197, 301*

Gut **29**, 95, *100*, **102**, *103*, **105ff**, *113, 142*

Güter, öffentliche **23**

güterwirtschaftliche Grundfunktionen **86ff**, *87, 89*, 94, *126, 137, 138*, 351

Hamburg-Vertrag **246**

Handlungsschranken / Hemmfaktoren **161ff**, *162, 175*, **385ff**

handlungstheoretischer Ansatz **187**

Haushaltsabfall (→ Siedlungsabfälle)

Heidelberg 214, *216-219*, 220, 377, **379ff**, 384ff, 422, *425, 434*

Heizwert **46**

Hemmfaktoren (→ Handlungsschranken)

Hessen **213ff**, *216, 426*

hexagonales Modell **235ff**, *236, 237*

Hochwertigkeit (→ Stoffkreislaufschließung, hochwertige)

Hüllkurve 209, 210

Humus *35*, 90, 101, 108

Identifikationsraum / Identitätsregion / räumliche Identität / persönliches Lebensumfeld **223**, *224*, 290, *343*, **344**, 370

IHK / Kammerbezirke *218*, 283, *284*, 384, *434*

IMDS **280**

Industriebetrieb (→ Betriebsstandort, Einzelunternehmen)

Industriebrache (→ brownfield)

Industriedistrikt / industrial district 206, *207*, **343**

Industriegebiet, gewachsenes (→ Altindustriestandort)

Industriegebietsentwicklung **288ff**

industrielle Ergänzung 303, 311, **312**

Industriepark / Gewerbepark **289**

Industrieraum **186**, *254*

Industrieregion *191*, **197f**, *202*, **202**, 203, *254*, 280, 285, *301*, **319**, *321*, **322**, 339, 341f, **347f**, *354*, **375**, 376, 378, **421ff**, *425*

Industrieregion Rhein-Neckar (→ Rhein-Neckar-Region)

Industriestandort / Gewerbegebiet / Industriegebiet **196**, *197*, 254, 280, 286, **287ff**, **291ff**, *291*, **296ff**, *301*, *319*, *321*, *322*, 383, 389, 391, **392ff**, *401*, *425*

Inertisierung / Reaktivität   98, 105, *115*, 133, *142*

Information / Informationstransfer / Informationsfluss   79, *89*, *90*, **91f**, *92*, 111, 115, 181f, 243f, *250*, *252*, 256ff, 260ff, *265*, *270*, **271ff**, *278*, *322*, *349*, *372*, *401*, **404f**, *442*, *446*, *450*

Informationsfilter   *250*, *442*, **443**, *446*

Informationsökonomie   **251**

Informationssysteme, betriebliche   **259ff**, *270*, **271ff**   (→ s.a. BUIS, ERP, Abfallanalyzer, Abfallmanager)

Informationstransparenz, inner- bzw. zwischenbetriebliche   *79*, *258*, *275*, **276**, *302*, *322*, *389*, 409, 448, 463

Input-Output-Bilanzierung   69ff, *72*, 184, 263

Input-Output-Kategorien   **102ff**, *103*, *113*

Instandhaltung   *82*, 97, *142*, 155, *159*

IUWA (Institut für Umweltwirtschaftsanalysen)   384, 394, 396, 415, 419, 437, *442*, 444, 445, *446*

Institutionalisierung   *322*

Instrumentenset   *442*, *444*, *449*, *450ff*

Interaktionsabstand (→ Distanz)

Interessen, Interessensgruppen, Interessenskonstellationen   **384**, *386f*, 387ff, *392f*, *417*, *427*, *430f*

Internet / Intranet   *257*, *442*, **443**

Investitionszyklus / Modernisierungsintervall   268, 314, 383

Irreversibilität   24, 27

Isokostentrichter   *227*, *227*

Isotime   230ff, *231*

ITO (Input-Throughput-Output)-Trichter   87, *88*

Kalundborg   **293ff**, *293*, *295*, 296, 298f, 307, 311f, 323, 326, **376f**, 378, 384

KMU (Kleinere und Mittelständische Unternehmen)   54f, *302*, 344, *349*, 382, 385f, 388, *390*, *391*, *393*, 409, 416, 426

Knoten-Kanten-System   *135*, *143*, *189*, **203**, **204**, *205*, *208*, 219f, **221**, *247*, *248*, 421f, 442

Koevolution   58

kognitive Region (→ Region, kognitive)

Kollektion (→ Abfallkollektion)

Kommunikation, Betriebsstätten übergreifende   **274**, **280ff**, *284*, *394*

Kommunikation, direkte (→ Face-to-Face-Kommunikation)

Kommunikation, indirekte   *425*, *257*

Kommunikationskosten   *322*, 420, *425*

Kommunikationsnetzwerk   *284*, *432*, *442*

Komparativen Kostenvorteile, Theorie der   **339**

Kompensationskonstellationen im Nachhaltigkeitskontext   *368*

Kompetenznetzwerk   290ff, 317

Komplexität, informationelle, logistische, materielle   *426*, *428*   (→ s.a. Einfachheit)

Konditionierung   *115*

Konstruktion, recyclingfreundliche   *115*

Konsument   *34*, *59*, *66*, 77, **122ff**, 171ff, 179

Konsumentenverhalten / Konsummuster   315, 329f

Konsumtion   *82*, **97**, 107, 111, *112*, **122ff**, *142*, *143*, *146*, *152*, *159*

Konsumtionsabfall   23, *82*, 97, *100*, **108f**, *113*, *142*

Konsumtionsfaktor   **113**, *113*

Konsumtionssektor / Konsumsektor / Konsumtionsphase   *82*, **97f**, *112, 113, 115*, **122ff**, *142, 146, 152*, **234**

Kontextmilieu   20ff, 83, *154, 293, 319, 322, 325*, 326, 345, **384**, **430f**, 460

Kontrollkosten   169, 244, *259, 270*, 351, *352*

Konvertibilität / Kompatibilität / Passfähigkeit   14, 29f, 34, *40*, 73, 84, 117, 280, 312, 459

Kooperation, Koordination
(→ s.a. Beziehungsmuster

Kooperation, rückstandsorientierte, recyclingorientierte / downstream connection   **279**, *325*, 326ff, **381ff**, 384, *401*, **402ff**, 455

Kooperationshemmnisse   *322, 325*

Kooperationsrichtung   **277ff**, *278*, 284

Kooperationssynergien   **339**

Koordination, zwischenbetriebliche   290, 387, 391, 396, 398, *401*, **404f**, *409*, 429

Kreislauf   **35**, **57**, **59**

Kreislauffähigkeit   52f, *66*, 115, **116**

Kreislaufschließung, technosphäreninterne   115, *115*, 177, *293*
(→ s.a. Stoffkreislaufwirtschaft, technosphäreninterne)

Kreislaufwirtschafts- und Abfallgesetz (KrW-/AbfG)   **43ff**, *47*, *75*, 145, 150ff, **177f**, *178, 242*, 243ff, 245f, 351, 386, **387f**, *409*, 410

Kristallisationskern (→ Nukleusansatz)

Kulturregion   *191*, 199, 214f, **223**, *224*, 337

Kunststoffe   67, 96, 101, 123, 149, 171, 268, *354*, 402f, *411, 413, 456*

Kuppelproduktion   **53**, 60, 102, 118, 259, *293*

Kurpfalz   **214**, *224*

LAGA   **396**

Lagerstätten, technosphärische   **164**
(→ s.a. Deponierung)

Lagerung   *115*, **122**

Langlebigkeit   55

Lebensraum, persönliches Lebensumfeld   **223**, *224* (→ s.a. Kontextmilieu)

Leermengenentsorgung   *397*, 407, **412**

Leitplanken des Recycling   **173ff**, 175

Lernen, gegenseitiges   88ff, *92*, *349*

Lernkosten   169

Linkageeffekte   114ff, **115**

Listing   **171**

Logistik   *115*, **134ff**, *142*, *143*, 242, 404

Ludwigshafen   214, *216-219*, 422, *425,*

Machbarkeitsstudie (feasibility study)   **384**

Mannheim   214, *216-219*, 422, *425*

Marketing   *115*, **122**

Maschinenstandort   **196**

Materialbilanzansatz   **22f**

Materialflussrechnung   **69**, 264ff

Materialflusstransparenz   31

Materialidentität / Genotyp   **28ff**, *31*, 120, 130, *146, 149*, 149, *152*

Materialien, renaturalisierte   *82*, 84, *100*, **104**, **107f**

Materialintensität   **76f**, **77**, 233

Materialproduktivität (→ Ressourcenproduktivität)

Materialvielfalt   *115*, **117**
(→ s.a. Universalität)

Materie-Entropie / Materialentropie 163

Mehrbetriebsunternehmen 256f, 269, 270, 272ff, 332, 449

Mesoraum 188, 190ff, 211, 240

Metallschrott / Kupfer u.a. 164, 165, 259, 354, 413, 457

Milieu, innovatives / kreatives 207, 247, 343, 346, 349, 353, 432, 464f

Milieu, örtliches 346

MIPS 77f

Modell Hohenlohe 283

Modernisierungstheorie 342

Modularisierung / Modul / Modularität 118, 124, 160, 234

Möglichkeitsraum 175, 328ff, 417

Montage 115, 121, 146, 152, 280

Müllverbrennungsanlage 46, 194, 219, 245, 321

nachhaltig lebende Gesellschaft (sustainable society) 328ff

nachhaltige Entwicklung (sustainable development) 359ff, 362

nachhaltige Forstwirtschaft 358

Nachhaltigkeit 51f, 64, 330, 357, 368, 368ff, 450, 450ff, 454f, 362

Nachhaltigkeit, Grundprinzipien der 362

Nachhaltigkeit, harte (strong sustainability) 360

Nachhaltigkeit, Managementregeln der 360

Nachhaltigkeit, kritische 361

Nachhaltigkeit, ökologische 363f, 405, 451f

Nachhaltigkeit, ökonomische 364f, 405f, 453f

Nachhaltigkeit, regionale 371

Nachhaltigkeit, soziale 365f, 454f

Nachhaltigkeit, vierte Säule der 365

Nachhaltigkeit, weiche (weak sustainability) 360, 361

Nachhaltigkeitsdimensionen / Säulen der Nachhaltigkeit / Nachhaltigkeitstriade 363, 367f, 368

Nachhaltigkeitsorientiertes Wirtschaften 357ff, 368

Nachteilsausgleich, partieller 391

Nähe, räumliche, mentale (→ Distanz, räumliche, mentale)

Nahrung 34f, 34, 35, 39, 40, 53, 123

Nebenfaktor, unerwünschter 103

Nebenprodukt, unerwünschtes 103

Neoklassik 181f, 186f

Netzwerk / Netz (allg.) 208, 290ff, 370, 382

Netzwerk, informelles 370, 428f (→ s.a. Arbeitskreis Pfaffengrund, Arbeitskreis U&W im RND)

Netzwerk, institutionalisiertes 433f, 434 (→ s.a. Arbeitsgemeinschaft Umweltmanagement)

Netzwerk, nachhaltigkeitsorientiertes 302, 313f, 450ff

Netzwerk, sozialökologisch orientiertes, ökosoziales / community 303, 313

Netzwerkbildung 349, 353 (→ s.a. Nukleusansatz)

Netzwerkkosten (→ Systemkosten)

Netzwerkmoderatoren 416, 435, 436

Netzwerknukleus (→ Nukleusansatz)

Netzwerkstabilität (→ Systemstabilität)

Neuheit 26, 29, 30, 31, 35, 38f, 40, 63f, 68, 69, 125, 459

Neuheit, objektiv existierende / subjektiv empfundene 30, 31

Neutrum 103

new urbanism *302*, **315**

Niedrigenergienutzung (→ Energie)

Nordamerika **296ff**

Normen **171**, 277, 280

Nukleusansatz / Nukleus *295*, 311, **377**, **379ff**, ***425***, 432, 462f

Nutz-Ökosystem 15

Nutzungsdauer Null **97**

Obersteiermark **323ff**, *325*, **376f**, *378*

Objekte, erwünschte / unerwünschte 82, *103*

Objektkategorien 82, **102ff**, ***103***, 113, 142

oikos / oikonomia 285

Ökoeffizienz 78, **233**

ökoindustrielle Entwicklung **296ff**, **323ff** (→ s.a. Eco-Industrial Park)

Ökosphäre **18ff**, *24*, *25*, *29*, *32*, *66*, *82*

Ökosphäre, natürliche 15, **18**, *24*, *31*, *32*, *37*, **57ff**, *66*, *74*, *98*, *99*, *100*, *126*, 298

Ökosystem **14ff**, 17, ***35***, 310

Ökosystem, industrielles **298** (→ s.a. Eco-Industrial Park)

Ökosystem, terrestrisches **17**, ***35***, *59f*

Ökosystemelemente 17, *35*

Ökotoxizität 20, 36f, 39, 54, 83, 94, 97, *115*, 121, 129, 132f, 160, 233

Ökozyklen 14

Ort / kongruenter Ort 181, **204**, **205**, *210*

Output-Input-Beziehung / Output-Input-Brücke / direkte Output-Input-Kombination 58, **64f**, **244f**, 312, **401**, **402f**

PAMINA-Region 213

Partizipation 365, *455*

Passgenauigkeit, ökologische 34 (→ s.a. Konvertibilität)

Periodizität 167

Perlenschnurmodell **87ff**, *87*

Pfadabhängigkeit 79, 273

Pfaffengrund **377ff**, *380*, 424

Pfaffengrund-Projekt 378, **379ff**, *393*, **394ff**, *394*, **395**, *400*, *401*, *409*, **414ff**, 423f, *425*

Pflichtenhierarchie, entsorgungswirtschaftliche 47

Phänotyp (→ Gestaltänderung, phänotypische)

PIUS 54, 116

PKD-System / PKR-System 17, *59*, 66, 81ff, *82*, *88*, *142*, *143*, *234*

PK-System 65, *66*, 67f

Planungsregion **200**, *203*, *208*, 212ff, 337, 339

Planungssicherheit *425*, 426

Platin 70

Polarisation, regionale / Polarisierung 187, **342**

Polarisationstheoretische Ansätze 338

Poolingsynergien / Poolingeffekte **339** (→ s.a. Datenpooling, zwischenbetriebliches)

Potenzial **338**, **342**

Preisverhältnis 166ff

Primärrohstoff 82, 101, **106**, 107, 119, *142*

Privatisierungseffekt *409*

Problemlösungskapazität *290*, 348, **423**

Problemlösungskompetenz im räumlich-systemischen Kontext / common knowledge 290ff, *319*, *322*, *349*, 353, 355, *356*, **371ff**, *418*, **423f**, 431

Produkt (allg.) *47*, 85, **102**, *103*, **105**, *113*, 234

Produktabfall *81*, **109**, *142*, *267*

Produktinnovationen 437ff

Produktion (allg.) *81*, **85f**, *87*, **92ff**, *95*, 115, **116ff**, 151, *157*

Produktion i.e.S. / Fertigungsprozess *89*, *92*, **94**, *95*, **96**, *126*, *138*

Produktion i.w.S. *92*, 95 (= Produktionssektor → s.a. dort)

Produktion i.wst.S. (→ Produktion, technosphärische)

Produktion, abfallfreie *57*, *58*, *59*, *66*, 91

Produktion, betriebliche **94**, 95

Produktion, biosphärische *93*, *93*

Produktion, geosphärische *93*, *93*

Produktion, mineralische *93*, *93*

Produktion, technosphärische **93ff**, *93*, *95*, 95

Produktionsabfall *43*, **51**, *75*, *81*, *100*, **108f**, 113, 142

Produktionsausschuss 109

Produktionsbegriffe *92ff*, *93*, *95*

Produktionsfaktor *113*

Produktions-Reduktions-Modell **88ff**, *89*, *92*, *98*, *100*, *115*, **146**, *152*, *154*, *159*, **178**

Produktions-Reduktions-Rad *91f*, *92*, 111, **112**

Produktionsrückstand **109**

Produktionssektor / Produktionsphase *82*, *88*, *89*, **94ff**, *112*, *113*, *115*, *126*, *138*, *142*, *146*, *152*, *178*, *234*

Produktivität (→ Ressourcenproduktivität)

Produzent *34*, *59*, *66*, 96, *242*, *380*, *385*, *401*, 432f

Produzent, natürlicher *59*

Produzent, technosphärischer *380*

Protransformation *88*, *115*, **120**, *146*, *152*

Prozesskosten 263

prozessorientierter Ansatz / prozessorientierte Klassifikation **96**, *138*, *154*

Prozesstechnik / Prozesstechnologie **137**, *159*

Prüfsteine des Recycling **162**

Qualitätsschwankungen 119

Raum (allg.) / Raumvorstellungen *88*, **181ff**, **184ff**, *186*, *208*, *378*

Raum, gesellschaftlicher **188**

Raum, ökonomischer **188**

Raum, relationaler **185**, *344*

Raumfreiheit 181f

Raumkonzept, geosphärisches 189

Raumkonzept, kommunikatives / systemisches / verhaltensorientiertes *189*, **203ff**, **208ff**, *221*, *224*, *250*, *251*, *259*, **286**, **287ff**, *301*, *343f*, *460*

Raumkonzept, territoriales *189*, **195ff**, *197*, *202*, **208ff**, *216*, *217*, *218*, *224*, *250*, **254ff**, *287*, *301*, *460*

Raumordnungsregion **200ff**, *203*, **216ff**, *216*, *217*, 337

Raumordnungsverband Rhein-Neckar 212f

Raumordungsplan (→ Regionalplan)

Raumüberwindungskosten 160, *182f*, *227*, *322*

raumwirtschaftlicher Ansatz **186**

Raumwirtschaftstheorie **186**

REA-Gips *293*, 309

Reaktivität (→ Inertisierung)

Realraum **185**

Anhang

Rechtsraum   255, *259, 286*, 308

Recycling   60, **61ff**, 71, 74f, 83f, 96, 112, 119, **144, 147ff**, *149, 152*, **154ff**, *154*, **157**, *159*, **161ff**, *162*, **176**, *178, 234, 354* (→ s.a. Stoffkreislaufwirtschaft; sowie Abfallverwertung, stoffliche)

Recycling, betriebsexternes / innerbetriebliches   **153**, *154*

Recycling, direktes / indirektes   **149**, *149*

Recycling, Non-Abfall-   **153**

Recycling, primäres

Recycling, produktionsintegriertes / prozessintegriertes (→ s.a. Recycling, innerbetriebliches)   **153**, *154*

Recycling, sekundäres   **149**, *149*

Recycling, technosphäreninternes   60, **151**

Recycling, technosphärisches   71, 84, *152*

Recycling, unternehmensinternes / unternehmensexternes   **153**

Recycling, verwendungsgerichtetes   **150**, *152, 154*, **155**, *157, 159, 178*

Recycling, verwertungsgerichtetes   96, **150**, *152, 154*, **155**, *157, 159, 178, 234*

Recycling, werkstoffliches   *234* (→ s.a. Abfallverwertung, werkstoffliche)

Recyclingkosten   **166**, *175*

Recyclingpfad   **173f**, *175*

Recycling-Prüfsteine   *142, 143*, **161ff**, *162, 175*

Redistribution   *115, 135, 137, 138*, **140, 141, 143**

Redukt   *82*, 85, 90, 95, *100*, **103, 104**, *104, 113, 142, 237*

Reduktion   73, 75, *82*, **86ff**, *92*, **97ff**, **125ff**, *142, 143, 157*

Reduktion i.e.S.   *88*, **89**, 89, 95, 98, **99**, *100, 126*, **129f**, *138*, 156, *178*

Reduktion i.w.S.   **89**, *89, 95*, 99 (= Reduktionssektor, → s.a. dort)

Reduktion, technosphärische   86, *98*, **99ff, 144**

Reduktionsabfall   *82, 100*, **108f, 110**, *113, 142*

Reduktionsfaktor   *82, 100*, **104, 110**, *113*

Reduktionslogistik   138

Reduktionsprodukt   *82*, **104**, *113, 142*

Reduktionssektor / Reduktionsphase   *82, 88*, **89, 97ff**, *98*, **100**, *112, 113, 115, 126, 142, 146, 152, 178, 234*, 353, 459

Reduktionswirtschaft   18, **87, 125ff**, *178*

Redundanz   13, **310f**, 353, 375,

Reduzendum, (Pl.) Reduzenden   *82, 98, 100*, **103**, *103, 104*, **110**, *113, 142, 319, 425*

Reduzent   37, *52, 59, 66*, 96, *242*

Reduzent, natürlicher / technosphärischer   *59*

Region   **190ff**, *191*, **192, 193, 195, 206ff, 211, 212ff**, *216, 217*, **222f, 336ff, 344**, *348*

Region, anthropogen bestimmte   *191*, 214, 224

Region, kognitive   **223**, *224*

Region, naturräumlich bestimmte   *191*, **223**, *224*

Region, polyzentrische   **220, 221**, 422

regional governance   349

Regionale Autarkie   **336**

Regionalentwicklung, nachhaltige   340

Regionalforschung, evolutionäre Konzepte der *207*

Regionalisierung **335f**, **336ff**, **338**, **340ff**, 345, **347**, *348, 349*, **350ff**, 463ff

Regionalismus **335**, **336f**, 339

Regionalplan Rhein-Neckar **213**, **214**

Regionsbildung **192f**

Regionsklassifikation *191*

Regionsspezifikation, schrittweise **222f**, *224*

Reinigung *159*, *234*

Reintegration / Wiedereingliederung **89**, *89, 92, 95*, **99**, *100, 126*, **130ff**, *146, 152*

Reintegration, ökosphärische *126*, **132**, *146, 152*

Reintegration, technosphärische *126*, **130ff**, *138, 146, 152*

Reißbrettplanung 292

Relationalraum 188

Remining 260

Reparatur, Reparaturfähigkeit *115*, 121, 124, *159*

Reproduktionswirtschaft 18, *89*, **91**, 111, 138, *143*

Reproduktionswirtschaft, industrielle **91**, *92*, **95**, 126, 460

Re-Regionalisierung 345

Ressourcen, erschöpfliche 64, **164**, 360

Ressourcen, künstliche 105

Ressourcen, natürliche 14ff, *82*, **105**, 108, 115, *142*

Ressourcenfreisetzung / Entbindung / Ressourcenextraktion 63f, 85f, *98*, 101, 108, **156**

Ressourcenproduktivität / Ressourceneffizienz / Materialproduktivität 64, **76ff**, 77, **78**, *115*, 179, 221, 259, *319*, 333

Ressourcenschonung 64, 83f, 111, 233, 359

Restmüll 405, **407**, 410, *411, 456*

Reststoffkosten 264

Retrodistribution *115*, 135, *138*, **140**, 141, *142*, **143**, *143*

Retrotransformation **99**, *100*, **115**, 120, **130**, **156**, *157, 178, 234*

Reziprozität (→ Synergie)

Rheinland-Pfalz **213**, 216, 217, 425

Rhein-Neckar-Dreieck 198, **212**, **216**, *216*, **217**, **218**, *224*, 346, **425**

Rhein-Neckar-Projekt **422ff**, *426, 442*, 445

Rhein-Neckar-Raum 194f, **212ff**, *216*, *218, 221*, **376**, 422

Rhein-Neckar-Region 201, **212**, *216*, *217*, **218**, *221*, **222f**, *224*, **421ff**

RIDROM 327

Ringverkehrssystem *401*, 404

Rucksack, ökologischer **70**, 77f

Sacheigenschaft von Abfällen *47*, 48, 49

Sachgüterproduktion **94**, **95**, *95*, **96** (→ s.a. Produktion i.w.S.)

satisficer 187

Schauplatz **204**, *210*

Scheinverwertung **171**

Schlüsselakteur 384f, *453f*

Schwachstellenanalyse, innerbetriebliche 395, **397**, *451*

Sechsphasenschema *92, 112*

Sedimentation **34**, *98*

Sekundär(roh)stoffwirtschaft   119, 131, 166ff, 179f, 276, *325*, 406

Sekundärmaterialien   *82, 100,* **104f,** **106, 107,** 109, *142,* 155, 427

Sekundärmaterialien, rohstoffliche / werkstoffliche   107, *115,* 155, 167 234

Sekundärrohstoffe (→ Sekundärmaterialien)

Selbsterhaltung / Selbststeuerungsfähigkeit   13, 16, 256f, *349*

Siedlungsabfälle / Haushaltsabfälle   75, **109**

Singularitäten   *291, 319*

Skalenerträge / positive Skaleneffekte *319, 349,* 353, 373, *390,* 406, *409, 425,* **426**

Sollbruchstellen   63, 118

soziale Dimension   *302,* 313, **315f,** **365f,** 367

Sphäre   **11, 18ff,** *31, 32, 34,* 188, *442*

Standort   **196,** *197,* **204,** *205, 210, 221*

Standortfaktoren / Standortgunstraum 187, *250,* 288ff, 308f, 311, 318, *422*

Standortgemeinschaft   **288f**

Standortwettbewerb   213, **345,** *348*

Stanzabfall   109, 263

Stoff   22

Stoffbilanzen   19, **69,** *72*

Stoffdurchflusswirtschaft   89, 125

Stofffluss, Stofftransfer   *24,* 26, *89,* 90f, *92,* 100, *115,* 146, 152, 225ff, *231, 236,* 237, *250,* 256, 264ff, *270, 275, 278,* **293,** *372, 401*

Stoffkreislauf   57, *59,* **60,** 234

Stoffkreislaufpartner   *372* **426**

Stoffkreislaufschließung, engräumige *115, 236, 400,* 403, **405,** *451* (→ *s.a. Stoffkreislaufwirtschaft im räumlich-systemischen Kontext*)

Stoffkreislaufschließung, globalmaßstäbliche   *254,* 284, 328ff

Stoffkreislaufschließung, hochwertige 101, *115,* 121, **233,** *234,* 237, 267, 280, *400,* 403, **405,** 426, *456* (→ s.a. Distanz, entropische)

Stoffkreislaufwirtschaft (allg.)   **61f, 64f,** *115, 142,* **176f**   (→ s.a. Recycling, Stoffkreislaufschließung)

Stoffkreislaufwirtschaft im räumlichsystemischen Kontext   205, *237, 252, 301-303, 354,* 356, *372,* **375ff,** *456,* 461

Stoffkreislaufwirtschaft, anlageninterne   *47, 241, 242,* **243,** *252, 456*   (→ s.a. Abfallvermeidung, Abfallrecht)

Stoffkreislaufwirtschaft, betriebsinterne (→ Stoffkreislaufwirtschaft innerbetriebliche)

Stoffkreislaufwirtschaft, idealtypische / closed loop manufacturing EIP   64, **81,** *82,* **176**

Stoffkreislaufwirtschaft, industrielle **62,** *84, 115, 137, 138, 142,* **225ff,** *234,* **237, 241,** *251, 252,* **254, 260,** *303,* **353ff,** *354,* 356, *372,* 460

Stoffkreislaufwirtschaft, industriestandortbezogene   *291,* **293ff,** *293,* 312, *354,* **379ff, 394ff,** *395, 456*

Stoffkreislaufwirtschaft, innerbetriebliche / betriebsinterne   128, **234ff,** 239f, *240, 241, 242,* **243,** *252, 254,* **259ff,** *259, 260,* **266,** *267,* **268f,** *269, 270, 286, 354, 390,* 437, *456* (→ s.a. Stoffkreislaufwirtschaft, unternehmensinterne)

Stoffkreislaufwirtschaft, naturfremde / naturkonforme   73

Stoffkreislaufwirtschaft, regionale / regionsinterne   193, *241, 252,* **316f, 318ff, 334ff, 350ff,** *354, 356, 442, 446, 449,* **455,** *455, 456,* 457, 461, 464ff

Stoffkreislaufwirtschaft, technosphäreninterne   62, *82,* 110, **111,** *112, 142, 146, 152,* **176,** *234*

Stoffkreislaufwirtschaft, technosphärische   52, **59ff,** *59, 82,* **83ff,** *84, 98,* **115,** *125f, 146, 152,* **176,** *178,* **280,** 459

Stoffkreislaufwirtschaft, umweltschonende   **115,** *233*

Stoffkreislaufwirtschaft, unternehmensinterne   *254,* **271ff**

Stoffkreislaufwirtschaft, unternehmensübergreifende   *254,* **275f,** *303*

Stoffkreislaufwirtschaft, zwischenbetriebliche   239ff, *240, 241, 242,* **244,** *250, 252, 254,* 256f, **269, 270, 271ff,** *284f, 286, 287ff, 293ff, 303,* 308, **316, 328ff,** *401,* 402ff, 437

Stoffkreislaufwirtschaft, ökosphärische   110, **111**

Stoffökonomie   *250,* **251**

Stoffstrombilanz, nationale / regionale   69f, *72,* 75

Stoffstrommanagement   **183f**

Stoffstrommanagement der textilen Kette   78, *79*

Stoffstrommanagement, innerbetriebliches   **266,** *450*

Stoffstrommanagementinstrumente (Umberto, Audit)   **262,** 281, **444f,** *444, 446,* **451ff**

Stoffstromtransparenz, industriestandortweite (→ Transparenzkonzept)

Stoffstromtransparenz, regionale   377, **426, 427**

Stofftransfer (→ Stofffluss)

Stoffumlaufbahnen   **234,** *242*

Stoffumlaufbahnen, entropisch bestimmte   **234,** *242*

Stoffverwertungsraum   **246ff,** *247, 248,* **249ff,** *250,* 464

Stoffverwertungsraum Rhein-Neckar   *354,* **424ff,** *456*

Stoffverwertungsraum, territorial / systemisch   *247,* **248,** *248, 250*

Stoffverwertungsregion   **202,** *247,* **316ff, 455,** 457

Stoffverwertungsregion, faktische   316

Stoffverwertungsregion, potenzielle   *247,* **317,** 466f

Stoffwechselprozesse   20, 24, *31,* 33, 34, 40, 82

Stoffwechselprozesse, natürliche   *31,* 40, 81, 82, 108, *115, 142*

Störstoff   **109,** *113, 115,* 119, 166

Strukturalistische Perspektive   187, **188**

Subsystem   *240, 252, 286,* **423**

Suchkosten   351, *352*

Suffizienz   18, **183, 330**

sustainability (→ Nachhaltigkeit)

Symbiose, industrielle   248, **293ff,** *293,* **295,** 311f

Stabilität (→ Systemstabilität)

Symbiosebeziehungen   58

Synergieeffekte, Synergieerwartung / Reziprozität / Verbundeffekte   290, 292, 297, 311, **339,** 344, *352,* **388f,** *391, 393,* 418, **439,** *440,* 445, 447 (→ s.a. Datenpooling, zwischenbetriebliches)

System   **11ff, 14ff,** 26ff, *31, 34,* 35, 51ff, *66, 82,* 210, 238ff

System, autopoietisches   13

System, betriebliches   239, **252f**, *252*, *372*

System, geschlossenes   **12**, 169, 329

System, isoliertes   **12**

System, offenes   **12**, 62, 238, 311

Systemansatz   **11ff**, **203ff**, **256ff**, **271ff**, **287ff**, 290

Systemebene   *93*, 94, *94*, 204, 205, **240**, **241**, *241*, *252*, *286*

Systemgrenze   18ff, ***238***, **239**, *240*, *241*, 248, 249ff, 255f, 275, 285, *372*, *391*, *442*

Systemidentifikation   294, **295**, 326

Systemknoten   65, 135, *135*
(→ s.a. Knoten-Kanten-System)

Systemkosten   **263**, 420f

Systemrahmen / Systemraum   *242*, 249ff, *252*, 256ff, 287, *372*, *378*, 402, 419f, *442*, 455

Systemstabilität   13, 26, *26*, *31*, *59*, **65ff**, *66*, 67, **290**, 299, 310f, *319*, *321*, 353, 375, 377, 381, 405, **417ff**, 424, 426, 433f, 463

tacit knowledge (→ Wissen, nicht kodifiziertes)

TASi   **167**, **231ff**

TechnologieRegion Karlsruhe   191, **213**

Techno-Ökosystem   **16**

Technosphäre   **18ff**, **20ff**, *24*, *31*, *32*, 52ff, 65ff, *66*, *82*, *98*, *100*, *112*, *126*, *137*, *138*, *142*, *146*, *152*, *175*, 459

Technosphärengebirge   *32*

Technosphärensektoren   *66*, *82*, **85**

Technosystem   16

Territorium   **196**, *209*, **210**, *210*, *216*, *247*, *248*, *250*

Textile Kette   **79**

Throughput   87, *88*

Thüringen   **226ff**

Toxizität / Entschädigung   86f, *98*, *115*, 121f, *146*, *152*

Transaktionskosten / Transaktionskostenansatz   169, 276f, 290, 318, **350ff**, *352*, 387, 415, 428f, 434

Transformation / Transformationsprozess   17, 29ff, *88*, *100*, 109, **120**, *236*

Transformation, räumlich-zeitliche   *100*

Transformator   **30**, *31*

Transformatorensphäre   **29ff**, *31*, *32*, 38ff, 63, 125, 459

Transition   **263**

Transparenzkonzept / Transparenzeffekt / Stoffstromtransparenz, überbetriebliche   *392*, *409*, 414, **417**, *417*, 463

Transportkosten / Transportkostenansatz   *142*, **166**, 181f, **225**, **227**, **228**, **231**, 255, 275, 331, 333f, *453*

Transportvorschriften   255, *270*

Übel   *100*, **102**, *103*, **108ff**, *113*

Überlassungspflicht   **194**

Übertragbarkeit   **383**, *417ff*, **445ff**, 448

Überwachungsbedürftigkeit   54, 194, 244, 245f, 387, 404f, *413*, *440*

Umformung   **28**, *31*, *88*

Umwandlung   **28**, *31*
(→ s.a. Transformation)

Umwelt- und Abfallbeauftragter, betrieblicher   261f, 386, 388, *390*, 410, *454*

Umweltbewusstsein   **388**, **418**
(→ s.a. Konsumentenverhalten)

Umweltkostenrechnung   233

Umweltmanagement-Netzwerk   *303*, **416**, 431

Umweltmanagementsystem, betriebliches   169, *390*

Umweltmanagementsystem, industriestandortweites *303*, 305f

Umweltverbrauch *373*

Ungut **102**, *103*

Universalität / Standardisierung 14, 38, 116, 117 (→ s.a. Materialvielfalt)

Unordnung 163

Unternehmen, fokales 299, *302*, 382, 387

Unternehmenslogistik **134ff**, *136*, *137*, **138**

Unternehmensnetzwerk **270** (→ s.a. Netzwerk)

Unternehmensverhalten **166ff**, **173ff**, 273ff, 277, 280, 418

Upcycling **156**, **160**, *373*

Upgrading **155**, **156**

Verbrauchsgut **106**

Verbrennung (→ Abfallbeseitigung, thermische / Abfallverwertung, energetische)

Verbundstandort 321, *391*

Verdichtungsraum 317, 373, 423

Vereinbarungskosten / Vertragskosten **351**, *352*

Verflechtungsregion **223**, *224*

Verfügbarkeit **63**, 86

Verkrustungsgefahr 434

Verlässlichkeit 38f

Versorgungslogistik *136*

Vertrauen / Vertrauensaufbau 171, 173, 238ff, 244, *247*, **248f**, *250*, 256ff, *259*, 270, 276f, 290, *290*, *322*, 344, 388f, 393, *394*, 402, 415, 431, 433, *453f*

Verwaltungsregion *191*, 200, **212ff**, 216, **217**, **223**

Verwendung **148ff**, 156, *157* (→ s.a. Wiederverwendung)

Verwendungszweck 109

Verwertung (→ Abfallverwertung)

Verwertungsnetzwerk, regionales *303*, **323**

Verwertungsnetzwerk, zwischenbetriebliches **293**, *295, 303*, 405, **455** (→ s.a. Kooperation, rückstandsorientierte)

Verwertungsquote / Verwertungskoeffizient 76, *115*, 118, **129**

Virtualisierung 330f

Volumenreduktion *146, 152*

Vorprodukt 82, **105**, *113, 142*

Vorproduktproduzent 383

Wachstumspolkonzept **341f**

Weiterverwendung *146*, **148**, *149*, 150, *152*, 155, 160, *234* (→ s.a. Verwendung)

Weiterverwertung *146*, **148**, *149, 152, 159*, 160, *234* (→ s.a. Abfallverwertung)

Weltmarktintegration **345**

Werksgelände (→ Betriebsstätte)

Wertschöpfungskette *79, 234, 237, 267, 278*, 281, 319

Wertschöpfungskette (→ s.a. Beziehungsmuster, vertikales)

Wertschöpfungsstufe *79, 267, 278*

Wettbewerb der Regionen **348**

Wiedereingliederung (→ Reintegration)

Wiederverwendung 121, *146*, **148**, *149*, 150, *152*, 155, *159*, 160, *234*, 456 (→ s.a. Verwendung)

Wiederverwertung *146*, **148**, *149, 152*, 160, *234, 456* (→ s.a. Abfallverwertung)

Win-Win-Konstellationen **367f**, *368*, 405f, 416, *450ff*

Wirtschaften, technosphärisches   *31, 66*

Wirtschaftsgut   **43**, 50, 52

Wirtschaftsraum   **186ff**, **188ff**, *189*, 214

Wirtschaftsraum, europäischer   **190f**

Wirtschaftsregion   **190**, **193**, **198ff**, *202, 203, 205, 221*

Wirtschaftsregion, systemische   194, **203ff**, *205*, **206ff**, *208, 209, 210*

Wirtschaftsregion, territoriale   193f, **195ff**, **200**, *202, 203, 208, 209, 210*

Wissen / Unwissen   258

Wissen, nicht kodifiziertes   *259, 270,* 343f, *446,* 449

ZARN   **219**

Zeit   15, *26*, 34, 36ff, 39, 52, 57ff, 63ff, *100*, 268, 328f, 360

Zeitfenster   79, **268**, 314

Zentrum-Peripherie-Gefälle   220, *221*

Zero-Emissions-Raum   289
   (→ s.a. EIP, Zero-Emissions)

Zielhierarchie, kreislaufwirtschaftliche
   160f, **241**

Ziel-Mittel-Verknüpfungen   **445**

Zonierung   287

ZOPP   **384**

Zweckbestimmung   44, *47, 149,* 150

Zwischenprodukt   **105**, *113*

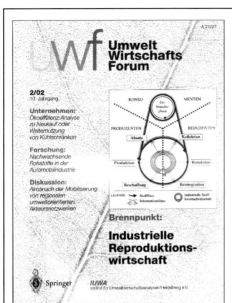

uwf - Die umweltorientierte betriebswirtschaftliche Fachzeitschrift mit wissenschaftlichem Anspruch im deutschsprachigen Raum

Der Brückenschlag zwischen Theorie und Praxis für Umweltmanager, Consultants, Forschende, Moderatoren und andere umweltwirtschaftlich Interessierte

Aktuelle Informationen unter:
www.umweltwirtschaftsforum.de
(mit Artikel-, Schlagwort- und Autorensuche)

ISSN 0943-3481
4 Schwerpunktausgaben / Jahr
96 Seiten pro Heft

BÖA – Betriebswirtschaftlich-ökologische Arbeiten

In loser Folge erscheinende Buchreihe mit betriebswirtschaftlich-ökologischer Schwerpunktsetzung

Aktuelle Informationen unter:
www.iuwa.de

IUWA – Institut für Umweltwirtschaftsanalysen Heidelberg e.V.
Projektmanagement in anwendungsorientierter Forschung und betrieblicher Praxis

---

IUWA Heidelberg e.V., Tiergartenstraße 17, 69121 Heidelberg,
Tel.: D-6221/64940-0; Fax: -14; info@iuwa.de; www.iuwa.de

Drucklegung mit freundlicher Unterstützung der Firmen

Lincoln GmbH & Co. KG, Walldorf,
TI Automotive GmbH, Heidelberg,
WABCO Perrot Bremsen GmbH, Mannheim
Rudolf Wild GmbH & Co. KG, Eppelheim
sowie des
IUWA – Institut für Umweltwirtschaftsanalysen Heidelberg e.V.